科学出版社“十四五”普通高等教育研究生规划教材
2022 年江苏省研究生优秀教材
2024 年工业和信息化部工程硕博士培养“五个100”计划精品教材

高等工程数学

（第二版）

朱元国　范金华　张　军　等　编

科学出版社

北　京

内 容 简 介

本书内容体现经典与现代的紧密结合，符合高等院校工科专业对数学的基本需求. 主要内容有距离与范数，包括向量范数与矩阵范数；矩阵的标准形与特征值计算，包括矩阵的 Jordan 标准形及特征值的幂迭代法和逆幂迭代法；矩阵分解与广义逆矩阵，包括三角分解、满秩分解和奇异值分解；线性方程组的数值解法，包括直接解法与迭代法；最优化方法，包括单纯形法、最优性条件、Newton 法、共轭梯度法、罚函数法、组合优化问题、模拟退火算法与遗传算法；函数逼近与数据拟合，包括多项式插值、最小二乘法、小波变换；偏微分方程及其数值解法，包括定解问题、解析解、有限差分法、有限元方法；统计分析，包括一元及多元线性回归、单因素方差分析、Bayes 统计分析、多元正态分布的参数估计与假设检验. 作为应用，各章均有案例分析及相应的习题.

本书适合作为工科高校研究生教材，也可作为理科、管理学等学科研究生、教师、相关研究人员的参考书.

图书在版编目（CIP）数据

高等工程数学 / 朱元国等编. -- 2 版. -- 北京 ：科学出版社, 2025. 6.
(科学出版社“十四五”普通高等教育研究生规划教材). -- ISBN 978-7-03-080852-3

I. TB11

中国国家版本馆 CIP 数据核字第 2025QN7655 号

责任编辑：胡 凯 许 蕾 曾佳佳 / 责任校对：郝璐璐
责任印制：张 伟 / 封面设计：许 瑞

科学出版社 出版
北京东黄城根北街 16 号
邮政编码: 100717
http://www.sciencep.com

北京中科印刷有限公司印刷
科学出版社发行 各地新华书店经销

*

2019 年 6 月第 一 版 开本：787×1092 1/16
2025 年 6 月第 二 版 印张：22 3/4
2025 年 6 月第七次印刷 字数：540 000

定价：89.00 元

(如有印装质量问题，我社负责调换)

《高等工程数学》（第二版）
编 写 人 员

（排名不分先后）

朱元国　范金华　张　军　饶　玲

严　涛　刘红毅　王海侠　李宝成

陆中胜　侯传志　李宛珊

第二版前言

本书自出版以来, 在研究生公共基础课教学中发挥了重要作用, 并于 2022 年获评江苏省研究生优秀教材, 2024 年获批工业和信息化部工程硕博士培养 "五个 100" 计划精品教材. 为了更好地服务于研究生课程教学, 完善教学内容, 我们对教材进行了修订, 形成了第二版教材. 修订的主要内容是每章增加了应用案例, 使读者能更好地了解相关知识点的作用, 能灵活地把教材中的理论和方法应用于科学研究, 应用于解决实际问题. 在习题中也增加了若干应用型习题. 同时修正了一些内容.

在本书修订工作中, 范金华负责第 1 章, 李宝成负责第 2 章, 王海侠负责第 3 章, 饶玲负责第 4 章, 严涛负责第 5 章的 5.1~5.4 节, 朱元国负责第 5 章的 5.5~5.7 节, 严涛、朱元国共同负责 5.8 节, 刘红毅负责第 6 章, 李宛珊负责第 7 章, 陆中胜负责第 8 章的 8.1~8.3 节, 侯传志负责第 8 章的 8.4~8.5 节, 陆中胜、侯传志共同负责 8.6 节. 全书由朱元国统稿. 张峥嵘老师结合教学工作中发现的问题, 对教材内容提出了许多修改建议, 对此我们表示诚挚的感谢.

教材的相关配套内容 (如附表、习题解答等) 将以电子资源形式由科学出版社通过网络呈给读者参考使用. 感谢出版社编辑们的辛苦工作, 让教材的出版以高质量的形式呈现给大家.

编　者

2024 年 12 月

第一版前言

“双一流”建设是新时代我国高等教育的重大改革举措, 是高等学校进入新时期、迈入新高度的重要机遇. 随着研究生招生数量的提高, 势必带来研究生教育的各项改革措施. 针对目前研究生培养工作的特点 (有全日制学术学位、全日制专业学位、非全日制学位), 为迎合国家“供给侧”改革的战略形势, 进行研究生数学课程教学改革势在必行.

目前科技正以加速的方式发展, 数学也经历了一场深刻的革命, 新的数学思想、数学分支层出不穷, 各种理论和方法相互交叉、互相渗透, 使数学在实际应用中显示出了超强的活力. 在科学技术领域数学的地位正不断提高, 科学计算、理论研究和科学实验已成为科学研究的三大支柱. 同时, 数学教育在高校研究生教育中的地位与作用也正在发生变化, 数学不再仅仅是学习后续课程与工程计算的工具, 而是成为培养研究生理性思想和文化素质的重要载体, 成为探索和创新的必备素养.

在理工科专业 (非数学专业) 研究生中统一开设必修的基础数学课程“高等工程数学”是研究生基础教学的重要改革措施. 为配合教学需求, 我们组织有相关课程教学经验的教师编写了本教材. 教材内容在注重基本数学理论的基础上, 以基本数学方法为重点. 通过该课程的教学, 可使研究生掌握矩阵分析、线性方程组求解、优化方法、微分方程求解、数据拟合、统计分析等方面的知识, 使其能够熟练应用这些数学方法解决学科研究中面临的相关问题. 本书适合作为工科高校研究生教材, 也可给理科或管理学等学科的研究生、教师、有关研究者作为教学与研究参考书.

全书共 8 章, 第 1 章由范金华编写, 第 2 章由李宝成编写, 第 3 章由王海侠编写, 第 4 章由饶玲编写, 第 5 章 1~4 节由严涛编写, 5~7 节由朱元国编写, 第 6 章由刘红毅编写, 第 7 章由张军编写, 第 8 章 1~3 节由陆中胜编写, 4~5 节由侯传志编写. 全书由朱元国统稿. 在本书编写及校对过程中, 南京理工大学数学学科的一些老师提出了宝贵的意见, 在此表示衷心的感谢. 由于我们水平有限, 书中难免有疏漏之处, 敬请广大专家及读者批评指正.

编　者

2019 年 6 月于南京

目　　录

常 用 符 号

$\boldsymbol{x}$	向量 $\boldsymbol{x}$
$\boldsymbol{A}$	矩阵 $\boldsymbol{A}$
$\mathbf{C}$	复数域
$\mathbf{R}$	实数域
$\mathbf{C}^n$	n 维复向量集合
$\mathbf{R}^n$	n 维实向量集合
$\mathbf{C}^{m\times n}$	m 行 n 列复矩阵组成的集合
$\mathbf{C}_r^{m\times n}$	m 行 n 列秩为 r 的复矩阵组成的集合
$\mathbf{R}^{m\times n}$	m 行 n 列实矩阵组成的集合
$\bar{\boldsymbol{A}}$	矩阵 $\boldsymbol{A}$ 的共轭
$\boldsymbol{A}^{\mathrm{T}}$	矩阵 $\boldsymbol{A}$ 的转置
$\boldsymbol{A}^{\mathrm{H}}$	矩阵 $\boldsymbol{A}$ 的共轭转置
$\mathbf{0}$	零向量, 零矩阵
$\boldsymbol{I}$	单位矩阵
$\boldsymbol{J}$	方阵的 Jordan 标准形
$\operatorname{rank} \boldsymbol{A}$	方阵 $\boldsymbol{A}$ 的秩
$\det \boldsymbol{A}$	方阵 $\boldsymbol{A}$ 的行列式
$\operatorname{tr} \boldsymbol{A}$	方阵 $\boldsymbol{A}$ 的迹 ($\boldsymbol{A}$ 的主对角线上元素之和)
$\operatorname{cond}(\boldsymbol{A})$	方阵 $\boldsymbol{A}$ 的条件数
$\rho(\boldsymbol{A})$	方阵 $\boldsymbol{A}$ 的谱半径
$\Vert\boldsymbol{A}\Vert$	矩阵 $\boldsymbol{A}$ 的范数
$\langle\boldsymbol{x},\boldsymbol{y}\rangle$	向量 $\boldsymbol{x}$ 与 $\boldsymbol{y}$ 的内积
$\operatorname{diag}(a_1,a_2,\cdots,a_n)$	以 $a_1,a_2,\cdots,a_n$ 为对角元素的 $n\times n$ 对角矩阵
∇f	函数 f 的梯度
$\nabla^2 f$	函数 f 的 Hesse 矩阵

第 1 章　距离与范数

距离空间是实直线 $\mathbf{R}$ 的推广, 它在一般分析中的地位犹如高等数学中的实直线 $\mathbf{R}$. 将实直线 $\mathbf{R}$ 推广到一般距离空间, 有利于对一般问题的统一处理.

本章首先介绍距离空间的概念、性质, 在此基础上将实直线 $\mathbf{R}$ 上一些性质和概念推广到距离空间. 在线性空间中, 引入一种类似于距离的概念——范数. 以此为基础, 介绍带有范数的线性空间 (赋范线性空间) 性质以及一些特殊赋范线性空间. 利用向量范数与矩阵范数概念及性质, 介绍矩阵的谱半径、条件数以及它们在矩阵级数、求解线性方程组误差估计中的应用.

1.1　距离空间、极限与连续性

Euclid (欧几里得) 空间 $\mathbf{R}^n$ 由所有形如 $\boldsymbol{x} = (x_1, x_2, \cdots, x_n)^{\mathrm{T}}$ (下面简写为 $\boldsymbol{x} = (x_i)$) 的 n 维向量构成, 它是三维空间的一种自然推广. 类似于三维空间 $\mathbf{R}^n$ 中 Euclid 距离, $\mathbf{R}^n$ 中任何两点 $\boldsymbol{x} = (x_i), \boldsymbol{y} = (y_i)$ 的距离定义为

$$d(\boldsymbol{x}, \boldsymbol{y}) = \left(\sum_{i=1}^{n}(x_i - y_i)^2\right)^{1/2}.$$

在实际中, 除了空间距离, 其他距离也有很多, 例如大家的学识差异、收入差距等都是一种距离. 为了研究一类事物或集合元素之间的差异, 或进一步研究集合上的“函数”性质, 我们需要在集合元素之间引入距离的概念.

定义 1.1　设 X 是一非空集合, 对 X 中任何两元素 x, y, 按某一法则对应唯一实数 $d(x, y)$, 而且满足下列三条性质:

(1) (非负性) $d(x, y) \geqslant 0$, $d(x, y) = 0$ 当且仅当 $x = y$;

(2) (对称性) $d(x, y) = d(y, x)$;

(3) (三角不等式) $d(x, y) \leqslant d(x, z) + d(y, z)$ 对所有 $x, y, z \in X$ 成立,

则称 $d(x, y)$ 为 x, y 之间的距离, 并称 X 是以 d 为距离的距离空间, 记作 (X, d).

通常, 在距离给出并不引起混淆的情况下, 我们简记 (X, d) 为 X. X 中元素称为 X 中的点. 下面举一些距离空间的例子, 验证所引入距离满足定义 1.1的三条性质, 留作习题.

例 1.1　设 X 是任意非空集合, 对 X 中任何两个元素 x, y, 令

$$d(x, y) = \begin{cases} 1, & x \neq y, \\ 0, & x = y, \end{cases}$$

则 (X, d) 成为一个距离空间, 称空间 (X, d) 为离散距离空间. 这种距离是粗糙的, 它只能将 X 中不同元素区分开, 而不能衡量不同元素之间差异的大小.

例 1.2　设 $X = \mathbf{R}^n$, 对 $\boldsymbol{x} = (x_i), \boldsymbol{y} = (y_i) \in \mathbf{R}^n$, 分别定义

$$d_1(\boldsymbol{x}, \boldsymbol{y}) = \sum_{i=1}^{n}|x_i - y_i|, \quad d_2(\boldsymbol{x}, \boldsymbol{y}) = \left(\sum_{i=1}^{n}(x_i - y_i)^2\right)^{1/2}, \quad d_\infty(\boldsymbol{x}, \boldsymbol{y}) = \max_i |x_i - y_i|,$$

则 $(\mathbf{R}^n, d_1), (\mathbf{R}^n, d_2), (\mathbf{R}^n, d_\infty)$ 都是距离空间.

例 1.3　对 $1 \leqslant p < \infty$, 记

$$l^p = \left\{ \boldsymbol{x} : \boldsymbol{x} = (x_1, x_2, \cdots, x_i, \cdots)^{\mathrm{T}}, \sum_{i=1}^{\infty} |x_i|^p < \infty \right\}.$$

对 $\boldsymbol{x} = (x_1, x_2, \cdots, x_i, \cdots)^{\mathrm{T}}$, $\boldsymbol{y} = (y_1, y_2, \cdots, y_i, \cdots)^{\mathrm{T}} \in l^p$, 定义

$$d_p(\boldsymbol{x}, \boldsymbol{y}) = \left\{ \sum_{i=1}^{\infty} |x_i - y_i|^p \right\}^{1/p},$$

则 (l^p, d_p) 是距离空间.

例 1.4　记

$$l^\infty = \{ \boldsymbol{x} : \boldsymbol{x} = (x_1, x_2, \cdots, x_i, \cdots)^{\mathrm{T}}, \sup_i |x_i| < \infty \}.$$

对 $\boldsymbol{x} = (x_1, x_2, \cdots, x_i, \cdots)^{\mathrm{T}}$, $\boldsymbol{y} = (y_1, y_2, \cdots, y_i, \cdots)^{\mathrm{T}} \in l^\infty$, 定义

$$d_\infty(\boldsymbol{x}, \boldsymbol{y}) = \sup_i |x_i - y_i|,$$

则 (l^∞, d_∞) 是距离空间.

类似于实数集 $\mathbf{R}$ 上数列极限, 下面介绍一般距离空间上极限及其相关性质.

定义 1.2　设 $\{x_n\}_{n=1}^{\infty}$ 是距离空间 (X, d) 中点列, x_0 是 X 中确定的点. 若对任何给定正数 ε, 总存在自然数 N, 当 $n > N$ 时, $d(x_n, x_0) < \varepsilon$ 成立, 则称点列 $\{x_n\}_{n=1}^{\infty}$ 收敛于 x_0, 或者说 x_0 是 $\{x_n\}_{n=1}^{\infty}$ 的极限, 记作

$$\lim_{n \to \infty} x_n = x_0,$$

或者 $x_n \to x_0 \ (n \to \infty)$.

利用距离三角不等式性质, 不难发现极限具有下面性质, 证明留给读者.

性质 1.1　(1) 若距离空间 (X, d) 中点列 $\{x_n\}$ 和 $\{y_n\}$ 满足

$$\lim_{n \to \infty} x_n = x_0, \quad \lim_{n \to \infty} y_n = y_0,$$

则

$$\lim_{n \to \infty} d(x_n, y_n) = d(x_0, y_0);$$

(2) 若距离空间 (X, d) 中点列 $\{x_n\}$ 收敛, 则极限唯一.

例 1.5　$(\mathbf{R}^n, d_2)$ 中点列 $\{\boldsymbol{x}^{(m)}\}_{m=1}^{\infty} = \{(x_1^{(m)}, x_2^{(m)}, \cdots, x_n^{(m)})\}_{m=1}^{\infty}$ 收敛于

$$\boldsymbol{x}^{(0)} = (x_1^{(0)}, x_2^{(0)}, \cdots, x_n^{(0)})$$

的充要条件是对任何 $1 \leqslant i \leqslant n$, 有 $x_i^{(m)} \to x_i^{(0)} (m \to \infty)$, 即按坐标分量收敛.

证明　必要性: 对任何 $1 \leqslant i \leqslant n$, 由于

$$|x_i^{(m)} - x_i^{(0)}| \leqslant \left\{ \sum_{i=1}^{n} (x_i^{(m)} - x_i^{(0)})^2 \right\}^{1/2} = d_2(\boldsymbol{x}^{(m)}, \boldsymbol{x}^{(0)}),$$

所以当 $d_2(\boldsymbol{x}^{(m)}, \boldsymbol{x}^{(0)}) \to 0 \ (m \to \infty)$ 时, 一定有 $d_2(x_i^{(m)}, x_i^{(0)}) \to 0 \ (m \to \infty)$, 即 $x_i^{(m)} \to x_i^{(0)} \ (m \to \infty)$.

充分性: 由于

$$d_2(\boldsymbol{x}^{(m)},\boldsymbol{x}^{(0)})=\left\{\sum_{i=1}^{n}(x_i^{(m)}-x_i^{(0)})^2\right\}^{1/2}\leqslant\sum_{i=1}^{n}|x_i^{(m)}-x_i^{(0)}|,$$

所以, 若对任何 $1\leqslant i\leqslant n$, 有 $x_i^{(m)}\to x_i^{(0)}$ $(m\to\infty)$, 则 $d_2(\boldsymbol{x}^{(m)},\boldsymbol{x}^{(0)})\to 0$ $(m\to\infty)$. 证毕.

例 1.6 距离空间 (l^p,d_p) 中点列 $\{\boldsymbol{x}^{(m)}\}_{m=1}^{\infty}=\{(x_1^{(m)},x_2^{(m)},\cdots,x_i^{(m)},\cdots)^{\mathrm{T}}\}_{m=1}^{\infty}$ 收敛于点 $\boldsymbol{x}^{(0)}=(x_1^{(0)},x_2^{(0)},\cdots,x_i^{(0)},\cdots)^{\mathrm{T}}$, 类似于上例的讨论可以得到对任何 $i\in\mathbf{N}$, 都有 $x_i^{(m)}\to x_i^{(0)}$ $(m\to\infty)$, 即在距离空间 (l^p,d_p) 中按距离收敛蕴含着按坐标分量收敛. 但反之不成立. 对 $m\in\mathbf{N}$, 分别令

$$\boldsymbol{x}^{(m)}=(\underbrace{(1/m)^{1/p},\cdots,(1/m)^{1/p}}_{m\text{个}},0,0,\cdots)^{\mathrm{T}},\quad \boldsymbol{x}^{(0)}=(0,0,\cdots)^{\mathrm{T}},$$

则不难验证, 对 $m\in\mathbf{N}$, $\boldsymbol{x}^{(m)},\boldsymbol{x}^{(0)}\in l^p$ 且 $x_i^{(m)}\to x_i^{(0)}=0$ $(m\to\infty)$. 但是

$$d_p(\boldsymbol{x}^{(m)},\boldsymbol{x}^{(0)})=\left\{\sum_{i=1}^{\infty}|x_i^{(m)}|^p\right\}^{1/p}=\left\{\sum_{i=1}^{m}\frac{1}{m}\right\}^{1/p}=1,$$

故在距离空间 (l^p,d_p) 中按坐标分量收敛不能保证按距离收敛.

下面将实数区间上函数概念推广到一般距离空间上, 并介绍相关概念.

定义 1.3 设 (X,d_X) 和 (Y,d_Y) 是两个距离空间, T 是 X 到 Y 的一个映射, $x_0\in X$, 若对任意给定的 $\varepsilon>0$, 总存在 $\delta>0$, 对 $x\in X$, 当 $d_X(x,x_0)<\delta$ 时, 有 $d_Y(Tx,Tx_0)<\varepsilon$, 则称 T 在 x_0 连续; 若 T 在 X 上每一点都连续, 则称 T 为 X 上的连续映射.

例 1.7 设 (X,d) 是距离空间, x_0 是 X 中一定点, 对 $x\in X$, 定义映射 $f(x)=d(x,x_0)$, 则不难验证 $f(x)$ 是 X 到 $\mathbf{R}$ 的连续映射 (函数).

连续可以利用极限进行描述, 下面的定理反映了连续和极限之间的联系, 证明留作习题.

定理 1.1 设 X,Y 是两个距离空间, $T:X\to Y$, $x_0\in X$, 则下列两个命题等价.

(1) T 在 $\boldsymbol{x}_0$ 连续;

(2) 对 X 中任意点列 $\{x_n\}$, 若 $x_n\to x_0$ $(n\to\infty)$, 则 $Tx_n\to Tx_0$ $(n\to\infty)$.

1.2 距离空间的可分性、完备性与列紧性

在实数空间 $\mathbf{R}$ 中, 任何实数都可以用有理数逼近, 即有理数在 $\mathbf{R}$ 中稠密; $\mathbf{R}$ 中任何 Cauchy (柯西) 序列的极限是实数, 即 $\mathbf{R}$ 是完备的; 此外, $\mathbf{R}$ 中任何有界数列必有收敛子列, 即 $\mathbf{R}$ 是列紧的. 实数空间 $\mathbf{R}$ 的这三个良好性质, 对研究 $\mathbf{R}$ 上函数性质起到了关键作用. 本节, 我们将在一般距离空间中引入类似概念并研究其性质.

1.2.1 可数集

为了叙述距离空间的一般性质和概念, 我们在本段对集合元素数量 "多少" 进行数学严格的描述. 当集合元素有限时, 描述集合元素数量是自然的; 但是当集合数量无限时, 如何定量描述集合元素数量, 以及比较两个无穷多元素集合之间哪个集合元素 "多" 是无穷集合理论研究的重点内容. 19 世纪 70 年代, 德国数学家 Cantor (康托尔) 开创了无穷集合理论, 很好地解决了无穷集合元素个数的衡量问题. 在学习本节之后, 你会惊讶地发现所有自然数和所有有理数居然 "一样多".

定义 1.4　设 A, B 是两个集合, 如果存在 A 到 B 的一一映射 (既是单射也是满射), 则称 A 与 B 对等, 记为 $A \sim B$.

显然两个有限集 (元素个数有限) 对等的充要条件是它们的元素个数相同, 从而有限集不可能与它的真子集对等, 但是无限集 (元素个数无限) 却完全不一样.

例 1.8　令 $A = \{全体偶数\}$, $\mathbf{Z}$ 表示整数集, 令

$$T : A \longrightarrow \mathbf{Z}, \quad Tx = \frac{1}{2}x,$$

则 T 是 A 到 $\mathbf{Z}$ 的一一映射, 从而 $A \sim \mathbf{Z}$.

更进一步地, 我们可以得到如下关于无限集的性质.

定理 1.2　任何无限集必与它的某真子集对等.

证明　设 A 为一个无限集, 取出一个元素 $a_1 \in A$, 由于 A 为无限集, 则 $A - \{a_1\} \neq \varnothing$. 同样办法, 在 A 中可以依次取出一列互异元素 $a_1, a_2, \cdots, a_n, \cdots$, 记集合 $B = A - \{a_1, a_2, \cdots, a_n, \cdots\}$, $C = A - \{a_1\}$. 定义映射 $T : A \to C$ 如下

$$Ta = \begin{cases} a, & a \in B, \\ a_{k+1}, & a = a_k, \end{cases}$$

则 T 是 A 到 C 的一一映射, 从而 $A \sim C$.　证毕.

定义 1.5　和自然数集 $\mathbf{N}$ 对等的集合称为可数集, 不能和 $\mathbf{N}$ 对等的无限集称为不可数集.

由定义可知, 若 A 是可数集, 则 A 全体元素可表示成无穷序列的形式, 即

$$A = \{x_1, x_2, \cdots, x_n, \cdots\}.$$

如整数集 $\mathbf{Z} = \{0, 1, -1, 2, -2, \cdots, n, -n, \cdots\}$ 是可数集. 下面定理说明可数集是“最小”的无限集.

定理 1.3　任意无限集必含有一个可数子集.

证明　可数子集的构造方法和定理 1.2证明构造类似, 详细过程在此省略.　证毕.

定理 1.4　有限个或可数个可数集的并仍然是可数集; 可数个有限集的并 (若为无限集) 也是可数集.

证明　不失一般性, 我们只证明可数个可数集的并情形, 其他情形类似. 假设 $\{A_n : n \in \mathbf{N}\}$ 为一列可数集, 并假定 $A_n \bigcap A_m = \varnothing (n \neq m)$, 于是有

$$A_1 = \{a_{11}, a_{12}, a_{13}, a_{14}, \cdots\},$$
$$\nearrow \ \nearrow \ \nearrow$$
$$A_2 = \{a_{21}, a_{22}, a_{23}, a_{24}, \cdots\},$$
$$\nearrow \ \nearrow \ \nearrow$$
$$A_3 = \{a_{31}, a_{32}, a_{33}, a_{34}, \cdots\},$$
$$\cdots$$

依照对角线原则 (箭头所示) 可把 $\bigcup\limits_{n=1}^{\infty} A_n$ 中全部元素排成如下形式

$$a_{11}, a_{21}, a_{12}, a_{31}, a_{22}, a_{13}, \cdots,$$

所以 $\bigcup\limits_{n=1}^{\infty} A_n$ 是可数集.　证毕.

由这个定理可以得到下面一个重要的事实.

定理 1.5 有理数集 $\mathbf{Q}$ 是可数集.

证明 由于每个有理数可以表示成既约分数 p/q, 其中 p,q 为整数, 且规定 $q\in\mathbf{N}$. 对每个 $q\in\mathbf{N}$, 记 $A_q=\{p/q:p\in\mathbf{Z}\}$. 则 $\mathbf{Q}=\bigcup\limits_{q=1}^{\infty}A_q$ 为可数个可数集的并, 故 $\mathbf{Q}$ 为可数集. 证毕.

并不是所有的无限集都是可数集, 下面举一个不可数集的例子.

例 1.9 点集 $(0,1)=\{x\in\mathbf{R}:0<x<1\}$ 是不可数集.

证明 假设 $(0,1)$ 是可数集, 则 $(0,1)$ 中全体数可以排成一列 $x_1,x_2,\cdots$. 将每个 x_n 用十进制小数表示, 则有

$$x_1=0.t_{11}t_{12}t_{13}\cdots,$$

$$x_2=0.t_{21}t_{22}t_{23}\cdots,$$

$$\cdots.$$

其中所有的 t_{ij} 都是从 $0,1,2,\cdots,9$ 中取值, 并且对每个 i, 数列 $\{t_{ij}:j=1,2,\cdots\}$ 应有无限个不为 0, 即小数 $0.32000\cdots$ 应改写为 $0.31999\cdots$.

作十进制小数 $x=0.b_1b_2\cdots$, 当 $t_{ii}=1$ 时, 令 $b_i=2$; 而当 $t_{ii}\neq 1$ 时, 令 $b_i=1$. 显然 $x\in(0,1)$, 且由于对每个 n, $b_n\neq t_{nn}$, 故 $x\neq x_n$, 这与假设矛盾, 从而 $(0,1)$ 是不可数集. 证毕.

1.2.2 距离空间的可分性

定义 1.6 设 (X,d) 是一距离空间, A,B 是 X 的子集. 若对 $y\in B$ 以及 $\varepsilon>0$, 都存在 $x\in A$, 使得 $d(x,y)<\varepsilon$, 则称 A 在 B 中稠密.

我们考察距离空间 X 是否具有某种性质时, 往往先在它的稠密子集上考察, 然后通过极限过程得到 X 相应的性质, 这是引入稠密这个概念的原因. 利用稠密性, 我们引入距离空间另外一个概念.

定义 1.7 如果度量空间 X 存在一个可数的稠密子集, 那么称 X 是可分的.

由于有理数集 $\mathbf{Q}$ 是可数集, 并且 $\mathbf{Q}$ 在实数集 $\mathbf{R}$ 中是稠密的, 从而可以得到下面的性质.

例 1.10 $\mathbf{R}^n$ 是可分的.

并不是所有的距离空间都是可分的, 下面给出一个不可分的空间.

例 1.11 (l^∞,d_∞) 是不可分的.

证明 假设 l^∞ 是可分的, 则存在可数稠密子集, 记为 A. 在 l^∞ 中构造以下一个子集 B,

$$B=\{\boldsymbol{x}=(x_1,x_2,\cdots,x_n,\cdots)^{\mathrm{T}}:x_n\in\mathbf{N},0\leqslant x_n\leqslant 9\}.$$

集合 B 与区间 $[0,1]$ 可以建立如下一一对应,

$$T:B\leftrightarrow[0,1]:T\boldsymbol{x}=T\{(x_1,x_2,\cdots,x_n,\cdots)^{\mathrm{T}}\}=0.x_1x_2\cdots.$$

由于 $[0,1]$ 是不可数的, 从而 B 是不可数的.

由于 A 在 l^∞ 中稠密, 从而 $\bigcup\limits_{a\in A}B\left(a,\dfrac{1}{4}\right)=l^\infty$, 其中 $B\left(a,\dfrac{1}{4}\right)$ 表示以 a 为中心, $\dfrac{1}{4}$ 为半径的球. 由于 A 可数, B 不可数, 所以至少存在 B 中两个不同点 $\boldsymbol{x},\boldsymbol{y}$ 落在某一个球 $B\left(a_0,\dfrac{1}{4}\right)$ 内. 从 B 的元素构造可得 $d_\infty(\boldsymbol{x},\boldsymbol{y})\geqslant 1$, 但是

$$d_\infty(\boldsymbol{x},\boldsymbol{y})\leqslant d_\infty(\boldsymbol{x},a_0)+d_\infty(\boldsymbol{y},a_0)<\frac{1}{4}+\frac{1}{4}=\frac{1}{2},$$

矛盾, 所以 l^∞ 不可分.　　证毕.

例 1.12　X 是一个不可数集, 在 X 上定义离散距离 d (见例 1.1), 类似例 1.11 证明方法, 可以证明 (X,d) 不可分.

1.2.3 距离空间的完备性

一个实数序列是否收敛等价于该数列是不是 Cauchy 序列, 但是该结论在一般度量空间中不成立, 其主要原因在于实数空间具有一定良好的性质——完备性. 为此, 我们需要将完备性引入距离空间中.

定义 1.8　设 $\{x_n\}_{n=1}^\infty$ 是距离空间 (X,d) 中的点列, 若对任何 $\varepsilon>0$, 都存在 $N\in\mathbf{N}$, 使得当 $n,m>N$ 时, 有 $d(x_m,x_n)<\varepsilon$, 则称 $\{x_n\}_{n=1}^\infty$ 为 Cauchy 列. 如果 X 中任何 Cauchy 列都在 X 中收敛, 则称 X 是完备的.

下面分别举几个完备和不完备的例子.

例 1.13　$(\mathbf{R}^n,d_2)$ 是完备的.

证明　设 $\{\boldsymbol{x}^{(k)}=(x_1^{(k)},x_2^{(k)},\cdots x_n^{(k)})^{\mathrm{T}}\}_{k=1}^\infty$ 是 $\mathbf{R}^n$ 中 Cauchy 列, 则对 $\varepsilon>0$, 存在 $N\in\mathbf{N}$, 当 k_n, $k_m>N$ 时, 有 $d(\boldsymbol{x}^{(k_n)},\boldsymbol{x}^{(k_m)})<\varepsilon$. 分量形成的数列 $\{x_i^{(k)}\}_{k=1}^\infty$ 显然也是 Cauchy 列, 因为

$$|x_i^{(k_n)}-x_i^{(k_m)}|\leqslant d(\boldsymbol{x}^{(k_n)},\boldsymbol{x}^{(k_m)})<\varepsilon.$$

因此, 利用实数空间的完备性, 存在实数 x_i 使得 $x_i^{(k)}\to x_i$ $(k\to\infty)$. 记 $\boldsymbol{x}=(x_1,x_2,\cdots,x_n)$, 则 $x\in\mathbf{R}^n$, 且 $\boldsymbol{x}^{(k)}\to\boldsymbol{x}(k\to\infty)$.　　证毕.

例 1.14　l^∞ 是完备的.

证明　设 $\{\boldsymbol{x}^{(m)}=(x_1^{(m)},x_2^{(m)},\cdots,x_n^{(m)},\cdots)\}_{m=1}^\infty$ 是 l^∞ 中 Cauchy 列, 则对 $\varepsilon>0$, 都存在 $N\in\mathbf{N}$, 当 n, $m>N$, 有

$$d(\boldsymbol{x}^{(n)},\boldsymbol{x}^{(m)})=\sup_{j\in\mathbf{N}}|x_j^{(n)}-x_j^{(m)}|<\varepsilon.$$

类似于 $\mathbf{R}^n$ 完备性的讨论, 对每个分量 $j\in\mathbf{N}$, $\{x_j^{(m)}\}_{m=1}^\infty$ 是实数空间的 Cauchy 列, 从而存在 $x_j\in\mathbf{R}$ 使得 $x_j^{(m)}\to x_j$ $(m\to\infty)$. 令 $\boldsymbol{x}=(x_1,x_2,\cdots,x_n,\cdots)$. 下面分别证 $\boldsymbol{x}\in l^\infty$ 以及 $\boldsymbol{x}^{(m)}\to\boldsymbol{x}$ $(m\to\infty)$.

对任何 $j\in\mathbf{N}$, 在 $|x_j^{(n)}-x_j^{(m)}|<\varepsilon$ 中令 $m\to\infty$, 得 $|x_j^{(n)}-x_j|<\varepsilon$. 因为 $\boldsymbol{x}^{(n)}\in l^\infty$, 所以存在 $M>0$, 使得对任何 $j\in\mathbf{N}$, 都有 $|x_j^{(n)}|<M$. 利用三角不等式得: 对任何 $j\in\mathbf{N}$,

$$|x_j|\leqslant|x_j^{(n)}-x_j|+|x_j^{(n)}|\leqslant\varepsilon+M,$$

即 $\boldsymbol{x}\in l^\infty$.

由于对任何 $j\in\mathbf{N}$, 都成立 $|x_j^{(n)}-x_j|\leqslant\varepsilon$, 可得对一切 $n>N$, 成立

$$d(\boldsymbol{x}^{(n)},\boldsymbol{x})=\sup_{j\in\mathbf{N}}|x_j^{(n)}-x_j|\leqslant\varepsilon.$$

所以 $\boldsymbol{x}^{(m)}\to\boldsymbol{x}(m\to\infty)$, 因此 l^∞ 是完备的.　　证毕.

例 1.15　有理数空间是不完备的, 因为有理数的 Cauchy 序列极限有可能是无理数, 即有理数的 Cauchy 列在有理数空间是不收敛的.

不完备的距离空间大量存在, 但是每一个不完备的距离空间都可以扩大成完备的距离空间. 比如有理数空间 $\mathbf{Q}$ 是不完备的, 但是可以在有理数中加入新元素 (无理数), 使它成为完备

距离空间 **R**, 并且 **Q** 在 **R** 中稠密. 上述有理数完备化过程也适应于一般不完备距离空间. 下面介绍完备化结果, 具体证明在此略去.

定义 1.9 设 (X,d), $(\widetilde{X},\tilde{d})$ 是两个距离空间. 若存在 X 到 $\widetilde{X}$ 上的一一映射 T, 使得对任何 x, $y\in X$ 都有 $\tilde{d}(Tx,Ty)=d(x,y)$, 则称距离空间 (X,d) 与 $(\widetilde{X},\tilde{d})$ 等距同构. 映射 T 称为等距同构映射.

定义 1.10 设 (X,d), $(\widetilde{X},\tilde{d})$ 是两个距离空间, $(\widetilde{X},\tilde{d})$ 是完备的. 若 $\widetilde{X}$ 中含有一稠密子集 X_0, 并且 $(X_0,\tilde{d})$ 与 (X,d) 等距同构, 则称距离空间 $(\widetilde{X},\tilde{d})$ 是 (X,d) 的完备化空间.

定理 1.6 在等距同构意义下, 每一个距离空间 (X,d) 都有唯一的完备化空间 $(\widetilde{X},\tilde{d})$.

1.2.4 距离空间的列紧性

实数空间上每一个有界无限集至少有一个聚点, 这被称作实数聚点原理. 但是在一般距离空间中没有上述类似的结论. 对于一般距离空间, 我们将介绍相应概念, 以及解决距离空间在什么情况下具有类似于实数聚点原理的问题.

首先介绍度量空间集合的一些基本概念.

定义 1.11 设 (X,d) 是一距离空间, $x_0\in X$, 对 $r>0$, 称集合 $\{x\in X:d(x,x_0)<r\}$ 为 x_0 的 r 邻域, 记为 $B(x_0,r)$; 称集合 $\{x\in X:d(x,x_0)\leqslant r\}$ 是以 x_0 为中心, r 为半径的闭球, 记为 $\overline{B}(x_0,r)$. $A\subset X$, 若存在 x_0 的 r 邻域 $B(x_0,r)\subset A$, 则称 x_0 是 A 的内点; 如果 x_0 的任何邻域 $B(x_0,r)$ 都含有 $A-\{x_0\}$ 的点, 即 $A\bigcap(A-\{x_0\})\neq\varnothing$, 则称 x_0 是 A 的聚点; 如果 A 中每一点都是 A 的内点, 则称 A 为开集; 如果 A 中每一聚点都属于 A, 则称 A 为闭集; 称 A 与 A 的所有聚点集的并集为 A 的闭包, 记作 $\overline{A}$.

通常规定, 全集 X 和空集 $\varnothing$ 既是开集又是闭集. 根据定义, 不难证明下面一些关于集合的性质. 证明较简单, 留给读者.

性质 1.2 设 X 是距离空间, X 中开集具有如下性质:

(1) 任意多个开集的并都是开集;

(2) 有限多个开集的交是开集.

性质 1.3 设 X 是距离空间, $A\subset X$, A 为闭集的充要条件为 $A=\overline{A}$.

性质 1.4 设 X 是距离空间, X 中闭集具有如下性质:

(1) 任意多个闭集的交都是闭集;

(2) 有限多个闭集的并是闭集.

性质 1.5 设 X 是距离空间, $A\subset X$. 若 A 是开集, 则 $X-A$ 是闭集; 反之, 若 A 是闭集, 则 $X-A$ 是开集.

性质 1.6 设 X,Y 是两个距离空间, $T:X\to Y$ 是一个映射, 则下列命题是等价的.

(1) T 是连续映射;

(2) 对于 Y 中任何开集 B, $T^{-1}(B)$ 是 X 中的开集;

(3) 对于 Y 中任何闭集 B, $T^{-1}(B)$ 是 X 中的闭集.

在上述集合概念的基础上, 下面介绍紧的相关概念和性质.

定义 1.12 设 A 是距离空间 X 的一个子集, 如果 A 中任何点列都含有子列收敛到 X 中的点, 则称 A 是列紧的; 如果 A 中任何点列都含有子列收敛到 A 中的点, 则称 A 是紧的. 若 X 是紧的, 则称 X 为紧距离空间.

通过定义, 可以简单验证下面例子以及定理, 具体证明留作习题.

例 1.16 (1) 任何距离空间上有限集是紧的;

(2) $A=[a,b]\subset\mathbf{R}$, $a,b\in\mathbf{R}$, 则 A 是 $\mathbf{R}$ 中的紧集;

(3) $\mathbf{R}$ 是非紧的, 因为点列 $\{n\}_{n=1}^{\infty}$ 不含任何收敛子列;

(4) $\mathbf{R}^n$ 上集合 A 是紧集当且仅当 A 是有界闭集.

定理 1.7　(1) 如果 A 是列紧的, 则 $\overline{A}$ 是紧的;

(2) 列紧集的子集也是列紧集.

在 $\mathbf{R}^n$ 空间上, 有界闭集 (紧集) 上连续函数能取到最大值和最小值, 在一般的距离空间上也有类似结论.

定理 1.8　设 A 是距离空间 X 中一紧集, f 是定义在 A 上连续函数, 那么 f 是有界的, 并且上、下确界可达.

证明　先证 f 有界. 若不然, 则存在 $x_n\in A$, 使 $\lim\limits_{n\to\infty}|f(x_n)|=\infty$. 由于 A 是紧集, 从而存在子列 (不妨仍记为 x_n) 在 A 中收敛, 即存在 $x_0\in A$ 使得 $\lim\limits_{n\to\infty}x_n=x_0$. 由于 f 在 A 上连续, 所以有 $f(x_0)=\lim\limits_{n\to\infty}f(x_n)=\infty$, 这与 f 在 A 上有定义矛盾, 从而 f 在 A 上有界.

再证 f 可以达到上、下确界, 下面只就达到上确界的情形给予证明, 下确界的情形类似. 记 $\beta=\sup\limits_{x\in A}f(x)$, 则存在点列 $x_n\in A$, 使得 $f(x_n)>\beta-\dfrac{1}{n}$. 由于 A 是紧集, 从而存在 x_n 的子列 (不妨仍记为 x_n) 以及 $x_0\in A$, 使得 $\lim\limits_{n\to\infty}x_n=x_0$. 由于 f 在 A 上连续, 所以有 $\beta\geqslant f(x_0)=\lim\limits_{n\to\infty}f(x_n)\geqslant\beta$, 从而 $f(x_0)=\beta$.　证毕.

1.3　压缩映射原理

作为完备距离空间, 本节将介绍压缩映射原理. 压缩映射原理是求解代数方程、微分方程、积分方程以及数值分析中迭代算法收敛的理论依据, 是数学和工程计算中常用的方法.

定义 1.13　设 X 是度量空间, 映射 $T:X\to X$, 如果对 $x_0\in X$ 成立 $Tx_0=x_0$, 则称 x_0 是 T 的不动点.

定义 1.14　设 (X,d) 是度量空间, 映射 $T:X\to X$, 如果存在 $\alpha\in(0,1)$, 对任何 $x,y\in X$ 满足 $d(Tx,Ty)\leqslant\alpha d(x,y)$, 则称 T 为压缩映射.

定理 1.9 (压缩映射原理)　设 (X,d) 是完备度量空间, $T:X\to X$ 是压缩映射, 那么 T 有唯一不动点.

证明　任取 $x_0\in X$, 作迭代序列 $x_n=Tx_{n-1}(n\geqslant1)$. 下面证明 $\{x_n\}$ 是收敛的, 因为 X 是完备空间, 只需证明 $\{x_n\}$ 是 Cauchy 列. 由于

$$
\begin{gathered}
d(x_2,x_1)=d(Tx_1,Tx_0)\leqslant\alpha d(x_1,x_0),\\
d(x_3,x_2)=d(Tx_2,Tx_1)\leqslant\alpha(x_2,x_1)\leqslant\alpha^2(x_1,x_0),\\
\cdots\\
d(x_n,x_{n-1})\leqslant\alpha^{n-1}(x_1,x_0),
\end{gathered}
$$

所以对任何自然数 n 和 p, 有

$$
\begin{aligned}
d(x_{n+p},x_n)&\leqslant d(x_{n+p},x_{n+p-1})+d(x_{n+p-1},x_{n+p-2})+\cdots+d(x_{n+1},x_n)\\
&\leqslant(\alpha^{n+p-1}+\alpha^{n+p-2}+\cdots+\alpha^n)d(x_1,x_0)\\
&\leqslant\frac{\alpha^n}{1-\alpha}d(x_1,x_0).
\end{aligned}
$$

由此可见 $\lim\limits_{n\to\infty} d(x_{n+p},x_n)=0$, 从而 $\{x_n\}$ 是 Cauchy 列. 因此存在 $x_*\in X$ 使得 $\lim\limits_{n\to\infty} x_n=x_*$.

下面证明 x_* 是 T 的不动点. 事实上,

$$\begin{aligned} d(Tx_*,x_*) &\leqslant d(Tx_*,Tx_n)+d(Tx_n,x_*) \\ &\leqslant \alpha d(x_*,x_n)+d(x_{n+1},x_*) \\ &\to 0 \quad (n\to\infty), \end{aligned}$$

即 $d(Tx_*,x_*)=0$, 所以 $Tx_*=x_*$.

最后证明唯一性. 假设存在另外一个不动点 y_*, 则

$$d(x_*,y_*)=d(Tx_*,Ty_*)\leqslant \alpha d(x_*,y_*),$$

所以 $d(x_*,y_*)=0$, 即 $x_*=y_*$. 证毕.

在实际应用中, 有时 T 本身不是压缩映射, 但是 T 复合若干次后的映射 T^n 是压缩映射, 这时 T 仍然有唯一不动点, 具体如以下定理.

定理 1.10 设 X 是完备度量空间, 映射 $T:X\to X$. 若存在某个自然数 n 使得 T^n 是压缩映射, 则 T 有唯一不动点. 这里 T^n 是 T 的 n 次复合.

证明 由于 T^n 是压缩映射, 所以存在唯一不动点 x_*, 即 $T^nx_*=x_*$. 由于

$$T^n(Tx_*)=T^{n+1}x_*=T(T^nx_*)=Tx_*,$$

所以 Tx_* 仍是 T^n 的不动点, 由压缩映射不动点的唯一性得 $Tx_*=x_*$, 即 x_* 是 T 的不动点.

若 y_* 也是 T 的不动点, 则

$$T^ny_*=T^{n-1}(Ty_*)=T^{n-1}y_*=\cdots=y_*,$$

所以 y_* 也是 T^n 的不动点, 由 T^n 不动点的唯一性得 $x_*=y_*$. 证毕.

下面分别通过代数方程、微分方程来说明压缩映射原理的应用.

例 1.17 线性代数方程 $\boldsymbol{Ax}=\boldsymbol{b}$ 都可以表示成如下形式:

$$\boldsymbol{x}=\boldsymbol{Cx}+\boldsymbol{D}, \tag{1.1}$$

其中 $\boldsymbol{C}=(c_{ij})_{n\times n}$, $\boldsymbol{D}=(d_1,d_2,\cdots,d_n)^{\mathrm{T}}$. 如果矩阵 $\boldsymbol{C}$ 满足条件

$$\sum_{j=1}^{n}|c_{ij}|<1 \quad (i=1,2,\cdots,n),$$

则式 (1.1) 存在唯一解, 且此解可由迭代式求得.

证明 取 $X=\mathbf{R}^n$, 定义度量为

$$\rho(\boldsymbol{\xi},\boldsymbol{\eta})=\max_{1\leqslant i\leqslant n}|a_i-b_i|,$$

$$\boldsymbol{\xi}=(a_1,a_2,\cdots,a_n)^{\mathrm{T}},\quad \boldsymbol{\eta}=(b_1,b_2,\cdots,b_n)^{\mathrm{T}}.$$

构造映射 $T:X\to X$ 为 $T\boldsymbol{x}=\boldsymbol{Cx}+\boldsymbol{D}$, 那么方程 (1.1) 的解等价于映射 T 的不动点.

对于 $\boldsymbol{x}=(x_1,x_2,\cdots,x_n)^{\mathrm{T}}, \boldsymbol{y}=(y_1,y_2,\cdots,y_n)^{\mathrm{T}}$, 由于

$$\begin{aligned} \rho(T\boldsymbol{x},T\boldsymbol{y}) &= \max_{1\leqslant i\leqslant n}\left|\sum_{j=1}^{n}(c_{ij}x_j+d_j)-\sum_{j=1}^{n}(c_{ij}y_j+d_j)\right| \\ &= \max_{1\leqslant i\leqslant n}\left|c_{ij}(x_j-y_j)\right| \end{aligned}$$

$$\leqslant \max_{1\leqslant i\leqslant n}\sum_{j=1}^{n}|c_{ij}|\rho(x,y),$$

记 $a=\max\limits_{1\leqslant i\leqslant n}\sum\limits_{j=1}^{n}|c_{ij}|$, 由条件 $a<1$, 因此 T 是压缩映射, 于是 T 有唯一不动点, 所以方程 (1.1) 有唯一解, 且此解可由如下迭代序列

$$\boldsymbol{x}^{(k)}=\boldsymbol{C}\boldsymbol{x}^{(k-1)}+\boldsymbol{D}$$

近似计算求得. 证毕.

例 1.18 考察如下常微分方程的初值问题:

$$\begin{cases}\dfrac{\mathrm{d}y}{\mathrm{d}x}=f(x,y),\\ y(x_0)=y_0.\end{cases}\tag{1.2}$$

如果 $f(x,y)$ 在 $\mathbf{R}^2$ 上连续, 且关于第二元 y 满足 Lipschitz (利普希茨) 条件, 即

$$|f(x,y_1)-f(x,y_2)|\leqslant L|y_1-y_2|,$$

这里 $L>0$ 是常数, 则问题 (1.2) 在 $[x_0-\delta,x_0+\delta]$ 上有唯一解 ($\delta<1/L$).

证明 方程 (1.2) 的解等价于如下方程的解:

$$y(x)=y_0+\int_{x_0}^{x}f(t,y(t))\mathrm{d}t.\tag{1.3}$$

取连续函数空间 $C[x_0-\delta,x_0+\delta]$ (其上的距离以及完备性见本章习题第 9 题), 定义其上的映射

$$T:C[x_0-\delta,x_0+\delta]\to C[x_0-\delta,x_0+\delta]$$

为

$$(Ty)(x)=y_0+\int_{x_0}^{x}f(t,y(t))\mathrm{d}t,$$

则积分方程 (1.3) 的解当且仅当它是 T 的不动点.

对任意两个连续函数 $y_1(x),y_2(x)\in C[x_0-\delta,x_0+\delta]$, 由于

$$\begin{aligned}\rho(Ty_1,Ty_2)&=\max_{x\in[x_0-\delta,x_0+\delta]}\left|\int_{x_0}^{x}[f(t,y_1(t))-f(t,y_2(t))]\mathrm{d}t\right|\\&\leqslant\max_{x\in[x_0-\delta,x_0+\delta]}\int_{x_0}^{x}|f(t,y_1(t))-f(t,y_2(t))|\mathrm{d}t\\&\leqslant\max_{x\in[x_0-\delta,x_0+\delta]}L\int_{x_0}^{x}|y_1(t)-y_2(t)|\mathrm{d}t\leqslant\delta L\rho(y_1,y_2),\end{aligned}$$

令 $a=L\delta$, 则 $a<1$, 故 T 是压缩映射, 从而 T 有唯一不动点, 即积分方程 (1.3) 有唯一解, 从而微分方程初值问题 (1.2) 在 $[x_0-\delta,x_0+\delta]$ 上有唯一解. 证毕.

1.4 范数与赋范空间、Banach 空间

前面通过在集合上引入距离进而定义了距离空间, 并且在距离空间上研究了点列收敛以及映射性质. 在线性空间中, 由于元素之间可以进行线性运算, 在其上一类比较特殊的距离将被引入.

1.4.1 范数与赋范线性空间

定义 1.15 设 X 是复数域 $\mathbf{C}$ 上线性空间, $\mathbf{0}$ 为 X 的零元素, 若对 X 中每一个元素 x, 按照一个法则对应一个实数 $\|x\|$ 满足

(1) $\|x\| \geqslant 0$ 且 $\|x\| = 0$ 当且仅当 $x = \mathbf{0}$;

(2) $\|x+y\| \leqslant \|x\| + \|y\|$ $(x, y \in X)$;

(3) $\|\alpha x\| = |\alpha|\|x\|$ $(\alpha \in \mathbf{C}, x \in X)$,

则称 $\|x\|$ 为 x 的范数, 称 X 为以 $\|\cdot\|$ 为范数的赋范线性空间.

对于赋范线性空间, 通过公式

$$d(x,y) = \|x-y\|$$

可以定义元素之间的距离, 容易验证 $d(x,y)$ 满足距离的三个条件, 因而 X 是一个距离空间. 从而距离空间上诸多概念都可以定义在赋范线性空间中, 例如开集、闭集、收敛性、完备性、可分性、列紧性等.

在赋范线性空间 X 中, 若 $d(x_n, x) = \|x_n - x\| \to 0$ $(n \to \infty)$, 记为 $\lim\limits_{n\to\infty} x_n = x$ 或记为 $x_n \to x$ $(n \to \infty)$.

完备的赋范线性空间称为 Banach (巴拿赫) 空间.

例 1.19 $\mathbf{C}^n$ 与 l^p $(p>1)$ 分别在以下范数下是赋范线性空间, 而且是 Banach 空间,

$$\|\boldsymbol{x}\| = \left(\sum_{i=1}^{n} |x_i|^2\right)^{\frac{1}{2}}, \quad \boldsymbol{x} = (x_1, x_2, \cdots, x_n) \in \mathbf{C}^n,$$

$$\|\boldsymbol{x}\| = \left(\sum_{i=1}^{\infty} |x_i|^p\right)^{\frac{1}{p}}, \quad \boldsymbol{x} = (x_1, x_2, \cdots, x_n, \cdots) \in l^p.$$

1.4.2 赋范线性空间的性质

赋范线性空间上范数可以导出距离, 从而它具有距离空间的一般性质. 此外由于它是线性空间, 赋范线性空间还具有其他一些性质, 下面做一些介绍.

定理 1.11 设 X 是赋范线性空间, $\{x_n\} \subset X$, $x \in X$, 若 $\lim\limits_{n\to\infty} x_n = x$, 则 $\{\|x_n\|\}$ 是有界数列.

证明 因为 $\lim\limits_{n\to\infty} \|x_n - x\| = 0$, 所以对 $\varepsilon = 1$, 存在自然数 N, 当 $n > N$ 时, $\|x_n - x\| < 1$, 于是

$$\|x_n\| \leqslant \|x\| + \|x - x_n\| < 1 + \|x\|.$$

令 $M = \max\{\|x_1\|, \|x_2\|, \cdots, \|x_N\|, 1 + \|x\|\}$, 则对一切 n, 成立 $\|x_n\| \leqslant M$, 即 $\{\|x_n\|\}$ 有界. 证毕.

定理 1.12 设 X 是定义在 $\mathbf{C}$ 上的赋范线性空间, $\{x_n\}, \{y_n\}$ 为 X 中两个点列, $\{\alpha_n\} \subset \mathbf{C}$ 满足

$$\lim_{n\to\infty} x_n = x, \quad \lim_{n\to\infty} y_n = y, \quad \lim_{n\to\infty} \alpha_n = \alpha \quad (x, y \in X, \alpha \in \mathbf{C}),$$

则

(1) $\lim\limits_{n\to\infty} x_n + y_n = x + y$,

(2) $\lim\limits_{n\to\infty} \alpha_n x_n = \alpha x$.

证明　(1) 由

$$\|x_n + y_n - x - y\| \leqslant \|x_n - x\| + \|y_n - y\|,$$

得 $\lim\limits_{n\to\infty} x_n + y_n = x + y$.

(2) 由 $\lim\limits_{n\to\infty} x_n = x$ 得 $\{\|x_n\|\}$ 有界, 即存在 $M > 0$ 使得 $\|x_n\| \leqslant M$, 于是

$$\begin{aligned}\|\alpha_n x_n - \alpha x\| &= \|\alpha_n x_n - \alpha x_n + \alpha x_n - \alpha x\| \\ &\leqslant \|\alpha_n x_n - \alpha x_n\| + \|\alpha x_n - \alpha x\| \\ &\leqslant |\alpha_n - \alpha|\|x_n\| + |\alpha|\|x_n - x\| \\ &\leqslant M|\alpha_n - \alpha| + |\alpha|\|x_n - x\| \to 0 \quad (n \to \infty).\end{aligned}$$

所以 $\lim\limits_{n\to\infty} \alpha_n x_n = \alpha x$.　　证毕.

在同一个线性空间上可以定义不同范数, 它们之间的关系可以有"强弱"之分, 具体描述及刻画如下.

定义 1.16　设 X 是一线性空间, $\|\cdot\|_1$ 和 $\|\cdot\|_2$ 是 X 上两个范数, 如果

$$\lim_{n\to\infty} \|x_n\|_1 = 0 \Longrightarrow \lim_{n\to\infty} \|x_n\|_2 = 0,$$

则称$\|\cdot\|_1$ 强于 $\|\cdot\|_2$; 如果

$$\lim_{n\to\infty} \|x_n\|_1 = 0 \Longleftrightarrow \lim_{n\to\infty} \|x_n\|_2 = 0,$$

则称$\|\cdot\|_1$ 等价于 $\|\cdot\|_2$.

定理 1.13　设 X 是一线性空间, $\|\cdot\|_1$ 和 $\|\cdot\|_2$ 是 X 上两个范数, $\|\cdot\|_1$ 强于 $\|\cdot\|_2$ 的充要条件为存在常数 $\lambda > 0$, 使得 $\|x\|_2 \leqslant \lambda\|x\|_1$ 对任意 $x \in X$ 成立.

证明　根据 $\|\cdot\|_1$ 强于 $\|\cdot\|_2$ 的定义, 充分性显然成立. 下面证明必要性.

假设定理中的不等式不成立, 即对任何 $n \in \mathbf{N}$, 存在 $x_n \in X$, 使得 $\|x_n\|_2 > n\|x\|_1$. 令 $y_n = \dfrac{1}{\|x_n\|_2} x_n$, 则

$$\lim_{n\to\infty} \|y_n\|_1 = \lim_{n\to\infty} \frac{\|x_n\|_1}{\|x_n\|_2} < \lim_{n\to\infty} \frac{1}{n} = 0, \quad \lim_{n\to\infty} \|y_n\|_2 = 1.$$

这与 $\|\cdot\|_1$ 强于 $\|\cdot\|_2$ 矛盾.　　证毕.

由定理的结论可知, 两个范数等价当且仅当存在常数 $0 < \lambda \leqslant \mu$ 使得

$$\lambda\|x\|_1 \leqslant \|x\|_2 \leqslant \mu\|x\|_1.$$

1.4.3　有限维赋范线性空间

当赋范线性空间的维数有限时, 赋范线性空间将具有一些良好的性质, 下面做一些介绍.

引理 1.1　设 X 是一个 n 维实赋范线性空间, $\{e_1, e_2, \cdots, e_n\}$ 是 X 的一个基, 则存在正数 M 及 M', $M' \geqslant M$, 使得对一切 $x = \sum\limits_{k=1}^{n} x_k e_k \in X$, 下列不等式成立

$$M\|x\| \leqslant \left(\sum_{k=1}^{n} |x_k|^2\right)^{\frac{1}{2}} \leqslant M'\|x\|.$$

证明　对 $x \in X$, 有

$$\begin{aligned}\|x\| = \left\|\sum_{k=1}^{n} x_k e_k\right\| &\leqslant \sum_{k=1}^{n} \|e_k\||x_k| \\ &\leqslant \left(\sum_{k=1}^{n} \|e_k\|^2\right)^{\frac{1}{2}} \left(\sum_{k=1}^{n} x_k^2\right)^{\frac{1}{2}} \\ &= m \left(\sum_{k=1}^{n} |x_k|^2\right)^{\frac{1}{2}},\end{aligned} \tag{1.4}$$

其中 $m = \left(\sum\limits_{k=1}^{n} \|e_k\|^2\right)^{\frac{1}{2}}$. 再任取 $y = \sum\limits_{k=1}^{n} y_k e_k \in X$, 由上面不等式得

$$\|x - y\| \leqslant m\left(\sum_{k=1}^{n} |x_k - y_k|^2\right)^{\frac{1}{2}},$$

于是便有

$$|\|x\| - \|y\|| \leqslant \|x - y\| \leqslant m \left(\sum_{k=1}^{n} |x_k - y_k|^2\right)^{\frac{1}{2}}.$$

将 $(x_1, x_2, \cdots, x_n)^{\mathrm{T}} = \boldsymbol{x}$, $(y_1, y_2, \cdots, y_n)^{\mathrm{T}} = \boldsymbol{y}$ 看成 $\mathbf{R}^n$ 中的点, 令

$$f(\boldsymbol{x}) = \|\boldsymbol{x}\| \quad \left(\boldsymbol{x} = \sum_{k=1}^{n} x_k e_k\right),$$

则

$$|f(\boldsymbol{x}) - f(\boldsymbol{y})| \leqslant \|\boldsymbol{x} - \boldsymbol{y}\|.$$

所以 f 是 $\mathbf{R}^n$ 到 $\mathbf{R}$ 的连续函数, 取 $\mathbf{R}^n$ 单位球面

$$S = \left\{\boldsymbol{x} = (x_1, x_2, \cdots, x_n)^{\mathrm{T}} : \left(\sum_{k=1}^{n} |x_k|^2\right)^{\frac{1}{2}} = 1\right\},$$

则 S 是 $\mathbf{R}^n$ 中的有界闭集且不含零元素, 故 $f(\boldsymbol{x})$ 在 S 中任一点处都不为零且上、下确界可达, 从而存在下确界 $m' > 0$, 使 $|f(\boldsymbol{x})| \geqslant m'$ 或 $\|\boldsymbol{x}\| \geqslant m'$.

任取 $\boldsymbol{x} = \sum\limits_{k=1}^{n} x_k e_k$, 且 $\boldsymbol{x} \neq \mathbf{0}$, 则 $\left(\sum\limits_{k=1}^{n} |x_k|^2\right)^{\frac{1}{2}} \neq 0$. 令

$$\boldsymbol{x}' = \frac{\sum\limits_{k=1}^{n} x_k e_k}{\left(\sum\limits_{k=1}^{n} |x_k|^2\right)^{\frac{1}{2}}} = \frac{\boldsymbol{x}}{\left(\sum\limits_{k=1}^{n} |x_k|^2\right)^{\frac{1}{2}}},$$

$$\|\boldsymbol{x}'\| = f(\boldsymbol{x}') \geqslant m',$$

即

$$\|\boldsymbol{x}\| = \left(\sum_{k=1}^{n} |x_k|^2\right)^{\frac{1}{2}} \|\boldsymbol{x}'\| \geqslant m' \left(\sum_{k=1}^{n} |x_k|^2\right)^{\frac{1}{2}}. \tag{1.5}$$

分别在式 (1.4) 和式 (1.5) 中令 $M=\dfrac{1}{m}$, $M'=\dfrac{1}{m'}$, 则不等式得证. 证毕.

定理 1.14 设 X 是 m 维实线性空间, $\|.\|_1$ 与 $\|.\|_2$ 是 X 上的两个范数, 则 $\|.\|_1$ 与 $\|.\|_2$ 等价.

证明 由引理 1.1知, 存在常数 $M_1'\geqslant M_1>0$ 及 $M_2'\geqslant M_2>0$ 满足

$$M_1\left(\sum_{k=1}^{n}|x_k|^2\right)^{\frac{1}{2}}\leqslant\|\boldsymbol{x}\|_1\leqslant M_1'\left(\sum_{k=1}^{n}|x_k|^2\right)^{\frac{1}{2}},$$

$$M_2\left(\sum_{k=1}^{n}|x_k|^2\right)^{\frac{1}{2}}\leqslant\|\boldsymbol{x}\|_2\leqslant M_2'\left(\sum_{k=1}^{n}|x_k|^2\right)^{\frac{1}{2}},$$

这里 $\boldsymbol{x}=\sum\limits_{k=1}^{n}x_ke_k$. 组合以上两个不等式有

$$\frac{M_1}{M_2'}\|\boldsymbol{x}\|_2\leqslant\|\boldsymbol{x}\|_1\leqslant\frac{M_1'}{M_2}\|\boldsymbol{x}\|_2.$$

证毕.

定理 1.15 任意 n 维实赋范线性空间 X 必与 $\mathbf{R}^n$ 同构且同胚.

证明 任取 X 中一个基 $\{e_1,e_2,\cdots,e_n\}$, 设 $\boldsymbol{x}=\sum\limits_{k=1}^{n}x_ke_k\in X$, 且 $\boldsymbol{\xi}=(x_1,x_2,\cdots,x_n)^{\mathrm{T}}$ 看成 $\mathbf{R}^n$ 中点. 作 $\mathbf{R}^n$ 到 X 上的同构映射 $T:\boldsymbol{\xi}\mapsto\boldsymbol{x}$, 则由定理 1.14 可知, T 是连续的且 T^{-1} 也是连续的, 故 X 与 $\mathbf{R}^n$ 同胚. 证毕.

由定理 1.15 可知, 任意一个 n 维实赋范线性空间与 $\mathbf{R}^n$ 空间的代数结构和分析性质一致. 因此在只讨论有限维实赋范线性空间的代数性质与分析性质时, 只需研究空间 $\mathbf{R}^n$ 代数和分析性质即可.

注 1.1 本节所有结论对有限维复线性空间及相应的 $\mathbf{C}^n$ 均成立.

1.5 Hilbert 空间、正交系

1.4 节主要是将 $\mathbf{R}^n$ 中模长推广到线性空间上的范数. 在 $\mathbf{R}^n$ 上, 向量之间可以讨论夹角, 而这对只有模长概念的赋范线性空间而言是做不到的. $\mathbf{R}^n$ 上向量之间的夹角是通过向量的内积来描述的, 本节将在一些空间引入内积以及讨论可以定义内积的距离空间性质.

1.5.1 内积的一般概念

在 $\mathbf{R}^3$ 中, 设 $\boldsymbol{x}=(x_1,x_2,x_3)^{\mathrm{T}}$, $\boldsymbol{y}=(y_1,y_2,y_3)^{\mathrm{T}}$, 则它们的内积定义为 $\langle\boldsymbol{x},\boldsymbol{y}\rangle=\sum\limits_{i=1}^{3}x_iy_i$, 不难发现 $\|\boldsymbol{x}\|=\sqrt{\langle\boldsymbol{x},\boldsymbol{x}\rangle}$. 容易得到, 内积具有如下一些性质:

(1) $\langle\boldsymbol{x},\boldsymbol{x}\rangle\geqslant 0,\forall\boldsymbol{x}\in\mathbf{R}^3$, 且 $\langle\boldsymbol{x},\boldsymbol{x}\rangle=0\Longleftrightarrow\boldsymbol{x}=\mathbf{0}$;

(2) $\langle\boldsymbol{x},\boldsymbol{y}\rangle=\langle\boldsymbol{y},\boldsymbol{x}\rangle,\forall\boldsymbol{x},\boldsymbol{y}\in\mathbf{R}^3$;

(3) $\langle\boldsymbol{x}_1+\boldsymbol{x}_2,\boldsymbol{y}\rangle=\langle\boldsymbol{x}_1,\boldsymbol{y}\rangle+\langle\boldsymbol{x}_2,\boldsymbol{y}\rangle,\forall\boldsymbol{x}_1,\boldsymbol{x}_2,\boldsymbol{y}\in\mathbf{R}^3$;

(4) $\langle\lambda\boldsymbol{x},\boldsymbol{y}\rangle=\lambda\langle\boldsymbol{x},\boldsymbol{y}\rangle,\forall\boldsymbol{x}\in\mathbf{R}^3,\forall\lambda\in\mathbf{R}$.

由此, 引入内积以及内积空间的概念.

定义 1.17 设 X 为 $\mathbf{C}$ 上的线性空间, 若对任何两个元素 (也称为向量) $\boldsymbol{x},\boldsymbol{y}\in X$, 在 $\mathbf{C}$ 中有唯一的数与之对应, 记为 $\langle\boldsymbol{x},\boldsymbol{y}\rangle$, 并且满足下面性质:

(1) $\langle \boldsymbol{x}, \boldsymbol{x}\rangle \geqslant 0, \forall \boldsymbol{x} \in X$, 且 $\langle \boldsymbol{x}, \boldsymbol{x}\rangle = 0 \Longleftrightarrow \boldsymbol{x} = \boldsymbol{0}$;

(2) $\langle \boldsymbol{x}, \boldsymbol{y}\rangle = \overline{\langle \boldsymbol{y}, \boldsymbol{x}\rangle}, \forall \boldsymbol{x}, \boldsymbol{y} \in X$;

(3) $\langle \boldsymbol{x}_1 + \boldsymbol{x}_2, \boldsymbol{y}\rangle = \langle \boldsymbol{x}_1, \boldsymbol{y}\rangle + \langle \boldsymbol{x}_2, \boldsymbol{y}\rangle, \forall \boldsymbol{x}_1, \boldsymbol{x}_2, \boldsymbol{y} \in X$;

(4) $\langle \lambda\boldsymbol{x}, \boldsymbol{y}\rangle = \lambda\langle \boldsymbol{x}, \boldsymbol{y}\rangle, \forall \boldsymbol{x} \in X, \forall \lambda \in \mathbf{C}$,

则称 $\langle \boldsymbol{x}, \boldsymbol{y}\rangle$ 为 $\boldsymbol{x}$ 与 $\boldsymbol{y}$ 的内积, 有了内积的线性空间称作内积空间, 称 X 为复内积空间. 若取 $\mathbf{C}$ 为 $\mathbf{R}$, 则称 X 为实内积空间.

今后讨论中, 不加注明, 恒设 X 为复内积空间.

定理 1.16 (Cauchy-Schwarz (柯西-施瓦茨) 不等式) 设 X 为内积空间, 对任何 $\boldsymbol{x}, \boldsymbol{y} \in X$, 有

$$|\langle \boldsymbol{x}, \boldsymbol{y}\rangle|^2 \leqslant \langle \boldsymbol{x}, \boldsymbol{x}\rangle\langle \boldsymbol{y}, \boldsymbol{y}\rangle. \tag{1.6}$$

等号成立当且仅当 $\boldsymbol{x}$ 与 $\boldsymbol{y}$ 线性相关.

证明 对 $\lambda \in \mathbf{C}$, 我们有

$$0 \leqslant \langle \boldsymbol{x} + \lambda\boldsymbol{y}, \boldsymbol{x} + \lambda\boldsymbol{y}\rangle = \langle \boldsymbol{x}, \boldsymbol{x}\rangle + \bar{\lambda}\langle \boldsymbol{x}, \boldsymbol{y}\rangle + \lambda\langle \boldsymbol{y}, \boldsymbol{x}\rangle + |\lambda|^2\langle \boldsymbol{y}, \boldsymbol{y}\rangle. \tag{1.7}$$

若 $\boldsymbol{y} = \boldsymbol{0}$, 则不等式 (1.6) 显然成立. 否则设 $\lambda = -\dfrac{\langle \boldsymbol{x}, \boldsymbol{y}\rangle}{\langle \boldsymbol{y}, \boldsymbol{y}\rangle}$, 从式 (1.7) 可得

$$0 \leqslant \langle \boldsymbol{x}, \boldsymbol{x}\rangle - \frac{|\langle \boldsymbol{x}, \boldsymbol{y}\rangle|^2}{\langle \boldsymbol{y}, \boldsymbol{y}\rangle} - \frac{|\langle \boldsymbol{x}, \boldsymbol{y}\rangle|^2}{\langle \boldsymbol{y}, \boldsymbol{y}\rangle} + \frac{|\langle \boldsymbol{x}, \boldsymbol{y}\rangle|^2}{\langle \boldsymbol{y}, \boldsymbol{y}\rangle}.$$

经整理即得 Cauchy-Schwarz 不等式 (1.6). 而等式成立当且仅当 $\boldsymbol{x} + \lambda\boldsymbol{y} = \boldsymbol{0}$, 即 $\boldsymbol{x}$ 与 $\boldsymbol{y}$ 线性相关. 证毕.

定理 1.17 设 X 为内积空间, 对任何 $\boldsymbol{x} \in X$, 令 $\|\boldsymbol{x}\| = \sqrt{\langle \boldsymbol{x}, \boldsymbol{x}\rangle}$, 则 $\|\boldsymbol{x}\|$ 是 $\boldsymbol{x}$ 的范数.

证明 由于范数的前两条性质可直接由内积的性质推出, 只需验证它满足第三条性质 (三角不等式). 事实上

$$\begin{aligned}\|\boldsymbol{x} + \boldsymbol{y}\|^2 &= \langle \boldsymbol{x} + \boldsymbol{y}, \boldsymbol{x} + \boldsymbol{y}\rangle = \langle \boldsymbol{x}, \boldsymbol{x}\rangle + \langle \boldsymbol{x}, \boldsymbol{y}\rangle + \langle \boldsymbol{y}, \boldsymbol{x}\rangle + \langle \boldsymbol{y}, \boldsymbol{y}\rangle \\ &\leqslant \|\boldsymbol{x}\|^2 + 2\|\boldsymbol{x}\|\|\boldsymbol{y}\| + \|\boldsymbol{y}\|^2 = (\|\boldsymbol{x}\| + \|\boldsymbol{y}\|)^2,\end{aligned}$$

从而 $\|\boldsymbol{x} + \boldsymbol{y}\| \leqslant \|\boldsymbol{x}\| + \|\boldsymbol{y}\|$. 证毕.

通常称 $\|\boldsymbol{x}\| = \sqrt{\langle \boldsymbol{x}, \boldsymbol{x}\rangle}$ 为内积导出的范数, 于是内积空间按此范数成为一个赋范线性空间. 因此关于赋范线性空间的结论对内积空间都成立. 当内积空间 X 按由内积导出的范数完备时, 称 X 为 Hilbert (希尔伯特) 空间.

例 1.20 对于 $\boldsymbol{x} = (x_1, x_2, \cdots, x_n)^{\mathrm{T}}, \boldsymbol{y} = (y_1, y_2, \cdots, y_n)^{\mathrm{T}} \in \mathbf{C}^n$, 定义

$$\langle \boldsymbol{x}, \boldsymbol{y}\rangle = \sum_{i=1}^{n} x_i\bar{y}_i,$$

可以验证 $\mathbf{C}^n$ 成为一个 Hilbert 空间.

例 1.21 对于 $\boldsymbol{x} = (x_1, x_2, \cdots, x_n, \cdots)^{\mathrm{T}}, \boldsymbol{y} = (y_1, y_2, \cdots, y_n, \cdots)^{\mathrm{T}} \in l^2$, 定义

$$\langle \boldsymbol{x}, \boldsymbol{y}\rangle = \sum_{i=1}^{\infty} x_i\bar{y}_i,$$

可以验证 l^2 成为一个 Hilbert 空间.

关于内积, 以下几条性质是显然的, 具体证明留给读者.

(1) 内积的连续性. 设 $\lim\limits_{n\to\infty} \boldsymbol{x}_n = \boldsymbol{x}$, $\lim\limits_{n\to\infty} \boldsymbol{y}_n = \boldsymbol{y}$, 则有

$$\lim_{n\to\infty} \langle \boldsymbol{x}_n, \boldsymbol{y}_n\rangle = \langle \boldsymbol{x}, \boldsymbol{y}\rangle.$$

(2) 极化恒等式. 对内积空间 X 中的元素 $\boldsymbol{x}$ 与 $\boldsymbol{y}$, 成立

$$\langle \boldsymbol{x}, \boldsymbol{y}\rangle = \frac{1}{4}(\|\boldsymbol{x}+\boldsymbol{y}\|^2 - \|\boldsymbol{x}-\boldsymbol{y}\|^2 + \mathrm{i}\|\boldsymbol{x}+\mathrm{i}\boldsymbol{y}\|^2 - \mathrm{i}\|\boldsymbol{x}-\mathrm{i}\boldsymbol{y}\|^2).$$

(3) 平行四边形法则. 对内积空间 X 中的元素 $\boldsymbol{x}$ 与 $\boldsymbol{y}$, 成立

$$\|\boldsymbol{x}+\boldsymbol{y}\|^2 + \|\boldsymbol{x}-\boldsymbol{y}\|^2 = 2(\|\boldsymbol{x}\|^2 + \|\boldsymbol{y}\|^2).$$

1.5.2　正交系

类似于 $\mathbf{R}^n$ 两个向量正交概念, 对一般的内积空间, 可以引入如下正交概念.

定义 1.18　设 X 是内积空间, $\boldsymbol{x}, \boldsymbol{y} \in X$, 若 $\langle \boldsymbol{x}, \boldsymbol{y}\rangle = 0$, 则称 $\boldsymbol{x}$ 与 $\boldsymbol{y}$ 正交, 记为 $\boldsymbol{x}\perp\boldsymbol{y}$; 设 $\boldsymbol{x} \in X, M \subset X$, 若 $\boldsymbol{x}$ 与 M 中每个元素都正交, 则称 $\boldsymbol{x}$ 与 M 正交, 记为 $\boldsymbol{x}\perp M$; 若有 $N \subset X$, 对任何 $\boldsymbol{x} \in M, \boldsymbol{y} \in N$, 都有 $\boldsymbol{x}\perp\boldsymbol{y}$, 则称$M$ 与 N 正交, 记为 $M\perp N$; 对 $M \subset X$, 记 $M^\perp = \{\boldsymbol{x} \in X : \boldsymbol{x}\perp M\}$ 并称 $M^\perp$ 为 M 的正交补.

仿照 $\mathbf{R}^n$ 中直角坐标系, 在内积空间中也可以引入类似概念.

定义 1.19　设 M 是内积空间 X 中不含零元的子集, 若 M 中任何两个元素都正交, 则称 M 为 X 的一个正交系. 又若 M 中每个元素的范数都是 1, 则称 M 为标准正交系. 设 $\{\boldsymbol{e}_n\}_{n=1}^\infty$ 是内积空间 X 中的一个标准正交系, 对任何 $\boldsymbol{x} \in X$, 若 $\langle \boldsymbol{x}, \boldsymbol{e}_n\rangle = 0$ $(n = 1, 2, \cdots)$ 必有 $\boldsymbol{x} = \boldsymbol{0}$, 则称 $\{\boldsymbol{e}_n\}_{n=1}^\infty$ 为完全正交系.

例 1.22　在 $\mathbf{R}^n$ 或 $\mathbf{C}^n$ 中,

$$\boldsymbol{e}_1 = (1, 0, \cdots, 0)^{\mathrm{T}},\ \boldsymbol{e}_2 = (0, 1, 0, \cdots, 0)^{\mathrm{T}},\ \cdots,\ \boldsymbol{e}_n = (0, 0, \cdots, 0, 1)^{\mathrm{T}}$$

是一个标准正交系.

例 1.23　在内积空间 l^2 中, 以下元素列是一个标准正交系:

$$\boldsymbol{e}_1 = (1, 0, \cdots, 0, \cdots)^{\mathrm{T}},\ \boldsymbol{e}_2 = (0, 1, 0, \cdots, 0, \cdots)^{\mathrm{T}},\ \cdots,\ \boldsymbol{e}_n = (0, 0, \cdots, 0, 1, \cdots)^{\mathrm{T}},\ \cdots,$$

其中 $\boldsymbol{e}_n = (0, \cdots, 0, 1, 0, \cdots)^{\mathrm{T}}$ 第 n 个分量为 1, 其他分量都是 0, $n = 1, 2, \cdots$.

下面定理提供了判断正交系是完全正交系的方法.

定理 1.18　设 $\{\boldsymbol{e}_n\}_{n=1}^\infty$ 是内积空间 X 中一个标准正交系, 则以下命题等价.

(1) $\{\boldsymbol{e}_n\}_{n=1}^\infty$ 是完全正交系;

(2) 对任何 $\boldsymbol{x}\in X$, 成立 $\|\boldsymbol{x}\|^2 = \displaystyle\sum_{n=1}^\infty |c_n|^2$ (Parseval (帕塞瓦尔) 等式), 其中 $c_n = \langle \boldsymbol{x}, \boldsymbol{e}_n\rangle$;

(3) 对任何 $\boldsymbol{x} \in X$, 有 $\boldsymbol{x} = \displaystyle\sum_{n=1}^\infty c_n\boldsymbol{e}_n$, 其中 $c_n = \langle \boldsymbol{x}, \boldsymbol{e}_n\rangle$;

(4) 对任何两个元素 $\boldsymbol{x}, \boldsymbol{y} \in X$ 有

$$\langle \boldsymbol{x}, \boldsymbol{y}\rangle = \sum_{n=1}^\infty \langle \boldsymbol{x}, \boldsymbol{e}_n\rangle \cdot \overline{\langle \boldsymbol{y}, \boldsymbol{e}_n\rangle}.$$

证明　(1) $\Longrightarrow$ (2)　需要 Hilbert 空间的一些准备知识, 在此略去证明, 有兴趣的读者可以参考一般泛函分析教材.

(2) $\Longrightarrow$ (3)　任取 $\boldsymbol{x} \in X$, 对任何 $n \in \mathbf{N}$, 令 $c_n = \langle \boldsymbol{x}, \boldsymbol{e}_n\rangle, s_n = \displaystyle\sum_{k=1}^n c_k\boldsymbol{e}_k$. 注意到 $\{\boldsymbol{e}_n\}_{n=1}^\infty$ 是正交系, 对一切 $n \in \mathbf{N}$ 有 $\langle \boldsymbol{x}, \boldsymbol{e}_n\rangle = 0$. 假设 (2) 成立, 则

$$\|\boldsymbol{x}-s_n\|^2=\langle \boldsymbol{x}-s_n,\boldsymbol{x}-s_n\rangle=\|\boldsymbol{x}\|^2-\sum_{k=1}^{n}|c_k|^2\to 0\quad (n\to\infty),$$

所以 $\lim\limits_{n\to\infty}\sum\limits_{k=1}^{\infty}c_k\boldsymbol{e}_k=\boldsymbol{x}$.

(3) $\Longrightarrow$ (4) 任取 $\boldsymbol{x},\boldsymbol{y}\in X$, 令 $c_n=\langle \boldsymbol{x},\boldsymbol{e}_n\rangle, d_n=\langle \boldsymbol{y},\boldsymbol{e}_n\rangle$, 则有

$$\boldsymbol{x}=\lim_{n\to\infty}\sum_{k=1}^{\infty}c_k\boldsymbol{e}_k,\quad \boldsymbol{y}=\lim_{n\to\infty}\sum_{k=1}^{\infty}d_k\boldsymbol{e}_k.$$

于是得

$$\langle \boldsymbol{x},\boldsymbol{y}\rangle=\lim_{n\to\infty}\left\langle\sum_{k=1}^{n}c_k\boldsymbol{e}_k,\sum_{k=1}^{n}d_k\boldsymbol{e}_k\right\rangle=\lim_{n\to\infty}\sum_{k=1}^{n}c_k\overline{d_k}=\sum_{n=1}^{\infty}c_n\overline{d_n}.$$

(4) $\Longrightarrow$ (1) 任取 $\boldsymbol{x}\in X$, 若对任何 $n\in\mathbf{N}$ 成立 $\boldsymbol{x}\perp\boldsymbol{e}_n$, 则由 (3) 可得

$$\|\boldsymbol{x}\|^2=\langle \boldsymbol{x},\boldsymbol{x}\rangle=\sum_{n=1}^{\infty}\langle \boldsymbol{x},\boldsymbol{e}_n\rangle\overline{\langle \boldsymbol{x},\boldsymbol{e}_n\rangle}=0,$$

即 $\boldsymbol{x}=\mathbf{0}$, 所以 (1) 成立. 证毕.

从上面定理可以看出, 内积空间中任何一个向量可以用正交系线性表示, 其组合系数由内积直接给出, 非常方便. 下面介绍一个获得标准正交系的方法.

设 $\{\boldsymbol{x}_n\}_{n=1}^{\infty}$ 是某线性无关序列, 通过 Gram-Schmidt (格拉姆-施密特) 标准正交化过程可获得一个标准正交系, 具体过程如下.

第一步: 把 $\boldsymbol{x}_1$ 标准化, 令

$$\boldsymbol{e}_1=\frac{\boldsymbol{x}_1}{\|\boldsymbol{x}_1\|}.$$

第二步: 记 $X_1=\mathrm{span}\{\boldsymbol{e}_1\}=\mathrm{span}\{\boldsymbol{x}_1\}$, 其中 $\mathrm{span}\{\boldsymbol{x}_1\}$ 表示由 $\boldsymbol{x}_1$ 的线性组合形成的空间, 记 $\boldsymbol{x}_2=\langle \boldsymbol{x}_2,\boldsymbol{e}_1\rangle\boldsymbol{e}_1+\boldsymbol{y}_2$, 则 $\boldsymbol{y}_2\perp\boldsymbol{e}_1$. 因为 $\boldsymbol{x}_2$ 与 $\boldsymbol{e}_1$ 线性无关, 所以 $\boldsymbol{y}_2\neq\mathbf{0}$, 令

$$\boldsymbol{e}_2=\frac{\boldsymbol{y}_2}{\|\boldsymbol{y}_2\|}.$$

容易验证 $\mathrm{span}\{\boldsymbol{e}_1,\boldsymbol{e}_2\}=\mathrm{span}\{\boldsymbol{x}_1,\boldsymbol{x}_2\}$.

于是利用归纳法, 记 $X_{n-1}=\mathrm{span}\{\boldsymbol{e}_1,\boldsymbol{e}_2,\cdots,\boldsymbol{e}_{n-1}\}$ 及

$$\boldsymbol{x}_n=\sum_{k=1}^{n-1}\langle \boldsymbol{x}_n,\boldsymbol{e}_k\rangle\boldsymbol{e}_k+\boldsymbol{y}_n,$$

则 $\boldsymbol{y}_n\perp\boldsymbol{e}_k, k=1,2,\cdots,n-1$. 又因 $\boldsymbol{x}_n,\boldsymbol{e}_1,\boldsymbol{e}_2,\cdots,\boldsymbol{e}_{n-1}$ 线性无关, 得 $\boldsymbol{y}_n\neq\mathbf{0}$, 令

$$\boldsymbol{e}_n=\frac{\boldsymbol{y}_n}{\|\boldsymbol{y}_n\|}.$$

则容易验证 $\mathrm{span}\{\boldsymbol{e}_1,\boldsymbol{e}_2,\cdots,\boldsymbol{e}_n\}=\mathrm{span}\{\boldsymbol{x}_1,\boldsymbol{x}_2,\cdots,\boldsymbol{e}_n\}$. 于是通过以上过程, 即得到一个标准正交系 $\{\boldsymbol{e}_n\}_{n=1}^{\infty}$.

最后, 下面定理介绍可分 Hilbert 空间的标准正交系.

定理 1.19 设 X 是 Hilbert 空间, 则

(1) 若 X 是可分的, 则 X 必有至多可数的完全标准正交系;

(2) 若X 是无限维可分空间, 则 X 的每个完全标准正交系都是可数的. 此时 X 与 l^2 等距同构.

证明　(1) 我们先利用反证法证明结论. 若 X 可分, 则必存在至多可数个线性无关的元素 $\{\boldsymbol{x}_k\}$ 使得 $\overline{\mathrm{span}\{\boldsymbol{x}_k\}}=X$. 假设不存在至多可数个线性无关的元素 $\{\boldsymbol{x}_k\}$ 使得 $\overline{\mathrm{span}\{\boldsymbol{x}_k\}}=X$, 则存在 X 的一组不可数基, 记为 $\{\boldsymbol{e}_k\}_{k\in I}$, I 为不可数的指标集. 通过 Gram-Schmidt 标准正交化过程, 我们可以得到一个不可数标准正交系, 不妨仍记为 $\{\boldsymbol{e}_k\}_{k\in I}$. 对 $\varepsilon_0=\dfrac{1}{4}$, 由于 X 是可分的, 所以存在 X 的至多可数子集 $\{\boldsymbol{x}_n\}$ 使得 $\bigcup\limits_n B\left(\boldsymbol{x}_n,\dfrac{1}{4}\right)=X$. 由于 $\{\boldsymbol{x}_n\}$ 可数, $\{\boldsymbol{e}_k\}_{k\in I}$ 不可数, 从而存在两个向量 (记为 $\boldsymbol{e}_1,\boldsymbol{e}_2$) 以及某个球 $\left[\text{记为}B\left(\boldsymbol{x}_m,\dfrac{1}{4}\right)\right]$, 使得 $\boldsymbol{e}_1,\boldsymbol{e}_2\in B\left(\boldsymbol{x}_m,\dfrac{1}{4}\right)$. 然而, 由于 $\{\boldsymbol{e}_k\}_{k\in I}$ 为标准正交系, 所以 $2=\|\boldsymbol{e}_1-\boldsymbol{e}_2\|^2$. 这与 $\boldsymbol{e}_1,\boldsymbol{e}_2\in B\left(\boldsymbol{x}_m,\dfrac{1}{4}\right)$ 矛盾.

X 存在至多可数个线性无关元素 $\{\boldsymbol{x}_k\}$ 使得 $\overline{\mathrm{span}\{\boldsymbol{x}_k\}}=X$, 通过 Gram-Schmidt 标准正交化过程, 我们可以得到一个至多可数的标准正交系.

(2) X 为无限维可分空间, 由 (1) 知存在可数标准正交系 $\{\boldsymbol{e}_n\}_{n=1}^{\infty}$ 使得 $X=\overline{\mathrm{span}\{\boldsymbol{e}_n\}}$. 假设 $\{\boldsymbol{x}_k\}$ 为 X 另一个完全标准正交系, 同样由于 X 为无限维, 所以 $\{\boldsymbol{x}_k\}$ 至少为可数集, 再用 (1) 的证明方法, 可以证明 $\{\boldsymbol{x}_k\}$ 一定为可数集.

设 $\{\boldsymbol{e}_n\}_{n=1}^{\infty}$ 为 X 的一个标准正交系, 对任何 $\boldsymbol{x}\in X$, 记 $c_n=\langle\boldsymbol{x},\boldsymbol{e}_n\rangle$, $n=1,2,\cdots$. 定义映射 T 如下:

$$T:X\longrightarrow l^2,\quad T\boldsymbol{x}=(c_1,c_2,\cdots).$$

由 Parseval 等式得 T 是 X 到 l^2 的等距映射, 从而 X 与 l^2 等距同构.　　证毕.

1.6　向量范数、矩阵范数及其性质和相容性

对于 n 维复空间 $\mathbf{C}^n$ 中向量 $\boldsymbol{x}$ 与 $\boldsymbol{y}$, 可以通过向量 $\boldsymbol{x}-\boldsymbol{y}$ 的 Euclid 长度来描述 $\boldsymbol{x}$ 与 $\boldsymbol{y}$ 之间距离. 对 $\mathbf{C}^{n\times n}$ 中矩阵 $\boldsymbol{A}$ 与 $\boldsymbol{B}$, 如何来度量 $\boldsymbol{A}$ 与 $\boldsymbol{B}$ 之间距离? 此外 $\mathbf{C}^n$ 中向量 $\boldsymbol{x}$ 与 $\boldsymbol{y}$, 除 Euclid 长度外, 还有没有其他距离? 本节将利用范数来给出这些问题的解答.

1.6.1　向量范数

在 $\mathbf{C}^n$ 中, 例 1.19 已经定义了一种范数, 现在定义以下一些范数.

例 1.24　对 $\boldsymbol{x}=(\xi_1,\xi_2,\cdots,\xi_n)^{\mathrm{T}}\in\mathbf{C}^n$, 可以分别定义以下范数:

$$\|\boldsymbol{x}\|_1=\sum_{i=1}^n|\xi_i|,\quad \|\boldsymbol{x}\|_2=\left(\sum_{i=1}^n|\xi_i|^2\right)^{1/2},$$

$$\|\boldsymbol{x}\|_\infty=\max_{1\leqslant i\leqslant n}|\xi_i|,\quad \|\boldsymbol{x}\|_p=\left(\sum_{i=1}^n|\xi_i|^p\right)^{1/p}.$$

因为

$$\|\boldsymbol{x}\|_\infty\leqslant\|\boldsymbol{x}\|_p\leqslant\sqrt[p]{n}\|\boldsymbol{x}\|_\infty,\tag{1.8}$$

所以 $\|\boldsymbol{x}\|_\infty=\lim\limits_{p\to\infty}\|\boldsymbol{x}\|_p$. 从而对于以上例题, 我们只要证明 $\|\boldsymbol{x}\|_p$ 对任何 $p\geqslant 1$ 是 $\mathbf{C}^n$ 上的向量范数就可以. 为此, 我们先证明以下两个命题.

命题 1.1 (Hölder (赫尔德) 不等式) 设 $\boldsymbol{x}=(\xi_1,\xi_2,\cdots,\xi_n)^{\mathrm{T}}$, $\boldsymbol{y}=(\eta_1,\eta_2,\cdots,\eta_n)^{\mathrm{T}}\in\mathbf{C}^n$, 则有以下不等式

$$\sum_{i=1}^{n}|\xi_i\eta_i|\leqslant\left(\sum_{i=1}^{n}|\xi_i|^p\right)^{1/p}\left(\sum_{i=1}^{n}|\eta_i|^q\right)^{1/q}, \tag{1.9}$$

其中 $p>1,q>1,\ \dfrac{1}{p}+\dfrac{1}{q}=1$.

证明 因为函数 $f(z)=z^p$ 在区间 $[0,\infty)$ 上是凸函数, 所以对任意 $z_1,\ z_2,\ \cdots,\ z_n\geqslant 0$ 及 $\alpha_1,\ \alpha_2,\ \cdots,\ \alpha_n\geqslant 0,\ \alpha_1+\alpha_2+\cdots+\alpha_n=1$, 有

$$f\left(\sum_{i=1}^{n}\alpha_i z_i\right)\leqslant\sum_{i=1}^{n}\alpha_i f(z_i). \tag{1.10}$$

如果 $\boldsymbol{x}=\mathbf{0}$ 或 $\boldsymbol{y}=\mathbf{0}$, 则 Hölder 不等式 (1.9) 显然成立. 现设 $\boldsymbol{x}\neq\mathbf{0}$ 及 $\boldsymbol{y}\neq\mathbf{0}$, 即 $\xi_1,\xi_2,\cdots,\xi_n$ 不全为零及 $\eta_1,\eta_2,\cdots,\eta_n$ 不全为零. 由于等于零的 ξ_i 及 η_i 可使不等式 (1.9) 两边的相应项省略, 所以不妨设 $\xi_1,\xi_2,\cdots,\xi_n$ 全不为零及 $\eta_1,\eta_2,\cdots,\eta_n$ 全不为零. 记

$$z_i=|\xi_i||\eta_i|^{-q/p},\quad \alpha_i=\frac{|\eta_i|^q}{\displaystyle\sum_{i=1}^{n}|\eta_i|^q},\quad i=1,2,\cdots,n,$$

代入不等式 (1.10) 可得

$$\left(\frac{\displaystyle\sum_{i=1}^{n}|\xi_i\eta_i|}{\displaystyle\sum_{i=1}^{n}|\eta_i|^q}\right)^p=f\left(\sum_{i=1}^{n}\alpha_i z_i\right)\leqslant\sum_{i=1}^{n}\alpha_i f(z_i)=\frac{\displaystyle\sum_{i=1}^{n}|\xi_i|^p}{\displaystyle\sum_{i=1}^{n}|\eta_i|^q},$$

即有

$$\left(\sum_{i=1}^{n}|\xi_i\eta_i|\right)^p\leqslant\sum_{i=1}^{n}|\xi_i|^p\left(\sum_{i=1}^{n}|\eta_i|^q\right)^{p/q},$$

可得 Hölder 不等式 (1.9). 证毕.

注 1.2 当 $p=q=2$ 时, Hölder 不等式 (1.9) 就是 Cauchy-Schwarz 不等式.

命题 1.2 (Minkowski(闵可夫斯基) 不等式) 设 $\boldsymbol{x}=(\xi_1,\xi_2,\cdots,\xi_n)^{\mathrm{T}}$, $\boldsymbol{y}=(\eta_1,\eta_2,\cdots,\eta_n)^{\mathrm{T}}\in\mathbf{C}^n$, 则有以下不等式

$$\left(\sum_{i=1}^{n}|\xi_i+\eta_i|^p\right)^{1/p}\leqslant\left(\sum_{i=1}^{n}|\xi_i|^p\right)^{1/p}+\left(\sum_{i=1}^{n}|\eta_i|^p\right)^{1/p}, \tag{1.11}$$

其中 $p\geqslant 1$.

证明 当 $p=1$ 时,

$$\sum_{i=1}^{n}|\xi_i+\eta_i|\leqslant\sum_{i=1}^{n}(|\xi_i|+|\eta_i|)=\sum_{i=1}^{n}|\xi_i|+\sum_{i=1}^{n}|\eta_i|,$$

即 Minkowski 不等式 (1.11) 成立. 当 $p>1$ 时, 如果 $\displaystyle\sum_{i=1}^{n}|\xi_i+\eta_i|^p=0$, Minkowski 不等式

(1.11) 显然成立. 如果 $\sum_{i=1}^{n}|\xi_i+\eta_i|^p\neq 0$, 取 $q>1$ 使 $1/p+1/q=1$. 由 Hölder 不等式 (1.9), 可得

$$\begin{aligned}\sum_{i=1}^{n}|\xi_i+\eta_i|^p&=\sum_{i=1}^{n}|\xi_i+\eta_i||\xi_i+\eta_i|^{p-1}\\&\leqslant\sum_{i=1}^{n}|\xi_i||\xi_i+\eta_i|^{p-1}+\sum_{i=1}^{n}|\eta_i||\xi_i+\eta_i|^{p-1}\\&\leqslant\left(\sum_{i=1}^{n}|\xi_i|^p\right)^{1/p}\left(\sum_{i=1}^{n}|\xi_i+\eta_i|^{(p-1)q}\right)^{1/q}\\&\quad+\left(\sum_{i=1}^{n}|\eta_i|^p\right)^{1/p}\left(\sum_{i=1}^{n}|\xi_i+\eta_i|^{(p-1)q}\right)^{1/q}\\&=\left[\left(\sum_{i=1}^{n}|\xi_i|^p\right)^{1/p}+\left(\sum_{i=1}^{n}|\eta_i|^p\right)^{1/p}\right]\left(\sum_{i=1}^{n}|\xi_i+\eta_i|^p\right)^{1/q},\end{aligned}$$

从而可得 Minkowski 不等式 (1.11).　　证毕.

现在我们可以证明例 1.24 中 $\|\boldsymbol{x}\|_p$ 对任何 $p\geqslant 1$ 是 $\mathbf{C}^n$ 上向量范数了. 事实上, 由 p 范数的定义易知 $\|\boldsymbol{x}\|_p\geqslant 0$, 并且

$$\|\boldsymbol{x}\|_p=0\Longleftrightarrow\sum_{i=1}^{n}|\xi_i|^p=0\Longleftrightarrow\xi_i=0,\ i=1,2,\cdots,n\Longleftrightarrow\boldsymbol{x}=\mathbf{0},$$

即非负性得证. 对 $\lambda\in\mathbf{C}$, 有

$$\begin{aligned}\|\lambda\boldsymbol{x}\|_p&=\left(\sum_{i=1}^{n}|\lambda\xi_i|^p\right)^{1/p}=\left(\sum_{i=1}^{n}|\lambda|^p|\xi_i|^p\right)^{1/p}\\&=|\lambda|\left(\sum_{i=1}^{n}|\xi_i|^p\right)^{1/p}=|\lambda|\|\boldsymbol{x}\|_p,\end{aligned}$$

即齐次性得证. 最后由 Minkowski 不等式 (1.11), 可知 $\|\boldsymbol{x}\|_p$ 满足三角不等式. 所以 $\|\boldsymbol{x}\|_p$ 是 $\mathbf{C}^n$ 上的向量范数.

1.6.2　矩阵范数及其性质

$\mathbf{C}^n$ 上的一个向量也是 $\mathbf{C}^{n\times 1}$ 上的一个矩阵, 而 $\mathbf{C}^{n\times n}$ 上的一个矩阵也可以看作 $\mathbf{C}^{n^2}$ 上的一个向量. 所以, $\mathbf{C}^{n\times n}$ 上的矩阵范数与向量范数具有一定联系. 此外矩阵有乘法运算, 应对矩阵乘积的范数作出相应规范.

定义 1.20　如果 $\mathbf{C}^{n\times n}$ 上的一个实函数 $\|\cdot\|:\mathbf{C}^{n\times n}\to\mathbf{R}$ 满足以下条件:

(1) (非负性) $\|\boldsymbol{A}\|\geqslant 0$ 对所有 $\boldsymbol{A}\in\mathbf{C}^{n\times n}$ 成立, 并且 $\|\boldsymbol{A}\|=0$ 的充要条件是 $\boldsymbol{A}=\mathbf{0}$;

(2) (齐次性) $\|\lambda\boldsymbol{A}\|=|\lambda|\|\boldsymbol{A}\|$ 对所有 $\lambda\in\mathbf{C}$ 与 $\boldsymbol{A}\in\mathbf{C}^{n\times n}$ 成立;

(3) (三角不等式) $\|\boldsymbol{A}+\boldsymbol{B}\|\leqslant\|\boldsymbol{A}\|+\|\boldsymbol{B}\|$ 对所有 $\boldsymbol{A},\boldsymbol{B}\in\mathbf{C}^{n\times n}$ 成立;

(4) (相容性) $\|\boldsymbol{A}\boldsymbol{B}\|\leqslant\|\boldsymbol{A}\|\|\boldsymbol{B}\|$ 对所有 $\boldsymbol{A},\boldsymbol{B}\in\mathbf{C}^{n\times n}$ 成立,

则 $\|\cdot\|$ 称为一个矩阵范数, 而 $\|\boldsymbol{A}\|$ 称为 $\mathbf{C}^{n\times n}$ 上矩阵 $\boldsymbol{A}$ 的范数.

例 1.25 $\mathbf{C}^{n\times n}$ 上的 m_∞ 范数定义为

$$\|\boldsymbol{A}\|_{m_\infty}=n\max_{1\leqslant i,j\leqslant n}|a_{ij}|,\quad \boldsymbol{A}=(a_{ij})\in\mathbf{C}^{n\times n}.$$

证明 易验证 $\|\boldsymbol{A}\|_{m_\infty}$ 满足非负性、齐次性和三角不等式, 以下验证相容性. 事实上, 设 $\boldsymbol{A}=(a_{ij}),\ \boldsymbol{B}=(b_{ij})\in\mathbf{C}^{n\times n}$, 有

$$\begin{aligned}\|\boldsymbol{AB}\|_{m_\infty}&=\left\|\left(\sum_{k=1}^n a_{ik}b_{kj}\right)\right\|_{m_\infty}=n\max_{1\leqslant i,j\leqslant n}\left|\sum_{k=1}^n a_{ik}b_{kj}\right|\\&\leqslant n\max_{1\leqslant i,j\leqslant n}\sum_{k=1}^n|a_{ik}||b_{kj}|\leqslant n\sum_{k=1}^n\max_{1\leqslant i,k\leqslant n}|a_{ik}|\max_{1\leqslant k,j\leqslant n}|b_{kj}|\\&=n\max_{1\leqslant i,k\leqslant n}|a_{ik}|\cdot n\max_{1\leqslant k,j\leqslant n}|b_{kj}|\\&=\|\boldsymbol{A}\|_{m_\infty}\|\boldsymbol{B}\|_{m_\infty}.\end{aligned}$$

证毕.

例 1.26 $\mathbf{C}^{n\times n}$ 上的 F 范数定义为

$$\|\boldsymbol{A}\|_{\mathrm{F}}=\left(\sum_{i,j=1}^n|a_{ij}|^2\right)^{1/2},\quad \boldsymbol{A}=(a_{ij})\in\mathbf{C}^{n\times n}.$$

证明 易验证 $\|\boldsymbol{A}\|_{\mathrm{F}}$ 满足非负性、齐次性和三角不等式, 以下验证相容性. 事实上, 设 $\boldsymbol{A}=(a_{ij}),\ \boldsymbol{B}=(b_{ij})\in\mathbf{C}^{n\times n}$, 由 Cauchy-Schwarz 不等式有

$$\begin{aligned}\|\boldsymbol{AB}\|_{\mathrm{F}}^2&=\left\|\left(\sum_{k=1}^n a_{ik}b_{kj}\right)\right\|_{\mathrm{F}}^2=\sum_{i,j=1}^n\left|\sum_{k=1}^n a_{ik}b_{kj}\right|^2\\&\leqslant\sum_{i,j=1}^n\left(\sum_{k=1}^n|a_{ik}||b_{kj}|\right)^2\leqslant\sum_{i,j=1}^n\left(\sum_{k=1}^n|a_{ik}|^2\sum_{k=1}^n|b_{kj}|^2\right)\\&=\sum_{i,k=1}^n|a_{ik}|^2\sum_{k,j=1}^n|b_{kj}|^2\\&=\|\boldsymbol{A}\|_{\mathrm{F}}^2\|\boldsymbol{B}\|_{\mathrm{F}}^2.\end{aligned}$$

证毕.

注 1.3 根据矩阵 F 范数的定义, 事实上, 我们有 $\|\boldsymbol{A}\|_{\mathrm{F}}=\sqrt{\mathrm{tr}(\boldsymbol{A}^{\mathrm{H}}\boldsymbol{A})}=\sqrt{\mathrm{tr}(\boldsymbol{A}\boldsymbol{A}^{\mathrm{H}})}$.

设 $\boldsymbol{A}=(a_{ij})\in\mathbf{C}^{m\times n}$, 用 $\bar{\boldsymbol{A}}=(\bar{a}_{ij})$ 表示以 $\boldsymbol{A}$ 的元素共轭复数为元素组成的矩阵, 而 $\boldsymbol{A}^{\mathrm{H}}=(\bar{\boldsymbol{A}})^{\mathrm{T}}$ 为 $\boldsymbol{A}$ 的共轭转置矩阵. 容易验证矩阵的共轭转置运算具有下列性质:

(1) $\boldsymbol{A}^{\mathrm{H}}=\overline{(\boldsymbol{A}^{\mathrm{T}})}$;

(2) $(\boldsymbol{A}+\boldsymbol{B})^{\mathrm{H}}=\boldsymbol{A}^{\mathrm{H}}+\boldsymbol{B}^{\mathrm{H}}$;

(3) $(k\boldsymbol{A})^{\mathrm{H}}=\bar{k}\boldsymbol{A}^{\mathrm{H}}$;

(4) $(\boldsymbol{AB})^{\mathrm{H}}=\boldsymbol{B}^{\mathrm{H}}\boldsymbol{A}^{\mathrm{H}}$;

(5) $(\boldsymbol{A}^{\mathrm{H}})^{\mathrm{H}}=\boldsymbol{A}$;

(6) 如果 $\boldsymbol{A}$ 可逆, 则 $(\boldsymbol{A}^{\mathrm{H}})^{-1}=(\boldsymbol{A}^{-1})^{\mathrm{H}}$.

定义 1.21 设 $\boldsymbol{A}\in\boldsymbol{C}^{n\times n}$, 若 $\boldsymbol{A}$ 满足 $\boldsymbol{A}^{\mathrm{H}}\boldsymbol{A}=\boldsymbol{I}$, 则称 $\boldsymbol{A}$ 为酉矩阵.

由定义可知 $\boldsymbol{A}^{\mathrm{H}}=\boldsymbol{A}^{-1}$, 从而有 $\boldsymbol{A}\boldsymbol{A}^{\mathrm{H}}=\boldsymbol{I}$. 当 $\boldsymbol{A}$ 为实矩阵时, 酉矩阵 $\boldsymbol{A}$ 就是正交矩阵. 酉矩阵具有如下性质.

定理 1.20　设 $\boldsymbol{A}, \boldsymbol{B} \in \mathbf{C}^{n\times n}$.

(1) 若 $\boldsymbol{A}$ 是酉矩阵, 则 $\boldsymbol{A}^{-1}, \boldsymbol{A}^{\mathrm{H}}, \boldsymbol{A}^{\mathrm{T}}, \bar{\boldsymbol{A}}, \boldsymbol{A}^k$ $(k = 1, 2, \cdots)$ 均为酉矩阵;

(2) 若 $\boldsymbol{A}, \boldsymbol{B}$ 是酉矩阵, 则 $\boldsymbol{AB}$ 也是酉矩阵;

(3) 若 $\boldsymbol{A}$ 是酉矩阵, 则 $|\det \boldsymbol{A}| = 1$;

(4) $\boldsymbol{A}$ 是酉矩阵的充要条件是 $\boldsymbol{A}$ 的 n 个列向量是标准正交向量组;

(5) $\boldsymbol{A}$ 是酉矩阵的充要条件是 $\boldsymbol{A}$ 的行向量是标准正交向量组;

(6) $\boldsymbol{A}$ 是酉矩阵的充要条件是对任意 $\boldsymbol{\alpha}, \boldsymbol{\beta} \in \mathbf{C}^n$, 有 $\langle \boldsymbol{A\alpha}, \boldsymbol{A\beta}\rangle = \langle \boldsymbol{\alpha}, \boldsymbol{\beta}\rangle$;

(7) 若 $\boldsymbol{A}$ 是酉矩阵, λ 为 $\boldsymbol{A}$ 的特征值, 则 $|\lambda| = 1$.

定理 1.21 (矩阵 F 范数的酉不变性)　设 $\boldsymbol{U}, \boldsymbol{V} \in \mathbf{C}^{n\times n}$ 是酉矩阵, 则对任意 $\boldsymbol{A} \in \mathbf{C}^{n\times n}$, 有

$$\|\boldsymbol{UA}\|_{\mathrm{F}} = \|\boldsymbol{AV}\|_{\mathrm{F}} = \|\boldsymbol{UAV}\|_{\mathrm{F}} = \|\boldsymbol{A}\|_{\mathrm{F}}.$$

证明　根据矩阵 F 范数的定义, 有

$$\|\boldsymbol{UA}\|_{\mathrm{F}} = \sqrt{\mathrm{tr}((\boldsymbol{UA})^{\mathrm{H}}\boldsymbol{UA})} = \sqrt{\mathrm{tr}(\boldsymbol{A}^{\mathrm{H}}\boldsymbol{U}^{\mathrm{H}}\boldsymbol{UA})} = \sqrt{\mathrm{tr}(\boldsymbol{A}^{\mathrm{H}}\boldsymbol{A})} = \|\boldsymbol{A}\|_{\mathrm{F}},$$

$$\|\boldsymbol{AV}\|_{\mathrm{F}} = \sqrt{\mathrm{tr}(\boldsymbol{AV}(\boldsymbol{AV})^{\mathrm{H}})} = \sqrt{\mathrm{tr}(\boldsymbol{AVV}^{\mathrm{H}}\boldsymbol{A}^{\mathrm{H}})} = \sqrt{\mathrm{tr}(\boldsymbol{A}^{\mathrm{H}}\boldsymbol{A})} = \|\boldsymbol{A}\|_{\mathrm{F}}.$$

从而有 $\|\boldsymbol{UAV}\|_{\mathrm{F}} = \|\boldsymbol{AV}\|_{\mathrm{F}} = \|\boldsymbol{A}\|_{\mathrm{F}}$.　　证毕.

下面定理说明, 经过相似变换, 可以用一个矩阵范数定义另一个矩阵范数.

定理 1.22　设 $\|\cdot\|$ 是 $\mathbf{C}^{n\times n}$ 上一个矩阵范数, $\boldsymbol{G} \in \mathbf{C}_n^{n\times n}$ 是一个可逆矩阵, 则

$$\|\boldsymbol{A}\|_G = \|\boldsymbol{G}^{-1}\boldsymbol{AG}\|, \quad \boldsymbol{A} \in \mathbf{C}^{n\times n}$$

是矩阵范数.

证明　可直接验证 $\|\boldsymbol{A}\|_G$ 满足矩阵范数定义的条件.　　证毕.

设 $\|\cdot\|$ 是 $\mathbf{C}^n$ 上的向量范数, 定义 $\mathbf{C}^{n\times n}$ 上的函数为

$$\|\boldsymbol{A}\|_m = \max_{\|\boldsymbol{x}\|=1} \|\boldsymbol{Ax}\|, \quad \boldsymbol{A} \in \mathbf{C}^{n\times n}. \tag{1.12}$$

定理 1.23　式 (1.12) 中定义的函数 $\|\cdot\|_m$ 是 $\mathbf{C}^{n\times n}$ 上的范数, 并有 $\|\boldsymbol{Ax}\| \leqslant \|\boldsymbol{A}\|_m\|\boldsymbol{x}\|$ 对所有 $\boldsymbol{A} \in \mathbf{C}^{n\times n}$ 和所有 $\boldsymbol{x} \in \mathbf{C}^n$ 成立, 对单位矩 $\boldsymbol{I}$, $\|\boldsymbol{I}\|_m = 1$.

证明　(1) 显然 $\|\boldsymbol{A}\|_m \geqslant 0$. 如果 $\boldsymbol{A} = \boldsymbol{0}$, 则 $\boldsymbol{Ax} = \boldsymbol{0}$ 对所有 $\boldsymbol{x} \in \mathbf{C}^n$ 成立, 那么由式 (1.12), $\|\boldsymbol{A}\|_m = 0$. 反之, 若 $\|\boldsymbol{A}\|_m = 0$, 则 $\|\boldsymbol{Ax}\| = 0$, 即 $\boldsymbol{Ax} = \boldsymbol{0}$ 对所有 $\boldsymbol{x} \in B = \{\boldsymbol{x} : \|\boldsymbol{x}\| = 1\}$ 成立. 那么对所有 $\boldsymbol{x} \in \mathbf{C}^n$, $\boldsymbol{x} \neq \boldsymbol{0}$, 有 $\dfrac{\boldsymbol{x}}{\|\boldsymbol{x}\|} \in B$, 则

$$\boldsymbol{0} = \boldsymbol{A}\left(\frac{\boldsymbol{x}}{\|\boldsymbol{x}\|}\right) = \frac{\boldsymbol{Ax}}{\|\boldsymbol{x}\|}.$$

故 $\boldsymbol{Ax} = \boldsymbol{0}$, 而当 $\boldsymbol{x} = \boldsymbol{0}$ 时, $\boldsymbol{Ax} = \boldsymbol{0}$ 自然成立. 从而 $\boldsymbol{A} = \boldsymbol{0}$, 非负性成立.

(2) 对任意 $\lambda \in \mathbf{C}$, 齐次性成立:

$$\|\lambda\boldsymbol{A}\|_m = \max_{\|\boldsymbol{x}\|=1} \|\lambda\boldsymbol{Ax}\| = \max_{\|\boldsymbol{x}\|=1} |\lambda|\|\boldsymbol{Ax}\| = |\lambda| \max_{\|\boldsymbol{x}\|=1} \|\boldsymbol{Ax}\| = |\lambda|\|\boldsymbol{A}\|_m.$$

(3) 对任意 $\boldsymbol{A}, \boldsymbol{B} \in \mathbf{C}^{n\times n}$, 三角不等式成立:

$$\begin{aligned}\|\boldsymbol{A}+\boldsymbol{B}\|_m &= \max_{\|\boldsymbol{x}\|=1} \|(\boldsymbol{A}+\boldsymbol{B})\boldsymbol{x}\| = \max_{\|\boldsymbol{x}\|=1} \|\boldsymbol{Ax}+\boldsymbol{Bx}\| \\ &\leqslant \max_{\|\boldsymbol{x}\|=1} (\|\boldsymbol{Ax}\|+\|\boldsymbol{Bx}\|) \leqslant \max_{\|\boldsymbol{x}\|=1} \|\boldsymbol{Ax}\| + \max_{\|\boldsymbol{x}\|=1} \|\boldsymbol{Bx}\|\end{aligned}$$

$$= \|\boldsymbol{A}\|_m + \|\boldsymbol{B}\|_m.$$

(4) 对任意 $\boldsymbol{A}, \boldsymbol{B} \in \mathbf{C}^{n\times n}$, 相容性成立:

$$\begin{aligned}\|\boldsymbol{AB}\|_m &= \max_{\|\boldsymbol{x}\|=1} \|\boldsymbol{ABx}\| = \max_{\|\boldsymbol{x}\|=1} \frac{\|\boldsymbol{ABx}\|}{\|\boldsymbol{Bx}\|}\|\boldsymbol{Bx}\| \\ &\leqslant \max_{\|\boldsymbol{x}\|=1} \left\|\boldsymbol{A}\left(\frac{\boldsymbol{Bx}}{\|\boldsymbol{Bx}\|}\right)\right\| \max_{\|\boldsymbol{x}\|=1} \|\boldsymbol{Bx}\| \leqslant \max_{\|\boldsymbol{y}\|=1} \|\boldsymbol{Ay}\| \max_{\|\boldsymbol{x}\|=1} \|\boldsymbol{Bx}\| \\ &= \|\boldsymbol{A}\|_m \|\boldsymbol{B}\|_m,\end{aligned}$$

其中, 最大值不妨假定只对使 $\boldsymbol{Bx} \neq \boldsymbol{0}$ 的向量 $\boldsymbol{x}$ 取的.

如果 $\boldsymbol{x} \neq \boldsymbol{0}$, 则有

$$\frac{\|\boldsymbol{Ax}\|}{\|\boldsymbol{x}\|} = \left\|\boldsymbol{A}\left(\frac{\boldsymbol{x}}{\|\boldsymbol{x}\|}\right)\right\| \leqslant \max_{\|\boldsymbol{x}\|=1} \|\boldsymbol{Ax}\| = \|\boldsymbol{A}\|_m.$$

所以 $\|\boldsymbol{Ax}\| \leqslant \|\boldsymbol{A}\|_m \|\boldsymbol{x}\|$, 当 $\boldsymbol{x} = \boldsymbol{0}$ 时, 不等式也成立. 最后

$$\|\boldsymbol{I}\|_m = \max_{\|\boldsymbol{x}\|=1} \|\boldsymbol{Ix}\| = \max_{\|\boldsymbol{x}\|=1} \|\boldsymbol{x}\| = 1.$$

证毕.

定义 1.22 称由式 (1.12) 定义的矩阵范数为算子范数, 或由向量范数 $\|\cdot\|$ 诱导的矩阵范数.

从定理 1.23 可知, 一个矩阵范数 $\|\cdot\|$ 是算子范数的必要条件为 $\|\boldsymbol{I}\| = 1$. 因为

$$\|\boldsymbol{I}\|_{m_1} = n, \quad \|\boldsymbol{I}\|_{m_\infty} = n, \quad \|\boldsymbol{I}\|_{\mathrm{F}} = \sqrt{n},$$

所以一般的矩阵 m_1, m_∞, F 范数均不是算子范数, 或者说, 它们均不是由某向量范数诱导的矩阵范数.

常用的算子范数有矩阵 1, 2, ∞ 范数, 下面分别说明之.

例 1.27 (极大列和范数) 矩阵 1 范数定义为

$$\|\boldsymbol{A}\|_1 = \max_{1\leqslant j\leqslant n} \sum_{i=1}^{n} |a_{ij}|, \quad \boldsymbol{A} = (a_{ij}) \in \mathbf{C}^{n\times n}.$$

以下将证明 $\|\boldsymbol{A}\|_1$ 是由向量 1 范数诱导的, 因而它一定是矩阵范数.

事实上, 记 $\boldsymbol{A}$ 的第 j 列为 $\boldsymbol{\alpha}_j$, 即 $\boldsymbol{A} = (\boldsymbol{\alpha}_1, \boldsymbol{\alpha}_2, \cdots, \boldsymbol{\alpha}_n)$. 于是 $\|\boldsymbol{A}\|_1 = \max\limits_{1\leqslant j\leqslant n} \|\boldsymbol{\alpha}_j\|_1$. 如果 $\boldsymbol{x} = (\xi_1, \xi_2, \cdots, \xi_n)^{\mathrm{T}} \in \mathbf{C}^n$, 则

$$\begin{aligned}\|\boldsymbol{Ax}\|_1 &= \left\|\sum_{j=1}^{n} \xi_j \boldsymbol{\alpha}_j\right\|_1 \leqslant \sum_{j=1}^{n} \|\xi_j \boldsymbol{\alpha}_j\|_1 = \sum_{j=1}^{n} |\xi_j|\, \|\boldsymbol{\alpha}_j\|_1 \\ &\leqslant \sum_{j=1}^{n} |\xi_j| \left(\max_{1\leqslant j\leqslant n} \|\boldsymbol{\alpha}_j\|_1\right) = \sum_{j=1}^{n} |\xi_j|\, \|\boldsymbol{A}\|_1 = \|\boldsymbol{x}\|_1 \|\boldsymbol{A}\|_1.\end{aligned}$$

因而, $\max\limits_{\|\boldsymbol{x}\|_1=1} \|\boldsymbol{Ax}\|_1 \leqslant \|\boldsymbol{A}\|_1$. 设 $\boldsymbol{e}_k$ 是 $\mathbf{C}^n$ 中标准基的第 k 个向量, 则对任意 $k=1,2,\cdots,n$, 有

$$\max_{\|\boldsymbol{x}\|_1=1} \|\boldsymbol{Ax}\|_1 \geqslant \|\boldsymbol{Ae}_k\|_1 = \|\boldsymbol{\alpha}_k\|_1,$$

所以

$$\max_{\|\boldsymbol{x}\|_1=1} \|\boldsymbol{Ax}\|_1 \geqslant \max_{1\leqslant k\leqslant n} \|\boldsymbol{\alpha}_k\|_1 = \|\boldsymbol{A}\|_1.$$

故 $\|\boldsymbol{A}\|_1 = \max\limits_{\|\boldsymbol{x}\|_1=1} \|\boldsymbol{A}\boldsymbol{x}\|_1$.

例 1.28 (极大行和范数)　矩阵 ∞ 范数定义为

$$\|\boldsymbol{A}\|_\infty = \max_{1\leqslant i\leqslant n} \sum_{j=1}^n |a_{ij}|, \quad \boldsymbol{A} = (a_{ij}) \in \mathbf{C}^{n\times n}.$$

以下将证明 $\|\boldsymbol{A}\|_\infty$ 是由向量 ∞ 范数诱导的, 因而它一定是矩阵范数.

如果 $\boldsymbol{x} = (\xi_1, \xi_2, \cdots, \xi_n)^{\mathrm{T}} \in \mathbf{C}^n$, 则

$$\begin{aligned}\|\boldsymbol{A}\boldsymbol{x}\|_\infty &= \max_{1\leqslant i\leqslant n} \left|\sum_{j=1}^n a_{ij}\xi_j\right| \leqslant \max_{1\leqslant i\leqslant n} \sum_{j=1}^n |a_{ij}\xi_j| \\ &\leqslant \max_{1\leqslant i\leqslant n} \sum_{j=1}^n |a_{ij}|\ \|\boldsymbol{x}\|_\infty = \|\boldsymbol{A}\|_\infty \|\boldsymbol{x}\|_\infty.\end{aligned}$$

因而, $\max\limits_{\|\boldsymbol{x}\|_\infty=1} \|\boldsymbol{A}\boldsymbol{x}\|_\infty \leqslant \|\boldsymbol{A}\|_\infty$. 现设

$$\max_{1\leqslant i\leqslant n} \sum_{j=1}^n |a_{ij}| = \sum_{j=1}^n |a_{kj}|,$$

定义向量 $\boldsymbol{z} = (\tau_1, \tau_2, \cdots, \tau_n)^{\mathrm{T}} \in \mathbf{C}^n$, 对 $j = 1, 2, \cdots, n$,

$$\tau_j = \begin{cases} \dfrac{|a_{kj}|}{a_{kj}}, & a_{kj} \neq 0, \\ 1, & a_{kj} = 0. \end{cases}$$

于是 $\|\boldsymbol{z}\|_\infty = 1$, 且对所有 $j = 1, 2, \cdots, n$, 有 $a_{kj}\tau_j = |a_{kj}|$, 并且

$$\begin{aligned}\max_{\|\boldsymbol{x}\|_\infty=1} \|\boldsymbol{A}\boldsymbol{x}\|_\infty \geqslant \|\boldsymbol{A}\boldsymbol{z}\|_\infty &= \max_{1\leqslant i\leqslant n} \left|\sum_{j=1}^n a_{ij}\tau_j\right| \geqslant \left|\sum_{j=1}^n a_{kj}\tau_j\right| \\ &= \sum_{j=1}^n |a_{kj}| = \max_{1\leqslant i\leqslant n} \sum_{j=1}^n |a_{ij}| = \|\boldsymbol{A}\|_\infty.\end{aligned}$$

故 $\|\boldsymbol{A}\|_\infty = \max\limits_{\|\boldsymbol{x}\|_\infty=1} \|\boldsymbol{A}\boldsymbol{x}\|_\infty$.

例 1.29 (谱范数)　矩阵 2 范数定义为

$$\|\boldsymbol{A}\|_2 = \max\{\sqrt{\lambda} : \lambda 是 \boldsymbol{A}^{\mathrm{H}}\boldsymbol{A} \text{ 的特征值}\}.$$

以下将证明 $\|\boldsymbol{A}\|_2$ 是由向量 2 范数诱导的, 因而它一定是矩阵范数.

定义 1.23　设 $\boldsymbol{A} \in \mathbf{C}^{n\times n}$, 如果 $\boldsymbol{A}^{\mathrm{H}} = \boldsymbol{A}$, 则称 $\boldsymbol{A}$ 为 Hermite (埃尔米特) 矩阵; 如果 $\boldsymbol{A}^{\mathrm{H}} = -\boldsymbol{A}$, 则称 $\boldsymbol{A}$ 为反 Hermite 矩阵.

显然, Hermite 矩阵主对角线元素全为实数, 反 Hermite 矩阵的主对角元素全为零或纯虚数. 实对称矩阵是 Hermite 矩阵的特例.

定义 1.24　设 $\boldsymbol{A} \in \mathbf{C}^{n\times n}$, 且 $\boldsymbol{A}^{\mathrm{H}}\boldsymbol{A} = \boldsymbol{A}\boldsymbol{A}^{\mathrm{H}}$, 则称 $\boldsymbol{A}$ 为正规矩阵.

容易验证, 对角矩阵、实对称矩阵、实反对称矩阵 $(\boldsymbol{A}^{\mathrm{T}} = -\boldsymbol{A})$、Hermite 矩阵、反 Hermite 矩阵、正交矩阵以及酉矩阵等都是正规矩阵. 当然, 正规矩阵并非只有这些常用的矩阵, 例如

$$\boldsymbol{A} = \begin{pmatrix} 1 & -1 \\ 1 & 1 \end{pmatrix}$$

是一个正规矩阵, 但它不属于上述矩阵的任何一种.

因为 $\boldsymbol{A}^{\mathrm{H}}\boldsymbol{A}$ 是 Hermite 半正定矩阵, 所以它的特征值 $\lambda_1,\lambda_2,\cdots,\lambda_n$ 均非负, 根据定理 2.8, 存在酉矩阵 $\boldsymbol{U}$ 使得

$$\boldsymbol{U}^{\mathrm{H}}\boldsymbol{A}^{\mathrm{H}}\boldsymbol{A}\boldsymbol{U}=\mathrm{diag}(\lambda_1,\lambda_2,\cdots,\lambda_n).$$

如果 $\boldsymbol{x}=(\xi_1,\xi_2,\cdots,\xi_n)^{\mathrm{T}}\in\mathbf{C}^n$, 记 $\boldsymbol{U}^{\mathrm{H}}\boldsymbol{x}=\boldsymbol{y}=(\eta_1,\eta_2,\cdots,\eta_n)^{\mathrm{T}}\in\mathbf{C}^n$. 则

$$\begin{aligned}\|\boldsymbol{A}\boldsymbol{x}\|_2^2&=(\boldsymbol{A}\boldsymbol{x})^{\mathrm{H}}(\boldsymbol{A}\boldsymbol{x})=\boldsymbol{x}^{\mathrm{H}}\boldsymbol{A}^{\mathrm{H}}\boldsymbol{A}\boldsymbol{x}=\boldsymbol{y}^{\mathrm{H}}\boldsymbol{U}^{\mathrm{H}}\boldsymbol{A}^{\mathrm{H}}\boldsymbol{A}\boldsymbol{U}\boldsymbol{y}\\&=\boldsymbol{y}^{\mathrm{H}}\mathrm{diag}(\lambda_1,\lambda_2,\cdots,\lambda_n)\boldsymbol{y}=\sum_{i=1}^{n}\lambda_i|\eta_i|^2\\&\leqslant\|\boldsymbol{A}\|_2^2\sum_{i=1}^{n}|\eta_i|^2=\|\boldsymbol{A}\|_2^2\|\boldsymbol{y}\|_2^2=\|\boldsymbol{A}\|_2^2\|\boldsymbol{x}\|_2^2.\end{aligned}$$

因而 $\max\limits_{\|\boldsymbol{x}\|_2=1}\|\boldsymbol{A}\boldsymbol{x}\|_2\leqslant\|\boldsymbol{A}\|_2$. 设 $\max\{\lambda_1,\lambda_2,\cdots,\lambda_n\}=\lambda_k$. 定义向量 $\boldsymbol{z}=\boldsymbol{U}\boldsymbol{e}_k$, 其中 $\boldsymbol{e}_k$ 为 $\mathbf{C}^n$ 中标准基的第 k 个向量, 则 $\|\boldsymbol{z}\|_2=\|\boldsymbol{e}_k\|_2=1$, 并且

$$\begin{aligned}\max_{\|\boldsymbol{x}\|_2=1}\|\boldsymbol{A}\boldsymbol{x}\|_2&\geqslant\|\boldsymbol{A}\boldsymbol{z}\|_2=\sqrt{(\boldsymbol{A}\boldsymbol{z})^{\mathrm{H}}(\boldsymbol{A}\boldsymbol{z})}\\&=\sqrt{\boldsymbol{e}_k^{\mathrm{H}}\mathrm{diag}(\lambda_1,\lambda_2,\cdots,\lambda_n)\boldsymbol{e}_k}=\sqrt{\lambda_k}=\|\boldsymbol{A}\|_2.\end{aligned}$$

故 $\|\boldsymbol{A}\|_2=\max\limits_{\|\boldsymbol{x}\|_2=1}\|\boldsymbol{A}\boldsymbol{x}\|_2$.

定理 1.24 (1)(谱范数的酉不变性) 设 $\boldsymbol{U},\boldsymbol{V}$ 是酉矩阵, 则

$$\|\boldsymbol{A}\|_2=\|\boldsymbol{U}\boldsymbol{A}\|_2=\|\boldsymbol{A}\boldsymbol{V}\|_2=\|\boldsymbol{U}\boldsymbol{A}\boldsymbol{V}\|_2.$$

(2) 如果 $\boldsymbol{A}$ 是正规矩阵, 则 $\|\boldsymbol{A}\|_2=\max\{|\lambda|:\lambda\text{是}\boldsymbol{A}\text{的特征值}\}$.

证明 (1) 因为 $(\boldsymbol{U}\boldsymbol{A})^{\mathrm{H}}\boldsymbol{U}\boldsymbol{A}=\boldsymbol{A}^{\mathrm{H}}\boldsymbol{U}^{\mathrm{H}}\boldsymbol{U}\boldsymbol{A}=\boldsymbol{A}^{\mathrm{H}}\boldsymbol{A}$, 所以 $\|\boldsymbol{A}\|_2=\|\boldsymbol{U}\boldsymbol{A}\|_2$. 又 $(\boldsymbol{A}\boldsymbol{V})^{\mathrm{H}}\boldsymbol{A}\boldsymbol{V}$ 与 $\boldsymbol{A}\boldsymbol{V}(\boldsymbol{A}\boldsymbol{V})^{\mathrm{H}}$ 的特征值相同, 而 $\boldsymbol{A}\boldsymbol{V}(\boldsymbol{A}\boldsymbol{V})^{\mathrm{H}}=\boldsymbol{A}\boldsymbol{A}^{\mathrm{H}}$, 且 $\boldsymbol{A}\boldsymbol{A}^{\mathrm{H}}$ 与 $\boldsymbol{A}^{\mathrm{H}}\boldsymbol{A}$ 的特征值相同, 因此 $\|\boldsymbol{A}\|_2=\|\boldsymbol{A}\boldsymbol{V}\|_2$. 从而有 $\|\boldsymbol{A}\|_2=\|\boldsymbol{U}\boldsymbol{A}\boldsymbol{V}\|_2$.

(2) 如果 $\boldsymbol{A}$ 是正规矩阵, 则根据定理 2.8, 存在酉矩阵 $\boldsymbol{U}$ 使得

$$\boldsymbol{U}^{\mathrm{H}}\boldsymbol{A}\boldsymbol{U}=\mathrm{diag}(\lambda_1,\lambda_2,\cdots,\lambda_n),$$

其中 $\lambda_1,\lambda_2,\cdots,\lambda_n$ 是 $\boldsymbol{A}$ 的特征值. 那么

$$\begin{aligned}\boldsymbol{A}^{\mathrm{H}}\boldsymbol{A}&=\boldsymbol{U}\mathrm{diag}(\bar\lambda_1,\bar\lambda_2,\cdots,\bar\lambda_n)\boldsymbol{U}^{\mathrm{H}}\boldsymbol{U}\mathrm{diag}(\lambda_1,\lambda_2,\cdots,\lambda_n)\boldsymbol{U}^{\mathrm{H}}\\&=\boldsymbol{U}\mathrm{diag}(|\lambda_1|^2,|\lambda_2|^2,\cdots,|\lambda_n|^2)\boldsymbol{U}^{\mathrm{H}}.\end{aligned}$$

因此 $\boldsymbol{A}^{\mathrm{H}}\boldsymbol{A}$ 的特征值为 $|\lambda_1|^2,|\lambda_2|^2,\cdots,|\lambda_n|^2$, 所以 $\|\boldsymbol{A}\|_2=\max\limits_{1\leqslant i\leqslant n}|\lambda_i|$. 证毕.

1.6.3 向量范数、矩阵范数的相容性

定义 1.25 设 $\|\cdot\|_\alpha$ 是 $\mathbf{C}^n$ 上一个向量范数, $\|\cdot\|_m$ 是 $\mathbf{C}^{n\times n}$ 上一个矩阵范数. 如果对任意 $\boldsymbol{x}\in\mathbf{C}^n$ 及 $A\in\mathbf{C}^{n\times n}$ 有

$$\|\boldsymbol{A}\boldsymbol{x}\|_\alpha\leqslant\|\boldsymbol{A}\|_m\|\boldsymbol{x}\|_\alpha,$$

则称向量范数 $\|\cdot\|_\alpha$ 与矩阵范数 $\|\cdot\|_m$ 相容.

例 1.30 向量 1 范数与矩阵 m_1 范数相容.

证明 设 $\boldsymbol{x}=(\xi_1,\xi_2,\cdots,\xi_n)^{\mathrm{T}}\in\mathbf{C}^n$, $\boldsymbol{A}=(a_{ij})\in\mathbf{C}^{n\times n}$, 则有

$$\begin{aligned}\|\boldsymbol{Ax}\|_1&=\sum_{i=1}^n\left|\sum_{j=1}^n a_{ij}\xi_j\right|\leqslant\sum_{i=1}^n\sum_{j=1}^n(|a_{ij}||\xi_j|)\\&\leqslant\sum_{i=1}^n\sum_{j=1}^n\left(|a_{ij}|\sum_{j=1}^n|\xi_j|\right)=\left(\sum_{i=1}^n\sum_{j=1}^n|a_{ij}|\right)\left(\sum_{j=1}^n|\xi_j|\right)\\&=\|\boldsymbol{A}\|_{m_1}\|\boldsymbol{x}\|_1.\end{aligned}$$

证毕.

例 1.31　向量 2 范数与矩阵 F 范数相容.

证明　设 $\boldsymbol{x}=(\xi_1,\xi_2,\cdots,\xi_n)^{\mathrm{T}}\in\mathbf{C}^n$, $\boldsymbol{A}=(a_{ij})\in\mathbf{C}^{n\times n}$, 由 Cauchy-Schwarz 不等式有

$$\begin{aligned}\|\boldsymbol{Ax}\|_2&=\left(\sum_{i=1}^n\left|\sum_{j=1}^n a_{ij}\xi_j\right|^2\right)^{1/2}\leqslant\left(\sum_{i=1}^n\left(\sum_{j=1}^n(|a_{ij}||\xi_j|)\right)^2\right)^{1/2}\\&\leqslant\left(\sum_{i=1}^n\sum_{j=1}^n|a_{ij}|^2\sum_{j=1}^n|\xi_j|^2\right)^{1/2}\\&\leqslant\left(\sum_{i=1}^n\sum_{j=1}^n|a_{ij}|^2\right)^{1/2}\left(\sum_{j=1}^n|\xi_j|^2\right)^{1/2}\\&=\|\boldsymbol{A}\|_{\mathrm{F}}\|\boldsymbol{x}\|_2.\end{aligned}$$

证毕.

例 1.32　向量 1 范数、2 范数、∞ 范数均与矩阵 m_∞ 范数相容.

证明　设 $\boldsymbol{x}=(\xi_1,\xi_2,\cdots,\xi_n)^{\mathrm{T}}\in\mathbf{C}^n$, $\boldsymbol{A}=(a_{ij})\in\mathbf{C}^{n\times n}$, 则有

$$\begin{aligned}\|\boldsymbol{Ax}\|_1&=\sum_{i=1}^n\left|\sum_{j=1}^n a_{ij}\xi_j\right|\leqslant\sum_{i=1}^n\sum_{j=1}^n|a_{ij}||\xi_j|\\&\leqslant\sum_{i=1}^n\sum_{j=1}^n\left(\max_{1\leqslant i,j\leqslant n}|a_{ij}|\cdot|\xi_j|\right)=n\max_{1\leqslant i,j\leqslant n}|a_{ij}|\sum_{j=1}^n|\xi_j|\\&=\|\boldsymbol{A}\|_{m_\infty}\|\boldsymbol{x}\|_1.\end{aligned}$$

而

$$\begin{aligned}\|\boldsymbol{Ax}\|_2&=\left(\sum_{i=1}^n\left|\sum_{j=1}^n a_{ij}\xi_j\right|^2\right)^{1/2}\leqslant\left(\sum_{i=1}^n\left(\sum_{j=1}^n|a_{ij}||\xi_j|\right)^2\right)^{1/2}\\&\leqslant\left(\sum_{i=1}^n\left(\sum_{j=1}^n|a_{ij}|^2\sum_{j=1}^n|\xi_j|^2\right)\right)^{1/2}\\&=\left(\sum_{i=1}^n\sum_{j=1}^n|a_{ij}|^2\right)^{1/2}\left(\sum_{j=1}^n|\xi_j|^2\right)^{1/2}\leqslant n\max_{1\leqslant i,j\leqslant n}|a_{ij}|\left(\sum_{j=1}^n|\xi_j|^2\right)^{1/2}\\&=\|\boldsymbol{A}\|_{m_\infty}\|\boldsymbol{x}\|_2,\end{aligned}$$

以及

$$\|\boldsymbol{Ax}\|_\infty=\max_{1\leqslant i\leqslant n}\left|\sum_{j=1}^n a_{ij}\xi_j\right|\leqslant\max_{1\leqslant i\leqslant n}\sum_{j=1}^n|a_{ij}||\xi_j|$$

$$\leqslant n \max_{1\leqslant i,j\leqslant n} |a_{ij}| \max_{1\leqslant j\leqslant n} |\xi_j|$$
$$= \|\boldsymbol{A}\|_{m_\infty}\|\boldsymbol{x}\|_\infty.$$ 证毕.

由定理 1.23 可知, 任何向量范数都存在与之相容的矩阵范数 (算子范数), 反之我们有以下结论.

定理 1.25 设 $\|\cdot\|_m$ 是 $\mathbf{C}^{n\times n}$ 上矩阵范数, 则在 $\mathbf{C}^n$ 上存在与之相容的向量范数.

证明 对 $\boldsymbol{x}\in\mathbf{C}^n$, 记 $\boldsymbol{X}$ 是由 n 个 $\boldsymbol{x}$ 为列向量组成的矩阵, 即 $\boldsymbol{X}=(\boldsymbol{x},\boldsymbol{x},\cdots,\boldsymbol{x})\in\mathbf{C}^{n\times n}$. 定义 $\mathbf{C}^n$ 上函数 $\|\boldsymbol{x}\|=\|\boldsymbol{X}\|_m$. 易证 $\|\boldsymbol{x}\|$ 是 $\mathbf{C}^n$ 上范数, 并且对任意 $\boldsymbol{A}\in\mathbf{C}^{n\times n}$, 有

$$\|\boldsymbol{AX}\|=\|(\boldsymbol{Ax},\boldsymbol{Ax},\cdots,\boldsymbol{Ax})\|_m=\|\boldsymbol{AX}\|_m\leqslant\|\boldsymbol{A}\|_m\|\boldsymbol{X}\|_m=\|\boldsymbol{A}\|_m\|\boldsymbol{x}\|,$$

即向量范数 $\|\cdot\|$ 与给定矩阵范数 $\|\cdot\|_m$ 相容. 证毕.

1.7 矩阵的谱半径、矩阵级数、条件数及其应用

作为矩阵范数一个重要应用, 它可以用于确定矩阵特征值 (谱) 范围. 本节讨论矩阵的谱半径及其在矩阵级数收敛性研究中的应用.

1.7.1 矩阵的谱半径

定义 1.26 矩阵 $\boldsymbol{A}\in\mathbf{C}^{n\times n}$ 的谱半径 $\rho(\boldsymbol{A})$ 定义为

$$\rho(\boldsymbol{A})=\max\{|\lambda|:\lambda\text{是}\boldsymbol{A}\text{ 的特征值}\}.$$

定理 1.26 设 $\|\cdot\|$ 是 $\mathbf{C}^{n\times n}$ 上一个矩阵范数. 则对任意 $\boldsymbol{A}\in\mathbf{C}^{n\times n}$, 有 $\rho(\boldsymbol{A})\leqslant\|\boldsymbol{A}\|$.

证明 根据谱半径的定义, 至少有 $\boldsymbol{A}$ 的一个特征值 λ_*, 可使得 $|\lambda_*|=\rho(\boldsymbol{A})$. 设 $\boldsymbol{Ax}=\lambda_*\boldsymbol{x}$, $\boldsymbol{x}\neq\boldsymbol{0}$. 记 $\boldsymbol{X}=(\boldsymbol{x},\boldsymbol{x},\cdots,\boldsymbol{x})\in\mathbf{C}^{n\times n}$, 那么 $\boldsymbol{AX}=(\boldsymbol{Ax},\boldsymbol{Ax},\cdots,\boldsymbol{Ax})=(\lambda_*\boldsymbol{x},\lambda_*\boldsymbol{x},\cdots,\lambda_*\boldsymbol{x})=\lambda_*\boldsymbol{X}$. 则

$$|\lambda_*|\,\|\boldsymbol{X}\|=\|\lambda_*\boldsymbol{X}\|=\|\boldsymbol{AX}\|\leqslant\|\boldsymbol{A}\|\|\boldsymbol{X}\|,$$

因此 $\rho(\boldsymbol{A})=|\lambda_*|\leqslant\|\boldsymbol{A}\|$. 证毕.

矩阵的谱半径是 $\mathbf{C}^{n\times n}$ 上的一个函数, 但它不是矩阵范数. 如设

$$\boldsymbol{A}=\begin{pmatrix}0&1\\0&0\end{pmatrix},\quad \boldsymbol{B}=\begin{pmatrix}0&0\\1&0\end{pmatrix},\quad \boldsymbol{E}=\begin{pmatrix}0&1\\1&0\end{pmatrix},\quad \boldsymbol{F}=\begin{pmatrix}1&1\\0&1\end{pmatrix},$$

则 $\boldsymbol{A}\neq\boldsymbol{0}$, 但 $\rho(\boldsymbol{A})=0$; $\rho(\boldsymbol{A}+\boldsymbol{B})=1>0=\rho(\boldsymbol{A})+\rho(\boldsymbol{B})$; $\rho(\boldsymbol{EF})=(1+\sqrt{5})/2>1=\rho(\boldsymbol{E})\rho(\boldsymbol{F})$.

例 1.33 设 $\boldsymbol{A}\in\mathbf{C}^{n\times n}$, 证明:

(1) $\|\boldsymbol{A}\|_2\leqslant\max\{\|\boldsymbol{A}\|_\infty,\|\boldsymbol{A}\|_1\}$;

(2) 当 $\boldsymbol{A}$ 为正规矩阵时, $\|\boldsymbol{A}\|_2=\rho(\boldsymbol{A})$.

证明 (1) 我们有

$$\|\boldsymbol{A}\|_2=\sqrt{\rho(\boldsymbol{A}^{\mathrm{H}}\boldsymbol{A})}\leqslant\sqrt{\|\boldsymbol{A}^{\mathrm{H}}\boldsymbol{A}\|_1}\leqslant\sqrt{\|\boldsymbol{A}^{\mathrm{H}}\|_1\|\boldsymbol{A}\|_1}$$
$$=\sqrt{\|\boldsymbol{A}\|_\infty\|\boldsymbol{A}\|_1}\leqslant\max\{\|\boldsymbol{A}\|_\infty,\|\boldsymbol{A}\|_1\}.$$

(2) 根据定理 1.24 及谱半径定义, 对正规矩阵 $\boldsymbol{A}$, 有 $\|\boldsymbol{A}\|_2=\rho(\boldsymbol{A})$. 证毕.

虽然谱半径本身不是矩阵范数, 但是, 对每个固定的矩阵 $\boldsymbol{A}\in\mathbf{C}^{n\times n}$, 它是 $\boldsymbol{A}$ 所有矩阵范数值的最大下界, 以下定理可说明该结论.

定理 1.27　设 $\boldsymbol{A}\in\mathbf{C}^{n\times n}$, 则对给定的 $\varepsilon>0$, 存在一个矩阵范数 $\|\cdot\|$, 使得 $\|\boldsymbol{A}\|\leqslant\rho+\varepsilon$.

证明　根据定理 2.6, $\boldsymbol{A}$ 相似于 Jordan (若尔当) 标准形矩阵 $\boldsymbol{J}$, 即存在可逆矩阵 $\boldsymbol{P}\in\mathbf{C}_n^{n\times n}$ 使得

$$\boldsymbol{P}^{-1}\boldsymbol{A}\boldsymbol{P}=\boldsymbol{J}=\begin{pmatrix}\lambda_1 & \delta_1 & & \\ & \lambda_2 & \ddots & \\ & & \ddots & \delta_{n-1}\\ & & & \lambda_n\end{pmatrix},\quad \delta_i=0\ \text{或}\ 1,$$

其中 $\lambda_1,\lambda_2,\cdots,\lambda_n$ 是 $\boldsymbol{A}$ 的特征值. 现令 $\boldsymbol{D}=\operatorname{diag}(1,\varepsilon,\varepsilon^2,\cdots,\varepsilon^{n-1})$, 则有

$$\boldsymbol{D}^{-1}\boldsymbol{P}^{-1}\boldsymbol{A}\boldsymbol{P}\boldsymbol{D}=\boldsymbol{D}^{-1}\boldsymbol{J}\boldsymbol{D}=\begin{pmatrix}\lambda_1 & \varepsilon\delta_1 & & \\ & \lambda_2 & \ddots & \\ & & \ddots & \varepsilon\delta_{n-1}\\ & & & \lambda_n\end{pmatrix},$$

于是

$$\|\boldsymbol{D}^{-1}\boldsymbol{P}^{-1}\boldsymbol{A}\boldsymbol{P}\boldsymbol{D}\|_1\leqslant\max_j(|\lambda_j|+\varepsilon)=\rho(\boldsymbol{A})+\varepsilon.$$

定义

$$\|\boldsymbol{B}\|=\|\boldsymbol{D}^{-1}\boldsymbol{P}^{-1}\boldsymbol{B}\boldsymbol{P}\boldsymbol{D}\|_1,\quad \boldsymbol{B}\in\mathbf{C}^{n\times n},$$

根据定理 1.22, $\|\cdot\|$ 是 $\mathbf{C}^{n\times n}$ 上的矩阵范数, 且有

$$\|\boldsymbol{A}\|=\|\boldsymbol{D}^{-1}\boldsymbol{P}^{-1}\boldsymbol{A}\boldsymbol{P}\boldsymbol{D}\|_1\leqslant\rho(\boldsymbol{A})+\varepsilon.$$

证毕.

1.7.2　矩阵序列及矩阵级数

类似于向量序列, 可以用矩阵范数来讨论矩阵序列的收敛性以及矩阵级数的收敛性. 由于 $\mathbf{C}^{n\times n}$ 上矩阵范数也是 $\mathbf{C}^{n^2}$ 上向量范数, 所以关于向量范数的一些性质对矩阵范数也适用, 不再赘述.

定义 1.27　称满足 $\lim\limits_{k\to\infty}\boldsymbol{A}^k=\boldsymbol{0}$ 的矩阵 $\boldsymbol{A}\in\mathbf{C}^{n\times n}$ 为收敛矩阵.

注 1.4　条件 $\lim\limits_{k\to\infty}\boldsymbol{A}^k=\boldsymbol{0}$ 等价于 $\lim\limits_{k\to\infty}\|\boldsymbol{A}^k\|=0$ 对 $\mathbf{C}^{n\times n}$ 上任意矩阵范数 $\|\cdot\|$ 成立.

定理 1.28　设 $\boldsymbol{A}\in\mathbf{C}^{n\times n}$, 则 $\boldsymbol{A}$ 为收敛矩阵的充要条件为 $\rho(\boldsymbol{A})<1$.

证明　如果 $\boldsymbol{A}$ 为收敛矩阵, 则对 $\mathbf{C}^{n\times n}$ 上任一矩阵范数 $\|\cdot\|$ 有 $\lim\limits_{k\to\infty}\|\boldsymbol{A}^k\|=0$. 因为

$$(\rho(\boldsymbol{A}))^k=\rho(\boldsymbol{A}^k)\leqslant\|\boldsymbol{A}^k\|\to0,\quad k\to\infty,$$

所以必有 $\rho(\boldsymbol{A})<1$.

反之, 若 $\rho(\boldsymbol{A})<1$, 则有 $\varepsilon>0$ 使得 $\rho(\boldsymbol{A})+\varepsilon<1$. 根据定理 1.27, 存在某个矩阵范数 $\|\cdot\|$, 使得 $\|\boldsymbol{A}\|\leqslant\rho(\boldsymbol{A})+\varepsilon<1$. 那么

$$\|\boldsymbol{A}^k\|\leqslant\|\boldsymbol{A}\|^k\leqslant(\rho(\boldsymbol{A})+\varepsilon)^k\to0.$$

所以 $\boldsymbol{A}$ 是收敛矩阵. 证毕.

定理 1.29　设 $\boldsymbol{A}\in\mathbf{C}^{n\times n}$, 若有 $\mathbf{C}^{n\times n}$ 上矩阵范数 $\|\cdot\|$, 使得 $\|\boldsymbol{A}\|<1$, 则 $\boldsymbol{A}$ 为收敛矩阵.

定理 1.30　设 $\|\cdot\|$ 是 $\mathbf{C}^{n\times n}$ 上矩阵范数, 则对所有 $\boldsymbol{A}\in\mathbf{C}^{n\times n}$, 有

$$\rho(\boldsymbol{A}) = \lim_{k\to\infty} \|\boldsymbol{A}^k\|^{1/k}.$$

证明 因为 $(\rho(\boldsymbol{A}))^k = \rho(\boldsymbol{A}^k) \leqslant \|\boldsymbol{A}^k\|$, 所以对所有 $k = 1, 2, \cdots$, 有 $\rho(\boldsymbol{A}) \leqslant \|\boldsymbol{A}^k\|^{1/k}$. 任意给定 $\varepsilon > 0$, 则矩阵 $\widetilde{\boldsymbol{A}} = [\rho(\boldsymbol{A})+\varepsilon]^{-1}\boldsymbol{A}$ 的谱半径严格小于 1, 因而 $\widetilde{\boldsymbol{A}}$ 是收敛矩阵, 即 $k \to \infty$ 时, $\|\widetilde{\boldsymbol{A}}^k\| \to 0$. 那么存在某个正整数 N, 使得当 $k \geqslant N$ 时, $\|\widetilde{\boldsymbol{A}}^k\| < 1$, 即 $\|\boldsymbol{A}^k\| \leqslant [\rho(\boldsymbol{A}) + \varepsilon]^k$. 因此

$$\rho(\boldsymbol{A}) \leqslant \|\boldsymbol{A}^k\|^{1/k} \leqslant \rho(\boldsymbol{A}) + \varepsilon.$$

由 $\varepsilon > 0$ 的任意性, 得出 $\lim\limits_{k\to\infty} \|\boldsymbol{A}^k\|^{1/k}$ 存在且等于 $\rho(\boldsymbol{A})$. 证毕.

例 1.34 判断下列矩阵是否为收敛矩阵.

$$\boldsymbol{A}_1 = \frac{1}{5}\begin{pmatrix} 2 & 1 \\ 4 & 2 \end{pmatrix}; \quad \boldsymbol{A}_2 = \frac{1}{3}\begin{pmatrix} 1 & -1 \\ -1 & 3 \end{pmatrix}; \quad \boldsymbol{A}_3 = \begin{pmatrix} 0.1 & 0.5 & -0.3 \\ -0.4 & 0.4 & 0.1 \\ 0.3 & -0.2 & 0.3 \end{pmatrix}.$$

解 (1) 由于 $\boldsymbol{A}_1$ 的特征值为 $\lambda_1 = 0.8$, $\lambda_2 = 0$, 所以 $\rho(\boldsymbol{A}_1) = 0.8 < 1$. 从而 $\boldsymbol{A}_1$ 是收敛矩阵.

(2) 由于 $\boldsymbol{A}_2$ 的特征值为 $\lambda_1 = (2+\sqrt{2})/3$, $\lambda_2 = (2-\sqrt{2})/3$, 所以 $\rho(\boldsymbol{A}_2) = (2+\sqrt{2})/3 > 1$. 从而 $\boldsymbol{A}_2$ 不是收敛矩阵.

(3) 由于 $\|\boldsymbol{A}_3\|_\infty = 0.9 < 1$, 所以 $\boldsymbol{A}_3$ 是收敛矩阵.

定义 1.28 设 $\{\boldsymbol{A}^{(k)}\}_{k=1}^{\infty}$ 是 $\mathbf{C}^{n\times n}$ 上矩阵序列, 它们的无穷和式

$$\boldsymbol{A}^{(1)} + \boldsymbol{A}^{(2)} + \cdots + \boldsymbol{A}^{(k)} + \cdots$$

称为矩阵级数, 记为 $\sum\limits_{k=1}^{\infty} \boldsymbol{A}^{(k)}$. 对任一正整数 N, 称 $\boldsymbol{S}^{(N)} = \sum\limits_{k=1}^{N} \boldsymbol{A}^{(k)}$ 为矩阵级数的部分和. 如果部分和序列 $\{\boldsymbol{S}^{(N)}\}$ 收敛于矩阵 $\boldsymbol{S}$, 则称矩阵级数收敛, 其和为 $\boldsymbol{S}$, 记为 $\sum\limits_{k=1}^{\infty} \boldsymbol{A}^{(k)} = \boldsymbol{S}$. 不收敛的级数称为发散级数.

从定义可知, 若 $\boldsymbol{A}^{(k)} = (a_{ij}^{(k)})$, $\boldsymbol{S} = (s_{ij}) \in \mathbf{C}^{n\times n}$, 则 $\sum\limits_{k=1}^{\infty} \boldsymbol{A}^{(k)} = \boldsymbol{S}$ 等价于

$$\sum_{k=1}^{\infty} a_{ij}^{(k)} = s_{ij}, \quad i, j = 1, 2, \cdots, n.$$

定义 1.29 设 $\boldsymbol{A}^{(k)} = (a_{ij}^{(k)}) \in \mathbf{C}^{n\times n}$ $(k = 1, 2, \cdots)$. 若 n^2 个数项级数

$$\sum_{k=1}^{\infty} a_{ij}^{(k)}, \quad i, j = 1, 2, \cdots, n$$

均绝对收敛, 则称矩阵级数 $\sum\limits_{k=1}^{\infty} \boldsymbol{A}^{(k)}$ 绝对收敛.

从定义可知绝对收敛的矩阵级数一定是收敛的矩阵级数. 矩阵级数的绝对收敛性也可以通过矩阵范数将之化为正项级数的收敛性.

定理 1.31 矩阵级数 $\sum\limits_{k=1}^{\infty} \boldsymbol{A}^{(k)}$ 绝对收敛的充要条件是正项级数 $\sum\limits_{k=1}^{\infty} \|\boldsymbol{A}^{(k)}\|$ 收敛, 其中 $\|\cdot\|$ 是 $\mathbf{C}^{n\times n}$ 上的任一矩阵范数.

证明　由于 $\mathbf{C}^{n\times n}$ 上的所有矩阵范数是等价的, 所以只要证明 $\sum\limits_{k=1}^{\infty}\boldsymbol{A}^{(k)}$ 绝对收敛的充要条件是 $\sum\limits_{k=1}^{\infty}\|\boldsymbol{A}^{(k)}\|_{m_1}$ 收敛即可.

设 $\boldsymbol{A}^{(k)}=(a_{ij}^{(k)})\in\mathbf{C}^{n\times n}\ (k=1,2,\cdots)$. 若 $\sum\limits_{k=1}^{\infty}\boldsymbol{A}^{(k)}$ 绝对收敛, 即 $\sum\limits_{k=1}^{\infty}|a_{ij}^{(k)}|$ 收敛 $(i,j=1,2,\cdots,n)$, 从而其部分和有界, 设

$$\sum_{k=1}^{N}|a_{ij}^{(k)}|\leqslant M,\quad i,j=1,2,\cdots,n.$$

因此

$$\begin{aligned}\sum_{k=1}^{N}\|\boldsymbol{A}^{(k)}\|_{m_1}&=\sum_{k=1}^{N}\sum_{i=1}^{n}\sum_{j=1}^{n}|a_{ij}^{(k)}|\\&=\sum_{i=1}^{n}\sum_{j=1}^{n}\sum_{k=1}^{N}|a_{ij}^{(k)}|\leqslant n^2M,\end{aligned}$$

所以 $\sum\limits_{k=1}^{\infty}\|\boldsymbol{A}^{(k)}\|_{m_1}$ 收敛.

反之, 若 $\sum\limits_{k=1}^{\infty}\|\boldsymbol{A}^{(k)}\|_{m_1}$ 收敛, 因为

$$|a_{ij}^{(k)}|\leqslant\sum_{i=1}^{n}\sum_{j=1}^{n}|a_{ij}^{(k)}|=\|\boldsymbol{A}^{(k)}\|_{m_1},\quad i,j=1,2,\cdots,n,$$

所以 $\sum\limits_{k=1}^{\infty}|a_{ij}^{(k)}|$ 收敛, 即 $\sum\limits_{k=1}^{\infty}\boldsymbol{A}^{(k)}$ 绝对收敛.　　证毕.

下面讨论一类特殊的矩阵级数——矩阵幂级数, 它在矩阵函数中有重要作用.

定义 1.30　设 $\boldsymbol{A}\in\mathbf{C}^{n\times n}$, $a_k\in\mathbf{C}\ (k=0,1,2,\cdots)$, 称矩阵级数 $\sum\limits_{k=0}^{\infty}a_k\boldsymbol{A}^k$ 为矩阵 $\boldsymbol{A}$ 的幂级数.

定理 1.32　设复变量幂级数 $\sum\limits_{k=0}^{\infty}a_kz^k$ 的收敛半径为 R, $\boldsymbol{A}\in\mathbf{C}^{n\times n}$, 则

(1) 当 $\rho(\boldsymbol{A})<R$ 时, 矩阵幂级数 $\sum\limits_{k=0}^{\infty}a_k\boldsymbol{A}^k$ 绝对收敛;

(2) 当 $\rho(\boldsymbol{A})>R$ 时, 矩阵幂级数 $\sum\limits_{k=0}^{\infty}a_k\boldsymbol{A}^k$ 发散.

证明　(1) 当 $\rho(\boldsymbol{A})<R$ 时, 存在 $\varepsilon>0$ 使得 $\rho(\boldsymbol{A})+\varepsilon<R$, 从而由定理 1.27, 存在 $\mathbf{C}^{n\times n}$ 上矩阵范数 $\|\cdot\|$, 使得 $\|\boldsymbol{A}\|\leqslant\rho(\boldsymbol{A})+\varepsilon<R$. 那么有

$$\|a_k\boldsymbol{A}^k\|\leqslant|a_k|\|\boldsymbol{A}\|^k\leqslant|a_k|(\rho(\boldsymbol{A})+\varepsilon)^k.$$

由于级数 $\sum\limits_{k=0}^{\infty}|a_k|(\rho(\boldsymbol{A})+\varepsilon)^k$ 收敛, 所以 $\sum\limits_{k=0}^{\infty}\|a_k\boldsymbol{A}^k\|$ 收敛, 故由定理 1.31, 矩阵幂级数 $\sum\limits_{k=0}^{\infty}a_k\boldsymbol{A}^k$

绝对收敛.

(2) 当 $\rho(\boldsymbol{A}) > R$ 时, 设 $\boldsymbol{A}$ 的特征值为 $\lambda_1, \lambda_2, \cdots, \lambda_n$, 则一定有某个特征值的模大于 R, 不妨设 $|\lambda_1| > R$. 设 $\boldsymbol{A}$ 的 Jordan 矩阵为 $\boldsymbol{J}$, 由 Jordan 定理, 存在可逆矩阵 $\boldsymbol{P}$ 使得

$$\boldsymbol{P}^{-1}\boldsymbol{A}\boldsymbol{P} = \boldsymbol{J} = \begin{pmatrix} \lambda_1 & \delta_1 & & & \\ & \lambda_2 & \ddots & & \\ & & \ddots & \delta_{n-1} \\ & & & \lambda_n \end{pmatrix}, \quad \delta_i = 0 \text{ 或 } 1.$$

由于矩阵级数 $\sum\limits_{k=0}^{\infty} a_k \boldsymbol{J}^k$ 对角线元素为 $\sum\limits_{k=0}^{\infty} a_k \lambda_j^k$ $(j = 1, 2, \cdots, n)$, 其中有一项 $\sum\limits_{k=0}^{\infty} a_k \lambda_1^k$ 是发散的, 所以矩阵级数 $\sum\limits_{k=0}^{\infty} a_k \boldsymbol{J}^k$ 发散. 而 $\sum\limits_{k=0}^{\infty} a_k \boldsymbol{J}^k = \boldsymbol{P}^{-1}\left(\sum\limits_{k=0}^{\infty} a_k \boldsymbol{A}^k\right)\boldsymbol{P}$, 故矩阵级数 $\sum\limits_{k=0}^{\infty} a_k \boldsymbol{A}^k$ 发散. 证毕.

定理 1.33 设复变量幂级数 $\sum\limits_{k=0}^{\infty} a_k z^k$ 的收敛半径为 R, $\boldsymbol{A} \in \mathbf{C}^{n\times n}$. 若存在 $\mathbf{C}^{n\times n}$ 上矩阵范数 $\|\cdot\|$, 使得 $\|\boldsymbol{A}\| < R$, 则矩阵幂级数 $\sum\limits_{k=0}^{\infty} a_k \boldsymbol{A}^k$ 绝对收敛.

例 1.35 判断以下矩阵幂级数的敛散性:

(1) $\sum\limits_{k=0}^{\infty} \dfrac{k}{5^k}\begin{pmatrix} 2 & 1 \\ 4 & 2 \end{pmatrix}^k$;

(2) $\sum\limits_{k=0}^{\infty} \dfrac{k+1}{3^k}\begin{pmatrix} 1 & -1 \\ -1 & 3 \end{pmatrix}^k$;

(3) $\sum\limits_{k=0}^{\infty} k(k+1)\begin{pmatrix} 0.1 & 0.5 & -0.3 \\ -0.4 & 0.4 & 0.1 \\ 0.3 & -0.2 & 0.3 \end{pmatrix}^k$.

解 设

$$\boldsymbol{A} = \frac{1}{5}\begin{pmatrix} 2 & 1 \\ 4 & 2 \end{pmatrix}; \quad \boldsymbol{B} = \frac{1}{3}\begin{pmatrix} 1 & -1 \\ -1 & 3 \end{pmatrix}; \quad \boldsymbol{D} = \begin{pmatrix} 0.1 & 0.5 & -0.3 \\ -0.4 & 0.4 & 0.1 \\ 0.3 & -0.2 & 0.3 \end{pmatrix}.$$

(1) 因为 $\rho(\boldsymbol{A}) = 0.8 < 1$, 而幂级数 $\sum\limits_{k=0}^{\infty} k z^k$ 的收敛半径为 1, 所以矩阵幂级数 $\sum\limits_{k=0}^{\infty} k\boldsymbol{A}^k$ 绝对收敛.

(2) 因为 $\rho(\boldsymbol{B}) = (2+\sqrt{2})/3 > 1$, 而幂级数 $\sum\limits_{k=0}^{\infty}(k+1)z^k$ 的收敛半径为 1, 所以矩阵幂级数 $\sum\limits_{k=0}^{\infty}(k+1)\boldsymbol{B}^k$ 发散.

(3) 因为 $\|\boldsymbol{D}\|_\infty = 0.9 < 1$, 而幂级数 $\sum\limits_{k=0}^{\infty} k(k+1)z^k$ 的收敛半径为 1, 所以矩阵幂级数

$\sum_{k=0}^{\infty} k(k+1)\boldsymbol{D}^k$ 绝对收敛.

定理 1.34 设 $\boldsymbol{A} \in \mathbf{C}^{n\times n}$, 则矩阵幂级数 $\sum_{k=0}^{\infty} \boldsymbol{A}^k$ 收敛的充要条件是 $\rho(\boldsymbol{A}) < 1$, 且在收敛时, 其和为 $(\boldsymbol{I}-\boldsymbol{A})^{-1}$.

证明 如果 $\rho(\boldsymbol{A}) < 1$, 则 $\boldsymbol{A}$ 是收敛矩阵. 因为幂级数 $\sum_{k=0}^{\infty} z^k$ 的收敛半径为 1, 所以矩阵幂级数 $\sum_{k=0}^{\infty} \boldsymbol{A}^k$ 收敛于某个矩阵 $\boldsymbol{S}$. 而当 $N \to \infty$ 时, 由于

$$(\boldsymbol{I}-\boldsymbol{A})\sum_{k=0}^{N} \boldsymbol{A}^k = \sum_{k=0}^{N} \boldsymbol{A}^k - \sum_{k=0}^{N} \boldsymbol{A}^{k+1} = \boldsymbol{I} - \boldsymbol{A}^{N+1} \to \boldsymbol{I},$$

所以得出 $\boldsymbol{S} = (\boldsymbol{I}-\boldsymbol{A})^{-1}$.

反之, 如果 $\sum_{k=0}^{\infty} \boldsymbol{A}^k$ 收敛, 设其和为 $\boldsymbol{S}$, 记其部分和为 $\boldsymbol{S}^{(N)} = \sum_{k=0}^{N} \boldsymbol{A}^k$. 由于

$$\lim_{N\to\infty} \boldsymbol{A}^N = \lim_{N\to\infty} (\boldsymbol{S}^{(N)} - \boldsymbol{S}^{(N-1)}) = \lim_{N\to\infty} \boldsymbol{S}^{(N)} - \lim_{N\to\infty} \boldsymbol{S}^{(N-1)} = \boldsymbol{S} - \boldsymbol{S} = \boldsymbol{0},$$

所以 $\boldsymbol{A}$ 是收敛矩阵, 故由定理 1.28, $\rho(\boldsymbol{A}) < 1$. 证毕.

定理 1.35 设 $\boldsymbol{A} \in \mathbf{C}^{n\times n}$, 如果存在矩阵范数 $\|\cdot\|$ 使得 $\|\boldsymbol{A}\| < 1$, 那么 $\boldsymbol{I}-\boldsymbol{A}$ 是可逆矩阵, 且 $(\boldsymbol{I}-\boldsymbol{A})^{-1} = \sum_{k=0}^{\infty} \boldsymbol{A}^k$, 从而 $\|(\boldsymbol{I}-\boldsymbol{A})^{-1}\| \leqslant (1-\|\boldsymbol{A}\|)^{-1}$.

注意: 在本章中, 符号 ∞ 即表示 $+\infty$, 后面章节也不再严格区分.

1.7.3 矩阵的条件数

如果给定了可逆矩阵 $\boldsymbol{A} \in \mathbf{C}^{n\times n}$, 可以计算出其逆矩阵 $\boldsymbol{A}^{-1}$. 但是如果计算是在计算机中进行的, 就难免出现舍入误差和舍位误差. 此外, 矩阵 $\boldsymbol{A}$ 的某些元素可能是通过试验或观测获得的结果, 也难免出现误差. 也就是说, 当计算 $\boldsymbol{A}^{-1}$ 时, 实际计算的可能是 $(\boldsymbol{A}+\delta\boldsymbol{A})^{-1}$, 其中 $\delta\boldsymbol{A}$ 是微小的误差矩阵. 这些数据误差对计算 $\boldsymbol{A}^{-1}$ 时出现的误差影响有多大呢? 在估计这个影响的大小中起重要作用的一个量就是矩阵 $\boldsymbol{A}$ 的条件数.

定义 1.31 设 $\boldsymbol{A} \in \mathbf{C}_n^{n\times n}$, $\|\cdot\|$ 是 $\mathbf{C}^{n\times n}$ 上的一个矩阵范数. 矩阵 $\boldsymbol{A}$ 的条件数定义为

$$\mathrm{cond}(\boldsymbol{A}) = \|\boldsymbol{A}\|\,\|\boldsymbol{A}^{-1}\|.$$

例 1.36 设 $\boldsymbol{A} \in \mathbf{C}_n^{n\times n}$ 是一个正规矩阵, 则

$$\mathrm{cond}_2(\boldsymbol{A}) = \|\boldsymbol{A}\|_2\|\boldsymbol{A}^{-1}\|_2 = \frac{\max\{|\lambda| : \lambda\text{是}\boldsymbol{A}\text{的特征值}\}}{\min\{|\lambda| : \lambda\text{是}\boldsymbol{A}\text{的特征值}\}}.$$

证明 设 $\boldsymbol{A}$ 的特征值为 $\lambda_1, \lambda_2, \cdots, \lambda_n$, 不妨设

$$|\lambda_1| \geqslant |\lambda_2| \geqslant \cdots \geqslant |\lambda_n| > 0.$$

则 $\|\boldsymbol{A}\|_2 = \rho(\boldsymbol{A}) = |\lambda_1|$. 而 $\boldsymbol{A}^{-1}$ 也为正规矩阵, 且其特征值为 $1/\lambda_i$ $(i=1,2,\cdots,n)$, 满足

$$\frac{1}{|\lambda_n|} \geqslant \frac{1}{|\lambda_{n-1}|} \geqslant \cdots \geqslant \frac{1}{|\lambda_1|}.$$

所以 $\|\boldsymbol{A}^{-1}\|_2=\rho(\boldsymbol{A}^{-1})=\dfrac{1}{|\lambda_n|}$. 从而

$$\operatorname{cond}_2(\boldsymbol{A})=\|\boldsymbol{A}\|_2\|\boldsymbol{A}^{-1}\|_2=\frac{|\lambda_1|}{|\lambda_n|}.$$ 证毕.

例 1.37 设 $\boldsymbol{A}=\begin{pmatrix}1&2&3\\2&3&3\\3&4&5\end{pmatrix}$, 求 $\boldsymbol{A}$ 的条件数 $\operatorname{cond}_\infty(\boldsymbol{A})=\|\boldsymbol{A}\|_\infty\|\boldsymbol{A}^{-1}\|_\infty$.

解 因为 $\boldsymbol{A}^{-1}=\dfrac{1}{2}\begin{pmatrix}-3&-2&3\\1&4&-3\\1&-2&1\end{pmatrix}$, 所以 $\boldsymbol{A}$ 的条件数为

$$\operatorname{cond}_\infty(\boldsymbol{A})=\|\boldsymbol{A}\|_\infty\|\boldsymbol{A}^{-1}\|_\infty=12\times 4=48.$$

1.7.4 矩阵的条件数在误差估计中的应用

首先我们讨论矩阵 $\boldsymbol{A}$ 的数据误差对在求矩阵 $\boldsymbol{A}$ 的逆中产生的相对误差的影响.

定理 1.36 设 $\boldsymbol{A}\in\mathbf{C}_n^{n\times n}$ 是一个可逆矩阵, $\delta\boldsymbol{A}\in\mathbf{C}^{n\times n}$ 是一个矩阵, $\|\cdot\|$ 是 $\mathbf{C}^{n\times n}$ 上的一个矩阵范数. 如果 $\|\boldsymbol{A}^{-1}\delta\boldsymbol{A}\|<1$, 则 $\boldsymbol{A}+\delta\boldsymbol{A}$ 可逆, 且有

$$\frac{\|\boldsymbol{A}^{-1}-(\boldsymbol{A}+\delta\boldsymbol{A})^{-1}\|}{\|\boldsymbol{A}^{-1}\|}\leqslant\frac{\|\boldsymbol{A}^{-1}\delta\boldsymbol{A}\|}{1-\|\boldsymbol{A}^{-1}\delta\boldsymbol{A}\|}. \tag{1.13}$$

证明 如果 $\|\boldsymbol{A}^{-1}\delta\boldsymbol{A}\|<1$, 由定理 1.35, 矩阵 $\boldsymbol{A}+\delta\boldsymbol{A}=\boldsymbol{A}(\boldsymbol{I}+\boldsymbol{A}^{-1}\delta\boldsymbol{A})$ 可逆, 且

$$(\boldsymbol{A}+\delta\boldsymbol{A})^{-1}=(\boldsymbol{I}+\boldsymbol{A}^{-1}\delta\boldsymbol{A})^{-1}\boldsymbol{A}^{-1}=\sum_{k=0}^{\infty}(-1)^k(\boldsymbol{A}^{-1}\delta\boldsymbol{A})^k\boldsymbol{A}^{-1}.$$

所以

$$\begin{aligned}\|\boldsymbol{A}^{-1}-(\boldsymbol{A}+\delta\boldsymbol{A})^{-1}\|&=\left\|\sum_{k=1}^{\infty}(-1)^{k+1}(\boldsymbol{A}^{-1}\delta\boldsymbol{A})^k\boldsymbol{A}^{-1}\right\|\\&\leqslant\sum_{k=1}^{\infty}\|\boldsymbol{A}^{-1}\delta\boldsymbol{A}\|^k\|\boldsymbol{A}^{-1}\|=\frac{\|\boldsymbol{A}^{-1}\delta\boldsymbol{A}\|}{1-\|\boldsymbol{A}^{-1}\delta\boldsymbol{A}\|}\|\boldsymbol{A}^{-1}\|.\end{aligned}$$

从而

$$\frac{\|\boldsymbol{A}^{-1}-(\boldsymbol{A}+\delta\boldsymbol{A})^{-1}\|}{\|\boldsymbol{A}^{-1}\|}\leqslant\frac{\|\boldsymbol{A}^{-1}\delta\boldsymbol{A}\|}{1-\|\boldsymbol{A}^{-1}\delta\boldsymbol{A}\|}.$$ 证毕.

定理 1.37 设 $\boldsymbol{A}\in\mathbf{C}_n^{n\times n}$, $\delta\boldsymbol{A}\in\mathbf{C}^{n\times n}$. 如果存在 $\mathbf{C}^{n\times n}$ 上的一个矩阵范数 $\|\cdot\|$, 使得 $\|\boldsymbol{A}^{-1}\|\,\|\delta\boldsymbol{A}\|<1$, 那么有

$$\frac{\|\boldsymbol{A}^{-1}-(\boldsymbol{A}+\delta\boldsymbol{A})^{-1}\|}{\|\boldsymbol{A}^{-1}\|}\leqslant\frac{\operatorname{cond}(\boldsymbol{A})}{1-\operatorname{cond}(\boldsymbol{A})(\|\delta\boldsymbol{A}\|/\|\boldsymbol{A}\|)}\frac{\|\delta\boldsymbol{A}\|}{\|\boldsymbol{A}\|}. \tag{1.14}$$

证明 注意到 $\|\boldsymbol{A}^{-1}\delta\boldsymbol{A}\|\leqslant\|\boldsymbol{A}^{-1}\|\|\delta\boldsymbol{A}\|<1$, 且函数 $\dfrac{t}{1-t}$ 是增函数, 由式 (1.13) 可直接得出式 (1.14). 证毕.

不等式 (1.14) 用数据的相对误差表示矩阵逆的相对误差, 只要条件数 $\operatorname{cond}(\boldsymbol{A})$ 不很大, 矩阵逆的相对误差与数据的相对误差就为同一个数量级.

其次我们讨论在求解线性方程组 $\boldsymbol{Ax}=\boldsymbol{b}$ 中系数矩阵 $\boldsymbol{A}$ 或向量 $\boldsymbol{b}$ 的数据误差对解的误差的影响.

定理 1.38 设 $\boldsymbol{A}\in\mathbf{C}_n^{n\times n}$, $\delta\boldsymbol{A}\in\mathbf{C}^{n\times n}$, $\boldsymbol{b},\ \delta\boldsymbol{b}\in\mathbf{C}^n$, 而 $\mathbf{C}^n$ 上的向量范数 $\|\cdot\|_\alpha$ 与 $\mathbf{C}^{n\times n}$ 上的矩阵范数 $\|\cdot\|$ 相容. 设 $\boldsymbol{x}$ 是线性方程组 $\boldsymbol{Ax}=\boldsymbol{b}$ 的解, $\hat{\boldsymbol{x}}$ 是线性方程组 $(\boldsymbol{A}+\delta\boldsymbol{A})\hat{\boldsymbol{x}}=\boldsymbol{b}+\delta\boldsymbol{b}$ 的解. 如果 $\|\boldsymbol{A}^{-1}\|\|\delta\boldsymbol{A}\|<1$, 则

$$\begin{aligned}\frac{\|\boldsymbol{x}-\hat{\boldsymbol{x}}\|_\alpha}{\|\boldsymbol{x}\|_\alpha}\leqslant&\frac{\operatorname{cond}(\boldsymbol{A})}{1-\operatorname{cond}(\boldsymbol{A})(\|\delta\boldsymbol{A}\|/\|\boldsymbol{A}\|)}\frac{\|\delta\boldsymbol{A}\|}{\|\boldsymbol{A}\|}\\&+\frac{\operatorname{cond}(\boldsymbol{A})}{1-\operatorname{cond}(\boldsymbol{A})(\|\delta\boldsymbol{A}\|/\|\boldsymbol{A}\|)}\frac{\|\delta\boldsymbol{b}\|_\alpha}{\|\boldsymbol{b}\|_\alpha}.\end{aligned}\tag{1.15}$$

证明 如果 $\|\boldsymbol{A}^{-1}\|\|\delta\boldsymbol{A}\|<1$, 由定理 1.35, 矩阵 $\boldsymbol{A}+\delta\boldsymbol{A}=\boldsymbol{A}(\boldsymbol{I}+\boldsymbol{A}^{-1}\delta\boldsymbol{A})$ 可逆, 且

$$\begin{aligned}\boldsymbol{x}-\hat{\boldsymbol{x}}&=\boldsymbol{A}^{-1}\boldsymbol{b}-(\boldsymbol{A}+\delta\boldsymbol{A})^{-1}(\boldsymbol{b}+\delta\boldsymbol{b})\\&=[\boldsymbol{A}^{-1}-(\boldsymbol{A}+\delta\boldsymbol{A})^{-1}]\boldsymbol{b}-(\boldsymbol{A}+\delta\boldsymbol{A})^{-1}\delta\boldsymbol{b}\\&=\sum_{k=1}^{\infty}(-1)^{k+1}(\boldsymbol{A}^{-1}\delta\boldsymbol{A})^k\boldsymbol{A}^{-1}\boldsymbol{b}+\sum_{k=0}^{\infty}(-1)^{k+1}(\boldsymbol{A}^{-1}\delta\boldsymbol{A})^k\boldsymbol{A}^{-1}\delta\boldsymbol{b}.\end{aligned}$$

所以, 利用 $\|\boldsymbol{b}\|_\alpha=\|\boldsymbol{Ax}\|_\alpha\leqslant\|\boldsymbol{A}\|\|\boldsymbol{x}\|_\alpha$, 可得

$$\begin{aligned}\|\boldsymbol{x}-\hat{\boldsymbol{x}}\|_\alpha&\leqslant\sum_{k=1}^{\infty}(\|\boldsymbol{A}^{-1}\|\|\delta\boldsymbol{A}\|)^k\|\boldsymbol{x}\|_\alpha+\sum_{k=0}^{\infty}(\|\boldsymbol{A}^{-1}\|\|\delta\boldsymbol{A}\|)^k\|\boldsymbol{A}^{-1}\|\|\delta\boldsymbol{b}\|_\alpha\\&=\frac{\|\boldsymbol{A}^{-1}\|\|\delta\boldsymbol{A}\|}{1-\|\boldsymbol{A}^{-1}\|\|\delta\boldsymbol{A}\|}\|\boldsymbol{x}\|_\alpha+\frac{1}{1-\|\boldsymbol{A}^{-1}\|\|\delta\boldsymbol{A}\|}\|\boldsymbol{A}^{-1}\|\|\delta\boldsymbol{b}\|_\alpha\\&\leqslant\frac{\operatorname{cond}(\boldsymbol{A})}{1-\operatorname{cond}(\boldsymbol{A})(\|\delta\boldsymbol{A}\|/\|\boldsymbol{A}\|)}\frac{\|\delta\boldsymbol{A}\|}{\|\boldsymbol{A}\|}\|\boldsymbol{x}\|_\alpha\\&\quad+\frac{\operatorname{cond}(\boldsymbol{A})}{1-\operatorname{cond}(\boldsymbol{A})(\|\delta\boldsymbol{A}\|/\|\boldsymbol{A}\|)}\frac{\|\delta\boldsymbol{b}\|_\alpha}{\|\boldsymbol{b}\|_\alpha}\|\boldsymbol{x}\|_\alpha,\end{aligned}$$

从而可得出式 (1.15). 证毕.

估计式 (1.15) 给出的相对误差的界有两项, 一项是关于系数矩阵 $\boldsymbol{A}$ 的相对误差界, 另一项是关于右边向量 $\boldsymbol{b}$ 的相对误差界. 然而这个估计式给出的相对误差的界不涉及所计算出的解或者由它导出的任何量. 但是, 假定我们通过某种方法计算出方程组 $\boldsymbol{Ax}=\boldsymbol{b}$ 的某个"解" $\boldsymbol{x}$, 比如, 用第 4 章介绍的某种方法求出方程组 $\boldsymbol{Ax}=\boldsymbol{b}$ 的某个近似解 $\hat{\boldsymbol{x}}$. 恰好有 $\boldsymbol{A}\hat{\boldsymbol{x}}=\boldsymbol{b}$ 的情形往往是不可能的, 不过, 可以从剩余向量 $\boldsymbol{r}=\boldsymbol{b}-\boldsymbol{A}\hat{\boldsymbol{x}}$ 得到 $\hat{\boldsymbol{x}}$ 与真解 $\boldsymbol{x}$ 如何接近的估计式.

定理 1.39 设 $\boldsymbol{A}\in\mathbf{C}_n^{n\times n}$, $\boldsymbol{b},\ \boldsymbol{r}\in\mathbf{C}^n$, 而 $\mathbf{C}^n$ 上的向量范数 $\|\cdot\|_\alpha$ 与 $\mathbf{C}^{n\times n}$ 上的矩阵范数 $\|\cdot\|$ 相容. 如果向量 $\boldsymbol{x},\ \hat{\boldsymbol{x}}\in\mathbf{C}^n$ 分别满足 $\boldsymbol{Ax}=\boldsymbol{b}$, $\boldsymbol{A}\hat{\boldsymbol{x}}=\boldsymbol{b}-\boldsymbol{r}$, 则有

$$\frac{\|\boldsymbol{x}-\hat{\boldsymbol{x}}\|_\alpha}{\|\boldsymbol{x}\|_\alpha}\leqslant\operatorname{cond}(\boldsymbol{A})\frac{\|\boldsymbol{r}\|_\alpha}{\|\boldsymbol{b}\|_\alpha}.\tag{1.16}$$

证明 因为 $\|\boldsymbol{b}\|_\alpha=\|\boldsymbol{Ax}\|_\alpha\leqslant\|\boldsymbol{A}\|\|\boldsymbol{x}\|_\alpha$, 并且

$$\boldsymbol{x}-\hat{\boldsymbol{x}}=\boldsymbol{A}^{-1}\boldsymbol{b}-\boldsymbol{A}^{-1}(\boldsymbol{b}-\boldsymbol{r})=\boldsymbol{A}^{-1}\boldsymbol{r},$$

所以

$$\|\boldsymbol{x}-\hat{\boldsymbol{x}}\|_\alpha\leqslant\|\boldsymbol{A}^{-1}\boldsymbol{r}\|_\alpha\leqslant\frac{\|\boldsymbol{A}\|\|\boldsymbol{x}\|_\alpha}{\|\boldsymbol{b}\|_\alpha}=\|\boldsymbol{A}\|\|\boldsymbol{A}^{-1}\|\frac{\|\boldsymbol{r}\|_\alpha}{\|\boldsymbol{b}\|_\alpha}\|\boldsymbol{x}\|,$$

从而得到定理结论. 证毕.

我们看到, 无论在估计式 (1.14), 还是在估计式 (1.15) 和式 (1.16) 中, 矩阵 $\boldsymbol{A}$ 的条件数都起着决定性的作用. 在条件数不大的情况下, 矩阵逆的误差或线性方程组解的误差与数据的误差或剩余向量的误差同为一个数量级.

如果条件数 $\mathrm{cond}(\boldsymbol{A})$ 较小 (接近 1), 就称 $\boldsymbol{A}$ 关于求矩阵逆或求解线性方程组为良态的或好条件的; 如果条件数 $\mathrm{cond}(\boldsymbol{A})$ 较大, 就称 $\boldsymbol{A}$ 关于求矩阵逆或求解线性方程组为病态的或坏条件的.

例 1.38 设

$$\boldsymbol{A}=\begin{pmatrix}1 & -1\\ -1 & 1+\varepsilon\end{pmatrix},\quad \varepsilon>0.$$

证明对任意范数, 当 $\varepsilon\to 0$ 时有 $\mathrm{cond}(\boldsymbol{A})=O(\varepsilon^{-1})$. 因而矩阵 $\boldsymbol{A}$ 是病态的.

证明 可以求得 $\boldsymbol{A}$ 的特征值为 $\lambda_1=(2+\varepsilon+\sqrt{4+\varepsilon^2})/2$, $\lambda_2=(2+\varepsilon-\sqrt{4+\varepsilon^2})/2$. 由于 $\boldsymbol{A}$ 为对称矩阵, 所以对谱范数有

$$\begin{aligned}\mathrm{cond}_2(\boldsymbol{A})&=\frac{\lambda_1}{\lambda_2}=\frac{(2+\varepsilon+\sqrt{4+\varepsilon^2})/2}{(2+\varepsilon-\sqrt{4+\varepsilon^2})/2}\\&=\frac{1}{\varepsilon}\left(2+\sqrt{4+\varepsilon^2}+\frac{\varepsilon}{2}\sqrt{4+\varepsilon^2}+\frac{\varepsilon^2}{2}+\varepsilon\right)\\&=O(\varepsilon^{-1})\quad(\text{当}\varepsilon\to 0\text{ 时}).\end{aligned}$$

因为 $\mathbf{C}^{n\times n}$ 上所有矩阵范数是等价的, 所以对任意范数, 当 $\varepsilon\to 0$ 时有 $\mathrm{cond}(\boldsymbol{A})=O(\varepsilon^{-1})$. 因而矩阵 $\boldsymbol{A}$ 是病态的. 证毕.

例 1.39 设 $\boldsymbol{A}=\begin{pmatrix}-1 & \mathrm{i} & 0\\ -\mathrm{i} & 0 & -\mathrm{i}\\ 0 & \mathrm{i} & -1\end{pmatrix}$, $\delta(\boldsymbol{A})\in\mathbf{C}^{3\times 3}$, $\mathbf{0}\neq\boldsymbol{b}\in\mathbf{C}^3$. 为使线性方程组 $\boldsymbol{Ax}=\boldsymbol{b}$ 的解 $\boldsymbol{x}$ 与 $(\boldsymbol{A}+\delta(\boldsymbol{A}))\boldsymbol{x}=\boldsymbol{b}$ 的解 $\hat{\boldsymbol{x}}$ 的相对误差 $\dfrac{\|\hat{\boldsymbol{x}}-\boldsymbol{x}\|_2}{\|\boldsymbol{x}\|_2}\leqslant 10^{-4}$, 问 $\dfrac{\|\delta(\boldsymbol{A})\|_2}{\|\boldsymbol{A}\|_2}$ 应不超过何值?

解 因为 $|\lambda\boldsymbol{I}-\boldsymbol{A}|=(\lambda+1)(\lambda-1)(\lambda+2)$, 所以 $\mathrm{cond}_2(\boldsymbol{A})=\|\boldsymbol{A}\|_2\|\boldsymbol{A}^{-1}\|_2=2$. 从

$$\frac{\|\hat{\boldsymbol{x}}-\boldsymbol{x}\|_2}{\|\boldsymbol{x}\|_2}\leqslant\frac{\mathrm{cond}_2(\boldsymbol{A})}{1-\mathrm{cond}_2(\boldsymbol{A})\dfrac{\|\delta\boldsymbol{A}\|_2}{\|\boldsymbol{A}\|_2}}\frac{\|\delta\boldsymbol{A}\|_2}{\|\boldsymbol{A}\|_2}\leqslant 10^{-4},$$

即

$$\frac{2}{1-2\dfrac{\|\delta\boldsymbol{A}\|_2}{\|\boldsymbol{A}\|_2}}\frac{\|\delta\boldsymbol{A}\|_2}{\|\boldsymbol{A}\|_2}\leqslant 10^{-4},$$

得

$$\frac{\|\delta\boldsymbol{A}\|_2}{\|\boldsymbol{A}\|_2}\leqslant\frac{1}{2.0002}\times 10^{-4}\leqslant\frac{1}{2}\times 10^{-4}=5\times 10^{-5}.$$

1.8 条件数在判断复共线性中的应用

某国家 11 年的经济数据如表 1.1 所示, 其中三个自变量因子 X_1, X_2, X_3 分别表示 “$X_1=$ 国内生产总值”, “$X_2=$ 存储量”, “$X_3=$ 总消费量”, 因变量 “$Y=$ 进口总额”. 考虑今后进口总

额预测问题. 为此需要利用表 1.1 给出的数据, 用多元线性回归方法, 拟合出 Y 与 X_1, X_2, X_3 的关系, 再用该关系式预测 Y 的值. 这种方法是否可行呢?

表 1.1　经济数据

年	X_1	X_2	X_3	Y
第 1 年	149.3	4.2	108.1	15.9
第 2 年	161.2	4.1	114.8	16.4
第 3 年	171.5	3.1	123.2	19.0
第 4 年	175.5	3.1	126.9	19.1
第 5 年	180.8	1.1	132.1	18.8
第 6 年	190.7	2.2	137.7	20.4
第 7 年	202.1	2.1	146.0	22.7
第 8 年	212.4	5.6	154.1	26.5
第 9 年	226.1	5.0	162.3	28.1
第 10 年	231.9	5.1	164.3	27.6
第 11 年	239.0	0.7	167.6	26.3

先作一般性分析. 设有 p 个自变量 $x_1, x_2, \cdots, x_p$, 以及 1 个因变量 y. 根据 8.2 节的方法, 多元线性回归模型为

$$\begin{cases} y = \beta_0 + \beta_1 x_1 + \beta_2 x_2 + \cdots + \beta_p x_p + \varepsilon, \\ E(\varepsilon) = 0, \quad \mathrm{Var}(\varepsilon) = \sigma^2, \end{cases} \tag{1.17}$$

其中 $\beta_0, \beta_1, \cdots, \beta_p$ 是 $p+1$ 个未知参数. 如果 $(x_1, x_2, \cdots, x_p, y)$ 有 n 组观察值

$$(x_{i1}, x_{i2}, \cdots, x_{ip}, y_i), \quad i = 1, 2, \cdots, n,$$

假设观察数据已中心化及标准化, 则取 $\beta_0 = 0$. 因此参数 $\beta_1, \beta_2, \cdots, \beta_p$ 的最小二乘估计 $\hat{\beta}_1, \hat{\beta}_2, \cdots, \hat{\beta}_p$ 就是如下问题的解

$$\min_{\beta_1, \beta_2, \cdots, \beta_p} \sum_{i=1}^{n} [y_i - (\beta_1 x_{i1} + \beta_2 x_{i2} + \cdots + \beta_p x_{ip})]^2.$$

记

$$\boldsymbol{Y} = \begin{pmatrix} y_1 \\ y_2 \\ \vdots \\ y_n \end{pmatrix}, \ \boldsymbol{X} = \begin{pmatrix} x_{11} & x_{12} & \cdots & x_{1p} \\ x_{21} & x_{22} & \cdots & x_{2p} \\ \vdots & \vdots & & \vdots \\ x_{n1} & x_{n2} & \cdots & x_{np} \end{pmatrix},$$

以及

$$\hat{\boldsymbol{\beta}} = (\hat{\beta}_1, \hat{\beta}_2, \cdots, \hat{\beta}_p)^{\mathrm{T}}.$$

进而, y 的预测值为

$$\hat{y} = \hat{\beta}_1 x_1 + \hat{\beta}_2 x_2 + \cdots + \hat{\beta}_p x_p. \tag{1.18}$$

设 $\boldsymbol{X}^{\mathrm{T}}\boldsymbol{X}$ 可逆, 则

$$\hat{\boldsymbol{\beta}} = (\boldsymbol{X}^{\mathrm{T}}\boldsymbol{X})^{-1}\boldsymbol{X}^{\mathrm{T}}\boldsymbol{Y}.$$

最小二乘估计 $\hat{\boldsymbol{\beta}}$ 是 $\boldsymbol{\beta}$ 的无偏估计, 用均方误差 E_{ms} 来度量这个估计的好坏, 即有

$$E_{\mathrm{ms}}(\hat{\boldsymbol{\beta}}) = \sigma^2 \mathrm{tr}(\boldsymbol{X}^{\mathrm{T}}\boldsymbol{X})^{-1}.$$

设对称矩阵 $\boldsymbol{X}^{\mathrm{T}}\boldsymbol{X}$ 的特征值为 $\lambda_1 \geqslant \lambda_2 \geqslant \cdots \geqslant \lambda_p > 0$, 则 $(\boldsymbol{X}^{\mathrm{T}}\boldsymbol{X})^{-1}$ 的特征值为 $\lambda_1^{-1} \leqslant \lambda_2^{-1} \leqslant \cdots \leqslant \lambda_p^{-1}$. 从而

$$E_{\mathrm{ms}}(\hat{\boldsymbol{\beta}}) = \sigma^2 \sum_{i=1}^{p} \lambda_i^{-1}.$$

如果 λ_p 较小, 则条件数 $\mathrm{cond}(\boldsymbol{X}^{\mathrm{T}}\boldsymbol{X})$ 较大, 反之亦然. 此时 $E_{\mathrm{ms}}(\hat{\boldsymbol{\beta}})$ 较大, 说明最小二乘估计 $\hat{\boldsymbol{\beta}}$ 是坏的, 会导致由式 (1.18) 得到的预测值 $\hat{y}$ 有较大的误差. 这是什么原因引起的呢? 下面作出分析.

特征值 λ_p 较小相对来说意味着 $\lambda_p \approx 0$, 则存在单位特征向量 $\boldsymbol{z}_p = (z_{p1}, z_{p2}, \cdots, z_{pp})^{\mathrm{T}}$, 使得 $\boldsymbol{X}^{\mathrm{T}}\boldsymbol{X}\boldsymbol{z}_p = \lambda_p \boldsymbol{z}_p$. 两边左乘 $\boldsymbol{z}_p^{\mathrm{T}}$, 得 $\boldsymbol{z}_p^{\mathrm{T}}\boldsymbol{X}^{\mathrm{T}}\boldsymbol{X}\boldsymbol{z}_p = \boldsymbol{z}_p^{\mathrm{T}}\lambda_p\boldsymbol{z}_p = \lambda_p \approx 0$. 从而 $\boldsymbol{X}\boldsymbol{z}_p \approx \boldsymbol{0}$. 记 $\boldsymbol{X} = (\boldsymbol{X}_1, \boldsymbol{X}_2, \cdots, \boldsymbol{X}_p)$, 则有

$$z_{p1}\boldsymbol{X}_1 + z_{p2}\boldsymbol{X}_2 + \cdots + z_{pp}\boldsymbol{X}_p \approx \boldsymbol{0}. \tag{1.19}$$

式(1.19)说明 $\boldsymbol{X}$ 的列向量 $\boldsymbol{X}_1, \boldsymbol{X}_2, \cdots, \boldsymbol{X}_p$ 近似于线性相关, 称它们有复共线性关系, 称线性回归模型(1.17)存在复共线性. 所以, 最小二乘估计 $\hat{\boldsymbol{\beta}}$ 变坏是由模型(1.17)的复共线性导致的. 而条件数 $\mathrm{cond}(\boldsymbol{X}^{\mathrm{T}}\boldsymbol{X})$ 的大小可以用来说明 $\boldsymbol{X}$ 的列向量复共线性的强度. 一般地, 当 $0 < \mathrm{cond}(\boldsymbol{X}^{\mathrm{T}}\boldsymbol{X}) \leqslant 30$ 时, 认为 $\boldsymbol{X}$ 的列向量没有复共线性; 当 $30 < \mathrm{cond}(\boldsymbol{X}^{\mathrm{T}}\boldsymbol{X}) \leqslant 100$ 时, 认为 $\boldsymbol{X}$ 的列向量有较弱的复共线性; 当 $100 < \mathrm{cond}(\boldsymbol{X}^{\mathrm{T}}\boldsymbol{X}) \leqslant 1000$ 时, 认为 $\boldsymbol{X}$ 的列向量有中等或较强的复共线性; 当 $\mathrm{cond}(\boldsymbol{X}^{\mathrm{T}}\boldsymbol{X}) > 1000$ 时, 认为 $\boldsymbol{X}$ 的列向量有严重的复共线性.

若用线性回归模型(1.17)拟合给定的数据, 需要选择没有复共线性的因子 $\boldsymbol{X}_1, \boldsymbol{X}_2, \cdots, \boldsymbol{X}_p$, 这样由式 (1.18) 获取的 y 的预测值才有更高的准确度.

针对表 1.1 给出的经济数据, 将因子向量 $\boldsymbol{X}_1, \boldsymbol{X}_2, \boldsymbol{X}_3$ 的数据中心化, 即 $\boldsymbol{X}_i$ 的每个数据减去 $\boldsymbol{X}_i$ 所有数据的平均值 $(i = 1, 2, 3)$, 所得结果列于表 1.2 的左侧. 然后再将其标准化, 即将表 1.2 左侧 $\boldsymbol{X}_i$ 的每个数据除以 $\boldsymbol{X}_i$ $(i = 1, 2, 3)$ 的 2 范数, 所得结果列于表 1.2 的右侧.

将中心化及标准化的数据, 即表 1.2 右侧的数据, 仍记为 $\boldsymbol{X}_1$, $\boldsymbol{X}_2$, $\boldsymbol{X}_3$, 而 $\boldsymbol{X} = (\boldsymbol{X}_1, \boldsymbol{X}_2, \boldsymbol{X}_3)$, 则有

$$\boldsymbol{X}^{\mathrm{T}}\boldsymbol{X} = \begin{pmatrix} 1.000000 & 0.025851 & 0.997261 \\ 0.025851 & 1.000000 & 0.035673 \\ 0.997261 & 0.035673 & 1.000000 \end{pmatrix}.$$

那么经过计算易获得 $\boldsymbol{X}^{\mathrm{T}}\boldsymbol{X}$ 的特征值为 $\lambda_1 = 1.999155$, $\lambda_2 = 0.998154$, $\lambda_3 = 0.002691$. 从而条件数

$$\mathrm{cond}(\boldsymbol{X}^{\mathrm{T}}\boldsymbol{X}) = \lambda_1/\lambda_3 = 742.9.$$

故因子 $\boldsymbol{X}_1, \boldsymbol{X}_2, \boldsymbol{X}_3$ 存在较强的复共线性. 所以, 用 $\boldsymbol{Y}$ 与 $\boldsymbol{X}_1, \boldsymbol{X}_2, \boldsymbol{X}_3$ 的线性回归模型预测进口总额准确度不高.

表 1.2 中心化及标准化数据

$\boldsymbol{X}_1$	$\boldsymbol{X}_2$	$\boldsymbol{X}_3$	$\boldsymbol{X}_1/\lVert\boldsymbol{X}_1\rVert_2$	$\boldsymbol{X}_2/\lVert\boldsymbol{X}_2\rVert_2$	$\boldsymbol{X}_3/\lVert\boldsymbol{X}_3\rVert_2$
−45.290909	0.900000	−31.636364	−0.477416	0.172567	−0.484836
−33.390909	0.800000	−24.936364	−0.351977	0.153393	−0.382156
−23.090909	−0.200000	−16.536364	−0.243403	−0.038348	−0.253424
−19.090909	−0.200000	−12.836364	−0.201239	−0.038348	−0.196721
−13.790909	−2.200000	−7.636364	−0.145371	−0.421831	−0.117029

续表

$\boldsymbol{X}_1$	$\boldsymbol{X}_2$	$\boldsymbol{X}_3$	$\boldsymbol{X}_1/\Vert\boldsymbol{X}_1\Vert_2$	$\boldsymbol{X}_2/\Vert\boldsymbol{X}_2\Vert_2$	$\boldsymbol{X}_3/\Vert\boldsymbol{X}_3\Vert_2$
−3.890909	−1.100000	−2.036364	−0.041014	−0.210915	−0.031208
7.509091	−1.200000	6.263636	0.079154	−0.230089	0.095992
17.809091	2.300000	14.363636	0.187727	0.441005	0.220127
31.509091	1.700000	22.563636	0.332140	0.325960	0.345794
37.309091	1.800000	24.563636	0.393279	0.345134	0.376444
44.409091	−2.600000	27.863636	0.468120	−0.498527	0.427018

第 1 章习题

1. 分别证明例 1.1～ 例 1.4定义的距离都满足距离的三个条件.

2. 证明极限的性质 1.1.

3. 证明定理 1.1.

4. 证明例 1.16.

5. 证明定理 1.7.

6. 证明稠密性具有传递性, 即如果 A 在 B 中稠密, B 在 C 中稠密, 则 A 在 C 中稠密.

7. 设 A 是列紧的且是闭的, 证明 A 是紧的.

8. 设 X 是度量空间, $x \in X$, A 是 X 中的紧集, 记

$$d(x, A) = \inf\{d(x, y) : y \in A\}.$$

证明: 当 $d(x, A) = 0$ 时, 那么 $x \in A$. 若将 A 换成列紧的, 结论是否成立?

9. 记 $C[a, b]$ 为区间 $[a, b]$ 上连续函数空间, 对任何 $f, g \in C[a, b]$, 定义

$$d(f, g) = \max_{a \leqslant x \leqslant b} |f(x) - g(x)|.$$

证明: d 是 $C[a, b]$ 上的距离, 并且 $C[a, b]$ 是完备空间.

10. 用压缩映射原理证明方程 $x = a \sin x$ 只有唯一解, 其中 $a \in (0, 1)$.

11. 证明下述线性方程组

$$\begin{pmatrix} \dfrac{3}{4} & -\dfrac{1}{4} & \dfrac{1}{4} \\ -\dfrac{1}{7} & \dfrac{5}{14} & -\dfrac{1}{5} \\ -\dfrac{1}{100} & -\dfrac{1}{120} & \dfrac{1}{2} \end{pmatrix} \begin{pmatrix} x_1 \\ x_2 \\ x_3 \end{pmatrix} = \begin{pmatrix} \dfrac{1}{6} \\ \dfrac{1}{7} \\ \dfrac{1}{8} \end{pmatrix}$$

有唯一解, 并写出方程组近似解的迭代序列.

12. 用压缩映射原理构造迭代序列求解下述微分方程

$$\begin{cases} \dfrac{\mathrm{d}y}{\mathrm{d}x} = 1 + x^2, \\ y(0) = 0 \end{cases}$$

的解.

13. 证明: 赋范线性空间 X 是 Banach 空间的充要条件是对任意序列 $\{x_n\} \subset X$, 若 $\sum\limits_{i=1}^{\infty} \Vert x_i \Vert$ 收敛, 则 $\sum\limits_{i=1}^{\infty} x_i$ 在 X 中收敛.

14. 设 X 是无限维赋范线性空间, Y 是 X 的有限维子空间. 证明: 必存在 $x_0 \in X$ 且 $\Vert x_0 \Vert = 1$, 使得 $d(x_0, Y) \geqslant 1$.

15. 设 $\{\boldsymbol{e}_n\}$ 是内积空间 X 中一个标准正交系, 求证对任何 $\boldsymbol{x},\boldsymbol{y}\in X$, 有

$$\sum_{n=1}^{\infty}|\langle\boldsymbol{x},\boldsymbol{e}_n\rangle\cdot\langle\boldsymbol{y},\boldsymbol{e}_n\rangle|\leqslant\|\boldsymbol{x}\|\cdot\|\boldsymbol{y}\|.$$

16. 设 $\{\boldsymbol{e}_n\}$ 是 Hilbert 空间 X 的一个标准正交系, 对任何 $\boldsymbol{x}\in X$, 求证

$$\boldsymbol{y}=\sum_{n=1}^{\infty}\langle\boldsymbol{x},\boldsymbol{e}_n\rangle\boldsymbol{e}_n$$

在 X 中收敛, 并且 $\boldsymbol{x}-\boldsymbol{y}$ 与每个 $\boldsymbol{e}_n$ 正交.

17. 设 $\boldsymbol{A}\in\mathbf{C}^{n\times n}$, 证明: $\dfrac{1}{\sqrt{n}}\|\boldsymbol{A}\|_{\mathrm{F}}\leqslant\|\boldsymbol{A}\|_2\leqslant\|\boldsymbol{A}\|_{\mathrm{F}}$.

18. 设 $\boldsymbol{A}=\begin{pmatrix}1/2 & 1\\ 0 & 1/2\end{pmatrix}$, 对 $k=2,3,\cdots$, 直接计算 $\boldsymbol{A}^k$, $\rho(\boldsymbol{A}^k)$, $\|\boldsymbol{A}^k\|_1$, $\|\boldsymbol{A}^k\|_\infty$, $\|\boldsymbol{A}\|_2$.

19. 如果 $\|\cdot\|$ 是 $\mathbf{C}^{n\times n}$ 上的矩阵范数, 证明: 对所有 $c\geqslant 1$, $c\|\cdot\|$ 是矩阵范数; 但是, 对任意正数 $c<1$, $c\|\cdot\|_1$ 不是矩阵范数.

20. 设 $\boldsymbol{A}\in\mathbf{C}^{n\times n}$, 证明 Hermite 矩阵

$$\hat{\boldsymbol{A}}=\begin{pmatrix}\mathbf{0} & \boldsymbol{A}\\ \boldsymbol{A}^{\mathrm{H}} & \mathbf{0}\end{pmatrix}\in\mathbf{C}^{2n\times 2n}$$

与 $\boldsymbol{A}$ 有相同的谱范数.

21. 设 $\boldsymbol{A},\boldsymbol{B}\in\mathbf{C}^{n\times n}$ 都是 Hermite 矩阵, 证明: $\rho(\boldsymbol{A}+\boldsymbol{B})\leqslant\rho(\boldsymbol{A})+\rho(\boldsymbol{B})$.

22. 证明: 如果 $\boldsymbol{A}\in\mathbf{C}^{n\times n}$ 可逆, 那么 $\mathrm{cond}(\boldsymbol{A})=\mathrm{cond}(\boldsymbol{A}^{-1})$.

23. 设 $\boldsymbol{A}=\begin{pmatrix}2 & 1 & 3\\ 8 & 2 & 4\\ 4 & 4 & 10\end{pmatrix}$, 求 $\boldsymbol{A}$ 的条件数 $\mathrm{cond}_\infty(\boldsymbol{A})$.

24. 证明: $\mathrm{cond}(\boldsymbol{AB})\leqslant\mathrm{cond}(\boldsymbol{A})\mathrm{cond}(\boldsymbol{B})$. 问 $\mathrm{cond}(\cdot)$ 是 $\mathbf{C}^{n\times n}$ 上的矩阵范数吗?

25. 下表给出了消费支出 (Y)、收入 (X_1)、财富 (X_2) 的数据.

Y	X_1	X_2
70	80	810
65	100	1009
90	120	1273
95	160	1633
115	180	1876
120	200	2252
140	220	2201
155	240	2435
150	260	2686
110	160	1634

如果作 Y 对 X_1 和 X_2 的线性回归, 用条件数方法考察是否存在复共线性.

26. 某单位人事部门对 20 名职工做了系列测试, 以综合考察他们的个人能力. 选用的因子为学术能力 (X_1)、与别人合作的能力 (X_2)、决策能力 (X_3). 职工的工作状况记为 Y. 测试数据列于下表.

序号	Y	X_1	X_2	X_3
1	80	50	72	18
2	75	51	74	19
3	84	42	79	22

续表

序号	Y	X_1	X_2	X_3
4	62	42	71	17
5	92	59	85	25
6	75	45	73	17
7	63	48	75	16
8	69	39	73	19
9	68	40	71	20
10	87	55	80	30
11	92	48	83	33
12	82	45	80	20
13	74	45	75	18
14	80	58	75	20
15	62	59	70	15
16	72	60	80	24
17	69	54	72	17
18	80	46	81	19
19	85	59	75	20
20	66	40	73	22

如果作 Y 对 X_1, X_2 和 X_3 的线性回归, 用条件数方法考察是否存在复共线性.

第 2 章　矩阵的标准形与特征值计算

本章主要介绍矩阵在相似变换下的标准形及矩阵特征值估计和计算的幂迭代法. 它们不仅是矩阵理论和矩阵计算的基本问题, 而且在许多工程技术研究领域也有着广泛的应用.

2.1　λ-矩阵及标准形、不变因子和初等因子

本节引进 λ-矩阵这个工具, 为后面的矩阵化为 Jordan 标准形作准备. 先介绍多项式的最大公因式及一些性质.

设 $f(x) = a_n x^n + a_{n-1}x^{n-1} + \cdots + a_1 x + a_0$ 为复数域 $\mathbf{C}$ 上关于未定元 x 的多项式, n 为正整数, 则称 $f(x)$ 是一个 n 次多项式. 如果 $a_n \neq 0$, $a_n x^n$ 称为 $f(x)$ 的最高次项或首项, a_n 称为首项系数, a_0 称为常数项. 若 $f(x) = a$, 则称 $f(x)$ 为常数多项式, 当 $a \neq 0$ 时, 称它为零次多项式, 当 $a = 0$ 时, 称之为零多项式. 如果 $f(x)$ 的首项系数为 1, 称多项式 $f(x) = a_n x^n + a_{n-1}x^{n-1} + \cdots + a_1 x + a_0$ 为首 1 多项式, 即有形式:

$$f(x) = x^n + a_{n-1}x^{n-1} + \cdots + a_1 x + a_0.$$

设 $f(x), g(x)$ 是复数域 $\mathbf{C}$ 上的多项式, 如果存在复数域 $\mathbf{C}$ 上的多项式 $h(x)$, 使

$$f(x) = g(x)h(x),$$

则称 $g(x)$ 整除 $f(x)$, 记作 $g(x)|f(x)$. 此时称 $g(x)$ 为 $f(x)$ 的因式 (或因子), $f(x)$ 称为 $g(x)$ 的倍式.

例如, $f(x) = (x+1)^2$, $g(x) = 2(x+1)$, 则 $g(x)|f(x)$, 因为 $f(x) = \dfrac{1}{2}(x+1)g(x)$.

由整除的定义知道, 零多项式的因式可以是任一多项式, 但零多项式不能是非零多项式的因式. 下面不予证明地给出整除性的几个常用性质:

(1) 若 $g(x)|f(x)$, 则 $cg(x)|f(x)$ $(c \neq 0)$, 由此知非零常数是任一非零多项式的因子;

(2) 若 $g(x)|f(x)$, $f(x)|g(x)$, 且 $f(x), g(x)$ 都是非零多项式, 则 $f(x) = cg(x)$, 其中 c 为非零常数;

(3) 若 $g(x)|f(x)$, $f(x)|h(x)$, 则 $g(x)|h(x)$;

(4) 若 $g(x)|f(x)$, $g(x)|h(x)$, 则对任意的多项式 $u(x), v(x)$, 有

$$g(x)|(f(x)u(x) + h(x)v(x)).$$

若多项式 $\varphi(x)$ 满足 $\varphi(x)|f(x), \varphi(x)|g(x)$, 则称 $\varphi(x)$ 是 $f(x)$ 与 $g(x)$ 的一个公因式 (或公因子).

设 $f(x)$, $g(x)$ 是复数域 $\mathbf{C}$ 上的多项式, 如果存在复数域 $\mathbf{C}$ 上的多项式 $d(x)$ 满足: ① $d(x)|f(x)$, $d(x)|g(x)$; ② 若 $d_1(x)$ 是 $f(x)$ 与 $g(x)$ 的公因式, 则必有 $d_1(x)|d(x)$. 称 $d(x)$ 是 $f(x), g(x)$ 的一个最大公因式.

若 $d_1(x)$, $d_2(x)$ 是 $f(x)$ 与 $g(x)$ 的两个最大公因式, 则由定义知二者必互相整除, 即 $d_1(x)|d_2(x)$, $d_2(x)|d_1(x)$, 这样就有 $d_1(x) = cd_2(x), c \neq 0$, 这说明 $f(x)$ 与 $g(x)$ 的两个最

大公因式至多相差一个非零常数. 用 $(f(x), g(x))$ 表示首项系数为 1 的最大公因式, 显然 $(f(x), g(x))$ 是唯一确定的. 特别地, 若 c 为非零常数, $f(x)$ 是首 1 多项式, 则有 $(f(x), c) = 1, (f(x), 0) = f(x)$. 多个多项式 $f_1(x), \cdots, f_s(x)$ 的最大公因式可同样定义, 仍用 $(f_1(x), \cdots, f_s(x))$ 表示首项系数为 1 的最大公因式, 如对 $s=3$, 有

$$(f_1(x), f_2(x), f_3(x)) = ((f_1(x), f_2(x)), f_3(x)).$$

一般地, 在复数域上求若干个多项式的最大公因式时, 可先把每个多项式分解成一次因式的方幂的乘积形式, 然后取含有公共一次因式的最低方幂的乘积, 即得所求的最大公因式. 例如, $f(x) = (x-1)^3(x+2)^2(x+5), g(x) = (x-1)^2(x+2)^3(x+3), h(x) = (x-1)^2(x+2)(x+3)^5$, 则有 $(f(x), g(x), h(x)) = (x-1)^2(x+2)$.

2.1.1 λ-矩阵的概念

定义 2.1 设 $a_{ij}(\lambda)$ $(i=1,2,\cdots,m; j=1,2,\cdots,n)$ 为复数域 $\mathbf{C}$ 上的多项式, 则称以 $a_{ij}(\lambda)$ 为元素的 $m \times n$ 矩阵

$$\boldsymbol{A}(\lambda) = \begin{pmatrix} a_{11}(\lambda) & a_{12}(\lambda) & \cdots & a_{1n}(\lambda) \\ a_{21}(\lambda) & a_{22}(\lambda) & \cdots & a_{2n}(\lambda) \\ \vdots & \vdots & & \vdots \\ a_{m1}(\lambda) & a_{m2}(\lambda) & \cdots & a_{mn}(\lambda) \end{pmatrix}$$

为 λ-矩阵或多项式矩阵.

为与 λ-矩阵相区别, 我们把以复数域 $\mathbf{C}$ 中的数为元素的矩阵称为数字矩阵. 显然, 数字矩阵可看作是特殊的 λ-矩阵, 因它的元素 a_{ij} 为零次多项式. 方阵 $\boldsymbol{A}$ 的特征矩阵 $\lambda\boldsymbol{I} - \boldsymbol{A}$ 也是一个特殊的 λ-矩阵.

λ-矩阵可同数字矩阵一样定义相等、加法、数乘、乘法等运算, 且与数字矩阵有相同的运算规律. 对于 $n \times n$ 的 λ-矩阵可同样定义行列式, 而且其与数字矩阵的行列式有相同的性质. 有了 λ-矩阵行列式的概念, 也就有了 λ-矩阵的子式、余子式、伴随矩阵等概念, 进而利用子式这个概念, 就可给出 λ-矩阵秩的定义.

定义 2.2 如果 λ-矩阵 $\boldsymbol{A}(\lambda)$ 中有一个 r 阶 $(r \geqslant 1)$ 子式为非零多项式, 而所有 $r+1$ 阶子式 (如果有的话) 全为零多项式, 则称 $\boldsymbol{A}(\lambda)$ 的秩为 r, 记作 $\operatorname{rank} \boldsymbol{A}(\lambda) = r$ 或 $r_{\boldsymbol{A}(\lambda)} = r$. 零矩阵的秩规定为零.

若 n 阶 λ-矩阵 $\boldsymbol{A}(\lambda)$ 秩为 n, 即 $\det \boldsymbol{A}(\lambda) \neq 0$, 则称 $\boldsymbol{A}(\lambda)$ 为满秩的或非奇异的. 若 n 阶 λ-矩阵 $\boldsymbol{A}(\lambda)$ 的秩小于 n, 也即 $\det \boldsymbol{A}(\lambda) = 0$, 就称 $\boldsymbol{A}(\lambda)$ 是降秩的或奇异的. 例如, 数字矩阵 $\boldsymbol{A} = (a_{ij})_{n\times n}$ 的特征矩阵 $\boldsymbol{A}(\lambda) = \lambda\boldsymbol{I} - \boldsymbol{A}$ 就是重要的满秩矩阵, 因为 $f_{\boldsymbol{A}}(\lambda) = \det(\lambda\boldsymbol{I} - \boldsymbol{A})$ 不是零多项式 (至多有 n 个根). 对 λ-矩阵也可以有初等变换.

定义 2.3 对 λ-矩阵 $\boldsymbol{A}(\lambda)$ 施行的下列三种变换称为 λ-矩阵的初等行 (列) 变换:

(1) 交换 $\boldsymbol{A}(\lambda)$ 的任意两行 (列), 交换 i, j 两行 (列), 记作 $r_i \leftrightarrow r_j$ $(c_i \leftrightarrow c_j)$;

(2) 数 $k(k \neq 0)$ 乘 $\boldsymbol{A}(\lambda)$ 的某一行 (列), 第 i 行 (列) 乘以 k, 记作 kr_i (kc_i);

(3) $\boldsymbol{A}(\lambda)$ 的某一行 (列) 的 $\varphi(\lambda)$ 倍加到另一行 (列) 上去, 其中 $\varphi(\lambda)$ 是 λ 的一个多项式, 第 i 行 (列) 的 $\varphi(\lambda)$ 倍加到第 j 行 (列) 上, 记作 $\varphi(\lambda) r_i + r_j$ $(\varphi(\lambda) c_i + c_j)$.

定义 2.4 如果 λ-矩阵 $\boldsymbol{A}(\lambda)$ 经过有限次初等变换变为 λ-矩阵 $\boldsymbol{B}(\lambda)$, 则称 $\boldsymbol{A}(\lambda)$ 与 $\boldsymbol{B}(\lambda)$ 等价, 记作 $\boldsymbol{A}(\lambda) \cong \boldsymbol{B}(\lambda)$.

容易验证, 两个 λ-矩阵等价具有反身性、对称性、传递性.

2.1.2 λ-矩阵的 Smith 标准形、不变因子和行列式因子

下面主要给出 λ-矩阵在初等变换下的一种重要的标准形——Smith (史密斯) 标准形, 进而给出 λ-矩阵的不变因子和行列式因子.

引理 2.1 若 λ-矩阵 $\boldsymbol{A}(\lambda)=(a_{ij}(\lambda))_{m\times n}$ 的左上角元素 $a_{11}(\lambda)\neq 0$, 并且 $\boldsymbol{A}(\lambda)$ 中至少有一个元素不能被 $a_{11}(\lambda)$ 整除, 则必可找到一个与 $\boldsymbol{A}(\lambda)$ 等价的矩阵 $\boldsymbol{B}(\lambda)$, 其左上角元素 $b_{11}(\lambda)$ 也不为零, 且 $b_{11}(\lambda)$ 的次数低于 $a_{11}(\lambda)$ 的次数.

定理 2.1 任一非零的 λ-矩阵 $\boldsymbol{A}(\lambda)=(a_{ij}(\lambda))_{m\times n}$ 都等价于如下形式的矩阵

$$\boldsymbol{A}(\lambda)\cong\boldsymbol{S}(\lambda)=\left(\begin{array}{cccc:c} d_1(\lambda) & & & & 0\\ & d_2(\lambda) & & & 0\\ & & \ddots & & \vdots\\ & & & d_r(\lambda) & 0\\ \hdashline 0 & 0 & \cdots & 0 & 0\end{array}\right)_{m\times n},$$

其中 $r\geqslant 1$ 是 $\boldsymbol{A}(\lambda)$ 的秩, $d_i(\lambda)\,(i=1,2,\cdots,r)$ 是首项系数为 1 的多项式, 且 $d_i(\lambda)\,|d_{i+1}(\lambda)$, $i=1,\cdots,r-1$. λ-矩阵 $\boldsymbol{S}(\lambda)$ 称为 $\boldsymbol{A}(\lambda)$ 的 Smith 标准形, $d_i(\lambda)\ (i=1,2,\cdots,r)$ 称为 $\boldsymbol{A}(\lambda)$ 的不变因式 (或不变因子).

证明 因为 $\boldsymbol{A}(\lambda)\neq\boldsymbol{0}$, 知至少有一个非零元素, 所以不妨设 $a_{11}(\lambda)\neq 0$, 否则, 总可以经过行列调整, 使得 $\boldsymbol{A}(\lambda)$ 的左上角元素不为零. 若 $a_{11}(\lambda)$ 不能整除 $\boldsymbol{A}(\lambda)$ 的其余元素, 则由引理 2.1 知, 可以找到与 $\boldsymbol{A}(\lambda)$ 等价的矩阵 $\boldsymbol{B}_1(\lambda)$, 使 $\boldsymbol{B}_1(\lambda)$ 的左上角元素 $b_{11}^{(1)}(\lambda)\neq 0$, 并且 $b_{11}^{(1)}(\lambda)$ 的次数低于 $a_{11}(\lambda)$ 的次数. 若 $b_{11}^{(1)}(\lambda)$ 仍不能整除 $\boldsymbol{B}_1(\lambda)$ 的其余所有元素, 则可用同样的方法, 逐步降低左上角元素的次数, 但这些次数都是非负整数, 不能无限地降低, 因此在有限步以后, 将会终止于一个 λ-矩阵 $\boldsymbol{B}_s(\lambda)$, 其左上角元素 $b_{11}^{(s)}(\lambda)\neq 0$, 并且 $b_{11}^{(s)}(\lambda)$ 可以整除 $\boldsymbol{B}_s(\lambda)$ 的其他所有元素 $b_{ij}^{(s)}(\lambda)$. 令 $b_{ij}^{(s)}(\lambda)=b_{11}^{(s)}(\lambda)\,q_{ij}(\lambda)$, 对 $\boldsymbol{B}_s(\lambda)$ 作初等变换:

$$\boldsymbol{B}_s(\lambda)=\begin{pmatrix} b_{11}^{(s)}(\lambda) & \cdots & b_{1j}^{(s)}(\lambda) & \cdots\\ \vdots & & \vdots & \\ b_{i1}^{(s)}(\lambda) & \cdots & b_{ij}^{(s)}(\lambda) & \cdots\\ \vdots & & \vdots & \end{pmatrix}\xrightarrow[-q_{1j}C_1+C_j\ (j=2,\cdots,n)]{-q_{i1}r_1+r_i\ (i=2,\cdots,n)}\begin{pmatrix} b_{11}^{(s)}(\lambda) & 0 & \cdots & 0\\ 0 & & & \\ \vdots & & \boldsymbol{B}_{s+1}(\lambda) & \\ 0 & & & \end{pmatrix}.$$

对 λ-矩阵 $\boldsymbol{B}_{s+1}(\lambda)$, 因其元素是 $\boldsymbol{B}_s(\lambda)$ 元素的组合, 又 $\boldsymbol{B}_s(\lambda)$ 的所有元素能被 $b_{11}^{(s)}(\lambda)$ 整除, 故 $b_{11}^{(s)}(\lambda)$ 也可以整除 $\boldsymbol{B}_{s+1}(\lambda)$ 的所有元素. 而对上面后一个矩阵再进行一次初等变换, 还可以把 $b_{11}^{(s)}(\lambda)$ 化为首 1 多项式 $d_1(\lambda)$, 且不改变 $\boldsymbol{B}_{s+1}(\lambda)$ 的元素. 如果 $\boldsymbol{B}_{s+1}(\lambda)\neq\boldsymbol{0}$, 则对 $\boldsymbol{B}_{s+1}(\lambda)$ 可重复上述过程, 于是又有 $\boldsymbol{A}(\lambda)$ 的等价矩阵

$$\begin{pmatrix} d_1(\lambda) & 0 & 0 & \cdots & 0\\ 0 & d_2(\lambda) & 0 & \cdots & 0\\ 0 & 0 & & & \\ \vdots & \vdots & & \boldsymbol{B}_{s+2}(\lambda) & \\ 0 & 0 & & & \end{pmatrix},$$

其中 $d_1(\lambda), d_2(\lambda)$ 均为首 1 多项式, 且 $d_1(\lambda)|\,d_2(\lambda)$, 而 $d_2(\lambda)$ 可整除 $\boldsymbol{B}_{s+2}(\lambda)$ 的各个元素. 继续上述过程, 最后可把 $\boldsymbol{A}(\lambda)$ 化成所要求的形式. 证毕.

例 2.1 求 λ-矩阵

$$A(\lambda)=\begin{pmatrix}1-\lambda & 2\lambda-1 & \lambda\\ \lambda & \lambda^2 & -\lambda\\ 1+\lambda^2 & \lambda^2+\lambda-1 & -\lambda^2\end{pmatrix}$$

的 Smith 标准形和不变因子.

解 因为 $A(\lambda)$ 的左上角元素 $1-\lambda$ 不能整除其他所有元素, 所以由引理 2.1 知, 可先降低它的次数, 但 $1-\lambda$ 是 1 次的, 降低次数后只能是零次的, 即是常数. 故需把 $1-\lambda$ 化为常数, 为此只需将第 3 列加到第 1 列上, 便得

$$A_2(\lambda)=\begin{pmatrix}1 & 2\lambda-1 & \lambda\\ 0 & \lambda^2 & -\lambda\\ 1 & \lambda^2+\lambda-1 & -\lambda^2\end{pmatrix},$$

其左上角元素 1 已能整除其余元素, 因此可把与左上角元素 1 同一行同一列的其他非零元素都化为零, 于是得

$$A_3(\lambda)=\begin{pmatrix}1 & 0 & 0\\ 0 & \lambda^2 & -\lambda\\ 0 & \lambda^2-\lambda & -\lambda^2-\lambda\end{pmatrix}.$$

在 $A_3(\lambda)$ 中, 由于 λ^2 不能整除剩余元素, 如不能整除 $\lambda^2-\lambda$, 同样可降低 λ^2 的次数, 显然 λ^2 应降为 1 次的, 这只需将 $A_3(\lambda)$ 的第 2 列与第 3 列交换即得

$$A_4(\lambda)=\begin{pmatrix}1 & 0 & 0\\ 0 & -\lambda & \lambda^2\\ 0 & -\lambda^2-\lambda & \lambda^2-\lambda\end{pmatrix},$$

这时可把 $A_4(\lambda)$ 中 $-\lambda$ 右边同一行、下方同一列的非零元素都化为零, 得

$$A_5(\lambda)=\begin{pmatrix}1 & 0 & 0\\ 0 & -\lambda & 0\\ 0 & 0 & -\lambda^3-\lambda\end{pmatrix},$$

$A_5(\lambda)$ 的第 2 行与第 3 行乘以 -1 便得所求的 Smith 标准形

$$S(\lambda)=\begin{pmatrix}1 & 0 & 0\\ 0 & \lambda & 0\\ 0 & 0 & \lambda^3+\lambda\end{pmatrix}.$$

不变因子为 $d_1(\lambda)=1,\ d_2(\lambda)=\lambda, d_3(\lambda)=\lambda^3+\lambda$.

我们知道, 数字矩阵在初等变换下的标准形是唯一的, 同样可证 λ-矩阵在初等变换下的 Smith 标准形是唯一的. 为此引入如下定义.

定义 2.5 设 λ-矩阵 $A(\lambda)$ 的秩为 $r\geqslant 1$, 对于正整数 $k\,(1\leqslant k\leqslant r)$, $A(\lambda)$ 中的所有非零的 k 阶子式的首 1 最大公因式 $D_k(\lambda)$ 称为 $A(\lambda)$ 的 k 阶行列式因子.

显然, 当 $\operatorname{rank} A(\lambda)=r\geqslant 1$ 时, $A(\lambda)$ 共有 r 个行列式因子 $D_1(\lambda), D_2(\lambda),\cdots, D_r(\lambda)$, 它们是由 $A(\lambda)$ 唯一确定的. 因为 $D_{k-1}(\lambda)$ 能整除每一个 $k-1$ 阶子式, 而 k 阶子式按一行展开后可表示为一些 $k-1$ 阶子式的组合, 所以 $D_{k-1}(\lambda)|\, D_k(\lambda)\ (k=2,\cdots,r)$.

定理 2.2 等价的 λ-矩阵具有相同的秩及相同的各阶行列式因子, 即 λ-矩阵的秩和各阶行列式因子在初等变换下是不变的.

定理 2.3 λ-矩阵 $\boldsymbol{A}(\lambda)$ 的 Smith 标准形

$$\boldsymbol{S}(\lambda)=\begin{pmatrix} d_1(\lambda) & & & & & & \\ & d_2(\lambda) & & & & & \\ & & \ddots & & & & \\ & & & d_r(\lambda) & & & \\ & & & & 0 & & \\ & & & & & \ddots & \\ & & & & & & 0 \end{pmatrix}$$

是唯一的, 且 $d_1(\lambda)=D_1(\lambda), d_k(\lambda)=\dfrac{D_k(\lambda)}{D_{k-1}(\lambda)}, k=2,\cdots,r$.

证明 因为 $\boldsymbol{A}(\lambda)\simeq\boldsymbol{S}(\lambda)$, 所以 $\boldsymbol{A}(\lambda)$ 与 $\boldsymbol{S}(\lambda)$ 有相同的行列式因子. 由 $d_1(\lambda),\cdots,d_r(\lambda)$ 为首 1 多项式, 且 $d_k(\lambda)|\,d_{k+1}(\lambda)\,(k=1,2,\cdots,r-1)$, 易知 $\boldsymbol{S}(\lambda)$ 的 k 阶行列式因子为 $d_1(\lambda)\,d_2(\lambda)\ \cdots\ d_k(\lambda)$, 于是

$$D_k(\lambda)=d_1(\lambda)\,d_2(\lambda)\cdots d_k(\lambda),\quad k=1,2,\cdots,r. \tag{2.1}$$

因此, 得

$$d_1(\lambda)=D_1(\lambda),\quad d_k(\lambda)=\frac{D_k(\lambda)}{D_{k-1}(\lambda)},\quad k=2,\cdots,r. \tag{2.2}$$

这说明 $\boldsymbol{A}(\lambda)$ 的不变因子由 $\boldsymbol{A}(\lambda)$ 的行列式因子唯一确定, 而行列式因子在初等变换下不变, 所以 $\boldsymbol{A}(\lambda)$ 的 Smith 标准形是唯一的. 证毕.

式(2.1)和式(2.2)给出了不变因式与行列式因子的关系, 通过求行列式因子, 也可求出 $\boldsymbol{A}(\lambda)$ 的不变因式, 进而也可给出 $\boldsymbol{A}(\lambda)$ 的 Smith 标准形.

2.1.3 初等因子

定义 2.6 把 λ-矩阵 $\boldsymbol{A}(\lambda)$ 的每个次数 $\geqslant 1$ 的不变因子 $d_k(\lambda)$ 在复数域上分解为互不相同的一次因式的方幂的乘积, 所有这些一次因式的方幂 (相同的按出现的次数计算), 称为 $\boldsymbol{A}(\lambda)$ 的初等因子, 初等因子的全体称为初等因子组.

设秩为 r 的 λ-矩阵 $\boldsymbol{A}(\lambda)$ 的不变因子为 $d_1(\lambda), d_2(\lambda),\cdots,d_r(\lambda)$. 将 $d_k(\lambda)$ $(k=1,2,\cdots,r)$ 分解为互不相同的一次因式方幂的乘积:

$$\begin{aligned} d_1(\lambda)&=(\lambda-\lambda_1)^{k_{11}}(\lambda-\lambda_2)^{k_{12}}\cdots(\lambda-\lambda_s)^{k_{1s}},\\ d_2(\lambda)&=(\lambda-\lambda_1)^{k_{21}}(\lambda-\lambda_2)^{k_{22}}\cdots(\lambda-\lambda_s)^{k_{2s}},\\ &\cdots\cdots\\ d_r(\lambda)&=(\lambda-\lambda_1)^{k_{r1}}(\lambda-\lambda_2)^{k_{r2}}\cdots(\lambda-\lambda_s)^{k_{rs}}. \end{aligned}$$

这里 $\lambda_1,\lambda_2,\cdots,\lambda_s$ 为 $d_r(\lambda)$ 的全部互异零点, 可知 $k_{r1},k_{r2},\cdots,k_{rs}$ 均不为零. 又 $d_{k-1}(\lambda)|d_k(\lambda)$ $(k=2,\cdots,r)$, 所以

$$k_{1j}\leqslant k_{2j}\leqslant\cdots\leqslant k_{rj}\quad(j=1,2,\cdots,s). \tag{2.3}$$

但 $k_{1j},k_{2j},\cdots,k_{r-1,j}\,(j=1,2,\cdots,s)$ 中可能有 $k_{ij}=0$, 这时必有 $k_{1j}=\cdots=k_{i-1,j}=0$. 这样, 下式

$$\begin{gathered}(\lambda-\lambda_1)^{k_{11}},(\lambda-\lambda_2)^{k_{12}},\cdots,(\lambda-\lambda_s)^{k_{1s}},\\(\lambda-\lambda_1)^{k_{21}},(\lambda-\lambda_2)^{k_{22}},\cdots,(\lambda-\lambda_s)^{k_{2s}},\\\cdots\cdots\\(\lambda-\lambda_1)^{k_{r1}},(\lambda-\lambda_2)^{k_{r2}},\cdots,(\lambda-\lambda_s)^{k_{rs}}\end{gathered}$$

中不是常数的因子就是 $\boldsymbol{A}(\lambda)$ 的全部初等因子.

如例 2.1 中 $\boldsymbol{A}(\lambda)$ 的不变因式分别为 $1,\lambda,\lambda(\lambda^2+1)$, 所以它的初等因子组是 $\lambda,\lambda,\lambda+\mathrm{i},\lambda-\mathrm{i}$. 由此可见, 初等因子组中可以有相同者.

推论 2.1 设 λ-矩阵 $\boldsymbol{A}(\lambda)$ 的秩为 r, 则 $\boldsymbol{A}(\lambda)$ 的不变因子与其初等因子互相决定.

事实上, 从式 (2.3) 可知, 不同一次因式 $(\lambda-\lambda_j)$ 的最高次幂相乘即得 $d_r(\lambda)$, 不同一次因式 $(\lambda-\lambda_j)$ 的次高次幂相乘可得 $d_{r-1}(\lambda)$, 顺次可定出 $d_{r-2}(\lambda),\cdots,d_1(\lambda)$.

例如, 若已知 5×6 阶 λ-矩阵 $\boldsymbol{A}(\lambda)$ 的秩为 4, 其初等因子为

$$\lambda,\lambda,\lambda^2,\lambda-1,(\lambda-1)^2,(\lambda-1)^3,(\lambda+1)^2,(\lambda+1)^3,(\lambda-2).$$

则可求得 $\boldsymbol{A}(\lambda)$ 的不变因子为

$$d_4(\lambda)=\lambda^2(\lambda-1)^3(\lambda+1)^3(\lambda-2),\quad d_3(\lambda)=\lambda(\lambda-1)^2(\lambda+1)^2,$$
$$d_2(\lambda)=\lambda(\lambda-1),\quad d_1(\lambda)=1.$$

下面的结论对求初等因子是有用的.

定理 2.4 设 λ-矩阵

$$\boldsymbol{A}(\lambda)=\begin{pmatrix}\boldsymbol{B}(\lambda)&0\\0&\boldsymbol{D}(\lambda)\end{pmatrix},$$

其中 $\boldsymbol{B}(\lambda)$ 为 $m\times n$ 阶 λ-矩阵, $\boldsymbol{D}(\lambda)$ 为 $p\times l$ 阶 λ-矩阵, 则 $\boldsymbol{B}(\lambda)$, $\boldsymbol{D}(\lambda)$ 的各个初等因子的全体是 $\boldsymbol{A}(\lambda)$ 的全部初等因子.

注意: 我们可从定理 2.4 中的 $\boldsymbol{B}(\lambda)$ 和 $\boldsymbol{D}(\lambda)$ 的初等因子得到 $\boldsymbol{A}(\lambda)$ 的初等因子, 但不能从 $\boldsymbol{B}(\lambda)$ 和 $\boldsymbol{D}(\lambda)$ 的不变因子求得 $\boldsymbol{A}(\lambda)$ 的不变因子.

2.2 Jordan 标准形

Jordan 标准形理论是矩阵理论的重要结论之一, 它是说任一复矩阵均可相似于一特殊的上三角阵 (下三角阵). 从而许多理论与实际的问题, 用到它便可迎刃而解了.

2.2.1 矩阵相似的条件

设 $\boldsymbol{A}$ 是 n 阶数字矩阵, 其特征矩阵 $\lambda\boldsymbol{I}-\boldsymbol{A}$ 是 λ-矩阵, 利用这个特殊的 λ-矩阵, 可以给出两个 n 阶数字矩阵相似的判断准则.

定理 2.5 设 $\boldsymbol{A},\boldsymbol{B}\in\mathbf{C}^{n\times n}$, 则 $\boldsymbol{A}\sim\boldsymbol{B}$ 的充分必要条件是 $(\lambda\boldsymbol{I}-\boldsymbol{A})\cong(\lambda\boldsymbol{I}-\boldsymbol{B})$.

证明 充分性证明略. 下证必要性. 若 $\boldsymbol{A}\sim\boldsymbol{B}$, 则存在可逆矩阵 $\boldsymbol{P}$ 使得 $\boldsymbol{A}=\boldsymbol{PBP}^{-1}$, 从而 $\lambda\boldsymbol{I}-\boldsymbol{A}=\lambda\boldsymbol{I}-\boldsymbol{PBP}^{-1}=\boldsymbol{P}(\lambda\boldsymbol{I}-\boldsymbol{B})\boldsymbol{P}^{-1}$, 所以 $(\lambda\boldsymbol{I}-\boldsymbol{A})\cong(\lambda\boldsymbol{I}-\boldsymbol{B})$. 证毕.

定义 2.7 设 $\boldsymbol{A}\in\mathbf{C}^{n\times n}$, 则其特征矩阵 $\lambda\boldsymbol{I}-\boldsymbol{A}$ 的不变因子、行列式因子、初等因子分别称为 $\boldsymbol{A}$ 的不变因子、行列式因子、初等因子.

推论 2.2 设 $\boldsymbol{A},\boldsymbol{B}\in\mathbf{C}^{n\times n}$, 则下列命题等价:

(1) $\boldsymbol{A}\sim\boldsymbol{B}$;

(2) $\boldsymbol{A}$, $\boldsymbol{B}$ 有相同的各阶行列式因子;

(3) $\boldsymbol{A}$, $\boldsymbol{B}$ 有相同的不变因子;

(4) $\boldsymbol{A}$, $\boldsymbol{B}$ 有相同的初等因子.

2.2.2 矩阵的 Jordan 标准形

定义 2.8 形如

$$\boldsymbol{J}_i = \begin{pmatrix} \lambda_i & 1 & & & \\ & \lambda_i & 1 & & \\ & & \ddots & \ddots & \\ & & & \lambda_i & 1 \\ & & & & \lambda_i \end{pmatrix}_{n_i \times n_i} \tag{2.4}$$

的方阵称为 n_i 阶 Jordan 块, $\lambda_i \in \boldsymbol{C}$.

例如:

$$\begin{pmatrix} 2 & 1 \\ & 2 \end{pmatrix}, \quad \begin{pmatrix} -i & 1 & \\ & -i & 1 \\ & & -i \end{pmatrix}, \quad \begin{pmatrix} 0 & 1 & & \\ & 0 & 1 & \\ & & 0 & 1 \\ & & & 0 \end{pmatrix}$$

都是 Jordan 块. 特别地, 一阶方阵是一阶 Jordan 块.

易知, 式 (2.4) 中 Jordan 块 $\boldsymbol{J}_i$ 的初等因子为 $(\lambda - \lambda_i)^{n_i}$. 显然, 因式 $(\lambda - \lambda_i)^{n_i}$ 的幂指数为 $\boldsymbol{J}_i$ 的阶数, 而 λ_i 即为 $\boldsymbol{J}_i$ 的主对角元; 反之, 若给定因式 $(\lambda - \lambda_i)^{n_i}$, 则必可写出一个 n_i 阶 Jordan 块 $\boldsymbol{J}_i$ 与之对应. 因此, Jordan 块被它的初等因子唯一决定, 也称 $\boldsymbol{J}_i$ 为因式 $(\lambda - \lambda_i)^{n_i}$ 对应的 Jordan 块.

定义 2.9 设 $\boldsymbol{J}_1, \boldsymbol{J}_2, \cdots, \boldsymbol{J}_s$ 为形如式 (2.4) 的 Jordan 块, 则称块对角矩阵

$$\boldsymbol{J} = \begin{pmatrix} \boldsymbol{J}_1 & & & \\ & \boldsymbol{J}_2 & & \\ & & \ddots & \\ & & & \boldsymbol{J}_s \end{pmatrix} \tag{2.5}$$

为 Jordan 标准形.

由式 (2.5) 知 $\boldsymbol{J}$ 的特征矩阵为

$$\lambda \boldsymbol{I} - \boldsymbol{J} = \operatorname{diag}(\lambda \boldsymbol{I}_{n_1} - \boldsymbol{J}_1, \cdots, \lambda \boldsymbol{I}_{n_s} - \boldsymbol{J}_s).$$

利用定理 2.4 和 Jordan 块初等因子的讨论, 知 Jordan 标准形 $\boldsymbol{J}$ 的初等因子为

$$(\lambda - \lambda_1)^{n_1}, (\lambda - \lambda_2)^{n_2}, \cdots, (\lambda - \lambda_s)^{n_s}.$$

可见, Jordan 标准形的全部初等因子由它的全部 Jordan 块的初等因子组成, 而 Jordan 块被它的初等因子唯一决定, 因此, Jordan 标准形除去其中 Jordan 块排列的次序外被它的初等因子唯一决定.

定理 2.6 设 $\boldsymbol{A} \in \mathbf{C}^{n \times n}$, 则 $\boldsymbol{A}$ 与一个 Jordan 标准形相似, 并且这个 Jordan 标准形除了其中 Jordan 块的排列次序外被 $\boldsymbol{A}$ 唯一决定, 常称其为 $\boldsymbol{A}$ 的 Jordan 标准形, 并常记为 $\boldsymbol{J}_A$.

证明 设 $\boldsymbol{A}$ 的初等因子为

$$(\lambda - \lambda_1)^{n_1}, \ (\lambda - \lambda_2)^{n_2}, \ \cdots, \ (\lambda - \lambda_s)^{n_s}, \tag{2.6}$$

其中 $\lambda_1, \lambda_2, \cdots, \lambda_s$ 可能有相同的, $n_1, \cdots, n_s$ 也可能有相同的, 但总有 $\sum_{i=1}^{s} n_i = n$. 每个初等因子 $(\lambda - \lambda_i)^{n_i}$ 对应于一个 Jordan 块

$$\boldsymbol{J}_i = \begin{pmatrix} \lambda_i & 1 & & & \\ & \lambda_i & 1 & & \\ & & \ddots & \ddots & \\ & & & \ddots & 1 \\ & & & & \lambda_i \end{pmatrix}_{n_i \times n_i}, \quad i = 1, 2, \cdots, s,$$

并令

$$\boldsymbol{J} = \begin{pmatrix} \boldsymbol{J}_1 & & & \\ & \boldsymbol{J}_2 & & \\ & & \ddots & \\ & & & \boldsymbol{J}_s \end{pmatrix}.$$

则 $\boldsymbol{J}$ 的初等因子也是式 (2.6). 这样, $\boldsymbol{J}$ 与 $\boldsymbol{A}$ 有相同的初等因子, 由推论 2.2 知 $\boldsymbol{A} \sim \boldsymbol{J}$.

如果有另一个 Jordan 标准形 $\tilde{\boldsymbol{J}}$, 使得 $\tilde{\boldsymbol{J}} \sim \boldsymbol{A}$, 则 $\tilde{\boldsymbol{J}}$ 与 $\boldsymbol{A}$ 也有相同的初等因子. 因此, $\tilde{\boldsymbol{J}}$ 与 $\boldsymbol{J}$ 除去其中 Jordan 块排列的次序外是相同的, 这就证明了唯一性.　　证毕.

注意到当 $n_i > 1$ 时, $\boldsymbol{J}_i$ 是不可对角化的; 而当 $n_i = 1$ 时, $\boldsymbol{J}_i = \lambda_i$ 是一阶 Jordan 块, 其初等因子是一次的. 故可得

推论 2.3　*设 $\boldsymbol{A} \in \mathbf{C}^{n \times n}$, 则 $\boldsymbol{A}$ 可对角化当且仅当 $\boldsymbol{A}$ 的初等因子均是一次的.*

现将方阵 $\boldsymbol{A}$ 的 Jordan 标准形的求解步骤归纳如下.

第一步, 求出 n 阶方阵 $\boldsymbol{A}$ 的初等因子:

$$(\lambda - \lambda_1)^{n_1}, (\lambda - \lambda_2)^{n_2}, \cdots, (\lambda - \lambda_s)^{n_s},$$

其中 $\lambda_1, \lambda_2, \cdots, \lambda_s$ 可能有相同的, 指数 $n_1, n_2, \cdots, n_s$ 也可能有相同的, 且 $\sum_{i=1}^{s} n_i = n$. 完成这一步, 有三种方法:

(1) 用初等变换将特征矩阵 $\lambda\boldsymbol{I} - \boldsymbol{A}$ 化为 Smith 标准形, 求出 $\boldsymbol{A}$ 的不变因子 $d_1(\lambda), d_2(\lambda), \cdots, d_n(\lambda)$ (因 $\operatorname{rank}(\lambda\boldsymbol{I} - \boldsymbol{A}) = n$, 所以 $\boldsymbol{A}$ 有 n 个不变因子), 再将次数大于 0 的不变因子分解成互不相同的一次因式方幂的乘积, 即可得 $\boldsymbol{A}$ 的初等因子.

(2) 用初等变换将 $\lambda\boldsymbol{I} - \boldsymbol{A}$ 化为对角形 $\operatorname{diag}(f_1(\lambda), f_2(\lambda), \cdots, f_n(\lambda))$, 再将 $f_1(\lambda), f_2(\lambda), \cdots, f_n(\lambda)$ 分解成一次因式的方幂, 即可得初等因子.

(3) 直接求出 $\lambda\boldsymbol{I} - \boldsymbol{A}$ 的行列式因子 $D_1(\lambda), D_2(\lambda), \cdots, D_n(\lambda)$, 由此求出 $\boldsymbol{A}$ 的不变因子再分解, 从而得到 $\boldsymbol{A}$ 的初等因子.

(1) 和 (2) 称为初等变换法, (3) 称为行列式因子法.

第二步, 写出每个初等因子 $(\lambda - \lambda_i)^{n_i}$ $(i = 1, 2, \cdots, s)$ 对应的 Jordan 块

$$\boldsymbol{J}_i = \begin{pmatrix} \lambda_i & 1 & & \\ & \ddots & \ddots & \\ & & \ddots & 1 \\ & & & \lambda_i \end{pmatrix}_{n_i \times n_i}, \quad i = 1, 2, \cdots, s.$$

第三步, 写出以这些 Jordan 块构成的 Jordan 标准形

$$\boldsymbol{J}=\begin{pmatrix}\boldsymbol{J}_1 & & & \\ & \boldsymbol{J}_2 & & \\ & & \ddots & \\ & & & \boldsymbol{J}_s\end{pmatrix},$$

即为 $\boldsymbol{A}$ 的 Jordan 标准形.

例 2.2 求矩阵 $\boldsymbol{A}=\begin{pmatrix}0 & 1 & 0\\ -4 & 4 & 0\\ -2 & 1 & 2\end{pmatrix}$ 的 Jordan 标准形.

解 因

$$\lambda\boldsymbol{I}-\boldsymbol{A}=\begin{pmatrix}\lambda & -1 & 0\\ 4 & \lambda-4 & 0\\ 2 & -1 & \lambda-2\end{pmatrix}\xrightarrow[c_1\leftrightarrow c_2]{}\begin{pmatrix}-1 & \lambda & 0\\ \lambda-4 & 4 & 0\\ -1 & 2 & \lambda-2\end{pmatrix}$$

$$\rightarrow\begin{pmatrix}1 & 0 & 0\\ 0 & (\lambda-2)^2 & 0\\ 0 & -(\lambda-2) & \lambda-2\end{pmatrix}\rightarrow\begin{pmatrix}1 & 0 & 0\\ 0 & \lambda-2 & 0\\ 0 & 0 & (\lambda-2)^2\end{pmatrix}.$$

可见 $\boldsymbol{A}$ 的不变因子为 $d_1(\lambda)=1$, $d_2(\lambda)=\lambda-2$, $d_3(\lambda)=(\lambda-2)^2$, $\boldsymbol{A}$ 的初等因子为 $\lambda-2$, $(\lambda-2)^2$. 故 $\boldsymbol{A}$ 的 Jordan 标准形为

$$\boldsymbol{J}_{\boldsymbol{A}}=\begin{pmatrix}2 & 0 & 0\\ 0 & 2 & 1\\ 0 & 0 & 2\end{pmatrix}.$$

例 2.3 求下列矩阵的 Jordan 标准形:

(1) $\boldsymbol{A}=\begin{pmatrix}1 & 1 & 0\\ 6 & 2 & 0\\ 0 & 1 & -1\end{pmatrix}$; (2) $\boldsymbol{B}=\begin{pmatrix}3 & 1 & 0 & 0\\ -4 & -1 & 0 & 0\\ 7 & 1 & 2 & 1\\ -7 & -6 & -1 & 0\end{pmatrix}$.

解 (1) 因

$$\lambda\boldsymbol{I}-\boldsymbol{A}=\begin{pmatrix}\lambda-1 & -1 & 0\\ -6 & \lambda-2 & 0\\ 0 & -1 & \lambda+1\end{pmatrix},$$

显然有 $D_3(\lambda)=\det(\lambda\boldsymbol{I}-\boldsymbol{A})=(\lambda+1)^2(\lambda-4)$, 又 $\lambda\boldsymbol{I}-\boldsymbol{A}$ 中有二阶子式

$$D_{13}=\begin{vmatrix}6 & \lambda-2\\ 0 & -1\end{vmatrix}=6,$$

其中 D_{13} 为 $\lambda\boldsymbol{I}-\boldsymbol{A}$ 的第一行第三列元素的余子式. 因为 $D_2(\lambda)$ 整除每个二阶子式, 且 $D_2(\lambda)|D_3(\lambda)$, 所以 $D_2(\lambda)=1$, 从而 $D_1(\lambda)=1$. 于是 $\boldsymbol{A}$ 的不变因子为

$$d_1(\lambda)=d_2(\lambda)=1,\quad d_3(\lambda)=\frac{D_3(\lambda)}{D_2(\lambda)}=(\lambda+1)^2(\lambda-4),$$

得 $\boldsymbol{A}$ 的初等因子为 $(\lambda+1)^2$, $\lambda-4$, 故 $\boldsymbol{A}$ 的 Jordan 标准形为

$$\boldsymbol{J_A}=\begin{pmatrix}-1&1&0\\0&-1&0\\0&0&4\end{pmatrix}.$$

(2) 因

$$\lambda\boldsymbol{I}-\boldsymbol{B}=\begin{pmatrix}\lambda-3&-1&0&0\\4&\lambda+1&0&0\\-7&-1&\lambda-2&-1\\7&6&1&\lambda\end{pmatrix},$$

易得 $D_4(\lambda)=\det(\lambda\boldsymbol{I}-\boldsymbol{B})=(\lambda-1)^4$, 又可找到 $\lambda\boldsymbol{I}-\boldsymbol{B}$ 中的两个三阶子式

$$D_{44}=\begin{vmatrix}\lambda-3&-1&0\\4&\lambda+1&0\\-7&-1&\lambda-2\end{vmatrix}=(\lambda-2)(\lambda-1)^2,$$

$$D_{23}=\begin{vmatrix}\lambda-3&-1&0\\-7&-1&-1\\7&6&\lambda\end{vmatrix}=-\lambda^2+2\lambda-11.$$

因 $((\lambda-2)(\lambda-1)^2,-\lambda^2+2\lambda-11)=1$, 所以 $D_3(\lambda)=1$, 进而有 $D_2(\lambda)=D_1(\lambda)=1$, 得 $\boldsymbol{B}$ 的不变因子为

$$d_1(\lambda)=d_2(\lambda)=d_3(\lambda)=1,\quad d_4(\lambda)=(\lambda-1)^4.$$

于是 $\boldsymbol{B}$ 的初等因子为 $(\lambda-1)^4$, 故 $\boldsymbol{B}$ 的 Jordan 标准形为

$$\boldsymbol{J_B}=\begin{pmatrix}1&1&0&0\\0&1&1&0\\0&0&1&1\\0&0&0&1\end{pmatrix}.$$

由定理 2.6 知, 对任意的 n 阶矩阵 $\boldsymbol{A}$, 存在 n 阶可逆矩阵 $\boldsymbol{P}$, 使 $\boldsymbol{P}^{-1}\boldsymbol{AP}=\boldsymbol{J_A}$. 上面给出了 $\boldsymbol{J_A}$ 的求法, 但还未涉及相似变换阵 $\boldsymbol{P}$ 的求解. 下面以三阶矩阵为例介绍 $\boldsymbol{P}$ 的求法.

例 2.4　设 $\boldsymbol{A}=\begin{pmatrix}0&1&0\\-4&4&0\\-2&1&2\end{pmatrix}$, 求 $\boldsymbol{P}$ 使 $\boldsymbol{P}^{-1}\boldsymbol{AP}$ 为 Jordan 标准形.

解　由例 2.2 知 $\boldsymbol{A}$ 的 Jordan 标准形为

$$\boldsymbol{J_A}=\begin{pmatrix}2&0&0\\0&2&1\\0&0&2\end{pmatrix}.$$

设 $\boldsymbol{P}=(\boldsymbol{p}_1,\boldsymbol{p}_2,\boldsymbol{p}_3)$, 由 $\boldsymbol{P}^{-1}\boldsymbol{AP}=\boldsymbol{J_A}$, 得 $\boldsymbol{AP}=\boldsymbol{PJ_A}$, 即

$$(\boldsymbol{Ap}_1,\boldsymbol{Ap}_2,\boldsymbol{Ap}_3)=(2\boldsymbol{p}_1,2\boldsymbol{p}_2,\boldsymbol{p}_2+2\boldsymbol{p}_3).$$

从而得

$$\begin{cases} \boldsymbol{A}\boldsymbol{p}_1 = 2\boldsymbol{p}_1, \\ \boldsymbol{A}\boldsymbol{p}_2 = 2\boldsymbol{p}_2, \\ \boldsymbol{A}\boldsymbol{p}_3 = \boldsymbol{p}_2 + 2\boldsymbol{p}_3. \end{cases}$$

可见 $\boldsymbol{p}_1, \boldsymbol{p}_2$ 是 $\boldsymbol{A}$ 的对应特征值 2 的两个线性无关的特征向量, 而 $\boldsymbol{p}_3$ 可由求解非齐次线性方程组 $(2\boldsymbol{I}-\boldsymbol{A})\boldsymbol{x}=-\boldsymbol{p}_2$ 得到.

先解 $(2\boldsymbol{I}-\boldsymbol{A})\boldsymbol{x}=\boldsymbol{0}$, 得特征值 2 的两个线性无关的特征向量 $\boldsymbol{\xi}_1=(1,2,0)^{\mathrm{T}}$, $\boldsymbol{\xi}_2=(0,0,1)^{\mathrm{T}}$. 可取 $\boldsymbol{p}_1=\boldsymbol{\xi}_1$, 也可试取 $\boldsymbol{p}_2=\boldsymbol{\xi}_2$, 求解 $(2\boldsymbol{I}-\boldsymbol{A})\boldsymbol{x}=-\boldsymbol{p}_2$, 可发现无解, 需重新选择 $\boldsymbol{p}_2$. 由于 $k_1\boldsymbol{\xi}_1+k_2\boldsymbol{\xi}_2$ 仍是 $(2\boldsymbol{I}-\boldsymbol{A})\boldsymbol{x}=\boldsymbol{0}$ 的解, 因此可取 $\boldsymbol{p}_2=k_1\boldsymbol{\xi}_1+k_2\boldsymbol{\xi}_2$, 其中 k_1,k_2 待定. 因

$$(2\boldsymbol{I}-\boldsymbol{A},-\boldsymbol{p}_2)=\begin{pmatrix} 2 & -1 & 0 & -k_1 \\ 4 & -2 & 0 & -2k_1 \\ 2 & -1 & 0 & -k_2 \end{pmatrix} \to \begin{pmatrix} 2 & -1 & 0 & -k_1 \\ 0 & 0 & 0 & 0 \\ 0 & 0 & 0 & k_1-k_2 \end{pmatrix},$$

知 $k_1=k_2$ 时, $(2\boldsymbol{I}-\boldsymbol{A})\boldsymbol{x}=-\boldsymbol{p}_2$ 有解, 且通解为 $x_2=2x_1+k_1$, 取 $k_1=1$, 可得 $\boldsymbol{p}_2=(1,2,1)^{\mathrm{T}}$, 再在 $x_2=2x_1+1$ 中令 $x_3=0, x_1=0$, 得 $\boldsymbol{p}_3=(0,1,0)^{\mathrm{T}}$. 于是 $\boldsymbol{P}=\begin{pmatrix} 1 & 1 & 0 \\ 2 & 2 & 1 \\ 0 & 1 & 0 \end{pmatrix}$, 且 $\boldsymbol{P}^{-1}\boldsymbol{A}\boldsymbol{P}=\boldsymbol{J}_{\boldsymbol{A}}$.

2.2.3 Jordan 标准形的应用

Jordan 标准形在矩阵理论的很多方面都有应用. 这里主要给出 Jordan 标准形在求矩阵多项式这个特殊矩阵函数上的应用.

设 $\boldsymbol{A}\in\mathbf{C}^{n\times n}$, $f(\lambda)=a_m\lambda^m+a_{m-1}\lambda^{m-1}+\cdots+a_1\lambda+a_0$ 为一多项式, 如何计算 $f(\boldsymbol{A})$ 呢? 设 $\boldsymbol{A}$ 的 Jordan 标准形为

$$\boldsymbol{J}_{\boldsymbol{A}}=\begin{pmatrix} \boldsymbol{J}_1 & & & \\ & \boldsymbol{J}_2 & & \\ & & \ddots & \\ & & & \boldsymbol{J}_s \end{pmatrix},$$

则 $\boldsymbol{A}=\boldsymbol{P}\boldsymbol{J}_{\boldsymbol{A}}\boldsymbol{P}^{-1}$, 因为 $\boldsymbol{A}^m=\boldsymbol{P}\boldsymbol{J}_{\boldsymbol{A}}^m\boldsymbol{P}^{-1}$, 所以

$$f(\boldsymbol{A})=\boldsymbol{P}f(\boldsymbol{J}_{\boldsymbol{A}})\boldsymbol{P}^{-1}=\boldsymbol{P}\begin{pmatrix} f(\boldsymbol{J}_1) & & \\ & \ddots & \\ & & f(\boldsymbol{J}_s) \end{pmatrix}\boldsymbol{P}^{-1}.$$

由于 $\boldsymbol{P}$ 和 $\boldsymbol{P}^{-1}$ 为已知, 所以只要算出 $f(\boldsymbol{J}_i)$ $(i=1,2,\cdots,s)$, 即可求出 $f(\boldsymbol{A})$. 记 $g_k(\lambda)=\lambda^k$, 则任一 $f(\lambda)$ 可看作 $g_0(\lambda), g_1(\lambda), \cdots, g_m(\lambda)$ 的线性组合, 故只要求出 $g_k(\boldsymbol{J}_i)$ 即可.

设

$$\boldsymbol{J}_i=\begin{pmatrix} \lambda_i & 1 & & \\ & \ddots & \ddots & \\ & & \ddots & 1 \\ & & & \lambda_i \end{pmatrix}_{n_i\times n_i},$$

则

$$g_k(\boldsymbol{J}_i)=\boldsymbol{J}_i^k=\begin{pmatrix}\lambda_i & 1 & & \\ & \ddots & \ddots & \\ & & \ddots & 1 \\ & & & \lambda_i\end{pmatrix}^k=(\lambda_i\boldsymbol{I}_{n_i}+\boldsymbol{H})^k,$$

其中

$$\boldsymbol{H}=\begin{pmatrix}0 & 1 & & \\ & \ddots & \ddots & \\ & & \ddots & 1 \\ & & & 0\end{pmatrix}=\begin{pmatrix}\boldsymbol{0} & \boldsymbol{I}_{n_i-1} \\ 0 & \boldsymbol{0}\end{pmatrix},$$

注意到 $\lambda_i\boldsymbol{I}_{n_i}$ 与 $\boldsymbol{H}$ 可交换, 且

$$\boldsymbol{H}^r=\begin{pmatrix}\boldsymbol{0} & \boldsymbol{I}_{n_i-r} \\ 0 & \boldsymbol{0}\end{pmatrix}(1\leqslant r\leqslant n_i-1),\quad \boldsymbol{H}^s=\boldsymbol{0}\ (s\geqslant n_i),$$

故

$$\boldsymbol{J}_i^k=(\lambda_i\boldsymbol{I}_{n_i}+\boldsymbol{H})^k=\lambda_i^k\boldsymbol{I}_{n_i}+\mathrm{C}_k^1\lambda_i^{k-1}\boldsymbol{H}+\cdots+\mathrm{C}_k^{n_i-1}\lambda_i^{k-n_i+1}\boldsymbol{H}^{n_i-1},$$

其中 $j\geqslant k+1$ 时, λ_i^{k-j} 记为零. 又

$$\mathrm{C}_k^r\lambda_i^{k-r}=\frac{k(k-1)\cdots(k-r+1)}{r!}\lambda_i^{k-r}=\frac{1}{r!}\left(\lambda_i^k\right)^{(r)}=\frac{1}{r!}g_k^{(r)}(\lambda_i),$$

因此

$$\boldsymbol{J}_i^k=\begin{pmatrix}g_k(\lambda_i) & g_k'(\lambda_i) & \cdots & \frac{1}{(n_i-1)!}g_k^{(n_i-1)}(\lambda_i) \\ & \ddots & \ddots & \vdots \\ & & \ddots & g_k'(\lambda_i) \\ & & & g_k(\lambda_i)\end{pmatrix}.$$

进而可得

$$f(\boldsymbol{J}_i)=\begin{pmatrix}f(\lambda_i) & f'(\lambda_i) & \cdots & \frac{1}{(n_i-1)!}f^{(n_i-1)}(\lambda_i) \\ & \ddots & \ddots & \vdots \\ & & \ddots & f'(\lambda_i) \\ & & & f(\lambda_i)\end{pmatrix}.$$

例 2.5　设 $\boldsymbol{A}=\begin{pmatrix}1 & 1 & 0 \\ 6 & 2 & 0 \\ 0 & 1 & -1\end{pmatrix}$, 求 $\boldsymbol{A}^m$.

解　设 $f(\lambda)=\lambda^m$, 则 $f(\boldsymbol{A})=\boldsymbol{A}^m$. 由例 2.3 知

$$\boldsymbol{J}_{\boldsymbol{A}}=\begin{pmatrix}-1 & 1 & 0 \\ 0 & -1 & 0 \\ 0 & 0 & 4\end{pmatrix}=\begin{pmatrix}\boldsymbol{J}_1 & \\ & \boldsymbol{J}_2\end{pmatrix}.$$

可求得

$$\boldsymbol{P}=\begin{pmatrix}0 & -\dfrac{1}{2} & 5\\ 0 & 1 & 15\\ 1 & 0 & 3\end{pmatrix},$$

$$f(\boldsymbol{J}_1)=\begin{pmatrix}f(-1) & f'(-1)\\ 0 & f(-1)\end{pmatrix}=\begin{pmatrix}(-1)^m & m(-1)^{m-1}\\ 0 & (-1)^m\end{pmatrix},\quad f(\boldsymbol{J}_2)=(4^m).$$

于是

$$\begin{aligned}\boldsymbol{A}^m&=f(\boldsymbol{A})=\boldsymbol{P}f(\boldsymbol{J}_{\boldsymbol{A}})\boldsymbol{P}^{-1}\\&=\begin{pmatrix}0 & -\dfrac{1}{2} & 5\\ 0 & 1 & 15\\ 1 & 0 & 3\end{pmatrix}\begin{pmatrix}(-1)^m & m(-1)^{m-1} & 0\\ 0 & (-1)^m & 0\\ 0 & 0 & 4^m\end{pmatrix}\cdot\frac{1}{25}\begin{pmatrix}-6 & -3 & 25\\ -30 & 10 & 0\\ 2 & 1 & 0\end{pmatrix}\\&=\frac{1}{25}\begin{pmatrix}15\times(-1)^m+10\times 4^m & 5\times\left((-1)^{m-1}+4^m\right) & 0\\ 30\times\left((-1)^{m+1}+4^m\right) & 10\times(-1)^m+15\times 4^m & 0\\ (6-30m)(-1)^{m+1}+6\times 4^m & 3\times\left((-1)^{m+1}+4^m\right)+10m(-1)^{m-1} & 25(-1)^m\end{pmatrix}.\end{aligned}$$

2.3 酉相似标准形

本节主要讨论一个方阵在酉相似下的标准形问题.

2.3.1 正规矩阵对角化

定理 2.7 (Schur (舒尔) 定理) 设 $\boldsymbol{A}\in\mathbf{C}^{n\times n}$, 则存在酉矩阵 $\boldsymbol{U}$ 和上三角矩阵 $\boldsymbol{R}$, 使得

$$\boldsymbol{U}^{\mathrm{H}}\boldsymbol{A}\boldsymbol{U}=\boldsymbol{U}^{-1}\boldsymbol{A}\boldsymbol{U}=\boldsymbol{R}=\begin{pmatrix}\lambda_1 & r_{12} & \cdots & r_{1n}\\ & \lambda_2 & \cdots & r_{2n}\\ & & \ddots & \vdots\\ & & & \lambda_n\end{pmatrix},$$

即 $\boldsymbol{A}$ 可酉相似于上三角矩阵, 显然 $\lambda_1,\lambda_2,\cdots,\lambda_n$ 为 $\boldsymbol{A}$ 的全部特征值. 而且适当选取 $\boldsymbol{U}$, 可使 $\boldsymbol{A}$ 的特征值按任意指定的顺序排列.

Schur 定理是矩阵理论中的一个重要定理, 它是很多重要结论的理论基础. 我们知道一般方阵在复数域上总能相似于它的 Jordan 标准形, 而 Jordan 标准形是一个特殊的上三角矩阵, 但那里的相似变换矩阵是一般的可逆矩阵.

Schur 定理说明任一方阵酉相似于上三角矩阵, 那么什么样的矩阵能够酉相似于对角矩阵呢? 下面就来考虑这个问题.

引理 2.2 若 $\boldsymbol{A}$ 为正规矩阵, 则与 $\boldsymbol{A}$ 酉相似的矩阵仍为正规矩阵.

引理 2.3 设 $\boldsymbol{A}$ 为上三角的正规矩阵, 则 $\boldsymbol{A}$ 为对角矩阵.

证明 设 $\boldsymbol{A}=\begin{pmatrix}a_{11} & a_{12} & \cdots & a_{1n}\\ & a_{22} & \cdots & a_{2n}\\ & & \ddots & \vdots\\ & & & a_{nn}\end{pmatrix}$, 由 $\boldsymbol{A}^{\mathrm{H}}\boldsymbol{A}=\boldsymbol{A}\boldsymbol{A}^{\mathrm{H}}$, 得

$$\begin{pmatrix} \bar{a}_{11} & & & \\ \bar{a}_{12} & \bar{a}_{22} & & \\ \vdots & \vdots & \ddots & \\ \bar{a}_{1n} & \bar{a}_{2n} & \cdots & \bar{a}_{nn} \end{pmatrix} \begin{pmatrix} a_{11} & a_{12} & \cdots & a_{1n} \\ & a_{22} & \cdots & a_{2n} \\ & & \ddots & \vdots \\ & & & a_{nn} \end{pmatrix}$$

$$= \begin{pmatrix} a_{11} & a_{12} & \cdots & a_{1n} \\ & a_{22} & \cdots & a_{2n} \\ & & \ddots & \vdots \\ & & & a_{nn} \end{pmatrix} \begin{pmatrix} \bar{a}_{11} & & & \\ \bar{a}_{12} & \bar{a}_{22} & & \\ \vdots & \vdots & \ddots & \\ \bar{a}_{1n} & \bar{a}_{2n} & \cdots & \bar{a}_{nn} \end{pmatrix}.$$

相乘并比较两端的主对角元, 可得

$$|a_{11}|^2 = \sum_{i=1}^{n} |a_{1i}|^2, |a_{12}|^2 + |a_{22}|^2 = \sum_{i=2}^{n} |a_{2i}|^2, \cdots, \sum_{i=1}^{n} |a_{in}|^2 = |a_{nn}|^2.$$

从而得出 $a_{ij} = 0\ (i < j)$, 即 $\boldsymbol{A}$ 为对角矩阵. 　　证毕.

定理 2.8　设 $\boldsymbol{A} \in \mathbf{C}^{n\times n}$, 则 $\boldsymbol{A}$ 酉相似于对角矩阵的充分必要条件为 $\boldsymbol{A}$ 是正规矩阵.

证明　必要性: 若矩阵 $\boldsymbol{A}$ 酉相似于对角矩阵 $\boldsymbol{\Lambda} = \mathrm{diag}\,(\lambda_1, \lambda_2, \cdots, \lambda_n)$, 即存在酉矩阵 $\boldsymbol{U}$, 使 $\boldsymbol{U}^{\mathrm{H}}\boldsymbol{A}\boldsymbol{U} = \boldsymbol{\Lambda}$, 则

$$\boldsymbol{A}^{\mathrm{H}}\boldsymbol{A} = \left(\boldsymbol{U}\boldsymbol{\Lambda}\boldsymbol{U}^{\mathrm{H}}\right)^{\mathrm{H}}\left(\boldsymbol{U}\boldsymbol{\Lambda}\boldsymbol{U}^{\mathrm{H}}\right) = \boldsymbol{U}\boldsymbol{\Lambda}^{\mathrm{H}}\boldsymbol{\Lambda}\boldsymbol{U}^{\mathrm{H}} = \boldsymbol{U}\boldsymbol{\Lambda}\boldsymbol{\Lambda}^{\mathrm{H}}\boldsymbol{U}^{\mathrm{H}} = \left(\boldsymbol{U}\boldsymbol{\Lambda}\boldsymbol{U}^{\mathrm{H}}\right)\left(\boldsymbol{U}\boldsymbol{\Lambda}^{\mathrm{H}}\boldsymbol{U}^{\mathrm{H}}\right) = \boldsymbol{A}\boldsymbol{A}^{\mathrm{H}},$$

即 $\boldsymbol{A}$ 是正规矩阵.

充分性: 若 $\boldsymbol{A}$ 为正规矩阵. 由 Schur 定理知, $\boldsymbol{A}$ 酉相似于一个上三角矩阵 $\boldsymbol{R}$, 而据引理 2.2, 可得 $\boldsymbol{R}$ 也是正规矩阵, 再由引理 2.3, 知 $\boldsymbol{R}$ 为对角矩阵. 于是 $\boldsymbol{A}$ 酉相似于对角矩阵. 证毕.

推论 2.4　设 $\boldsymbol{A} \in \mathbf{C}^{n\times n}$ 是正规矩阵, 则 $\boldsymbol{A}$ 与 $\boldsymbol{A}^{\mathrm{H}}$ 可有相同的酉矩阵 $\boldsymbol{U}$, 使得 $\boldsymbol{U}^{\mathrm{H}}\boldsymbol{A}\boldsymbol{U}$ 和 $\boldsymbol{U}^{\mathrm{H}}\boldsymbol{A}^{\mathrm{H}}\boldsymbol{U}$ 为对角矩阵.

推论 2.5　设 $\boldsymbol{A} \in \mathbf{C}^{n\times n}$ 是正规矩阵, $\lambda \in \mathbf{C}$, $\boldsymbol{x} \in \mathbf{C}^n$, 则下列条件等价:

(1) $\boldsymbol{x}$ 是 $\boldsymbol{A}$ 的属于特征值 λ 的特征向量: $\boldsymbol{A}\boldsymbol{x} = \lambda\boldsymbol{x}$;

(2) $\boldsymbol{x}$ 是 $\boldsymbol{A}^{\mathrm{H}}$ 的属于特征值 $\bar{\lambda}$ 的特征向量: $\boldsymbol{A}^{\mathrm{H}}\boldsymbol{x} = \bar{\lambda}\boldsymbol{x}$.

证明　不妨设 $\boldsymbol{x}$ 是单位特征向量, 即 $\boldsymbol{x}^{\mathrm{H}}\boldsymbol{x} = 1$.

(1) ⇒ (2)　依定理 2.8 和推论 2.4, 存在酉矩阵 $\boldsymbol{U} \in \mathbf{C}^{n\times n}$, 其第 1 列是 $\boldsymbol{x}$, 使

$$\boldsymbol{U}^{\mathrm{H}}\boldsymbol{A}\boldsymbol{U} = \boldsymbol{\Lambda},\ \boldsymbol{U}^{\mathrm{H}}\boldsymbol{A}^{\mathrm{H}}\boldsymbol{U} = \boldsymbol{\Lambda}^{\mathrm{H}} = \bar{\boldsymbol{\Lambda}},$$

其中 $\boldsymbol{\Lambda} = \mathrm{diag}\,(\lambda, \lambda_2, \cdots, \lambda_n)$. 从而得 $\boldsymbol{A}^{\mathrm{H}}\boldsymbol{U} = \boldsymbol{U}\bar{\boldsymbol{\Lambda}}$, 此等式两端的第 1 列分别是 $\boldsymbol{A}^{\mathrm{H}}\boldsymbol{x}$ 与 $\bar{\lambda}\boldsymbol{x}$, 因此 $\boldsymbol{A}^{\mathrm{H}}\boldsymbol{x} = \bar{\lambda}\boldsymbol{x}$.

(2) ⇒ (1)　将 (1) ⇒ (2) 的过程应用于 $\boldsymbol{A}^{\mathrm{H}}$, 可直接得到 $\boldsymbol{A}\boldsymbol{x} = \left(\boldsymbol{A}^{\mathrm{H}}\right)^{\mathrm{H}}\boldsymbol{x} = \overline{(\bar{\lambda})}\boldsymbol{x} = \lambda\boldsymbol{x}$. 证毕.

推论 2.6　正规矩阵属于不同特征值的特征向量是正交的.

证明　设 λ, μ 是正规矩阵 $\boldsymbol{A}$ 的两个不同特征值, $\boldsymbol{x}$, $\boldsymbol{y}$ 是对应的特征向量, 即 $\boldsymbol{A}\boldsymbol{x} = \lambda\boldsymbol{x}$, $\boldsymbol{A}\boldsymbol{y} = \mu\boldsymbol{y}$, 由推论 2.5 知也有 $\boldsymbol{A}^{\mathrm{H}}\boldsymbol{y} = \bar{\mu}\boldsymbol{y}$. 于是

$$\lambda\,(\boldsymbol{x}, \boldsymbol{y}) = (\lambda\boldsymbol{x}, \boldsymbol{y}) = \boldsymbol{y}^{\mathrm{H}}\boldsymbol{A}\boldsymbol{x} = \left(\boldsymbol{A}^{\mathrm{H}}\boldsymbol{y}\right)^{\mathrm{H}}\boldsymbol{x} = (\bar{\mu}\boldsymbol{y})^{\mathrm{H}}\boldsymbol{x} = \mu\boldsymbol{y}^{\mathrm{H}}\boldsymbol{x} = \mu\,(\boldsymbol{x}, \boldsymbol{y}),$$

即 $(\lambda - \mu)(\boldsymbol{x}, \boldsymbol{y}) = \mathbf{0}$, 因 $\lambda \neq \mu$, 得 $(\boldsymbol{x}, \boldsymbol{y}) = \mathbf{0}$. 所以 $\boldsymbol{x}$ 与 $\boldsymbol{y}$ 正交. 　　证毕.

线性代数中介绍的实对称矩阵可正交相似于一个对角矩阵的结论, 正是定理 2.8 充分性的特例. 而由推论 2.6 可知, 求 n 阶正规矩阵 $\boldsymbol{A}$ 酉相似于对角矩阵的计算步骤也完全类似于实对称矩阵对角化的情形. 介绍如下:

(1) 求出 $\boldsymbol{A}$ 的互异特征值 $\lambda_1,\lambda_2,\cdots,\lambda_s$, 其重数分别为 $n_1,n_2,\cdots,n_s$, 且 $n_1+n_2+\cdots+n_s=n$;

(2) 对每个互异特征值 λ_i, 求出其对应的 n_i 个线性无关的特征向量 $\boldsymbol{\xi}_{i1},\boldsymbol{\xi}_{i2},\cdots,\boldsymbol{\xi}_{in_i}$, $i=1,2,\cdots,s$;

(3) 分别将 $\boldsymbol{\xi}_{i1},\boldsymbol{\xi}_{i2},\cdots,\boldsymbol{\xi}_{in_i}$ 标准正交化得 $\boldsymbol{\eta}_{i1},\boldsymbol{\eta}_{i2},\cdots,\boldsymbol{\eta}_{in_i}$, $i=1,2,\cdots,s$;

(4) 令 $\boldsymbol{U}=(\boldsymbol{\eta}_{11},\cdots,\boldsymbol{\eta}_{1n_1},\cdots,\boldsymbol{\eta}_{s1},\cdots,\boldsymbol{\eta}_{sn_s})$;

则 $\boldsymbol{U}$ 为酉矩阵, 且

$$\boldsymbol{U}^{\mathrm{H}}\boldsymbol{A}\boldsymbol{U}=\boldsymbol{U}^{-1}\boldsymbol{A}\boldsymbol{U}=\mathrm{diag}\,(\lambda_1,\cdots,\lambda_1,\cdots,\lambda_s,\cdots,\lambda_s)=\mathrm{diag}\,(\lambda_1\boldsymbol{I}_{n_1},\cdots,\lambda_s\boldsymbol{I}_{n_s}).$$

例 2.6 已知 $\boldsymbol{A}=\begin{pmatrix}7 & 5\mathrm{i} & -5-5\mathrm{i}\\ -5\mathrm{i} & 7 & 5-5\mathrm{i}\\ -5+5\mathrm{i} & 5+5\mathrm{i} & 2\end{pmatrix}$, 试问是否存在酉矩阵 $\boldsymbol{U}$, 使得 $\boldsymbol{U}^{\mathrm{H}}\boldsymbol{A}\boldsymbol{U}$ 为对角矩阵. 若存在, 求这样的酉矩阵 $\boldsymbol{U}$ 和 $\boldsymbol{U}^{-1}\boldsymbol{A}\boldsymbol{U}$.

解 显然有 $\boldsymbol{A}^{\mathrm{H}}=\boldsymbol{A}$, 即 $\boldsymbol{A}$ 是 Hermite 矩阵, 从而是正规矩阵, 所以这样的酉矩阵是存在的. 下面求酉矩阵 $\boldsymbol{U}$.

(1) 求 $\boldsymbol{A}$ 的特征值. 从

$$\det(\lambda\boldsymbol{I}-\boldsymbol{A})=\lambda^3-16\lambda^2-48\lambda+1152=(\lambda-12)^2(\lambda+8),$$

得 $\boldsymbol{A}$ 的特征值 $\lambda_1=\lambda_2=12,\lambda_3=-8$.

(2) 求特征向量. 对 $\lambda_1=\lambda_2=12$, 求解方程组 $(12\boldsymbol{I}-\boldsymbol{A})\,\boldsymbol{x}=\boldsymbol{0}$, 得特征向量为

$$\boldsymbol{\xi}_1=(\mathrm{i},1,0)^{\mathrm{T}},\quad \boldsymbol{\xi}_2=(1+\mathrm{i},0,-1)^{\mathrm{T}}.$$

对 $\lambda_3=-8$, 解方程组 $(-8\boldsymbol{I}-\boldsymbol{A})\,\boldsymbol{x}=\boldsymbol{0}$, 得特征向量

$$\boldsymbol{\xi}_3=(1,\mathrm{i},1-\mathrm{i})^{\mathrm{T}}.$$

(3) 正交化. 由 Schmidt 正交化公式得

$$\boldsymbol{\beta}_1=\boldsymbol{\xi}_1=\begin{pmatrix}\mathrm{i}\\1\\0\end{pmatrix},\quad \boldsymbol{\beta}_2=\boldsymbol{\xi}_2-\frac{(\boldsymbol{\xi}_2,\boldsymbol{\beta}_1)}{(\boldsymbol{\beta}_1,\boldsymbol{\beta}_1)}\boldsymbol{\beta}_1=\begin{pmatrix}\dfrac{1+\mathrm{i}}{2}\\ \dfrac{-1+\mathrm{i}}{2}\\ -1\end{pmatrix}.$$

(4) 单位化. 将 $\boldsymbol{\beta}_1,\boldsymbol{\beta}_2,\boldsymbol{\xi}_3$ 单位化得

$$\boldsymbol{\eta}_1=\frac{\boldsymbol{\beta}_1}{\|\boldsymbol{\beta}_1\|_2}=\frac{1}{\sqrt{2}}\begin{pmatrix}\mathrm{i}\\1\\0\end{pmatrix},\ \boldsymbol{\eta}_2=\frac{\boldsymbol{\beta}_2}{\|\boldsymbol{\beta}_2\|_2}=\frac{1}{\sqrt{2}}\begin{pmatrix}\dfrac{1+\mathrm{i}}{2}\\ \dfrac{-1+\mathrm{i}}{2}\\ -1\end{pmatrix},\ \boldsymbol{\eta}_3=\frac{\boldsymbol{\xi}_3}{\|\boldsymbol{\xi}_3\|_2}=\frac{1}{2}\begin{pmatrix}1\\ \mathrm{i}\\ 1-\mathrm{i}\end{pmatrix}.$$

令 $\boldsymbol{U}=(\boldsymbol{\eta}_1,\boldsymbol{\eta}_2,\boldsymbol{\eta}_3)=\begin{pmatrix}\dfrac{\mathrm{i}}{\sqrt{2}} & \dfrac{1+\mathrm{i}}{2\sqrt{2}} & \dfrac{1}{2}\\ \dfrac{1}{\sqrt{2}} & \dfrac{-1+\mathrm{i}}{2\sqrt{2}} & \dfrac{\mathrm{i}}{2}\\ 0 & -\dfrac{1}{\sqrt{2}} & \dfrac{1-\mathrm{i}}{2}\end{pmatrix}$, 则 $\boldsymbol{U}$ 为所求的酉矩阵, 且

$$\boldsymbol{U}^{-1}\boldsymbol{A}\boldsymbol{U}=\begin{pmatrix}12 & & \\ & 12 & \\ & & -8\end{pmatrix}.$$

例 2.6 中 Hermite 矩阵 $\boldsymbol{A}$ 的特征值均为实数, 这是不是巧合呢? 下面的推论给出了回答.

推论 2.7　设 $\boldsymbol{A}\in\mathbf{C}^{n\times n}$, 其特征值为 $\lambda_1,\lambda_2,\cdots,\lambda_n$.

(1) 若 $\boldsymbol{A}=\boldsymbol{A}^{\mathrm{H}}$, 即 $\boldsymbol{A}$ 为 Hermite 阵, 则 $\boldsymbol{A}$ 的特征值均为实数;

(2) 若 $\boldsymbol{A}=-\boldsymbol{A}^{\mathrm{H}}$, 即 $\boldsymbol{A}$ 为反 Hermite 阵, 则 $\boldsymbol{A}$ 的特征值为零或纯虚数;

(3) 若 $\boldsymbol{A}$ 为酉矩阵, 则 $\boldsymbol{A}$ 的特征值的模为 1.

证明　(1) $\boldsymbol{A}=\boldsymbol{A}^{\mathrm{H}}$, 则 $\boldsymbol{A}$ 为正规矩阵, 于是存在 n 阶酉矩阵 $\boldsymbol{U}$, 使得

$$\boldsymbol{U}^{\mathrm{H}}\boldsymbol{A}\boldsymbol{U}=\begin{pmatrix}\lambda_1 & & & \\ & \lambda_2 & & \\ & & \ddots & \\ & & & \lambda_n\end{pmatrix}=\boldsymbol{\Lambda}, \tag{2.7}$$

且

$$\boldsymbol{\Lambda}^{\mathrm{H}}=\left(\boldsymbol{U}^{\mathrm{H}}\boldsymbol{A}\boldsymbol{U}\right)^{\mathrm{H}}=\boldsymbol{U}^{\mathrm{H}}\boldsymbol{A}^{\mathrm{H}}\boldsymbol{U}=\boldsymbol{U}^{\mathrm{H}}\boldsymbol{A}\boldsymbol{U}=\boldsymbol{\Lambda},$$

从而 $\lambda_i=\bar{\lambda}_i,\ i=1,2,\cdots,n$. 故 $\lambda_i\,(i=1,2,\cdots,n)$ 均为实数.

(2) 若 $\boldsymbol{A}=-\boldsymbol{A}^{\mathrm{H}}$, 仿 (1) 可推得 $\bar{\lambda}_i=-\lambda_i$, 即 $\mathrm{Re}\,(\lambda_i)=0,\ i=1,2,\cdots,n$. 可见 λ_i 为零或纯虚数.

(3) 若 $\boldsymbol{A}$ 为酉矩阵, 则 $\boldsymbol{A}$ 亦正规. 于是上面的式 (2.7) 成立, 且有

$$\boldsymbol{\Lambda}^{\mathrm{H}}\boldsymbol{\Lambda}=\boldsymbol{U}^{\mathrm{H}}\boldsymbol{A}^{\mathrm{H}}\boldsymbol{U}\boldsymbol{U}^{\mathrm{H}}\boldsymbol{A}\boldsymbol{U}=\boldsymbol{U}^{\mathrm{H}}\boldsymbol{A}^{\mathrm{H}}\boldsymbol{A}\boldsymbol{U}=\boldsymbol{U}^{\mathrm{H}}\boldsymbol{U}=\boldsymbol{I}.$$

从而有 $\lambda_i\bar{\lambda}_i=|\lambda_i|^2=1$, 即 $|\lambda_i|=1,\ i=1,2,\cdots,n$.　　证毕.

推论 2.8　设 $\boldsymbol{A}=\mathbf{C}^{n\times n}$ 是正规矩阵, 则

(1) $\boldsymbol{A}$ 是 Hermite 矩阵的充要条件是 $\boldsymbol{A}$ 的特征值均为实数;

(2) $\boldsymbol{A}$ 是反 Hermite 矩阵的充要条件是 $\boldsymbol{A}$ 的特征值为零或纯虚数;

(3) $\boldsymbol{A}$ 是酉矩阵的充要条件是 $\boldsymbol{A}$ 的特征值的模均为 1.

2.3.2　正定矩阵

定义 2.10　设 $\boldsymbol{A}\in\mathbf{C}^{n\times n}$ 为 Hermite 矩阵, 如果对任意 $\boldsymbol{0}\neq\boldsymbol{x}\in\mathbf{C}^n$ 都有

$$\boldsymbol{x}^{\mathrm{H}}\boldsymbol{A}\boldsymbol{x}>\boldsymbol{0}\quad(\boldsymbol{x}^{\mathrm{H}}\boldsymbol{A}\boldsymbol{x}\geqslant 0),$$

则称 $\boldsymbol{A}$ 为 Hermite 正定矩阵 (半正定矩阵).

定理 2.9　设 $\boldsymbol{A}\in\mathbf{C}^{n\times n}$ 为 Hermite 矩阵, 则下列命题等价:

(1) $\boldsymbol{A}$ 是正定矩阵;

(2) 对任意 n 阶可逆矩阵 $\boldsymbol{P}$, $\boldsymbol{P}^{\mathrm{H}}\boldsymbol{A}\boldsymbol{P}$ 为 Hermite 正定矩阵;

(3) $\boldsymbol{A}$ 的特征值均为正数;

(4) 存在 n 阶可逆矩阵 $\boldsymbol{P}$, 使 $\boldsymbol{A}=\boldsymbol{P}^{\mathrm{H}}\boldsymbol{P}$.

证明　(1) $\Rightarrow$ (2)　因 $\boldsymbol{A}$ 是 Hermite 矩阵, 故 $\boldsymbol{P}^{\mathrm{H}}\boldsymbol{A}\boldsymbol{P}$ 也是 Hermite 矩阵. 对任意 $\boldsymbol{x}\in\mathbf{C}^n$ 且 $\boldsymbol{x}\neq\boldsymbol{0}$, 则因 $\boldsymbol{P}$ 可逆, 从而 $\boldsymbol{P}\boldsymbol{x}\neq\boldsymbol{0}$. 于是

$$\boldsymbol{x}^{\mathrm{H}}\left(\boldsymbol{P}^{\mathrm{H}}\boldsymbol{A}\boldsymbol{P}\right)\boldsymbol{x}=(\boldsymbol{P}\boldsymbol{x})^{\mathrm{H}}\boldsymbol{A}\,(\boldsymbol{P}\boldsymbol{x})>\boldsymbol{0}.$$

由定义 2.10 知 $\boldsymbol{P}^{\mathrm{H}}\boldsymbol{A}\boldsymbol{P}$ 是 Hermite 正定矩阵.

(2) ⇒ (3) 对 Hermite 矩阵 $\boldsymbol{A}$, 由定理 2.8 知存在酉矩阵 $\boldsymbol{U}$, 使

$$\boldsymbol{U}^{\mathrm{H}}\boldsymbol{A}\boldsymbol{U} = \operatorname{diag}(\lambda_1, \lambda_2, \cdots, \lambda_n), \tag{2.8}$$

其中 $\lambda_1, \lambda_2, \cdots, \lambda_n$ 是 $\boldsymbol{A}$ 的特征值. 由 (2) 知 $\operatorname{diag}(\lambda_1, \lambda_2, \cdots, \lambda_n)$ 正定, 从而 $\lambda_1, \lambda_2, \cdots, \lambda_n$ 均为正数.

(3) ⇒ (4) 由式 (2.8) 得

$$\begin{aligned}\boldsymbol{A} &= \boldsymbol{U}\operatorname{diag}(\lambda_1, \lambda_2, \cdots, \lambda_n)\boldsymbol{U}^{\mathrm{H}} \\ &= \boldsymbol{U}\operatorname{diag}\left(\sqrt{\lambda_1}, \sqrt{\lambda_2}, \cdots, \sqrt{\lambda n}\right) \cdot \operatorname{diag}\left(\sqrt{\lambda_1}, \sqrt{\lambda_2}, \cdots, \sqrt{\lambda_n}\right)\boldsymbol{U}^{\mathrm{H}} = \boldsymbol{P}^{\mathrm{H}}\boldsymbol{P},\end{aligned}$$

其中 $\boldsymbol{P} = \operatorname{diag}\left(\sqrt{\lambda_1}, \sqrt{\lambda_2}, \cdots, \sqrt{\lambda_n}\right)\boldsymbol{U}^{\mathrm{H}} \in \mathbf{C}^{n\times n}$ 可逆.

(4) ⇒ (1) 对任意 $\mathbf{0} \neq \boldsymbol{x} \in \mathbf{C}^n$, 均有 $\boldsymbol{P}\boldsymbol{x} \neq \mathbf{0}$, 从而

$$\boldsymbol{x}^{\mathrm{H}}\boldsymbol{A}\boldsymbol{x} = \boldsymbol{x}^{\mathrm{H}}\boldsymbol{P}^{\mathrm{H}}\boldsymbol{P}\boldsymbol{x} = (\boldsymbol{P}\boldsymbol{x})^{\mathrm{H}}(\boldsymbol{P}\boldsymbol{x}) = (\boldsymbol{P}\boldsymbol{x}, \boldsymbol{P}\boldsymbol{x}) > \mathbf{0}.$$

故 $\boldsymbol{A}$ 是正定矩阵. 证毕.

推论 2.9 设 $\boldsymbol{A} \in \mathbf{C}^{n\times n}$ 为 Hermite 正定矩阵, 则行列式 $\det\boldsymbol{A} > 0$.

类似于定理 2.9, 有 Hermite 半正定矩阵的如下结论.

定理 2.10 设 $\boldsymbol{A} \in \mathbf{C}^{n\times n}$ 为 Hermite 矩阵, 则下列命题等价:

(1) $\boldsymbol{A}$ 是 Hermite 半正定矩阵;

(2) 对任意 n 阶可逆矩阵 $\boldsymbol{P}$, $\boldsymbol{P}^{\mathrm{H}}\boldsymbol{A}\boldsymbol{P}$ 为 Hermite 半正定矩阵;

(3) $\boldsymbol{A}$ 的特征值均为非负实数;

(4) 存在矩阵 $\boldsymbol{P} \in \mathbf{C}^{n\times n}$, 使 $\boldsymbol{A} = \boldsymbol{P}^{\mathrm{H}}\boldsymbol{P}$.

Hermite 正定矩阵也有类似于实对称正定矩阵的顺序主子式判别法. 即

定理 2.11 设 $\boldsymbol{A} = (a_{ij}) \in \mathbf{C}^{n\times n}$ 是 Hermite 矩阵, 又设

$$\boldsymbol{A}_k = \begin{pmatrix} a_{11} & \cdots & a_{1k} \\ \vdots & & \vdots \\ a_{k1} & \cdots & a_{kk} \end{pmatrix}, \quad \varDelta_k = \det\boldsymbol{A}_k, \quad k = 1, 2, \cdots, n$$

分别称为 $\boldsymbol{A}$ 的 k 阶顺序主子阵和顺序主子式, 则 $\boldsymbol{A}$ 正定的充分必要条件为 $\boldsymbol{A}$ 的 n 个顺序主子式均为正数, 即 $\varDelta_k = \det\boldsymbol{A}_k > 0, k = 1, 2, \cdots, n$.

需注意的是, 即使 Hermite 矩阵 $\boldsymbol{A}$ 的所有顺序主子式均非负, 也不能推出 $\boldsymbol{A}$ 是 Hermite 半正定矩阵. 例如,

$$\boldsymbol{A} = \begin{pmatrix} 1 & -1 & 0 \\ -1 & 1 & 0 \\ 0 & 0 & -1 \end{pmatrix}$$

是 Hermite 矩阵, 易证 $\boldsymbol{A}$ 的 3 个顺序主子式均非负, 但 $\boldsymbol{A}$ 不是 Hermite 半正定矩阵. 不过还有下面的结论.

定理 2.12 设 $\boldsymbol{A} \in \mathbf{C}^{n\times n}$ 是 Hermite 矩阵, 则 $\boldsymbol{A}$ 半正定的充分必要条件为 $\boldsymbol{A}$ 的所有主子式 (所谓主子式就是行列式 $\det\boldsymbol{A}$ 中行指标与列指标相同的子式) 均非负.

下面的定理在后续内容的讨论中是有用的.

定理 2.13 设 $\boldsymbol{A} \in \mathbf{C}^{m\times n}$, 则

(1) $\boldsymbol{A}^{\mathrm{H}}\boldsymbol{A}$ 和 $\boldsymbol{A}\boldsymbol{A}^{\mathrm{H}}$ 的特征值均为非负实数;

(2) $\boldsymbol{A}^{\mathrm{H}}\boldsymbol{A}$ 与 $\boldsymbol{A}\boldsymbol{A}^{\mathrm{H}}$ 的非零特征值相同;

(3) $\operatorname{rank}\left(\boldsymbol{A}^{\mathrm{H}}\boldsymbol{A}\right)=\operatorname{rank}\left(\boldsymbol{A}\boldsymbol{A}^{\mathrm{H}}\right)=\operatorname{rank}\boldsymbol{A}$.

证明　(1) 因 $\left(\boldsymbol{A}^{\mathrm{H}}\boldsymbol{A}\right)^{\mathrm{H}}=\boldsymbol{A}^{\mathrm{H}}\boldsymbol{A}$, 即 $\boldsymbol{A}^{\mathrm{H}}\boldsymbol{A}$ 是 Hermite 矩阵, 且对任意 $\boldsymbol{0}\neq\boldsymbol{x}\in\mathbf{C}^n$, 有

$$\boldsymbol{x}^{\mathrm{H}}\left(\boldsymbol{A}^{\mathrm{H}}\boldsymbol{A}\right)\boldsymbol{x}=(\boldsymbol{A}\boldsymbol{x})^{\mathrm{H}}(\boldsymbol{A}\boldsymbol{x})=(\boldsymbol{A}\boldsymbol{x},\boldsymbol{A}\boldsymbol{x})\geqslant\boldsymbol{0},$$

故由定义 2.10 知 $\boldsymbol{A}^{\mathrm{H}}\boldsymbol{A}$ 是 Hermite 半正定矩阵, 再由定理 2.10 可得 $\boldsymbol{A}^{\mathrm{H}}\boldsymbol{A}$ 的特征值均为非负实数. 同理 $\boldsymbol{A}\boldsymbol{A}^{\mathrm{H}}$ 的特征值均为非负实数.

(2) 设 $\lambda\neq0$ 为 $\boldsymbol{A}^{\mathrm{H}}\boldsymbol{A}$ 的特征值, $\boldsymbol{x}$ 为对应的特征向量, 则 $\boldsymbol{A}^{\mathrm{H}}\boldsymbol{A}\boldsymbol{x}=\lambda\boldsymbol{x}$, $\boldsymbol{A}\boldsymbol{x}\neq\boldsymbol{0}$. 于是

$$\boldsymbol{A}\boldsymbol{A}^{\mathrm{H}}(\boldsymbol{A}\boldsymbol{x})=\boldsymbol{A}\left(\boldsymbol{A}^{\mathrm{H}}\boldsymbol{A}\boldsymbol{x}\right)=\boldsymbol{A}(\lambda\boldsymbol{x})=\lambda(\boldsymbol{A}\boldsymbol{x}),$$

即 λ 是 $\boldsymbol{A}\boldsymbol{A}^{\mathrm{H}}$ 的非零特征值. 同理 $\boldsymbol{A}\boldsymbol{A}^{\mathrm{H}}$ 的非零特征值也是 $\boldsymbol{A}^{\mathrm{H}}\boldsymbol{A}$ 的非零特征值.

(3) 由 $\boldsymbol{A}\boldsymbol{x}=\boldsymbol{0}$, 有 $\boldsymbol{A}^{\mathrm{H}}\boldsymbol{A}\boldsymbol{x}=\boldsymbol{0}$. 反之, 若 $\boldsymbol{A}^{\mathrm{H}}\boldsymbol{A}\boldsymbol{x}=\boldsymbol{0}$, 则

$$\boldsymbol{0}=\boldsymbol{x}^{\mathrm{H}}\boldsymbol{A}^{\mathrm{H}}\boldsymbol{A}\boldsymbol{x}=(\boldsymbol{A}\boldsymbol{x})^{\mathrm{H}}(\boldsymbol{A}\boldsymbol{x})=(\boldsymbol{A}\boldsymbol{x},\boldsymbol{A}\boldsymbol{x}).$$

故 $\boldsymbol{A}\boldsymbol{x}=\boldsymbol{0}$. 此即说明方程组 $\boldsymbol{A}\boldsymbol{x}=\boldsymbol{0}$ 与 $\boldsymbol{A}^{\mathrm{H}}\boldsymbol{A}\boldsymbol{x}=\boldsymbol{0}$ 同解, 从而它们解空间的维数相同, 即

$$n-\operatorname{rank}\boldsymbol{A}=n-\operatorname{rank}\left(\boldsymbol{A}^{\mathrm{H}}\boldsymbol{A}\right),$$

所以 $\operatorname{rank}\boldsymbol{A}=\operatorname{rank}\left(\boldsymbol{A}^{\mathrm{H}}\boldsymbol{A}\right)$. 将此式中 $\boldsymbol{A}$ 用 $\boldsymbol{A}^{\mathrm{H}}$ 代替, 可得

$$\operatorname{rank}\left[\left(\boldsymbol{A}^{\mathrm{H}}\right)^{\mathrm{H}}\boldsymbol{A}^{\mathrm{H}}\right]=\operatorname{rank}\left(\boldsymbol{A}\boldsymbol{A}^{\mathrm{H}}\right)=\operatorname{rank}\boldsymbol{A}^{\mathrm{H}}=\operatorname{rank}\boldsymbol{A}.$$

综上可得 $\operatorname{rank}\left(\boldsymbol{A}^{\mathrm{H}}\boldsymbol{A}\right)=\operatorname{rank}\left(\boldsymbol{A}\boldsymbol{A}^{\mathrm{H}}\right)=\operatorname{rank}\boldsymbol{A}$.　　证毕.

2.4　特征值的估计

特征值的包含区域——盖尔 (Gerschgorin) 圆盘, 是对特征值在复平面上的变化范围作出较精确的估计.

2.4.1　盖尔圆定理

定义 2.11　设 $\boldsymbol{A}=(a_{ij})\in\mathbf{C}^{n\times n}$, 令

$$R_i=\sum_{\substack{j=1\\j\neq i}}^{n}|a_{ij}|\quad(i=1,2,\cdots,n),$$

称复平面上的圆盘

$$G_i=\{z\in\mathbf{C}\,||z-a_{ii}|\leqslant R_i\}\quad(i=1,2,\cdots,n)$$

为矩阵 $\boldsymbol{A}$ 的第 i 个盖尔圆, 并称 R_i 为盖尔圆 G_i 的半径.

定理 2.14　设 $\boldsymbol{A}=(a_{ij})\in\mathbf{C}^{n\times n}$, 则 $\boldsymbol{A}$ 的所有特征值都在它的 n 个盖尔圆的并集中, 即 $\lambda\in\bigcup\limits_{i=1}^{n}G_i$, 其中 λ 为 $\boldsymbol{A}$ 的任一特征值.

证明　设 λ 是 $\boldsymbol{A}$ 的任意特征值, $\boldsymbol{x}=(x_1,x_2,\cdots,x_n)^{\mathrm{T}}$ 为 $\boldsymbol{A}$ 对应于 λ 的特征向量, 且 $|x_i|=\|\boldsymbol{x}\|_\infty=1$. 由于 $(\boldsymbol{A}\boldsymbol{x})_i=\lambda x_i$, 即

$$\sum_{j=1}^{n}a_{ij}x_j=\lambda x_i.$$

则有

$$(\lambda - a_{ii})x_i = \sum_{\substack{j=1 \\ j\neq i}}^{n} a_{ij}x_j.$$

注意到 $|x_j| \leqslant |x_i| = 1\ (j \neq i)$, 则由上式得

$$|\lambda - a_{ii}| \leqslant \sum_{\substack{j=1 \\ j\neq i}}^{n} |a_{ij}|\,|x_j| \leqslant \sum_{\substack{j=1 \\ j\neq i}}^{n} |a_{ij}|,$$

于是 $\lambda \in G_i$. 证毕.

注意到 $\boldsymbol{A}$ 与 $\boldsymbol{A}^{\mathrm{T}}$ 的特征值相同, 于是由定理 2.14 可知 $\boldsymbol{A}$ 的全体特征值都在 $\boldsymbol{A}^{\mathrm{T}}$ 的 n 个盖尔圆构成的并集中, 同时称 $\boldsymbol{A}^{\mathrm{T}}$ 的盖尔圆为 $\boldsymbol{A}$ 的列盖尔圆.

例 2.7 估计矩阵

$$\boldsymbol{A} = \begin{pmatrix} -3+\mathrm{i} & 0 & 2 \\ -1 & 3 & \mathrm{i} \\ 0 & -1 & 2 \end{pmatrix}$$

的特征值分布范围.

解 矩阵 $\boldsymbol{A}$ 的 3 个盖尔圆为

$$G_1 : |z+3-\mathrm{i}| \leqslant 2, \quad G_2 : |z-3| \leqslant 2, \quad G_3 : |z-2| \leqslant 1.$$

故 $\boldsymbol{A}$ 的 3 个特征值都在 $\bigcup\limits_{i=1}^{3} G_i$ 之中 (图 2.1(a)).

$\boldsymbol{A}$ 的 3 个列盖尔圆为

$$G_1' : |z+3-\mathrm{i}| \leqslant 1, \quad G_2' : |z-3| \leqslant 1, \quad G_3' : |z-2| \leqslant 3.$$

故 $\boldsymbol{A}$ 的 3 个特征值也都在 $\bigcup\limits_{i=1}^{3} G_i'$ 之中 (图 2.1(b)).

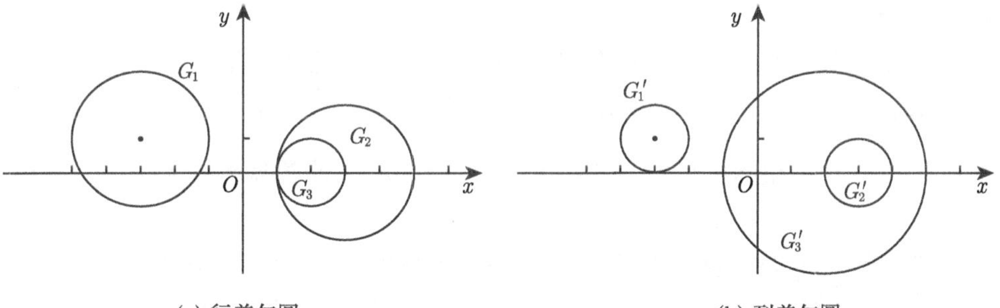

(a) 行盖尔圆　(b) 列盖尔圆

图 2.1　盖尔圆

定理 2.14 只说明 $\boldsymbol{A}$ 的 n 个特征值都在 n 个盖尔圆的并集中, 但是并没有说明特征值的具体分布情况. 进一步, 可有特征值分布更精确的结果.

定义 2.12 在矩阵 $\boldsymbol{A}$ 的盖尔圆中, 相交在一起的盖尔圆构成的最大连通区域称为一个连通部分, 一个孤立的盖尔圆也是一个连通部分.

定理 2.15 若矩阵 $\boldsymbol{A}$ 的某一连通部分 $\boldsymbol{S}$ 由 $\boldsymbol{A}$ 的 k 个盖尔圆构成, 则 $\boldsymbol{S}$ 中有且仅有 $\boldsymbol{A}$ 的 k 个特征值 (盖尔圆相重时重复计数, 重特征值按其重数计算).

根据定理 2.15, 例 2.7 中 $\boldsymbol{A}$ 的特征值在 G_1 中有一个, 而连通部分 $G_2\bigcup G_3$ 中有两个; 或者一个在 G_1' 中, 两个在 $G_2'\bigcup G_3'$ 中.

值得注意的是, 特征值在两个或两个以上的盖尔圆构成的连通部分中分布不一定是平均的, 可能在某个盖尔圆中有几个特征值, 而在某些盖尔圆中无特征值. 例如

$$\boldsymbol{A}=\begin{pmatrix} 10 & -8 \\ 5 & 0 \end{pmatrix}$$

的特征值为 $\lambda_1=5-\mathrm{i}\sqrt{15}$, $\lambda_2=5+\mathrm{i}\sqrt{15}$. 两个盖尔圆为 $G_1:|z-10|\leqslant 8$, $G_2:|z|\leqslant 5$. 由定理 2.15 知特征值在连通部分 $G_1\bigcup G_2$ 中, 但实际上可以发现 $\boldsymbol{A}$ 的特征值都在 G_1 中.

2.4.2 特征值的隔离

下面应用盖尔圆定理研究特征值的隔离问题.

由定理 2.15 知, 矩阵 $\boldsymbol{A}$ 的每个孤立盖尔圆中恰有 $\boldsymbol{A}$ 的一个特征值. 所以, 当若干盖尔圆相交时, 希望能够采用一些方法将盖尔圆隔离以获得特征值的分布. 通常可采用如下两种方法:

(1) 结合矩阵 $\boldsymbol{A}$ 的列盖尔圆来研究 $\boldsymbol{A}$ 的特征值分布.

例 2.8　应用盖尔圆定理隔离

$$\boldsymbol{A}=\begin{pmatrix} 20 & 3 & 2 \\ 2 & 10 & 4 \\ 4 & 0.5 & 0 \end{pmatrix}$$

的特征值.

解　矩阵 $\boldsymbol{A}$ 的 3 个盖尔圆为

$$G_1:|z-20|\leqslant 5,\quad G_2:|z-10|\leqslant 6,\quad G_3:|z|\leqslant 4.5.$$

G_1, G_2, G_3 相交. 而 $\boldsymbol{A}$ 的 3 个列盖尔圆为

$$G_1':|z-20|\leqslant 6,\quad G_2':|z-10|\leqslant 3.5,\quad G_3':|z|\leqslant 6.$$

它们相互分离. 故在 G_1', G_2', G_3' 中各有 $\boldsymbol{A}$ 的一个特征值.

(2) 利用相似变换保持特征值不变的特性, 也可以实现特征值隔离.

设 $\boldsymbol{A}=(a_{ij})\in\mathbf{C}^{n\times n}$, $\boldsymbol{D}=\mathrm{diag}(d_1,d_2,\cdots,d_n)$, 其中 $d_i>0\ (i=1,2,\cdots,n)$, 则 $\boldsymbol{A}$ 与 $\boldsymbol{B}=\boldsymbol{D}^{-1}\boldsymbol{A}\boldsymbol{D}$ 相似且有相同特征值. 注意到 $\boldsymbol{B}=\boldsymbol{D}^{-1}\boldsymbol{A}\boldsymbol{D}$ 的圆盘半径为 $\sum\limits_{\substack{j=1\\j\neq i}}^{n}\left|\dfrac{a_{ij}d_j}{d_i}\right|$, 因此适当选取 $\boldsymbol{D}$ 的元素值, 可以使 $\boldsymbol{B}$ 的某个圆盘半径相对减少. 一般地, 若要使 $\boldsymbol{B}$ 的第 i 个盖尔圆半径放大, 其余盖尔圆适量缩小, 可取 $d_i<1$, 其他元素值取 1; 相反, 若要使 $\boldsymbol{B}$ 的第 i 个盖尔圆半径缩小, 其余盖尔圆适量放大, 可取 $d_i>1$, 其他元素值取 1.

例 2.9　应用盖尔圆定理隔离

$$\boldsymbol{A}=\begin{pmatrix} 2 & 2 & -1 \\ 1 & 10 & -1 \\ 8 & 2 & 20 \end{pmatrix}$$

的特征值.

解　矩阵 $\boldsymbol{A}$ 的 3 个盖尔圆为

$$G_1 : |z-2| \leqslant 3, \quad G_2 : |z-10| \leqslant 2, \quad G_3 : |z-20| \leqslant 10.$$

易见, G_2 与 G_3 相交, 而 G_1 孤立. 选取 $\boldsymbol{D} = \mathrm{diag}\left(\frac{1}{2}, 1, 1\right)$, 则

$$\boldsymbol{B} = \boldsymbol{D}^{-1}\boldsymbol{A}\boldsymbol{D} = \begin{pmatrix} 2 & 4 & -2 \\ 0.5 & 10 & -1 \\ 4 & 2 & 20 \end{pmatrix}.$$

矩阵 $\boldsymbol{B}$ 的 3 个盖尔圆为

$$G_1' : |z-2| \leqslant 6, \quad G_2' : |z-10| \leqslant 1.5, \quad G_3' : |z-20| \leqslant 6,$$

它们相互分离. 故在 G_1', G_2', G_3' 中各有 $\boldsymbol{A}$ 的一个特征值. 因为 $\boldsymbol{A}$ 的第 1 个盖尔圆 G_1 孤立, 其中含 $\boldsymbol{A}$ 的一个特征值, 所以 G_1' 中的特征值必在 G_1 之中. 因此, $\boldsymbol{A}$ 的三个特征值分别在盖尔圆 G_1, G_2' 及 G_3' 之中. 进一步, 由于 $\boldsymbol{A}$ 是实矩阵, 其特征值 λ 如果是复数, 则其共轭复数 $\bar{\lambda}$ 一定也是 $\boldsymbol{A}$ 的特征值, 而盖尔圆 G_1', G_2', G_3' 关于实轴对称, 所以如果有 $\lambda \in G_i'$, 则也有 $\bar{\lambda} \in G_i'$, 因而 $\boldsymbol{A}$ 的特征值是实数. 故在区间

$$[-1,\ 5], \quad [8.5,\ 11.5], \quad [14,\ 26]$$

中各有 $\boldsymbol{A}$ 的一个特征值.

需要说明的是, 并不是任意具有互异特征值的矩阵都能用上述两种方法隔离其特征值, 如对角线上有相同元素的矩阵.

2.5 特征值的幂迭代法、逆幂迭代法

应当指出, 五次或五次以上的多项式方程一般是没有公式求解的. 所以对于阶数较大的矩阵, 其特征值的计算非常困难, 因而就要研究特征值的各种近似求法. 本节给出的幂迭代法正是求特征值近似值的基本方法.

在许多实际应用中, 往往不需要知道矩阵的全部特征值和特征向量, 而仅要求得到矩阵的按模最大的特征值 (或称为矩阵的主特征值) 和相应的特征向量, 如线性方程组迭代法的收敛性问题. 幂迭代法 (简称幂法) 就是解决此类问题的一种有效方法.

2.5.1 幂迭代法

幂迭代法的思想主要基于如下结论.

定理 2.16 设 $\boldsymbol{A} \in \mathbf{R}^{n\times n}$, 其特征值 $\lambda_i\ (i = 1, 2, \cdots, n)$ 满足

$$|\lambda_1| > |\lambda_2| \geqslant |\lambda_3| \geqslant \cdots \geqslant |\lambda_n|, \tag{2.9}$$

相应的 n 个线性无关的特征向量为 $\boldsymbol{x}_1, \boldsymbol{x}_2, \cdots, \boldsymbol{x}_n$. 任取一个非零向量 $\boldsymbol{v}_0 \in \mathbf{R}^n$, 用 $\boldsymbol{A}$ 构造向量序列

$$\boldsymbol{v}_{k+1} = \boldsymbol{A}\boldsymbol{v}_k, \quad k = 0, 1, 2, \cdots, \tag{2.10}$$

则有

$$\lim_{k\to\infty} \frac{(\boldsymbol{v}_k)_i}{(\boldsymbol{v}_{k-1})_i} = \lambda_1, \quad i = 1, 2, \cdots, n.$$

其中 $(\boldsymbol{v}_k)_i$ 表示向量 $\boldsymbol{v}_k$ 的第 i 个分量.

证明 由递推公式 (2.10), 有 $\boldsymbol{v}_k = \boldsymbol{A}\boldsymbol{v}_{k-1} = \boldsymbol{A}(\boldsymbol{A}\boldsymbol{v}_{k-2}) = \boldsymbol{A}^2\boldsymbol{v}_{k-2} = \cdots = \boldsymbol{A}^k\boldsymbol{v}_0$. 又由于 n 个线性无关的特征向量 $\boldsymbol{x}_1, \boldsymbol{x}_2, \cdots, \boldsymbol{x}_n$ 构成 $\mathbf{R}^n$ 的一组基, 所以 $\boldsymbol{v}_0$ 可以唯一地表示为

$$\boldsymbol{v}_0 = \alpha_1\boldsymbol{x}_1 + \alpha_2\boldsymbol{x}_2 + \cdots + \alpha_n\boldsymbol{x}_n \quad (\alpha_1 \neq 0).$$

因为 $\boldsymbol{A}\boldsymbol{x}_i = \lambda_i\boldsymbol{x}_i \Rightarrow \boldsymbol{A}^k\boldsymbol{x}_i = \lambda_i^k\boldsymbol{x}_i\ (i = 1, 2, \cdots, n)$, 所以

$$\begin{aligned}\boldsymbol{v}_k &= \boldsymbol{A}^k\boldsymbol{v}_0 = \alpha_1\boldsymbol{A}^k\boldsymbol{x}_1 + \alpha_2\boldsymbol{A}^k\boldsymbol{x}_2 + \cdots + \alpha_n\boldsymbol{A}^k\boldsymbol{x}_n \\ &= \alpha_1\lambda_1^k\boldsymbol{x}_1 + \alpha_2\lambda_2^k\boldsymbol{x}_2 + \cdots + \alpha_n\lambda_n^k\boldsymbol{x}_n \\ &= \lambda_1^k\left(\alpha_1\boldsymbol{x}_1 + \sum_{i=2}^n \alpha_i\left(\frac{\lambda_i}{\lambda_1}\right)^k\boldsymbol{x}_i\right).\end{aligned}$$

由于 $\left|\dfrac{\lambda_i}{\lambda_1}\right| < 1\ (i = 2, 3, \cdots, n)$, 故对足够大的 k, 有

$$\boldsymbol{v}_k = \lambda_1^k(\alpha_1\boldsymbol{x}_1 + \boldsymbol{\varepsilon}_k), \quad \boldsymbol{v}_{k-1} = \lambda_1^{k-1}(\alpha_1\boldsymbol{x}_1 + \boldsymbol{\varepsilon}_{k-1}),$$

其中 $\varepsilon_k \to 0\ (k \to \infty)$. 当 $(\boldsymbol{x}_1)_i \neq 0$, $\alpha_1 \neq 0$ 时, 得

$$\lim_{k\to\infty}\frac{(\boldsymbol{v}_k)_i}{(\boldsymbol{v}_{k-1})_i} = \lambda_1\lim_{k\to\infty}\frac{\alpha_1(x_1)_i + (\varepsilon_k)_i}{\alpha_1(x_1)_i + (\varepsilon_{k-1})_i} = \lambda_1.$$

证毕.

由于 $\boldsymbol{v}_{k+1} = \boldsymbol{A}\boldsymbol{v}_k$, 而 $\boldsymbol{v}_{k+1} \approx \lambda_1\boldsymbol{v}_k$, 所以, $\boldsymbol{v}_k$ 可以作为与 λ_1 相应的特征向量的近似. 上述这种由已知非零向量 $\boldsymbol{v}_0$ 及矩阵的乘幂 $\boldsymbol{A}^k$ 构造向量序列 $\{\boldsymbol{v}_k\}$ 以计算 $\boldsymbol{A}$ 的按模最大的特征值及相应特征向量的方法称为乘幂法, 简称为幂法. 它实际上是一种迭代法, 且迭代的收敛速度主要取决于 $\left|\dfrac{\lambda_2}{\lambda_1}\right|$ 的大小: 当 $\left|\dfrac{\lambda_2}{\lambda_1}\right|$ 越小时, 收敛越快; 当 $\left|\dfrac{\lambda_2}{\lambda_1}\right|$ 越接近于 1 时, 收敛越慢. 另外, 以下几点值得注意.

(1) 因 $\boldsymbol{x}_1 \neq \boldsymbol{0}$, 故 $\boldsymbol{x}_1$ 的分量不会为零, 即存在 $(\boldsymbol{x}_1)_i \neq 0$. 至于 $\alpha_1 \neq 0$ 的情况, 通常可取 $\boldsymbol{v}_0 = (1, 1, \cdots, 1)^{\mathrm{T}}$, 如果初始向量 $\boldsymbol{v}_0$ 选择不当, 以致 $\alpha_1 = 0$, 上述结果理论不成立, 但由于计算中的舍入误差, 经过若干步以后, 可有 $\alpha_1 \neq 0$.

(2) 条件 (2.9) 意味着 $\boldsymbol{A}$ 的主特征值是单根. 若条件 (2.9) 不满足, 将可能有下列不同的情况:

(i) 如果 $\lambda_1 = \lambda_2 = \cdots = \lambda_r$, 且 $|\lambda_r| > |\lambda_{r+1}| \geqslant \cdots \geqslant |\lambda_n|$, 则仿定理 2.16 的证明, 对任意初始向量 $\boldsymbol{v}_0 = \sum\limits_{i=1}^n \alpha_i\boldsymbol{x}_i$ ($\alpha_1, \alpha_2, \cdots, \alpha_r$ 不全为零), 可得

$$\lim_{k\to\infty}\frac{(\boldsymbol{v}_k)_i}{(\boldsymbol{v}_{k-1})_i} = \lambda_1, \quad \lim_{k\to\infty}\frac{\boldsymbol{v}_k}{\lambda_1^k} = \sum_{i=1}^r \alpha_i\boldsymbol{x}_i,$$

其中 $\boldsymbol{v}_k$ 仍可作为与 λ_1 相应的特征向量的近似.

(ii) 如 $|\lambda_1| = |\lambda_2|$, 且 $\lambda_1 = -\lambda_2$, $|\lambda_1| > |\lambda_3| \geqslant \cdots \geqslant |\lambda_n|$, 则对任意初始向量

$$\boldsymbol{v}_0 = \alpha_1\boldsymbol{x}_1 + \alpha_2\boldsymbol{x}_2 + \cdots + \alpha_n\boldsymbol{x}_n \quad (\alpha_1 \neq 0,\ \alpha_2 \neq 0)$$

可得

$$\frac{(\boldsymbol{v}_{k+2})_i}{(\boldsymbol{v}_k)_i} \to \lambda_1^2 \quad (k \to \infty)$$

或

$$\frac{(\boldsymbol{v}_{k+1})_i}{(\boldsymbol{v}_{k-1})_i} \to \lambda_1^2 \quad (k \to \infty),$$

可证明对应于 λ_1 的 $\boldsymbol{A}$ 的近似特征向量为 $\boldsymbol{v}_{k+1} + \lambda_1\boldsymbol{v}_k$, 对应于 λ_2 的近似特征向量为 $\boldsymbol{v}_{k+1} - \lambda_1\boldsymbol{v}_k$.

(iii) 如 $|\lambda_1| = |\lambda_2|$, 但 λ_1, λ_2 为一对共轭复特征值, 且 $|\lambda_1| > |\lambda_3| \geqslant \cdots \geqslant |\lambda_n|$, 则对任意初始向量

$$\boldsymbol{v}_0 = \alpha_1\boldsymbol{x}_1 + \alpha_2\boldsymbol{x}_2 + \cdots + \alpha_n\boldsymbol{x}_n \quad (\alpha_1 \neq 0,\ \alpha_2 \neq 0)$$

可得相继的 3 个迭代向量 $\boldsymbol{v}_k, \boldsymbol{v}_{k+1}, \boldsymbol{v}_{k+2}$ 近似线性相关, 即有

$$\boldsymbol{v}_{k+2} + p\boldsymbol{v}_{k+1} + q\boldsymbol{v}_k \approx \boldsymbol{0}.$$

选定 2 个分量代入上述关系, 构成二阶线性方程组, 解出 p, q, 然后再验证 p, q 对 $\boldsymbol{v}_k, \boldsymbol{v}_{k+1}, \boldsymbol{v}_{k+2}$ 的其余分量是否也满足线性关系方程. 若满足, 则再将 p, q 代入方程 $\lambda^2 + p\lambda + q = 0$ 就可求得 λ_1, λ_2, 对应于 λ_1, λ_2 的近似特征向量为 $\boldsymbol{v}_{k+1} - \lambda_2\boldsymbol{v}_k$, $\boldsymbol{v}_{k+1} - \lambda_1\boldsymbol{v}_k$.

根据以上的讨论, 在用幂法进行计算时, 当 k 充分大时, 检查是否出现下列三种情况之一:

(1) $\dfrac{(\boldsymbol{v}_{k+1})_i}{(\boldsymbol{v}_k)_i}$ 趋近于某一常数;

(2) $\dfrac{(\boldsymbol{v}_{k+2})_i}{(\boldsymbol{v}_k)_i}$ 趋近于某一常数;

(3) $\boldsymbol{v}_k$ 的波动不规律, 但相继的三个向量 $\boldsymbol{v}_k, \boldsymbol{v}_{k+1}, \boldsymbol{v}_{k+2}$ 之间满足 $\boldsymbol{v}_{k+2}+p\boldsymbol{v}_{k+1}+q\boldsymbol{v}_k\approx\boldsymbol{0}$.

若是, 就可求出 $\boldsymbol{A}$ 的按模最大的特征值和相应的特征向量. 但上述三种情况也有可能均不出现, 此时就需要考虑其他数值解法.

另外, 由 $\boldsymbol{v}_k = \lambda_1^k(\alpha_1\boldsymbol{x}_1 + \varepsilon_k)$ 可知, 当 $k \to \infty$ 时, 若 $|\lambda_1| > 1$, 则 $\boldsymbol{v}_k$ 的分量趋于无穷大; 若 $|\lambda_1| < 1$, 则 $\boldsymbol{v}_k$ 的分量又会趋于零, 分量变化太大, 使得计算过程可能产生溢出. 为了克服这一不足, 通常采用规范化迭代方式. 具体做法为: 把迭代向量 $\boldsymbol{v}_k$ 的最大分量化为 1, 于是得幂迭代法的计算公式为

$$\begin{cases} \boldsymbol{u}_0 = \boldsymbol{v}_0 \neq \boldsymbol{0}, \\ \boldsymbol{v}_k = \boldsymbol{A}\boldsymbol{u}_{k-1}, \\ m_k = \max(\boldsymbol{v}_k), \\ \boldsymbol{u}_k = \boldsymbol{v}_k/m_k, \qquad k = 1, 2, \cdots, \end{cases}$$

式中用 $\max(\boldsymbol{v})$ 表示向量 $\boldsymbol{v}$ 的绝对值最大的分量, 从而有

$$\begin{array}{cc}
\text{迭代} & \text{规范化} \\
\boldsymbol{v}_1 = \boldsymbol{A}\boldsymbol{u}_0 = \boldsymbol{A}\boldsymbol{v}_0, & \boldsymbol{u}_1 = \dfrac{\boldsymbol{v}_1}{\max(\boldsymbol{v}_1)} = \dfrac{\boldsymbol{A}\boldsymbol{v}_0}{\max(\boldsymbol{A}\boldsymbol{v}_0)}, \\
\boldsymbol{v}_2 = \boldsymbol{A}\boldsymbol{u}_1 = \dfrac{\boldsymbol{A}^2\boldsymbol{v}_0}{\max(\boldsymbol{A}\boldsymbol{v}_0)}, & \boldsymbol{u}_2 = \dfrac{\boldsymbol{v}_2}{\max(\boldsymbol{v}_2)} = \dfrac{\boldsymbol{A}^2\boldsymbol{v}_0}{\max(\boldsymbol{A}^2\boldsymbol{v}_0)}, \\
\vdots & \vdots \\
\boldsymbol{v}_k = \boldsymbol{A}\boldsymbol{u}_{k-1} = \dfrac{\boldsymbol{A}^k\boldsymbol{v}_0}{\max(\boldsymbol{A}^{k-1}\boldsymbol{v}_0)}, & \boldsymbol{u}_k = \dfrac{\boldsymbol{v}_k}{\max(\boldsymbol{v}_k)} = \dfrac{\boldsymbol{A}^k\boldsymbol{v}_0}{\max(\boldsymbol{A}^k\boldsymbol{v}_0)}, \\
\vdots & \vdots
\end{array}$$

于是得

$$\boldsymbol{u}_k = \frac{\boldsymbol{A}^k\boldsymbol{v}_0}{\max(\boldsymbol{A}^k\boldsymbol{v}_0)} = \frac{\lambda_1^k\left(\alpha_1\boldsymbol{x}_1 + \displaystyle\sum_{i=2}^n \alpha_i\left(\frac{\lambda_i}{\lambda_1}\right)^k \boldsymbol{x}_i\right)}{\max\left(\lambda_1^k\left(\alpha_1\boldsymbol{x}_1 + \displaystyle\sum_{i=2}^n \alpha_i\left(\frac{\lambda_i}{\lambda_1}\right)^k \boldsymbol{x}_i\right)\right)}$$

$$= \frac{\alpha_1 \boldsymbol{x}_1 + \sum_{i=2}^{n} \alpha_i \left(\frac{\lambda_i}{\lambda_1}\right)^k \boldsymbol{x}_i}{\max\left(\alpha_1 \boldsymbol{x}_1 + \sum_{i=2}^{n} \alpha_i \left(\frac{\lambda_i}{\lambda_1}\right)^k \boldsymbol{x}_i\right)} \to \frac{\boldsymbol{x}_1}{\max(\boldsymbol{x}_1)} \quad (k \to \infty).$$

同理, 可得

$$m_k = \max(\boldsymbol{v}_k) = \max\left[\frac{\lambda_1^k \left(\alpha_1 \boldsymbol{x}_1 + \sum_{i=2}^{n} \alpha_i \left(\frac{\lambda_i}{\lambda_1}\right)^k \boldsymbol{x}_i\right)}{\max\left(\lambda_1^{k-1}\left(\alpha_1 \boldsymbol{x}_1 + \sum_{i=2}^{n} \alpha_i \left(\frac{\lambda_i}{\lambda_1}\right)^{k-1} \boldsymbol{x}_i\right)\right)}\right]$$

$$= \frac{\lambda_1 \max\left(\alpha_1 \boldsymbol{x}_1 + \sum_{i=2}^{n} \alpha_i \left(\frac{\lambda_i}{\lambda_1}\right)^k \boldsymbol{x}_i\right)}{\max\left(\alpha_1 \boldsymbol{x}_1 + \sum_{i=2}^{n} \alpha_i \left(\frac{\lambda_i}{\lambda_1}\right)^{k-1} \boldsymbol{x}_i\right)} \to \lambda_1 \quad (k \to \infty).$$

这说明 m_k 收敛到 λ_1, u_k 收敛到规范化了的特征向量. 于是有以下定理.

定理 2.17　设 $\boldsymbol{A} \in \mathbf{R}^{n\times n}$, 其特征值 $\lambda_i\,(i = 1, 2, \cdots, n)$ 满足

$$|\lambda_1| > |\lambda_2| \geqslant |\lambda_3| \geqslant \cdots \geqslant |\lambda_n|,$$

相应的 n 个线性无关的特征向量为 $\boldsymbol{x}_1, \boldsymbol{x}_2, \cdots, \boldsymbol{x}_n$. 对任意的非零向量 $\boldsymbol{v}_0 = \boldsymbol{u}_0$, 按下列方法构造向量序列

$$\begin{cases} \boldsymbol{u}_0 = \boldsymbol{v}_0 \neq \boldsymbol{0}, \\ \boldsymbol{v}_k = \boldsymbol{A}\boldsymbol{u}_{k-1}, \\ m_k = \max(\boldsymbol{v}_k), \\ \boldsymbol{u}_k = \boldsymbol{v}_k / m_k, \qquad k = 1, 2, \cdots, \end{cases} \tag{2.11}$$

则有

$$\lim_{k\to\infty} \max(\boldsymbol{v}_k) = \lambda_1, \quad \lim_{k\to\infty} \boldsymbol{u}_k = \frac{\boldsymbol{x}_1}{\max(\boldsymbol{x}_1)}.$$

例 2.10　计算矩阵

$$\boldsymbol{A} = \begin{pmatrix} 2 & 3 & 2 \\ 10 & 3 & 4 \\ 3 & 6 & 1 \end{pmatrix}$$

的主特征值及对应的特征向量. 当 $\|\boldsymbol{u}_k - \boldsymbol{u}_{k+1}\| \leqslant 10^{-4}$ 时停止计算.

解　$\boldsymbol{A}$ 的特征值为 11, −3, −2. 取 $\boldsymbol{v}_0 = (0, 0, 1)^{\mathrm{T}}$, 按式 (2.11) 计算, 结果见表 2.1.

表 2.1　计算结果

k	$\boldsymbol{v}_k^{\mathrm{T}}$	$\boldsymbol{u}_k^{\mathrm{T}}$	m_k
0	(0, 0, 1)	(0, 0, 1)	
1	(2, 4, 1)	(0.5, 1.0, 0.25)	4
2	(4.5, 9.0, 7.7500)	(0.5, 1.0, 0.8611)	9
3	(5.7222, 11.4444, 8.3511)	(0.5, 1.0, 0.7306)	11.44
4	(5.4612, 10.9224, 8.2306)	(0.5, 1.0, 0.7535)	10.9224

续表

k	$\boldsymbol{v}_k^{\mathrm{T}}$	$\boldsymbol{u}_k^{\mathrm{T}}$	m_k
5	(5.5070, 11.0410, 8.2535)	(0.5, 1.0, 0.7493)	11.0140
6	(5.4986, 10.9972, 8.2493)	(0.5, 1.0, 0.7501)	10.9972
7	(5.5003, 11.0005, 8.2501)	(0.5, 1.0, 0.7500)	11.0004
8	(5.5000, 11.0000, 8.2500)	(0.5, 1.0, 0.7500)	11.0000

从上面的分析可知, 序列 $\{m_k\}$ 是线性收敛的, 通常要使用加速手段来提高收敛速度. 加速方法有多种, 这里主要给出原点平移法.

考察矩阵 $\boldsymbol{B}=\boldsymbol{A}-p\boldsymbol{I}$, 其中 p 为待选参数. 设 $\boldsymbol{A}$ 的特征值为 $\lambda_1,\lambda_2,\cdots,\lambda_n$, 则 $\boldsymbol{B}$ 的相应特征值为 $\lambda_1-p,\lambda_2-p,\cdots,\lambda_n-p$, 且矩阵 $\boldsymbol{A}$ 与 $\boldsymbol{B}$ 有相同的特征向量.

如果需要计算 $\boldsymbol{A}$ 的按模最大特征值 λ_1, 就可适当选择 p, 使得 λ_1-p 仍是 $\boldsymbol{B}$ 的按模最大特征值, 即

$$|\lambda_1-p|>|\lambda_2-p|\geqslant|\lambda_3-p|\geqslant\cdots\geqslant|\lambda_n-p|$$

且

$$\left|\frac{\lambda_2-p}{\lambda_1-p}\right|<\left|\frac{\lambda_2}{\lambda_1}\right|.$$

这样对矩阵 $\boldsymbol{B}$ 应用幂法, 就能较快地求得 $\boldsymbol{B}$ 的主特征值 $\lambda_1(\boldsymbol{B})$ 和相应的主特征向量 $\boldsymbol{x}_1$, 从而得 $\lambda_1=\lambda_1(\boldsymbol{B})+p$ 和相应特征向量 $\boldsymbol{x}_1$. 这种方法通常称为原点平移法.

由上可以看出, p 的选择是加速的关键. 但 p 的选择依赖于对 $\boldsymbol{A}$ 的特征值分布的大致了解, 很难给出 p 的自动选择. 而对于特征值为实数, 且当

$$\lambda_1>\lambda_2\geqslant\lambda_3\geqslant\cdots\geqslant\lambda_n$$

时, 可有最佳取值 $p^*=\dfrac{1}{2}(\lambda_2+\lambda_n)$, 使 $\dfrac{|\lambda_2-p^*|}{|\lambda_1-p^*|}=\min\limits_{p}\max\limits_{2\leqslant i\leqslant n}\dfrac{|\lambda_i-p|}{|\lambda_1-p|}$.

2.5.2 逆幂迭代法

逆幂迭代法简称逆幂法, 用于计算非奇异矩阵按模最小的特征值及对应的特征向量.

设矩阵 $\boldsymbol{A}\in\mathbf{R}^{n\times n}$, 且 $\boldsymbol{A}$ 非奇异, 其特征值满足

$$|\lambda_1|\geqslant|\lambda_2|\geqslant\cdots\geqslant|\lambda_{n-1}|>|\lambda_n|>0,$$

相应的特征向量为 $\boldsymbol{x}_1,\boldsymbol{x}_2,\cdots,\boldsymbol{x}_n$, 则 $\boldsymbol{A}^{-1}$ 的特征值 $\lambda_1^{-1},\lambda_2^{-1},\cdots\lambda_n^{-1}$ 满足

$$\left|\lambda_n^{-1}\right|>\left|\lambda_{n-1}^{-1}\right|\geqslant\cdots\geqslant\left|\lambda_1^{-1}\right|,$$

对应的特征向量为 $\boldsymbol{x}_1,\boldsymbol{x}_2,\cdots,\boldsymbol{x}_n$. 将幂法用于 $\boldsymbol{A}^{-1}$ 就是逆幂法, 可求矩阵 $\boldsymbol{A}^{-1}$ 的主特征值 λ_n^{-1}, 进而可得 $\boldsymbol{A}$ 的按模最小的特征值 λ_n. 在计算时不必求逆矩阵, 而用解方程组的办法. 逆幂法的计算过程为

$$\begin{cases}\boldsymbol{u}_0=\boldsymbol{v}_0\neq\boldsymbol{0},\\ \boldsymbol{A}\boldsymbol{v}_k=\boldsymbol{u}_{k-1},\\ m_k=\max(\boldsymbol{v}_k),\\ \boldsymbol{u}_k=\boldsymbol{v}_k/m_k, \qquad k=1,2,\cdots.\end{cases} \tag{2.12}$$

类似于幂法的分析可得, 当 $k\to\infty$ 时,

$$\boldsymbol{u}_k \to \frac{\boldsymbol{x}_n}{\max(\boldsymbol{x}_n)}, \quad m_k \to \lambda_n^{-1},$$

且迭代收敛速度决定于 $\left|\dfrac{\lambda_n}{\lambda_{n-1}}\right|$. 实际计算可以先将 $\boldsymbol{A}$ 作一次 LU 分解 (详见 3.1 节, 必要时作列主元 LU 分解), 每步解 $\boldsymbol{LU}\boldsymbol{v}_k = \boldsymbol{u}_{k-1}$, 只要解两次三角方程组.

例 2.11　用逆幂法求矩阵

$$\boldsymbol{A} = \begin{pmatrix} 2 & 8 & 9 \\ 8 & 3 & 4 \\ 9 & 4 & 7 \end{pmatrix}$$

的按模最小的特征值及对应的特征向量. 当 $\|\boldsymbol{u}_k - \boldsymbol{u}_{k+1}\| \leqslant 10^{-4}$ 时停止计算.

解　对 $\boldsymbol{A}$ 作 LU 分解, 可得

$$\boldsymbol{L} = \begin{pmatrix} 1 & 0 & 0 \\ 4 & 1 & 0 \\ 4.5 & 1.1034 & 1 \end{pmatrix}, \quad \boldsymbol{U} = \begin{pmatrix} 2 & 8 & 9 \\ 0 & -29 & -32 \\ 0 & 0 & 1.8103 \end{pmatrix}.$$

取 $\boldsymbol{v}_0 = (1,1,1)^{\mathrm{T}}$, 按式 (2.12) 计算, 其中

$$\boldsymbol{A}\boldsymbol{v}_k = \boldsymbol{u}_{k-1} \Leftrightarrow \begin{cases} \boldsymbol{L}\boldsymbol{y}_k = \boldsymbol{u}_{k-1}, \\ \boldsymbol{U}\boldsymbol{v}_k = \boldsymbol{y}_k, \end{cases}$$

结果见表 2.2. 可得 $\dfrac{1}{\lambda_3} \approx 1.2295$, $\lambda_3 \approx 0.8133$, 其对应的特征向量为

$$\boldsymbol{x}_3 \approx (0.1832,\ 1.0000,\ -0.9131)^{\mathrm{T}}.$$

表 2.2　计算结果

k	$\boldsymbol{v}_k^{\mathrm{T}}$	$\boldsymbol{u}_k^{\mathrm{T}}$	m_k
0	(1, 1, 1)	(1, 1, 1)	
1	(0.0952, 0.2191, −0.1048)	(0.4347, 1.0000, −0.4785)	0.2191
2	(0.1926, 1.0127, −0.8947)	(0.1902, 1.0000, −0.8835)	1.0127
3	(0.2235, 1.2129, −1.1066)	(0.1843, 1.0000, −0.9124)	1.2129
4	(0.2251, 1.2293, −1.1223)	(0.1831, 1.0000, −0.9129)	1.2293
5	(0.2252, 1.2295, −1.1226)	(0.1832, 1.0000, −0.9130)	1.2295
6	(0.2252, 1.2295, −1.1226)	(0.1832, 1.0000, −0.9131)	1.2295

另一方面, 如果已知参数 p 接近 $\boldsymbol{A}$ 的某一特征值 λ_i, 且有

$$0 < |\lambda_i - p| \ll |\lambda_j - p| \quad (j \neq i),$$

则可用带原点位移的逆幂迭代法求得 λ_i, 此即对 $(\boldsymbol{A} - p\boldsymbol{I})$ 进行逆幂法:

$$\begin{cases} (\boldsymbol{A} - p\boldsymbol{I})\boldsymbol{v}_k = \boldsymbol{u}_{k-1}, \\ m_k = \max(\boldsymbol{v}_k), \\ \boldsymbol{u}_k = \boldsymbol{v}_k / m_k, \qquad k = 1, 2, \cdots. \end{cases}$$

可得: 当 $k \to \infty$ 时,

$$\boldsymbol{u}_k \to \frac{\boldsymbol{x}_i}{\max(\boldsymbol{x}_i)}, \quad m_k \to (\lambda_i - p)^{-1},$$

只要 p 选择得好, 收敛速度是很快的.

2.6 盖尔圆定理在混沌系统同步控制中的应用

盖尔圆定理是对特征值范围进行估计的重要结论. 在工程领域中, 盖尔圆定理有着重要的应用. 特别地, 在控制领域, 借助盖尔圆定理, 可以在不直接计算特征值的情况下, 设计有效的控制策略.

考虑如下的 Chua 电路, 如图 2.2 所示. Chua 电路系统状态方程为

$$\begin{cases} \dfrac{\mathrm{d}v_1}{\mathrm{d}t} = \dfrac{1}{C_1}[G(v_2 - v_1) - f_{N_R}(v_1)], \\ \dfrac{\mathrm{d}v_2}{\mathrm{d}t} = \dfrac{1}{C_2}[G(v_1 - v_2) + i_3], \\ \dfrac{\mathrm{d}i_3}{\mathrm{d}t} = -\dfrac{1}{L}v_2, \end{cases} \tag{2.13}$$

其中, v_1 和 v_2 分别为电容 C_1 和 C_2 的电压, i_3 为通过电感 L 的电流, $G = \dfrac{1}{R}$ 是线性电阻器的电导. 非线性函数 $f_{N_R}(v_1)$ 表示非线性电阻 N_R 的 $v-i$ 特性, 是分段线性函数, 其表达式为

$$f_{N_R}(v_1) = G_b v_1 + \frac{1}{2}(G_a - G_b)(|v_1 + E| - |v_1 - E|),$$

式中 G_a, G_b 以及 E 为由元件特性决定的常数.

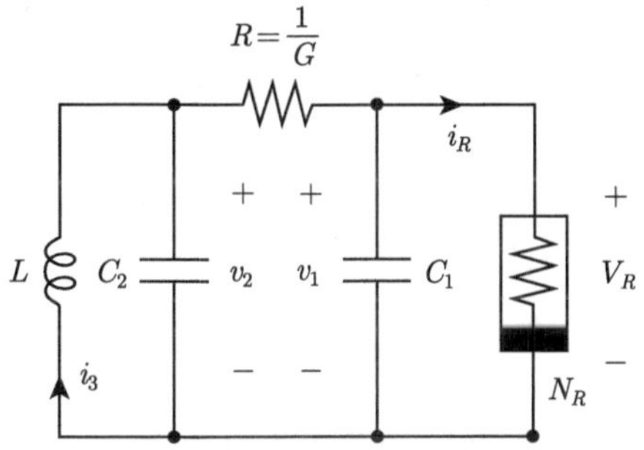

图 2.2 Chua 电路图

已知 Chua 电路系统 (2.13) 对一些参数的取值是混沌的, 例如, 对 $C_1 = 10\text{nF}$, $C_2 = 90\text{nF}$, $R = 1.45\text{k}\Omega$, $L = 13\text{mH}$, $G_a = -0.7882\text{mS}$, $G_b = -0.4926\text{mS}$, $E = 1\text{V}$ 时, 其动态混沌吸引子如图 2.3 所示.

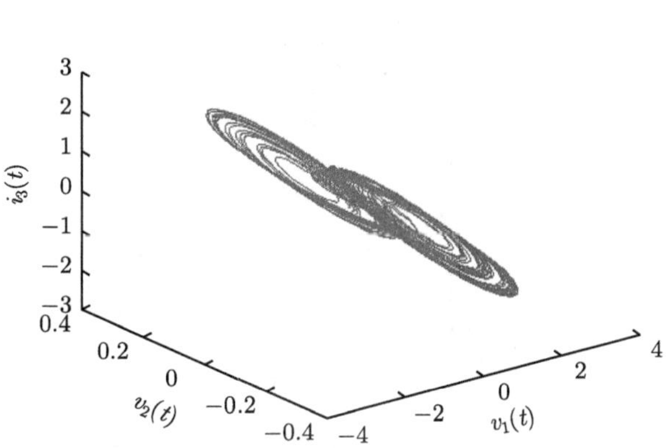

图 2.3 Chua 电路的混沌吸引子

Chua 系统 (2.13) 的从属系统为

$$\begin{cases} \dfrac{\mathrm{d}\tilde{v}_1}{\mathrm{d}t} = \dfrac{1}{C_1}[G(\tilde{v}_2 - \tilde{v}_1) - f_{N_R}(\tilde{v}_1)] + k_1(v_1 - \tilde{v}_1), \\ \dfrac{\mathrm{d}\tilde{v}_2}{\mathrm{d}t} = \dfrac{1}{C_2}[G(\tilde{v}_1 - \tilde{v}_2) + \tilde{i}_3] + k_2(v_2 - \tilde{v}_2), \\ \dfrac{\mathrm{d}\tilde{i}_3}{\mathrm{d}t} = -\dfrac{1}{L}\tilde{v}_2 + k_3(i_3 - \tilde{i}_3), \end{cases} \tag{2.14}$$

其中 $k_i \in \mathbf{R}$, $i = 1, 2, 3$, 这些参数的选取将在后面决定. 令同步误差

$$\boldsymbol{e}(t) = \begin{pmatrix} v_1 - \tilde{v}_1 \\ v_2 - \tilde{v}_2 \\ i_3 - \tilde{i}_3 \end{pmatrix} = \begin{pmatrix} e_1 \\ e_2 \\ e_3 \end{pmatrix}.$$

则由式 (2.13) 和式 (2.14) 得

$$\frac{\mathrm{d}\boldsymbol{e}(t)}{\mathrm{d}t} = \boldsymbol{A}\boldsymbol{e}(t) + \boldsymbol{h}(v(t)) - \boldsymbol{h}(\tilde{v}(t)) - \boldsymbol{K}\boldsymbol{e}(t),$$

其中

$$\boldsymbol{h}(v(t)) = \begin{pmatrix} -\dfrac{1}{C_1} f_{N_R}(v_1) \\ 0 \\ 0 \end{pmatrix}, \quad \boldsymbol{A} = \begin{pmatrix} -\dfrac{G}{C_1} & \dfrac{G}{C_1} & 0 \\ \dfrac{G}{C_2} & -\dfrac{G}{C_2} & \dfrac{1}{C_2} \\ 0 & -\dfrac{1}{L} & 0 \end{pmatrix}, \quad \boldsymbol{K} = \begin{pmatrix} k_1 & 0 & 0 \\ 0 & k_2 & 0 \\ 0 & 0 & k_3 \end{pmatrix}.$$

另外, 我们有

$$\begin{aligned} \boldsymbol{h}(v(t)) - \boldsymbol{h}(\tilde{v}(t)) &= \begin{pmatrix} -\dfrac{1}{C_1}(f_{N_R}(v_1) - f_{N_R}(\tilde{v}_1)) \\ 0 \\ 0 \end{pmatrix} = \begin{pmatrix} -\dfrac{1}{C_1} k_{v_1,\tilde{v}_1}(v_1 - \tilde{v}_1) \\ 0 \\ 0 \end{pmatrix} \\ &= \begin{pmatrix} -\dfrac{1}{C_1} k_{v_1,\tilde{v}_1} & 0 & 0 \\ 0 & 0 & 0 \\ 0 & 0 & 0 \end{pmatrix} \begin{pmatrix} v_1 - \tilde{v}_1 \\ v_2 - \tilde{v}_2 \\ i_3 - \tilde{i}_3 \end{pmatrix} = \boldsymbol{M}_{v_1,\tilde{v}_1}\boldsymbol{e}, \end{aligned}$$

这里 $k_{v_1,\tilde{v}_1}$ 与 v_1 和 $\tilde{v}_1$ 有关, 且满足 $G_a \leqslant k_{v_1,\tilde{v}_1} \leqslant G_b < 0$. 于是

$$\boldsymbol{A} + \boldsymbol{M}_{v_1,\tilde{v}_1} = \begin{pmatrix} -\dfrac{1}{C_1}(G + k_{v_1,\tilde{v}_1}) & \dfrac{G}{C_1} & 0 \\ \dfrac{G}{C_2} & -\dfrac{G}{C_2} & \dfrac{1}{C_2} \\ 0 & -\dfrac{1}{L} & 0 \end{pmatrix},$$

$$(\boldsymbol{A} + \boldsymbol{M}_{v_1,\tilde{v}_1}) + (\boldsymbol{A} + \boldsymbol{M}_{v_1,\tilde{v}_1})^{\mathrm{T}} = \begin{pmatrix} -\dfrac{2}{C_1}(G + k_{v_1,\tilde{v}_1}) & \dfrac{G}{C_1} + \dfrac{G}{C_2} & 0 \\ \dfrac{G}{C_1} + \dfrac{G}{C_2} & -\dfrac{2G}{C_2} & \dfrac{1}{C_2} - \dfrac{1}{L} \\ 0 & \dfrac{1}{C_2} - \dfrac{1}{L} & 0 \end{pmatrix} = (\bar{a}_{ij}).$$

则有

$$(\boldsymbol{A}-\boldsymbol{K}+\boldsymbol{M}_{v_1,\tilde{v}_1})+(\boldsymbol{A}-\boldsymbol{K}+\boldsymbol{M}_{v_1,\tilde{v}_1})^{\mathrm{T}}=(\bar{a}_{ij})-2\mathrm{diag}(k_1,\ k_2,\ k_3).$$

所以, 矩阵 $(\boldsymbol{A}-\boldsymbol{K}+\boldsymbol{M}_{v_1,\tilde{v}_1})+(\boldsymbol{A}-\boldsymbol{K}+\boldsymbol{M}_{v_1,\tilde{v}_1})^{\mathrm{T}}$ 的第 i 个盖尔圆为

$$G_i:|z-(\bar{a}_{ii}-2k_i)|\leqslant R_i\,,$$

其中 $R_i=\sum\limits_{\substack{j=1\\j\neq i}}^{3}|\bar{a}_{ij}|$. 又矩阵 $(\boldsymbol{A}-\boldsymbol{K}+\boldsymbol{M}_{v_1,\tilde{v}_1})+(\boldsymbol{A}-\boldsymbol{K}+\boldsymbol{M}_{v_1,\tilde{v}_1})^{\mathrm{T}}$ 的特征值为实数, 可得 $z\leqslant\bar{a}_{ii}-2k_i+R_i$. 再令 $\bar{a}_{ii}-2k_i+R_i\leqslant\mu<0$, 进而有 $k_i\geqslant\dfrac{1}{2}(\bar{a}_{ii}+R_i-\mu)$. 由此, 根据文献 (Jiang et al., 2003) 知, 如果

$$k_1\geqslant\frac{1}{2}(\bar{a}_{11}+R_1-\mu)=\frac{1}{2}\left(-\frac{2}{C_1}(G+k_{v_1,\tilde{v}_1})+\left|\frac{G}{C_1}+\frac{G}{C_2}\right|-\mu\right),$$

$$k_2\geqslant\frac{1}{2}(\bar{a}_{22}+R_2-\mu)=\frac{1}{2}\left(-\frac{2G}{C_2}+\left|\frac{G}{C_1}+\frac{G}{C_2}\right|+\left|\frac{1}{C_2}-\frac{1}{L}\right|-\mu\right),$$

$$k_3\geqslant\frac{1}{2}(\bar{a}_{33}+R_3-\mu)=\frac{1}{2}\left(\left|\frac{1}{C_2}-\frac{1}{L}\right|-\mu\right),$$

则混沌系统 (2.13) 和 (2.14) 是全局渐近同步的.

对上述参数的取值, 再取 $\mu=-0.5$, 可有

$$\frac{1}{2}\left(-\frac{2}{C_1}(G+k_{v_1,\tilde{v}_1})+\left|\frac{G}{C_1}+\frac{G}{C_2}\right|-\mu\right)\leqslant\frac{1}{2}\left(-\frac{2}{C_1}(G+G_a)+\left|\frac{G}{C_1}+\frac{G}{C_2}\right|-\mu\right)=0.2982,$$

$$\frac{1}{2}\left(-\frac{2G}{C_2}+\left|\frac{G}{C_1}+\frac{G}{C_2}\right|+\left|\frac{1}{C_2}-\frac{1}{L}\right|-\mu\right)=\frac{1}{2}\left(\frac{G}{C_1}-\frac{1}{C_2}(G+1)+\frac{1}{L}-\mu\right)=0.3136,$$

$$\frac{1}{2}\left(\left|\frac{1}{C_2}-\frac{1}{L}\right|-\mu\right)=\frac{1}{2}\left(\frac{1}{L}-\frac{1}{C_2}-\mu\right)=0.2829.$$

于是, 我们可取 $k_1=0.30$, $k_2=0.32$, $k_3=0.29$. 系统 (2.13) 和 (2.14) 同步总误差定义为

$$E(t)=\sqrt{\boldsymbol{e}^{\mathrm{T}}\boldsymbol{e}}=\sqrt{(v_1-\tilde{v}_1)^2+(v_2-\tilde{v}_2)^2+(i_3-\tilde{i}_3)^2}.$$

数值模拟结果如图 2.4 ~ 图 2.7 所示. 从这些图不难看出, 借助盖尔圆定理所给出的混沌系统的同步控制方案是有效的.

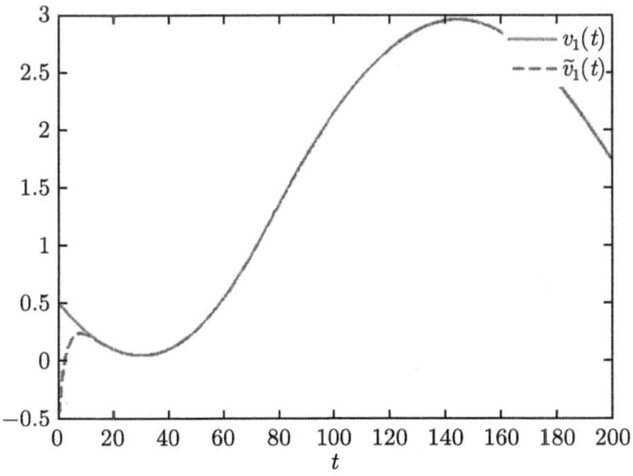

图 2.4 v_1 (实线), $\tilde{v}_1$ (虚线) 的状态轨线

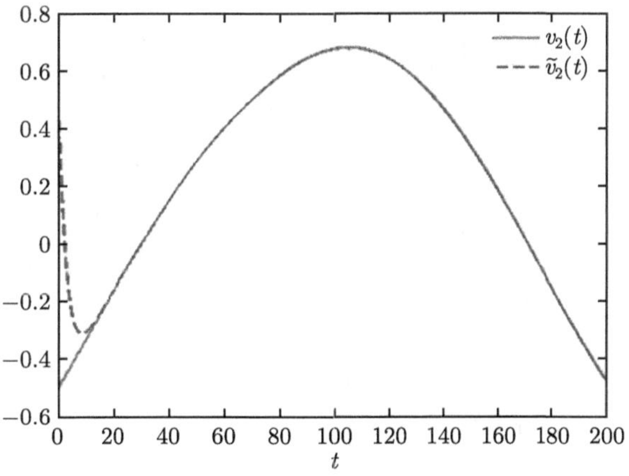

图 2.5 v_2 (实线), $\tilde{v}_2$ (虚线) 的状态轨线

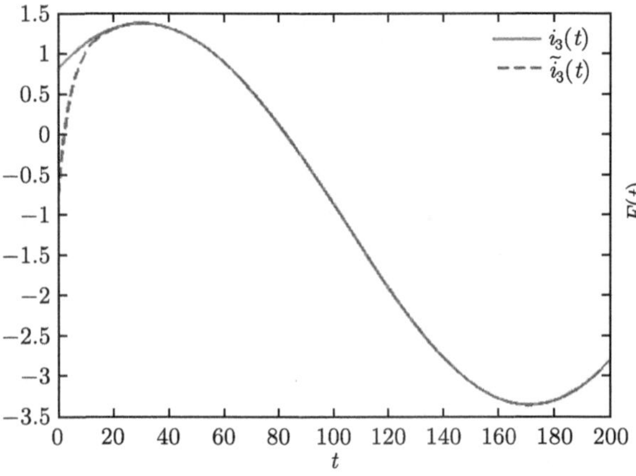

图 2.6　i_3 (实线), $\tilde{i}_3$ (虚线) 的状态轨线

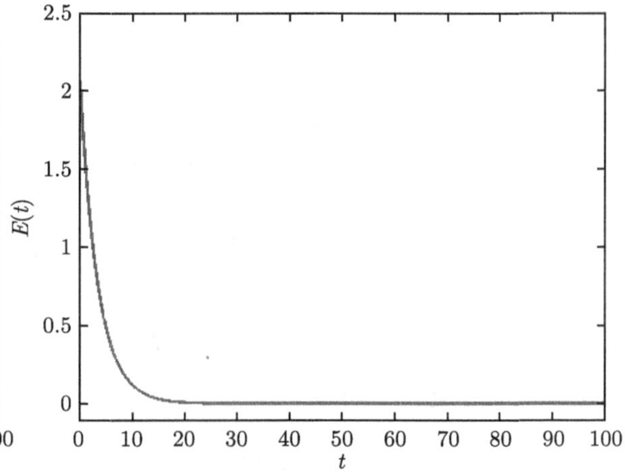

图 2.7　系统 (2.13) 和 (2.14) 同步总误差 E

第 2 章习题

1. 设 $\boldsymbol{A} \in \mathbf{C}^{n\times n}$, 若 $\boldsymbol{A}$ 的每一行元素的和 (简称为行和) 为 1,

(1) 试证: 1 为 $\boldsymbol{A}$ 的特征值;

(2) 试证: 若 $\boldsymbol{A}$ 可逆, 则 $\boldsymbol{A}^{-1}$ 的行和也是 1;

(3) 给定多项式 $f(x)$. 问 $f(\boldsymbol{A})$ 的行和是否相等? 若相等, 等于何值?

2. 设 $\boldsymbol{A}, \boldsymbol{B} \in \mathbf{C}^{n\times n}$, $\boldsymbol{A}$ 的特征值互异. 证明: $\boldsymbol{AB} = \boldsymbol{BA}$ 的充分必要条件是 $\boldsymbol{A}$ 与 $\boldsymbol{B}$ 同时可对角化.

3. 求下列 λ-矩阵的 Smith 标准形:

(1) $\begin{pmatrix} \lambda^3-\lambda & 2\lambda^2 \\ \lambda^2+5\lambda & 3\lambda \end{pmatrix}$; (2) $\begin{pmatrix} 1-\lambda & \lambda^2 & \lambda \\ \lambda & \lambda & -\lambda \\ 1+\lambda^2 & \lambda^2 & -\lambda^2 \end{pmatrix}$; (3) $\begin{pmatrix} 0 & 0 & 0 & \lambda^2 \\ 0 & 0 & \lambda^2-\lambda & 0 \\ 0 & (\lambda-1)^2 & 0 & 0 \\ \lambda^2-\lambda & 0 & 0 & 0 \end{pmatrix}$.

4. 判断 λ-矩阵 $\boldsymbol{A}(\lambda) = \begin{pmatrix} 3\lambda+1 & \lambda & 4\lambda-1 \\ 1-\lambda^2 & \lambda-1 & \lambda-\lambda^2 \\ \lambda^2+\lambda+2 & \lambda & \lambda^2+2\lambda \end{pmatrix}$ 与 $\boldsymbol{B}(\lambda) = \begin{pmatrix} \lambda+1 & \lambda-2 & \lambda^2-2\lambda \\ 2\lambda & 2\lambda-3 & \lambda^2-2\lambda \\ -2 & 1 & 1 \end{pmatrix}$ 是否等价.

5. 判断矩阵 $\boldsymbol{A}$ 与 $\boldsymbol{B}$ 是否相似:

(1) $\boldsymbol{A} = \begin{pmatrix} 3 & 2 & -5 \\ 2 & 6 & -10 \\ 1 & 2 & -3 \end{pmatrix}$, $\boldsymbol{B} = \begin{pmatrix} 6 & 20 & -34 \\ 6 & 32 & -51 \\ 4 & 20 & -32 \end{pmatrix}$;

(2) $\boldsymbol{A} = \begin{pmatrix} 6 & 6 & -15 \\ 1 & 5 & -5 \\ 1 & 2 & -2 \end{pmatrix}$, $\boldsymbol{B} = \begin{pmatrix} 37 & -20 & -4 \\ 34 & -17 & -4 \\ 119 & -70 & -11 \end{pmatrix}$.

6. 设 $\varepsilon \neq 0$, 证明:

(1) n 阶矩阵 $\boldsymbol{A} = \begin{pmatrix} a & 1 & & \\ & a & \ddots & \\ & & \ddots & 1 \\ & & & a \end{pmatrix}$ 与 $\boldsymbol{B} = \begin{pmatrix} a & \varepsilon & & \\ & a & \ddots & \\ & & \ddots & \varepsilon \\ & & & a \end{pmatrix}$ 相似;

(2) n 阶矩阵 $\boldsymbol{A}=\begin{pmatrix} a & 1 & & \\ & a & \ddots & \\ & & \ddots & 1 \\ & & & a \end{pmatrix}$ 与 $\boldsymbol{B}=\begin{pmatrix} a & 1 & & \\ & a & \ddots & \\ & & \ddots & 1 \\ \varepsilon & & & a \end{pmatrix}$ 不相似.

7. 求下列矩阵的 Jordan 标准形:

(1) $\begin{pmatrix} 4 & -5 & 2 \\ 5 & -7 & 3 \\ 6 & -9 & 4 \end{pmatrix}$; (2) $\begin{pmatrix} 1 & -3 & 4 \\ 4 & -7 & 8 \\ 6 & -7 & 7 \end{pmatrix}$; (3) $\begin{pmatrix} 1 & -1 & 2 \\ 3 & -3 & 6 \\ 2 & -2 & 4 \end{pmatrix}$;

(4) $\begin{pmatrix} 3 & 0 & 8 \\ 3 & -1 & 6 \\ -2 & 0 & -5 \end{pmatrix}$; (5) $\begin{pmatrix} 2 & -1 & 1 & -1 \\ 2 & 2 & -1 & -1 \\ 1 & 2 & -1 & 2 \\ 0 & 0 & 0 & 3 \end{pmatrix}$.

8. 求下列矩阵 $\boldsymbol{A}$ 的 Jordan 标准形, 并求相似变换矩阵 $\boldsymbol{P}$, 使 $\boldsymbol{P}^{-1}\boldsymbol{A}\boldsymbol{P}=\boldsymbol{J}$:

(1) $\boldsymbol{A}=\begin{pmatrix} -1 & 0 & 0 \\ 1 & 1 & 3 \\ 0 & 2 & 2 \end{pmatrix}$; (2) $\boldsymbol{A}=\begin{pmatrix} 1 & 2 & 3 & 4 \\ 0 & 1 & 2 & 3 \\ 0 & 0 & 1 & 2 \\ 0 & 0 & 0 & 1 \end{pmatrix}$.

9. 设 $\boldsymbol{A}\in\mathbf{C}^{n\times n}$, λ_0 为 $\boldsymbol{A}$ 的 r 重特征值, 试用 Jordan 标准形理论证明

$$\operatorname{rank}\Big((\lambda_0\boldsymbol{I}-\boldsymbol{A})^r\Big)=n-r.$$

10. 下列矩阵 $\boldsymbol{A}$ 是否为正规矩阵? 若是, 试求酉矩阵 $\boldsymbol{U}$, 使 $\boldsymbol{U}^{-1}\boldsymbol{A}\boldsymbol{U}$ 为对角矩阵:

(1) $\boldsymbol{A}=\begin{pmatrix} -1 & \mathrm{i} & 0 \\ -\mathrm{i} & 0 & -\mathrm{i} \\ 0 & \mathrm{i} & -1 \end{pmatrix}$; (2) $\boldsymbol{A}=\begin{pmatrix} 0 & \mathrm{i} & 1 \\ -\mathrm{i} & 0 & 0 \\ 1 & 0 & 0 \end{pmatrix}$.

11. 设 $\boldsymbol{A}=(a_{jk})\in\mathbf{C}^{n\times n}$, 则 $\boldsymbol{A}$ 是 Hermite 矩阵的充分必要条件是对任意 $\boldsymbol{x}\in\mathbf{C}^n$, $\boldsymbol{x}^{\mathrm{H}}\boldsymbol{A}\boldsymbol{x}$ 是实数.

12. 设 $\boldsymbol{A}\in\mathbf{C}^{n\times n}$ 是 Hermite 矩阵. 证明: $\boldsymbol{A}$ 是 Hermite 正定矩阵的充分必要条件是存在 Hermite 正定矩阵 $\boldsymbol{S}$, 使得 $\boldsymbol{A}=\boldsymbol{S}^2$.

13. 若 $\boldsymbol{A}$ 与 $\boldsymbol{B}$ 均为 n 阶 Hermite 正定矩阵, 且 $\boldsymbol{AB}=\boldsymbol{BA}$, 则 $\boldsymbol{AB}$ 为正定矩阵.

14. 设 $\boldsymbol{A}=(a_{ij})\in\mathbf{C}^{n\times n}$ 为 Hermite 正定矩阵, 证明:

(1) $\det\boldsymbol{A}\leqslant a_{nn}\det\boldsymbol{A}_{n-1}$, 其中 $\boldsymbol{A}_{n-1}$ 为 $\boldsymbol{A}$ 的 $n-1$ 阶顺序主子阵, 且等号成立当且仅当 $a_{1n}=a_{2n}=\cdots=a_{n-1,n}=0$;

(2) $\det\boldsymbol{A}\leqslant\prod\limits_{i=1}^{n}a_{ii}$.

15. 设 $\boldsymbol{A}=\begin{pmatrix} 0 & 0.8 & -1 \\ 0.1 & 2 & -0.1 \\ 0.2 & 0.7 & 3 \end{pmatrix}$, 用盖尔圆定理证明 $\boldsymbol{A}$ 有 3 个互异实特征值.

16. 若 $\boldsymbol{A}=(a_{ij})_{n\times n}$ 严格对角占优, 即 $|a_{ii}|>R_i(i=1,2,\cdots,n)$, 则 $\det\boldsymbol{A}\neq 0$.

17. 设矩阵 $\boldsymbol{A}=\begin{pmatrix} 7 & 3 & -2 \\ 3 & 4 & -1 \\ -2 & -1 & 3 \end{pmatrix}$, 分别用幂迭代法和逆幂迭代法求矩阵按模最大特征值和按模最小特征值 (迭代 5 步).

18. 设矩阵 $\boldsymbol{A}=\begin{pmatrix} 3 & 1 & 0 \\ 1 & 2 & 1 \\ 0 & 1 & 1 \end{pmatrix}$,

(1) 用幂迭代法求矩阵 $\boldsymbol{A}$ 按模最大的特征值及其特征向量;

(2) 试取平移量 $p=\frac{1}{2}[2+(2-\sqrt{3})]\approx 1.134$, 用幂迭代法求矩阵 $\boldsymbol{A}$ 按模最大的特征值 ($\varepsilon=10^{-4}$).

19. 已知 Lü 系统的方程可描述为

$$\dot{\boldsymbol{x}}(t)=\boldsymbol{A}\boldsymbol{x}(t)+\boldsymbol{h}(\boldsymbol{x}(t)),$$

其中

$$\boldsymbol{x}(t)=\begin{pmatrix} x_1(t) \\ x_2(t) \\ x_3(t) \end{pmatrix}\in\mathbf{R}^3,\quad \boldsymbol{h}(\boldsymbol{x}(t))=\begin{pmatrix} 0 \\ -x_1(t)x_3(t) \\ x_1(t)x_2(t) \end{pmatrix}\in\mathbf{R}^3,\quad \boldsymbol{A}=\begin{pmatrix} -36 & 36 & 0 \\ 0 & 20 & 1 \\ 0 & 0 & -3 \end{pmatrix}.$$

试给出 Lü 系统的从属系统, 并应用盖尔圆定理, 给出 Lü 系统与其从属系统同步的控制方案.

第 3 章　矩阵分解与广义逆矩阵

本章将介绍矩阵的一些分解方法和广义逆矩阵. 矩阵分解是求解线性方程组、处理各类最小二乘问题和最优化问题的主要工具. 广义逆矩阵的提出起源于线性方程组的求解, 它是数理统计、最优化理论、现代控制理论、网络系统等学科的重要理论基础, 并已成为实际工程中广泛使用的重要计算工具. 本章主要介绍几种常用的矩阵分解方法和 Moore-Penrose (穆尔-彭罗斯) 广义逆矩阵的基本概念、性质及计算方法.

3.1　三角分解、满秩分解和奇异值分解

矩阵分解是将矩阵分解成两个或三个在形式上、性质上比较简单的矩阵的乘积. 如果矩阵能够分解成为三角矩阵的乘积, 那么三角矩阵的特殊形状及良好的运算性质将对求解矩阵行列式、矩阵的逆及线性方程组等问题有很好的帮助.

定义 3.1　设 $\boldsymbol{A} \in \mathbf{C}^{n\times n}$, 如果存在下三角矩阵 $\boldsymbol{L} \in \mathbf{C}^{n\times n}$ 和上三角矩阵 $\boldsymbol{U} \in \mathbf{C}^{n\times n}$ 使得 $\boldsymbol{A} = \boldsymbol{LU}$, 则称 $\boldsymbol{A}$ 可以作三角分解.

若定义 3.1 中的 $\boldsymbol{L}$ 是对角元素为 1 的下三角矩阵 (单位下三角矩阵), $\boldsymbol{U}$ 为上三角矩阵, 则称该三角分解为 Doolittle (杜利特尔) 分解 (或 LU 分解). 下面我们给出 Doolittle 分解的存在性和唯一性结论.

3.1.1　Doolittle 分解

定理 3.1　设 $\boldsymbol{A} \in \mathbf{C}^{n\times n}$, 若其前 $n-1$ 阶顺序主子式均不为 0, 则 $\boldsymbol{A}$ 存在 Doolittle 分解 $\boldsymbol{A} = \boldsymbol{LU}$, 其中 $\boldsymbol{L}$ 为单位下三角矩阵, $\boldsymbol{U}$ 为上三角矩阵. 此外, 若 $\boldsymbol{A}$ 非奇异, 则分解唯一.

证明　设 $\boldsymbol{A} = (a_{ij}) \in \mathbf{C}^{n\times n}$. 利用消元法思想, 取

$$\boldsymbol{L}_k = \begin{pmatrix} 1 & & & & & \\ & \ddots & & & & \\ & & 1 & & & \\ & & -l_{k+1,k} & 1 & & \\ & & \vdots & & \ddots & \\ & & -l_{n,k} & & & 1 \end{pmatrix} \quad (k = 1, 2, \cdots, n-1),$$

其中 $l_{i,k} = \dfrac{a_{ik}}{a_{kk}}\ (i = k+1, \cdots, n)$. 则有 $\boldsymbol{L}_{n-1}\boldsymbol{L}_{n-2}\cdots\boldsymbol{L}_1\boldsymbol{A}$ 为上三角矩阵, 记为 $\boldsymbol{U}$. 进一步令 $\boldsymbol{L} = \boldsymbol{L}_1^{-1}\boldsymbol{L}_2^{-1}\cdots\boldsymbol{L}_{n-1}^{-1}$, 则 $\boldsymbol{L}$ 为单位下三角矩阵, 且 $\boldsymbol{A} = \boldsymbol{LU}$.

下证唯一性. 设 $\boldsymbol{A}$ 有两种上述分解, 即 $\boldsymbol{A} = \boldsymbol{LU} = \widetilde{\boldsymbol{L}}\,\widetilde{\boldsymbol{U}}$. 由于 $\boldsymbol{A}$ 非奇异, 故 $\boldsymbol{L}, \widetilde{\boldsymbol{L}}, \boldsymbol{U}, \widetilde{\boldsymbol{U}}$ 均可逆. 于是有 $\boldsymbol{L}^{-1}\widetilde{\boldsymbol{L}} = \boldsymbol{U}\widetilde{\boldsymbol{U}}^{-1}$. 注意到左端单位下三角矩阵乘积仍是单位下三角矩阵, 右端上三角矩阵乘积仍是上三角矩阵, 因此必有 $\boldsymbol{L}^{-1}\widetilde{\boldsymbol{L}} = \boldsymbol{U}\widetilde{\boldsymbol{U}}^{-1} = \boldsymbol{I}$, 即 $\boldsymbol{L} = \widetilde{\boldsymbol{L}}, \boldsymbol{U} = \widetilde{\boldsymbol{U}}$.　　证毕.

设矩阵 $\boldsymbol{A}$ 有唯一的 Doolittle 分解, 即

$$\begin{pmatrix} a_{11} & a_{12} & \cdots & a_{1n} \\ a_{21} & a_{22} & \cdots & a_{2n} \\ \vdots & \vdots & & \vdots \\ a_{n1} & a_{n2} & \cdots & a_{nn} \end{pmatrix} = \begin{pmatrix} 1 & & & \\ l_{21} & 1 & & \\ \vdots & \vdots & \ddots & \\ l_{n1} & l_{n2} & \cdots & 1 \end{pmatrix} \begin{pmatrix} u_{11} & u_{12} & \cdots & u_{1n} \\ & u_{22} & \cdots & u_{2n} \\ & & \ddots & \vdots \\ & & & u_{nn} \end{pmatrix}.$$

比较等式两边矩阵的元素, 得

$$\begin{cases} a_{kj} = \displaystyle\sum_{t=1}^{k-1} l_{kt}u_{tj} + u_{kj} & (k=1,2,\cdots,n;\ j=k,\cdots,n), \\ a_{ik} = \displaystyle\sum_{t=1}^{k} l_{it}u_{tk} & (i=k+1,\cdots,n). \end{cases}$$

由以上可导出 Doolittle 分解计算格式

$$\begin{cases} u_{kj} = a_{kj} - \displaystyle\sum_{t=1}^{k-1} l_{kt}u_{tj} & (k=1,2,\cdots,n;\ j=k,\cdots,n), \\ l_{ik} = \left(a_{ik} - \displaystyle\sum_{t=1}^{k-1} l_{it}u_{tk}\right) \Bigg/ u_{kk} & (i=k+1,\cdots,n). \end{cases} \tag{3.1}$$

在进行计算时, 也可按下表先行后列逐次交替进行, 第一行 $u_{1j} = a_{1j}$ 不用计算, 最后 $k=n$ 时, 只计算 u_{nn}, 且在实际计算过程中为节省存储空间, 得到的 l_{ij}, u_{ij} 可以存放在 $\boldsymbol{A}$ 的相应元素位置上.

$$\begin{array}{c|c|c|c|c} u_{11} & u_{12} & u_{13} & \cdots & u_{1n} \\ \hline l_{21} & u_{22} & u_{23} & \cdots & u_{2n} \\ \hline l_{31} & l_{32} & u_{33} & \cdots & u_{3n} \\ \vdots & \vdots & \vdots & \ddots & \vdots \\ \hline l_{n1} & l_{n2} & l_{n3} & \cdots & u_{nn} \end{array}$$

例 3.1 求矩阵

$$\boldsymbol{A} = \begin{pmatrix} 2 & 5 & -6 \\ 4 & 13 & -19 \\ -6 & -3 & -6 \end{pmatrix}$$

的 Doolittle 分解.

解 由式 (3.1) 得

$$\begin{aligned} & u_{11} = a_{11} = 2, \quad u_{12} = a_{12} = 5, \quad u_{13} = a_{13} = -6, \\ & l_{21} = a_{21}/u_{11} = 2, \quad l_{31} = a_{31}/u_{11} = -3, \\ & u_{22} = a_{22} - l_{21}u_{12} = 3, \quad u_{23} = a_{23} - l_{21}u_{13} = -7, \\ & l_{32} = (a_{32} - l_{31}u_{12})/u_{22} = 4, \\ & u_{33} = a_{33} - l_{31}u_{13} - l_{32}u_{23} = 4, \end{aligned}$$

则 $\boldsymbol{A}$ 的 Doolittle 分解为

$$\boldsymbol{A} = \boldsymbol{LU} = \begin{pmatrix} 1 & & \\ 2 & 1 & \\ -3 & 4 & 1 \end{pmatrix} \begin{pmatrix} 2 & 5 & -6 \\ & 3 & -7 \\ & & 4 \end{pmatrix}.$$

3.1.2 选列主元的 Doolittle 分解

若 $u_{kk}=0$ 或 $|u_{kk}|$ 很小时, 在 3.1.1 节的三角分解过程中, 将出现中断或溢出. 为克服上述缺点, 我们需要在分解过程中加入选列主元步骤.

定义 3.2 以 n 阶单位矩阵 $\boldsymbol{I}_n$ 的 n 个列向量 $\boldsymbol{e}_1,\boldsymbol{e}_2,\cdots,\boldsymbol{e}_n$ 为列构成的 n 阶方阵 $\boldsymbol{P}=(\boldsymbol{e}_{i_1},\boldsymbol{e}_{i_2},\cdots,\boldsymbol{e}_{i_n})$ 称为 n 阶置换矩阵, 这里 $i_1,i_2,\cdots,i_n$ 是 $1,2,\cdots,n$ 的一个全排列.

定理 3.2 设 $\boldsymbol{A}$ 为非奇异矩阵, 则存在置换矩阵 $\boldsymbol{P}$, 使得 $\boldsymbol{PA}=\boldsymbol{LU}$, 其中 $\boldsymbol{L}$ 为单位下三角矩阵, $\boldsymbol{U}$ 为上三角矩阵.

定理 3.2 给出了选列主元三角分解的可行性. 下面给出具体分解及其存储过程. 设 $\boldsymbol{A}$ 已经过 $k-1$ 步列主元分解, 即有

$$\boldsymbol{A}\longrightarrow\hat{\boldsymbol{A}}=\begin{pmatrix} u_{1,1} & \cdots & u_{1,k-1} & u_{1,k} & \cdots & u_{1,n}\\ \vdots & & \vdots & \vdots & & \vdots\\ l_{k-1,1} & \cdots & u_{k-1,k-1} & u_{k-1,k} & \cdots & u_{k-1,n}\\ l_{k,1} & \cdots & l_{k,k-1} & \hat{a}_{k,k} & \cdots & \hat{a}_{k,n}\\ \vdots & & \vdots & \vdots & & \vdots\\ l_{i,1} & \cdots & l_{i,k-1} & \hat{a}_{i,k} & \cdots & \hat{a}_{i,n}\\ \vdots & & \vdots & \vdots & & \vdots\\ l_{n,1} & \cdots & l_{n,k-1} & \hat{a}_{n,k} & \cdots & \hat{a}_{n,n} \end{pmatrix}.$$

第 k 步时, 令

$$\hat{a}_{ik}\longleftarrow c_i=\hat{a}_{ik}-\sum_{t=1}^{k-1}\hat{a}_{it}\hat{a}_{tk}=\hat{a}_{ik}-\sum_{t=1}^{k-1}l_{it}u_{tk}\quad(i=k,k+1,\cdots,n).\tag{3.2}$$

此时, 增加选列主元步骤, 取

$$|c_{i_k}|=\max_{k\leqslant i\leqslant n}|c_i|.$$

如果 $i_k\neq k$, 则交换上述矩阵 $\hat{\boldsymbol{A}}$ 中的第 k 行与第 i_k 行, 即

$$\hat{a}_{kj}\longleftrightarrow\hat{a}_{i_kj}\quad(j=1,2,\cdots,n),\tag{3.3}$$

得

$$\tilde{\boldsymbol{A}}=\begin{pmatrix} u_{1,1} & \cdots & u_{1,k-1} & u_{1,k} & \cdots & u_{1,n}\\ \vdots & & \vdots & \vdots & & \vdots\\ l_{k-1,1} & \cdots & u_{k-1,k-1} & u_{k-1,k} & \cdots & u_{k-1,n}\\ l_{i_k,1} & \cdots & l_{i_k,k-1} & c_{i_k} & \cdots & \hat{a}_{i_k,n}\\ \vdots & & \vdots & \vdots & & \vdots\\ l_{i,1} & \cdots & l_{i,k-1} & c_i & \cdots & \hat{a}_{i,n}\\ \vdots & & \vdots & \vdots & & \vdots\\ l_{k,1} & \cdots & l_{k,k-1} & c_k & \cdots & \hat{a}_{k,n}\\ \vdots & & \vdots & \vdots & & \vdots\\ l_{n,1} & \cdots & l_{n,k-1} & c_n & \cdots & \hat{a}_{n,n} \end{pmatrix}.$$

由此给出计算 $l_{ik}\ (i=k+1,\cdots,n)$ 及 $u_{kj}\ (j=k,k+1,\cdots,n)$ 的公式及其存储位置:

$$\begin{cases} \tilde{a}_{kk} \longleftarrow u_{kk} = \tilde{a}_{kk}, \\ \tilde{a}_{ik} \longleftarrow l_{ik} = \dfrac{\tilde{a}_{ik}}{\tilde{a}_{kk}} \quad (i = k+1, \cdots, n), \\ \tilde{a}_{kj} \longleftarrow u_{kj} = \tilde{a}_{kj} - \displaystyle\sum_{t=1}^{k-1} \tilde{a}_{kt}\tilde{a}_{tj} \quad (j = k+1, \cdots, n), \end{cases} \tag{3.4}$$

其中

$$\begin{aligned} &\tilde{a}_{kk} = c_{i_k}, \\ &\tilde{a}_{i_k,k} = c_k, \\ &\tilde{a}_{ik} = c_i \quad (i = k+1, \cdots, n; i \neq k, i \neq i_k), \\ &\tilde{a}_{kj} = \hat{a}_{i_k,j} \quad (j = k+1, \cdots, n). \end{aligned}$$

按式 (3.2) ~ 式 (3.4) 依次计算 n 步, 可得到矩阵选列主元三角分解的最终结果. 而且 $\boldsymbol{L}$ 和 $\boldsymbol{U}$ 的元素存储于原始矩阵 $\boldsymbol{A}$ 的相应位置上, 对角线以下元素为 $\boldsymbol{L}$ 的数值, 对角线及其以上元素为 $\boldsymbol{U}$ 的数值.

例 3.2　用选列主元的 Doolittle 分解法分解矩阵

$$\boldsymbol{A} = \begin{pmatrix} 0.5 & 1 & 0 \\ 2 & 1.5 & 1 \\ 0.2 & 1 & 2.5 \end{pmatrix}.$$

解　根据选列主元的 Doolittle 分解法, 有

$$\begin{aligned} \boldsymbol{A} &= \begin{pmatrix} 0.5 & 1 & 0 \\ 2 & 1.5 & 1 \\ 0.2 & 1 & 2.5 \end{pmatrix} \\ &\xrightarrow{k=1} \begin{pmatrix} 2 & 1.5 & 1 \\ 0.5 & 1 & 0 \\ 0.2 & 1 & 2.5 \end{pmatrix} \xrightarrow{k=1} \boldsymbol{A}^{(1)} = \begin{pmatrix} 2 & 1.5 & 1 \\ 0.25 & 1 & 0 \\ 0.1 & 1 & 2.5 \end{pmatrix} \\ &\xrightarrow{k=2} \begin{pmatrix} 2 & 1.5 & 1 \\ 0.1 & 0.85 & 2.5 \\ 0.25 & 0.625 & 0 \end{pmatrix} \xrightarrow{k=2} \boldsymbol{A}^{(2)} = \begin{pmatrix} 2 & 1.5 & 1 \\ 0.1 & 0.85 & 2.4 \\ 0.25 & \dfrac{25}{34} & 0 \end{pmatrix} \\ &\xrightarrow{k=3} \boldsymbol{A}^{(3)} = \begin{pmatrix} 2 & 1.5 & 1 \\ 0.1 & 0.85 & 2.4 \\ 0.25 & \dfrac{25}{34} & -\dfrac{137}{68} \end{pmatrix}. \end{aligned}$$

具体过程说明如下:

$k = 1$: $c_1 = a_{11} = 0.5$, $c_2 = a_{21} = 2$, $c_3 = a_{31} = 0.2$; $|c_2| = \max\limits_{1 \leqslant i \leqslant 3} |c_i|$, 交换第一、二行; $u_{11}^{(1)} = 2$, $u_{12}^{(1)} = 1.5$, $u_{13}^{(1)} = 1$; $l_{21}^{(1)} = \dfrac{0.5}{2} = 0.25$, $l_{31}^{(1)} = \dfrac{0.2}{2} = 0.1$.

$k = 2$: $c_2 = a_{22}^{(1)} - a_{21}^{(1)} a_{12}^{(1)} = 1 - 0.25 \times 1.5 = 0.625$, $c_3 = a_{32}^{(1)} - a_{31}^{(1)} a_{12}^{(1)} = 1 - 0.1 \times 1.5 = 0.85$; $|c_3| = \max\limits_{2 \leqslant i \leqslant 3} |c_i|$, 交换第二、三行; $u_{22}^{(2)} = 0.85$, $u_{23}^{(2)} = 2.5 - 0.1 \times 1 = 2.4$,

$$l_{32}^{(2)} = \frac{0.625}{0.85} = \frac{25}{34}.$$

$$k=3\colon\ c_3 = a_{33}^{(2)} - a_{31}^{(2)}a_{13}^{(2)} - a_{32}^{(2)}a_{23}^{(2)} = 0 - 0.25\times 1 - \frac{25}{34}\times 2.4 = -\frac{137}{68};\ u_{33}^{(3)} = c_3 = -\frac{137}{68}.$$

于是得

$$\boldsymbol{P} = \begin{pmatrix} 0 & 1 & 0 \\ 0 & 0 & 1 \\ 1 & 0 & 0 \end{pmatrix},\quad \boldsymbol{L} = \begin{pmatrix} 1 & 0 & 0 \\ 0.1 & 1 & 0 \\ 0.25 & \dfrac{25}{34} & 1 \end{pmatrix},\quad \boldsymbol{U} = \begin{pmatrix} 2 & 1.5 & 1 \\ 0 & 0.85 & 2.4 \\ 0 & 0 & -\dfrac{137}{68} \end{pmatrix}.$$

上面的过程实施起来过于烦琐，接下来我们再介绍一种简单易行的方法，为此，先补充介绍 Doolittle 分解的另一种方法——保存 Gauss 顺序消元法产生的消元因子法.

对于例 3.1 中的矩阵

$$\boldsymbol{A} = \begin{pmatrix} 2 & 5 & -6 \\ 4 & 13 & -19 \\ -6 & -3 & -6 \end{pmatrix},$$

第一步：对矩阵 A 实行 Gauss 顺序消元法，并保存消元因子. 即将第一行作为基本行，利用初等行变换将第二行第一列元素和第三行第一列元素都化为 0，此时第二行和第三行其他元素作相应变化，但第二行第一列元素和第三行第一列元素不保存 0，而是保存原元素分别除以主元 2，得

$$\boldsymbol{A} = \begin{pmatrix} 2 & 5 & -6 \\ 4 & 13 & -19 \\ -6 & -3 & -6 \end{pmatrix} \longrightarrow \begin{pmatrix} 2 & 5 & -6 \\ \dfrac{4}{2} & 3 & -7 \\ \dfrac{-6}{2} & 12 & -24 \end{pmatrix}.$$

第二步：对于右下角的二阶矩阵，将第一行作为基本行，实施上述相同的变换过程得

$$\begin{pmatrix} 2 & 5 & -6 \\ \dfrac{4}{2} & 3 & -7 \\ \dfrac{-6}{2} & 12 & -24 \end{pmatrix} \longrightarrow \begin{pmatrix} 2 & 5 & -6 \\ \dfrac{4}{2} & 3 & -7 \\ \dfrac{-6}{2} & \dfrac{12}{3} & 4 \end{pmatrix} = \begin{pmatrix} 2 & 5 & -6 \\ 2 & 3 & -7 \\ -3 & 4 & 4 \end{pmatrix} = \boldsymbol{B}.$$

取矩阵 $\boldsymbol{B}$ 的上三角矩阵为 $\boldsymbol{U}$，单位下三角矩阵为 $\boldsymbol{L}$，即得 $\boldsymbol{A}$ 的 Doolittle 分解为

$$\boldsymbol{A} = \boldsymbol{LU} = \begin{pmatrix} 1 & 0 & 0 \\ 2 & 1 & 0 \\ -3 & 4 & 1 \end{pmatrix}\begin{pmatrix} 2 & 5 & -6 \\ 0 & 3 & -7 \\ 0 & 0 & 4 \end{pmatrix}.$$

在上述方法的基础上，加入选列主元步骤，在对矩阵进行初等变换过程中保存 Gauss 顺序消元法产生的消元因子，即可得矩阵的选列主元的 Doolittle 分解. 对于例 3.2 中的矩阵

$$\boldsymbol{A} = \begin{pmatrix} 0.5 & 1 & 0 \\ 2 & 1.5 & 1 \\ 0.2 & 1 & 2.5 \end{pmatrix},$$

因为第一列的主元为 2, 所以先交换一二两行, 再实施顺序消元, 得

$$\boldsymbol{A}=\begin{pmatrix}0.5&1&0\\2&1.5&1\\0.2&1&2.5\end{pmatrix}\xrightarrow{\text{交换 1, 2 两行}}\begin{pmatrix}2&1.5&1\\0.5&1&0\\0.2&1&2.5\end{pmatrix}\xrightarrow{\text{消元因子法}}\begin{pmatrix}2&1.5&1\\\dfrac{0.5}{2}&0.625&-0.25\\\dfrac{0.2}{2}&0.85&2.4\end{pmatrix}$$

$$\xrightarrow{\text{交换 2, 3 两行}}\begin{pmatrix}2&1.5&1\\\dfrac{0.2}{2}&0.85&2.4\\\dfrac{0.5}{2}&0.625&-0.25\end{pmatrix}\xrightarrow{\text{消元因子法}}\begin{pmatrix}2&1.5&1\\\dfrac{0.2}{2}&0.85&2.4\\\dfrac{0.5}{2}&\dfrac{0.625}{0.85}&-2.015\end{pmatrix}=\boldsymbol{B},$$

其中

$$\boldsymbol{B}=\begin{pmatrix}2&1.5&1\\0.1&0.85&2.4\\0.25&\dfrac{25}{34}&-\dfrac{137}{68}\end{pmatrix}.$$

于是得

$$\boldsymbol{PA}=\boldsymbol{LU},$$

其中

$$\boldsymbol{P}=\begin{pmatrix}0&1&0\\0&0&1\\1&0&0\end{pmatrix},\quad \boldsymbol{L}=\begin{pmatrix}1&0&0\\0.1&1&0\\0.25&\dfrac{25}{34}&1\end{pmatrix},\quad \boldsymbol{U}=\begin{pmatrix}2&1.5&1\\0&0.85&2.4\\0&0&-\dfrac{137}{68}\end{pmatrix}.$$

3.1.3 Cholesky 分解

当矩阵 $\boldsymbol{A}$ 为 Hermite 正定矩阵时, $\boldsymbol{A}$ 的 LU 分解更为简单, 且无须选主元.

定理 3.3 设 $\boldsymbol{A}\in\mathbf{C}^{n\times n}$ 是 Hermite 正定矩阵, 则存在唯一分解 $\boldsymbol{A}=\boldsymbol{LL}^{\mathrm{H}}$, 其中 $\boldsymbol{L}\in\mathbf{C}^{n\times n}$ 为主对角元素为正数的下三角矩阵.

证明 由于 $\boldsymbol{A}$ 是 Hermite 正定矩阵, 则 $\boldsymbol{A}$ 的所有顺序主子式 $\Delta_i(i=1,2,\cdots,n)$ 皆大于 0. 所以由定理 3.1 知存在唯一分解 $\boldsymbol{A}=\boldsymbol{L}_1\boldsymbol{U}_1$, 其中 $\boldsymbol{L}_1$ 为单位下三角矩阵, $\boldsymbol{U}_1$ 为上三角矩阵, 且其主对角元素设为 d_i, 有 $d_i>0(i=1,2,\cdots,n)$. 因而对 $\boldsymbol{U}_1$ 可进一步分解, 有 $\boldsymbol{U}_1=\boldsymbol{DU}_2$, 其中 $\boldsymbol{D}=\mathrm{diag}(d_1,d_2,\cdots,d_n)$, $\boldsymbol{U}_2$ 为单位上三角矩阵. 同时, 注意到 $\boldsymbol{A}$ 为 Hermite 矩阵, 所以有 $\boldsymbol{U}_2=\boldsymbol{L}_1^{\mathrm{H}}$. 因而得

$$\boldsymbol{A}=\boldsymbol{L}_1\mathrm{diag}(\sqrt{d_1},\sqrt{d_2},\cdots,\sqrt{d_n})\mathrm{diag}(\sqrt{d_1},\sqrt{d_2},\cdots,\sqrt{d_n})\boldsymbol{L}_1^{\mathrm{H}}.$$

令

$$\boldsymbol{L}=\boldsymbol{L}_1\mathrm{diag}(\sqrt{d_1},\sqrt{d_2},\cdots,\sqrt{d_n}),$$

则 $\boldsymbol{L}$ 为下三角阵, 且 $\boldsymbol{A}=\boldsymbol{LL}^{\mathrm{H}}$. 证毕.

称分解式 $\boldsymbol{A}=\boldsymbol{LL}^{\mathrm{H}}$ 为矩阵 $\boldsymbol{A}$ 的 Cholesky (楚列斯基) 分解. 设

$$\boldsymbol{L}=\begin{pmatrix}l_{11}&&&\\l_{21}&l_{22}&&\\\vdots&\vdots&\ddots&\\l_{n1}&l_{n2}&\cdots&l_{nn}\end{pmatrix},$$

给出其元素的计算公式如下:

$$\begin{cases} l_{jj} = \left(a_{jj} - \sum\limits_{k=1}^{j-1} |l_{jk}|^2\right)^{\frac{1}{2}} \quad (j = 1, 2, \cdots, n), \\ l_{ij} = \left(a_{ij} - \sum\limits_{k=1}^{j-1} l_{ik}\bar{l}_{jk}\right)/l_{jj} \quad (i = j+1, \cdots, n). \end{cases} \tag{3.5}$$

例 3.3 已知矩阵 $\boldsymbol{A} = \begin{pmatrix} 4 & -1 & 1 \\ -1 & 2 & -2 \\ 1 & -2 & 3 \end{pmatrix}$, 求 $\boldsymbol{A}$ 的 Cholesky 分解.

解 $l_{11} = \sqrt{a_{11}} = 2, \quad l_{21} = \dfrac{a_{21}}{l_{11}} = -\dfrac{1}{2}, \quad l_{31} = \dfrac{a_{31}}{l_{11}} = \dfrac{1}{2},$

$l_{22} = \sqrt{a_{22} - |l_{21}|^2} = \dfrac{\sqrt{7}}{2}, \quad l_{32} = (a_{32} - l_{31}\bar{l}_{21})/l_{22} = -\dfrac{\sqrt{7}}{2},$

$l_{33} = \sqrt{a_{33} - |l_{31}|^2 - |l_{32}|^2} = 1.$

故 $\boldsymbol{A}$ 的 Cholesky 分解为

$$\boldsymbol{A} = \begin{pmatrix} 2 & 0 & 0 \\ -\dfrac{1}{2} & \dfrac{\sqrt{7}}{2} & 0 \\ \dfrac{1}{2} & -\dfrac{\sqrt{7}}{2} & 1 \end{pmatrix} \begin{pmatrix} 2 & -\dfrac{1}{2} & \dfrac{1}{2} \\ 0 & \dfrac{\sqrt{7}}{2} & -\dfrac{\sqrt{7}}{2} \\ 0 & 0 & 1 \end{pmatrix}.$$

3.1.4 矩阵的 QR 分解

定义 3.3 设 $\boldsymbol{A} \in \mathbf{C}^{n\times n}$. 如果存在 n 阶酉矩阵 $\boldsymbol{Q}$ 和 n 阶上三角矩阵 $\boldsymbol{R}$, 使得 $\boldsymbol{A} = \boldsymbol{QR}$, 则称其为 $\boldsymbol{A}$ 的 QR 分解或酉三角分解. 当 $\boldsymbol{A} \in \mathbf{R}^{n\times n}$, 则称其为 $\boldsymbol{A}$ 的正交三角分解.

不加证明地引入如下结论.

定理 3.4 任意 $\boldsymbol{A} \in \mathbf{C}^{n\times n}$ 都可以进行 QR 分解.

用 Gram-Schmidt 正交化方法可对一般的长方阵作 QR 分解.

定理 3.5 设 $\boldsymbol{A} \in \mathbf{C}^{m\times n}$, 那么存在有标准正交列的矩阵 $\boldsymbol{Q} \in \mathbf{C}^{m\times n}$ 和上三角矩阵 $\boldsymbol{R} \in \mathbf{C}^{n\times n}$, 使得 $\boldsymbol{A} = \boldsymbol{QR}$.

3.1.5 矩阵的满秩分解

满秩分解是将非零矩阵分解为一个列满秩矩阵与一个行满秩矩阵之积, 它是研究和计算矩阵广义逆等问题的有力工具.

定义 3.4 设 $\boldsymbol{A} \in \mathbf{C}_r^{m\times n}$ $(r > 0)$, 如果存在 $\boldsymbol{F} \in \mathbf{C}_r^{m\times r}$ 和 $\boldsymbol{G} \in \mathbf{C}_r^{r\times n}$ 使得 $\boldsymbol{A} = \boldsymbol{FG}$, 则称为 $\boldsymbol{A}$ 的满秩分解.

在介绍满秩分解存在性和方法之前, 先给出一些相关的基础知识.

定理 3.6 设 $\boldsymbol{A} \in \mathbf{C}_r^{m\times n}$ $(r > 0)$, 则存在 $\boldsymbol{S} \in \mathbf{C}_m^{m\times m}$, $\boldsymbol{T} \in \mathbf{C}_n^{n\times n}$, 使得

$$\boldsymbol{SAT} = \begin{pmatrix} \boldsymbol{I}_r & \boldsymbol{0} \\ \boldsymbol{0} & \boldsymbol{0} \end{pmatrix},$$

其中右端项称为矩阵 $\boldsymbol{A}$ 的等价标准形.

由定理 3.6, 可得到满秩分解存在性结论.

定理 3.7　设 $A \in \mathbf{C}_r^{m\times n}$ $(r>0)$, 则总存在 $F \in \mathbf{C}_r^{m\times r}$ 和 $G \in \mathbf{C}_r^{r\times n}$ 使得 $A = FG$, 即 A 的满秩分解总是存在的.

证明　当 $r=m$ 时, 令 $F = I_m$, $G = A$, 则 $A = I_m A$ 为 A 的一个满秩分解. 当 $r=n$ 时, 令 $F = A$, $G = I_n$, 则 $A = AI_n$ 为一个满秩分解. 下面考虑 $0<r<\min\{m,n\}$ 的情形. 由定理 3.6 知, 存在 $S \in \mathbf{C}_m^{m\times m}$, $T \in \mathbf{C}_n^{n\times n}$, 使得

$$SAT = \begin{pmatrix} I_r & 0 \\ 0 & 0 \end{pmatrix}.$$

于是

$$A = S^{-1}\begin{pmatrix} I_r & 0 \\ 0 & 0 \end{pmatrix}T^{-1} = S^{-1}\begin{pmatrix} I_r \\ 0 \end{pmatrix}\begin{pmatrix} I_r & 0 \end{pmatrix}T^{-1}.$$

令 $F = S^{-1}\begin{pmatrix} I_r \\ 0 \end{pmatrix} \in \mathbf{C}_r^{m\times r}$, $G = \begin{pmatrix} I_r & 0 \end{pmatrix}T^{-1} \in \mathbf{C}_r^{r\times n}$, 则 $A = FG$ 为 A 的一个满秩分解.　　证毕.

需要注意的是, 满秩分解并不唯一. 若 $A = FG$ 为 A 的一个满秩分解, 设 $B \in \mathbf{C}_r^{r\times r}$ 为一可逆矩阵, 且令 $\widetilde{F} = FB$, $\widetilde{G} = B^{-1}G$, 则 $A = \widetilde{F}\widetilde{G}$ 构成 A 的另一个满秩分解.

满秩分解存在性定理 3.7 的证明过程也同时给出了求解满秩分解的一种方法, 它要求已知矩阵 S 和 T. 下面讨论求解 S 与 T 的方法.

如果只对 A 作初等行变换, 有下列定理成立.

定理 3.8　设 $A \in \mathbf{C}_r^{m\times n}$ $(r>0)$, 则 A 可通过初等行变换化为满足如下条件的矩阵 H:

(1) H 的前 r 行中每一行至少含一个非零元素, 且第一个非零元素是 1, 而后 $m-r$ 行元素都为 0;

(2) 若 H 中第 i 行的第一个非零元素 1 位于第 j_i 列 $(i=1,2,\cdots,r)$, 则 $j_1<j_2<\cdots<j_r$;

(3) H 的第 $j_1, j_2, \cdots, j_r$ 列为 I_m 的前 r 列, 即有

$$H = \begin{pmatrix}
0 & \cdots & 0 & 1 & * & \cdots & * & 0 & * & \cdots & 0 & * & \cdots & * \\
0 & \cdots & 0 & 0 & 0 & \cdots & 0 & 1 & * & \cdots & \vdots & \vdots & & \vdots \\
\vdots & & \vdots & \vdots & \vdots & & \vdots & \vdots & \vdots & & 0 & * & \cdots & * \\
0 & \cdots & 0 & 0 & 0 & \cdots & 0 & 0 & 0 & \cdots & 1 & * & \cdots & * \\
0 & \cdots & 0 & 0 & 0 & \cdots & 0 & 0 & 0 & \cdots & 0 & 0 & \cdots & 0 \\
\vdots & & \vdots & \vdots & \vdots & & \vdots & \vdots & \vdots & & \vdots & \vdots & & \vdots \\
0 & \cdots & 0 & 0 & 0 & \cdots & 0 & 0 & 0 & \cdots & 0 & 0 & \cdots & 0
\end{pmatrix} \begin{matrix} \left.\vphantom{\begin{matrix}0\\0\\0\\0\end{matrix}}\right\}(r\text{行}) \\ \\ \\ \\ \end{matrix}$$

$$\qquad j_1 \qquad\qquad\qquad j_2 \quad \cdots \quad j_r$$

称 H 为 A 的 Hermite 标准形或行最简形. 也就是说, 存在 $S \in \mathbf{C}_m^{m\times m}$ 使得 $SA = H$.

由以上定理可知, 对 $m\times(m+n)$ 矩阵 (A, I_m), 有

$$S(A, I_m) = (SA, S) = (H, S),$$

即

$$(A, I_m) \xrightarrow{\text{初等行变换}} (H, S), \tag{3.6}$$

则得到矩阵 S 和 Hermite 标准形 H, 且相应元素分别保存在原单位矩阵和矩阵 A 的相应位置上.

如果将 $\boldsymbol{A}$ 的 Hermite 标准形 $\boldsymbol{H}$ 的第 $j_1, j_2, \cdots, j_r$ 列依次调换到前 r 列位置上, 即用置换矩阵 $\boldsymbol{P} = (\boldsymbol{e}_{j_1}, \boldsymbol{e}_{j_2}, \cdots, \boldsymbol{e}_{j_n})$ 右乘矩阵 $\boldsymbol{H}$, 可得如下定理.

定理 3.9 设 $\boldsymbol{A} \in \mathbf{C}_r^{m\times n}$ $(r > 0)$, 则存在 $\boldsymbol{S} \in \mathbf{C}_m^{m\times m}$ 和 n 阶置换矩阵 $\boldsymbol{P}$, 使得

$$\boldsymbol{SAP} = \begin{pmatrix} \boldsymbol{I}_r & \boldsymbol{K} \\ \boldsymbol{0} & \boldsymbol{0} \end{pmatrix} \qquad (\boldsymbol{K} \in \mathbf{C}^{r\times(n-r)}). \tag{3.7}$$

若对上面右端项的矩阵继续进行初等列变换, 便可得到 $\boldsymbol{A}$ 的等价标准形 $\begin{pmatrix} \boldsymbol{I}_r & \boldsymbol{0} \\ \boldsymbol{0} & \boldsymbol{0} \end{pmatrix}$. 于是, 可得求 $\boldsymbol{T}$ 的过程, 即

$$\begin{pmatrix} \boldsymbol{H} \\ \boldsymbol{I}_n \end{pmatrix} \xrightarrow{\text{初等列变换}} \begin{pmatrix} \begin{pmatrix} \boldsymbol{I}_r & \boldsymbol{0} \\ \boldsymbol{0} & \boldsymbol{0} \end{pmatrix} \\ \boldsymbol{T} \end{pmatrix}. \tag{3.8}$$

利用变换过程式 (3.6) 和式 (3.8), 求得 $\boldsymbol{S}, \boldsymbol{T}$, 继而求得 $\boldsymbol{S}^{-1}, \boldsymbol{T}^{-1}$, 最后取 $\boldsymbol{S}^{-1}$ 的前 r 列得到 $\boldsymbol{F}$, 取 $\boldsymbol{T}^{-1}$ 的前 r 行得到 $\boldsymbol{G}$.

例 3.4 设 $\boldsymbol{A} = \begin{pmatrix} 1 & -1 & -1 & 4 \\ 0 & 0 & 2 & 2 \\ -1 & 1 & 5 & 0 \end{pmatrix}$,

(1) 求 $\boldsymbol{A}$ 的 Hermite 标准形 $\boldsymbol{H}$ 及矩阵 $\boldsymbol{S}$;

(2) 求置换矩阵 $\boldsymbol{P}$ 化 $\boldsymbol{A}$ 为式 (3.7) 的形式;

(3) 求化 $\boldsymbol{A}$ 为 Hermite 标准形所需的矩阵 $\boldsymbol{S}$ 与 $\boldsymbol{T}$;

(4) 求矩阵 $\boldsymbol{A}$ 的满秩分解.

解 (1) 因为

$$(\boldsymbol{A}, \boldsymbol{I}_3) = \left(\begin{array}{cccc|ccc} 1 & -1 & -1 & 4 & 1 & 0 & 0 \\ 0 & 0 & 2 & 2 & 0 & 1 & 0 \\ -1 & 1 & 5 & 0 & 0 & 0 & 1 \end{array}\right) \xrightarrow{r_3+r_1} \left(\begin{array}{cccc|ccc} 1 & -1 & -1 & 4 & 1 & 0 & 0 \\ 0 & 0 & 2 & 2 & 0 & 1 & 0 \\ 0 & 0 & 4 & 4 & 1 & 0 & 1 \end{array}\right)$$

$$\xrightarrow{r_2\times\frac{1}{2}} \left(\begin{array}{cccc|ccc} 1 & -1 & -1 & 4 & 1 & 0 & 0 \\ 0 & 0 & 1 & 1 & 0 & \frac{1}{2} & 0 \\ 0 & 0 & 4 & 4 & 1 & 0 & 1 \end{array}\right) \xrightarrow{r_3-4\times r_2} \left(\begin{array}{cccc|ccc} 1 & -1 & -1 & 4 & 1 & 0 & 0 \\ 0 & 0 & 1 & 1 & 0 & \frac{1}{2} & 0 \\ 0 & 0 & 0 & 0 & 1 & -2 & 1 \end{array}\right)$$

$$\xrightarrow{r_1+r_2} \left(\begin{array}{cccc|ccc} 1 & -1 & 0 & 5 & 1 & \frac{1}{2} & 0 \\ 0 & 0 & 1 & 1 & 0 & \frac{1}{2} & 0 \\ 0 & 0 & 0 & 0 & 1 & -2 & 1 \end{array}\right),$$

所以

$$\boldsymbol{H} = \begin{pmatrix} 1 & -1 & 0 & 5 \\ 0 & 0 & 1 & 1 \\ 0 & 0 & 0 & 0 \end{pmatrix}, \quad \boldsymbol{S} = \begin{pmatrix} 1 & \frac{1}{2} & 0 \\ 0 & \frac{1}{2} & 0 \\ 1 & -2 & 1 \end{pmatrix}.$$

(2) 取 4 阶置换矩阵 $\boldsymbol{P} = (\boldsymbol{e}_1, \boldsymbol{e}_3, \boldsymbol{e}_2, \boldsymbol{e}_4)$, 则

$$SAP=\begin{pmatrix} I_2 & K\\ 0 & 0\end{pmatrix}=\begin{pmatrix}1&0&-1&5\\0&1&0&1\\0&0&0&0\end{pmatrix}.$$

(3) 又

$$\left(\begin{array}{cccc}1&-1&0&5\\0&0&1&1\\0&0&0&0\\\hline 1&0&0&0\\0&1&0&0\\0&0&1&0\\0&0&0&1\end{array}\right)\xrightarrow{c_2\leftrightarrow c_3}\left(\begin{array}{cccc}1&0&-1&5\\0&1&0&1\\0&0&0&0\\\hline 1&0&0&0\\0&0&1&0\\0&1&0&0\\0&0&0&1\end{array}\right)\xrightarrow[\substack{c_4+c_1\times(-5)\\c_4-c_2}]{c_3+c_1}\left(\begin{array}{cccc}1&0&0&0\\0&1&0&0\\0&0&0&0\\\hline 1&0&1&-5\\0&0&1&0\\0&1&0&-1\\0&0&0&1\end{array}\right),$$

所以

$$T=\begin{pmatrix}1&0&1&-5\\0&0&1&0\\0&1&0&-1\\0&0&0&1\end{pmatrix}.$$

由 (1) 得

$$S=\begin{pmatrix}1&\frac{1}{2}&0\\0&\frac{1}{2}&0\\1&-2&1\end{pmatrix}.$$

(4) 由 (3) 得

$$S^{-1}=\begin{pmatrix}1&-1&0\\0&2&0\\-1&5&1\end{pmatrix},\quad T^{-1}=\begin{pmatrix}1&-1&0&5\\0&0&1&1\\0&1&0&0\\0&0&0&1\end{pmatrix}.$$

由 (1) 可知, $\mathrm{rank}A=2$, 故可取

$$F=\begin{pmatrix}1&-1\\0&2\\-1&5\end{pmatrix},\quad G=\begin{pmatrix}1&-1&0&5\\0&0&1&1\end{pmatrix},$$

而 $A=FG$ 为 A 的一个满秩分解.

通过定理 3.7 所给方法, 可以得到矩阵的一个满秩分解, 但这种方法的计算量较大. 为克服该缺点, 下面给出一种较为简单的改进方法.

定理 3.10　设 $A\in\mathbf{C}_r^{m\times n}$ $(r>0)$, 且 A 的 Hermite 标准形为 H, 取 A 的第 $j_1,j_2,\cdots,j_r$ 列构成 F, 取 H 的前 r 行构成 G, 则 $A=FG$ 即为 A 的一个满秩分解.

证明　由定理 3.8, 存在满秩方阵 $S\in\mathbf{C}_m^{m\times m}$, 使得 $SA=H$, 那么有 $A=S^{-1}H$. 将 H 的前 r 行构成的矩阵记为 G. 则 $G\in\mathbf{C}_r^{r\times n}$, 且 H 可写成

$$\boldsymbol{H}=\begin{pmatrix}\boldsymbol{G}\\ \boldsymbol{0}\end{pmatrix}.$$

将矩阵 $\boldsymbol{S}^{-1}$ 的前 r 列构成的矩阵记为 $\boldsymbol{F}$, 后 $m-r$ 列构成的矩阵记为 $\tilde{\boldsymbol{F}}$, 即有 $\boldsymbol{F}\in\mathbf{C}^{m\times r}$. 那么

$$\boldsymbol{A}=\boldsymbol{S}^{-1}\boldsymbol{H}=(\boldsymbol{F},\tilde{\boldsymbol{F}})\begin{pmatrix}\boldsymbol{G}\\ \boldsymbol{0}\end{pmatrix}=\boldsymbol{F}\boldsymbol{G}.$$

令置换矩阵 $\boldsymbol{P}=(\boldsymbol{e}_{j_1},\boldsymbol{e}_{j_2},\cdots,\boldsymbol{e}_{j_r})$, 则 $\boldsymbol{G}\boldsymbol{P}=\boldsymbol{I}_r$. 在式 $\boldsymbol{A}=\boldsymbol{F}\boldsymbol{G}$ 两边右乘 $\boldsymbol{P}$, 得 $\boldsymbol{F}=\boldsymbol{A}\boldsymbol{P}$, 可见 $\boldsymbol{F}$ 由 $\boldsymbol{A}$ 的第 $j_1,j_2,\cdots,j_r$ 列构成. 又

$$r=\operatorname{rank}\boldsymbol{A}=\operatorname{rank}(\boldsymbol{F}\boldsymbol{G})\leqslant\operatorname{rank}\boldsymbol{F}\leqslant r,$$

所以 $\boldsymbol{F}\in\mathbf{C}_r^{m\times r}$. 因此 $\boldsymbol{A}=\boldsymbol{F}\boldsymbol{G}$ 为 $\boldsymbol{A}$ 的一个满秩分解. 证毕.

由定理 3.10 所叙述方法求满秩分解时, 只需求出 $\boldsymbol{A}$ 的 Hermite 标准形 $\boldsymbol{H}$, 因此计算量减少很多.

例 3.5 求矩阵 $\boldsymbol{A}=\begin{pmatrix}1&-1&-1&4\\0&0&2&2\\-1&1&5&0\end{pmatrix}$ 的满秩分解.

解 由例 3.4, 得

$$\boldsymbol{A}\xrightarrow{\text{初等行变换}}\boldsymbol{H}=\begin{pmatrix}1&-1&0&5\\0&0&1&1\\0&0&0&0\end{pmatrix}.$$

则得 $j_1=1, j_2=3$, 由此取 $\boldsymbol{A}$ 的第 1 列和第 3 列元素构成 $\boldsymbol{F}$, 取 $\boldsymbol{H}$ 的前两行元素构成 $\boldsymbol{G}$, 即得 $\boldsymbol{A}$ 的满秩分解为

$$\boldsymbol{A}=\begin{pmatrix}1&-1\\0&2\\-1&5\end{pmatrix}\begin{pmatrix}1&-1&0&5\\0&0&1&1\end{pmatrix}.$$

3.1.6 矩阵的奇异值分解

矩阵的奇异值分解在广义逆矩阵和最小二乘问题及统计等理论方面有很重要的应用. 首先给出相关的定义.

定义 3.5 设 $\boldsymbol{A}\in\mathbf{C}_r^{m\times n}\ (r>0)$, $\boldsymbol{A}^{\mathrm{H}}\boldsymbol{A}$ 的特征值为

$$\lambda_1\geqslant\lambda_2\geqslant\cdots\geqslant\lambda_r>\lambda_{r+1}=\cdots=\lambda_n=0,$$

则称 $\sigma_i=\sqrt{\lambda_i}\ (i=1,2,\cdots,n)$ 为 $\boldsymbol{A}$ 的奇异值.

定义 3.6 设 $\boldsymbol{A},\boldsymbol{B}\in\mathbf{C}^{m\times n}$, 若存在 m 阶酉矩阵 $\boldsymbol{U}$ 和 n 阶酉矩阵 $\boldsymbol{V}$, 使得 $\boldsymbol{U}^{\mathrm{H}}\boldsymbol{A}\boldsymbol{V}=\boldsymbol{B}$, 则称 $\boldsymbol{A}$ 与 $\boldsymbol{B}$ 酉等价.

对于酉等价的矩阵有如下基本性质.

定理 3.11 酉等价矩阵有相同的奇异值.

证明 设 $\boldsymbol{U}^{\mathrm{H}}\boldsymbol{A}\boldsymbol{V}=\boldsymbol{B}$, 则

$$\boldsymbol{B}^{\mathrm{H}}\boldsymbol{B}=(\boldsymbol{U}^{\mathrm{H}}\boldsymbol{A}\boldsymbol{V})^{\mathrm{H}}(\boldsymbol{U}^{\mathrm{H}}\boldsymbol{A}\boldsymbol{V})=\boldsymbol{V}^{\mathrm{H}}\boldsymbol{A}^{\mathrm{H}}\boldsymbol{A}\boldsymbol{V},$$

即 $\boldsymbol{B}^{\mathrm{H}}\boldsymbol{B}$ 与 $\boldsymbol{A}^{\mathrm{H}}\boldsymbol{A}$ 相似, 从而它们有相同的特征值, 所以 $\boldsymbol{A}$ 与 $\boldsymbol{B}$ 有相同的奇异值. 证毕.

下面给出矩阵奇异值分解定理.

定理 3.12　设 $\boldsymbol{A} \in \mathbf{C}_r^{m\times n}$ $(r>0)$, 则存在 m 阶酉矩阵 $\boldsymbol{U}$ 和 n 阶酉矩阵 $\boldsymbol{V}$, 使得

$$\boldsymbol{U}^{\mathrm{H}}\boldsymbol{A}\boldsymbol{V} = \begin{pmatrix} \boldsymbol{\Sigma} & \boldsymbol{0} \\ \boldsymbol{0} & \boldsymbol{0} \end{pmatrix},$$

其中 $\boldsymbol{\Sigma} = \operatorname{diag}(\sigma_1, \sigma_2, \cdots, \sigma_r)$, σ_i 为 $\boldsymbol{A}$ 的非零奇异值. 而

$$\boldsymbol{A} = \boldsymbol{U}\begin{pmatrix} \boldsymbol{\Sigma} & \boldsymbol{0} \\ \boldsymbol{0} & \boldsymbol{0} \end{pmatrix}\boldsymbol{V}^{\mathrm{H}} \tag{3.9}$$

称为 $\boldsymbol{A}$ 的奇异值分解.

证明　由于 $\boldsymbol{A}^{\mathrm{H}}\boldsymbol{A}$ 为 Hermite 矩阵, 则存在 n 阶酉矩阵 $\boldsymbol{V}$, 使得

$$\boldsymbol{V}^{\mathrm{H}}\boldsymbol{A}^{\mathrm{H}}\boldsymbol{A}\boldsymbol{V} = \operatorname{diag}(\lambda_1, \lambda_2, \cdots, \lambda_n) = \begin{pmatrix} \boldsymbol{\Sigma}^2 & \boldsymbol{0} \\ \boldsymbol{0} & \boldsymbol{0} \end{pmatrix}.$$

将 $\boldsymbol{V}$ 分块为

$$\boldsymbol{V} = (\boldsymbol{V}_1, \boldsymbol{V}_2) \quad (\boldsymbol{V}_1 \in \mathbf{C}^{n\times r},\ \boldsymbol{V}_2 \in \mathbf{C}^{n\times(n-r)}),$$

得

$$\boldsymbol{V}_1^{\mathrm{H}}\boldsymbol{A}^{\mathrm{H}}\boldsymbol{A}\boldsymbol{V}_1 = \boldsymbol{\Sigma}^2, \quad \boldsymbol{V}_2^{\mathrm{H}}\boldsymbol{A}^{\mathrm{H}}\boldsymbol{A}\boldsymbol{V}_2 = \boldsymbol{0},$$

于是

$$\boldsymbol{\Sigma}^{-1}\boldsymbol{V}_1^{\mathrm{H}}\boldsymbol{A}^{\mathrm{H}}\boldsymbol{A}\boldsymbol{V}_1\boldsymbol{\Sigma}^{-1} = \boldsymbol{I}_r,\ (\boldsymbol{A}\boldsymbol{V}_2)^{\mathrm{H}}(\boldsymbol{A}\boldsymbol{V}_2) = \boldsymbol{0},$$

从而 $\boldsymbol{A}\boldsymbol{V}_2 = \boldsymbol{0}$. 又记 $\boldsymbol{U}_1 = \boldsymbol{A}\boldsymbol{V}_1\boldsymbol{\Sigma}^{-1}$, 则 $\boldsymbol{U}_1^{\mathrm{H}}\boldsymbol{U}_1 = \boldsymbol{I}_r$, 即 $\boldsymbol{U}_1$ 的 r 个列向量是两两正交的单位向量. 取 $\boldsymbol{U}_2 \in \mathbf{C}^{m\times(m-r)}$ 使 $\boldsymbol{U} = (\boldsymbol{U}_1, \boldsymbol{U}_2)$ 为 m 阶酉矩阵, 即 $\boldsymbol{U}_2^{\mathrm{H}}\boldsymbol{U}_1 = \boldsymbol{0}$, $\boldsymbol{U}_2^{\mathrm{H}}\boldsymbol{U}_2 = \boldsymbol{I}_{m-r}$. 则有

$$\begin{aligned}\boldsymbol{U}^{\mathrm{H}}\boldsymbol{A}\boldsymbol{V} &= \begin{pmatrix} \boldsymbol{U}_1^{\mathrm{H}} \\ \boldsymbol{U}_2^{\mathrm{H}} \end{pmatrix}\boldsymbol{A}(\boldsymbol{V}_1, \boldsymbol{V}_2) = \begin{pmatrix} \boldsymbol{U}_1^{\mathrm{H}}\boldsymbol{A}\boldsymbol{V}_1 & \boldsymbol{U}_1^{\mathrm{H}}\boldsymbol{A}\boldsymbol{V}_2 \\ \boldsymbol{U}_2^{\mathrm{H}}\boldsymbol{A}\boldsymbol{V}_1 & \boldsymbol{U}_2^{\mathrm{H}}\boldsymbol{A}\boldsymbol{V}_2 \end{pmatrix} \\ &= \begin{pmatrix} \boldsymbol{U}_1^{\mathrm{H}}(\boldsymbol{U}_1\boldsymbol{\Sigma}) & \boldsymbol{0} \\ \boldsymbol{U}_2^{\mathrm{H}}(\boldsymbol{U}_1\boldsymbol{\Sigma}) & \boldsymbol{0} \end{pmatrix} = \begin{pmatrix} \boldsymbol{\Sigma} & \boldsymbol{0} \\ \boldsymbol{0} & \boldsymbol{0} \end{pmatrix}.\end{aligned}$$

证毕.

由以上可以看出, 奇异值分解本质为矩阵在酉等价下的一种标准形.

推论 3.1　设 $\boldsymbol{A} \in \mathbf{C}_n^{n\times n}$, 则存在 n 阶酉矩阵 $\boldsymbol{U}$ 和 $\boldsymbol{V}$, 使得

$$\boldsymbol{U}^{\mathrm{H}}\boldsymbol{A}\boldsymbol{V} = \operatorname{diag}(\sigma_1, \sigma_2, \cdots, \sigma_n),$$

其中 $\sigma_i > 0$ $(i = 1, 2, \cdots, n)$ 为 $\boldsymbol{A}$ 的奇异值.

由定理 3.12 的证明, 可得 $\boldsymbol{A}$ 的奇异值分解的一种方法, 其步骤如下:

(1) 将 $\boldsymbol{A}^{\mathrm{H}}\boldsymbol{A}$ 酉对角化, 即求得酉矩阵 $\boldsymbol{V}$ 使 $\boldsymbol{V}^{\mathrm{H}}\boldsymbol{A}^{\mathrm{H}}\boldsymbol{A}\boldsymbol{V} = \begin{pmatrix} \boldsymbol{\Sigma}^2 & \boldsymbol{0} \\ \boldsymbol{0} & \boldsymbol{0} \end{pmatrix}$;

(2) 将 $\boldsymbol{V}$ 分块为 $\boldsymbol{V} = (\boldsymbol{V}_1, \boldsymbol{V}_2)$ $(\boldsymbol{V}_1 \in \mathbf{C}^{n\times r},\ \boldsymbol{V}_2 \in \mathbf{C}^{n\times(n-r)})$, 计算 $\boldsymbol{U}_1 = \boldsymbol{A}\boldsymbol{V}_1\boldsymbol{\Sigma}^{-1}$;

(3) 取 $\boldsymbol{U}_2$ 使 $\boldsymbol{U} = (\boldsymbol{U}_1, \boldsymbol{U}_2)$ 为 m 阶酉矩阵, 则 $\boldsymbol{A} = \boldsymbol{U}\begin{pmatrix} \boldsymbol{\Sigma} & \boldsymbol{0} \\ \boldsymbol{0} & \boldsymbol{0} \end{pmatrix}\boldsymbol{V}^{\mathrm{H}}$ 为 $\boldsymbol{A}$ 的奇异值分解.

例 3.6 求矩阵 $\boldsymbol{A}=\begin{pmatrix}1&0&1\\1&1&0\end{pmatrix}$ 的奇异值分解.

解 因为 $\boldsymbol{A}^{\mathrm{T}}\boldsymbol{A}=\begin{pmatrix}2&1&1\\1&1&0\\1&0&1\end{pmatrix}$, 所以 $\boldsymbol{A}^{\mathrm{T}}\boldsymbol{A}$ 的特征值为 $\lambda_1=3,\lambda_2=1,\lambda_3=0$, 对应的特征向量为

$$\boldsymbol{p}_1=\begin{pmatrix}2\\1\\1\end{pmatrix},\quad \boldsymbol{p}_2=\begin{pmatrix}0\\-1\\1\end{pmatrix},\quad \boldsymbol{p}_3=\begin{pmatrix}-1\\1\\1\end{pmatrix},$$

标准化得

$$\boldsymbol{V}=\begin{pmatrix}\frac{2}{\sqrt{6}}&0&-\frac{1}{\sqrt{3}}\\\frac{1}{\sqrt{6}}&-\frac{1}{\sqrt{2}}&\frac{1}{\sqrt{3}}\\\frac{1}{\sqrt{6}}&\frac{1}{\sqrt{2}}&\frac{1}{\sqrt{3}}\end{pmatrix},$$

使得 $\boldsymbol{V}^{\mathrm{H}}\boldsymbol{A}^{\mathrm{H}}\boldsymbol{A}\boldsymbol{V}=\begin{pmatrix}3&&\\&1&\\&&0\end{pmatrix}=\begin{pmatrix}\boldsymbol{\Sigma}^2&\\&0\end{pmatrix}$.

计算

$$\boldsymbol{U}_1=\boldsymbol{A}\boldsymbol{V}_1\boldsymbol{\Sigma}^{-1}=\begin{pmatrix}1&0&1\\1&1&0\end{pmatrix}\begin{pmatrix}\frac{2}{\sqrt{6}}&0\\\frac{1}{\sqrt{6}}&-\frac{1}{\sqrt{2}}\\\frac{1}{\sqrt{6}}&\frac{1}{\sqrt{2}}\end{pmatrix}\begin{pmatrix}\frac{1}{\sqrt{3}}&0\\0&1\end{pmatrix}$$

$$=\begin{pmatrix}\frac{1}{\sqrt{2}}&\frac{1}{\sqrt{2}}\\\frac{1}{\sqrt{2}}&-\frac{1}{\sqrt{2}}\end{pmatrix},$$

则 $\boldsymbol{U}=\boldsymbol{U}_1$ 是酉矩阵. 故 $\boldsymbol{A}$ 的奇异值分解为

$$\boldsymbol{A}=\boldsymbol{U}\begin{pmatrix}\boldsymbol{\Sigma},&\boldsymbol{0}\end{pmatrix}\boldsymbol{V}^{\mathrm{H}}$$

$$=\begin{pmatrix}\frac{1}{\sqrt{2}}&\frac{1}{\sqrt{2}}\\\frac{1}{\sqrt{2}}&-\frac{1}{\sqrt{2}}\end{pmatrix}\begin{pmatrix}\sqrt{3}&0&0\\0&1&0\end{pmatrix}\begin{pmatrix}\frac{2}{\sqrt{6}}&\frac{1}{\sqrt{6}}&\frac{1}{\sqrt{6}}\\0&-\frac{1}{\sqrt{2}}&\frac{1}{\sqrt{2}}\\-\frac{1}{\sqrt{3}}&\frac{1}{\sqrt{3}}&\frac{1}{\sqrt{3}}\end{pmatrix}.$$

3.2 Penrose 方程及其 Moore-Penrose 逆的计算

3.2.1 Penrose 方程

考虑下面的线性方程组的求解问题:

$$\boldsymbol{A}\boldsymbol{x}=\boldsymbol{b}, \tag{3.10}$$

其中 $\boldsymbol{A}\in\mathbf{C}^{m\times n}$, $\boldsymbol{x}\in\mathbf{C}^{n}$, $\boldsymbol{b}\in\mathbf{C}^{m}$.

当 $m=n$, 且 $\boldsymbol{A}$ 可逆时, 方程组 (3.10) 有唯一解, 即

$$\boldsymbol{x}=\boldsymbol{A}^{-1}\boldsymbol{b}. \tag{3.11}$$

然而, 在很多实际问题中方程组 (3.10) 的系数矩阵 $\boldsymbol{A}$ 不可逆, 甚至根本就不是方阵, 但是方程组的解却是存在的. 那么如何用类似于式 (3.11) 的形式来表示方程组的解呢? 由于此时系数矩阵 $\boldsymbol{A}$ 在通常意义下是不可逆的, 因此就需要对通常意义下的 “逆矩阵” 概念进行推广, 这就是广义逆矩阵.

广义逆矩阵的概念是在 1920 年由美国学者 E. H. Moore 首次提出的, 他利用正交投影算子首次给出广义逆矩阵的定义, 却持续三十多年未能引起人们的重视. 直到 1955 年英国学者 Penrose 利用 4 个矩阵方程 (现在称之为 Penrose 方程组) 给出了广义逆矩阵的简洁而实用的新定义之后, 广义逆矩阵的理论与应用才进入迅速发展的时期.

1955 年, Penrose 定义了 $\boldsymbol{A}$ 的广义逆矩阵如下.

定义 3.7　对任意矩阵 $\boldsymbol{A}\in\mathbf{C}^{m\times n}$, 若矩阵 $\boldsymbol{X}\in\mathbf{C}^{n\times m}$ 满足下面 4 个方程:

$$\begin{array}{ll}(1)\ \boldsymbol{AXA}=\boldsymbol{A}; & (2)\ \boldsymbol{XAX}=\boldsymbol{X};\\ (3)\ (\boldsymbol{AX})^{\mathrm{H}}=\boldsymbol{AX}; & (4)\ (\boldsymbol{XA})^{\mathrm{H}}=\boldsymbol{XA}\end{array} \tag{3.12}$$

中的任意一个或者几个, 则矩阵 $\boldsymbol{X}$ 就称为矩阵 $\boldsymbol{A}$ 的广义逆矩阵.

这 4 个方程称为 Penrose 方程, 由于 $\boldsymbol{X}$ 只需要满足 4 个方程中的任意一个或某几个, 因此通常按照 $\boldsymbol{A}$ 的广义逆矩阵 $\boldsymbol{X}$ 所满足的方程对广义逆矩阵进行分类.

定义 3.8　对于矩阵 $\boldsymbol{A}\in\mathbf{C}^{m\times n}$, 若矩阵 $\boldsymbol{X}\in\mathbf{C}^{n\times m}$ 满足 Penrose 方程中的第 (i), (j), $\cdots$, (l) 个方程, 则称 $\boldsymbol{X}$ 为 $\boldsymbol{A}$ 的 $\{i,j,\cdots,l\}$-逆, 记为 $\boldsymbol{A}^{(i,j,\cdots,l)}$; 所有的 $\boldsymbol{A}^{(i,j,\cdots,l)}$ 构成一类广义逆, 记为 $\boldsymbol{A}\{i,j,\cdots,l\}$.

按照这样的分类方式, 矩阵 $\boldsymbol{A}$ 的广义逆矩阵总共可分为 15 类, 其中应用较多的有下面几类广义逆矩阵.

(1) $\boldsymbol{A}\{1\}$: 矩阵 $\{1\}$-逆是最基本的广义逆矩阵, 通常记为 $\boldsymbol{A}^{-}$. 它与相容线性方程组 $\boldsymbol{Ax}=\boldsymbol{b}$ 的解有着密切联系.

(2) $\boldsymbol{A}\{1,2\}$: 矩阵的 $\{1,2\}$-逆被称为自反广义逆矩阵. 此时矩阵 $\boldsymbol{A}$ 和 $\boldsymbol{X}$ 的地位完全一样, 它们互为 $\{1,2\}$-逆.

(3) $\boldsymbol{A}\{1,3\}$: 矩阵的 $\{1,3\}$-逆被称为最小二乘广义逆矩阵. 在实际问题中许多线性方程组没有解, 此时可以求方程组的最小二乘解, 而矩阵的 $\{1,3\}$-逆在最小二乘解的求解中起着非常重要的作用.

(4) $\boldsymbol{A}\{1,4\}$: 矩阵的 $\{1,4\}$-逆也被称为最小范数广义逆矩阵. 在相容线性方程组 $\boldsymbol{Ax}=\boldsymbol{b}$ 有无穷多个解的情况下, 人们往往需要找到范数最小的解, $\boldsymbol{A}$ 的 $\{1,4\}$-逆在最小范数解的求解中起着十分重要的作用.

(5) $\boldsymbol{A}\{1,2,3,4\}$: 矩阵的 $\{1,2,3,4\}$-逆也被称为 Moore-Penrose 逆, 通常记为 $\boldsymbol{A}^{+}$, Moore-Penrose 逆 $\boldsymbol{A}^{+}$ 是应用最多、最广泛的广义逆矩阵.

在这些常用的广义逆矩阵中, 矩阵的 {1}-逆是最基本的, 而矩阵的 Moore-Penrose 逆 $\boldsymbol{A}^+$ 同时满足 4 个 Penrose 方程, 它满足广义逆矩阵的所有性质, 是应用最多、最广泛的广义逆矩阵. 本节中主要介绍矩阵 $\boldsymbol{A}$ 的 Moore-Penrose 逆.

3.2.2 Moore-Penrose 逆的计算

目前, 有很多关于 $\boldsymbol{A}^+$ 的计算方法, 这里主要介绍利用矩阵的奇异值分解及满秩分解的直接计算方法和几种计算广义逆矩阵的迭代法.

1. 计算 $\boldsymbol{A}^+$ 的直接方法

1) 利用 $\boldsymbol{A}$ 的奇异值分解计算 $\boldsymbol{A}^+$

定理 3.13 对于任意矩阵 $\boldsymbol{A}\in\mathbf{C}_r^{m\times n}$, 存在酉矩阵 $\boldsymbol{U}\in\mathbf{C}_m^{m\times m}$ 和 $\boldsymbol{V}\in\mathbf{C}_n^{n\times n}$, 得到 $\boldsymbol{A}$ 的奇异值分解为

$$\boldsymbol{A}=\boldsymbol{U}\begin{pmatrix}\boldsymbol{\Sigma} & \mathbf{0}\\ \mathbf{0} & \mathbf{0}\end{pmatrix}_{m\times n}\boldsymbol{V}^{\mathrm{H}},$$

其中 $\boldsymbol{\Sigma}=\mathrm{diag}(\sigma_1,\sigma_2,\cdots,\sigma_r)$, $\sigma_1,\sigma_2,\cdots,\sigma_r$ 为 $\boldsymbol{A}$ 的 r 个非零奇异值. 则

$$\boldsymbol{A}^+=\boldsymbol{V}\begin{pmatrix}\boldsymbol{\Sigma}^{-1} & \mathbf{0}\\ \mathbf{0} & \mathbf{0}\end{pmatrix}_{n\times m}\boldsymbol{U}^{\mathrm{H}}. \tag{3.13}$$

证明 不妨记

$$\boldsymbol{D}=\begin{pmatrix}\boldsymbol{\Sigma} & \mathbf{0}\\ \mathbf{0} & \mathbf{0}\end{pmatrix}_{m\times n},\quad \tilde{\boldsymbol{D}}=\begin{pmatrix}\boldsymbol{\Sigma}^{-1} & \mathbf{0}\\ \mathbf{0} & \mathbf{0}\end{pmatrix}_{n\times m},\quad \boldsymbol{X}=\boldsymbol{V}\tilde{\boldsymbol{D}}\boldsymbol{U}^{\mathrm{H}},$$

则有

$$\begin{aligned}
\boldsymbol{AXA}&=(\boldsymbol{UDV}^{\mathrm{H}})(\boldsymbol{V}\tilde{\boldsymbol{D}}\boldsymbol{U}^{\mathrm{H}})(\boldsymbol{UDV}^{\mathrm{H}})=\boldsymbol{UD}\tilde{\boldsymbol{D}}\boldsymbol{DV}^{\mathrm{H}}=\boldsymbol{UDV}^{\mathrm{H}}=\boldsymbol{A},\\
\boldsymbol{XAX}&=(\boldsymbol{V}\tilde{\boldsymbol{D}}\boldsymbol{U}^{\mathrm{H}})(\boldsymbol{UDV}^{\mathrm{H}})(\boldsymbol{V}\tilde{\boldsymbol{D}}\boldsymbol{U}^{\mathrm{H}})=\boldsymbol{V}\tilde{\boldsymbol{D}}\boldsymbol{D}\tilde{\boldsymbol{D}}\boldsymbol{U}^{\mathrm{H}}=\boldsymbol{X},\\
(\boldsymbol{AX})^{\mathrm{H}}&=[(\boldsymbol{UDV}^{\mathrm{H}})(\boldsymbol{V}\tilde{\boldsymbol{D}}\boldsymbol{U}^{\mathrm{H}})]^{\mathrm{H}}=(\boldsymbol{UD}\tilde{\boldsymbol{D}}\boldsymbol{U}^{\mathrm{H}})^{\mathrm{H}}=\boldsymbol{UD}\tilde{\boldsymbol{D}}\boldsymbol{U}^{\mathrm{H}}\\
&=(\boldsymbol{UDV}^{\mathrm{H}})(\boldsymbol{V}\tilde{\boldsymbol{D}}\boldsymbol{U}^{\mathrm{H}})=\boldsymbol{AX},\\
(\boldsymbol{XA})^{\mathrm{H}}&=[(\boldsymbol{V}\tilde{\boldsymbol{D}}\boldsymbol{U}^{\mathrm{H}})(\boldsymbol{UDV}^{\mathrm{H}})]^{\mathrm{H}}=(\boldsymbol{V}\tilde{\boldsymbol{D}}\boldsymbol{DV}^{\mathrm{H}})^{\mathrm{H}}=\boldsymbol{V}\tilde{\boldsymbol{D}}\boldsymbol{DV}^{\mathrm{H}}\\
&=(\boldsymbol{V}\tilde{\boldsymbol{D}}\boldsymbol{U}^{\mathrm{H}})(\boldsymbol{UDV}^{\mathrm{H}})=\boldsymbol{XA}.
\end{aligned}$$

所以 $\boldsymbol{X}$ 同时满足 $\boldsymbol{A}$ 的 4 个 Penrose 方程, 因此 $\boldsymbol{A}^+=\boldsymbol{X}$. 证毕.

例 3.7 设 $\boldsymbol{A}=\begin{pmatrix}1&0&1\\0&1&1\\0&0&0\end{pmatrix}$, 利用矩阵的奇异值分解求 $\boldsymbol{A}^+$.

解 根据计算 $\boldsymbol{A}$ 的奇异值分解的方法可得 $\boldsymbol{A}$ 的奇异值分解为 $\boldsymbol{A}=\boldsymbol{UDV}^{\mathrm{H}}$, 其中

$$\boldsymbol{U}=\begin{pmatrix}\frac{1}{\sqrt2}&-\frac{1}{\sqrt2}&0\\ \frac{1}{\sqrt2}&\frac{1}{\sqrt2}&0\\ 0&0&1\end{pmatrix},\quad \boldsymbol{D}=\begin{pmatrix}\sqrt3&0&0\\0&1&0\\0&0&0\end{pmatrix},\quad \boldsymbol{V}^{\mathrm{H}}=\begin{pmatrix}\frac{1}{\sqrt6}&\frac{1}{\sqrt6}&\frac{2}{\sqrt6}\\ -\frac{1}{\sqrt2}&\frac{1}{\sqrt2}&0\\ -\frac{1}{\sqrt3}&-\frac{1}{\sqrt3}&\frac{1}{\sqrt3}\end{pmatrix}.$$

因此

$$A^+=\begin{pmatrix}\frac{1}{\sqrt{6}} & -\frac{1}{\sqrt{2}} & -\frac{1}{\sqrt{3}}\\ \frac{1}{\sqrt{6}} & \frac{1}{\sqrt{2}} & -\frac{1}{\sqrt{3}}\\ \frac{2}{\sqrt{6}} & 0 & \frac{1}{\sqrt{3}}\end{pmatrix}\begin{pmatrix}\frac{1}{\sqrt{3}} & 0 & 0\\ 0 & 1 & 0\\ 0 & 0 & 0\end{pmatrix}\begin{pmatrix}\frac{1}{\sqrt{2}} & \frac{1}{\sqrt{2}} & 0\\ -\frac{1}{\sqrt{2}} & \frac{1}{\sqrt{2}} & 0\\ 0 & 0 & 1\end{pmatrix}$$

$$=\begin{pmatrix}\frac{2}{3} & -\frac{1}{3} & 0\\ -\frac{1}{3} & \frac{2}{3} & 0\\ \frac{1}{3} & \frac{1}{3} & 0\end{pmatrix}.$$

2) 利用 $\boldsymbol{A}$ 的满秩分解计算 $\boldsymbol{A}^+$

定理 3.14 设 $\boldsymbol{A}\in\mathbf{C}_r^{m\times n}$ 的一个满秩分解为 $\boldsymbol{A}=\boldsymbol{F}\boldsymbol{G}$, 其中 $\boldsymbol{F}\in\mathbf{C}_r^{m\times r}$, $\boldsymbol{G}\in\mathbf{C}_r^{r\times n}$. 则

$$\boldsymbol{A}^+=\boldsymbol{G}^{\mathrm{H}}(\boldsymbol{G}\boldsymbol{G}^{\mathrm{H}})^{-1}(\boldsymbol{F}^{\mathrm{H}}\boldsymbol{F})^{-1}\boldsymbol{F}^{\mathrm{H}}=\boldsymbol{G}^{\mathrm{H}}(\boldsymbol{F}^{\mathrm{H}}\boldsymbol{A}\boldsymbol{G}^{\mathrm{H}})^{-1}\boldsymbol{F}^{\mathrm{H}}. \tag{3.14}$$

证明 由于 $\boldsymbol{F}\in\mathbf{C}_r^{m\times r}$, $\boldsymbol{G}\in\mathbf{C}_r^{r\times n}$, 因此 $\boldsymbol{F}^{\mathrm{H}}\boldsymbol{F}$, $\boldsymbol{G}\boldsymbol{G}^{\mathrm{H}}$ 和 $\boldsymbol{F}^{\mathrm{H}}\boldsymbol{A}\boldsymbol{G}^{\mathrm{H}}\in\mathbf{C}_r^{r\times r}$ 都是 r 阶可逆方阵, 直接根据 $\boldsymbol{A}^+$ 的定义可以验证式 (3.14) 满足 $\boldsymbol{A}$ 的 4 个 Penrose 方程. 证毕.

根据这个定理, 可以得到下面两个推论.

推论 3.2 设 $\boldsymbol{A}\in\mathbf{C}^{m\times n}$, 则有

(1) 当 $\operatorname{rank}\boldsymbol{A}=m$ 时, $\boldsymbol{A}^+=\boldsymbol{A}^{\mathrm{H}}(\boldsymbol{A}\boldsymbol{A}^{\mathrm{H}})^{-1}$;

(2) 当 $\operatorname{rank}\boldsymbol{A}=n$ 时, $\boldsymbol{A}^+=(\boldsymbol{A}^{\mathrm{H}}\boldsymbol{A})^{-1}\boldsymbol{A}^{\mathrm{H}}$.

证明 (1) 当 $\operatorname{rank}\boldsymbol{A}=m$ 时, $\boldsymbol{A}=\boldsymbol{I}_m\boldsymbol{A}$, 所以

$$\boldsymbol{A}^+=\boldsymbol{A}^{\mathrm{H}}(\boldsymbol{A}\boldsymbol{A}^{\mathrm{H}})^{-1}(\boldsymbol{I}_m^{\mathrm{H}}\boldsymbol{I}_m)^{-1}\boldsymbol{I}_m^{\mathrm{H}}=\boldsymbol{A}^{\mathrm{H}}(\boldsymbol{A}\boldsymbol{A}^{\mathrm{H}})^{-1}.$$

(2) 当 $\operatorname{rank}\boldsymbol{A}=n$ 时, $\boldsymbol{A}=\boldsymbol{A}\boldsymbol{I}_n$, 所以

$$\boldsymbol{A}^+=\boldsymbol{I}_n^{\mathrm{H}}(\boldsymbol{I}_n\boldsymbol{I}_n^{\mathrm{H}})^{-1}(\boldsymbol{A}^{\mathrm{H}}\boldsymbol{A})^{-1}\boldsymbol{A}^{\mathrm{H}}=(\boldsymbol{A}^{\mathrm{H}}\boldsymbol{A})^{-1}\boldsymbol{A}^{\mathrm{H}}.$$

因此推论结论成立. 证毕.

推论 3.3 设 $\boldsymbol{a},\boldsymbol{b}\in\mathbf{C}^n$, 且 $\boldsymbol{a}\neq\boldsymbol{0},\boldsymbol{b}\neq\boldsymbol{0}$, 则

(1) $(\boldsymbol{a}\boldsymbol{b}^{\mathrm{H}})^+=\dfrac{1}{\boldsymbol{a}^{\mathrm{H}}\boldsymbol{a}\boldsymbol{b}^{\mathrm{H}}\boldsymbol{b}}\boldsymbol{b}\boldsymbol{a}^{\mathrm{H}}$;

(2) $\boldsymbol{a}^+=\dfrac{1}{\boldsymbol{a}^{\mathrm{H}}\boldsymbol{a}}\boldsymbol{a}^{\mathrm{H}}$, $(\boldsymbol{b}^{\mathrm{H}})^+=\dfrac{1}{\boldsymbol{b}^{\mathrm{H}}\boldsymbol{b}}\boldsymbol{b}$.

证明 (1) 由定理 3.14, $(\boldsymbol{a}\boldsymbol{b}^{\mathrm{H}})^+=\boldsymbol{b}(\boldsymbol{b}^{\mathrm{H}}\boldsymbol{b})^{-1}(\boldsymbol{a}^{\mathrm{H}}\boldsymbol{a})^{-1}\boldsymbol{a}^{\mathrm{H}}=\dfrac{1}{\boldsymbol{a}^{\mathrm{H}}\boldsymbol{a}\boldsymbol{b}^{\mathrm{H}}\boldsymbol{b}}\boldsymbol{b}\boldsymbol{a}^{\mathrm{H}}$.

(2) $\boldsymbol{a}\in\mathbf{C}^n$, $\operatorname{rank}\boldsymbol{a}=1$, 由推论 3.2, $\boldsymbol{a}^+=\dfrac{1}{\boldsymbol{a}^{\mathrm{H}}\boldsymbol{a}}\boldsymbol{a}^{\mathrm{H}}$. 同理, $\boldsymbol{b}\in\mathbf{C}^n$, $\operatorname{rank}\boldsymbol{b}^{\mathrm{H}}=1$, 由推论 3.2, $(\boldsymbol{b}^{\mathrm{H}})^+=\dfrac{1}{\boldsymbol{b}^{\mathrm{H}}\boldsymbol{b}}\boldsymbol{b}$. 证毕.

例 3.8 设 $\boldsymbol{A}=\begin{pmatrix}1 & 0 & 0\\ 0 & 1 & -1\\ 1 & 0 & 0\\ 2 & 1 & -1\end{pmatrix}$, 利用矩阵的满秩分解求 $\boldsymbol{A}^+$.

解 矩阵 $\boldsymbol{A}$ 的一个满秩分解为

$$\boldsymbol{A}=\boldsymbol{F}\boldsymbol{G}=\begin{pmatrix}1&0\\0&1\\1&0\\2&1\end{pmatrix}\begin{pmatrix}1&0&0\\0&1&-1\end{pmatrix}.$$

因此

$$\begin{aligned}\boldsymbol{A}^{+}=&\boldsymbol{G}^{\mathrm{H}}(\boldsymbol{F}^{\mathrm{H}}\boldsymbol{A}\boldsymbol{G}^{\mathrm{H}})^{-1}\boldsymbol{F}^{\mathrm{H}}\\=&\begin{pmatrix}1&0\\0&1\\0&-1\end{pmatrix}\left(\begin{pmatrix}1&0&1&2\\0&1&0&1\end{pmatrix}\begin{pmatrix}1&0&0\\0&1&-1\\1&0&0\\2&1&-1\end{pmatrix}\begin{pmatrix}1&0\\0&1\\0&-1\end{pmatrix}\right)^{-1}\\&\cdot\begin{pmatrix}1&0&1&2\\0&1&0&1\end{pmatrix}\\=&\begin{pmatrix}1&0\\0&1\\0&-1\end{pmatrix}\begin{pmatrix}6&4\\2&4\end{pmatrix}^{-1}\begin{pmatrix}1&0&1&2\\0&1&0&1\end{pmatrix}=\frac{1}{8}\begin{pmatrix}2&-2&2&2\\-1&3&-1&1\\1&-3&1&-1\end{pmatrix}.\end{aligned}$$

在直接解法中, 往往需要对 $\boldsymbol{A}$ 进行各种形式的分解, 但实际计算中这种分解是比较困难的. 因此, 在实际计算中, 常常是用迭代法来计算 $\boldsymbol{A}^{+}$ 的近似矩阵.

2. 计算 $\boldsymbol{A}^{+}$ 的迭代法

1) 计算 $\boldsymbol{A}^{+}$ 的矩阵迭代方法

定理 3.15 对于任意矩阵 $\boldsymbol{A}\in\mathbf{C}_r^{m\times n}$, 设 $\sigma_1,\sigma_2,\cdots,\sigma_r$ 为 $\boldsymbol{A}$ 的 r 个非零奇异值, 记 $c=\max\{\sigma_1^2,\sigma_2^2,\cdots,\sigma_r^2\}$. 则当 $0<\alpha<\dfrac{2}{c}$ 时, 由迭代格式

$$\begin{cases}\boldsymbol{X}_0=\alpha\boldsymbol{A}^{\mathrm{H}},\\\boldsymbol{X}_k=\boldsymbol{X}_{k-1}+\alpha(\boldsymbol{I}-\alpha\boldsymbol{A}^{\mathrm{H}}\boldsymbol{A})^k\boldsymbol{A}^{\mathrm{H}},\quad k=1,2,\cdots\end{cases}\tag{3.15}$$

得到的迭代序列 $\{\boldsymbol{X}_k\}$ 收敛于 $\boldsymbol{A}^{+}$, 即

$$\boldsymbol{A}^{+}=\sum_{k=0}^{+\infty}\alpha(\boldsymbol{I}-\alpha\boldsymbol{A}^{\mathrm{H}}\boldsymbol{A})^k\boldsymbol{A}^{\mathrm{H}}.\tag{3.16}$$

证明 由迭代格式(3.15), 可知

$$\lim_{k\to+\infty}\boldsymbol{X}_k=\sum_{k=0}^{+\infty}\alpha(\boldsymbol{I}-\alpha\boldsymbol{A}^{\mathrm{H}}\boldsymbol{A})^k\boldsymbol{A}^{\mathrm{H}}.$$

对于 $\boldsymbol{A}\in\mathbf{C}_r^{m\times n}$, 存在酉矩阵 $\boldsymbol{U}\in\mathbf{C}_m^{m\times m}$ 和 $\boldsymbol{V}\in\mathbf{C}_n^{n\times n}$, 形成 $\boldsymbol{A}$ 的奇异值分解

$$\boldsymbol{A}=\boldsymbol{U}\boldsymbol{D}\boldsymbol{V}^{\mathrm{H}},$$

式中 $\boldsymbol{D}=\begin{pmatrix}\boldsymbol{\Sigma}&\boldsymbol{0}\\\boldsymbol{0}&\boldsymbol{0}\end{pmatrix}$, $\boldsymbol{\Sigma}=\mathrm{diag}(\sigma_1,\sigma_2,\cdots,\sigma_r)$, $\sigma_1,\sigma_2,\cdots,\sigma_r$ 为 $\boldsymbol{A}$ 的 r 个非零奇异值. 因此

$$\boldsymbol{A}^{\mathrm{H}}\boldsymbol{A} = (\boldsymbol{U}\boldsymbol{D}\boldsymbol{V}^{\mathrm{H}})^{\mathrm{H}}(\boldsymbol{U}\boldsymbol{D}\boldsymbol{V}^{\mathrm{H}}) = \boldsymbol{V}\boldsymbol{D}^{\mathrm{H}}\boldsymbol{D}\boldsymbol{V}^{\mathrm{H}}.$$

从而有

$$\begin{aligned}\alpha(\boldsymbol{I} - \alpha\boldsymbol{A}^{\mathrm{H}}\boldsymbol{A})^k\boldsymbol{A}^{\mathrm{H}} &= \alpha[\boldsymbol{V}(\boldsymbol{I} - \alpha\boldsymbol{D}^{\mathrm{H}}\boldsymbol{D})\boldsymbol{V}^{\mathrm{H}}]^k(\boldsymbol{U}\boldsymbol{D}\boldsymbol{V}^{\mathrm{H}})^{\mathrm{H}} \\ &= \boldsymbol{V}[\alpha(\boldsymbol{I} - \alpha\boldsymbol{D}^{\mathrm{H}}\boldsymbol{D})^k\boldsymbol{D}^{\mathrm{H}}]\boldsymbol{U}^{\mathrm{H}},\end{aligned}$$

即

$$\sum_{k=0}^{+\infty}\alpha(\boldsymbol{I} - \alpha\boldsymbol{A}^{\mathrm{H}}\boldsymbol{A})^k\boldsymbol{A}^{\mathrm{H}} = \boldsymbol{V}\left[\sum_{k=0}^{+\infty}\alpha(\boldsymbol{I} - \alpha\boldsymbol{D}^{\mathrm{H}}\boldsymbol{D})^k\boldsymbol{D}^{\mathrm{H}}\right]\boldsymbol{U}^{\mathrm{H}}.$$

记

$$\boldsymbol{W}_l = \sum_{k=0}^{l}\alpha(\boldsymbol{I} - \alpha\boldsymbol{D}^{\mathrm{H}}\boldsymbol{D})^k\boldsymbol{D}^{\mathrm{H}} = \begin{pmatrix} \boldsymbol{B}_l & \boldsymbol{0} \\ \boldsymbol{0} & \boldsymbol{0} \end{pmatrix}_{n\times m},$$

其中 $\boldsymbol{B}_l = \boldsymbol{\Sigma}^{-1} - \boldsymbol{\Sigma}^{-1}\mathrm{diag}((1-\alpha\sigma_1^2)^l, (1-\alpha\sigma_2^2)^l, \cdots, (1-\alpha\sigma_r^2)^l)$. 如果记 $c = \max\{\sigma_1^2, \sigma_2^2, \cdots, \sigma_r^2\}$, 则当 $0 < \alpha < \dfrac{2}{c}$ 时, 有 $|1 - \alpha\sigma_i^2| < 1$ $(i = 1, 2, \cdots, r)$, 从而有

$$\lim_{l\to+\infty}\boldsymbol{W}_l = \boldsymbol{W} = \begin{pmatrix} \boldsymbol{\Sigma}^{-1} & \boldsymbol{0} \\ \boldsymbol{0} & \boldsymbol{0} \end{pmatrix}_{n\times m}.$$

所以

$$\sum_{k=0}^{+\infty}\alpha(\boldsymbol{I} - \alpha\boldsymbol{A}^{\mathrm{H}}\boldsymbol{A})^k\boldsymbol{A}^{\mathrm{H}} = \boldsymbol{V}\begin{pmatrix} \boldsymbol{\Sigma}^{-1} & \boldsymbol{0} \\ \boldsymbol{0} & \boldsymbol{0} \end{pmatrix}_{n\times m}\boldsymbol{U}^{\mathrm{H}}.$$

根据基于奇异值分解的 $\boldsymbol{A}^+$ 的计算公式 (3.13), 可得

$$\sum_{k=0}^{+\infty}\alpha(\boldsymbol{I} - \alpha\boldsymbol{A}^{\mathrm{H}}\boldsymbol{A})^k\boldsymbol{A}^{\mathrm{H}} = \boldsymbol{A}^+,$$

即迭代格式(3.15) 得到的迭代序列 $\{\boldsymbol{X}_k\}$ 收敛于 $\boldsymbol{A}^+$.　　证毕.

根据迭代格式(3.15) 还可以得到下面的一些计算 $\boldsymbol{A}^+$ 的其他矩阵迭代法.

推论 3.4　*在定理 3.15 的条件下, 由迭代格式*

$$\begin{cases} \tilde{\boldsymbol{X}}_0 = \alpha\boldsymbol{A}^{\mathrm{H}}, \\ \tilde{\boldsymbol{X}}_k = \tilde{\boldsymbol{X}}_{k-1} + \alpha\boldsymbol{A}^{\mathrm{H}}(\boldsymbol{I} - \alpha\boldsymbol{A}\boldsymbol{A}^{\mathrm{H}})^k, \quad k = 1, 2, \cdots \end{cases} \tag{3.17}$$

得到的迭代序列 $\{\tilde{\boldsymbol{X}}_k\}$ 收敛于 $\boldsymbol{A}^+$, 即

$$\boldsymbol{A}^+ = \sum_{k=0}^{+\infty}\alpha\boldsymbol{A}^{\mathrm{H}}(\boldsymbol{I} - \alpha\boldsymbol{A}\boldsymbol{A}^{\mathrm{H}})^k. \tag{3.18}$$

证明　由定理 3.15 可得

$$(\boldsymbol{A}^{\mathrm{H}})^+ = \sum_{k=0}^{+\infty}\alpha(\boldsymbol{I} - \alpha\boldsymbol{A}\boldsymbol{A}^{\mathrm{H}})^k\boldsymbol{A}.$$

容易验证 $(\boldsymbol{A}^{\mathrm{H}})^+ = (\boldsymbol{A}^+)^{\mathrm{H}}$ (只需验证 $(\boldsymbol{A}^+)^{\mathrm{H}}$ 满足 $\boldsymbol{A}^{\mathrm{H}}$ 的 4 个 Penrose 方程即可), 从而有

$$\boldsymbol{A}^+ = [(\boldsymbol{A}^+)^{\mathrm{H}}]^{\mathrm{H}} = [(\boldsymbol{A}^{\mathrm{H}})^+]^{\mathrm{H}} = \sum_{k=0}^{+\infty}\alpha\boldsymbol{A}^{\mathrm{H}}(\boldsymbol{I} - \alpha\boldsymbol{A}\boldsymbol{A}^{\mathrm{H}})^k.$$

证毕.

推论 3.5 在定理 3.15 的条件下, 由迭代格式

$$\begin{cases} \boldsymbol{X}_0 = \alpha \boldsymbol{A}^{\mathrm{H}}, \\ \boldsymbol{X}_k = \boldsymbol{X}_{k-1} + \boldsymbol{X}_0(\boldsymbol{I} - \boldsymbol{A}\boldsymbol{X}_{k-1}), \quad k = 1, 2, \cdots \end{cases} \tag{3.19}$$

得到的迭代序列 $\{\boldsymbol{X}_k\}$ 也收敛于 $\boldsymbol{A}^+$.

证明 事实上, 若记 $\boldsymbol{R} = \boldsymbol{I} - \alpha \boldsymbol{A}^{\mathrm{H}}\boldsymbol{A}$, 则迭代格式 (3.15) 可表示为

$$\boldsymbol{X}_k = (\boldsymbol{I} + \boldsymbol{R} + \boldsymbol{R}^2 + \cdots + \boldsymbol{R}^k)\boldsymbol{X}_0.$$

由于

$$(\boldsymbol{I} - \boldsymbol{R})(\boldsymbol{I} + \boldsymbol{R} + \boldsymbol{R}^2 + \cdots + \boldsymbol{R}^k)\boldsymbol{X}_0 = (\boldsymbol{I} - \boldsymbol{R}^{k+1})\boldsymbol{X}_0,$$

即

$$(\boldsymbol{I} - \boldsymbol{R})\boldsymbol{X}_k = \boldsymbol{X}_0 - \boldsymbol{R}^{k+1}\boldsymbol{X}_0,$$

所以

$$\boldsymbol{R}^{k+1}\boldsymbol{X}_0 = \boldsymbol{X}_0 - (\boldsymbol{I} - \boldsymbol{R})\boldsymbol{X}_k = \boldsymbol{X}_0 - \alpha \boldsymbol{A}^{\mathrm{H}}\boldsymbol{A}\boldsymbol{X}_k = \boldsymbol{X}_0 - \boldsymbol{X}_0\boldsymbol{A}\boldsymbol{X}_k.$$

从而

$$\begin{aligned} \boldsymbol{X}_{k+1} &= (\boldsymbol{I} + \boldsymbol{R} + \boldsymbol{R}^2 + \cdots + \boldsymbol{R}^{k+1})\boldsymbol{X}_0 \\ &= \boldsymbol{X}_k + \boldsymbol{R}^{k+1}\boldsymbol{X}_0 = \boldsymbol{X}_k + \boldsymbol{X}_0(\boldsymbol{I} - \boldsymbol{A}\boldsymbol{X}_k), \end{aligned}$$

即迭代格式 (3.15) 也可表示为

$$\begin{cases} \boldsymbol{X}_0 = \alpha \boldsymbol{A}^{\mathrm{H}}, \\ \boldsymbol{X}_k = \boldsymbol{X}_{k-1} + \boldsymbol{X}_0(\boldsymbol{I} - \boldsymbol{A}\boldsymbol{X}_{k-1}), \quad k = 1, 2, \cdots. \end{cases}$$

故迭代格式(3.15)和迭代格式(3.19)是完全等价的. 在定理 3.15 的条件下, 迭代格式(3.15)收敛, 因此迭代格式(3.19)也收敛. 证毕.

定理 3.16 在定理 3.15 的条件下, 由迭代格式

$$\begin{cases} \boldsymbol{Z}_0 = \alpha \boldsymbol{A}^{\mathrm{H}}, \\ \boldsymbol{Z}_{k+1} = \boldsymbol{Z}_k(2\boldsymbol{I} - \boldsymbol{A}\boldsymbol{Z}_k), \quad k = 0, 1, 2, \cdots \end{cases} \tag{3.20}$$

得到的迭代序列 $\{\boldsymbol{Z}_k\}$ 也收敛于 $\boldsymbol{A}^+$.

证明 事实上, 迭代格式 (3.19) 得到的迭代序列 $\{\boldsymbol{X}_k\}$ 和迭代格式 (3.20) 得到的迭代序列 $\{\boldsymbol{Z}_k\}$ 有如下关系:

$$\boldsymbol{Z}_k = \boldsymbol{X}_{2^k-1}, \quad k = 0, 1, 2, \cdots.$$

可用数学归纳法进行证明:

(1) 当 $k = 0$ 时, $\boldsymbol{Z}_0 = \boldsymbol{X}_0$ 成立;

(2) 当 $k = 1$ 时, $\boldsymbol{Z}_1 = \boldsymbol{Z}_0(2\boldsymbol{I} - \boldsymbol{A}\boldsymbol{Z}_0) = \boldsymbol{X}_0 + \boldsymbol{X}_0(\boldsymbol{I} - \boldsymbol{A}\boldsymbol{X}_0) = \boldsymbol{X}_1$;

(3) 当 $k = 2$ 时, 利用推论 3.5 证明中的记法 $\boldsymbol{R} = \boldsymbol{I} - \alpha \boldsymbol{A}^{\mathrm{H}}\boldsymbol{A}$, 有

$$\begin{aligned} \boldsymbol{Z}_2 &= \boldsymbol{Z}_1(2\boldsymbol{I} - \boldsymbol{A}\boldsymbol{Z}_1) = \boldsymbol{Z}_1 + \boldsymbol{Z}_1(\boldsymbol{I} - \boldsymbol{A}\boldsymbol{Z}_1) \\ &= \boldsymbol{X}_1 + \boldsymbol{X}_1(\boldsymbol{I} - \boldsymbol{A}\boldsymbol{X}_1) = (\boldsymbol{I} + \boldsymbol{R})\boldsymbol{X}_0 + (\boldsymbol{I} + \boldsymbol{R})\boldsymbol{X}_0(\boldsymbol{I} - \boldsymbol{A}\boldsymbol{X}_1) \\ &= (\boldsymbol{I} + \boldsymbol{R})\boldsymbol{X}_0 + (\boldsymbol{I} + \boldsymbol{R})\boldsymbol{R}^2\boldsymbol{X}_0 = (\boldsymbol{I} + \boldsymbol{R} + \boldsymbol{R}^2 + \boldsymbol{R}^3)\boldsymbol{X}_0 = \boldsymbol{X}_3 = \boldsymbol{X}_{2^2-1}, \end{aligned}$$

即 $k = 2$ 时, $\boldsymbol{Z}_k = \boldsymbol{X}_{2^k-1}$ 也成立;

(4) 假设 $\boldsymbol{Z}_k = \boldsymbol{X}_{2^k-1}$ 成立, 则对于 $\boldsymbol{Z}_{k+1}$, 有

$$\begin{aligned}\boldsymbol{Z}_{k+1} &= \boldsymbol{Z}_k(2\boldsymbol{I} - \boldsymbol{A}\boldsymbol{Z}_k) = \boldsymbol{X}_{2^k-1} + \boldsymbol{X}_{2^k-1}(\boldsymbol{I} - \boldsymbol{A}\boldsymbol{X}_{2^k-1})\\ &= (\boldsymbol{I}+\boldsymbol{R}+\cdots+\boldsymbol{R}^{2^k-1})\boldsymbol{X}_0 + (\boldsymbol{I}+\boldsymbol{R}+\cdots+\boldsymbol{R}^{2^k-1})\boldsymbol{X}_0(\boldsymbol{I}-\boldsymbol{A}\boldsymbol{X}_{2^k-1})\\ &= (\boldsymbol{I}+\boldsymbol{R}+\boldsymbol{R}^2+\cdots+\boldsymbol{R}^{2^k-1})\boldsymbol{X}_0 + (\boldsymbol{I}+\boldsymbol{R}+\boldsymbol{R}^2+\cdots+\boldsymbol{R}^{2^k-1})\boldsymbol{R}^{2^k}\boldsymbol{X}_0\\ &= (\boldsymbol{I}+\boldsymbol{R}+\boldsymbol{R}^2+\cdots+\boldsymbol{R}^{2^{(k+1)}-1})\boldsymbol{X}_0 = \boldsymbol{X}_{2^{(k+1)}-1}.\end{aligned}$$

由数学归纳法, $\boldsymbol{Z}_k = \boldsymbol{X}_{2^k-1}$ 成立.

这表明, 迭代格式(3.20)得到的序列 $\{\boldsymbol{Z}_k\}$ 实际上是迭代格式 (3.19) 得到的序列 $\{\boldsymbol{X}_k\}$ 的一个子序列, 因此在满足定理 3.15 的条件下, 由迭代格式 (3.20) 得到的序列 $\{\boldsymbol{Z}_k\}$ 也收敛于 $\boldsymbol{A}^+$. 证毕.

该定理的证明还表明, 迭代格式 (3.20) 第 k 次迭代得到的 $\boldsymbol{A}^+$ 的近似矩阵等于迭代格式 (3.19) 迭代 2^k-1 次得到的 $\boldsymbol{A}^+$ 的近似矩阵, 显然迭代格式 (3.20) 的收敛速度比迭代格式 (3.19) 要快得多.

2) 计算 $\boldsymbol{A}^+$ 的 Greville 递推法

计算 $\boldsymbol{A}^+$ 的矩阵迭代格式都需要计算矩阵的乘法, 当矩阵规模较大时, 这类方法的计算量非常大. 1960 年, Greville 提出了一种只需要计算矩阵和向量乘法的递推方法.

定理 3.17 设 $\boldsymbol{A} = (\boldsymbol{a}_1, \boldsymbol{a}_2, \cdots, \boldsymbol{a}_n) \in \mathbf{C}^{m\times n}$, 记 $\boldsymbol{A}_k \in \mathbf{C}^{m\times k}$ 为 $\boldsymbol{A}$ 的前 k 列组成的矩阵, 并将 $\boldsymbol{A}_k$ 分块为

$$\boldsymbol{A}_k = (\boldsymbol{A}_{k-1}, \boldsymbol{a}_k), \quad k = 1, 2, \cdots, n,$$

其中 $\boldsymbol{A}_1 = \boldsymbol{a}_1$, $\boldsymbol{A}_n = \boldsymbol{A}$. 则有

$$\boldsymbol{A}_k^+ = \begin{pmatrix} \boldsymbol{A}_{k-1}^+ - \boldsymbol{d}_k\boldsymbol{b}_k^{\mathrm{H}} \\ \boldsymbol{b}_k^{\mathrm{H}} \end{pmatrix}, \quad k = 2, 3, \cdots, n, \tag{3.21}$$

其中

$$\boldsymbol{d}_k = \boldsymbol{A}_{k-1}^+\boldsymbol{a}_k, \quad \boldsymbol{c}_k = \boldsymbol{a}_k - \boldsymbol{A}_{k-1}\boldsymbol{d}_k,$$

$$\boldsymbol{b}_k^{\mathrm{H}} = \begin{cases} \boldsymbol{c}_k^+, & \boldsymbol{c}_k \neq \boldsymbol{0}, \\ \dfrac{\boldsymbol{d}_k^{\mathrm{H}}\boldsymbol{A}_{k-1}^+}{1+\boldsymbol{d}_k^{\mathrm{H}}\boldsymbol{d}_k}, & \boldsymbol{c}_k = \boldsymbol{0}. \end{cases}$$

证明 设 $\boldsymbol{X}_k = \begin{pmatrix} \boldsymbol{A}_{k-1}^+ - \boldsymbol{d}_k\boldsymbol{b}_k^{\mathrm{H}} \\ \boldsymbol{b}_k^{\mathrm{H}} \end{pmatrix}$.

(1) 当 $\boldsymbol{c}_k = \boldsymbol{0}$ 时, 有 $\boldsymbol{a}_k = \boldsymbol{A}_{k-1}\boldsymbol{d}_k$, 则

$$\begin{aligned}\boldsymbol{A}_k\boldsymbol{X}_k\boldsymbol{A}_k &= (\boldsymbol{A}_{k-1}, \boldsymbol{a}_k)\begin{pmatrix} \boldsymbol{A}_{k-1}^+ - \boldsymbol{d}_k\boldsymbol{b}_k^{\mathrm{H}} \\ \boldsymbol{b}_k^{\mathrm{H}} \end{pmatrix}(\boldsymbol{A}_{k-1}, \boldsymbol{a}_k)\\ &= (\boldsymbol{A}_{k-1}\boldsymbol{A}_{k-1}^+ - \boldsymbol{A}_{k-1}\boldsymbol{d}_k\boldsymbol{b}_k^{\mathrm{H}} + \boldsymbol{a}_k\boldsymbol{b}_k^{\mathrm{H}})(\boldsymbol{A}_{k-1}, \boldsymbol{a}_k)\\ &= (\boldsymbol{A}_{k-1}\boldsymbol{A}_{k-1}^+\boldsymbol{A}_{k-1}, \boldsymbol{A}_{k-1}\boldsymbol{A}_{k-1}^+\boldsymbol{A}_{k-1}\boldsymbol{d}_k)\\ &= (\boldsymbol{A}_{k-1}, \boldsymbol{A}_{k-1}\boldsymbol{d}_k) = (\boldsymbol{A}_{k-1}, \boldsymbol{a}_k) = \boldsymbol{A}_k.\end{aligned}$$

同样可以验证 $\boldsymbol{X}_k$ 满足 $\boldsymbol{A}_k$ 的其他 3 个 Penrose 方程, 因此 $\boldsymbol{X}_k = \boldsymbol{A}_k^+$.

(2) 当 $\boldsymbol{c}_k \neq \boldsymbol{0}$ 时, $\boldsymbol{b}_k^{\mathrm{H}} = \boldsymbol{c}_k^+$. 由于

$$\boldsymbol{A}_{k-1}^+\boldsymbol{c}_k = \boldsymbol{A}_{k-1}^+(\boldsymbol{a}_k - \boldsymbol{A}_{k-1}\boldsymbol{d}_k) = \boldsymbol{A}_{k-1}^+\boldsymbol{a}_k - \boldsymbol{A}_{k-1}^+\boldsymbol{A}_{k-1}\boldsymbol{A}_{k-1}^+\boldsymbol{a}_k = \boldsymbol{0},$$

所以

$$\begin{aligned}\boldsymbol{0} &= \boldsymbol{A}_{k-1}^{\mathrm{H}}\boldsymbol{A}_{k-1}\boldsymbol{A}_{k-1}^+\boldsymbol{c}_k\boldsymbol{c}_k^+(\boldsymbol{c}_k^+)^{\mathrm{H}} = \boldsymbol{A}_{k-1}^{\mathrm{H}}(\boldsymbol{A}_{k-1}\boldsymbol{A}_{k-1}^+)^{\mathrm{H}}(\boldsymbol{c}_k\boldsymbol{c}_k^+)^{\mathrm{H}}(\boldsymbol{c}_k^+)^{\mathrm{H}}\\ &= \boldsymbol{A}_{k-1}^{\mathrm{H}}(\boldsymbol{A}_{k-1}^+)^{\mathrm{H}}(\boldsymbol{A}_{k-1})^{\mathrm{H}}(\boldsymbol{c}_k^+)^{\mathrm{H}}(\boldsymbol{c}_k)^{\mathrm{H}}(\boldsymbol{c}_k^+)^{\mathrm{H}}\\ &= (\boldsymbol{A}_{k-1}\boldsymbol{A}_{k-1}^+\boldsymbol{A}_{k-1})^{\mathrm{H}}(\boldsymbol{c}_k^+\boldsymbol{c}_k\boldsymbol{c}_k^+)^{\mathrm{H}} = \boldsymbol{A}_{k-1}^{\mathrm{H}}(\boldsymbol{c}_k^+)^{\mathrm{H}} = (\boldsymbol{c}_k^+\boldsymbol{A}_{k-1})^{\mathrm{H}}.\end{aligned}$$

因此 $\boldsymbol{c}_k^+\boldsymbol{A}_{k-1} = \boldsymbol{0}$, 从而有 $\boldsymbol{c}_k = \boldsymbol{c}_k\boldsymbol{c}_k^+\boldsymbol{c}_k = \boldsymbol{c}_k\boldsymbol{c}_k^+(\boldsymbol{a}_k - \boldsymbol{A}_{k-1}\boldsymbol{d}_k) = \boldsymbol{c}_k\boldsymbol{c}_k^+\boldsymbol{a}_k$. 根据式(3.14), 可知 $\boldsymbol{c}_k^+ = \dfrac{\boldsymbol{c}_k^{\mathrm{H}}}{\boldsymbol{c}_k^{\mathrm{H}}\boldsymbol{c}_k}$, 因此有 $\boldsymbol{c}_k^+\boldsymbol{c}_k = 1$, 从而 $\boldsymbol{c}_k^+\boldsymbol{a}_k = \boldsymbol{c}_k^+\boldsymbol{c}_k\boldsymbol{c}_k^+\boldsymbol{a}_k = \boldsymbol{c}_k^+\boldsymbol{c}_k = 1$, 则

$$\begin{aligned}\boldsymbol{A}_k\boldsymbol{X}_k\boldsymbol{A}_k &= (\boldsymbol{A}_{k-1}, \boldsymbol{a}_k)\begin{pmatrix}\boldsymbol{A}_{k-1}^+ - \boldsymbol{d}_k\boldsymbol{c}_k^+\\ \boldsymbol{c}_k^+\end{pmatrix}(\boldsymbol{A}_{k-1}, \boldsymbol{a}_k)\\ &= (\boldsymbol{A}_{k-1}\boldsymbol{A}_{k-1}^+ + (\boldsymbol{a}_k - \boldsymbol{A}_{k-1}\boldsymbol{d}_k)\boldsymbol{c}_k^+)(\boldsymbol{A}_{k-1}, \boldsymbol{a}_k)\\ &= (\boldsymbol{A}_{k-1} + \boldsymbol{c}_k(\boldsymbol{c}_k^+\boldsymbol{A}_{k-1}), \boldsymbol{A}_{k-1}\boldsymbol{A}_{k-1}^+\boldsymbol{a}_k - \boldsymbol{A}_{k-1}\boldsymbol{d}_k(\boldsymbol{c}_k^+\boldsymbol{a}_k) + \boldsymbol{a}_k(\boldsymbol{c}_k^+\boldsymbol{a}_k))\\ &= (\boldsymbol{A}_{k-1}, \boldsymbol{A}_{k-1}\boldsymbol{d}_k - \boldsymbol{A}_{k-1}\boldsymbol{d}_k + \boldsymbol{a}_k) = (\boldsymbol{A}_{k-1}, \boldsymbol{a}_k) = \boldsymbol{A}_k.\end{aligned}$$

同样可以验证 $\boldsymbol{X}_k$ 满足 $\boldsymbol{A}_k$ 的其他 3 个 Penrose 方程, 因此 $\boldsymbol{X}_k = \boldsymbol{A}_k^+$. 故式(3.21)成立, 从而有 $\boldsymbol{A}^+ = \boldsymbol{A}_n^+$. 证毕.

Greville (格雷维尔) 提出的这种方法实际上是一种以迭代形式实现的计算 $\boldsymbol{A}^+$ 的直接方法, 在理论上由式 (3.21) 迭代 n 步就可以精确得到 $\boldsymbol{A}^+$. 从计算量的角度来看, 这种方法只用到了矩阵和向量的乘法, 并没有用到矩阵和矩阵的乘法, 因此计算量要比其他的矩阵迭代法小得多.

3.3 Moore-Penrose 逆的性质

矩阵 $\boldsymbol{A} \in \mathbf{C}^{m\times n}$ 的 Moore-Penrose 逆 $\boldsymbol{A}^+$ 同时满足 4 个 Penrose 方程, 它具有所有广义逆矩阵的所有性质, 同时它也具有一些特殊的性质, 比如当 $\boldsymbol{A}$ 为满秩方阵时, 容易验证 $\boldsymbol{A}^{-1}$ 同时满足 4 个 Penrose 方程, 即此时 $\boldsymbol{A}^+ = \boldsymbol{A}^{-1}$. 除此之外, $\boldsymbol{A}^+$ 还具有下面一些基本性质.

定理 3.18 *设 $\boldsymbol{A} \in \mathbf{C}^{m\times n}$, 则 $\boldsymbol{A}$ 的 Moore-Penrose 逆 $\boldsymbol{A}^+$ 存在且唯一.*

证明 首先, 由于 $\boldsymbol{A}$ 的奇异值分解是一定存在的, 因此根据基于 $\boldsymbol{A}$ 的奇异值分解计算 $\boldsymbol{A}^+$ 的方法, $\boldsymbol{A}^+$ 是一定存在的. 下面证明唯一性.

假设 $\boldsymbol{X}$ 与 $\boldsymbol{Y}$ 均为 $\boldsymbol{A}$ 的 Moore-Penrose 逆, 即 $\boldsymbol{X}$ 与 $\boldsymbol{Y}$ 都满足 4 个 Penrose 方程, 则有

$$\begin{aligned}\boldsymbol{X} &= \boldsymbol{XAX} = \boldsymbol{X}(\boldsymbol{AX})^{\mathrm{H}} = \boldsymbol{X}[(\boldsymbol{AYA})\boldsymbol{X}]^{\mathrm{H}} = \boldsymbol{X}(\boldsymbol{AX})^{\mathrm{H}}(\boldsymbol{AY})^{\mathrm{H}}\\ &= \boldsymbol{XAXAY} = \boldsymbol{XAY} = \boldsymbol{XA}(\boldsymbol{YAY}) = (\boldsymbol{XA})^{\mathrm{H}}(\boldsymbol{YA})^{\mathrm{H}}\boldsymbol{Y}\\ &= (\boldsymbol{YAXA})^{\mathrm{H}}\boldsymbol{Y} = (\boldsymbol{YA})^{\mathrm{H}}\boldsymbol{Y} = \boldsymbol{YAY} = \boldsymbol{Y},\end{aligned}$$

所以 $\boldsymbol{A}$ 的 Moore-Penrose 逆 $\boldsymbol{A}^+$ 是唯一的. 证毕.

由于 $\boldsymbol{A}^+$ 同时满足所有 4 个 Penrose 方程, 因此在 15 类广义逆矩阵中的每一类都包含 $\boldsymbol{A}^+$, 这也表明任意矩阵的 15 类广义逆矩阵都是存在的. 但需要指出的是, 在所有 15 类广义逆矩阵中, 除 Moore-Penrose 逆是唯一的以外, 其余 14 类广义逆矩阵都是不唯一的.

定理 3.19 *设 $\boldsymbol{A} \in \mathbf{C}^{m\times n}$, 则 $\boldsymbol{A}^+ \in \mathbf{C}^{n\times m}$ 具有下列一些性质:*

(1) $\operatorname{rank} \boldsymbol{A}^{+} = \operatorname{rank} \boldsymbol{A}$;

(2) $(\boldsymbol{A}^{+})^{+} = \boldsymbol{A}$;

(3) $(\boldsymbol{A}^{\mathrm{H}})^{+} = (\boldsymbol{A}^{+})^{\mathrm{H}}$;

(4) $(\boldsymbol{A}^{\mathrm{H}}\boldsymbol{A})^{+} = \boldsymbol{A}^{+}(\boldsymbol{A}^{\mathrm{H}})^{+}$, $(\boldsymbol{A}\boldsymbol{A}^{\mathrm{H}})^{+} = (\boldsymbol{A}^{\mathrm{H}})^{+}\boldsymbol{A}^{+}$;

(5) $\boldsymbol{A}^{+} = (\boldsymbol{A}^{\mathrm{H}}\boldsymbol{A})^{+}\boldsymbol{A}^{\mathrm{H}} = \boldsymbol{A}^{\mathrm{H}}(\boldsymbol{A}\boldsymbol{A}^{\mathrm{H}})^{+}$.

证明　(1) 由于 $\boldsymbol{A}\boldsymbol{A}^{+}\boldsymbol{A} = \boldsymbol{A}$, $\boldsymbol{A}^{+}\boldsymbol{A}\boldsymbol{A}^{+} = \boldsymbol{A}^{+}$, 所以有 $\operatorname{rank} \boldsymbol{A}^{+} \geqslant \operatorname{rank} \boldsymbol{A}$, 且 $\operatorname{rank} \boldsymbol{A} \geqslant \operatorname{rank} \boldsymbol{A}^{+}$, 即 $\operatorname{rank} \boldsymbol{A}^{+} = \operatorname{rank} \boldsymbol{A}$.

(2) 只需验证 $\boldsymbol{A}$ 满足 $\boldsymbol{A}^{+}$ 的 4 个 Penrose 方程:

$$\boldsymbol{A}^{+}\boldsymbol{A}\boldsymbol{A}^{+} = \boldsymbol{A}^{+}(\boldsymbol{A}\boldsymbol{A}^{+}\boldsymbol{A})\boldsymbol{A}^{+} = (\boldsymbol{A}^{+}\boldsymbol{A}\boldsymbol{A}^{+})\boldsymbol{A}\boldsymbol{A}^{+} = \boldsymbol{A}^{+}\boldsymbol{A}\boldsymbol{A}^{+} = \boldsymbol{A}^{+};$$

$$\boldsymbol{A}\boldsymbol{A}^{+}\boldsymbol{A} = \boldsymbol{A}(\boldsymbol{A}^{+}\boldsymbol{A}\boldsymbol{A}^{+})\boldsymbol{A} = (\boldsymbol{A}\boldsymbol{A}^{+}\boldsymbol{A})\boldsymbol{A}^{+}\boldsymbol{A} = \boldsymbol{A}\boldsymbol{A}^{+}\boldsymbol{A} = \boldsymbol{A};$$

$$(\boldsymbol{A}^{+}\boldsymbol{A})^{\mathrm{H}} = \boldsymbol{A}^{+}\boldsymbol{A} \quad (\text{因为}\boldsymbol{A}^{+}\text{满足}\boldsymbol{A}\text{的第4个Penrose方程});$$

$$(\boldsymbol{A}\boldsymbol{A}^{+})^{\mathrm{H}} = \boldsymbol{A}\boldsymbol{A}^{+} \quad (\text{因为}\boldsymbol{A}^{+}\text{满足}\boldsymbol{A}\text{的第3个Penrose方程}),$$

因此 $(\boldsymbol{A}^{+})^{+} = \boldsymbol{A}$.

(3) 同上, 只需验证 $(\boldsymbol{A}^{+})^{\mathrm{H}}$ 满足 $\boldsymbol{A}^{\mathrm{H}}$ 的 4 个 Penrose 方程即可.

(4) 同上, 只需验证 $\boldsymbol{A}^{+}(\boldsymbol{A}^{\mathrm{H}})^{+}$ 满足 $\boldsymbol{A}^{\mathrm{H}}\boldsymbol{A}$ 的 4 个 Penrose 方程, $(\boldsymbol{A}^{\mathrm{H}})^{+}\boldsymbol{A}^{+}$ 满足 $\boldsymbol{A}\boldsymbol{A}^{\mathrm{H}}$ 的 4 个 Penrose 方程即可.

(5) 假设 $\boldsymbol{A}$ 的奇异值分解为

$$\boldsymbol{A} = \boldsymbol{U}\begin{pmatrix} \boldsymbol{\Sigma} & \boldsymbol{0} \\ \boldsymbol{0} & \boldsymbol{0} \end{pmatrix}_{m\times n}\boldsymbol{V}^{\mathrm{H}},$$

其中 $\boldsymbol{\Sigma} = \operatorname{diag}(\sigma_1, \sigma_2, \cdots, \sigma_r)$, $\sigma_1, \sigma_2, \cdots, \sigma_r$ 为 $\boldsymbol{A}$ 的非零奇异值. 则有

$$\boldsymbol{A}^{\mathrm{H}}\boldsymbol{A} = \boldsymbol{V}\begin{pmatrix} \boldsymbol{\Sigma}^2 & \boldsymbol{0} \\ \boldsymbol{0} & \boldsymbol{0} \end{pmatrix}\boldsymbol{V}^{\mathrm{H}}.$$

容易验证

$$(\boldsymbol{A}^{\mathrm{H}}\boldsymbol{A})^{+} = \boldsymbol{V}\begin{pmatrix} (\boldsymbol{\Sigma}^2)^{-1} & \boldsymbol{0} \\ \boldsymbol{0} & \boldsymbol{0} \end{pmatrix}\boldsymbol{V}^{\mathrm{H}}.$$

因此

$$\begin{aligned}(\boldsymbol{A}^{\mathrm{H}}\boldsymbol{A})^{+}\boldsymbol{A}^{\mathrm{H}} &= \boldsymbol{V}\begin{pmatrix} (\boldsymbol{\Sigma}^2)^{-1} & \boldsymbol{0} \\ \boldsymbol{0} & \boldsymbol{0} \end{pmatrix}\boldsymbol{V}^{\mathrm{H}}\boldsymbol{V}\begin{pmatrix} \boldsymbol{\Sigma} & \boldsymbol{0} \\ \boldsymbol{0} & \boldsymbol{0} \end{pmatrix}\boldsymbol{U}^{\mathrm{H}} \\ &= \boldsymbol{V}\begin{pmatrix} \boldsymbol{\Sigma}^{-1} & \boldsymbol{0} \\ \boldsymbol{0} & \boldsymbol{0} \end{pmatrix}\boldsymbol{U}^{\mathrm{H}} = \boldsymbol{A}^{+}.\end{aligned}$$

同理可证 $\boldsymbol{A}^{\mathrm{H}}(\boldsymbol{A}\boldsymbol{A}^{\mathrm{H}})^{+} = \boldsymbol{A}^{+}$, 因此 $\boldsymbol{A}^{+} = (\boldsymbol{A}^{\mathrm{H}}\boldsymbol{A})^{+}\boldsymbol{A}^{\mathrm{H}} = \boldsymbol{A}^{\mathrm{H}}(\boldsymbol{A}\boldsymbol{A}^{\mathrm{H}})^{+}$ 成立.　　证毕.

该定理也可直接得出推论 3.2, 它是计算 Moore-Penrose 逆 $\boldsymbol{A}^{+}$ 的一种直接方法.

通常意义下的逆矩阵 $\boldsymbol{A}^{-1}$ 实际上是 $\boldsymbol{A}^{+}$ 的一种特殊情况, 凡是 $\boldsymbol{A}^{+}$ 满足的性质, $\boldsymbol{A}^{-1}$ 肯定满足, 但是反过来, $\boldsymbol{A}^{-1}$ 满足的性质对于一般情形下的 $\boldsymbol{A}^{+}$ 并不一定成立.

例 3.9　设 $\boldsymbol{A} = (1\ \ 1)$, $\boldsymbol{B} = \begin{pmatrix} 1 \\ 0 \end{pmatrix}$, 求 $(\boldsymbol{A}\boldsymbol{B})^{+}$ 和 $\boldsymbol{B}^{+}\boldsymbol{A}^{+}$.

解 $\boldsymbol{AB}=(1)$, 因此 $(\boldsymbol{AB})^{+}=[(1)^{\mathrm{H}}(1)]^{-1}(1)^{\mathrm{H}}=(1)$. 由于 $\boldsymbol{A}$ 为行满秩矩阵, 因此

$$\boldsymbol{A}^{+}=\boldsymbol{A}^{\mathrm{H}}(\boldsymbol{AA}^{\mathrm{H}})^{-1}=\frac{1}{2}\begin{pmatrix}1\\1\end{pmatrix},$$

而 $\boldsymbol{B}$ 为列满秩矩阵, 因此

$$\boldsymbol{B}^{+}=(\boldsymbol{B}^{\mathrm{H}}\boldsymbol{B})^{-1}\boldsymbol{B}^{\mathrm{H}}=(1\ \ 0),$$

从而

$$\boldsymbol{B}^{+}\boldsymbol{A}^{+}=\left(\frac{1}{2}\right)\neq(\boldsymbol{AB})^{+}.$$

这个例子说明, 对于 $\boldsymbol{A}^{-1}$ 满足的性质 $(\boldsymbol{AB})^{-1}=\boldsymbol{B}^{-1}\boldsymbol{A}^{-1}$ 对于一般情况下的 $\boldsymbol{A}^{+}$ 并不一定成立.

除此之外, 通常意义有 $\boldsymbol{AA}^{-1}=\boldsymbol{A}^{-1}\boldsymbol{A}$, 而对 $\boldsymbol{A}\in\mathbf{C}^{m\times n}$, $m\neq n$, $\boldsymbol{A}^{+}\in\mathbf{C}^{n\times m}$, 因此 $\boldsymbol{AA}^{+}\in\mathbf{C}^{m\times m}$, 而 $\boldsymbol{A}^{+}\boldsymbol{A}\in\mathbf{C}^{n\times n}$, 显然 $\boldsymbol{AA}^{+}\neq\boldsymbol{A}^{+}\boldsymbol{A}$.

定理 3.20 设 $\boldsymbol{A}\in\mathbf{C}^{m\times n}$, $\boldsymbol{b}\in\mathbf{C}^{m}$, 则 $\boldsymbol{Ax}=\boldsymbol{b}$ 有解的充分必要条件是

$$\boldsymbol{AA}^{+}\boldsymbol{b}=\boldsymbol{b}.$$

若 $\boldsymbol{Ax}=\boldsymbol{b}$ 有解, 其通解为

$$\boldsymbol{x}=\boldsymbol{A}^{+}\boldsymbol{b}+(\boldsymbol{I}-\boldsymbol{A}^{+}\boldsymbol{A})\boldsymbol{y}\qquad(\boldsymbol{y}\in\mathbf{C}^{n}\text{任意}).\tag{3.22}$$

若方程解不唯一, 则 $\boldsymbol{x}_0=\boldsymbol{A}^{+}\boldsymbol{b}$ 为唯一的极小范数解, 即

$$||\boldsymbol{x}_0||_2=\min_{\boldsymbol{Ax}=\boldsymbol{b}}\|\boldsymbol{x}\|_2.$$

证明 首先, 证明 $\boldsymbol{Ax}=\boldsymbol{b}$ 有解的充分必要条件是 $\boldsymbol{AA}^{+}\boldsymbol{b}=\boldsymbol{b}$.

一方面, 若 $\boldsymbol{AA}^{+}\boldsymbol{b}=\boldsymbol{b}$ 成立, 则显然 $\boldsymbol{x}=\boldsymbol{A}^{+}\boldsymbol{b}$ 是方程 $\boldsymbol{Ax}=\boldsymbol{b}$ 的解. 另一方面, 若 $\boldsymbol{Ax}=\boldsymbol{b}$ 有解, 则

$$\boldsymbol{b}=\boldsymbol{Ax}=\boldsymbol{AA}^{+}\boldsymbol{Ax}=\boldsymbol{AA}^{+}\boldsymbol{b}.$$

因此, $\boldsymbol{AA}^{+}\boldsymbol{b}=\boldsymbol{b}$ 是 $\boldsymbol{Ax}=\boldsymbol{b}$ 有解的充分必要条件.

其次, 在有解的情况下, 证明式 (3.22) 是方程 $\boldsymbol{Ax}=\boldsymbol{b}$ 的通解.

一方面, 将式 (3.22) 代入 $\boldsymbol{Ax}$ 可算出它等于 $\boldsymbol{b}$. 这说明凡是用式 (3.22) 表示的 $\boldsymbol{x}$ 都是 $\boldsymbol{Ax}=\boldsymbol{b}$ 的解; 另一方面, 设 $\boldsymbol{x}_0$ 是 $\boldsymbol{Ax}=\boldsymbol{b}$ 的任一解, 则有

$$\begin{aligned}\boldsymbol{x}_0&=\boldsymbol{A}^{+}\boldsymbol{b}+\boldsymbol{x}_0-\boldsymbol{A}^{+}\boldsymbol{b}\\&=\boldsymbol{A}^{+}\boldsymbol{b}+\boldsymbol{x}_0-\boldsymbol{A}^{+}\boldsymbol{Ax}_0\\&=\boldsymbol{A}^{+}\boldsymbol{b}+(\boldsymbol{I}-\boldsymbol{A}^{+}\boldsymbol{A})\boldsymbol{x}_0,\end{aligned}$$

即 $\boldsymbol{x}_0$ 可表示为式 (3.22) 的形式, 故式 (3.22) 为 $\boldsymbol{Ax}=\boldsymbol{b}$ 的通解.

下面证明方程的解不唯一时, $\boldsymbol{x}_0=\boldsymbol{A}^{+}\boldsymbol{b}$ 为唯一的极小范数解.

首先, 对于方程 $\boldsymbol{Ax}=\boldsymbol{b}$ 的解 $\boldsymbol{x}$, 有

$$\begin{aligned}\|\boldsymbol{x}\|_2^2=&\boldsymbol{x}^{\mathrm{H}}\boldsymbol{x}\\=&[\boldsymbol{A}^{+}\boldsymbol{b}+(\boldsymbol{I}-\boldsymbol{A}^{+}\boldsymbol{A})\boldsymbol{y}]^{\mathrm{H}}[\boldsymbol{A}^{+}\boldsymbol{b}+(\boldsymbol{I}-\boldsymbol{A}^{+}\boldsymbol{A})\boldsymbol{y}]\\=&\|\boldsymbol{A}^{+}\boldsymbol{b}\|_2^2+\|(\boldsymbol{I}-\boldsymbol{A}^{+}\boldsymbol{A})\boldsymbol{y}\|_2^2\end{aligned}$$

$$
\begin{aligned}
&+(\boldsymbol{A}^+\boldsymbol{b})^{\mathrm{H}}(\boldsymbol{I}-\boldsymbol{A}^+\boldsymbol{A})\boldsymbol{y}+[(\boldsymbol{I}-\boldsymbol{A}^+\boldsymbol{A})\boldsymbol{y}]^{\mathrm{H}}\boldsymbol{A}^+\boldsymbol{b}\\
=&\|\boldsymbol{A}^+\boldsymbol{b}\|_2^2+\|(\boldsymbol{I}-\boldsymbol{A}^+\boldsymbol{A})\boldsymbol{y}\|_2^2\\
&+\boldsymbol{b}^{\mathrm{H}}[(\boldsymbol{A}^+)^{\mathrm{H}}-(\boldsymbol{A}^+)^{\mathrm{H}}\boldsymbol{A}^+\boldsymbol{A}]\boldsymbol{y}+\boldsymbol{y}^{\mathrm{H}}[\boldsymbol{A}^+-(\boldsymbol{A}^+\boldsymbol{A})^{\mathrm{H}}\boldsymbol{A}^+]\boldsymbol{b}\\
=&\|\boldsymbol{A}^+\boldsymbol{b}\|_2^2+\|(\boldsymbol{I}-\boldsymbol{A}^+\boldsymbol{A})\boldsymbol{y}\|_2^2.
\end{aligned}
$$

对于任意 $\boldsymbol{y}\in\mathbf{C}^n$, 都有 $\|\boldsymbol{x}\|_2\geqslant\|\boldsymbol{A}^+\boldsymbol{b}\|_2$, 因此, $\boldsymbol{x}_0=\boldsymbol{A}^+\boldsymbol{b}$ 为极小范数解.

然后证明唯一性. 设除了 $\boldsymbol{x}_0=\boldsymbol{A}^+\boldsymbol{b}$ 为极小范数解, 还有 $\boldsymbol{x}_1$ 为极小范数解, 则显然有 $\|\boldsymbol{x}_0\|_2=\|\boldsymbol{x}_1\|_2=\|\boldsymbol{A}^+\boldsymbol{b}\|_2$. 对于 $\boldsymbol{x}_1$, 一定存在 $\boldsymbol{y}_1\in\mathbf{C}^n$ 使得

$$\boldsymbol{x}_1=\boldsymbol{A}^+\boldsymbol{b}+(\boldsymbol{I}-\boldsymbol{A}^+\boldsymbol{A})\boldsymbol{y}_1.$$

根据前面的推导过程, 可知

$$\|\boldsymbol{x}_1\|_2^2=\|\boldsymbol{A}^+\boldsymbol{b}\|_2^2+\|(\boldsymbol{I}-\boldsymbol{A}^+\boldsymbol{A})\boldsymbol{y}_1\|_2^2.$$

要使 $\|\boldsymbol{x}_0\|_2=\|\boldsymbol{x}_1\|_2=\|\boldsymbol{A}^+\boldsymbol{b}\|_2$, 只有 $(\boldsymbol{I}-\boldsymbol{A}^+\boldsymbol{A})\boldsymbol{y}_1=\mathbf{0}$, 从而

$$\boldsymbol{x}_1=\boldsymbol{A}^+\boldsymbol{b}=\boldsymbol{x}_0.$$

因此, $\boldsymbol{x}_0=\boldsymbol{A}^+\boldsymbol{b}$ 是唯一的极小范数解.　　　　证毕.

例 3.10　用广义逆矩阵 $\boldsymbol{A}^+$ 方法判断线性方程组

$$\begin{cases}x_1+x_2-x_3=1,\\2x_1+x_2+x_3=2,\\3x_1+2x_2=3\end{cases}$$

是否有解? 若有解, 求出其极小范数解.

解　令

$$\boldsymbol{A}=\begin{pmatrix}1&1&-1\\2&1&1\\3&2&0\end{pmatrix},\quad \boldsymbol{b}=\begin{pmatrix}1\\2\\3\end{pmatrix}.$$

容易求得 $\boldsymbol{A}$ 的满秩分解为

$$\boldsymbol{A}=\boldsymbol{F}\boldsymbol{G}=\begin{pmatrix}1&1\\2&1\\3&2\end{pmatrix}\begin{pmatrix}1&0&2\\0&1&-3\end{pmatrix},$$

所以

$$\boldsymbol{A}^+=\boldsymbol{G}^{\mathrm{H}}(\boldsymbol{G}\boldsymbol{G}^{\mathrm{H}})^{-1}(\boldsymbol{F}^{\mathrm{H}}\boldsymbol{F})^{-1}\boldsymbol{F}^{\mathrm{H}}=\frac{1}{42}\begin{pmatrix}0&6&6\\7&-2&5\\-21&18&-3\end{pmatrix}.$$

可以验证

$$\boldsymbol{A}\boldsymbol{A}^+\boldsymbol{b}=(1,2,3)^{\mathrm{T}}=\boldsymbol{b},$$

所以原方程组有解, 且极小范数解为

$$\boldsymbol{x}_0=\boldsymbol{A}^+\boldsymbol{b}=\frac{1}{42}\begin{pmatrix}0&6&6\\7&-2&5\\-21&18&-3\end{pmatrix}\begin{pmatrix}1\\2\\3\end{pmatrix}=\frac{1}{7}\begin{pmatrix}5\\3\\1\end{pmatrix}.$$

3.4 应　用

3.4.1 Doolittle 分解在求解线性方程组中的应用

矩阵分解在数学、物理、工程学、计算机科学、图像处理等领域发挥着重要作用. 分解式的特殊形式一方面能明显反映原矩阵的某些数值特征, 如矩阵的秩、行列式、特征值、奇异值等; 另一方面, 分解的方法与过程往往提供了某些有效的数值计算方法和理论分析根据. 矩阵分解的主要应用包括降维、聚类分析、数据预处理、低维度特征学习、特征学习、推荐系统、大数据分析等. 常见的矩阵分解有可逆方阵的 LU 分解、满秩方阵的 QR 分解、对称正定矩阵的 Cholesky 分解, 以及任意矩阵的满秩分解、奇异值分解等.

在计算数学中, 解线性方程组常用的方法是高斯消元法, 由于矩阵分解可以将一个矩阵分解为几个形式上和性质上更为简单的矩阵乘积的形式, 从而可以将方程组的求解问题转化为两个特殊形式方程组的求解问题, 我们来看下面的实例.

例 3.11　设一家服装厂共有 3 个加工车间, 第 1 个车间用 1 匹布能生产 4 件衬衫、15 条长裤和 3 件外衣, 第 2 个车间用 1 匹布能生产 4 件衬衫、5 条长裤和 9 件外衣, 第 3 个车间用 1 匹布能生产 8 件衬衫、10 条长裤和 3 件外衣. 现该厂接到一个订单, 要求供应 2000 件衬衫、3500 条长裤和 2400 件外衣, 问该厂如何向 3 个车间安排加工任务, 以完成该订单?

解　设该厂向 3 个车间分配的布匹数量分别为 x_1, x_2, x_3, 则可建立如下的方程组:

$$\begin{cases} 4x_1 + 4x_2 + 8x_3 = 2000 \\ 15x_1 + 5x_2 + 10x_3 = 3500 \\ 3x_1 + 9x_2 + 3x_3 = 2400 \end{cases}.$$

将方程组写成矩阵形式 $\boldsymbol{AX} = \boldsymbol{b}$, 其中

$$\boldsymbol{A} = \begin{pmatrix} 4 & 4 & 8 \\ 15 & 5 & 10 \\ 3 & 9 & 3 \end{pmatrix}, \quad \boldsymbol{X} = \begin{pmatrix} x_1 \\ x_2 \\ x_3 \end{pmatrix}, \quad \boldsymbol{b} = \begin{pmatrix} 2000 \\ 3500 \\ 2400 \end{pmatrix}.$$

将矩阵 $\boldsymbol{A}$ 进行 Doolittle 分解可得

$$\boldsymbol{A} = \boldsymbol{LU} = \begin{pmatrix} 1 & 0 & 0 \\ \dfrac{15}{4} & 1 & 0 \\ \dfrac{3}{4} & -\dfrac{3}{5} & 1 \end{pmatrix} \begin{pmatrix} 4 & 4 & 8 \\ 0 & -10 & -20 \\ 0 & 0 & -15 \end{pmatrix}.$$

于是原方程组可化为下面的两个等价方程组

$$\begin{cases} \boldsymbol{LY} = \boldsymbol{b}, \\ \boldsymbol{UX} = \boldsymbol{Y}, \end{cases}$$

其中

$$\boldsymbol{Y} = \begin{pmatrix} y_1 \\ y_2 \\ y_3 \end{pmatrix}.$$

这里, 第一个方程组是下三角形方程组, 可依次解出 y_1, y_2, y_3, 得 $\boldsymbol{Y} = (2000, -4000, -1500)^{\mathrm{T}}$.

然后将 $\boldsymbol{Y}$ 代入第二个上三角形方程组, 可依次解出 x_3, x_2, x_1, 故原方程组的解为

$$\boldsymbol{X} = (100, 200, 100)^{\mathrm{T}}.$$

所以分配 3 个车间 100, 200, 100 匹布即可圆满完成任务.

利用矩阵分解求解线性方程组不仅可以简化计算, 而且能大大提高计算速度, 且易于推广到更高阶的矩阵.

3.4.2 奇异值分解在文本分类中的应用

文本分类问题是自然语言处理领域中一个非常经典的问题. 在自然语言处理中, 最常见的两个问题是将文本按主题归类和将词汇按意思归类, 这两个问题都可以通过矩阵运算来实现. 首先我们来看一看余弦定理和新闻分类这两个问题.

新闻分类其实就是一个聚类问题, 关键是计算两篇新闻的相似程度. 我们可以将新闻表示成代表它们内容的向量, 然后求两个向量的夹角. 夹角越小, 表示两篇新闻越相关; 当它们垂直正交时, 表示两篇新闻无关. 从理论上来讲, 这种算法非常简单, 也易于实现. 但问题是, 当我们需要对大量的新闻进行分类时, 我们需要两两比较, 这需要很多次迭代, 因此非常耗时. 尤其当新闻数量非常大, 同时词汇数量也很大时, 这个问题可能会趋于无解. 那么我们有没有一种方法, 能够一次性地把所有新闻的相关性计算出来呢? 答案是肯定的, 这就是奇异值分解方法.

首先, 我们用一个矩阵 $\boldsymbol{A}$ 来描述 100 万篇文章和 50 万词的关联性, 即

$$\boldsymbol{A} = \begin{pmatrix} a_{11} & \cdots & a_{1n} \\ \vdots & & \vdots \\ a_{m1} & \cdots & a_{mn} \end{pmatrix},$$

这里 $m = 1\ 000\ 000, n = 500\ 000$. 这个矩阵非常大, 有 5000 亿个元素. 矩阵的每一行对应一篇文章, 每一列对应一个词, 第 i 行第 j 列元素表示字典中第 j 个词在第 i 篇文章中出现的加权词频. 而奇异值分解就是把上面这样一个大矩阵分解成三个小矩阵相乘, 如图 3.1 所示.

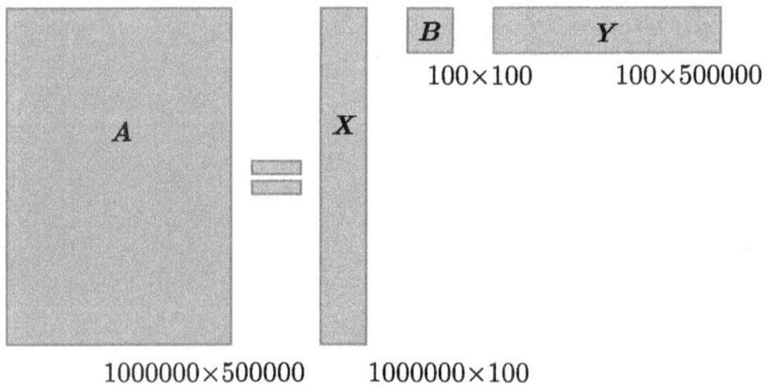

图 3.1　奇异值分解的结构图

其中 $\boldsymbol{X}$ 是 100 万乘以 100 的矩阵, $\boldsymbol{B}$ 是 100 乘以 100 的矩阵, $\boldsymbol{Y}$ 是 100 乘以 50 万的矩阵. 这三个矩阵的元素总数加起来也不过 1.5 亿, 仅仅是原来的三千分之一, 因此相应的存储量和计算量都会小三个数量级以上. 同时这三个矩阵都有非常清晰的物理意义.

第一个矩阵 $\boldsymbol{X}$ 是对词进行分类的结果, 它的每一行表示一个词, 每一列表示一个语义相近的词类或者称为语义类, 每个非零元素表示这个词在每个语义类中的相关性, 数值越大, 越相关. 这里举一个例子, 若

$$X = \begin{pmatrix} 0.7 & 0.15 \\ 0.22 & 0.49 \\ 0 & 0.92 \\ 0.3 & 0.03 \end{pmatrix},$$

这里有四个词和两个语义, 第一个词和第一个语义类比较相关 (相关性为 0.7), 和第二个语义类不太相关 (相关性为 0.15); 第二个词正好相反; 第三个词只和第二个语义类相关, 和第一个语义类完全无关; 第四个词和每一个类都不太相关, 比较而言和第一个语义类相关度略大, 为 0.3.

最后一个矩阵 Y 是对文本的分类结果. 它的每一列对应一个文本, 每一行对应一个主题, 每一列中的每个元素表示该篇文本在不同主题中的相关性. 同样以小矩阵为例:

$$Y = \begin{pmatrix} 0.7 & 0.15 & 0.22 & 0.39 \\ 0 & 0.92 & 0.08 & 0.53 \end{pmatrix},$$

这里有四篇文本和两个主题, 第一篇文本属于第一个主题; 第二篇文本和第二个主题的相关性为 0.92; 第三篇文本和两个主题都不太相关, 比较而言靠近第一个主题; 第四篇文本和两个主题都有一定的相关性, 和第二个主题更近 (相关性为 0.53).

中间的矩阵为

$$B = \begin{pmatrix} 0.7 & 0.21 \\ 0.18 & 0.63 \end{pmatrix}.$$

在矩阵 B 中, 第一个词的语义类和第一个主题相关, 和第二个主题没有太多关系; 而第二个词的语义类则相反.

因此, 我们只要对关联矩阵 A 进行一次奇异值分解, 就可以同时完成近义词和文章的分类. 同时, 还能得到每个主题和每个词的语义类之间的相关性.

第 3 章习题

1. 求 $A = \begin{pmatrix} 2 & 1 & -3 \\ 2 & 5 & -4 \\ 6 & 7 & 3 \end{pmatrix}$ 的 Doolittle 分解.

2. 里昂惕夫投入产出模型是经济学中的重要模型, 可表示为如下方程

$$(I - C)x = d,$$

这里 I 是单位矩阵, C 是消耗矩阵, $x = (x_1, x_2, x_3)^{\mathrm{T}}$ 代表生产水平, x_1, x_2, x_3 分别表示制造业、农业和服务业的单位计划产出, d 代表最终需求. 考虑

$$C = \begin{pmatrix} 0.50 & 0.40 & 0.20 \\ 0.20 & 0.30 & 0.10 \\ 0.10 & 0.10 & 0.30 \end{pmatrix}, \quad d = \begin{pmatrix} 50 \\ 30 \\ 20 \end{pmatrix}.$$

试利用 Doolittle 分解方法求生产水平 x.

3. 求 $A = \begin{pmatrix} 1 & 2 & 3 \\ 2 & 4 & 5 \\ 3 & 5 & 6 \end{pmatrix}$ 的选列主元的 Doolittle 分解.

4. 求 $\boldsymbol{A}=\begin{pmatrix} 2.25 & -3 & 4.5 \\ -3 & 5 & -10 \\ 4.5 & -10 & 34 \end{pmatrix}$ 的 Cholesky 分解.

5. 求下列矩阵的 Hermite 标准形和变换矩阵 $\boldsymbol{S}$, 并求满秩分解

$$\boldsymbol{A}=\begin{pmatrix} 2 & 4 & 1 & 1 \\ 1 & 2 & -1 & 2 \\ -1 & -2 & -2 & 1 \end{pmatrix},\quad \boldsymbol{B}=\begin{pmatrix} 1 & 2 & 3 & 6 \\ 2 & 4 & 3 & 6 \\ 1 & 2 & 3 & 6 \\ 2 & 4 & 6 & 12 \end{pmatrix}.$$

6. 求矩阵 $\boldsymbol{A}=\begin{pmatrix} 1 & 0 & 0 & -1 \\ 0 & 1 & 0 & 1 \\ 0 & 0 & 0 & 0 \end{pmatrix}$ 的奇异值分解.

7. (1) 若矩阵 $\boldsymbol{A}$ 是 n 阶可逆矩阵, 求 $\boldsymbol{A}^{-1}$ 的奇异值分解;

(2) 若矩阵 $\boldsymbol{A}$ 是 $m\times n$ 矩阵, 给定一个奇异值分解 $\boldsymbol{A}=\boldsymbol{U\Sigma V}^{\mathrm{T}}$, 求 $\boldsymbol{A}^{\mathrm{T}}$ 的一个奇异值分解, $\boldsymbol{A}$ 和 $\boldsymbol{A}^{\mathrm{T}}$ 的奇异值有什么联系?

8. 设 $\boldsymbol{A}\in\mathbf{C}^{m\times n}$, 证明:

(1) $(\boldsymbol{A}^{\mathrm{H}})^+=(\boldsymbol{A}^+)^{\mathrm{H}}$;

(2) $(\boldsymbol{A}^{\mathrm{H}}\boldsymbol{A})^+=\boldsymbol{A}^+(\boldsymbol{A}^{\mathrm{H}})^+$, $(\boldsymbol{A}\boldsymbol{A}^{\mathrm{H}})^+=(\boldsymbol{A}^{\mathrm{H}})^+\boldsymbol{A}^+$.

9. 设 $\boldsymbol{A}$ 是一个正规矩阵, 证明:

(1) $\boldsymbol{A}\boldsymbol{A}^+=\boldsymbol{A}^+\boldsymbol{A}$;

(2) 对于任意自然数 k, 有 $(\boldsymbol{A}^k)^+=(\boldsymbol{A}^+)^k$.

10. 设 $\boldsymbol{A}=\begin{pmatrix} \boldsymbol{A}_1 & & & \\ & \boldsymbol{A}_2 & & \\ & & \ddots & \\ & & & \boldsymbol{A}_s \end{pmatrix}$, 证明: $\boldsymbol{A}^+=\begin{pmatrix} \boldsymbol{A}_1^+ & & & \\ & \boldsymbol{A}_2^+ & & \\ & & \ddots & \\ & & & \boldsymbol{A}_s^+ \end{pmatrix}$.

11. 利用矩阵的奇异值分解求下面矩阵的 Moore-Penrose 逆 $\boldsymbol{A}^+$:

(1) $\boldsymbol{A}=\begin{pmatrix} 1 & 1 \\ 1 & 0 \\ 0 & 1 \end{pmatrix}$; (2) $\boldsymbol{A}=\begin{pmatrix} 1 & 1 & 1 \\ 1 & 1 & 1 \end{pmatrix}$; (3) $\boldsymbol{A}=\begin{pmatrix} 1 & 1 & 1 \\ 1 & 1 & 1 \\ 1 & 1 & 1 \end{pmatrix}$.

12. 利用矩阵的满秩分解求下面矩阵的 Moore-Penrose 逆 $\boldsymbol{A}^+$:

(1) $\boldsymbol{A}=\begin{pmatrix} 1 & 0 & 2 \\ 2 & 1 & 5 \\ 0 & 1 & -1 \\ 1 & 3 & -1 \end{pmatrix}$; (2) $\boldsymbol{A}=\begin{pmatrix} 4 & -1 & -3 & -2 \\ -2 & 5 & -1 & -3 \\ 2 & 13 & -9 & -5 \end{pmatrix}$;

(3) $\boldsymbol{A}=\begin{pmatrix} 1 & 3 & 3 & 2 \\ 2 & 6 & 9 & 5 \\ -1 & -3 & 3 & 0 \end{pmatrix}$; (4) $\boldsymbol{A}=\begin{pmatrix} 1 & 1 & 0 & 1 \\ 0 & 1 & 1 & 0 \\ 1 & 2 & 1 & 1 \end{pmatrix}$.

13. 用广义逆矩阵 $\boldsymbol{A}^+$ 方法判断线性方程组

$$\begin{cases} 2x_1+4x_2+x_3+x_4=1 \\ x_1+2x_2-x_3+2x_4=2 \\ -x_1-2x_2-2x_3+x_4=1 \end{cases}$$

是否有解? 如果有解, 求通解和极小范数解.

第 4 章　线性方程组的数值解法

在线性代数中一个基本问题是求线性方程组

$$\boldsymbol{A}\boldsymbol{x}=\boldsymbol{b} \tag{4.1}$$

的解 $\boldsymbol{x}\in\mathbf{C}^n$, 其中 $\boldsymbol{A}\in\mathbf{C}^{n\times n}$, $\boldsymbol{b}\in\mathbf{C}^n$ 已知. 本章讨论线性方程组 (4.1) 的数值解法. 求解线性方程组是科学与工程计算的中心问题. 很多科学技术问题及其相关的数学问题, 例如微分方程和非线性代数方程组的数值求解都需要求解线性方程组, 而且相应方程通常是要求的未知变量很多的大型线性方程组. 所以有必要寻求高效的适合计算机运算的数值解法.

在线性代数课程中, 曾经学习过用 Gauss 消元法求解线性方程组 (4.1), 在没有舍入误差的假设下, 这种方法可在有限步产生方程的解, 我们称之为直接方法. 由于方程组的系数矩阵 $\boldsymbol{A}$ 通常阶数很大, 有的结构具有特殊的性质, 我们还可以采用更加高效的解法. 本章将进一步介绍直接方法, 并介绍迭代法、极小化方法等求解方法.

4.1　线性方程组的直接解法

线性方程组的直接解法主要是 Gauss 消元法及其变形, 包括主元素法和三角分解解法等.

4.1.1　Gauss 消元法

设 $\boldsymbol{A}=(a_{ij})\in\mathbf{C}^{n\times n}$, $\boldsymbol{b}=(b_1,b_2,\cdots,b_n)^{\mathrm{T}}\in\mathbf{C}^n$, 求解线性方程组

$$\boldsymbol{A}\boldsymbol{x}=\boldsymbol{b}. \tag{4.2}$$

如果 $\boldsymbol{A}$ 是一个下三角矩阵, 即对于 $j>i$, $a_{ij}=0$, 而且 $a_{ii}\neq 0$, $i=1,2,\cdots,n$, 我们可以从第一个方程求得 x_1, 代入第二个方程求得 x_2, 这样逐次向前代入求出 $\boldsymbol{x}$ 的所有分量. 如果 $\boldsymbol{A}$ 是一个上三角矩阵, 即对于 $i>j$, $a_{ij}=0$, 而且 $a_{ii}\neq 0$, $i=1,2,\cdots,n$, 我们可以从最后一个方程求得 x_n, 代入第 $n-1$ 个方程求得 x_{n-1}, 这样逐次向后回代求出 $\boldsymbol{x}$ 的所有分量. Gauss 消元法的思想就是将系数矩阵 $\boldsymbol{A}$ 逐次消去成上三角矩阵, 再逐次向后回代求出方程组的解.

第一步: 从第二个到第 n 个方程消去未知量 x_1, 其具体做法是设 $a_{11}\neq 0$, 令 $l_{i1}=-\dfrac{a_{i1}}{a_{11}}$ $(i=2,\cdots,n)$, 计算

$$\begin{cases} a_{i1}:=0, \\ a_{ij}:=a_{ij}+l_{i1}a_{1j}, \quad j=2,3,\cdots,n, \\ b_i:=b_i+l_{i1}b_1. \end{cases}$$

用矩阵运算表示, 完成这一步相当于对线性方程组 (4.2) 的增广矩阵 $(\boldsymbol{A}^{(1)},\boldsymbol{b}^{(1)})=(\boldsymbol{A},\boldsymbol{b})$ 进行

初等行变换, 分别让其第 i $(i=2,3,\cdots,n)$ 行加上第一行的 l_{i1} 倍, 即

$$\left(\boldsymbol{A}^{(1)},\boldsymbol{b}^{(1)}\right)\longrightarrow\left(\boldsymbol{A}^{(2)},\boldsymbol{b}^{(2)}\right)=\begin{pmatrix} a_{11} & a_{12} & \cdots & a_{1n} & b_1 \\ 0 & a_{22} & \cdots & a_{2n} & b_2 \\ \vdots & \vdots & & \vdots & \vdots \\ 0 & a_{n2} & \cdots & a_{nn} & b_n \end{pmatrix}.$$

注意 a_{ij} 和 b_i 在计算过程中已改变.

第一步也等价于用矩阵

$$\boldsymbol{L}_1=\begin{pmatrix} 1 & & & \\ l_{21} & 1 & & \\ \vdots & \vdots & \ddots & \\ l_{n1} & 0 & \cdots & 1 \end{pmatrix}$$

左乘线性方程组 (4.2) 的两端得到

$$\boldsymbol{L}_1\boldsymbol{A}\boldsymbol{x}=\boldsymbol{L}_1\boldsymbol{b}.$$

这样, 线性方程组 (4.2) 变成如下等价的线性方程组

$$\boldsymbol{A}^{(2)}\boldsymbol{x}=\boldsymbol{b}^{(2)}. \tag{4.3}$$

第二步: 设方程组 (4.3) 中 $a_{22}\neq 0$, 从第三个方程到第 n 个方程消去未知量 $\boldsymbol{x}_2$,

$$\begin{cases} l_{i2}:=-\dfrac{a_{i2}}{a_{22}}, \\ a_{i2}:=0, \\ a_{ij}:=a_{ij}+l_{i2}a_{2j}, \\ b_i:=b_i+l_{i2}b_2, \quad i,j=3,4,\cdots,n. \end{cases}$$

完成这一步相当于对方程组 (4.3) 的增广矩阵进行初等行变换, 分别让其第 i $(i=3,4,\cdots,n)$ 行加上第二行的 l_{i2} 倍, 即

$$\left(\boldsymbol{A}^{(2)},\boldsymbol{b}^{(2)}\right)\longrightarrow\left(\boldsymbol{A}^{(3)},\boldsymbol{b}^{(3)}\right)=\begin{pmatrix} a_{11} & a_{12} & a_{13} & \cdots & a_{1n} & b_1 \\ 0 & a_{22} & a_{23} & \cdots & a_{2n} & b_2 \\ 0 & 0 & a_{33} & \cdots & a_{3n} & b_3 \\ \vdots & \vdots & \vdots & & \vdots & \vdots \\ 0 & 0 & a_{n3} & \cdots & a_{nn} & b_n \end{pmatrix}.$$

第二步也等价于用矩阵

$$\boldsymbol{L}_2=\begin{pmatrix} 1 & & & & \\ 0 & 1 & & & \\ 0 & l_{32} & 1 & & \\ \vdots & \vdots & \vdots & \ddots & \\ 0 & l_{n2} & 0 & \cdots & 1 \end{pmatrix}$$

左乘方程组 (4.3) 的两端得到

$$\boldsymbol{L}_2\boldsymbol{L}_1\boldsymbol{A}\boldsymbol{x}=\boldsymbol{L}_2\boldsymbol{L}_1\boldsymbol{b}.$$

这样, 线性方程组 (4.2) 变成等价的线性方程组

$$\boldsymbol{A}^{(3)}\boldsymbol{x}=\boldsymbol{b}^{(3)}.$$

一般地, 第 k 步: 设 $a_{kk}\neq 0$, 从第 $k+1$ 个方程到第 n 个方程消去未知量 x_k,

$$\begin{cases} l_{ik}:=-\dfrac{a_{ik}}{a_{kk}}, \\ a_{ik}:=0, \\ a_{ij}:=a_{ij}+l_{ik}a_{kj}, \\ b_i:=b_i+l_{ik}b_k, \quad i,j=k+1,\cdots,n. \end{cases}$$

完成这一步相当于对第 $k-1$ 步所形成的方程组的增广矩阵进行初等行变换, 分别让其第 i $(i=k+1,k+2,\cdots,n)$ 行加上第 k 行的 l_{ik} 倍, 即

$$\boldsymbol{L}_k\boldsymbol{L}_{k-1}\cdots\boldsymbol{L}_2\boldsymbol{L}_1\boldsymbol{A}\boldsymbol{x}=\boldsymbol{L}_k\boldsymbol{L}_{k-1}\cdots\boldsymbol{L}_2\boldsymbol{L}_1\boldsymbol{b},$$

其中

$$\boldsymbol{L}_k=\begin{pmatrix} 1 & & & & & \\ \vdots & \ddots & & & & \\ 0 & \cdots & 1 & & & \\ 0 & \cdots & l_{k+1,k} & 1 & & \\ \vdots & & \vdots & \vdots & \ddots & \\ 0 & \cdots & l_{n,k} & 0 & \cdots & 1 \end{pmatrix}.$$

在完成 $n-1$ 步后, 线性方程组 (4.2) 就化成与其等价的上三角方程组

$$\boldsymbol{A}^{(n)}\boldsymbol{x}=\boldsymbol{b}^{(n)}, \tag{4.4}$$

即

$$\begin{cases} a_{11}x_1+a_{12}x_2+\cdots+a_{1n}x_n=b_1, \\ \qquad\quad a_{22}x_2+\cdots+a_{2n}x_n=b_2, \\ \qquad\qquad\qquad\qquad\vdots \\ \qquad\qquad\qquad\quad a_{nn}x_n=b_n. \end{cases}$$

我们把这个过程称为 Gauss 消元过程. 再利用回代过程从下到上逐次把 x_n, x_{n-1}, $\cdots$, x_1 计算出来.

上述 Gauss 消元法中, 未知量是按其出现于方程式中的自然顺序消去的, 用来消去其他方程式中未知量的过程也是按自然顺序进行的, 故称为顺序消元法.

总之, Gauss 消元法分两大过程进行.

(1) 消元过程: 经过 $n-1$ 步消元将原方程组化成等价的上三角形方程组

$$\boldsymbol{A}^{(n)}\boldsymbol{x}=\boldsymbol{b}^{(n)}.$$

其算法可描述为对 $k=1,2,\cdots,n-1$, 设 $a_{kk}^{(k)}\neq 0$, 对 $i=k+1,\cdots,n$ 计算

$$\begin{cases} l_{ik} = -a_{ik}^{(k)}/a_{kk}^{(k)}, \\ a_{ij}^{(k+1)} = a_{ij}^{(k)} + l_{ik}a_{kj}^{(k)}, \\ b_i^{(k+1)} = b_i^{(k)} + l_{ik}b_k^{(k)}, \quad j = k+1, \cdots, n. \end{cases}$$

(2) 回代过程: 利用逐步回代, 求解三角形方程组 (4.4). 算法可描述为

$$\begin{cases} x_n = b_n^{(n)}/a_{nn}^{(n)}, \\ x_k = \left(b_k^{(n)} - \sum\limits_{j=k+1}^{n} a_{kj}^{(k)} x_j \right) \Big/ a_{kk}^{(k)}, \quad k = n-1, n-2, \cdots, 1. \end{cases}$$

Gauss 消元法总的乘除法次数为

$$\frac{n^3}{3} + n^2 - \frac{n}{3} \approx \frac{n^3}{3},$$

加减法次数为

$$\frac{n^3}{3} + \frac{n^2}{2} - \frac{5n}{6} \approx \frac{n^3}{3}.$$

如果我们用 Cramer(克拉默) 法则计算方程组 (4.2) 的解, 要计算 $n+1$ 个 n 阶行列式并作 n 次除法. 而计算每个行列式, 若用子式展开的方法, 则有 $n!$ 次乘法, 所以用克拉默法则大概需要 $(n+1)!$ 次乘除法运算. 例如, 当 $n = 10$ 时, 约需 4×10^7 次乘除法运算, 而用 Gauss 消元法只需 430 次乘除法运算.

从上面消元法过程可以看出, Gauss 消元法步骤能够顺序进行的条件是主元素 $a_{11}^{(1)}$, $a_{22}^{(2)}, \cdots, a_{n-1,n-1}^{(n-1)}$ 全不为 0, 回代步骤还要求 $a_{nn}^{(n)} \neq 0$. 若用 $\varDelta_i$ 表示 $\boldsymbol{A}$ 的顺序主子式, 即

$$\varDelta_i = \begin{vmatrix} a_{11} & \cdots & a_{1i} \\ \vdots & & \vdots \\ a_{i1} & \cdots & a_{ii} \end{vmatrix}, \quad i = 1, 2, \cdots, n,$$

有以下定理.

定理 4.1 $a_{ii}^{(i)}(i = 1, 2, \cdots, k)$ 全不为 0 的充要条件是 $\boldsymbol{A}$ 的顺序主子式 $\varDelta_i \neq 0$, $i = 1, 2, \cdots, k$, 其中 $k \leqslant n$.

定理 4.2 对于方程组 (4.2), 若 $\boldsymbol{A}$ 的顺序主子式均不为零, 则可用 Gauss 消元法求出方程组的解.

如果 $\boldsymbol{A}$ 非奇异, 方程组 (4.2) 就有唯一解. 但 $\boldsymbol{A}$ 的顺序主子式不一定都非零. 例如, 若 $a_{11} = 0$, 消元法的第一步就不能进行. 但我们可在 $\boldsymbol{A}$ 的第 1 列找出一个非零元 a_{i1}, 先将第 1 行与第 i 行交换, 然后作第一步消元法. 其他各步类似处理.

有时虽然 $a_{ii}^{(i)} \neq 0$, 但 $|a_{ii}^{(i)}|$ 很小, 消元法可以计算下去, 但计算过程中的舍入误差可能导致结果不可靠.

例 4.1 用 3 位十进制浮点运算求解

$$\begin{cases} 1.00 \times 10^{-5} x_1 + 1.00 x_2 = 1.00, \\ 1.00 x_1 + 1.00 x_2 = 2.00. \end{cases}$$

解 这个方程组的精确解显然接近 $(1.00, 1.00)^{\mathrm{T}}$. 但是系数 $a_{11} = 1.00 \times 10^{-5}$ 与其他系数相比是个较小的数, 如果我们用 Gauss 顺序消元法求解, 则有

$$l_{21} = \frac{a_{21}}{a_{11}} = 1.00 \times 10^5,$$
$$a_{22}^{(2)} = a_{22} - l_{21}a_{12} = 1.00 - 1.00 \times 10^5,$$
$$b_2^{(2)} = b_2 - l_{21}b_1 = 2.00 - 1.00 \times 10^5,$$

在 3 位十进制运算的限制下, 得到

$$x_2 = b_2^{(2)}/a_{22}^{(2)} = 1.00,$$

回代得 $x_1 = 0.00$, 显然这是不正确的解. 因为用小数 a_{11} 做除数, 使 l_{21} 是个大数, 在计算 $a_{22}^{(2)}$ 的过程中 a_{22} 的值完全被掩盖了. 如果先交换方程组两个方程的顺序, 再用 Gauss 消元法, 就不会出现上述问题, 解得 $x_1 = 1.00$, $x_2 = 1.00$.

为了保证计算过程对于舍入误差的数值稳定性, 我们介绍主元素法.

主元素法的基本思想是在消元的各步中, 主元素的模不要太小, 与该步的其他系数比较, 选取模最大的元素作为主元素, 常用的有部分主元素法和总体主元素法两种.

部分主元素消元法又称列主元素消元法, 未知数仍然是按自然顺序消去, 但是把各方程中要消去的那个未知数的系数以模最大的作为主元, 具体计算过程如下.

第一步: 在 x_1 的系数中, 即系数矩阵 $\boldsymbol{A}$ 的第一列中按模最大者作为主元, 设

$$|a_{r1}| = \max_{1 \leqslant i \leqslant n} |a_{i1}|,$$

若有 k 个数 a_{r1} 都是按模最大者, 则取 a_{r1} 中 r 值最小者作为主元, 交换第一个方程和第 r 个方程, 即把 a_{r1} 换在 a_{11} 的位置上, 再按 Gauss 顺序消元法第一步消元.

第 k 步: 在第 k 到第 n 个方程中找出未知数 x_k 系数中按模最大者, 设 $|a_{r_k k}| = \max\limits_{k \leqslant i \leqslant n} |a_{ik}|$, 交换第 k 个方程和第 r_k 个方程, 按 Gauss 顺序消元法第 k 步进行消元.

由于这种选主元的每一步是在“余下”方程组的第一列中选主元, 故称列主元素消元法.

设 $\boldsymbol{A}$ 是 $n \times n$ 矩阵, ρ_k 是行交换指标, 部分主元素算法如下: 对于 $k = 1, 2, \cdots, n-1$,

(1) 找 $\rho_k \geqslant k$, 使得 $|a_{\rho_k k}| = \max\limits_{k \leqslant i \leqslant n} |a_{ik}|$;

(2) 如果 $a_{\rho_k k} = 0$, 停止计算, 否则转下一步;

(3) $a_{kj} \leftrightarrow a_{\rho_k j}, j = k, k+1, \cdots, n$, $b_k \leftrightarrow b_{\rho_k}$;

(4) 计算 $l_{ik} = a_{ik}/a_{kk}, i = k+1, k+2, \cdots, n$;

(5) $a_{ij} = a_{ij} - l_{ik}a_{kj}, i, j = k+1, k+2, \cdots, n$, $b_i = b_i - l_{ik}b_k$, $i = k+1, k+2, \cdots, n$.

总体主元素消元法的未知数不再按顺序消去. 每消去一个未知数之前, 例如要消去第 k 个未知数, 先在第 k 个至第 n 个方程中及在第 k 个至第 n 个未知数的系数中找出按模最大者作为主元. 然后交换行和列的位置, 再按 Gauss 顺序消元法进行第 k 步消元. 总体主元素消元法比列主元素消元法运算量大得多, 可以证明列主元素消元法的舍入误差一般已较小, 所以实际计算中多用列主元素消元法.

例 4.2 用列主元素消元法解方程组

$$\begin{cases} -3x_1+2x_2+6x_3=4, \\ 10x_1-7x_2=7, \\ 5x_1-x_2+5x_3=6. \end{cases}$$

解 对增广矩阵按列选取主元进行 Gauss 消元法

$$\begin{pmatrix} -3 & 2 & 6 & 4 \\ 10 & -7 & 0 & 7 \\ 5 & -1 & 5 & 6 \end{pmatrix} \to \begin{pmatrix} 10 & -7 & 0 & 7 \\ -3 & 2 & 6 & 4 \\ 5 & -1 & 5 & 6 \end{pmatrix} \to \begin{pmatrix} 10 & -7 & 0 & 7 \\ 0 & -\dfrac{1}{10} & 6 & \dfrac{61}{10} \\ 0 & \dfrac{5}{2} & 5 & \dfrac{5}{2} \end{pmatrix}$$

$$\to \begin{pmatrix} 10 & -7 & 0 & 7 \\ 0 & \dfrac{5}{2} & 5 & \dfrac{5}{2} \\ 0 & -\dfrac{1}{10} & 6 & \dfrac{61}{10} \end{pmatrix} \to \begin{pmatrix} 10 & -7 & 0 & 7 \\ 0 & \dfrac{5}{2} & 5 & \dfrac{5}{2} \\ 0 & 0 & \dfrac{31}{5} & \dfrac{31}{5} \end{pmatrix}.$$

回代得解 $x_3=1,\ x_2=-1,\ x_1=0$.

4.1.2 直接三角分解解法

从上面 Gauss 顺序消元法的过程, 我们看到

$$\boldsymbol{L}_{n-1}\boldsymbol{L}_{n-2}\cdots\boldsymbol{L}_2\boldsymbol{L}_1\boldsymbol{A}=\boldsymbol{A}^{(n)},$$

即

$$\boldsymbol{A}=\boldsymbol{L}_1^{-1}\boldsymbol{L}_2^{-1}\cdots\boldsymbol{L}_{n-2}^{-1}\boldsymbol{L}_{n-1}^{-1}\boldsymbol{A}^{(n)}.$$

令 $\boldsymbol{L}=\boldsymbol{L}_1^{-1}\boldsymbol{L}_2^{-1}\cdots\boldsymbol{L}_{n-2}^{-1}\boldsymbol{L}_{n-1}^{-1}$, $\boldsymbol{U}=\boldsymbol{A}^{(n)}$, 则 $\boldsymbol{L}$ 是单位下三角矩阵, $\boldsymbol{U}$ 是上三角矩阵,

$$\boldsymbol{A}=\boldsymbol{L}\boldsymbol{U}$$

是矩阵 $\boldsymbol{A}$ 的 Doolittle 分解.

将 $\boldsymbol{A}$ 分解成一个单位下三角矩阵与一个上三角矩阵的乘积

$$\boldsymbol{A}=\boldsymbol{L}\boldsymbol{U},$$

让线性方程组 (4.2) 的求解变成两个三角形方程组

$$\begin{cases} \boldsymbol{L}\boldsymbol{y}=\boldsymbol{b}, \\ \boldsymbol{U}\boldsymbol{x}=\boldsymbol{y} \end{cases} \tag{4.5}$$

的求解问题, 我们称之为线性方程组 (4.2) 的直接三角分解解法. 直接三角分解解法是 Gauss 消元法的“高级”代数描述. 把一个用标量语言描述的矩阵算法用矩阵分解的语言来描述, 有助于将算法推广到一般情形, 而且便于展示算法间的关系.

由于矩阵 $\boldsymbol{A}$ 的性质不同和 $\boldsymbol{L}$ 与 $\boldsymbol{U}$ 的取法不同, 有各种具体的解法.

1. 解线性方程组的 Doolittle 方法

首先利用 3.1.1 节的方法得到 $\boldsymbol{A}$ 的 Doolittle 分解

$$\boldsymbol{A} = \boldsymbol{L}\boldsymbol{U},$$

其中 $\boldsymbol{L} = (l_{ij})$ 是单位下三角矩阵, $\boldsymbol{U} = (u_{ij})$ 是上三角矩阵, 再求解方程组 (4.5). 第一步解 $\boldsymbol{L}\boldsymbol{y} = \boldsymbol{b}$, 因为 $\boldsymbol{L}$ 是下三角矩阵, 采用逐次向前代入的方法; 第二步解 $\boldsymbol{U}\boldsymbol{x} = \boldsymbol{y}$, 因为 $\boldsymbol{U}$ 是上三角矩阵, 采用逐次向后回代的方法. 设 $\boldsymbol{x} = (x_1, x_2, \cdots, x_n)^{\mathrm{T}}$, $\boldsymbol{y} = (y_1, y_2, \cdots, y_n)^{\mathrm{T}}$, $\boldsymbol{b} = (b_1, b_2, \cdots, b_n)^{\mathrm{T}}$. 计算公式是

$$y_i = b_i - \sum_{k=1}^{i-1} l_{ik} y_k, \quad i = 1, 2, \cdots, n, \tag{4.6}$$

$$x_i = \left(y_i - \sum_{k=i+1}^{n} u_{ik} x_k \right) \Bigg/ u_{ii}, \quad i = n, n-1, \cdots, 1. \tag{4.7}$$

以上方法称为解线性方程组的 Doolittle 方法. Doolittle 方法的计算工作量等同 Gauss 消元法. 在上述计算过程中元素 u_{ii} 不能为零, 否则计算无法进行. 若 u_{ii} 的绝对值很小, 也会产生较大的舍入误差, 使得计算机运算溢出. 因此需要对 $\boldsymbol{A}$ 进行选列主元的 Doolittle 分解, 并采用与部分主元消元法类似的办法解方程组. 但在某些特定情况下不必选主元, 从而提高运算效率. 为举例说明选主元可完全略去, 我们考虑对角占优矩阵. 如果

$$|a_{ii}| > \sum_{j=1, j \neq i}^{n} |a_{ij}|, \quad i = 1, 2, \cdots, n,$$

则称 $\boldsymbol{A} \in \mathbf{R}^{n \times n}$ 是严格对角占优的. 以下定理表明此性质可保证不用选主元的 LU 分解.

定理 4.3 如果 $\boldsymbol{A}^{\mathrm{T}}$ 是严格对角占优的, 则 $\boldsymbol{A}$ 有 LU 分解且 $|l_{ij}| \leqslant 1$. 换句话说, 如果用选列主元的 Doolittle 分解方法, 定理 3.2 中置换矩阵 $\boldsymbol{P} = \boldsymbol{I}$, $\boldsymbol{A} = \boldsymbol{L}\boldsymbol{U}$.

例 4.3 用 Doolittle 方法求解

$$\begin{pmatrix} 6 & 2 & 1 & -1 \\ 2 & 4 & 1 & 0 \\ 1 & 1 & 4 & -1 \\ -1 & 0 & -1 & 3 \end{pmatrix} \begin{pmatrix} x_1 \\ x_2 \\ x_3 \\ x_4 \end{pmatrix} = \begin{pmatrix} 6 \\ -1 \\ 5 \\ -5 \end{pmatrix}.$$

解 第 1 步, 用 3.1.1 节的方法得到系数矩阵的 Doolittle 分解,

$$\boldsymbol{L} = \begin{pmatrix} 1 & & & \\ \dfrac{1}{3} & 1 & & \\ \dfrac{1}{6} & \dfrac{1}{5} & 1 & \\ -\dfrac{1}{6} & \dfrac{1}{10} & -\dfrac{9}{37} & 1 \end{pmatrix}, \quad \boldsymbol{U} = \begin{pmatrix} 6 & 2 & 1 & -1 \\ & \dfrac{10}{3} & \dfrac{2}{3} & \dfrac{1}{3} \\ & & \dfrac{37}{10} & -\dfrac{9}{10} \\ & & & \dfrac{191}{74} \end{pmatrix}.$$

第 2 步, 由式 (4.6) 得

$$\boldsymbol{y} = (6, -3, 23/5, -191/74)^{\mathrm{T}}.$$

第 3 步, 由式 (4.7) 得

$$\boldsymbol{x}=(1,-1,1,-1)^{\mathrm{T}}.$$

2. 对称正定方程组的 Cholesky 法

设方程组 (4.2) 的系数矩阵 $\boldsymbol{A}\in\mathbf{C}^{n\times n}$ 是 Hermite 正定矩阵, 由 3.1.3 节存在唯一的对角元素为正的下三角矩阵 $\boldsymbol{L}$, 使 $\boldsymbol{A}$ 有 Cholesky 分解

$$\boldsymbol{A}=\boldsymbol{L}\boldsymbol{L}^{\mathrm{H}}. \tag{4.8}$$

利用 $\boldsymbol{A}$ 的 Cholesky 分解来求解线性方程组 (4.2) 的方法称为 Cholesky 方法或平方根法. 这将求解线性方程组 $\boldsymbol{A}\boldsymbol{x}=\boldsymbol{b}$ 转化为求解下三角方程组 $\boldsymbol{L}\boldsymbol{y}=\boldsymbol{b}$ 和上三角方程组 $\boldsymbol{L}^{\mathrm{H}}\boldsymbol{x}=\boldsymbol{y}$.

Cholesky 方法的原理基于矩阵的三角 Cholesky 分解, 所以它也是 Gauss 消元法的变形. 但它运用了矩阵 Hermite 正定的性质, 运算次数比标准的 Gauss 消元法少得多. 从 $\boldsymbol{A}=\boldsymbol{L}\boldsymbol{L}^{\mathrm{H}}$ 元素的计算公式 (3.5) 可得

$$a_{ii}=\sum_{k=1}^{i}l_{ik}^2.$$

由此可推出

$$|l_{ik}|\leqslant\sqrt{a_{ii}},\ k=1,2,\cdots,i.$$

这表明 $\boldsymbol{L}$ 的元素有界, 即 l_{ik} 完全可以控制, 故舍入误差的增长也是可以控制的, 因而计算过程稳定.

可以证明, 若 $\boldsymbol{A}$ 是 Hermite 正定的, 用 Gauss 顺序消元法求解方程组 (4.2), 则有

$$\max_{1\leqslant i,j\leqslant n}|a_{ij}^{(k)}|\leqslant\max_{1\leqslant i,j\leqslant n}|a_{ij}|,\quad k=1,2,\cdots,n,$$

其中 $a_{ij}^{(k)}$ 为 $\boldsymbol{A}^{(k)}$ 中的元素, 即 Gauss 顺序消元法的中间量也得以控制, 不必加入选主元的步骤.

Cholesky 分解 $\boldsymbol{A}=\boldsymbol{L}\boldsymbol{L}^{\mathrm{H}}$ 也可以修改为 $\boldsymbol{A}=\boldsymbol{L}\boldsymbol{D}\boldsymbol{L}^{\mathrm{H}}$, 其中 $\boldsymbol{L}$ 为单位下三角矩阵, $\boldsymbol{D}$ 为对角线元素大于零的对角矩阵. 事实上令

$$\boldsymbol{A}=\begin{pmatrix}1 & & & 0\\ l_{21} & 1 & & \\ \vdots & & \ddots & \\ l_{n1} & l_{n2} & \cdots & 1\end{pmatrix}\begin{pmatrix}d_{11} & & & 0\\ & d_{22} & & \\ & & \ddots & \\ 0 & & & d_{nn}\end{pmatrix}\begin{pmatrix}1 & \bar{l}_{21} & \cdots & \bar{l}_{n1}\\ & 1 & \cdots & \bar{l}_{n2}\\ & & \ddots & \vdots\\ 0 & & & 1\end{pmatrix}$$

$$=\begin{pmatrix}d_{11} & & & 0\\ s_{21} & d_{22} & & \\ \vdots & & \ddots & \\ s_{n1} & s_{n2} & \cdots & d_{nn}\end{pmatrix}\begin{pmatrix}1 & \bar{l}_{21} & \cdots & \bar{l}_{n1}\\ & 1 & \cdots & \bar{l}_{n2}\\ & & \ddots & \vdots\\ 0 & & & 1\end{pmatrix},$$

其中 $s_{ij}=l_{ij}d_{jj}$. 比较元素得

$$\begin{cases} d_{11}=a_{11}, \\ s_{ij}=a_{ij}-\displaystyle\sum_{k=1}^{j-1}s_{ik}\bar{l}_{jk}, \\ l_{ij}=s_{ij}/d_{jj}, \qquad j=1,2,\cdots,i-1, \\ d_{ii}=a_{ii}-\displaystyle\sum_{k=1}^{i-1}s_{ik}\bar{l}_{ik}. \end{cases} \tag{4.9}$$

解方程组按如下步骤进行:

$$\boldsymbol{A}\boldsymbol{x}=\boldsymbol{b}\rightarrow \boldsymbol{L}\boldsymbol{D}\boldsymbol{L}^{\mathrm{H}}\boldsymbol{x}=\boldsymbol{b}\rightarrow \begin{cases} \boldsymbol{L}\boldsymbol{y}=\boldsymbol{b}, \\ \boldsymbol{L}^{\mathrm{H}}\boldsymbol{x}=\boldsymbol{D}^{-1}\boldsymbol{y}. \end{cases}$$

所以

$$\begin{cases} y_i=b_i-\displaystyle\sum_{k=1}^{i-1}l_{ik}y_k, \qquad i=1,2,\cdots,n, \\ x_i=y_i/d_{ii}-\displaystyle\sum_{k=i+1}^{n}\bar{l}_{ki}x_k, \qquad i=n,n-1,\cdots,1. \end{cases} \tag{4.10}$$

这一方法称为改进平方根法.

例 4.4 用改进平方根法求解方程组 $\boldsymbol{A}\boldsymbol{x}=\boldsymbol{b}$, 其中

$$\boldsymbol{A}=\begin{pmatrix} 1 & 2 & 1 & -3 \\ 2 & 5 & 0 & -5 \\ 1 & 0 & 14 & 1 \\ -3 & -5 & 1 & 15 \end{pmatrix}, \quad \boldsymbol{b}=\begin{pmatrix} 1 \\ 2 \\ 16 \\ 8 \end{pmatrix}.$$

解 按方程组 (4.9) 计算分解式

$$\begin{aligned} i=1:&\quad d_{11}=1; \\ i=2:&\quad s_{21}=2, \quad l_{21}=2, \quad d_{22}=1; \\ i=3:&\quad s_{31}=1, \quad l_{31}=1, \\ &\quad s_{32}=-2, \quad l_{32}=-2, \quad d_{33}=9; \\ i=4:&\quad s_{41}=-3, \quad l_{41}=-3, \\ &\quad s_{42}=1, \quad l_{42}=1, \\ &\quad s_{43}=6, \quad l_{43}=\frac{2}{3}, \quad d_{44}=1. \end{aligned}$$

依照式 (4.10) 解方程组得

$$y_1=1, \quad y_2=0, \quad y_3=15, \quad y_4=1; \quad x_4=1, \quad x_3=1, \quad x_2=1, \quad x_1=1.$$

3. 三对角方程组的追赶法

很多数学物理问题的数值求解都可归结为解具有带状系数矩阵的线性方程组. 如差分法解偏微分方程, 有限元法解数学物理问题. 数值逼近中用样条插值求解三对角方程组.

定义 4.1　设 $\boldsymbol{A} \in \mathbf{C}^{n\times n}$ 是 n 阶方阵, 如果当 $|i-j|>m$ 时, 有 $a_{ij}=0$, 我们就称 $\boldsymbol{A}$ 是带宽为 $2m+1$ 的带状矩阵. 带宽为 3 的带状矩阵称为三对角矩阵, 形如

$$\boldsymbol{A}=\begin{pmatrix} a_1 & c_1 & & & 0 \\ u_2 & a_2 & c_2 & & \\ & \ddots & \ddots & \ddots & \\ & & u_{n-1} & a_{n-1} & c_{n-1} \\ 0 & & & u_n & a_n \end{pmatrix}. \tag{4.11}$$

可以证明: 若 n 阶方阵 $\boldsymbol{A}$ 的带宽为 $2m+1$, 假设 $\boldsymbol{A}$ 可以分解为下三角阵 $\boldsymbol{L}$ 和上三角阵 $\boldsymbol{U}$ 的乘积, 即 $\boldsymbol{A}=\boldsymbol{LU}$, 则 $\boldsymbol{L}$ 和 $\boldsymbol{U}$ 同样具有带宽 $2m+1$.

在解线性方程组时, 若系数矩阵是带状矩阵, 充分利用系数矩阵的特殊结构, 既可以减少计算量又可以节省存储单元.

以下我们具体讨论三对角方程组的解法.

设 $\boldsymbol{A}$ 满足矩阵 (4.11), 如果 $\boldsymbol{A}$ 的顺序主子式皆非零, 则 $\boldsymbol{A}$ 有如下三角分解:

$$\boldsymbol{A}=\boldsymbol{PQ}=\begin{pmatrix} 1 & & & 0 \\ p_2 & 1 & & \\ & \ddots & \ddots & \\ 0 & & p_n & 1 \end{pmatrix}\begin{pmatrix} q_1 & r_1 & & 0 \\ & q_2 & \ddots & \\ & & \ddots & r_{n-1} \\ 0 & & & q_n \end{pmatrix}. \tag{4.12}$$

当 $i=1,2,\cdots,n-1$ 时, 由于

$$a_{i,i+1}=c_i=(0,0,\cdots,p_i,1,0,\cdots,0)(0,0,\cdots,r_i,q_{i+1},0,\cdots,0)^{\mathrm{T}},$$

所以

$$c_i=r_i,\quad i=1,2,\cdots,n-1.$$

再由

$$\begin{aligned} a_{i,i-1}&=u_i\\ &=(0,0,\cdots,p_i,1,0,\cdots,0)(0,0,\cdots,r_{i-2},q_{i-1},0,\cdots,0)^{\mathrm{T}}\\ &=p_iq_{i-1} \end{aligned}$$

及

$$\begin{aligned} a_{i,i}&=a_i\\ &=(0,0,\cdots,p_i,1,0,\cdots,0)(0,0,\cdots,r_{i-1},q_i,0,\cdots,0)^{\mathrm{T}}\\ &=p_ir_{i-1}+q_i, \end{aligned}$$

得到

$$\begin{cases} q_i=a_i-p_ic_{i-1}, & i=1,2,\cdots,n,\\ p_i=u_i/q_{i-1}, & i=2,3,\cdots,n,\\ p_1=0. \end{cases} \tag{4.13}$$

从 $\boldsymbol{Py}=\boldsymbol{b}$ 及 $\boldsymbol{Qx}=\boldsymbol{y}$ 得

$$\begin{cases} y_i=b_i-p_iy_{i-1}, & i=1,2,\cdots,n,\\ x_i=(y_i-c_ix_{i+1})/q_i, & i=n,n-1,\cdots,1;x_{n+1}=0. \end{cases} \tag{4.14}$$

按式 (4.13) 及式 (4.14) 求解 $\boldsymbol{x}$ 的方法称为追赶法, 第一个过程称为 “追” 过程, 第二个过程称为 “赶” 过程, 追赶法由此得名.

求解三对角方程组的追赶法可以描述如下:

对 $i=1,2,\cdots,n-1, c_i:=r_i$.

$p_1=0$.

对 $i=1,2,\cdots,n, q_i:=a_i-p_ir_{i-1}$; $p_i:=u_i/q_{i-1}$.

$c_n:=0$.

对 $i=1,2,\cdots,n, y_i=b_i-p_iy_{i-1}$.

对 $i=n,n-1,\cdots,1, x_i=(y_i-r_ix_{i+1})/q_i$.

定理 4.4 设三对角方程组的系数矩阵 (4.11) 满足

$$\begin{aligned}&|a_1|>|c_1|>0,\quad |a_n|>|u_n|>0;\\&|a_i|>|c_i|+|u_i|>0,\quad u_ic_i\neq 0,\ i=2,3,\cdots,n-1.\end{aligned}$$

则 $\boldsymbol{A}$ 非奇异, 且有矩阵分解 (4.12) 成立, 其中

$$\begin{aligned}&q_i\neq 0,\quad i=2,3,\cdots,n;\\&0<\frac{|c_i|}{|q_i|}<1,\quad i=2,3,\cdots,n-1;\\&|a_i|-|u_i|<|q_i|<|a_i|+|u_i|,\quad i=2,3,\cdots,n-1.\end{aligned}$$

定理 4.4 保证了追赶法能进行计算.

例 4.5 用追赶法解三对角方程组:

$$\begin{pmatrix}2&-1&&\\-1&2&-1&\\&-1&2&-1\\&&-1&2\end{pmatrix}\begin{pmatrix}x_1\\x_2\\x_3\\x_4\end{pmatrix}=\begin{pmatrix}1\\0\\0\\1\end{pmatrix}.$$

解 设系数矩阵有分解

$$\begin{pmatrix}2&-1&&\\-1&2&-1&\\&-1&2&-1\\&&-1&2\end{pmatrix}=\begin{pmatrix}1&&&\\p_2&1&&\\&p_3&1&\\&&p_4&1\end{pmatrix}\begin{pmatrix}q_1&r_1&&\\&q_2&r_2&\\&&q_3&r_3\\&&&q_4\end{pmatrix}.$$

由式 (4.13) 得

$$r_1=c_1=-1,\quad r_2=c_2=-1,\quad r_3=c_3=-1,$$

$$\begin{aligned}&q_1=a_1=2,\quad p_2=\frac{u_2}{q_1}=-\frac{1}{2},\quad q_2=a_2-p_2c_1=\frac{3}{2},\\&p_3=\frac{u_3}{q_2}=-\frac{2}{3},\quad q_3=a_3-p_3c_2=\frac{4}{3},\\&p_4=\frac{u_4}{q_3}=-\frac{3}{4},\quad q_4=a_4-p_4c_3=\frac{5}{4}.\end{aligned}$$

依照式 (4.14) 得方程组的解

$$y_1=1,\ y_2=\frac{1}{2},\ y_3=\frac{1}{3},\ y_4=\frac{5}{4};\quad x_4=1,\ x_3=1,\ x_2=1,\ x_1=1.$$

4.2 广义逆矩阵求解矛盾方程组

本节讨论系数矩阵是长方阵的线性方程组的解法. 设

$$\boldsymbol{Ax}=\boldsymbol{b}, \tag{4.15}$$

其中 $\boldsymbol{A}\in\mathbf{C}^{m\times n}$, $\boldsymbol{b}\in\mathbf{C}^m$. 式 (4.15) 的解存在的充要条件是 $\boldsymbol{b}$ 在 $\boldsymbol{A}$ 的值域中. 在许多实际问题中此条件不能满足, 所以对任意 $\boldsymbol{x}\in\mathbf{C}^n$, 都有 $\boldsymbol{Ax}-\boldsymbol{b}\neq\mathbf{0}$, 此时称方程组 (4.15) 为矛盾方程组. 对于矛盾方程组, 我们希望找出这样的向量 $\boldsymbol{x}_0\in\mathbf{C}^n$, 它使 $\|\boldsymbol{Ax}-\boldsymbol{b}\|_2$ 达到最小, 即

$$\|\boldsymbol{Ax}_0-\boldsymbol{b}\|_2=\min_{\boldsymbol{x}\in\mathbf{C}^n}\|\boldsymbol{Ax}-\boldsymbol{b}\|_2, \tag{4.16}$$

称此问题为线性方程组 (4.15) 的最小二乘问题 (或 LS 问题), 称 $\boldsymbol{x}_0$ 为矛盾方程组 (4.15) 的最小二乘解.

最小二乘问题出现在许多场合中, 特别是在最小二乘曲线拟合和多元线性回归分析中常常要计算矛盾方程组的最小二乘解. 本章用广义逆矩阵的理论讨论 LS 问题的性质及其解法.

4.2.1 基本理论结果

本节将用广义逆矩阵的工具讨论最小二乘问题.

定理 4.5 设 $\boldsymbol{A}\in\mathbf{C}^{m\times n}$, $\boldsymbol{b}\in\mathbf{C}^m$, 则 $\boldsymbol{z}$ 是矛盾方程组 $\boldsymbol{Ax}=\boldsymbol{b}$ 的最小二乘解的充要条件为 $\boldsymbol{z}$ 是方程组 $\boldsymbol{Ax}=\boldsymbol{AA}^+\boldsymbol{b}$ 的解.

证明 对任意 $\boldsymbol{x}\in\mathbf{C}^n$, 可证

$$\begin{aligned}\|\boldsymbol{Ax}-\boldsymbol{b}\|_2^2&=\|\boldsymbol{Ax}-\boldsymbol{AA}^+\boldsymbol{b}+\boldsymbol{AA}^+\boldsymbol{b}-\boldsymbol{b}\|_2^2\\&=\|\boldsymbol{Ax}-\boldsymbol{AA}^+\boldsymbol{b}\|_2^2+\|\boldsymbol{AA}^+\boldsymbol{b}-\boldsymbol{b}\|_2^2,\end{aligned}$$

于是

$$\|\boldsymbol{Ax}-\boldsymbol{b}\|_2\geqslant\|\boldsymbol{AA}^+\boldsymbol{b}-\boldsymbol{b}\|_2.$$

当 $\boldsymbol{Ax}=\boldsymbol{AA}^+\boldsymbol{b}$ 时, $\|\boldsymbol{Ax}-\boldsymbol{b}\|_2$ 达到最小值 $\|\boldsymbol{AA}^+\boldsymbol{b}-\boldsymbol{b}\|_2$.

反之, 若 $\boldsymbol{z}_0$ 是 $\boldsymbol{Ax}=\boldsymbol{b}$ 的任意最小二乘解, 则

$$\|\boldsymbol{Az}_0-\boldsymbol{b}\|_2=\|\boldsymbol{AA}^+\boldsymbol{b}-\boldsymbol{b}\|_2.$$

与前面类似, 有

$$\|\boldsymbol{Az}_0-\boldsymbol{b}\|_2^2=\|\boldsymbol{Az}_0-\boldsymbol{AA}^+\boldsymbol{b}\|_2^2+\|\boldsymbol{AA}^+\boldsymbol{b}-\boldsymbol{b}\|_2^2.$$

从而 $\|\boldsymbol{Az}_0-\boldsymbol{AA}^+\boldsymbol{b}\|_2=0$, 即 $\boldsymbol{Az}_0=\boldsymbol{AA}^+\boldsymbol{b}$. 所以 $\boldsymbol{z}_0$ 是 $\boldsymbol{Ax}=\boldsymbol{AA}^+\boldsymbol{b}$ 的解. 证毕.

定理 4.6 设 $\boldsymbol{A}\in\mathbf{C}^{m\times n}$, $\boldsymbol{b}\in\mathbf{C}^m$, 则 $\boldsymbol{z}$ 是矛盾方程组 (4.15) 的最小二乘解的充要条件为 $\boldsymbol{z}$ 是方程组

$$\boldsymbol{A}^{\mathrm{H}}\boldsymbol{Ax}=\boldsymbol{A}^{\mathrm{H}}\boldsymbol{b} \tag{4.17}$$

的解.

证明 若 $\boldsymbol{z}$ 是 $\boldsymbol{Ax}=\boldsymbol{b}$ 的最小二乘解, 由定理 4.5 知, $\boldsymbol{z}$ 是 $\boldsymbol{Ax}=\boldsymbol{AA}^+\boldsymbol{b}$ 的解, 于是

$$\boldsymbol{A}^{\mathrm{H}}\boldsymbol{Az}=\boldsymbol{A}^{\mathrm{H}}(\boldsymbol{AA}^+\boldsymbol{b})=\boldsymbol{A}^{\mathrm{H}}(\boldsymbol{AA}^+)^{\mathrm{H}}\boldsymbol{b}=(\boldsymbol{AA}^+\boldsymbol{A})^{\mathrm{H}}\boldsymbol{b}=\boldsymbol{A}^{\mathrm{H}}\boldsymbol{b},$$

即 $\boldsymbol{z}$ 是 $\boldsymbol{A}^{\mathrm{H}}\boldsymbol{Ax}=\boldsymbol{A}^{\mathrm{H}}\boldsymbol{b}$ 的解.

反之, 若 $\boldsymbol{z}$ 是 $\boldsymbol{A}^{\mathrm{H}}\boldsymbol{Ax}=\boldsymbol{A}^{\mathrm{H}}\boldsymbol{b}$ 的解, 则有

$$\begin{aligned}\boldsymbol{Az}&=\boldsymbol{AA}^+\boldsymbol{Az}=(\boldsymbol{AA}^+)^{\mathrm{H}}\boldsymbol{Az}=(\boldsymbol{A}^+)^{\mathrm{H}}(\boldsymbol{A}^{\mathrm{H}}\boldsymbol{Az})\\&=(\boldsymbol{A}^+)^{\mathrm{H}}\boldsymbol{A}^{\mathrm{H}}\boldsymbol{b}=(\boldsymbol{AA}^+)^{\mathrm{H}}\boldsymbol{b}=\boldsymbol{AA}^+\boldsymbol{b},\end{aligned}$$

可见 $\boldsymbol{z}$ 是 $\boldsymbol{Ax}=\boldsymbol{AA}^+\boldsymbol{b}$ 的解, 从而是 $\boldsymbol{Ax}=\boldsymbol{b}$ 的最小二乘解. 证毕.

推论 4.1 若 $\boldsymbol{A}=\boldsymbol{FG}$ 分解中 $\boldsymbol{G}$ 为行满秩, 则方程组 (4.17) 等价于方程组

$$\boldsymbol{F}^{\mathrm{H}}\boldsymbol{Ax}=\boldsymbol{F}^{\mathrm{H}}\boldsymbol{b}.$$

证明 由于 $\boldsymbol{A}^{\mathrm{H}}=\boldsymbol{G}^{\mathrm{H}}\boldsymbol{F}^{\mathrm{H}}$, 而 $\boldsymbol{G}^{\mathrm{H}}$ 列满秩, 则

$$\boldsymbol{A}^{\mathrm{H}}\boldsymbol{Ax}=\boldsymbol{A}^{\mathrm{H}}\boldsymbol{b}\Longleftrightarrow \boldsymbol{G}^{\mathrm{H}}\boldsymbol{F}^{\mathrm{H}}(\boldsymbol{Ax}-\boldsymbol{b})=\boldsymbol{0}\Longleftrightarrow \boldsymbol{F}^{\mathrm{H}}(\boldsymbol{Ax}-\boldsymbol{b})=\boldsymbol{0}.$$ 证毕.

推论 4.2 向量 $\boldsymbol{x}$ 是方程组 (4.17) 的解当且仅当存在向量 $\boldsymbol{r}\in\mathbf{C}^m$ 使

$$\begin{pmatrix}-\boldsymbol{I}&\boldsymbol{A}\\\boldsymbol{A}^{\mathrm{H}}&\boldsymbol{0}\end{pmatrix}\begin{pmatrix}\boldsymbol{r}\\\boldsymbol{x}\end{pmatrix}=\begin{pmatrix}\boldsymbol{b}\\\boldsymbol{0}\end{pmatrix}.$$

定理 4.7 设 $\boldsymbol{A}\in\mathbf{C}^{m\times n}$, $\boldsymbol{b}\in\mathbf{C}^m$, 矛盾方程组 $\boldsymbol{Ax}=\boldsymbol{b}$ 的全部最小二乘解为

$$\boldsymbol{z}=\boldsymbol{A}^+\boldsymbol{b}+(\boldsymbol{I}-\boldsymbol{A}^+\boldsymbol{A})\boldsymbol{y},\quad \boldsymbol{y}\in\mathbf{C}^n\text{ 任意}. \tag{4.18}$$

证明 因为 $(\boldsymbol{AA}^+)(\boldsymbol{AA}^+\boldsymbol{b})=\boldsymbol{AA}^+\boldsymbol{b}$, 由定理 3.20 知, $\boldsymbol{Ax}=\boldsymbol{AA}^+\boldsymbol{b}$ 有解, 且其通解为

$$\boldsymbol{z}=\boldsymbol{A}^+\boldsymbol{b}+(\boldsymbol{I}-\boldsymbol{A}^+\boldsymbol{A})\boldsymbol{y},\quad \boldsymbol{y}\in\mathbf{C}^n\text{ 任意}.$$

又由定理 4.5知, 此即为矛盾方程组 $\boldsymbol{Ax}=\boldsymbol{b}$ 的全部最小二乘解. 证毕.

由式 (4.18) 知, 矛盾方程组 $\boldsymbol{Ax}=\boldsymbol{b}$ 有唯一最小二乘解的充分必要条件是 $\boldsymbol{A}^+\boldsymbol{A}=\boldsymbol{I}$, 即 $\boldsymbol{A}$ 列满秩. 最小二乘解一般不唯一. 在所有最小二乘解中, 范数最小的称为矛盾方程组 $\boldsymbol{Ax}=\boldsymbol{b}$ 的极小范数最小二乘解.

定理 4.8 设 $\boldsymbol{A}\in\mathbf{C}^{m\times n}$, $\boldsymbol{b}\in\mathbf{C}^m$, 矛盾方程组 $\boldsymbol{Ax}=\boldsymbol{b}$ 的唯一极小范数最小二乘解为 $\boldsymbol{x}_0=\boldsymbol{A}^+\boldsymbol{b}$.

证明 由定理 4.5知, 矛盾线性方程组 (4.15) 的唯一极小范数最小二乘解为 $\boldsymbol{Ax}=\boldsymbol{AA}^+\boldsymbol{b}$ 的唯一极小范数解. 根据定理 3.20, 此解为

$$\boldsymbol{x}_0=\boldsymbol{A}^+(\boldsymbol{AA}^+\boldsymbol{b})=\boldsymbol{A}^+\boldsymbol{b}.$$ 证毕.

根据以上结论, 如果我们能计算出 $\boldsymbol{A}^+$, 即可求解 LS 问题. 如果 $\boldsymbol{A}$ 是小型矩阵, 可用满秩分解的方法计算 $\boldsymbol{A}^+$.

例 4.6 用满秩分解方法求矛盾方程组

$$\begin{cases}2x_1+4x_2+x_3+x_4=10,\\x_1+2x_2-x_3+2x_4=6,\\-x_1-2x_2-2x_3+x_4=-7\end{cases}$$

的全部最小二乘解和极小范数最小二乘解.

解 将线性方程组写成矩阵形式 $\boldsymbol{Ax}=\boldsymbol{b}$, 其中

$$\boldsymbol{A}=\begin{pmatrix}2&4&1&1\\1&2&-1&2\\-1&-2&-2&1\end{pmatrix},\quad \boldsymbol{b}=\begin{pmatrix}10\\6\\-7\end{pmatrix}.$$

计算 $\boldsymbol{A}$ 的满秩分解得

$$\boldsymbol{A}=\boldsymbol{FG}=\begin{pmatrix}2&1\\1&-1\\-1&-2\end{pmatrix}\begin{pmatrix}1&2&0&1\\0&0&1&-1\end{pmatrix},$$

于是

$$\begin{aligned}\boldsymbol{A}^{+}=&\ \boldsymbol{G}^{\mathrm{T}}(\boldsymbol{GG}^{\mathrm{T}})^{-1}(\boldsymbol{F}^{\mathrm{T}}\boldsymbol{F})^{-1}\boldsymbol{F}^{\mathrm{T}}\\=&\ \frac{1}{33}\begin{pmatrix}2&1&-1\\4&2&-2\\1&-5&-6\\1&6&5\end{pmatrix}.\end{aligned}$$

全部最小二乘解为

$$\begin{aligned}\boldsymbol{x}=&\ \boldsymbol{A}^{+}\boldsymbol{b}+(\boldsymbol{I}-\boldsymbol{A}^{+}\boldsymbol{A})\boldsymbol{y}\\=&\ \begin{pmatrix}1\\2\\\dfrac{2}{3}\\\dfrac{1}{3}\end{pmatrix}+\frac{1}{11}\begin{pmatrix}9&-4&-1&-1\\-4&3&-2&-2\\-1&-2&5&5\\-1&-2&5&5\end{pmatrix}\begin{pmatrix}y_1\\y_2\\y_3\\y_4\end{pmatrix},\end{aligned}$$

其中 $y_1, y_2, y_3, y_4\in\mathbf{C}$ 任意. 极小范数最小二乘解为

$$\boldsymbol{x}=\boldsymbol{A}^{+}\boldsymbol{b}=\left(1,2,\frac{2}{3},\frac{1}{3}\right)^{\mathrm{T}}.$$

4.2.2 列满秩的 LS 问题

设 $\boldsymbol{A}\in\mathbf{C}^{m\times n}$, $\boldsymbol{b}\in\mathbf{C}^{m}$, 且 $\boldsymbol{A}$ 是列满秩矩阵, 称对应的 LS 问题为列满秩 LS 问题. 列满秩 LS 问题一般采用法方程组和 QR 分解的方法计算.

1. *法方程组的方法*

求解列满秩 LS 问题应用最广的方法是求解法方程组的方法. 设 $\boldsymbol{A}\in\mathbf{C}^{m\times n}$, $\boldsymbol{b}\in\mathbf{C}^{m}$, 且 $\boldsymbol{A}$ 是列满秩矩阵. 根据定理 4.6, 矛盾方程组 $\boldsymbol{Ax}=\boldsymbol{b}$ 的最小二乘解 $\boldsymbol{x}_{\mathrm{LS}}$ 满足

$$\boldsymbol{A}^{\mathrm{H}}\boldsymbol{A}\boldsymbol{x}_{\mathrm{LS}}=\boldsymbol{A}^{\mathrm{H}}\boldsymbol{b}. \tag{4.19}$$

因为 $\boldsymbol{A}$ 是列满秩矩阵, 所以 $\boldsymbol{A}^{\mathrm{H}}\boldsymbol{A}$ 为 Hermite 正定矩阵, 可进行 Cholesky 分解. 方程组 (4.19) 有唯一的解, 算法如下:

(1) 计算 $\boldsymbol{G}=\boldsymbol{A}^{\mathrm{H}}\boldsymbol{A}$;

(2) 计算 $\boldsymbol{d}=\boldsymbol{A}^{\mathrm{H}}\boldsymbol{b}$;

(3) 计算 Cholesky 分解 $\boldsymbol{G}=\boldsymbol{L}\boldsymbol{L}^{\mathrm{H}}$;

(4) 解 $\boldsymbol{L}\boldsymbol{y}=\boldsymbol{d}$ 和 $\boldsymbol{L}^{\mathrm{H}}\boldsymbol{x}_{\mathrm{LS}}=\boldsymbol{y}$.

2. 用 QR 分解求解列满秩的 LS 问题

本节再介绍用 QR 分解求解列满秩 LS 问题的一种方法. 设 $\boldsymbol{A}\in\mathbf{C}^{m\times n}$, $\boldsymbol{b}\in\mathbf{C}^{m}$, 且 $\boldsymbol{A}$ 是列满秩矩阵. 根据定理 3.5, 可将 $\boldsymbol{A}$ 分解为列正交矩阵 $\boldsymbol{Q}$ 与上三角矩阵 $\boldsymbol{R}$ 的乘积. 将 $\boldsymbol{A}=\boldsymbol{Q}\boldsymbol{R}$ 代入方程 $\boldsymbol{A}^{\mathrm{H}}\boldsymbol{A}\boldsymbol{x}=\boldsymbol{A}^{\mathrm{H}}\boldsymbol{b}$, 并注意到 $\boldsymbol{Q}^{\mathrm{H}}\boldsymbol{Q}=\boldsymbol{I}$, 有

$$\boldsymbol{R}^{\mathrm{H}}\boldsymbol{Q}^{\mathrm{H}}\boldsymbol{Q}\boldsymbol{R}\boldsymbol{x}=\boldsymbol{R}^{\mathrm{H}}\boldsymbol{Q}^{\mathrm{H}}\boldsymbol{b}.$$

由于 $\boldsymbol{R}$ 非奇异, 用 $(\boldsymbol{R}^{\mathrm{H}})^{-1}$ 左乘上式两端得

$$\boldsymbol{R}\boldsymbol{x}=\boldsymbol{Q}^{\mathrm{H}}\boldsymbol{b}. \tag{4.20}$$

所以, 求得 $\boldsymbol{R}$ 和 $\boldsymbol{Q}^{\mathrm{H}}\boldsymbol{b}$ 后, 仍需要解三角形方程组 (4.20) 方可求得最小二乘解 $\boldsymbol{x}_{\mathrm{LS}}$.

从理论上讲, 计算出的 $\boldsymbol{Q}$ 是列正交的, 但由于舍入误差的影响, 得到的 $\boldsymbol{Q}$ 并不一定列正交, 有时正交性很差. 由于数值计算稳定性的要求, 目前采用精度高得多的所谓 “修改的 Gram-Schmidt 正交化过程”, 具体计算步骤如下.

(1) 将 $\boldsymbol{A}^{(1)}=\boldsymbol{A}=(\boldsymbol{a}_1^{(1)},\boldsymbol{a}_2^{(1)},\cdots,\boldsymbol{a}_n^{(1)})$ 的第一列 $\boldsymbol{a}_1^{(1)}$ 标准化为 $\boldsymbol{Q}$ 的第一列 $\boldsymbol{q}_1$:

$$\begin{cases}\boldsymbol{q}_1=\boldsymbol{a}_1^{(1)}/r_{11},\\ r_{11}=\sqrt{\langle\boldsymbol{a}_1^{(1)},\boldsymbol{a}_1^{(1)}\rangle}.\end{cases}$$

然后将 $\boldsymbol{A}^{(1)}$ 的第 2 列至第 n 列分别与 $\boldsymbol{q}_1$ 正交化, 得出向量组 $\boldsymbol{a}_2^{(2)}$, $\boldsymbol{a}_3^{(2)}$, $\cdots,\boldsymbol{a}_n^{(2)}$:

$$\begin{cases}\boldsymbol{a}_j^{(2)}=\boldsymbol{a}_j^{(1)}-r_{1j}\cdot\boldsymbol{q}_1,\\ r_{1j}=\langle\boldsymbol{q}_1,\boldsymbol{a}_j^{(1)}\rangle,\quad j=2,3,\cdots,n.\end{cases}$$

(2) 对于 $k=2,3,\cdots,n$, 执行下列运算:

$$\begin{cases}\boldsymbol{q}_k=\boldsymbol{a}_k^{(k)}/r_{kk},\\ r_{kk}=\sqrt{\langle\boldsymbol{a}_k^{(k)},\boldsymbol{a}_k^{(k)}\rangle},\\ \boldsymbol{a}_j^{(k+1)}=\boldsymbol{a}_j^{(k)}-r_{kj}\cdot\boldsymbol{q}_k,\\ r_{kj}=\langle\boldsymbol{q}_k,\boldsymbol{a}_j^{(k)}\rangle,\quad j=k+1,k+2,\cdots,n\end{cases}$$

便得到正交标准化的向量组 $\{\boldsymbol{q}_k\}_1^n$.

(3) 利用 $\boldsymbol{Q}=(\boldsymbol{q}_1,\boldsymbol{q}_2,\cdots,\boldsymbol{q}_n)$, $\boldsymbol{R}=(r_{ij})$, 计算 $\boldsymbol{Q}^{\mathrm{H}}\boldsymbol{b}$, 解三角形方程组

$$\boldsymbol{R}\boldsymbol{x}=\boldsymbol{Q}^{\mathrm{H}}\boldsymbol{b},$$

即得解 $\boldsymbol{x}_{\mathrm{LS}}=\boldsymbol{R}^{-1}\boldsymbol{Q}^{\mathrm{H}}\boldsymbol{b}$.

注 4.1 设 $\boldsymbol{A}\in\mathbf{C}^{m\times n}$ 列满秩, 令条件数 $\mathrm{cond}_2(\boldsymbol{A})=\|\boldsymbol{A}\|_2\|\boldsymbol{A}^{+}\|_2$, 最小二乘解的余量 $\rho_{\mathrm{LS}}=\|\boldsymbol{A}\boldsymbol{x}_{\mathrm{LS}}-\boldsymbol{b}\|_2$. 易证 $\mathrm{cond}_2(\boldsymbol{A})=\sqrt{\|\boldsymbol{A}^{\mathrm{H}}\boldsymbol{A}\|_2\|(\boldsymbol{A}^{\mathrm{H}}\boldsymbol{A})^{-1}\|_2}$. 下面给出对 LS 问题的法方程组方法和 QR 方法进行比较后的一些结论以供参考.

(1) 法方程组方法得到的解 $\boldsymbol{x}_{\mathrm{LS}}$ 的相对误差依赖于条件数的平方;

(2) QR 方法解一个近似的 LS 问题的解的相对误差约为

$$\mu(\mathrm{cond}_2(\boldsymbol{A})+\rho_{\mathrm{LS}}(\mathrm{cond}_2(\boldsymbol{A}))^2);$$

(3) 法方程组方法在 $m \gg n$ 时只需一半的运算, 且不需要太大的存储空间.

因此, 如果 ρ_{LS} 很小且 $\text{cond}_2(\boldsymbol{A})$ 很大, 则法方程组方法通常可给出比稳定的 QR 方法精度更低的解. 相反, 当用来解决大余量和坏条件数问题时, 两种方法得到差不多的不精确的解. 总之, 很难选择一种完全令人满意的解法.

4.2.3 秩亏损的 LS 问题

设 $\boldsymbol{A} \in \mathbf{C}^{m\times n}$, 且 $\text{rank}\,\boldsymbol{A} = r < n$, 则称 $\boldsymbol{A}$ 是秩亏损的矩阵. 由定理 4.7知, 秩亏损 LS 问题有无穷多解. 对于大规模的秩亏损的 LS 问题, 我们可以采用对 $\boldsymbol{A}$ 完全正交分解的方法来求解 LS 问题. 具体地说, 我们求酉矩阵 $\boldsymbol{Q}$ 和 $\boldsymbol{Z}$ 使得

$$\boldsymbol{Q}^{\text{H}}\boldsymbol{A}\boldsymbol{Z} = \boldsymbol{T} = \begin{pmatrix} \boldsymbol{T}_{11} & \boldsymbol{0} \\ \boldsymbol{0} & \boldsymbol{0} \end{pmatrix},$$

其中 $\boldsymbol{T}_{11} \in \mathbf{C}_r^{r\times r}$, 则

$$\|\boldsymbol{A}\boldsymbol{x} - \boldsymbol{b}\|_2^2 = \|(\boldsymbol{Q}^{\text{H}}\boldsymbol{A}\boldsymbol{Z})\boldsymbol{Z}^{\text{H}}\boldsymbol{x} - \boldsymbol{Q}^{\text{H}}\boldsymbol{b}\|_2^2 = \|\boldsymbol{T}_{11}\boldsymbol{w} - \boldsymbol{c}\|_2^2 + \|\boldsymbol{d}\|_2^2,$$

其中

$$\boldsymbol{Z}^{\text{H}}\boldsymbol{x} = \begin{pmatrix} \boldsymbol{w} \\ \boldsymbol{y} \end{pmatrix}, \quad \boldsymbol{Q}^{\text{H}}\boldsymbol{b} = \begin{pmatrix} \boldsymbol{c} \\ \boldsymbol{d} \end{pmatrix},$$

其中 $\boldsymbol{w}$, $\boldsymbol{c} \in \mathbf{C}^r$, $\boldsymbol{y} \in \mathbf{C}^{n-r}$, $\boldsymbol{d} \in \mathbf{C}^{m-r}$. 又注意到

$$\|\boldsymbol{x}\|_2^2 = \|\boldsymbol{Z}^{\text{H}}\boldsymbol{x}\|_2^2 = \|\boldsymbol{w}\|_2^2 + \|\boldsymbol{y}\|_2^2,$$

则当 $\boldsymbol{T}_{11}\boldsymbol{w} - \boldsymbol{c} = \boldsymbol{0}$ 及 $\boldsymbol{y} = \boldsymbol{0}$ 时, 得到 LS 问题的极小范数最小二乘解

$$\boldsymbol{x}_{\text{LS}} = \boldsymbol{Z}\begin{pmatrix} \boldsymbol{T}_{11}^{-1}\boldsymbol{c} \\ \boldsymbol{0} \end{pmatrix}.$$

我们可以对 $\boldsymbol{A}$ 进行一系列行和列 Householder(豪斯霍尔德) 变换及列置换得到 $\boldsymbol{A}$ 的完全正交分解.

定理 4.9　给定 $\boldsymbol{A} \in \mathbf{C}_r^{m\times n}$, 则存在 r 个 Householder 矩阵之积 $\boldsymbol{U}$, $\boldsymbol{V}$ 以及互换矩阵之积 $\boldsymbol{P}$, 使得

$$\boldsymbol{U}\boldsymbol{A}\boldsymbol{P}\boldsymbol{V} = \boldsymbol{U}\boldsymbol{A}\boldsymbol{K} = \begin{pmatrix} \boldsymbol{G} & \boldsymbol{0} \\ \boldsymbol{0} & \boldsymbol{0} \end{pmatrix},$$

其中 $\boldsymbol{G} \in \mathbf{C}_r^{r\times r}$ 为上三角矩阵, $\boldsymbol{V}$, $\boldsymbol{P}$, $\boldsymbol{K} \in \mathbf{C}^{n\times n}$, $\boldsymbol{U} \in \mathbf{C}^{m\times m}$ 均为酉矩阵.

$\boldsymbol{A}$ 的奇异值分解是一种特殊的完全正交分解. 若已知 $\boldsymbol{A}$ 的奇异值分解, 则可以得到 $\boldsymbol{x}_{\text{LS}}$ 的一个简洁表达式.

定理 4.10　给定 $\boldsymbol{A} \in \mathbf{C}_r^{m\times n}$, $\boldsymbol{b} \in \mathbf{C}^m$, 如果 $\boldsymbol{A}$ 的奇异值分解为

$$\boldsymbol{U}^{\text{H}}\boldsymbol{A}\boldsymbol{V} = \begin{pmatrix} \boldsymbol{\Sigma} & \boldsymbol{0} \\ \boldsymbol{0} & \boldsymbol{0} \end{pmatrix},$$

其中 $\boldsymbol{\Sigma} = \text{diag}(\sigma_1, \sigma_2, \cdots, \sigma_r)$, 而 $\sigma_i\ (i = 1, 2, \cdots, r)$ 为 $\boldsymbol{A}$ 的非零奇异值, 酉矩阵 $\boldsymbol{U} = (\boldsymbol{u}_1, \boldsymbol{u}_2,$

$\cdots, \boldsymbol{u}_m)$ 和 $\boldsymbol{V}=(\boldsymbol{v}_1,\boldsymbol{v}_2,\cdots,\boldsymbol{v}_n)$ 是按列划分的, 则 LS 问题的极小范数最小二乘解为

$$\boldsymbol{x}_{\mathrm{LS}}=\sum_{i=1}^{r}\frac{\boldsymbol{u}_i^{\mathrm{H}}\boldsymbol{b}}{\sigma_i}\boldsymbol{v}_i.$$

而且误差余量

$$\rho_{\mathrm{LS}}^2=\|\boldsymbol{A}\boldsymbol{x}_{\mathrm{LS}}-\boldsymbol{b}\|_2^2=\sum_{i=r+1}^{m}(\boldsymbol{u}_i^{\mathrm{H}}\boldsymbol{b})^2.$$

证明 因为 $\boldsymbol{A}$ 的奇异值分解为

$$\boldsymbol{U}^{\mathrm{H}}\boldsymbol{A}\boldsymbol{V}=\begin{pmatrix}\boldsymbol{\Sigma} & \mathbf{0}\\ \mathbf{0} & \mathbf{0}\end{pmatrix},$$

所以

$$\boldsymbol{A}=\boldsymbol{U}\begin{pmatrix}\boldsymbol{\Sigma} & \mathbf{0}\\ \mathbf{0} & \mathbf{0}\end{pmatrix}\boldsymbol{V}^{\mathrm{H}},$$

$$\boldsymbol{A}^{+}=\boldsymbol{V}\begin{pmatrix}\boldsymbol{\Sigma}^{-1} & \mathbf{0}\\ \mathbf{0} & \mathbf{0}\end{pmatrix}\boldsymbol{U}^{\mathrm{H}}.$$

由定理 4.8, LS 问题的极小范数最小二乘解为

$$\boldsymbol{x}_{\mathrm{LS}}=\boldsymbol{A}^{+}\boldsymbol{b}=\boldsymbol{V}\begin{pmatrix}\boldsymbol{\Sigma}^{-1} & \mathbf{0}\\ \mathbf{0} & \mathbf{0}\end{pmatrix}\boldsymbol{U}^{\mathrm{H}}\boldsymbol{b}=\sum_{i=1}^{r}\frac{\boldsymbol{u}_i^{\mathrm{H}}\boldsymbol{b}}{\sigma_i}\boldsymbol{v}_i.$$

此时误差余量

$$\begin{aligned}\rho_{\mathrm{LS}}^2&=\|\boldsymbol{A}\boldsymbol{x}_{\mathrm{LS}}-\boldsymbol{b}\|_2^2=\|\boldsymbol{A}\boldsymbol{A}^{+}\boldsymbol{b}-\boldsymbol{b}\|_2^2\\&=\left\|\boldsymbol{U}\begin{pmatrix}\boldsymbol{\Sigma} & \mathbf{0}\\ \mathbf{0} & \mathbf{0}\end{pmatrix}\boldsymbol{V}^{\mathrm{H}}\boldsymbol{V}\begin{pmatrix}\boldsymbol{\Sigma}^{-1} & \mathbf{0}\\ \mathbf{0} & \mathbf{0}\end{pmatrix}\boldsymbol{U}^{\mathrm{H}}\boldsymbol{b}-\boldsymbol{b}\right\|_2^2\\&=\left\|\begin{pmatrix}\boldsymbol{I} & \mathbf{0}\\ \mathbf{0} & \mathbf{0}\end{pmatrix}\boldsymbol{U}^{\mathrm{H}}\boldsymbol{b}-\boldsymbol{U}^{\mathrm{H}}\boldsymbol{b}\right\|_2^2\\&=\sum_{i=r+1}^{m}(\boldsymbol{u}_i^{\mathrm{H}}\boldsymbol{b})^2.\end{aligned}$$

证毕.

4.3 求解线性方程组的迭代法

本节讨论线性方程组的另一类求解方法——迭代法. 迭代法与直接法不同, 迭代法一般不能通过有限次的算术运算求得方程的精确解, 而是从初始向量出发, 用设计好的步骤逐次算出近似解. 大型线性方程组的求解是大规模科学与工程计算的核心. 随着计算机技术的飞速发展, 需求解问题的规模越来越大, 迭代法已取代直接法成为求解大型线性方程组的最重要的一类方法.

4.3.1 迭代法的一般概念

设 $\boldsymbol{A} \in \mathbf{R}_n^{n\times n}$, $\boldsymbol{b} \in \mathbf{R}^n$, 考虑线性方程组

$$\boldsymbol{A}\boldsymbol{x} = \boldsymbol{b}. \tag{4.21}$$

一般地, 先将方程组 (4.21) 变为同解方程组

$$\boldsymbol{x} = \boldsymbol{B}\boldsymbol{x} + \boldsymbol{f}, \tag{4.22}$$

形成迭代格式

$$\boldsymbol{x}^{(k+1)} = \boldsymbol{B}\boldsymbol{x}^{(k)} + \boldsymbol{f}, \quad k = 0, 1, \cdots, \tag{4.23}$$

其中 $\boldsymbol{B}$ 称为迭代矩阵, $\boldsymbol{x}^{(0)}$ 是任给的初始向量. 由于 $\boldsymbol{x}^{(k+1)}$ 是 $\boldsymbol{x}^{(k)}$ 的线性函数, 式 (4.23) 称为线性迭代.

定义 4.2　如果迭代公式 (4.23) 产生的序列 $\{\boldsymbol{x}^{(k)}\}$ 满足

$$\lim_{k\to\infty} \boldsymbol{x}^{(k)} = \boldsymbol{x}^*, \quad \boldsymbol{x}^{(0)} \in \mathbf{R}^n,$$

则称迭代法 (4.23) 是收敛的.

实际使用的迭代法应该是收敛的迭代法, 这里我们要给出判别迭代法收敛的条件. 设 $\boldsymbol{x}^*$ 是方程组 (4.22) 的解, 即

$$\boldsymbol{x}^* = \boldsymbol{B}\boldsymbol{x}^* + \boldsymbol{f}.$$

以式 (4.23) 减去上式, 并记误差向量为

$$\boldsymbol{e}^{(k)} = \boldsymbol{x}^{(k)} - \boldsymbol{x}^*,$$

则有

$$\boldsymbol{e}^{(k+1)} = \boldsymbol{B}\boldsymbol{e}^{(k)}, \quad k = 0, 1, \cdots,$$

由此可推得

$$\boldsymbol{e}^{(k)} = \boldsymbol{B}^k \boldsymbol{e}^{(0)},$$

其中 $\boldsymbol{e}^{(0)} = \boldsymbol{x}^{(0)} - \boldsymbol{x}^*$ 与 k 无关, 所以式 (4.23) 收敛就意味着

$$\lim_{k\to\infty} \boldsymbol{e}^{(k)} = \lim_{k\to\infty} \boldsymbol{B}^k \boldsymbol{e}^{(0)} = \boldsymbol{0}, \quad \boldsymbol{e}^{(0)} \in \mathbf{R}^n.$$

定理 4.11　设 $\boldsymbol{A}^{(k)}$ 是 $\mathbf{R}^{n\times n}$ 上的矩阵序列. 则 $\lim\limits_{k\to\infty} \boldsymbol{A}^{(k)} = \boldsymbol{0}$ 的充分必要条件是

$$\lim_{k\to\infty} \boldsymbol{A}^{(k)}\boldsymbol{x} = \boldsymbol{0}, \ \forall \boldsymbol{x} \in \mathbf{R}^n. \tag{4.24}$$

证明　对于任意相容的向量与矩阵范数有

$$\|\boldsymbol{A}^{(k)}\boldsymbol{x}\| \leqslant \|\boldsymbol{A}^{(k)}\|\|\boldsymbol{x}\|,$$

从而可证必要性. 若取 $\boldsymbol{x}$ 为第 j 个单位向量 $\boldsymbol{e}_j$, 则 $\lim\limits_{k\to\infty} \boldsymbol{A}^{(k)}\boldsymbol{e}_j = \boldsymbol{0}$, 意味着 $\boldsymbol{A}^{(k)}$ 的第 j 列各元素极限为零, 取 $j = 1, 2, \cdots, n$, 充分性得证.　证毕.

下面给出迭代法收敛的充分必要条件.

定理 4.12 下面三个命题是等价的.

(1) 迭代法 $\boldsymbol{x}^{(k+1)}=\boldsymbol{B}\boldsymbol{x}^{(k)}+\boldsymbol{f}$ 收敛;

(2) $\rho(\boldsymbol{B})<1$;

(3) 至少存在一个矩阵范数 $\|\cdot\|$, 使 $\|\boldsymbol{B}\|<1$.

证明 从以上分析, 命题 (1) 中迭代法收敛等价于

$$\lim_{k\to\infty}\boldsymbol{B}^k\boldsymbol{e}^{(0)}=\lim_{k\to\infty}\boldsymbol{e}^{(k)}=\boldsymbol{0},\quad \forall\boldsymbol{e}^{(0)}\in\mathbf{R}^n.$$

由定理 4.11, 上式成立的充要条件是 $\lim\limits_{k\to\infty}\boldsymbol{B}^k=\boldsymbol{0}$, 即 $\boldsymbol{B}$ 是收敛矩阵. 由谱半径性质的定理 1.26、定理 1.27 及定理 1.28, 可得结论. 证毕.

有时实际判别一个迭代法是否收敛, 条件 $\rho(\boldsymbol{B})<1$ 较难验证. 但 $\|\boldsymbol{B}\|_1$, $\|\boldsymbol{B}\|_\infty$, $\|\boldsymbol{B}\|_{\mathrm{F}}$ 可以用 $\boldsymbol{B}$ 的元素表示, 所以用 $\|\boldsymbol{B}\|_1<1$, $\|\boldsymbol{B}\|_\infty<1$, $\|\boldsymbol{B}\|_{\mathrm{F}}<1$ 作为收敛的充分条件较为方便.

下面讨论收敛速度的问题.

定理 4.13 设 $\boldsymbol{x}^*$ 是方程 $\boldsymbol{x}=\boldsymbol{B}\boldsymbol{x}+\boldsymbol{f}$ 的唯一解, $\|\boldsymbol{B}\|<1$, 则由式 (4.23) 产生的向量序列 $\boldsymbol{x}^{(k)}$ 满足

$$\|\boldsymbol{x}^{(k)}-\boldsymbol{x}^*\|\leqslant\frac{\|\boldsymbol{B}\|}{1-\|\boldsymbol{B}\|}\|\boldsymbol{x}^{(k)}-\boldsymbol{x}^{(k-1)}\|; \tag{4.25}$$

$$\|\boldsymbol{x}^{(k)}-\boldsymbol{x}^*\|\leqslant\frac{\|\boldsymbol{B}\|^k}{1-\|\boldsymbol{B}\|}(\|\boldsymbol{f}\|+2\|\boldsymbol{x}^{(0)}\|). \tag{4.26}$$

证明 不难验证

$$\begin{aligned}\boldsymbol{x}^{(k)}-\boldsymbol{x}^*&=\boldsymbol{B}(\boldsymbol{x}^{(k-1)}-\boldsymbol{x}^*)\\&=\boldsymbol{B}(\boldsymbol{x}^{(k-1)}-\boldsymbol{x}^{(k)})+\boldsymbol{B}(\boldsymbol{x}^{(k)}-\boldsymbol{x}^*),\end{aligned}$$

所以

$$(\boldsymbol{I}-\boldsymbol{B})(\boldsymbol{x}^{(k)}-\boldsymbol{x}^*)=\boldsymbol{B}(\boldsymbol{x}^{(k-1)}-\boldsymbol{x}^{(k)}).$$

因为 $\|\boldsymbol{B}\|<1$, 由定理 4.12知迭代法收敛, $\lim\limits_{k\to\infty}\boldsymbol{x}^{(k)}=\boldsymbol{x}^*$. 又由推论 1.35 知 $\boldsymbol{I}-\boldsymbol{B}$ 非奇异, 且

$$\begin{aligned}\|\boldsymbol{x}^{(k)}-\boldsymbol{x}^*\|&=\|(\boldsymbol{I}-\boldsymbol{B})^{-1}\boldsymbol{B}(\boldsymbol{x}^{(k-1)}-\boldsymbol{x}^{(k)})\|\\&\leqslant\frac{\|\boldsymbol{B}\|}{1-\|\boldsymbol{B}\|}\|\boldsymbol{x}^{(k)}-\boldsymbol{x}^{(k-1)}\|,\end{aligned}$$

即得式 (4.25). 再反复运用

$$\begin{aligned}\|\boldsymbol{x}^{(k)}-\boldsymbol{x}^{(k-1)}\|&=\|\boldsymbol{B}(\boldsymbol{x}^{(k-1)}-\boldsymbol{x}^{(k-2)})\|\\&\leqslant\|\boldsymbol{B}\|\|\boldsymbol{x}^{(k-1)}-\boldsymbol{x}^{(k-2)}\|,\end{aligned}$$

即得

$$\begin{aligned}\|\boldsymbol{x}^{(k)}-\boldsymbol{x}^*\|&\leqslant\frac{\|\boldsymbol{B}\|^k}{1-\|\boldsymbol{B}\|}\|\boldsymbol{x}^{(1)}-\boldsymbol{x}^{(0)}\|\\&=\frac{\|\boldsymbol{B}\|^k}{1-\|\boldsymbol{B}\|}\|\boldsymbol{B}\boldsymbol{x}^{(0)}+\boldsymbol{f}-\boldsymbol{x}^{(0)}\|\\&\leqslant\frac{\|\boldsymbol{B}\|^k}{1-\|\boldsymbol{B}\|}(\|\boldsymbol{f}\|+2\|\boldsymbol{x}^{(0)}\|).\end{aligned}$$

证毕.

式 (4.26) 可用来估计达到指定精度需要的迭代次数, 若要使 $\|\boldsymbol{x}^{(k)}-\boldsymbol{x}^*\|\leqslant\varepsilon$, 只要

$$\frac{\|\boldsymbol{B}\|^k}{1-\|\boldsymbol{B}\|}(\|\boldsymbol{f}\|+2\|\boldsymbol{x}^{(0)}\|)\leqslant\varepsilon,$$

即

$$k\geqslant\ln\left(\frac{\varepsilon(1-\|\boldsymbol{B}\|)}{\|\boldsymbol{f}\|+2\|\boldsymbol{x}^{(0)}\|}\right)\Big/\ln\|\boldsymbol{B}\|.$$

顺便指出, 当 $\|\boldsymbol{B}\|$ 不是很接近 1 时, 可用相邻两次迭代向量的差的范数 $\|\boldsymbol{x}^{(k)}-\boldsymbol{x}^{(k-1)}\|\leqslant\varepsilon$ 作为计算终止的标志.

考察误差向量 $\boldsymbol{e}^{(k)}=\boldsymbol{x}^{(k)}-\boldsymbol{x}^*=\boldsymbol{B}^k\boldsymbol{e}^{(0)}$. 设 $\boldsymbol{B}$ 有 n 个线性无关的特征向量 $\boldsymbol{u}_1,\boldsymbol{u}_2,\cdots,\boldsymbol{u}_n$, 相应的特征值为 $\lambda_1,\lambda_2,\cdots,\lambda_n$. 由

$$\boldsymbol{e}^{(0)}=\sum_{i=1}^n a_i\boldsymbol{u}_i,$$

得

$$\boldsymbol{e}^{(k)}=\boldsymbol{B}^k\boldsymbol{e}^{(0)}=\sum_{i=1}^n a_i\boldsymbol{B}^k\boldsymbol{u}_i=\sum_{i=1}^n a_i\lambda_i^k\boldsymbol{u}_i.$$

当 $\rho(\boldsymbol{B})<1$ 时, 如 $\lambda_i^k\to0$ $(i=1,2,\cdots,n;\ k\to\infty)$ 越快, 则 $\boldsymbol{e}^{(k)}\to0$ 越快. 由此说明可用 $\rho(\boldsymbol{B})$ 来刻画迭代法收敛的快慢. 在线性迭代法中, 我们用 $R(\boldsymbol{B})=-\ln\rho(\boldsymbol{B})$ 表示迭代法的收敛速度.

现在来确定迭代次数 k, 使

$$[\rho(\boldsymbol{B})]^k<10^{-\varepsilon},$$

取对数得

$$k\geqslant\frac{\varepsilon\ln10}{-\ln\rho(\boldsymbol{B})}.$$

由此看出, 当 $R(\boldsymbol{B})=-\ln\rho(\boldsymbol{B})$ 越大, 上式成立所需迭代次数越少, 表明迭代次数与收敛速度成反比.

4.3.2 Jacobi 迭代法和 Gauss-Seidel 迭代法

1. Jacobi 迭代法和 Gauss-Seidel 迭代法的构造

从方程组 (4.21) 出发可以由不同的路径得到不同的方程组 (4.22), 从而得到不同的迭代法 (4.23). 例如, 设 $\boldsymbol{A}$ 可以分裂为

$$\boldsymbol{A}=\boldsymbol{M}-\boldsymbol{N}, \tag{4.27}$$

其中 $\boldsymbol{M}$ 非奇异. 则由方程组 (4.21) 可得

$$\boldsymbol{x}=\boldsymbol{M}^{-1}\boldsymbol{N}\boldsymbol{x}+\boldsymbol{M}^{-1}\boldsymbol{b}. \tag{4.28}$$

令

$$\begin{aligned}&\boldsymbol{B}=\boldsymbol{M}^{-1}\boldsymbol{N}=\boldsymbol{I}-\boldsymbol{M}^{-1}\boldsymbol{A},\\&\boldsymbol{f}=\boldsymbol{M}^{-1}\boldsymbol{b},\end{aligned}$$

就可以得到方程组 (4.22) 的形式.

设方程组 (4.21) 中 $\boldsymbol{A}=(a_{ij})$, 可以把 $\boldsymbol{A}$ 分裂为

$$\boldsymbol{A}=\boldsymbol{D}+\boldsymbol{L}+\boldsymbol{U},$$

其中 $\boldsymbol{D}=\operatorname{diag}(a_{11},a_{22},\cdots,a_{nn})$,

$$\boldsymbol{L}=\begin{pmatrix} 0 & & & \boldsymbol{0} \\ a_{21} & 0 & & \\ \vdots & & \ddots & \\ a_{n1} & \cdots & a_{n,n-1} & 0 \end{pmatrix},\quad \boldsymbol{U}=\begin{pmatrix} 0 & a_{12} & \cdots & a_{1n} \\ & 0 & \ddots & \vdots \\ & & \ddots & a_{n-1,n} \\ \boldsymbol{0} & & & 0 \end{pmatrix},$$

其中 $\boldsymbol{L}$ 和 $\boldsymbol{U}$ 分别为 $\boldsymbol{A}$ 的严格下、上三角部分 (不包括对角线). 现设 $\boldsymbol{D}$ 非奇异, 即 $a_{ii}\neq 0$, $i=1,2,\cdots,n$. 对应于式 (4.27) 形式的一般分裂式, 令 $\boldsymbol{M}=\boldsymbol{D}$, $\boldsymbol{N}=-\boldsymbol{L}-\boldsymbol{U}$, 则式 (4.28) 等价于

$$\boldsymbol{x}=-\boldsymbol{D}^{-1}(\boldsymbol{L}+\boldsymbol{U})\boldsymbol{x}+\boldsymbol{D}^{-1}\boldsymbol{b}.$$

由此构造迭代法

$$\boldsymbol{x}^{(k+1)}=\boldsymbol{B}_{\mathrm{J}}\boldsymbol{x}^{(k)}+\boldsymbol{f},\quad k=0,1,\cdots, \tag{4.29}$$

其中向量 $\boldsymbol{f}$ 和迭代矩阵 $\boldsymbol{B}_{\mathrm{J}}$ 为

$$\begin{aligned} &\boldsymbol{f}=\boldsymbol{D}^{-1}\boldsymbol{b}, \\ &\boldsymbol{B}_{\mathrm{J}}=-\boldsymbol{D}^{-1}(\boldsymbol{L}+\boldsymbol{U})=\boldsymbol{I}-\boldsymbol{D}^{-1}\boldsymbol{A}. \end{aligned} \tag{4.30}$$

式 (4.29) 被称为 Jacobi(雅可比) 迭代法 (简称 J 迭代法).

Jacobi 迭代法可简单描述为: 任给初始向量 $\boldsymbol{x}^{(0)}=(x_1^{(0)},x_2^{(0)},\cdots,x_n^{(0)})^{\mathrm{T}}$, 对 $k=0,1,2,\cdots$, $i=1,2,\cdots,n$, 有

$$x_i^{(k+1)}=\left(b_i-\sum_{j=1,j\neq i}^{n}a_{ij}x_j^{(k)}\right)\cdot\frac{1}{a_{ii}}.$$

如果 $\|\boldsymbol{x}^{(k)}-\boldsymbol{x}^{(k-1)}\|\leqslant\varepsilon$, 则停止, 否则转下一个 k.

如果令 $\boldsymbol{M}=\boldsymbol{D}+\boldsymbol{L}$, $\boldsymbol{N}=-\boldsymbol{U}$, 对应于方程组 (4.27) 的分裂式有

$$\begin{aligned} &\boldsymbol{f}=(\boldsymbol{D}+\boldsymbol{L})^{-1}\boldsymbol{b}, \\ &\boldsymbol{B}_{\mathrm{G}}=-(\boldsymbol{D}+\boldsymbol{L})^{-1}\boldsymbol{U}=\boldsymbol{I}-(\boldsymbol{D}+\boldsymbol{L})^{-1}\boldsymbol{A}, \end{aligned} \tag{4.31}$$

便得到 Gauss-Seidel(高斯–赛德尔) 迭代法 (简称 G-S 迭代法):

$$\boldsymbol{x}^{(k+1)}=\boldsymbol{B}_{\mathrm{G}}\boldsymbol{x}^{(k)}+\boldsymbol{f},\quad k=0,1,\cdots. \tag{4.32}$$

G-S 迭代法可简单描述为: 任给初始向量 $\boldsymbol{x}^{(0)}=(x_1^{(0)},x_2^{(0)},\cdots,x_n^{(0)})^{\mathrm{T}}$, 对 $k=0,1,2,\cdots$, $i=1,2,\cdots,n$, 有

$$x_i^{(k+1)}=\left(b_i-\sum_{j=1}^{i-1}a_{ij}x_j^{(k+1)}-\sum_{j=i+1}^{n}a_{ij}x_j^{(k)}\right)\cdot\frac{1}{a_{ii}}.$$

如果 $\|\boldsymbol{x}^{(k)}-\boldsymbol{x}^{(k-1)}\|\leqslant\varepsilon$, 则停止, 否则转下一个 k.

例 4.7　用 Jacobi 迭代法求解方程组

$$\begin{cases} x_1+2x_2-2x_3=1, \\ x_1+x_2+x_3=3, \\ 2x_1+2x_2+x_3=5. \end{cases}$$

解　取初始向量 $\boldsymbol{x}^{(0)}=(0,0,0)^{\mathrm{T}}$, Jacobi 迭代格式为

$$\begin{cases} x_1^{(k)}=1-2x_2^{(k-1)}+2x_3^{(k-1)}, \\ x_2^{(k)}=3-x_1^{(k-1)}-x_3^{(k-1)}, \\ x_3^{(k)}=5-2x_1^{(k-1)}-2x_2^{(k-1)}. \end{cases}$$

可得 $\boldsymbol{x}^{(1)}=(1,3,5)^{\mathrm{T}}$, $\boldsymbol{x}^{(2)}=(5,-3,-3)^{\mathrm{T}}$, $\boldsymbol{x}^{(3)}=(1,1,1)^{\mathrm{T}}$, $\boldsymbol{x}^{(4)}=(1,1,1)^{\mathrm{T}}$. 所以方程组的解为 $\boldsymbol{x}=(1,1,1)^{\mathrm{T}}$.

例 4.8　用 Gauss-Seidel 迭代法求解方程组

$$\begin{cases} 9x_1-x_2-x_3=7, \\ -x_1+8x_2=7, \\ -x_1+9x_3=8. \end{cases}$$

解　取初始向量 $\boldsymbol{x}^{(0)}=(0,0,0)^{\mathrm{T}}$, Gauss-Seidel 迭代格式为

$$\begin{cases} x_1^{(k)}=\dfrac{1}{9}(7+x_2^{(k-1)}+x_3^{(k-1)}), \\ x_2^{(k)}=\dfrac{1}{8}(7+x_1^{(k)}), \\ x_3^{(k)}=\dfrac{1}{9}(8+x_1^{(k)}). \end{cases}$$

可得 $\boldsymbol{x}^{(1)}=(0.7778,0.9722,0.9753)^{\mathrm{T}}$, $\boldsymbol{x}^{(2)}=(0.9942,0.9993,0.9994)^{\mathrm{T}}$, $\boldsymbol{x}^{(3)}=(0.9999,0.9999,0.9999)^{\mathrm{T}}$, $\boldsymbol{x}^{(4)}=(1,1,1)^{\mathrm{T}}$, $\boldsymbol{x}^{(5)}=(1,1,1)^{\mathrm{T}}$. 所以方程组的解为 $\boldsymbol{x}=(1,1,1)^{\mathrm{T}}$.

上面我们从 $\boldsymbol{A}$ 的不同分裂式 $\boldsymbol{A}=\boldsymbol{M}-\boldsymbol{N}$ 得到两种不同的迭代法. 一般地, 迭代式 (4.23) 可以看成解方程组 $(\boldsymbol{I}-\boldsymbol{B})\boldsymbol{x}=\boldsymbol{f}$ 的一种自然的安排. 因为 $\boldsymbol{B}=\boldsymbol{I}-\boldsymbol{M}^{-1}\boldsymbol{A}$, 这个方程组就是

$$\boldsymbol{M}^{-1}\boldsymbol{A}\boldsymbol{x}=\boldsymbol{M}^{-1}\boldsymbol{b}.$$

它和原方程组 $\boldsymbol{A}\boldsymbol{x}=\boldsymbol{b}$ 是同解的方程组. 我们称它是原方程组经预处理的方程组, $\boldsymbol{M}$ 被称为预处理矩阵. 下面我们还要通过不同的 $\boldsymbol{M}$ 引入不同的迭代法. 而 J 迭代法和 G-S 迭代法的预处理矩阵分别是

$$\boldsymbol{M}_{\mathrm{J}}=\boldsymbol{D}, \quad \boldsymbol{M}_{\mathrm{G}}=\boldsymbol{D}+\boldsymbol{L}.$$

2. J 迭代法和 G-S 迭代法的收敛性

定理 4.12给出了 J 迭代法和 G-S 迭代法收敛的充分必要条件. 为了再给出一些较容易验证的充分条件, 下面讨论对角占优矩阵的性质.

定义 4.3　若 $\boldsymbol{A}=(a_{ij})\in\mathbf{R}^{n\times n}$, 满足

$$|a_{ii}|>\sum_{j=1,j\neq i}^{n}|a_{ij}|, \quad i=1,2,\cdots,n,$$

称 $\boldsymbol{A}$ 为严格对角占优矩阵. 若 $\boldsymbol{A}$ 满足

$$|a_{ii}| \geqslant \sum_{j=1, j\neq i}^{n} |a_{ij}|, \quad i=1,2,\cdots,n,$$

且其中最少有一个严格不等式成立, 称 $\boldsymbol{A}$ 为弱对角占优矩阵.

定义 4.4 设 $\boldsymbol{A}=(a_{ij})\in \mathbf{R}^{n\times n}$, 若不能找到置换矩阵 $\boldsymbol{P}$, 使得

$$\boldsymbol{P}^{\mathrm{T}}\boldsymbol{A}\boldsymbol{P}=\begin{pmatrix} \widetilde{\boldsymbol{A}}_{11} & \widetilde{\boldsymbol{A}}_{12} \\ \mathbf{0} & \widetilde{\boldsymbol{A}}_{22} \end{pmatrix}, \tag{4.33}$$

其中 $\widetilde{\boldsymbol{A}}_{11}$ 与 $\widetilde{\boldsymbol{A}}_{22}$ 均为方阵, 则称 $\boldsymbol{A}$ 为不可约矩阵.

显然, 若 $\boldsymbol{A}$ 是可约的, 则可通过行与列的置换变成式 (4.33) 的形式, 方程组 $\boldsymbol{Ax}=\boldsymbol{b}$ 就可以化为低阶的方程组.

定理 4.14 若 $\boldsymbol{A}=(a_{ij})$ 严格对角占优, 则 $a_{ii}\neq 0$, $i=1,2,\cdots,n$, 且 $\boldsymbol{A}$ 非奇异.

定理 4.15 若 $\boldsymbol{A}=(a_{ij})$ 不可约且弱对角占优, 则 $a_{ii}\neq 0$, $i=1,2,\cdots,n$, 且 $\boldsymbol{A}$ 非奇异.

J 迭代法和 G-S 迭代法只适用于具有非零对角元素的方程组. 以上定理给出了 $\boldsymbol{A}$ 满足此性质的条件.

定理 4.16 若 $\boldsymbol{A}$ 是严格对角占优或不可约弱对角占优矩阵, 则解 $\boldsymbol{Ax}=\boldsymbol{b}$ 的 J 迭代法和 G-S 迭代法均收敛.

证明 以下只证明若 $\boldsymbol{A}$ 是不可约弱对角占优矩阵, 则 G-S 迭代法收敛. 其余情形可类似证明.

记 $\boldsymbol{A}=\boldsymbol{L}+\boldsymbol{D}+\boldsymbol{U}$, 其中 $\boldsymbol{D}$ 为 $\boldsymbol{A}$ 的对角元素组成的矩阵, $\boldsymbol{L}$ 为 $\boldsymbol{A}$ 的对角线下的元素组成的下三角矩阵, $\boldsymbol{U}$ 为 $\boldsymbol{A}$ 的对角线上的元素组成的上三角矩阵. 用 $\boldsymbol{B}_{\mathrm{G}}$ 表示 G-S 迭代法的迭代矩阵, 只要证明 $\rho(\boldsymbol{B}_{\mathrm{G}})<1$.

用反证法, 先假定 $\boldsymbol{B}_{\mathrm{G}}=-(\boldsymbol{D}+\boldsymbol{L})^{-1}\boldsymbol{U}$ 有特征值 λ 满足 $|\lambda|\geqslant 1$. $\boldsymbol{A}$ 是不可约弱对角占优矩阵, 由定理 4.15有 $a_{ii}\neq 0$, 所以 $\det(\boldsymbol{D}+\boldsymbol{L})=\det(\boldsymbol{D})\neq 0$, 则由 $\det[\lambda \boldsymbol{I}+(\boldsymbol{D}+\boldsymbol{L})^{-1}\boldsymbol{U}]=0$ 可推出

$$\det\left(\boldsymbol{D}+\boldsymbol{L}+\frac{1}{\lambda}\boldsymbol{U}\right)=0, \tag{4.34}$$

而 $\boldsymbol{A}=\boldsymbol{L}+\boldsymbol{D}+\boldsymbol{U}$ 与 $\boldsymbol{D}+\boldsymbol{L}+\frac{1}{\lambda}\boldsymbol{U}$ 的零元素与非零元素位置完全一样, 所以 $\boldsymbol{D}+\boldsymbol{L}+\frac{1}{\lambda}\boldsymbol{U}$ 也是不可约的. 又因 $|\lambda|\geqslant 1$, $\boldsymbol{D}+\boldsymbol{L}+\frac{1}{\lambda}\boldsymbol{U}$ 也是弱对角占优矩阵. 由定理 4.15, $\det\left(\boldsymbol{D}+\boldsymbol{L}+\frac{1}{\lambda}\boldsymbol{U}\right)\neq 0$, 这与式 (4.34) 矛盾. 所以 $\rho(\boldsymbol{B}_{\mathrm{G}})<1$. 从而 G-S 迭代法收敛. 证毕.

若 $\boldsymbol{A}$ 为对称正定矩阵, 则解 $\boldsymbol{Ax}=\boldsymbol{b}$ 的 J 迭代法和 G-S 迭代法有下述收敛性定理.

定理 4.17 设 $\boldsymbol{A}$ 具有正的对角元素且为对称矩阵, 则 Jacobi 方法收敛的充分必要条件是 $\boldsymbol{A}$ 和 $2\boldsymbol{D}-\boldsymbol{A}$ 同为正定矩阵.

证明 根据假定, $\boldsymbol{D}$ 是正定矩阵, 因此

$$\boldsymbol{B}=\boldsymbol{I}-\boldsymbol{D}^{-1}\boldsymbol{A}=\boldsymbol{D}^{-\frac{1}{2}}(\boldsymbol{I}-\boldsymbol{D}^{-\frac{1}{2}}\boldsymbol{A}\boldsymbol{D}^{-\frac{1}{2}})\boldsymbol{D}^{\frac{1}{2}}.$$

由矩阵 $\boldsymbol{A}$ 的对称性知矩阵 $\boldsymbol{I}-\boldsymbol{D}^{-\frac{1}{2}}\boldsymbol{A}\boldsymbol{D}^{-\frac{1}{2}}$ 也对称, 因此矩阵 $\boldsymbol{B}$ 与矩阵 $\boldsymbol{I}-\boldsymbol{D}^{-\frac{1}{2}}\boldsymbol{A}\boldsymbol{D}^{-\frac{1}{2}}$ 相似, 故 $\boldsymbol{B}$ 的特征值全为实数.

必要性: 若 J 迭代法收敛, 则 $\rho(\boldsymbol{B})<1$, 即 $\rho(\boldsymbol{I}-\boldsymbol{D}^{-\frac{1}{2}}\boldsymbol{A}\boldsymbol{D}^{-\frac{1}{2}})<1$, 所以 $\boldsymbol{D}^{-\frac{1}{2}}\boldsymbol{A}\boldsymbol{D}^{-\frac{1}{2}}$ 的特征值大于 0 且小于 2, 因此 $\boldsymbol{D}^{-\frac{1}{2}}\boldsymbol{A}\boldsymbol{D}^{-\frac{1}{2}}$ 是正定矩阵, 由此知 $\boldsymbol{A}$ 也是正定矩阵. 另外,

$$2\boldsymbol{D}-\boldsymbol{A}=\boldsymbol{D}^{\frac{1}{2}}(2\boldsymbol{I}-\boldsymbol{D}^{-\frac{1}{2}}\boldsymbol{A}\boldsymbol{D}^{-\frac{1}{2}})\boldsymbol{D}^{\frac{1}{2}},$$

因 $2\boldsymbol{I}-\boldsymbol{D}^{-\frac{1}{2}}\boldsymbol{A}\boldsymbol{D}^{\frac{1}{2}}$ 的特征值大于 0 且小于 2, 是正定矩阵, 进而由定理 2.9 知 $2\boldsymbol{D}-\boldsymbol{A}$ 也是正定矩阵.

充分性: 若矩阵 $\boldsymbol{A}$ 和 $2\boldsymbol{D}-\boldsymbol{A}$ 均正定, 则矩阵 $\boldsymbol{D}^{-\frac{1}{2}}\boldsymbol{A}\boldsymbol{D}^{-\frac{1}{2}}$ 和 $2\boldsymbol{I}-\boldsymbol{D}^{-\frac{1}{2}}\boldsymbol{A}\boldsymbol{D}^{-\frac{1}{2}}$ 正定, 这等价于 $\boldsymbol{D}^{-\frac{1}{2}}\boldsymbol{A}\boldsymbol{D}^{-\frac{1}{2}}$ 的特征值大于 0 且小于 2, 由此知 $\rho(\boldsymbol{B})<1$, 从而 J 迭代法收敛.　证毕.

以下定理是 4.3.3 节中定理 4.19的特例.

定理 4.18　*若 $\boldsymbol{A}$ 为实对称正定矩阵, 则 G-S 迭代法收敛.*

综上所述, 对线性方程组 $\boldsymbol{Ax}=\boldsymbol{b}$, J 迭代法收敛不意味着 G-S 迭代法收敛, 反之, G-S 迭代法收敛也不意味着 J 迭代法收敛. 但当系数矩阵严格对角占优时, 两种方法都收敛.

例 4.9　*设 $\boldsymbol{Ax}=\boldsymbol{b}$ 的系数矩阵*

$$\boldsymbol{A}=\begin{pmatrix}1&-2&2\\-1&1&-1\\-2&-2&1\end{pmatrix},$$

证明 J 迭代法收敛而 G-S 迭代法发散.

证明　由式 (4.30), $\boldsymbol{B}_{\mathrm{J}}=-\boldsymbol{D}^{-1}(\boldsymbol{L}+\boldsymbol{U})$, 所以 $\boldsymbol{B}_{\mathrm{J}}$ 的特征方程为

$$\begin{aligned}\det(\lambda\boldsymbol{I}-\boldsymbol{B}_{\mathrm{J}})&=\det[\lambda\boldsymbol{I}+\boldsymbol{D}^{-1}(\boldsymbol{L}+\boldsymbol{U})]\\&=\det(\boldsymbol{D}^{-1})\det[\lambda\boldsymbol{D}+(\boldsymbol{L}+\boldsymbol{U})]=0,\end{aligned}$$

等价于 $\det[\lambda\boldsymbol{D}+(\boldsymbol{L}+\boldsymbol{U})]=0$, 即

$$\begin{vmatrix}\lambda&-2&2\\-1&\lambda&-1\\-2&-2&\lambda\end{vmatrix}=0.$$

解得特征值为 $\lambda_1=\lambda_2=\lambda_3=0$, 因此 $\rho(\boldsymbol{B}_{\mathrm{J}})=0<1$, 由定理 4.12知 J 迭代法收敛.

由式 (4.31), $\boldsymbol{B}_{\mathrm{G}}=-(\boldsymbol{D}+\boldsymbol{L})^{-1}\boldsymbol{U}$, 所以 $\boldsymbol{B}_{\mathrm{G}}$ 的特征方程为

$$\begin{aligned}\det(\lambda\boldsymbol{I}-\boldsymbol{B}_{\mathrm{G}})&=\det[\lambda\boldsymbol{I}+(\boldsymbol{D}+\boldsymbol{L})^{-1}\boldsymbol{U}]\\&=\det[(\boldsymbol{D}+\boldsymbol{L})^{-1}]\det[\lambda(\boldsymbol{D}+\boldsymbol{L})+\boldsymbol{U}]=0,\end{aligned}$$

等价于 $\det[\lambda(\boldsymbol{D}+\boldsymbol{L})+\boldsymbol{U}]=0$, 即

$$\begin{vmatrix}\lambda&-2&2\\-\lambda&\lambda&-1\\-2\lambda&-2\lambda&\lambda\end{vmatrix}=0.$$

解得特征值为 $\lambda_1=0$, $\lambda_2=2(\sqrt{2}-1)$, $\lambda_3=-2(\sqrt{2}+1)$, 因此 $\rho(\boldsymbol{B})=2(\sqrt{2}+1)>1$, 由定理 4.12知 G-S 迭代法发散.　证毕.

4.3.3 超松弛迭代法

超松弛迭代法 (简记为 SOR 迭代法) 是为了提高收敛速度而发展起来的方法, 是 G-S 迭代法的推广. 其矩阵形式为

$$\boldsymbol{x}^{(k+1)} = \boldsymbol{x}^{(k)} - \alpha \boldsymbol{D}^{-1}[\boldsymbol{L}\boldsymbol{x}^{(k+1)} + (\boldsymbol{D}+\boldsymbol{U})\boldsymbol{x}^{(k)} - \boldsymbol{b}], \tag{4.35}$$

即

$$\begin{cases} \boldsymbol{x}^{(k+1)} = \boldsymbol{B}_\alpha \boldsymbol{x}^{(k)} + \boldsymbol{f}_\alpha, \\ \boldsymbol{B}_\alpha = (\boldsymbol{D}+\alpha\boldsymbol{L})^{-1}[(1-\alpha)\boldsymbol{D} - \alpha\boldsymbol{U}], \\ \boldsymbol{f}_\alpha = \alpha(\boldsymbol{D}+\alpha\boldsymbol{L})^{-1}\boldsymbol{b}. \end{cases}$$

其中 $\boldsymbol{D} = \mathrm{diag}(a_{11}, a_{22}, \cdots, a_{nn})$, $\boldsymbol{L}$ 和 $\boldsymbol{U}$ 为 $\boldsymbol{A}$ 的严格下、上三角部分 (不包括对角线), 参数 α 被称为超松弛因子.

式 (4.35) 的分量形式为

$$x_i^{(k+1)} = x_i^{(k)} + \frac{\alpha}{a_{ii}}\left(b_i - \sum_{j=1}^{i-1} a_{ij}x_j^{(k+1)} - \sum_{j=i}^{n} a_{ij}x_j^{(k)}\right), \quad i = 1, 2, \cdots, n. \tag{4.36}$$

当 $\alpha = 1$ 时, 式 (4.35) 即为 G-S 迭代法, 可见 G-S 迭代法是 SOR 迭代法的特例. 当 $\alpha > 1$ 时, 式 (4.35) 称为超松弛方法; 当 $\alpha < 1$ 时, 式 (4.35) 称为低松弛方法. 参数 α 的选取依据参见下述定理.

定理 4.19 在矩阵 $\boldsymbol{A}$ 是实对称正定的条件下, 超松弛方法式 (4.35) 收敛的充分必要条件是 $0 < \alpha < 2$.

证明 只证必要性. 由于 $\boldsymbol{A}$ 为实对称矩阵, 故有

$$\begin{aligned} \boldsymbol{A} &= \boldsymbol{D} + \boldsymbol{L} + \boldsymbol{L}^{\mathrm{T}}, \\ \boldsymbol{B}_\alpha &= (\boldsymbol{D}+\alpha\boldsymbol{L})^{-1}[(1-\alpha)\boldsymbol{D} - \alpha\boldsymbol{L}^{\mathrm{T}}] \\ &= (\boldsymbol{I}+\alpha\boldsymbol{D}^{-1}\boldsymbol{L})^{-1}[(1-\alpha)\boldsymbol{I} - \alpha\boldsymbol{D}^{-1}\boldsymbol{L}^{\mathrm{T}}]. \end{aligned}$$

设迭代法 (4.35) 收敛, 则 $\rho(\boldsymbol{B}_\alpha) < 1$, 而

$$|\det(\boldsymbol{B}_\alpha)| = |\lambda_1\lambda_2\cdots\lambda_n| \leqslant (\rho(\boldsymbol{B}_\alpha))^n < 1,$$

其中 λ_i $(i = 1, 2, \cdots, n)$ 为 $\boldsymbol{B}_\alpha$ 的特征值. 由于 $\boldsymbol{L}$ 为严格下三角矩阵, 从而

$$\det(\boldsymbol{B}_\alpha) = \det[(\boldsymbol{I}+\alpha\boldsymbol{D}^{-1}\boldsymbol{L})^{-1}] \cdot \det[(1-\alpha)\boldsymbol{I} - \alpha\boldsymbol{D}^{-1}\boldsymbol{L}^{\mathrm{T}}] = (1-\alpha)^n.$$

于是必有 $|1-\alpha| < 1$, 即 $0 < \alpha < 2$. 证毕.

定理 4.20 若矩阵 $\boldsymbol{A}$ 是严格对角占优矩阵或不可约弱对角占优矩阵, 则当 $0 < \alpha \leqslant 1$ 时, SOR 迭代法收敛.

在实际计算中, 一般用试算的办法确定松弛因子. 最简单的办法是从同一初始向量出发, 取不同的松弛因子 α, 迭代相同的次数 (注意迭代次数不应太少), 然后比较相应的误差, 选取使误差之模最小的松弛因子作为最优因子的近似值.

例 4.10 用 SOR 迭代法解方程组

$$\begin{cases} 4x_1 - x_2 = 1, \\ -x_1 + 4x_2 - x_3 = 4, \\ -x_2 + 4x_3 = -3, \end{cases}$$

分别取 $\alpha = 1.03$, $\alpha = 1$ 及 $\alpha = 1.1$, 要求当 $\|\boldsymbol{x}^* - \boldsymbol{x}^{(k)}\|_\infty \leqslant 5\times 10^{-6}$ 时迭代终止, 并对每一个 α 确定迭代次数. 其中 $\boldsymbol{x}^*$ 为精确解且 $\boldsymbol{x}^* = \left(\dfrac{1}{2}, 1, -\dfrac{1}{2}\right)^{\mathrm{T}}$.

解　据式 (4.36), SOR 迭代格式为

$$\begin{cases} x_1^{(k+1)} = (1-\alpha)x_1^{(k)} + \dfrac{\alpha}{4}(1 + x_2^{(k)}), \\ x_2^{(k+1)} = (1-\alpha)x_2^{(k)} + \dfrac{\alpha}{4}(4 + x_1^{(k+1)} + x_3^{(k)}), \\ x_3^{(k+1)} = (1-\alpha)x_3^{(k)} + \dfrac{\alpha}{4}(-3 + x_2^{(k+1)}). \end{cases}$$

取初始向量 $\boldsymbol{x}^{(0)} = (0,0,0)^{\mathrm{T}}$, 当 $\alpha = 1.03$ 时, 迭代 5 次达到要求:

$$\boldsymbol{x}^{(5)} = (0.50000043, 1.0000001, -0.499999)^{\mathrm{T}}.$$

当 $\alpha = 1$ 时, 迭代 6 次达到要求:

$$\boldsymbol{x}^{(6)} = (0.50000038, 1.0000002, -0.4999995)^{\mathrm{T}}.$$

当 $\alpha = 1.1$ 时, 迭代 6 次达到要求:

$$\boldsymbol{x}^{(6)} = (0.50000035, 0.9999989, -0.5000003)^{\mathrm{T}}.$$

4.4　极小化方法

本节主要介绍共轭梯度方法, 它是一种极小化方法, 对应于求一个二次函数的极值. 该方法出现在 20 世纪 50 年代, 特别是 80~90 年代预处理共轭梯度方法的发展, 使这类方法成为解大型稀疏方程组的有效方法.

4.4.1　与方程组等价的变分问题

设 $\boldsymbol{A} \in \mathbf{R}^{n\times n}$, $\boldsymbol{b} \in \mathbf{R}^n$, $\boldsymbol{A}$ 对称正定, 考虑方程组

$$\boldsymbol{A}\boldsymbol{x} = \boldsymbol{b}. \tag{4.37}$$

定义二次函数 $\varphi : \mathbf{R}^n \to \mathbf{R}$ 为

$$\varphi(\boldsymbol{x}) = \frac{1}{2}\langle \boldsymbol{A}\boldsymbol{x}, \boldsymbol{x}\rangle - \langle \boldsymbol{b}, \boldsymbol{x}\rangle. \tag{4.38}$$

则函数 φ 有如下性质:

(1) 对一切 $\boldsymbol{x} \in \mathbf{R}^n$,

$$\nabla\varphi(\boldsymbol{x}) = \boldsymbol{A}\boldsymbol{x} - \boldsymbol{b}. \tag{4.39}$$

(2) 对一切 $\boldsymbol{x}, \boldsymbol{y} \in \mathbf{R}^n$, $\alpha \in \mathbf{R}$,

$$\begin{aligned} \varphi(\boldsymbol{x} + \alpha\boldsymbol{y}) &= \frac{1}{2}\langle \boldsymbol{A}(\boldsymbol{x} + \alpha\boldsymbol{y}), \boldsymbol{x} + \alpha\boldsymbol{y}\rangle - \langle \boldsymbol{b}, \boldsymbol{x} + \alpha\boldsymbol{y}\rangle \\ &= \varphi(\boldsymbol{x}) + \alpha\langle \boldsymbol{A}\boldsymbol{x} - \boldsymbol{b}, \boldsymbol{y}\rangle + \frac{\alpha^2}{2}\langle \boldsymbol{A}\boldsymbol{y}, \boldsymbol{y}\rangle. \end{aligned} \tag{4.40}$$

(3) 设 $\boldsymbol{x}^*$ 为式 (4.37) 的解, 则对一切 $\boldsymbol{x} \in \mathbf{R}^n$, 有

$$\varphi(\boldsymbol{x}) - \varphi(\boldsymbol{x}^*) = \frac{1}{2}\langle \boldsymbol{A}(\boldsymbol{x} - \boldsymbol{x}^*), \boldsymbol{x} - \boldsymbol{x}^* \rangle. \tag{4.41}$$

证明 因为 $\boldsymbol{x}^* = \boldsymbol{A}^{-1}\boldsymbol{b}$, 所以

$$\begin{aligned}
\varphi(\boldsymbol{x}^*) &= \frac{1}{2}\langle \boldsymbol{A}\boldsymbol{x}^*, \boldsymbol{x}^* \rangle - \langle \boldsymbol{b}, \boldsymbol{x}^* \rangle \\
&= \frac{1}{2}\langle \boldsymbol{A}\boldsymbol{A}^{-1}\boldsymbol{b}, \boldsymbol{A}^{-1}\boldsymbol{b} \rangle - \langle \boldsymbol{b}, \boldsymbol{A}^{-1}\boldsymbol{b} \rangle \\
&= -\frac{1}{2}\langle \boldsymbol{b}, \boldsymbol{A}^{-1}\boldsymbol{b} \rangle = -\frac{1}{2}\langle \boldsymbol{A}\boldsymbol{x}^*, \boldsymbol{x}^* \rangle,
\end{aligned}$$

则

$$\begin{aligned}
\frac{1}{2}\langle \boldsymbol{A}(\boldsymbol{x} - \boldsymbol{x}^*), \boldsymbol{x} - \boldsymbol{x}^* \rangle &= \frac{1}{2}\langle \boldsymbol{A}\boldsymbol{x}, \boldsymbol{x} \rangle - \langle \boldsymbol{A}\boldsymbol{x}^*, \boldsymbol{x} \rangle + \frac{1}{2}\langle \boldsymbol{A}\boldsymbol{x}^*, \boldsymbol{x}^* \rangle \\
&= \varphi(\boldsymbol{x}) - \varphi(\boldsymbol{x}^*).
\end{aligned}$$

证毕

定理 4.21 设 $\boldsymbol{A}$ 对称正定, 则 $\boldsymbol{x}^*$ 为式 (4.37) 的解的充要条件是 $\boldsymbol{x}^*$ 满足

$$\varphi(\boldsymbol{x}^*) = \min_{\boldsymbol{x} \in \mathbf{R}^n} \varphi(\boldsymbol{x}).$$

证明 设 $\boldsymbol{x}^*$ 为式 (4.37) 的解, 由式 (4.41) 及 $\boldsymbol{A}$ 的正定性, 有 $\varphi(\boldsymbol{x}) - \varphi(\boldsymbol{x}^*) \geqslant 0$, 即 $\boldsymbol{x}^*$ 使 $\varphi(\boldsymbol{x})$ 最小.

反正, 若有 $\tilde{\boldsymbol{x}}$ 使 $\varphi(\boldsymbol{x})$ 达到最小, 则 $\varphi(\tilde{\boldsymbol{x}}) \leqslant \varphi(\boldsymbol{x}^*)$. 又 $\varphi(\tilde{\boldsymbol{x}}) \geqslant \varphi(\boldsymbol{x}^*)$, 所以 $\varphi(\tilde{\boldsymbol{x}}) - \varphi(\boldsymbol{x}^*) = 0$. 故由式 (4.41) 可知

$$\langle \boldsymbol{A}(\tilde{\boldsymbol{x}} - \boldsymbol{x}^*), \tilde{\boldsymbol{x}} - \boldsymbol{x}^* \rangle = 2(\varphi(\boldsymbol{x}) - \varphi(\boldsymbol{x}^*)) = 0.$$

又因为 $\boldsymbol{A}$ 正定, 所以 $\tilde{\boldsymbol{x}} = \boldsymbol{x}^*$. 证毕.

由上述定理, 求解线性方程组 $\boldsymbol{A}\boldsymbol{x} = \boldsymbol{b}$ 等价于求解其变分问题, 即求 $\boldsymbol{x} \in \mathbf{R}^n$, 使 $\varphi(\boldsymbol{x})$ 最小. 求解的方法一般是构造一个向量序列 $\{\boldsymbol{x}_k\}$, 使 $\varphi(\boldsymbol{x}_k) \to \min \varphi(\boldsymbol{x})$. 下面我们介绍求二次函数的极小点的方法.

4.4.2 最速下降法与共轭梯度法的定义

设 $\boldsymbol{x}_0$ 是任意给定的一个初始点, 从点 $\boldsymbol{x}_0$ 出发沿某一规定的方向 $\boldsymbol{p}_0$, 求函数 $\varphi(\boldsymbol{x})$ 在直线

$$\boldsymbol{x} = \boldsymbol{x}_0 + t\boldsymbol{p}_0$$

上的极小点, 设求得的极小点为 $\boldsymbol{x}_1$. 再从点 $\boldsymbol{x}_1$ 出发沿某一规定的方向 $\boldsymbol{p}_1$, 求函数 $\varphi(\boldsymbol{x})$ 在直线

$$\boldsymbol{x} = \boldsymbol{x}_1 + t\boldsymbol{p}_1$$

上的极小点, 设求得的极小点为 $\boldsymbol{x}_2$. 如此继续下去, 一般地, 从点 $\boldsymbol{x}_k$ 出发沿某一规定的方向 $\boldsymbol{p}_k$, 求函数 $\varphi(\boldsymbol{x})$ 在直线

$$\boldsymbol{x} = \boldsymbol{x}_k + t\boldsymbol{p}_k$$

上的极小点 $\boldsymbol{x}_{k+1}$, 称 $\boldsymbol{p}_k$ 为搜索方向.

命题 4.1　对于已知的 $\boldsymbol{x}_k$ 与 $\boldsymbol{p}_k$ ($\boldsymbol{p}_k \neq \mathbf{0}$), 函数 $\varphi(\boldsymbol{x})$ 在直线

$$\boldsymbol{x} = \boldsymbol{x}_k + t\boldsymbol{p}_k$$

上的极小点 $\boldsymbol{x}_{k+1}$ 为

$$\boldsymbol{x}_{k+1} = \boldsymbol{x}_k + \alpha_k \boldsymbol{p}_k,$$

其中 $\alpha_k = -\dfrac{\boldsymbol{r}_k^{\mathrm{T}}\boldsymbol{p}_k}{\boldsymbol{p}_k^{\mathrm{T}}\boldsymbol{A}\boldsymbol{p}_k}$, $\boldsymbol{r}_k = \boldsymbol{A}\boldsymbol{x}_k - \boldsymbol{b}$.

证明　记 $f(t) = \varphi(\boldsymbol{x}_k + t\boldsymbol{p}_k)$, 欲确定系数 α_k 使得一元函数 f 在 $t = \alpha_k$ 时为极小. 由式 (4.40),

$$f(t) = \varphi(\boldsymbol{x}_k) + t(\boldsymbol{A}\boldsymbol{x}_k - \boldsymbol{b}, \boldsymbol{p}_k) + \frac{t^2}{2}(\boldsymbol{A}\boldsymbol{p}_k, \boldsymbol{p}_k).$$

令 $f'(t) = 0$, 得

$$t = \alpha_k = -\frac{(\boldsymbol{A}\boldsymbol{x}_k - \boldsymbol{b})^{\mathrm{T}}\boldsymbol{p}_k}{\boldsymbol{p}_k^{\mathrm{T}}\boldsymbol{A}\boldsymbol{p}_k} = -\frac{\boldsymbol{r}_k^{\mathrm{T}}\boldsymbol{p}_k}{\boldsymbol{p}_k^{\mathrm{T}}\boldsymbol{A}\boldsymbol{p}_k}.$$

又由于 $f'' = \boldsymbol{p}_k^{\mathrm{T}}\boldsymbol{A}\boldsymbol{p}_k > 0$ ($\boldsymbol{p}_k \neq \mathbf{0}$), 因此 $t = \alpha_k$ 时, $f(t)$ 极小. 从而

$$\boldsymbol{x}_{k+1} = \boldsymbol{x}_k + \alpha_k \boldsymbol{p}_k.$$

证毕.

注 4.2　在命题 4.1中, 余量 $\boldsymbol{r}_k = \boldsymbol{A}\boldsymbol{x}_k - \boldsymbol{b} = \nabla\varphi(\boldsymbol{x}_k)$. 命题 4.1所得的迭代公式

$$\begin{cases} \boldsymbol{x}_{k+1} = \boldsymbol{x}_k + \alpha_k \boldsymbol{p}_k, \\ \alpha_k = -\dfrac{\boldsymbol{r}_k^{\mathrm{T}}\boldsymbol{p}_k}{\boldsymbol{p}_k^{\mathrm{T}}\boldsymbol{A}\boldsymbol{p}_k}, \end{cases} \tag{4.42}$$

具有下降性, 即

$$\varphi(\boldsymbol{x}_{k+1}) \leqslant \varphi(\boldsymbol{x}_k).$$

(1) 若取

$$\boldsymbol{p}_k = -\boldsymbol{r}_k = -\nabla\varphi(\boldsymbol{x}_k),$$

则称迭代法 (4.42) 为最速下降法. 此时

$$\begin{cases} \boldsymbol{x}_{k+1} = \boldsymbol{x}_k - \alpha_k \boldsymbol{r}_k, \\ \alpha_k = \dfrac{\langle \boldsymbol{r}_k, \boldsymbol{r}_k \rangle}{\langle \boldsymbol{A}\boldsymbol{r}_k, \boldsymbol{r}_k \rangle}. \end{cases}$$

当 $\boldsymbol{r}_k \neq \mathbf{0}$ 时,

$$\begin{aligned} \varphi(\boldsymbol{x}_{k+1}) - \varphi(\boldsymbol{x}_k) &= \varphi(\boldsymbol{x}_k - \alpha_k \boldsymbol{r}_k) - \varphi(\boldsymbol{x}_k) \\ &= -\alpha_k \langle \boldsymbol{r}_k, \boldsymbol{r}_k \rangle + \frac{1}{2}\frac{\langle \boldsymbol{r}_k, \boldsymbol{r}_k \rangle^2}{\langle \boldsymbol{A}\boldsymbol{r}_k, \boldsymbol{r}_k \rangle} \\ &= -\frac{1}{2}\frac{\langle \boldsymbol{r}_k, \boldsymbol{r}_k \rangle^2}{\langle \boldsymbol{A}\boldsymbol{r}_k, \boldsymbol{r}_k \rangle} < 0, \end{aligned}$$

因而 $\varphi(\boldsymbol{x}_{k+1}) < \varphi(\boldsymbol{x}_k)$. 可以证明向量序列 $\{\boldsymbol{x}_k\}$ 收敛于方程组 $\boldsymbol{A}\boldsymbol{x} = \boldsymbol{b}$ 的解, 并且相邻两次的搜索方向是正交的, 即 $\langle \boldsymbol{r}_{k+1}, \boldsymbol{r}_k \rangle = 0$.

最速下降法因舍入误差的影响, 计算将出现不稳定的现象, 很少在实际中直接应用.

(2) 如取搜索方向

$$\boldsymbol{p}_0,\ \boldsymbol{p}_1,\ \boldsymbol{p}_2,\ \cdots$$

为 $\mathbf{R}^n$ 中的一个 $\boldsymbol{A}$ 共轭向量系, 即有性质

$$\boldsymbol{p}_i^{\mathrm{T}}\boldsymbol{A}\boldsymbol{p}_j = 0, \quad i \neq j \tag{4.43}$$

的向量系 $\{\boldsymbol{p}_k\}$, 且 $\boldsymbol{p}_k \neq \boldsymbol{0}$, $k = 0,1,2,\cdots$, 则称迭代法式 (4.42) 为共轭梯度法 (conjugate gradient method, 简称为 CG 法).

我们用 L_k 表示线性无关的向量系 $\boldsymbol{p}_k$ 张成的子空间, 即

$$L_k = \operatorname{span}\{\boldsymbol{p}_0,\boldsymbol{p}_1,\boldsymbol{p}_2,\cdots,\boldsymbol{p}_{k-1}\},$$

令 $S_k = \{\boldsymbol{x} = \boldsymbol{x}_0 + \boldsymbol{u} \mid \boldsymbol{u} \in L_k\}$.

定理 4.22 从任意一点 $\boldsymbol{x}_0$ 出发, 得到的点序列 $\boldsymbol{x}_1,\boldsymbol{x}_2,\cdots$ 具有性质

$$\varphi(\boldsymbol{x}_k) = \min \varphi(\boldsymbol{x}_0 + \boldsymbol{u}), \quad \boldsymbol{u} \in L_k \tag{4.44}$$

的充分必要条件是 $\boldsymbol{x}_k \in S_k$ 且余量 $\boldsymbol{r}_k$ 和 L_k 正交, 即

$$\langle \boldsymbol{r}_k, \boldsymbol{u}\rangle = 0, \quad \forall \boldsymbol{u} \in L_k. \tag{4.45}$$

证明 必要性: 式 (4.44) 表明, $\boldsymbol{x}_k$ 为二次函数 $\varphi(\boldsymbol{x})$ 在 S_k 上的极小点, 因此 $\varphi(\boldsymbol{x})$ 在 $\boldsymbol{x}_k$ 沿任一方向 $\boldsymbol{u} \in L_k$ 的方向导数必须为零, 从而有

$$\langle \nabla\varphi(\boldsymbol{x}_k), \boldsymbol{u}\rangle = \langle \boldsymbol{r}_k, \boldsymbol{u}\rangle = 0, \quad \forall \boldsymbol{u} \in L_k.$$

充分性: 任取 $\boldsymbol{x} \in S_k$, 令

$$\Delta\boldsymbol{x}_k = \boldsymbol{x} - \boldsymbol{x}_k, \quad \boldsymbol{x} = \boldsymbol{x}_0 + \boldsymbol{u}, \quad \boldsymbol{x}_k = \boldsymbol{x}_0 + \boldsymbol{u}_k,$$

其中 $\boldsymbol{u}$, $\boldsymbol{u}_k \in L_k$, 则 $\Delta\boldsymbol{x}_k = \boldsymbol{u} - \boldsymbol{u}_k$, 于是

$$\varphi(\boldsymbol{x}) - \varphi(\boldsymbol{x}_k) = \langle \boldsymbol{r}_k, \Delta\boldsymbol{x}_k\rangle + \frac{1}{2}\langle \Delta\boldsymbol{x}_k, \boldsymbol{A}\Delta\boldsymbol{x}_k\rangle.$$

由式 (4.45),

$$\langle \boldsymbol{r}_k, \Delta\boldsymbol{x}_k\rangle = \langle \boldsymbol{r}_k, \boldsymbol{u}\rangle - \langle \boldsymbol{r}_k, \boldsymbol{u}_k\rangle = 0.$$

又因 $\boldsymbol{A}$ 正定, $\langle \Delta\boldsymbol{x}_k, \boldsymbol{A}\Delta\boldsymbol{x}_k\rangle \geqslant 0$, 故有 $\varphi(\boldsymbol{x}) \geqslant \varphi(\boldsymbol{x}_k)$. 证毕.

由定理 4.22可得到共轭梯度法的重要结论如下.

定理 4.23 由共轭梯度法得到的点列 $\{\boldsymbol{x}_k\}$ 满足式 (4.44).

证明 由定理 4.22, 只需证明 $\boldsymbol{x}_k \in S_k$ 且余量 $\boldsymbol{r}_k$ 和 L_k 正交. 事实上,

$$\begin{aligned}\boldsymbol{x}_k &= \boldsymbol{x}_{k-1} + \alpha_{k-1}\boldsymbol{p}_{k-1} = \boldsymbol{x}_{k-2} + \alpha_{k-2}\boldsymbol{p}_{k-2} + \alpha_{k-1}\boldsymbol{p}_{k-1} \\ &= \cdots = \boldsymbol{x}_0 + \sum_{i=0}^{k-1}\alpha_i\boldsymbol{p}_i \in S_k.\end{aligned}$$

因为对任意 $j=0,1,\cdots,k-1$, 有

$$\begin{aligned}(\boldsymbol{r}_k,\boldsymbol{p}_j)&=\boldsymbol{p}_j^{\mathrm{T}}(\boldsymbol{A}\boldsymbol{x}_k-\boldsymbol{b})=\boldsymbol{p}_j^{\mathrm{T}}\left(\boldsymbol{r}_0+\sum_{i=0}^{k-1}\alpha_i\boldsymbol{A}\boldsymbol{p}_i\right)\\&=\boldsymbol{p}_j^{\mathrm{T}}\boldsymbol{r}_0+\sum_{i=0}^{k-1}\alpha_i\boldsymbol{p}_j^{\mathrm{T}}\boldsymbol{A}\boldsymbol{p}_i=\boldsymbol{p}_j^{\mathrm{T}}\boldsymbol{r}_0+\alpha_j\boldsymbol{p}_j^{\mathrm{T}}\boldsymbol{A}\boldsymbol{p}_j\\&=\boldsymbol{p}_j^{\mathrm{T}}\boldsymbol{r}_0-\boldsymbol{p}_j^{\mathrm{T}}\boldsymbol{r}_j=\boldsymbol{p}_j^{\mathrm{T}}\boldsymbol{r}_0-\boldsymbol{p}_j^{\mathrm{T}}(\boldsymbol{A}\boldsymbol{x}_j-\boldsymbol{b})\\&=\boldsymbol{p}_j^{\mathrm{T}}\boldsymbol{r}_0-\boldsymbol{p}_j^{\mathrm{T}}\left(\boldsymbol{r}_0+\sum_{i=0}^{j-1}\alpha_i\boldsymbol{A}\boldsymbol{p}_i\right)\\&=\boldsymbol{p}_j^{\mathrm{T}}\boldsymbol{r}_0-\boldsymbol{p}_j^{\mathrm{T}}\boldsymbol{r}_0=0,\end{aligned}$$

所以 $\boldsymbol{r}_k$ 和 L_k 正交. 证毕.

定理 4.24 共轭梯度法至多进行 n 步便得到方程组 (4.37) 的解.

证明 由定理 4.22和定理 4.23知 $\langle\boldsymbol{r}_n,\boldsymbol{p}_i\rangle=0$, $i=0,1,\cdots,n-1$, 而 $\boldsymbol{p}_0,\boldsymbol{p}_1,\cdots,\boldsymbol{p}_{n-1}$ 为非零的 $\boldsymbol{A}$ 共轭向量系, 必为线性无关, 因此

$$\boldsymbol{r}_n=\boldsymbol{A}\boldsymbol{x}_n-\boldsymbol{b}=\boldsymbol{0},$$

故 $\boldsymbol{x}_n$ 一定是方程组 (4.37) 的解. 证毕.

4.4.3 共轭梯度法的计算公式

下面介绍共轭梯度法一种生成 $\boldsymbol{A}$ 共轭向量系 $\{\boldsymbol{p}_i\}$ 的具体方法.

对于任意初始向量 $\boldsymbol{x}_0$, 取第一个搜索方向 $\boldsymbol{p}_0$ 为

$$\boldsymbol{p}_0=-\boldsymbol{r}_0=-(\boldsymbol{A}\boldsymbol{x}_0-\boldsymbol{b}).$$

由式 (4.42) 计算 $\boldsymbol{x}_1$:

$$\begin{cases}\boldsymbol{x}_1=\boldsymbol{x}_0+\alpha_0\boldsymbol{p}_0,\\[2mm]\alpha_0=-\dfrac{\boldsymbol{r}_0^{\mathrm{T}}\boldsymbol{p}_0}{\boldsymbol{p}_0^{\mathrm{T}}\boldsymbol{A}\boldsymbol{p}_0},\end{cases}$$

再计算

$$\boldsymbol{r}_1=\boldsymbol{A}\boldsymbol{x}_1-\boldsymbol{b}.$$

而 $\boldsymbol{r}_1\perp\boldsymbol{p}_0$, 因此 $\boldsymbol{r}_1\perp\boldsymbol{r}_0$, 于是我们可在 $\boldsymbol{r}_1$ 与 $\boldsymbol{r}_0$ 张成的空间中搜索方向 $\boldsymbol{p}_1$. 令

$$\boldsymbol{p}_1=-\boldsymbol{r}_1-\beta_0\boldsymbol{r}_0=-\boldsymbol{r}_1+\beta_0\boldsymbol{p}_0,$$

要使 $\boldsymbol{p}_0$ 与 $\boldsymbol{p}_1$ 为 $\boldsymbol{A}$ 共轭, 则

$$\boldsymbol{p}_1^{\mathrm{T}}\boldsymbol{A}\boldsymbol{p}_0=(-\boldsymbol{r}_1+\beta_0\boldsymbol{p}_0)^{\mathrm{T}}\boldsymbol{A}\boldsymbol{p}_0=0,$$

从而得到

$$\beta_0=\langle\boldsymbol{r}_1,\boldsymbol{A}\boldsymbol{p}_0\rangle/\langle\boldsymbol{p}_0,\boldsymbol{A}\boldsymbol{p}_0\rangle.$$

再由式 (4.42) 计算 $\boldsymbol{x}_2$:

$$\begin{cases} \boldsymbol{x}_2 = \boldsymbol{x}_1 + \alpha_1 \boldsymbol{p}_1, \\ \alpha_1 = -\dfrac{\boldsymbol{r}_1^{\mathrm{T}} \boldsymbol{p}_1}{\boldsymbol{p}_1^{\mathrm{T}} \boldsymbol{A} \boldsymbol{p}_1}, \end{cases}$$

再计算

$$\boldsymbol{r}_2 = \boldsymbol{A}\boldsymbol{x}_2 - \boldsymbol{b}.$$

令

$$\boldsymbol{p}_2 = -\boldsymbol{r}_2 + \beta_1 \boldsymbol{p}_1,$$

要使 $\boldsymbol{p}_1$ 与 $\boldsymbol{p}_2$ 为 $\boldsymbol{A}$ 共轭, 必须

$$\boldsymbol{p}_2^{\mathrm{T}} \boldsymbol{A} \boldsymbol{p}_1 = (-\boldsymbol{r}_2 + \beta_1 \boldsymbol{p}_1)^{\mathrm{T}} \boldsymbol{A} \boldsymbol{p}_1 = 0,$$

从而得到

$$\beta_1 = \langle \boldsymbol{r}_2, \boldsymbol{A}\boldsymbol{p}_1 \rangle / \langle \boldsymbol{p}_1, \boldsymbol{A}\boldsymbol{p}_1 \rangle.$$

以此类推, 一般地, 计算

$$\boldsymbol{r}_{k+1} = \boldsymbol{A}\boldsymbol{x}_{k+1} - \boldsymbol{b}.$$

若 $\boldsymbol{r}_{k+1} = \boldsymbol{0}$, 则 $\boldsymbol{x}_{k+1}$ 为方程组 (4.37) 的解, 停止计算. 否则, 令

$$\boldsymbol{p}_{k+1} = -\boldsymbol{r}_{k+1} + \beta_k \boldsymbol{p}_k,$$

要使 $\boldsymbol{p}_{k+1}$ 与 $\boldsymbol{p}_k$ 为 $\boldsymbol{A}$ 共轭, 必须

$$\beta_k = \langle \boldsymbol{r}_{k+1}, \boldsymbol{A}\boldsymbol{p}_k \rangle / \langle \boldsymbol{p}_k, \boldsymbol{A}\boldsymbol{p}_k \rangle.$$

又因为

$$\boldsymbol{x}_{k+1} = \boldsymbol{x}_k + \alpha_k \boldsymbol{p}_k,$$
$$\boldsymbol{A}\boldsymbol{x}_{k+1} = \boldsymbol{A}\boldsymbol{x}_k + \alpha_k \boldsymbol{A}\boldsymbol{p}_k,$$

所以

$$\boldsymbol{r}_{k+1} = \boldsymbol{r}_k + \alpha_k \boldsymbol{A}\boldsymbol{p}_k. \tag{4.46}$$

这样我们便得到共轭梯度法的计算公式.

给定初始近似向量 $\boldsymbol{x}_0$, 取

$$\boldsymbol{p}_0 = -\boldsymbol{r}_0 = -(\boldsymbol{A}\boldsymbol{x}_0 - \boldsymbol{b}),$$

对于 $k = 0, 1, 2, \cdots$, 计算

$$\begin{cases} \alpha_k = -\dfrac{\boldsymbol{r}_k^{\mathrm{T}} \boldsymbol{p}_k}{\boldsymbol{p}_k^{\mathrm{T}} \boldsymbol{A} \boldsymbol{p}_k}, \\ \boldsymbol{x}_{k+1} = \boldsymbol{x}_k + \alpha_k \boldsymbol{p}_k, \\ \boldsymbol{r}_{k+1} = \boldsymbol{A}\boldsymbol{x}_{k+1} - \boldsymbol{b} = \boldsymbol{r}_k + \alpha_k \boldsymbol{A}\boldsymbol{p}_k, \\ \beta_k = \langle \boldsymbol{r}_{k+1}, \boldsymbol{A}\boldsymbol{p}_k \rangle / \langle \boldsymbol{p}_k, \boldsymbol{A}\boldsymbol{p}_k \rangle, \\ \boldsymbol{p}_{k+1} = -\boldsymbol{r}_{k+1} + \beta_k \boldsymbol{p}_k. \end{cases} \tag{4.47}$$

在计算过程中, 若 $\boldsymbol{r}_{k+1} = \boldsymbol{0}$, 则 $\boldsymbol{x}_{k+1}$ 为方程组 (4.37) 的解, 停止计算.

例 4.11 应用共轭梯度法解方程组

$$\begin{pmatrix} 2 & 0 & 1 \\ 0 & 1 & 0 \\ 1 & 0 & 2 \end{pmatrix}\begin{pmatrix} x_1 \\ x_2 \\ x_3 \end{pmatrix}=\begin{pmatrix} 3 \\ 1 \\ 3 \end{pmatrix}.$$

解 显然方程组系数矩阵为对称正定矩阵. 取初始近似 $\boldsymbol{x}_0=(0,0,0)^{\mathrm{T}}$, 则

$$\boldsymbol{r}_0=\boldsymbol{A}\boldsymbol{x}_0-\boldsymbol{b}=(-3,-1,-3)^{\mathrm{T}},$$

$$\boldsymbol{p}_0=-\boldsymbol{r}_0=(3,1,3)^{\mathrm{T}}.$$

对于 $k=0$, 计算得

$$\boldsymbol{A}\boldsymbol{p}_0=(9,1,9)^{\mathrm{T}},\quad \boldsymbol{p}_0^{\mathrm{T}}\boldsymbol{A}\boldsymbol{p}_0=55,$$

因此

$$\alpha_0=-\frac{\boldsymbol{r}_0^{\mathrm{T}}\boldsymbol{p}_0}{\boldsymbol{p}_0^{\mathrm{T}}\boldsymbol{A}\boldsymbol{p}_0}=\frac{19}{55},\quad \boldsymbol{x}_1=\boldsymbol{x}_0+\alpha_0\boldsymbol{p}_0=\frac{19}{55}(3,1,3)^{\mathrm{T}},$$

$$\boldsymbol{r}_1=\boldsymbol{A}\boldsymbol{x}_1-\boldsymbol{b}=\boldsymbol{r}_0+\alpha_0\boldsymbol{A}\boldsymbol{p}_0=\frac{6}{55}(1,-6,1)^{\mathrm{T}},$$

$$\beta_0=\langle\boldsymbol{r}_1,\boldsymbol{A}\boldsymbol{p}_0\rangle/\langle\boldsymbol{p}_0,\boldsymbol{A}\boldsymbol{p}_0\rangle=\frac{72}{55^2},$$

$$\boldsymbol{p}_1=-\boldsymbol{r}_1+\beta_0\boldsymbol{p}_0=\frac{114}{55^2}(-1,18,-1)^{\mathrm{T}}.$$

对于 $k=1$, 计算得

$$\boldsymbol{A}\boldsymbol{p}_1=\frac{38\times 9}{55^2}(-1,6,-1)^{\mathrm{T}},\quad \boldsymbol{p}_1^{\mathrm{T}}\boldsymbol{A}\boldsymbol{p}_1=\frac{6^3\times 19^2}{55^3},$$

因此

$$\alpha_1=-\frac{\boldsymbol{r}_1^{\mathrm{T}}\boldsymbol{p}_1}{\boldsymbol{p}_1^{\mathrm{T}}\boldsymbol{A}\boldsymbol{p}_1}=\frac{55}{3\times 19},\quad \boldsymbol{x}_2=\boldsymbol{x}_1+\alpha_1\boldsymbol{p}_1=(1,1,1)^{\mathrm{T}},$$

$$\boldsymbol{r}_2=\boldsymbol{A}\boldsymbol{x}_2-\boldsymbol{b}=\boldsymbol{0}.$$

故两次迭代便得到方程组的解 $\boldsymbol{x}_2=(1,1,1)^{\mathrm{T}}$.

4.4.4 共轭梯度法的性质

本节讨论共轭梯度法的若干性质, 其中向量系 $\boldsymbol{p}_i$ 按照 4.4.3节中的方法生成, 并且它确实是一个 $\boldsymbol{A}$ 共轭向量系.

定理 4.25 若 $\boldsymbol{r}_k\neq\boldsymbol{0}$, 则共轭梯度法具有下列性质:

$$\operatorname{span}\{\boldsymbol{r}_0,\boldsymbol{r}_1,\cdots,\boldsymbol{r}_k\}=\operatorname{span}\{\boldsymbol{r}_0,\boldsymbol{A}\boldsymbol{r}_0,\cdots,\boldsymbol{A}^k\boldsymbol{r}_0\};\tag{4.48}$$

$$\operatorname{span}\{\boldsymbol{p}_0,\boldsymbol{p}_1,\cdots,\boldsymbol{p}_k\}=\operatorname{span}\{\boldsymbol{r}_0,\boldsymbol{A}\boldsymbol{r}_0,\cdots,\boldsymbol{A}^k\boldsymbol{r}_0\};\tag{4.49}$$

$$\boldsymbol{p}_k^{\mathrm{T}}\boldsymbol{A}\boldsymbol{p}_i=0,\quad i=0,1,2,\cdots,k-1.\tag{4.50}$$

证明 用归纳法不难证明式 (4.48) 和式 (4.49) 成立. 这里主要用归纳法证明式 (4.50) 成立. 当 $k=1$ 时, 由 $\boldsymbol{p}_1$ 的生成方法知 $\boldsymbol{p}_1^{\mathrm{T}}\boldsymbol{A}\boldsymbol{p}_0=0$. 现假设直到 k, 式 (4.50) 成立, 下证 $k+1$ 时式 (4.50) 也成立. 因为

$$\boldsymbol{p}_{k+1}^{\mathrm{T}}\boldsymbol{A}\boldsymbol{p}_i=(-\boldsymbol{r}_{k+1}+\beta_k\boldsymbol{p}_k)^{\mathrm{T}}\boldsymbol{A}\boldsymbol{p}_i=-\boldsymbol{r}_{k+1}^{\mathrm{T}}\boldsymbol{A}\boldsymbol{p}_i+\beta_k\boldsymbol{p}_k^{\mathrm{T}}\boldsymbol{A}\boldsymbol{p}_i,$$

若 $i=k$, 则

$$\boldsymbol{p}_{k+1}^{\mathrm{T}}\boldsymbol{A}\boldsymbol{p}_k=-\boldsymbol{r}_{k+1}^{\mathrm{T}}\boldsymbol{A}\boldsymbol{p}_k+\frac{\boldsymbol{r}_{k+1}^{\mathrm{T}}\boldsymbol{A}\boldsymbol{p}_k}{\boldsymbol{p}_k^{\mathrm{T}}\boldsymbol{A}\boldsymbol{p}_k}\boldsymbol{p}_k^{\mathrm{T}}\boldsymbol{A}\boldsymbol{p}_i=0.$$

若 $i<k$, 由式 (4.49), $\boldsymbol{p}_i\in\operatorname{span}\{\boldsymbol{r}_0,\boldsymbol{A}\boldsymbol{r}_0,\cdots,\boldsymbol{A}^i\boldsymbol{r}_0\}$, 所以

$$\boldsymbol{A}\boldsymbol{p}_i\in\operatorname{span}\{\boldsymbol{r}_0,\boldsymbol{A}\boldsymbol{r}_0,\cdots,\boldsymbol{A}^{i+1}\boldsymbol{r}_0\}=\operatorname{span}\{\boldsymbol{p}_0,\boldsymbol{p}_1,\cdots,\boldsymbol{p}_{i+1}\}=L_{i+2}.$$

由定理 4.23的证明, $\boldsymbol{r}_{k+1}$ 与 L_{k+1} 正交, 所以, $-\boldsymbol{r}_{k+1}^{\mathrm{T}}\boldsymbol{A}\boldsymbol{p}_i=0$. 根据归纳假设有 $\boldsymbol{p}_k^{\mathrm{T}}\boldsymbol{A}\boldsymbol{p}_i=0$, 故 $\boldsymbol{p}_{k+1}^{\mathrm{T}}\boldsymbol{A}\boldsymbol{p}_i=0$, $i=0,1,\cdots,k$, 从而证明了式 (4.50). 证毕.

定理 4.26 共轭梯度法中的余量互为正交, 即

$$\langle\boldsymbol{r}_i,\boldsymbol{r}_j\rangle=0,\quad i\neq j \tag{4.51}$$

且余量与搜索方向向量满足

$$\boldsymbol{r}_k^{\mathrm{T}}\boldsymbol{p}_i=0,\quad i=0,1,2,\cdots,k-1; \tag{4.52}$$

$$\boldsymbol{p}_k^{\mathrm{T}}\boldsymbol{r}_i=-\boldsymbol{r}_k^{\mathrm{T}}\boldsymbol{r}_k,\quad i=1,2,\cdots,k. \tag{4.53}$$

证明 由定理 4.22和定理 4.23知式 (4.52) 成立. 首先, 因为

$$\boldsymbol{p}_k^{\mathrm{T}}\boldsymbol{r}_k=\boldsymbol{p}_k^{\mathrm{T}}(\boldsymbol{r}_{k-1}+\alpha_{k-1}\boldsymbol{A}\boldsymbol{p}_{k-1})=\boldsymbol{p}_k^{\mathrm{T}}\boldsymbol{r}_{k-1}=\cdots=\boldsymbol{p}_k^{\mathrm{T}}\boldsymbol{r}_0, \tag{4.54}$$

$$\boldsymbol{p}_k^{\mathrm{T}}\boldsymbol{r}_k=(-\boldsymbol{r}_k+\beta_{k-1}\boldsymbol{p}_{k-1})^{\mathrm{T}}\boldsymbol{r}_k=-\boldsymbol{r}_k^{\mathrm{T}}\boldsymbol{r}_k+\beta_{k-1}\boldsymbol{p}_{k-1}^{\mathrm{T}}\boldsymbol{r}_k=-\boldsymbol{r}_k^{\mathrm{T}}\boldsymbol{r}_k,$$

所以式 (4.53) 成立.

其次, 用归纳法证明

$$\langle\boldsymbol{r}_i,\boldsymbol{r}_j\rangle=0,\quad i\neq j.$$

显然 $\langle\boldsymbol{r}_1,\boldsymbol{r}_0\rangle=0$. 假设 $\langle\boldsymbol{r}_k,\boldsymbol{r}_j\rangle=0$, $j=0,1,2,\cdots,k-1$. 以下证明

$$\langle\boldsymbol{r}_{k+1},\boldsymbol{r}_j\rangle=0,\quad j=0,1,2,\cdots,k.$$

据定理 4.25知, $\boldsymbol{r}_j$ 可以表示成 $\boldsymbol{p}_0,\boldsymbol{p}_1,\cdots,\boldsymbol{p}_j$ 的线性组合:

$$\boldsymbol{r}_j=a_0\boldsymbol{p}_0+a_1\boldsymbol{p}_1+\cdots+a_j\boldsymbol{p}_j,$$

因此

$$\boldsymbol{r}_{k+1}^{\mathrm{T}}\boldsymbol{r}_j=a_0\boldsymbol{r}_{k+1}^{\mathrm{T}}\boldsymbol{p}_0+a_1\boldsymbol{r}_{k+1}^{\mathrm{T}}\boldsymbol{p}_1+\cdots+a_j\boldsymbol{r}_{k+1}^{\mathrm{T}}\boldsymbol{p}_j,$$

由式 (4.52), 上式右端为零, 因此

$$\langle\boldsymbol{r}_{k+1},\boldsymbol{r}_j\rangle=0,\quad j=0,1,2,\cdots,k.$$

证毕.

由定理 4.26, 还可将计算公式 (4.47) 中 α_k 与 β_k 的表达式写成

$$\alpha_k = \frac{\boldsymbol{r}_k^{\mathrm{T}}\boldsymbol{r}_k}{\boldsymbol{p}_k^{\mathrm{T}}\boldsymbol{A}\boldsymbol{p}_k}, \tag{4.55}$$

$$\beta_k = \langle \boldsymbol{r}_{k+1}, \boldsymbol{r}_{k+1}\rangle / \langle \boldsymbol{r}_k, \boldsymbol{r}_k\rangle. \tag{4.56}$$

由式 (4.47) 第 1 式及式 (4.53) 知式 (4.55) 成立. 又由式 (4.46) 知

$$\boldsymbol{A}\boldsymbol{p}_k = \alpha_k^{-1}(\boldsymbol{r}_{k+1} - \boldsymbol{r}_k),$$

代入式 (4.47) 第 4 式, 得

$$\beta_k = \langle \boldsymbol{r}_{k+1}, \boldsymbol{A}\boldsymbol{p}_k\rangle / \langle \boldsymbol{p}_k, \boldsymbol{A}\boldsymbol{p}_k\rangle = \langle \boldsymbol{r}_{k+1}, \alpha_k^{-1}(\boldsymbol{r}_{k+1} - \boldsymbol{r}_k)\rangle / \langle \boldsymbol{p}_k, \boldsymbol{A}\boldsymbol{p}_k\rangle.$$

又由式 (4.51) 及式 (4.55), 即得式 (4.56).

理论上 CG 法经过有限步迭代便可得到方程组的精确解, 因此 CG 法本质上是一种直接法. 在实际问题 (特别是大型方程组) 的计算中, 由于舍入误差的存在, 很难在有限步得到精确解, 且其计算公式具有迭代格式的特点, 因此被作为一种迭代法使用. 应用 CG 法解方程组得到的近似解序列 $\{\boldsymbol{x}_k\}$ 具有下述性质.

定理 4.27　(1) 当 $i < j$ 时, $\boldsymbol{x}_j$ 比 $\boldsymbol{x}_i$ 更接近于方程组的精确解 $\boldsymbol{x}^*$, 即

$$\|\boldsymbol{x}^* - \boldsymbol{x}_j\|_2 < \|\boldsymbol{x}^* - \boldsymbol{x}_i\|_2.$$

(2) $\|\boldsymbol{x}_i - \boldsymbol{x}^*\|_{\boldsymbol{A}} \leqslant \left[\dfrac{\sqrt{K}-1}{\sqrt{K}+1}\right]^i \|\boldsymbol{x}_0 - \boldsymbol{x}^*\|_{\boldsymbol{A}}$, 其中 $\|\boldsymbol{x}\|_{\boldsymbol{A}} = \sqrt{\langle \boldsymbol{A}\boldsymbol{x}, \boldsymbol{x}\rangle}$, $K = \mathrm{cond}_2(\boldsymbol{A})$.

4.4.5　预处理共轭梯度法

从定理 4.27的第 (2) 个估计式可知, 当 $\boldsymbol{A}$ 病态, 即条件数 $K \gg 1$ 时, 求解线性方程组 $\boldsymbol{A}\boldsymbol{x} = \boldsymbol{b}$ 的 CG 法将收敛很慢. 此时可考虑与 $\boldsymbol{A}\boldsymbol{x} = \boldsymbol{b}$ 等价的方程组, 而新方程组系数矩阵的条件数较小, 这就是预处理法. 如果是用 CG 法求解新方程组, 进而得到 $\boldsymbol{A}\boldsymbol{x} = \boldsymbol{b}$ 的解, 这就是预处理共轭梯度法 (pretreatment conjugate gradient method, 简记为 PCG 法).

若 $\boldsymbol{A}$ 对称正定, 则希望经预处理后的方程组也是对称正定的. 设矩阵 $\boldsymbol{S} \in \mathbf{R}_n^{n\times n}$ 非奇异, 则矩阵 $\boldsymbol{M} = \boldsymbol{S}\boldsymbol{S}^{\mathrm{T}}$ 是对称正定的. 线性方程组 $\boldsymbol{A}\boldsymbol{x} = \boldsymbol{b}$ 等价于以下线性方程组

$$\boldsymbol{S}^{-1}\boldsymbol{A}(\boldsymbol{S}^{-1})^{\mathrm{T}}\boldsymbol{u} = \boldsymbol{S}^{-1}\boldsymbol{b}, \quad \boldsymbol{x} = (\boldsymbol{S}^{-1})^{\mathrm{T}}\boldsymbol{u}.$$

令 $\boldsymbol{G} = \boldsymbol{S}^{-1}\boldsymbol{A}(\boldsymbol{S}^{-1})^{\mathrm{T}}$, $\boldsymbol{f} = \boldsymbol{S}^{-1}\boldsymbol{b}$, 则以上新方程组为

$$\boldsymbol{G}\boldsymbol{u} = \boldsymbol{f}. \tag{4.57}$$

用 CG 法解式 (4.57), 设初始向量为 $\boldsymbol{u}_0$, 则初始余量 $\tilde{\boldsymbol{r}}_0 = \boldsymbol{G}\boldsymbol{u}_0 - \boldsymbol{f}$, 初始方向为 $\tilde{\boldsymbol{p}}_0 = -\tilde{\boldsymbol{r}}_0$, 记经 CG 法得到的解、余量及共轭方向分别为 $\tilde{\boldsymbol{u}}_k$, $\tilde{\boldsymbol{r}}_k$ 及 $\tilde{\boldsymbol{p}}_k$. 令 $\boldsymbol{x}_k = (\boldsymbol{S}^{-1})^{\mathrm{T}}\tilde{\boldsymbol{u}}_k$, 而

$$\tilde{\boldsymbol{r}}_k = \boldsymbol{G}\tilde{\boldsymbol{u}}_k - \boldsymbol{f} = \boldsymbol{S}^{-1}(\boldsymbol{A}(\boldsymbol{S}^{-1})^{\mathrm{T}}\boldsymbol{S}^{\mathrm{T}}\boldsymbol{x}_k - \boldsymbol{b}) = \boldsymbol{S}^{-1}\boldsymbol{r}_k.$$

令 $\boldsymbol{p}_k = (\boldsymbol{S}^{-1})^{\mathrm{T}}\tilde{\boldsymbol{p}}_k$, $\boldsymbol{p}_0 = -(\boldsymbol{S}^{-1})^{\mathrm{T}}\boldsymbol{S}^{-1}\boldsymbol{r}_0$ 及 $\boldsymbol{z}_k = (\boldsymbol{S}^{-1})^{\mathrm{T}}\boldsymbol{S}^{-1}\boldsymbol{r}_k = \boldsymbol{M}^{-1}\boldsymbol{r}_k$. 将解式 (4.57) 的 CG 法迭代公式换回原方程组的变量, 得预处理共轭梯度 (PCG) 法: 给定初始向量 $\boldsymbol{x}_0$, 取

$$\boldsymbol{r}_0 = \boldsymbol{A}\boldsymbol{x}_0 - \boldsymbol{b}, \quad \boldsymbol{z}_0 = \boldsymbol{M}^{-1}\boldsymbol{r}_0, \quad \boldsymbol{p}_0 = -\boldsymbol{z}_0,$$

对于 $k=0,1,2,\cdots$, 计算

$$\begin{cases} \alpha_k = -\dfrac{\langle \boldsymbol{z}_k, \boldsymbol{r}_k\rangle}{\langle \boldsymbol{p}_k, \boldsymbol{A}\boldsymbol{p}_k\rangle}, \\ \boldsymbol{x}_{k+1} = \boldsymbol{x}_k + \alpha_k \boldsymbol{p}_k, \\ \boldsymbol{r}_{k+1} = \boldsymbol{r}_k + \alpha_k \boldsymbol{A}\boldsymbol{p}_k, \\ \boldsymbol{z}_{k+1} = \boldsymbol{M}^{-1}\boldsymbol{r}_{k+1}, \\ \beta_k = \langle \boldsymbol{z}_{k+1}, \boldsymbol{r}_{k+1}\rangle / \langle \boldsymbol{z}_k, \boldsymbol{r}_k\rangle, \\ \boldsymbol{p}_{k+1} = -\boldsymbol{z}_{k+1} + \beta_k \boldsymbol{p}_k. \end{cases}$$

在上述公式中计算 $\boldsymbol{z}_{k+1} = \boldsymbol{M}^{-1}\boldsymbol{r}_{k+1}$ 时, 一般是用解方程组 $\boldsymbol{M}\boldsymbol{z}_{k+1} = \boldsymbol{r}_{k+1}$ 的方式来实现.

如果矩阵 $\boldsymbol{S}$ 使得 $\boldsymbol{M} = \boldsymbol{S}\boldsymbol{S}^{\mathrm{T}} \approx \boldsymbol{A}$, 则 $\boldsymbol{G} \approx \boldsymbol{S}^{-1}\boldsymbol{S}\boldsymbol{S}^{\mathrm{T}}(\boldsymbol{S}^{-1})^{\mathrm{T}} = \boldsymbol{I}$, 那么 $\mathrm{cond}(\boldsymbol{G}) \approx 1$, 这样预处理后的方程组系数矩阵的条件数就得到改善. 一般地, 可以将矩阵 $\boldsymbol{A}$ 作分裂式 $\boldsymbol{A} = \boldsymbol{M} - \boldsymbol{N}$, 其中 $\boldsymbol{M}$ 是对称正定阵, 而 $\boldsymbol{N}$“尽可能小”, 再将 $\boldsymbol{M}$ 作 Cholesky 分解 $\boldsymbol{M} = \boldsymbol{L}\boldsymbol{L}^{\mathrm{T}}$, 即 $\boldsymbol{S} = \boldsymbol{L}$.

4.5 应　用

4.5.1 电路问题

例 4.12 考虑如图 4.1 所示的电路, 求未知电流 i_1, i_2, i_3. 图示电流的方向为正向, 反向的电流将用负数表示.

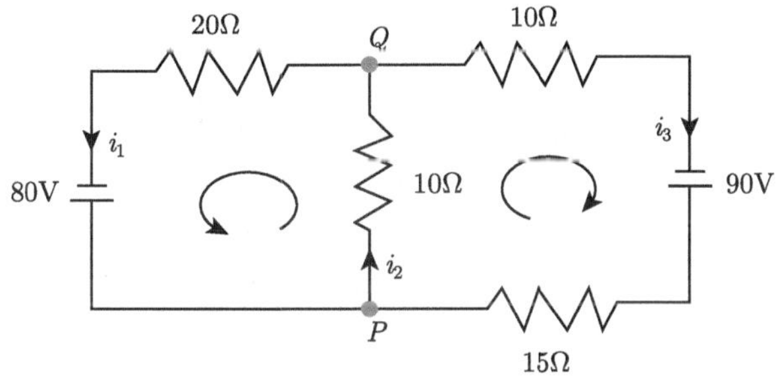

图 4.1　电路图

解 利用基尔霍夫定律可以列出电流满足的方程组, 其中基尔霍夫电流定律是: 所有进入某节点的电流的总和等于所有离开该节点的电流的总和, 基尔霍夫电压定律是: 沿着闭合回路的所有电动势的代数和等于所有电压降的代数和. 所以

在节点 P 有 $i_1 - i_2 + i_3 = 0$;

在节点 Q 有 $-i_1 + i_2 - i_3 = 0$;

对右回路有 $10i_2 + 25i_3 = 90$;

对左回路有 $20i_1 + 10i_2 = 80$.

尽管得到的方程组很容易求解, 但我们希望展示 Gauss 消元法求解线性方程组的应用, 特别是对大规模的线性方程组, Gauss 消元法是非常有效的求解方法. 为此, 将对方程组作消元

过程和回代过程, 相关操作可以对方程组的增广矩阵进行. 上述方程组的增广矩阵为

$$\left(\begin{array}{ccc|c} 1 & -1 & 1 & 0 \\ -1 & 1 & -1 & 0 \\ 0 & 10 & 25 & 90 \\ 20 & 10 & 0 & 80 \end{array}\right). \tag{4.58}$$

(1) 消元过程.

第一步. 对矩阵(4.58), 需要利用第 1 行, 通过初等变换, 将第 1 列的第 2 行及以下的元素均变换成 0. 所需操作为: 第 1 行加到第 2 行上, 第 1 行乘以 -20 加到第 4 行上. 这样得到新的矩阵

$$\left(\begin{array}{ccc|c} 1 & -1 & 1 & 0 \\ 0 & 0 & 0 & 0 \\ 0 & 10 & 25 & 90 \\ 0 & 30 & -20 & 80 \end{array}\right). \tag{4.59}$$

第二步. 对矩阵(4.59), 第 1 行保持不变, 由于第 2 行元素都是 0, 必须把第 2 行调到最后一行, 即为

$$\left(\begin{array}{ccc|c} 1 & -1 & 1 & 0 \\ 0 & 10 & 25 & 90 \\ 0 & 30 & -20 & 80 \\ 0 & 0 & 0 & 0 \end{array}\right). \tag{4.60}$$

对矩阵(4.60), 作如下操作：第 2 行乘以 -3 加到第 3 行上. 这样得到

$$\left(\begin{array}{ccc|c} 1 & -1 & 1 & 0 \\ 0 & 10 & 25 & 90 \\ 0 & 0 & -95 & -190 \\ 0 & 0 & 0 & 0 \end{array}\right).$$

相应的方程组为

$$\begin{aligned} i_1 - i_2 + i_3 &= 0, \\ 10i_2 + 25i_3 &= 90, \\ -95i_3 &= -190, \\ 0 &= 0. \end{aligned} \tag{4.61}$$

(2) 回代过程.

对方程组(4.61), 从第 3 个方程解出 i_3. 然后把 i_3 的解代入第 2 个方程, 从而解出 i_2. 把 i_3 和 i_2 的解代入第 1 个方程, 解出 i_1. 结果为

$$i_3 = 2(\mathrm{A}), \quad i_2 = \frac{1}{10}(90 - 25i_3) = 4(\mathrm{A}), \quad i_1 = i_2 - i_3 = 2(\mathrm{A}).$$

4.5.2 化学方程式问题

例 4.13　配平化学方程式 $C_2H_6 + O_2 \to CO_2 + H_2O$.

解 我们需要求正整数 x_1, x_2, x_3, x_4 使得

$$x_1C_2H_6 + x_2O_2 \to x_3CO_2 + x_4H_2O.$$

每个元素在上式两边的原子数目应相等. 所以有:

对碳元素 (C) 有 $2x_1 = x_3$, 对氢元素 (H) 有 $6x_1 = 2x_4$, 对氧元素 (O) 有 $2x_2 = 2x_3 + x_4$, 即有方程组

$$\begin{cases} 2x_1 + 0x_2 - x_3 + 0x_4 = 0, \\ 6x_1 + 0x_2 + 0x_3 - 2x_4 = 0, \\ 0x_1 + 2x_2 - 2x_3 - x_4 = 0. \end{cases}$$

应用 Gauss 消元法对方程组增广矩阵作行变换，得

$$\left(\begin{array}{cccc|c} 2 & 0 & -1 & 0 & 0 \\ 6 & 0 & 0 & -2 & 0 \\ 0 & 2 & -2 & -1 & 0 \end{array}\right) \xrightarrow{\text{行变换}} \left(\begin{array}{cccc|c} 1 & 0 & 0 & -\dfrac{1}{3} & 0 \\ 0 & 1 & 0 & -\dfrac{7}{6} & 0 \\ 0 & 0 & 1 & -\dfrac{2}{3} & 0 \end{array}\right).$$

则有

$$x_1 = \frac{1}{3}x_4, \quad x_2 = \frac{7}{6}x_4, \quad x_3 = \frac{2}{3}x_4.$$

因为要求 x_1, x_2, x_3, x_4 为正整数, 并且一般选择最小的正整数, 所以我们令 $x_4 = 6$, 这样就有 $x_1 = 2$, $x_2 = 7$, $x_3 = 4$. 因此, 配平的化学式为

$$2C_2H_6 + 7O_2 \to 4CO_2 + 6H_2O.$$

4.5.3 平面桁架结构受力问题

1. 问题描述

桁架是工程中常用的一种结构, 各构架在同一平面内的桁架称为平面桁架. 现有一个平面桁架结构, 由连接于 A, B, C, D, E, F, G, H 共 8 个节点 13 根杆件构成. 节点 A 在水平和竖直方向上刚性固定, 节点 H 在竖直方向上刚性固定, 如图 4.2 所示. 在节点 B、E 和 G 上施加指定载荷, 求桁架每根杆件上的轴力.

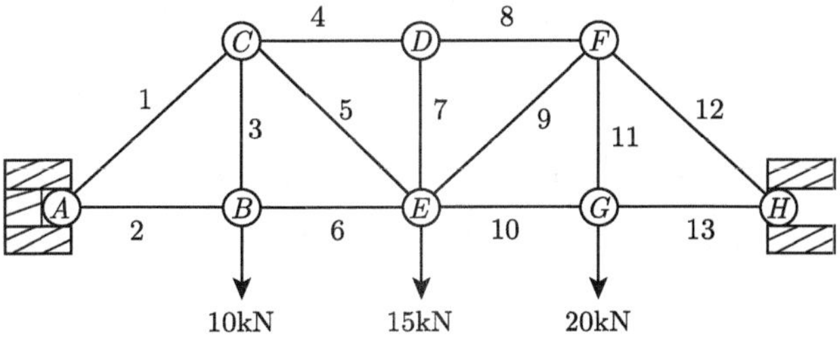

图 4.2　平面桁架结构

2. 模型建立

图 4.2 显示了一个静态的平面桁架结构, 所以在每个节点上受力是平衡的, 即在每个节点上水平方向及竖直方向受力之和为 0. 记 i 杆件上的轴力为 f_i, $i=1,2,\cdots,13$, 据此可列出各节点受力方程式.

在 A 点, 因为其水平及竖直方向均刚性固定, 所以无须分析其受力情况.

在 B 点, 有

$$\begin{aligned} f_2 &= f_6, \\ f_3 &= 10. \end{aligned}$$

在 C 点, 有

$$\begin{aligned} f_1\cos\frac{\pi}{4} &= f_4+f_5\cos\frac{\pi}{4}, \\ f_1\sin\frac{\pi}{4}+f_3+f_5\sin\frac{\pi}{4} &= 0. \end{aligned}$$

在 D 点, 有

$$\begin{aligned} f_4 &= f_8, \\ f_7 &= 0. \end{aligned}$$

在 E 点, 有

$$\begin{aligned} f_5\cos\frac{\pi}{4}+f_6 &= f_9\cos\frac{\pi}{4}+f_{10}, \\ f_5\sin\frac{\pi}{4}+f_7+f_9\sin\frac{\pi}{4} &= 15. \end{aligned}$$

在 F 点, 有

$$\begin{aligned} f_8+f_9\cos\frac{\pi}{4} &= f_{12}\cos\frac{\pi}{4}, \\ f_9\sin\frac{\pi}{4}+f_{11}+f_{12}\sin\frac{\pi}{4} &= 0. \end{aligned}$$

在 G 点, 有

$$\begin{aligned} f_{10} &= f_{13}, \\ f_{11} &= 20. \end{aligned}$$

在 H 点, 有

$$f_{12}\cos\frac{\pi}{4}+f_{13}=0.$$

记常数 $c=\cos\frac{\pi}{4}=\sin\frac{\pi}{4}=\frac{\sqrt{2}}{2}$. 由上述分析, 可得方程组

$$\begin{cases} f_2 - f_6 = 0, \\ f_3 = 10, \\ cf_1 - f_4 - cf_5 = 0, \\ cf_1 + f_3 + cf_5 = 0, \\ f_4 - f_8 = 0, \\ f_7 = 0, \\ cf_5 + f_6 - cf_9 - f_{10} = 0, \\ cf_5 + f_7 + cf_9 = 15, \\ f_8 + cf_9 - cf_{12} = 0, \\ cf_9 + f_{11} + cf_{12} = 0, \\ f_{10} - f_{13} = 0, \\ f_{11} = 20, \\ cf_{12} + f_{13} = 0. \end{cases} \tag{4.62}$$

记向量 $\boldsymbol{f} = (f_1, f_2, \cdots, f_{13})^{\mathrm{T}}$, 矩阵

$$\boldsymbol{A} = \begin{pmatrix} 0 & 1 & 0 & 0 & 0 & -1 & 0 & 0 & 0 & 0 & 0 & 0 & 0 \\ 0 & 0 & 1 & 0 & 0 & 0 & 0 & 0 & 0 & 0 & 0 & 0 & 0 \\ c & 0 & 0 & -1 & -c & 0 & 0 & 0 & 0 & 0 & 0 & 0 & 0 \\ c & 0 & 1 & 0 & c & 0 & 0 & 0 & 0 & 0 & 0 & 0 & 0 \\ 0 & 0 & 0 & 1 & 0 & 0 & 0 & -1 & 0 & 0 & 0 & 0 & 0 \\ 0 & 0 & 0 & 0 & 0 & 0 & 1 & 0 & 0 & 0 & 0 & 0 & 0 \\ 0 & 0 & 0 & 0 & c & 1 & 0 & 0 & -c & -1 & 0 & 0 & 0 \\ 0 & 0 & 0 & 0 & c & 0 & 1 & 0 & c & 0 & 0 & 0 & 0 \\ 0 & 0 & 0 & 0 & 0 & 0 & 0 & 1 & c & 0 & 0 & -c & 0 \\ 0 & 0 & 0 & 0 & 0 & 0 & 0 & 0 & c & 0 & 1 & c & 0 \\ 0 & 0 & 0 & 0 & 0 & 0 & 0 & 0 & 0 & 1 & 0 & 0 & -1 \\ 0 & 0 & 0 & 0 & 0 & 0 & 0 & 0 & 0 & 0 & 1 & 0 & 0 \\ 0 & 0 & 0 & 0 & 0 & 0 & 0 & 0 & 0 & 0 & 0 & c & 1 \end{pmatrix},$$

以及向量

$$\boldsymbol{b} = (0, 10, 0, 0, 0, 0, 0, 15, 0, 0, 0, 20, 0)^{\mathrm{T}}.$$

那么方程组 (4.62) 可写成矩阵形式

$$\boldsymbol{A}\boldsymbol{f} = \boldsymbol{b}. \tag{4.63}$$

3. 问题求解

由于矩阵方程 (4.63) 的系数矩阵 $\boldsymbol{A}$ 的对角线元素有零元, 不利于迭代法求解. 可以用 $\boldsymbol{A}^{\mathrm{T}}$ 右乘式 (4.63) 两边, 然后, 采用 4.3.2 节介绍的 Gauss-Seidel 迭代法, 求解如下等价的方程组

$$\boldsymbol{A}^{\mathrm{T}}\boldsymbol{A}\boldsymbol{f} = \boldsymbol{A}^{\mathrm{T}}\boldsymbol{b}. \tag{4.64}$$

因为方程 (4.64) 的系数矩阵 $\boldsymbol{A}^{\mathrm{T}}\boldsymbol{A}$ 对称正定, 所以根据定理 4.18, Gauss-Seidel 迭代法收敛.

取 $\boldsymbol{x}_0=\boldsymbol{0}$, 迭代终止条件为 10^{-6}. 经 289 次迭代, 可得解, 即 13 个杆件上的轴力 (单位是 kN) 组成的向量, 为

$$\boldsymbol{f}=(-28.2845, 20, 10, -30, 14.1423, 20, 0, -30, 7.0711, 25, 20, -35.3557, 25)^{\mathrm{T}}.$$

第 4 章习题

1. 用 Gauss 消元法和 Doolittle 方法求解

$$\begin{pmatrix} 6 & 2 & 1 & -1 \\ 2 & 4 & 1 & 0 \\ 1 & 1 & 4 & -1 \\ -1 & 0 & -1 & 3 \end{pmatrix}\begin{pmatrix} x_1 \\ x_2 \\ x_3 \\ x_4 \end{pmatrix}=\begin{pmatrix} 6 \\ 1 \\ 5 \\ -5 \end{pmatrix}.$$

2. 用列主元法求解

$$\begin{pmatrix} -0.001 & 1 & 1 \\ 1 & 0.8 & 0 \\ 4 & 5.5 & 4 \end{pmatrix}\begin{pmatrix} x_1 \\ x_2 \\ x_3 \end{pmatrix}=\begin{pmatrix} 0.2 \\ 1.4 \\ 7.4 \end{pmatrix}.$$

3. 用改进平方根法求解

$$\begin{pmatrix} 16 & 4 & 8 \\ 4 & 5 & -4 \\ 8 & -4 & 22 \end{pmatrix}\begin{pmatrix} x_1 \\ x_2 \\ x_3 \end{pmatrix}=\begin{pmatrix} -1 \\ 3 \\ 5 \end{pmatrix}.$$

4. 设 $\boldsymbol{A}$ 是对称正定的三对角矩阵

$$\boldsymbol{A}=\begin{pmatrix} a_1 & c_1 & & & 0 \\ u_2 & a_2 & c_2 & & \\ & \ddots & \ddots & \ddots & \\ & & u_{n-1} & a_{n-1} & c_{n-1} \\ 0 & & & u_n & a_n \end{pmatrix},$$

试给出用 Cholesky 方法解 $\boldsymbol{Ax}=\boldsymbol{b}$ 的计算公式.

5. 用追赶法解三对角方程组

$$\begin{pmatrix} 4 & -1 & & \\ -2 & 4 & -1 & \\ & -2 & 4 & -1 \\ & & -2 & 4 \end{pmatrix}\begin{pmatrix} x_1 \\ x_2 \\ x_3 \\ x_4 \end{pmatrix}=\begin{pmatrix} 1 \\ 0 \\ 0 \\ 1 \end{pmatrix}.$$

6. 用广义逆矩阵的方法求矛盾方程组

$$\begin{cases} x_1-x_3+x_4=4, \\ 2x_2+2x_3+2x_4=1, \\ -x_1+4x_2+5x_3+3x_4=2 \end{cases}$$

的全部最小二乘解和极小范数最小二乘解.

7. 用矩阵 QR 分解的方法求矛盾方程组

$$\begin{cases} 3x_2 + x_3 = 0, \\ 4x_2 - 2x_3 = 0, \\ 2x_1 + x_2 + 2x_3 = 0, \\ 2x_1 + 4x_2 + 3x_3 = 1 \end{cases}$$

的最小二乘解.

8. 用矩阵奇异值分解的方法求矛盾方程组

$$\begin{cases} x_1 + x_3 = 0, \\ x_1 + x_2 = 0, \\ 2x_1 + x_2 + x_3 = 1 \end{cases}$$

的全部最小二乘解和极小范数最小二乘解.

9. 设 $\boldsymbol{A} \in \mathbf{R}^{m\times n}$ 列满秩, 令条件数 $\text{cond}_2(\boldsymbol{A}) = \|\boldsymbol{A}\|_2 \|\boldsymbol{A}^+\|_2$. 证明

$$\text{cond}_2(\boldsymbol{A}) = \sqrt{\|\boldsymbol{A}^{\mathrm{T}}\boldsymbol{A}\|_2 \|(\boldsymbol{A}^{\mathrm{T}}\boldsymbol{A})^{-1}\|_2}.$$

10. 设 $\boldsymbol{A} = \begin{pmatrix} 1 & \alpha & \beta \\ 1 & 1 & 1 \\ -\beta & \alpha & 1 \end{pmatrix}$, 其中 α 与 β 是实参数. 对方程组 $\boldsymbol{A}\boldsymbol{x} = \boldsymbol{b}$ 来说, 在 (α, β) 平面什么范围内 J 迭代法收敛?

11. 分别用 J 迭代法、G-S 迭代法和 $\alpha = 1.46$ 的 SOR 迭代法解方程组

$$\begin{pmatrix} 2 & -1 & & \\ -1 & 2 & -1 & \\ & -1 & 2 & -1 \\ & & -1 & 2 \end{pmatrix} \begin{pmatrix} x_1 \\ x_2 \\ x_3 \\ x_4 \end{pmatrix} = \begin{pmatrix} 1 \\ 0 \\ 1 \\ 0 \end{pmatrix},$$

并写出相应的迭代矩阵.

12. 设 $\boldsymbol{A} = \begin{pmatrix} 1 & 2 & -2 \\ 1 & 1 & 1 \\ 2 & 2 & 1 \end{pmatrix}, \boldsymbol{B} = \begin{pmatrix} 2 & -1 & 2 \\ 1 & 1 & 1 \\ 1 & 1 & -2 \end{pmatrix}$. 证明:

(1) 若线性方程组的系数矩阵为 $\boldsymbol{A}$, 则 J 迭代法收敛而 G-S 迭代法不收敛;

(2) 若线性方程组的系数矩阵为 $\boldsymbol{B}$, 则 J 迭代法不收敛而 G-S 迭代法收敛.

13. 设 $\boldsymbol{A} = \begin{pmatrix} \alpha & 1 & 3 \\ 1 & \alpha & 2 \\ -3 & 2 & \alpha \end{pmatrix}$, 当 α 为何值时, J 迭代法收敛? 当 $\alpha = 3$ 时怎样?

14. 用迭代公式 $\boldsymbol{x}^{(j+1)} = \boldsymbol{x}^{(j)} - \alpha(\boldsymbol{A}\boldsymbol{x}^{(j)} - \boldsymbol{b})$, 求解 $\boldsymbol{A}\boldsymbol{x} = \boldsymbol{b}$.

(1) 若 $\boldsymbol{A} = \begin{pmatrix} 3 & 2 \\ 1 & 2 \end{pmatrix}$, 问取什么范围的 α 可使迭代收敛, α 取什么值使迭代收敛最快?

(2) 若 $\boldsymbol{A} \in \mathbf{R}^{n\times n}$, 且 $\boldsymbol{A}$ 对称正定, 最大和最小特征值分别是 λ_1 和 λ_n, 求迭代矩阵 $\boldsymbol{I} - \alpha\boldsymbol{A}$ 的谱半径, 证明迭代收敛的充要条件是 $0 < \alpha < 2\lambda_1^{-1}$. 并问 α 取什么值使 $\rho(\boldsymbol{I} - \alpha\boldsymbol{A})$ 最小?

15. 给定迭代公式 $\boldsymbol{x}^{(j+1)} = \boldsymbol{B}\boldsymbol{x}^{(j)} + \boldsymbol{f}$, 其中 $\boldsymbol{B} = \begin{pmatrix} \alpha & 4 \\ 0 & \alpha \end{pmatrix}$, $0 < \alpha < 1$. 证明在迭代过程中误差的范数 $\|\cdot\|_\infty$ 从某次迭代 j_0 开始单调减少 (j_0 由充分接近 1 的 α 确定).

16. 若 $\rho(\boldsymbol{B}) = 0$, 试证对任意的 $\boldsymbol{x}^{(0)}$, 迭代公式 $\boldsymbol{x}^{(j+1)} = \boldsymbol{B}\boldsymbol{x}^{(j)} + \boldsymbol{f}$ 最多 n 次迭代就可以得到精确解 (提示: 考虑 $\boldsymbol{B}$ 及 $\boldsymbol{B}^k$ 的 Jordan 标准形).

17. 取 $\boldsymbol{x}^{(0)} = \boldsymbol{0}$, 用 CG 法求解

$$\begin{pmatrix} 6 & 3 & 1 \\ 3 & 5 & 1 \\ 1 & 1 & 3 \end{pmatrix} \begin{pmatrix} x_1 \\ x_2 \\ x_3 \end{pmatrix} = \begin{pmatrix} 0 \\ -1 \\ 2 \end{pmatrix}.$$

18. 已知以下电路图 4.3, 求未知电流 i_1, i_2, i_3.

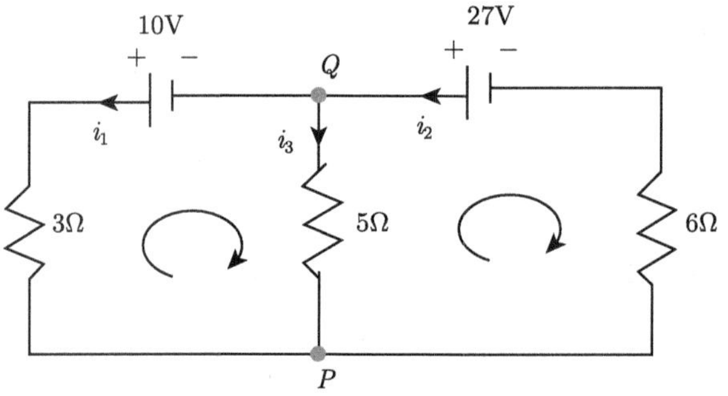

图 4.3　第 18 题电路图

19. 已知电路图 4.4, 求未知电流 i_1, i_2, i_3.

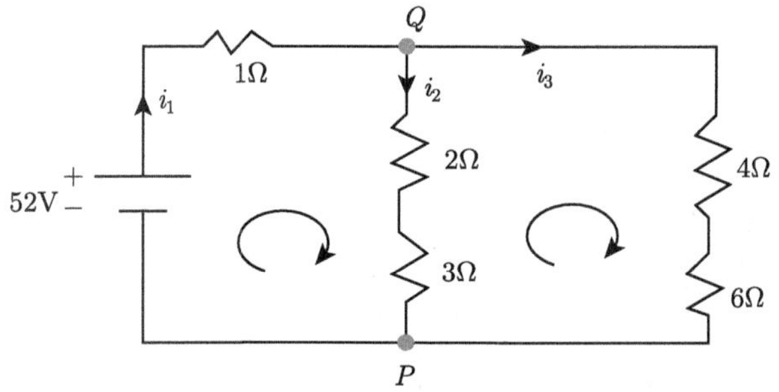

图 4.4　第 19 题电路图

20. 配平以下化学式:

(1) $Na + H_2O \to NaOH + H_2$;　　(2) $Fe_3O_4 + C \to Fe + CO$;

(3) $Cu + HNO_3 \to Cu(NO_3)_2 + H_2O + NO$;　　(4) $C_5H_8 + O_2 \to CO_2 + H_2O$.

第 5 章　最优化方法

优化问题常常出现在工程技术研究及应用中, 因而学习最优化方法是理工科课程的重要内容. 本章主要介绍线性规划及单纯形算法、非线性优化问题的最优性条件、最速下降法、共轭梯度法、罚函数法、组合优化问题、模拟退火算法和遗传算法.

5.1　线性规划与单纯形法

线性规划是目标函数与约束函数都为线性函数的一类重要的优化问题. 它在工程和管理学科中有着广泛的应用, 且对该问题的理论和算法研究都已比较成熟. 本小节将介绍线性规划的有关概念和基本性质及求解线性规划的单纯形法.

5.1.1　线性规划标准形及最优基本可行解

线性规划问题可以写成如下标准形:

$$\begin{aligned} \min \quad & \boldsymbol{c}^{\mathrm{T}}\boldsymbol{x} \\ \text{s.t.} \quad & \boldsymbol{A}\boldsymbol{x}=\boldsymbol{b}, \\ & \boldsymbol{x}\geqslant \boldsymbol{0}, \end{aligned} \tag{5.1}$$

其中 $\boldsymbol{A}$ 是 $m\times n$ 矩阵, 且 $m<n$, $\operatorname{rank}\boldsymbol{A}=m$, $\boldsymbol{c}$ 为 n 维列向量, $\boldsymbol{b}$ 为 m 维列向量且假设 $\boldsymbol{b}\geqslant\boldsymbol{0}$. 线性规划问题的理论和算法基本是基于标准形得到的, 实际出现的任何线性规划问题都可以通过变换转为标准形.

(1) 如果原问题是极大化目标函数, 即 $\max \boldsymbol{c}^{\mathrm{T}}\boldsymbol{x}$. 这时只需将目标函数乘以 -1, 则可等价地将其转化为极小化问题 $\min -\boldsymbol{c}^{\mathrm{T}}\boldsymbol{x}$.

(2) 如果右端项 $\boldsymbol{b}$ 中的第 i 个元素是负的, 则在第 i 个约束方程两边同乘以 -1, 将其改成右端项非负的不等式.

(3) 若约束方程为 $\leqslant$ 不等式, 则可在相应不等式的左端加上非负松弛变量, 将原 $\leqslant$ 不等式变为等式. 若约束方程为 $\geqslant$ 不等式, 则可在相应不等式的左端减去非负剩余变量, 将原 $\geqslant$ 不等式变为等式.

(4) 如果某个变量 x_i 是无非负限制的自由变量, 则总可以引入两个非负变量 x_i', x_i'', 使得 $x_i=x_i'-x_i''$.

例 5.1　将下面的线性规划问题转化为标准形.

$$\begin{aligned} \max \quad & 2x_1-3x_2+x_3+3x_4 \\ \text{s.t.} \quad & 2x_1-x_2+3x_3+x_4\geqslant 3, \\ & 3x_1+2x_2+2x_4=7, \\ & -x_1+4x_2-3x_3-x_4\leqslant 6, \\ & x_1,x_3,x_4\geqslant 0,\ x_2\text{无约束}. \end{aligned}$$

解　令 $x_2 = x_2' - x_2''$, 其中 $x_2' \geqslant 0$, $x_2'' \geqslant 0$. 引入剩余变量 $x_5 \geqslant 0$, 引入松弛变量 $x_6 \geqslant 0$, 则标准形为

$$
\begin{aligned}
\min\quad & -2x_1 + 3x_2' - 3x_2'' - x_3 - 3x_4 \\
\text{s.t.}\quad & 2x_1 - x_2' + x_2'' + 3x_3 + x_4 - x_5 = 3, \\
& 3x_1 + 2x_2' - 2x_2'' + 2x_4 = 7, \\
& -x_1 + 4x_2' - 4x_2'' - 3x_3 - x_4 + x_6 = 6, \\
& x_1, x_3, x_4, x_5, x_6, x_2', x_2'' \geqslant 0.
\end{aligned}
$$

下面我们给出关于线性规划解的相关概念和定理.

设 $\boldsymbol{B}$ 是矩阵 $\boldsymbol{A}$ 中 m 阶非奇异子矩阵 ($|\boldsymbol{B}| \neq 0$), 称矩阵 $\boldsymbol{B}$ 是线性规划问题的一个基. 将 $\boldsymbol{A}$ 中剩余列向量组成 $m \times (n-m)$ 矩阵, 记为 $\boldsymbol{N}$. 则 $\boldsymbol{A}$ 可写成分块矩阵 $\boldsymbol{A} = [\boldsymbol{B}, \boldsymbol{N}]$. 记 $\boldsymbol{x} = \begin{pmatrix} \boldsymbol{x_B} \\ \boldsymbol{x_N} \end{pmatrix}$, 由 $\boldsymbol{B}\boldsymbol{x_B} + \boldsymbol{N}\boldsymbol{x_N} = \boldsymbol{b}$, 得

$$\boldsymbol{x_B} = \boldsymbol{B}^{-1}\boldsymbol{b} - \boldsymbol{B}^{-1}\boldsymbol{N}\boldsymbol{x_N}.$$

再令 $\boldsymbol{x_N} = \boldsymbol{0}$, 得到 $\boldsymbol{A}\boldsymbol{x} = \boldsymbol{b}$ 的一个解 $\boldsymbol{x} = \begin{pmatrix} \boldsymbol{B}^{-1}\boldsymbol{b} \\ \boldsymbol{0} \end{pmatrix}$.

定义 5.1　(1) $\boldsymbol{x} = \begin{pmatrix} \boldsymbol{B}^{-1}\boldsymbol{b} \\ \boldsymbol{0} \end{pmatrix}$ 是 $\boldsymbol{A}\boldsymbol{x} = \boldsymbol{b}$ 在基 $\boldsymbol{B}$ 下的基本解, 向量 $\boldsymbol{x_B}$ 中的元素称为基变量, $\boldsymbol{B}$ 中的列向量称为基本列向量. 如果基本解中的某些基变量为 0, 这个基本解称为退化的基本解.

(2) 满足 $\boldsymbol{A}\boldsymbol{x} = \boldsymbol{b}$, $\boldsymbol{x} \geqslant \boldsymbol{0}$ 的向量 $\boldsymbol{x}$ 称为可行解. 若可行解是基本解, 则称之为基本可行解. 若基本可行解是退化的基本解, 则称之为退化的基本可行解.

定义 5.2　对于任何满足 $\boldsymbol{A}\boldsymbol{x} = \boldsymbol{b}$, $\boldsymbol{x} \geqslant \boldsymbol{0}$ 使得 $\boldsymbol{c}^{\mathrm{T}}\boldsymbol{x}$ 取得最小值的向量 $\boldsymbol{x}$ 称为最优可行解. 如果最优可行解是基本解, 则称为最优基本可行解.

定理 5.1　(1) 线性规划问题 (5.1) 如果存在可行解, 则一定存在基本可行解.

(2) 线性规划问题 (5.1) 如果存在最优可行解, 则一定存在最优基本可行解.

5.1.2　单纯形方法原理

由定理 5.1可知, 求解线性规划问题归结为寻找最优基本可行解, 即从一个基本可行解出发, 求得一个使目标函数减少的基本可行解, 通过不断改进基本可行解, 最终得到最优基本可行解. 这就是单纯形方法的基本思想. 下面我们分析单纯形法中实现基本可行解之间转换的过程.

最优性判别: 设基本可行解 $\boldsymbol{x}^{(k)}$ 为

$$\boldsymbol{x}^{(k)} = \begin{pmatrix} \boldsymbol{x}_{\boldsymbol{B}}^{(k)} \\ \boldsymbol{0} \end{pmatrix} = \begin{pmatrix} \boldsymbol{B}_k^{-1}\boldsymbol{b} \\ \boldsymbol{0} \end{pmatrix} \geqslant \boldsymbol{0},$$

其中 $\boldsymbol{B}_k$ 为基矩阵, $\boldsymbol{x}_{\boldsymbol{B}}^{(k)}$ 为基变量. 在 $\boldsymbol{x}^{(k)}$ 处的目标函数值为

$$f_k = f(\boldsymbol{x}^{(k)}) = \begin{pmatrix} \left(\boldsymbol{c}_{\boldsymbol{B}}^{(k)}\right)^{\mathrm{T}} & \left(\boldsymbol{c}_{\boldsymbol{N}}^{(k)}\right)^{\mathrm{T}} \end{pmatrix} \begin{pmatrix} \boldsymbol{B}_k^{-1}\boldsymbol{b} \\ \boldsymbol{0} \end{pmatrix}$$

$$= \left(\boldsymbol{c}_{\boldsymbol{B}}^{(k)}\right)^{\mathrm{T}} \boldsymbol{B}_k^{-1}\boldsymbol{b}. \tag{5.2}$$

现由 $\boldsymbol{x}^{(k)}$ 出发, 得到一可行解 $\boldsymbol{x}$:

$$\boldsymbol{x} = \begin{pmatrix} \boldsymbol{x}_{\boldsymbol{B}} \\ \boldsymbol{x}_{\boldsymbol{N}} \end{pmatrix},$$

其中

$$\boldsymbol{x}_{\boldsymbol{B}} = \boldsymbol{B}_k^{-1}\boldsymbol{b} - \boldsymbol{B}_k^{-1}\boldsymbol{N}_k\boldsymbol{x}_{\boldsymbol{N}} = \boldsymbol{x}_{\boldsymbol{B}}^{(k)} - \boldsymbol{B}_k^{-1}\boldsymbol{N}_k\boldsymbol{x}_{\boldsymbol{N}} \geqslant \boldsymbol{0}, \quad \boldsymbol{x}_{\boldsymbol{N}} \geqslant \boldsymbol{0}. \tag{5.3}$$

则在 $\boldsymbol{x}$ 处的目标函数值

$$\begin{aligned} f(\boldsymbol{x}) &= \begin{pmatrix} \left(\boldsymbol{c}_{\boldsymbol{B}}^{(k)}\right)^{\mathrm{T}} & \left(\boldsymbol{c}_{\boldsymbol{N}}^{(k)}\right)^{\mathrm{T}} \end{pmatrix} \begin{pmatrix} \boldsymbol{x}_{\boldsymbol{B}} \\ \boldsymbol{x}_{\boldsymbol{N}} \end{pmatrix} \\ &= \left(\boldsymbol{c}_{\boldsymbol{B}}^{(k)}\right)^{\mathrm{T}} \left(\boldsymbol{B}_k^{-1}\boldsymbol{b} - \boldsymbol{B}_k^{-1}\boldsymbol{N}_k\boldsymbol{x}_{\boldsymbol{N}}\right) + \left(\boldsymbol{c}_{\boldsymbol{N}}^{(k)}\right)^{\mathrm{T}} \boldsymbol{x}_{\boldsymbol{N}} \\ &= \left(\boldsymbol{c}_{\boldsymbol{B}}^{(k)}\right)^{\mathrm{T}} \boldsymbol{B}_k^{-1}\boldsymbol{b} - \left(\left(\boldsymbol{c}_{\boldsymbol{B}}^{(k)}\right)^{\mathrm{T}} \boldsymbol{B}_k^{-1}\boldsymbol{N}_k - \left(\boldsymbol{c}_{\boldsymbol{N}}^{(k)}\right)^{\mathrm{T}}\right) \boldsymbol{x}_{\boldsymbol{N}}. \end{aligned} \tag{5.4}$$

令

$$\boldsymbol{w}_k = (\boldsymbol{B}_k^{-1})^{\mathrm{T}}\boldsymbol{c}_{\boldsymbol{B}}^{(k)}, \quad \boldsymbol{z}_{\boldsymbol{N}}^{(k)} = \boldsymbol{N}_k^{\mathrm{T}}(\boldsymbol{B}_k^{-1})^{\mathrm{T}}\boldsymbol{c}_{\boldsymbol{B}}^{(k)} = \boldsymbol{N}_k^{\mathrm{T}}\boldsymbol{w}_k, \tag{5.5}$$

并称 $\boldsymbol{w}_k$ 为单纯形乘子. 由式 (5.4), 式 (5.2) 及式 (5.5) 得

$$\begin{aligned} f(\boldsymbol{x}) &= f_k - \left(\boldsymbol{z}_{\boldsymbol{N}}^{(k)} - \boldsymbol{c}_{\boldsymbol{N}}^{(k)}\right)^{\mathrm{T}} \boldsymbol{x}_{\boldsymbol{N}} \\ &= f_k - \sum_{j \in \mathcal{N}_k} (z_j^{(k)} - c_j^{(k)}) x_j, \end{aligned} \tag{5.6}$$

其中 $\mathcal{N}_k$ 为非基变量指标集. 为检验可行点 $\boldsymbol{x}^{(k)}$ 是不是问题的最优解 (5.6), 即根据可行性的要求观察当非基变量由零向正方向变动时目标函数值的变化.

(1) 若对所有 $j \in \mathcal{N}_k$ 都有 $z_j^{(k)} - c_j^{(k)} \leqslant 0$, 则增大任何非基变量使得从 $\boldsymbol{x}^{(k)}$ 向可行域内的移动只能导致目标函数值的增加, 因此 $\boldsymbol{x}^{(k)}$ 就是问题的最优解.

(2) 若有某个 $z_j^{(k)} - c_j^{(k)} > 0$, $j \in \mathcal{N}_k$, 则通过增大相应的非基变量 x_j 的值可使目标函数值减小, 因而 $\boldsymbol{x}^{(k)}$ 不是问题的最优解.

在线性规划中, 通常称 $z_j - c_j$ 为判别数或检验数, 且通过以上分析, 我们有如下结论.

定理 5.2 对于某个基本可行解, 如果所有 $z_j - c_j \leqslant 0$, 则这个基本可行解为最优解.

寻找新的基本可行解: 如果 $\boldsymbol{x}^{(k)}$ 不是最优的基本可行解, 则需要确定一个使目标函数值减少的基本可行解, 即确定一组新的基矩阵和非基矩阵. 单纯形法中新的基矩阵是通过将原非基矩阵的一列 (对应入基变量) 与原基矩阵的一列 (对应出基变量) 交换所得的. 具体分析如下.

若 $z_p^{(k)} - c_p^{(k)} > 0$, $p \in \mathcal{N}_k$, 则增大 x_p 可以使目标函数值下降, 同时可取 x_p $(p \in \mathcal{N}_k)$ 为入基变量, 即把矩阵 $\boldsymbol{A}$ 中对应于变量 x_p 的列 $\boldsymbol{a}_p$ 从非基矩阵 $\boldsymbol{N}_k$ 移入基矩阵 $\boldsymbol{B}_k$. 为完成此步骤, 我们需确定 x_p 的取值. 设当 x_p 由 0 增加为正值时, $\boldsymbol{x}_{\boldsymbol{N}}$ 的其余分量保持 0 值, 由式 (5.3) 得

$$\boldsymbol{x}_{\boldsymbol{B}} = \boldsymbol{B}_k^{-1}\boldsymbol{b} - \boldsymbol{B}_k^{-1}\boldsymbol{a}_p x_p = \bar{\boldsymbol{b}}^{(k)} - \boldsymbol{y}_p^{(k)} x_p$$

$$
= \begin{pmatrix} \bar{b}_1^{(k)} \\ \bar{b}_2^{(k)} \\ \vdots \\ \bar{b}_m^{(k)} \end{pmatrix} - \begin{pmatrix} y_{1p}^{(k)} \\ y_{2p}^{(k)} \\ \vdots \\ y_{mp}^{(k)} \end{pmatrix} x_p,
$$

其中 $\bar{\boldsymbol{b}}^{(k)} = \boldsymbol{B}_k^{-1}\boldsymbol{b}$, $\boldsymbol{y}_p^{(k)} = \boldsymbol{B}_k^{-1}\boldsymbol{a}_p$. 为保持可行性, 需要

$$
(\boldsymbol{x_B})_i = \bar{b}_i^{(k)} - y_{ip}^{(k)} x_p \geqslant 0.
$$

(1) 如果 $y_{ip}^{(k)} \leqslant 0$, 当 x_p 由 0 增加为正值时, 可行性总成立.

(2) 如果 $y_{ip}^{(k)} > 0$, 当 x_p 由 0 增加为正值时, $(\boldsymbol{x_B})_i$ 会减小, 则为保证可行性, 就必须使

$$
x_p \leqslant \frac{\bar{b}_i^{(k)}}{y_{ip}^{(k)}},
$$

因此, 为使 $\boldsymbol{x_B} \geqslant \boldsymbol{0}$, 令

$$
x_p = \min\left\{ \frac{\bar{b}_i^{(k)}}{y_{ip}^{(k)}} \,\middle|\, y_{ip}^{(k)} > 0 \right\} = \frac{\bar{b}_r^{(k)}}{y_{rp}^{(k)}}.
$$

同时注意到

$$
(\boldsymbol{x_B})_r = \bar{b}_r^{(k)} - y_{rp}^{(k)} x_p = 0,
$$

即基变量对应分量数值变为 0.

记矩阵 $\boldsymbol{A}$ 对应于 $(\boldsymbol{x_B})_r$ 的列为 $\boldsymbol{a}_r$, 将 $\boldsymbol{B}_k$ 中的列 $\boldsymbol{a}_r$ 与 $\boldsymbol{N}_k$ 中的列 $\boldsymbol{a}_p$ 交换, 就得到新的基矩阵和非基矩阵. 同时可以确定新的基本可行解及下降的目标函数值

$$
\begin{cases}
x_p^{(k+1)} = \min\left\{ \dfrac{\bar{b}_i^{(k)}}{y_{ip}^{(k)}} \,\middle|\, y_{ip}^{(k)} > 0 \right\} = \dfrac{\bar{b}_r^{(k)}}{y_{rp}^{(k)}}, \\
x_j^{(k+1)} = 0,\ j \neq p,\ j \in \mathcal{N}_k, \\
(\boldsymbol{x_B})_r^{(k+1)} = 0, \\
(\boldsymbol{x_B})_i^{(k+1)} = (\boldsymbol{x_B})_i^{(k)} - x_p^{(k+1)} y_{ip}^{(k)}, \quad i \neq r,
\end{cases}
$$

$$
f_{k+1} = f_k - (z_p^{(k)} - c_p^{(k)}) x_p^{(k+1)}.
$$

对 $x^{(k+1)}$ 重复上述两个过程确定问题的一个最优解或者问题的无界最优解.

算法 5.1(单纯形法)

(1) 设初始基为 $\boldsymbol{B}_1$, $k = 1$.

(2) 求 $\boldsymbol{x}_{\boldsymbol{B}}^{(k)} = \boldsymbol{B}_k^{-1}\boldsymbol{b}$, 令 $\boldsymbol{x}_{\boldsymbol{N}}^{(k)} = \boldsymbol{0}$, 计算目标函数值 $f = (\boldsymbol{c}_{\boldsymbol{B}}^{(k)})^{\mathrm{T}} \boldsymbol{x}_{\boldsymbol{B}}^{(k)}$.

(3) 计算单纯形乘子 $\boldsymbol{w}_k=(\boldsymbol{B}_k^{-1})^{\mathrm{T}}\boldsymbol{c}_{\boldsymbol{B}}^{(k)}$, $\boldsymbol{z}_{\boldsymbol{N}}^{(k)}=\boldsymbol{N}_k^{\mathrm{T}}\boldsymbol{w}_k$, 对于所有非基变量, 计算判别数

$$z_p^{(k)}-c_p^{(k)}=\max_{j\in\mathcal{N}_k}\{z_j^{(k)}-c_j^{(k)}\},$$

若 $z_p^{(k)}-c_p^{(k)}\leqslant 0$, 则停止计算, 现行基本可行解是最优解. 否则, x_p 为入基变量, 进行步骤 (4).

(4) 计算 $\boldsymbol{y}_p^{(k)}=\boldsymbol{B}_k^{-1}\boldsymbol{a}_p$, $\bar{\boldsymbol{b}}^{(k)}=\boldsymbol{B}_k^{-1}\boldsymbol{b}$, 若 $\boldsymbol{y}_p^{(k)}\leqslant\boldsymbol{0}$, 则停止计算, 问题有无界最优解. 否则确定出基变量指标

$$\frac{\bar{b}_r^{(k)}}{y_{rp}^{(k)}}=\min\left\{\frac{\bar{b}_i^{(k)}}{y_{ip}^{(k)}}\middle| y_{ip}^{(k)}>0\right\},$$

$(\boldsymbol{x}_{\boldsymbol{B}})_r$ 为出基变量. 用 $\boldsymbol{B}_k$ 中的列 $\boldsymbol{a}_r$ 与 $\boldsymbol{N}_k$ 中的列 $\boldsymbol{a}_p$ 交换, 得到新的基矩阵 $\boldsymbol{B}_{k+1}$ 和非基矩阵 $\boldsymbol{N}_{k+1}$, 令 $k=k+1$, 转步骤 (2).

5.1.3 单纯形表格法

上述求解过程可以通过单纯形表来实现. 我们首先分析如何构造单纯形表. 将线性规划问题 (5.1) 等价表示为

$$\begin{aligned}
\min\quad & f\\
\text{s.t.}\quad & \boldsymbol{x}_{\boldsymbol{B}}+\boldsymbol{B}^{-1}\boldsymbol{N}\boldsymbol{x}_{\boldsymbol{N}}=\boldsymbol{B}^{-1}\boldsymbol{b},\\
& f+\boldsymbol{0}\cdot\boldsymbol{x}_{\boldsymbol{B}}+\left(\boldsymbol{c}_{\boldsymbol{B}}^{\mathrm{T}}\boldsymbol{B}^{-1}\boldsymbol{N}-\boldsymbol{c}_{\boldsymbol{N}}^{\mathrm{T}}\right)\boldsymbol{x}_{\boldsymbol{N}}=\boldsymbol{c}_{\boldsymbol{B}}^{\mathrm{T}}\boldsymbol{B}^{-1}\boldsymbol{b},\\
& \boldsymbol{x}_{\boldsymbol{B}}\geqslant\boldsymbol{0},\quad \boldsymbol{x}_{\boldsymbol{N}}\geqslant\boldsymbol{0}.
\end{aligned}$$

由上述约束方程系数得到如下单纯形表, 其包含了单纯形法所需要的所有数据.

	$\boldsymbol{x}_{\boldsymbol{B}}$	$\boldsymbol{x}_{\boldsymbol{N}}$	右端项
$\boldsymbol{x}_{\boldsymbol{B}}$	$\boldsymbol{I}_m$	$\boldsymbol{B}^{-1}\boldsymbol{N}$	$\boldsymbol{B}^{-1}\boldsymbol{b}$
f	$\boldsymbol{0}$	$\boldsymbol{c}_{\boldsymbol{B}}^{\mathrm{T}}\boldsymbol{B}^{-1}\boldsymbol{N}-\boldsymbol{c}_{\boldsymbol{N}}^{\mathrm{T}}$	$\boldsymbol{c}_{\boldsymbol{B}}^{\mathrm{T}}\boldsymbol{B}^{-1}\boldsymbol{b}$

下面我们讨论如何用单纯形表求解标准线性规划问题. 由于单纯形表中已经包含了 m 阶单位矩阵, 因此已经给出了一个基本可行解.

(1) 若 $\boldsymbol{c}_{\boldsymbol{B}}^{\mathrm{T}}\boldsymbol{B}^{-1}\boldsymbol{N}-\boldsymbol{c}_{\boldsymbol{N}}^{\mathrm{T}}\leqslant 0$, 则现行基本可行解是最优解.

$$\boldsymbol{x}_{\boldsymbol{B}}=\boldsymbol{B}^{-1}\boldsymbol{b},\quad \boldsymbol{x}_{\boldsymbol{N}}=\boldsymbol{0},\quad f=\boldsymbol{c}_{\boldsymbol{B}}^{\mathrm{T}}\boldsymbol{B}^{-1}\boldsymbol{b}.$$

(2) 若存在指标使得 $\boldsymbol{c}_{\boldsymbol{B}}^{\mathrm{T}}\boldsymbol{B}^{-1}\boldsymbol{N}-\boldsymbol{c}_{\boldsymbol{N}}^{\mathrm{T}}>0$, 我们需要进行主元消元法求解改进的基本可行解. 由

$$z_p-c_p=\max_{j\in\mathcal{N}_k}\{z_j-c_j\}$$

决定 x_p 为进基变量, 它所对应的列为主列. 再由

$$\frac{\bar{b}_r}{y_{rp}}=\min\left\{\frac{\bar{b}_i}{y_{ip}}\middle| y_{ip}>0\right\}$$

决定第 r 行为主行. 主行和主列交叉的元素 y_{rp} 为主元. 然后进行主元消元法, 使得主列化为单位列向量.

一般地, 我们从原始变量、引入的松弛变量或人工变量 (将在 5.1.4节中讨论) 选取初始基变量, 使得相应初始基矩阵为单位阵, 然后计算初始的判别数得到初始单纯形表. 进而由上述步骤进行相应计算.

例 5.2　用单纯形方法求解下列线性规划问题:

$$\begin{aligned}\min\quad & x_1-3x_2-x_3\\ \text{s.t.}\quad & 3x_1-x_2+2x_3\leqslant 7,\\ & -2x_1+4x_2\leqslant 12,\\ & -4x_1+3x_2+8x_3\leqslant 10,\\ & x_1,x_2,x_3\geqslant 0.\end{aligned}$$

解　引入松弛变量 x_4,x_5,x_6, 将上述线性规划问题转化为标准形

$$\begin{aligned}\min\quad & x_1-3x_2-x_3\\ \text{s.t.}\quad & 3x_1-x_2+2x_3+x_4=7,\\ & -2x_1+4x_2+x_5=12,\\ & -4x_1+3x_2+8x_3+x_6=10,\\ & x_1,x_2,x_3,x_4,x_5,x_6\geqslant 0.\end{aligned}$$

由标准形, 可选取 x_4,x_5,x_6 为基变量, 建立如下单纯形表.

	x_1	x_2	x_3	x_4	x_5	x_6	
x_4	3	−1	2	1	0	0	7
x_5	−2	$\boxed{4}$	0	0	1	0	12
x_6	−4	3	8	0	0	1	10
	−1	3	1	0	0	0	0

由于 $z_2-c_2=\max\{z_i-c_i\}=3$, 因此取第 2 列作为主列, x_2 为进基变量. 由于 $\dfrac{\bar{b}_2}{y_{22}}=\min\left\{\dfrac{12}{4},\dfrac{10}{3}\right\}=3$, 因此取第 2 行为主行, 且 x_5 为出基变量. 主元为 $y_{22}=4$, 进行主元消去, 将变量 x_2 对应的列变换为单位列向量. 新的基变量为 x_4,x_2,x_6, 得到下表.

	x_1	x_2	x_3	x_4	x_5	x_6	
x_4	$\frac{5}{2}$	0	2	1	$\frac{1}{4}$	0	10
x_2	$-\frac{1}{2}$	1	0	0	$\frac{1}{4}$	0	3
x_6	$-\frac{5}{2}$	0	$\boxed{8}$	0	$-\frac{3}{4}$	1	1
	$\frac{1}{2}$	0	1	0	$-\frac{3}{4}$	0	−9

由于 $z_3-c_3=\max\{z_i-c_i\}=1$, 因此取第 3 列作为主列, x_3 为进基变量. 由于

$\dfrac{\bar{b}_3}{y_{33}} = \min\left\{\dfrac{10}{2}, \dfrac{1}{8}\right\} = \dfrac{1}{8}$, 因此取第 3 行为主行, 且 x_6 为出基变量. 主元为 $y_{33} = 8$, 进行主元消去, 将变量 x_3 对应的列变换为单位列向量. 新的基变量为 x_4, x_2, x_3, 得到下表.

	x_1	x_2	x_3	x_4	x_5	x_6	
x_4	$\boxed{\dfrac{25}{8}}$	0	0	1	$\dfrac{7}{16}$	$-\dfrac{1}{4}$	$\dfrac{39}{4}$
x_2	$-\dfrac{1}{2}$	1	0	0	$\dfrac{1}{4}$	0	3
x_3	$-\dfrac{5}{16}$	0	1	0	$-\dfrac{3}{32}$	$\dfrac{1}{8}$	$\dfrac{1}{8}$
	$\dfrac{13}{16}$	0	0	0	$-\dfrac{21}{32}$	$-\dfrac{1}{8}$	$-\dfrac{73}{8}$

由于 $z_1 - c_1 = \max\{z_i - c_i\} = \dfrac{13}{16}$, 因此取第 1 列作为主列, x_1 为进基变量. 由于 $\dfrac{\bar{b}_1}{y_{11}} = \min\left\{\dfrac{39}{4}\Big/\dfrac{25}{8}\right\} = \dfrac{78}{25}$, 因此取第 1 行为主行, 且 x_4 为出基变量. 主元为 $y_{11} = \dfrac{25}{8}$, 进行主元消去, 将变量 x_1 对应的列变换为单位列向量. 新的基变量为 x_1, x_2, x_3, 得到下表.

	x_1	x_2	x_3	x_4	x_5	x_6	
x_1	1	0	0	$\dfrac{8}{25}$	$\dfrac{7}{50}$	$-\dfrac{2}{25}$	$\dfrac{78}{25}$
x_2	0	1	0	$\dfrac{4}{25}$	$\dfrac{8}{25}$	$-\dfrac{1}{25}$	$\dfrac{114}{25}$
x_3	0	0	1	$\dfrac{1}{10}$	$-\dfrac{1}{20}$	$\dfrac{1}{10}$	$\dfrac{11}{10}$
	0	0	0	$-\dfrac{13}{50}$	$-\dfrac{77}{100}$	$-\dfrac{3}{50}$	$-\dfrac{583}{50}$

由于所有 $z_i - c_i \leqslant 0$, 因此达到最优值, 由单纯形表可知, 所得到的最优值是

$$(x_1, x_2, x_3) = \left(\frac{78}{25}, \frac{114}{25}, \frac{11}{10}\right),$$

目标函数最优值为

$$f_{\min} = -\frac{583}{50}.$$

5.1.4 两阶段法和大 M 法

单纯形法的迭代开始需要一个基本可行解, 由上面的例题可以发现, 对于约束形式为 $\boldsymbol{Ax} \leqslant \boldsymbol{b}$ 转化成标准形的线性规划问题, 初始基变量可以取为所有的松弛变量, 即取一个初始基矩阵为单位阵的基本可行解. 但是对于含等式约束 $\boldsymbol{a}_i^{\mathrm{T}}\boldsymbol{x} = \boldsymbol{b}_i$ 和形如 $\boldsymbol{a}_i^{\mathrm{T}}\boldsymbol{x} \geqslant \boldsymbol{b}_i$ 的不等式约束的

问题, 通常难以确定一个初始基本可行解. 例如,

$$
\begin{aligned}
\min \quad & 3x_1 - 2x_2 + x_3 \\
\text{s.t.} \quad & 2x_1 + x_2 - x_3 \leqslant 5, \\
& 4x_1 + 3x_2 + x_3 \geqslant 3, \\
& -x_1 + x_2 + x_3 = 2, \\
& x_1, x_2, x_3 \geqslant 0.
\end{aligned}
$$

对第一个约束引入松弛变量 x_4, 第二个引入剩余变量 x_5, 将上述线性规划问题转化为标准形:

$$
\begin{aligned}
\min \quad & 3x_1 - 2x_2 + x_3 \\
\text{s.t.} \quad & 2x_1 + x_2 - x_3 + x_4 = 5, \\
& 4x_1 + 3x_2 + x_3 - x_5 = 3, \\
& -x_1 + x_2 + x_3 = 2, \\
& x_i \geqslant 0 \quad (i = 1, 2, \cdots, 5).
\end{aligned} \tag{5.7}
$$

从标准形可以发现除 x_4 可以作为一个基变量外, 我们难以确定其他两个基变量. 对于这样难以确定初始基本可行解的线性规划问题, 我们通常增加人工变量将原问题的约束变换为有明确初始基本可行解的约束形式, 进而采用两阶段法或大 M 法求解.

两阶段法: 对于问题 (5.1), 设 $\boldsymbol{A}$ 中不包含 m 阶单位阵, 为使约束方程的系数矩阵中含有 m 阶单位阵, 引入人工变量 $\boldsymbol{x}_\alpha$, 则式 (5.1) 约束变换为

$$
\begin{aligned}
& \boldsymbol{A}\boldsymbol{x} + \boldsymbol{x}_\alpha = \boldsymbol{b}, \\
& \boldsymbol{x} \geqslant \boldsymbol{0},\ \boldsymbol{x}_\alpha \geqslant \boldsymbol{0}.
\end{aligned} \tag{5.8}
$$

构造第一阶段问题:

$$
\begin{aligned}
\min \quad & \boldsymbol{e}^{\mathrm{T}}\boldsymbol{x}_\alpha \\
\text{s.t.} \quad & \boldsymbol{A}\boldsymbol{x} + \boldsymbol{x}_\alpha = \boldsymbol{b}, \\
& \boldsymbol{x} \geqslant \boldsymbol{0},\ \boldsymbol{x}_\alpha \geqslant \boldsymbol{0},
\end{aligned} \tag{5.9}
$$

其中 $\boldsymbol{e} = (1, 1, \cdots, 1)^{\mathrm{T}}$. 用单纯形法求解问题 (5.9), 将人工变量变换成非基变量, 求出原问题 (5.1) 的一个基本可行解, 即由 $\begin{pmatrix} \boldsymbol{x} \\ \boldsymbol{x}_\alpha \end{pmatrix} = \begin{pmatrix} \boldsymbol{0} \\ \boldsymbol{b} \end{pmatrix}$ 出发获得问题 (5.9) 的最优基本解 $\begin{pmatrix} \boldsymbol{x} \\ \boldsymbol{x}_\alpha \end{pmatrix} = \begin{pmatrix} \bar{\boldsymbol{x}} \\ \boldsymbol{0} \end{pmatrix}$, 则 $\boldsymbol{x} = \bar{\boldsymbol{x}}$ 为原问题 (5.1) 的一个基本可行解.

两阶段法的第二阶段: 从第一阶段的最优单纯形表中去掉人工变量对应的列, 再从第一阶段获得的基本可行解出发, 按标准形的目标函数系数值修正最后一行的判别数及目标函数值, 用单纯形法求解新的单纯形表, 获得原线性规划问题 (5.1) 的最优解.

例 5.3 用两阶段法求解如下问题的最优解:

$$
\begin{aligned}
\min \quad & 3x_1 - 2x_2 + x_3 \\
\text{s.t.} \quad & 2x_1 + x_2 - x_3 \leqslant 5, \\
& 4x_1 + 3x_2 + x_3 \geqslant 3, \\
& -x_1 + x_2 + x_3 = 2, \\
& x_1, x_2, x_3 \geqslant 0.
\end{aligned}
$$

解 第一阶段: 对第二个约束和第三个约束引入人工变量 x_6, x_7, 由式 (5.7) 的约束可得第一阶段问题

$$\begin{aligned} \min \quad & x_6 + x_7 \\ \text{s.t.} \quad & 2x_1 + x_2 - x_3 + x_4 = 5, \\ & 4x_1 + 3x_2 + x_3 - x_5 + x_6 = 3, \\ & -x_1 + x_2 + x_3 + x_7 = 2, \\ & x_i \geqslant 0 \quad (i = 1, 2, \cdots, 7). \end{aligned} \tag{5.10}$$

用单纯形法求解上述标准形如下.

	x_1	x_2	x_3	x_4	x_5	x_6	x_7	
x_4	2	1	-1	1	0	0	0	5
x_6	4	$\boxed{3}$	1	0	-1	1	0	3
x_7	-1	1	1	0	0	0	1	2
	3	4	2	0	-1	0	0	5

	x_1	x_2	x_3	x_4	x_5	x_6	x_7	
x_4	$\frac{2}{3}$	0	$-\frac{4}{3}$	1	$\frac{1}{3}$	$-\frac{1}{3}$	0	4
x_2	$\frac{4}{3}$	1	$\frac{1}{3}$	0	$-\frac{1}{3}$	$\frac{1}{3}$	0	1
x_7	$-\frac{7}{3}$	0	$\boxed{\frac{2}{3}}$	0	$\frac{1}{3}$	$-\frac{1}{3}$	1	1
	$-\frac{7}{3}$	0	$\frac{2}{3}$	0	$\frac{1}{3}$	$-\frac{4}{3}$	0	1

	x_1	x_2	x_3	x_4	x_5	x_6	x_7	
x_4	-4	0	0	1	1	-1	2	6
x_2	$\frac{5}{2}$	1	0	0	$-\frac{1}{2}$	$\frac{1}{2}$	$-\frac{1}{2}$	$\frac{1}{2}$
x_3	$-\frac{7}{2}$	0	1	0	$\frac{1}{2}$	$-\frac{1}{2}$	$\frac{3}{2}$	$\frac{3}{2}$
	0	0	0	0	0	-1	-1	0

由于所有的判别数都小于 0, 因此第一阶段问题达到最优解, 且人工变量 x_6, x_7 都是非基变量. 于是我们得到式 (5.7) 的初始基本可行解 $(x_1, x_2, x_3, x_4, x_5) = \left(0, \frac{1}{2}, \frac{3}{2}, 6, 0\right)$.

第一阶段结束后, 去掉人工变量 x_6, x_7 及对应的列, 以 x_2, x_3, x_4 为基变量, 按式 (5.7) 的目标函数系数值修正最后一行的判别数及目标函数值, 得到第二阶段的单纯形表. 迭代过程如下:

	x_1	x_2	x_3	x_4	x_5	
x_4	-4	0	0	1	1	6
x_2	$\frac{5}{2}$	1	0	0	$-\frac{1}{2}$	$\frac{1}{2}$
x_3	$-\frac{7}{2}$	0	1	0	$\boxed{\frac{1}{2}}$	$\frac{3}{2}$
	$-\frac{23}{2}$	0	0	0	$\frac{3}{2}$	$\frac{1}{2}$

	x_1	x_2	x_3	x_4	x_5	
x_4	3	0	-2	1	0	3
x_2	-1	1	1	0	0	2
x_5	-7	0	2	0	1	3
	-1	0	-3	0	0	-4

得到原线性规划问题的最优解 $(x_1, x_2, x_3) = (0, 2, 0)$, 最优目标函数值为 $f_{\min} = -4$.

大 M 法: 该方法的基本思想是在约束中增加人工变量 $\boldsymbol{x}_\alpha$, 同时在标准形目标函数中加入罚项 $M\boldsymbol{e}^{\mathrm{T}}\boldsymbol{x}_\alpha$, 其中 M 是很大的正数, 即构造问题:

$$\begin{aligned}\min \quad & \boldsymbol{c}^{\mathrm{T}}\boldsymbol{x} + M\boldsymbol{e}^{\mathrm{T}}\boldsymbol{x}_\alpha \\ \text{s.t.} \quad & \boldsymbol{A}\boldsymbol{x} + \boldsymbol{x}_\alpha = \boldsymbol{b}, \\ & \boldsymbol{x} \geqslant \boldsymbol{0},\ \boldsymbol{x}_\alpha \geqslant \boldsymbol{0}.\end{aligned}$$

进而用单纯形法求解辅助问题, 迫使人工变量离基.

对于例 5.3, 我们也可用大 M 法求解. 构造辅助问题:

$$\begin{aligned}\min \quad & 3x_1 - 2x_2 + x_3 + Mx_6 + Mx_7 \\ \text{s.t.} \quad & 2x_1 + x_2 - x_3 + x_4 = 5, \\ & 4x_1 + 3x_2 + x_3 - x_5 + x_6 = 3, \\ & -x_1 + x_2 + x_3 + x_7 = 2, \\ & x_i \geqslant 0 \quad (i = 1, 2, \cdots, 7).\end{aligned}$$

具体求解过程留作习题, 并观察结果是否与两阶段法一致.

退化情形: 在单纯形法确定出基变量时, 若存在两个以上相同的比值, 就会出现退化解, 即出现计算过程循环. 这样的情形虽然极少出现, 但还是有可能存在的. 我们可以用摄动法、字典排序法及勃兰特规则等方法来处理这样的情形.

5.2　非线性规划的最优性条件

最优性条件是指优化问题的最优解所必须满足的条件. 最优性条件不仅对最优化理论的研究具有重要意义, 而且对最优化算法的设计和终止条件的确定起重要作用. 我们在本节将介绍最优性的一阶条件和二阶条件.

5.2.1 无约束规划问题的最优性条件

考虑无约束最优化问题:

$$\min_{\boldsymbol{x}\in\mathbf{R}^n} f(\boldsymbol{x}), \tag{5.11}$$

其中 $f(\boldsymbol{x})$ 为 $\mathbf{R}^n$ 的实值函数.

定义 5.3 若存在 $\boldsymbol{x}^*\in\mathbf{R}^n$ 使得 $f(\boldsymbol{x})\geqslant f(\boldsymbol{x}^*)$, $\forall \boldsymbol{x}\in\mathbf{R}^n$, 则称 $\boldsymbol{x}^*$ 为问题 (5.11) 的全局极小点. 若有 $f(\boldsymbol{x})>f(\boldsymbol{x}^*)$, $\forall \boldsymbol{x}\neq\boldsymbol{x}^*\in\mathbf{R}^n$, 则称 $\boldsymbol{x}^*$ 为问题 (5.11) 的严格全局极小点.

定义 5.4 若存在 $\boldsymbol{x}^*\in\mathbf{R}^n$ 使得 $f(\boldsymbol{x})\geqslant f(\boldsymbol{x}^*)$, $\forall \boldsymbol{x}\in N_\delta(\boldsymbol{x}^*)$, 则称 $\boldsymbol{x}^*$ 为问题 (5.11) 的局部极小点. 若有 $f(\boldsymbol{x})>f(\boldsymbol{x}^*)$, $\forall \boldsymbol{x}\in N_\delta(\boldsymbol{x}^*)/\{\boldsymbol{x}^*\}$, 则称 $\boldsymbol{x}^*$ 为问题 (5.11) 的严格局部极小点.

求全局极小点一般来说相当困难, 实际可行的只是求一个局部 (或严格局部) 极小点. 故后面所指极小点通常指局部极小点. 下面我们讨论局部极小点的条件.

定理 5.3 (一阶必要条件) 设 $\boldsymbol{x}^*$ 是无约束优化问题 (5.11) 的局部极小点, 且 $f(\boldsymbol{x})$ 在 $\boldsymbol{x}^*$ 的邻域内一阶连续可微, 则 $\nabla f(\boldsymbol{x}^*)=0$.

证明 用反证法. 假设 $\nabla f(\boldsymbol{x}^*)\neq 0$. 令向量 $\boldsymbol{p}=-\nabla f(\boldsymbol{x}^*)$, 则有

$$\boldsymbol{p}^{\mathrm{T}}\nabla f(\boldsymbol{x}^*)=-\|\nabla f(\boldsymbol{x}^*)\|^2<0.$$

因为 $\nabla f(\boldsymbol{x})$ 在 $\boldsymbol{x}^*$ 连续, 所以存在 $T>0$, 对所有 $t\in[0,T]$ 有

$$\boldsymbol{p}^{\mathrm{T}}\nabla f(\boldsymbol{x}^*+t\boldsymbol{p})<0.$$

又由泰勒定理, 对任意 $\bar{t}\in(0,T]$, 存在 $t\in(0,\bar{t})$, 我们有

$$f(\boldsymbol{x}^*+\bar{t}\boldsymbol{p})=f(\boldsymbol{x}^*)+\bar{t}\boldsymbol{p}^{\mathrm{T}}\nabla f(\boldsymbol{x}^*+t\boldsymbol{p})<f(\boldsymbol{x}^*),$$

即由 $\boldsymbol{x}^*$ 沿方向 $\boldsymbol{p}$ 使得函数值下降, 与 $\boldsymbol{x}^*$ 是极小值点矛盾. 证毕.

满足 $\nabla f(\boldsymbol{x}^*)=0$ 的点称为驻点, 由必要条件可知, 极小值点必为驻点, 但反之不正确. 下面我们给出保证 $\boldsymbol{x}^*$ 为局部极小点的条件.

定理 5.4 (二阶充分条件) 设 $f(\boldsymbol{x})$ 在 $\boldsymbol{x}^*$ 的邻域内二阶连续可微, 如果 $\nabla f(\boldsymbol{x}^*)=0$ 且 Hesse 矩阵 $\nabla^2 f(\boldsymbol{x}^*)$ 正定, 则 $\boldsymbol{x}^*$ 是无约束优化问题 (5.11) 的严格局部极小点.

证明 由于 $\nabla^2 f(\boldsymbol{x})$ 在 $\boldsymbol{x}^*$ 处连续且正定, 我们可取 $r>0$ 使得 $\nabla^2 f(\boldsymbol{x})$ 在区域 $D=\{z \mid \|\boldsymbol{z}-\boldsymbol{x}^*\|<r\}$ 内保持正定性. 令 $\boldsymbol{p}\neq\boldsymbol{0}$ 且 $\|\boldsymbol{p}\|\leqslant r$, 则有 $\boldsymbol{x}^*+\boldsymbol{p}\in D$, 且由 $\nabla f(\boldsymbol{x}^*)=0$, 我们有

$$f(\boldsymbol{x}^*+\boldsymbol{p})=f(\boldsymbol{x}^*)+\frac{1}{2}\boldsymbol{p}^{\mathrm{T}}\nabla^2 f(\boldsymbol{x}^*+t\boldsymbol{p})\boldsymbol{p},\quad t\in(0,1).$$

注意到 $\boldsymbol{x}^*+t\boldsymbol{p}\in D$, 有 $\boldsymbol{p}^{\mathrm{T}}\nabla^2 f(\boldsymbol{x}^*+t\boldsymbol{p})\boldsymbol{p}>0$, 则 $f(\boldsymbol{x}^*+\boldsymbol{p})>f(\boldsymbol{x}^*)$. 证毕.

上述二阶充分条件并非必要的, 如 $x^*=0$ 为函数 $f(x)=x^4$ 的严格局部极小点, 但该点处的 Hesse 值为 0.

例 5.4 利用极值条件求解如下问题:

$$\min \quad f(\boldsymbol{x})=\frac{1}{3}x_2^3+\frac{1}{2}x_1^2-x_2^2-x_1.$$

解 由于

$$\frac{\partial f}{\partial x_1}=x_1-1,\quad \frac{\partial f}{\partial x_2}=x_2^2-2x_2,$$

令 $\nabla f(\boldsymbol{x})=0$, 得驻点

$$\boldsymbol{x}^{(1)}=\begin{pmatrix}1\\0\end{pmatrix},\quad \boldsymbol{x}^{(2)}=\begin{pmatrix}1\\2\end{pmatrix}.$$

函数 $f(\boldsymbol{x})$ 的 Hesse 矩阵:

$$\nabla^2 f(\boldsymbol{x})=\begin{pmatrix}1 & 0\\ 0 & 2x_2-2\end{pmatrix}.$$

由此, 在各点的 Hesse 矩阵依次是

$$\nabla^2 f(\boldsymbol{x}^{(1)})=\begin{pmatrix}1 & 0\\ 0 & -2\end{pmatrix},\quad \nabla^2 f(\boldsymbol{x}^{(2)})=\begin{pmatrix}1 & 0\\ 0 & 2\end{pmatrix}.$$

由于 $\nabla^2 f(\boldsymbol{x}^{(2)})$ 为正定阵, 所以 $\boldsymbol{x}^{(2)}$ 为局部极小值点. 另外, $\boldsymbol{x}^{(1)}$ 不是极小值点, 而 $\nabla^2 f(\boldsymbol{x}^{(1)})$ 是不定的.

定理 5.3及定理 5.4分别刻画了无约束优化问题的必要及充分条件, 但这些条件只能研究局部极小点. 如果目标函数为凸函数 (convex function), 我们能够给出全局极小点的充要条件.

定理 5.5　设 $f(\boldsymbol{x})$ 为可微凸函数, 则 $\boldsymbol{x}^*$ 是无约束优化问题 (5.11) 的全局极小点的充分必要条件为 $\nabla f(\boldsymbol{x}^*)=0$.

证明　必要性: 若 $\boldsymbol{x}^*$ 是无约束优化问题 (5.11) 的全局极小点, 则其必为局部极小点, 由定理 5.3可知 $\nabla f(\boldsymbol{x}^*)=0$.

充分性: 由于 $\nabla f(\boldsymbol{x}^*)=0$, 及 $f(\boldsymbol{x})$ 为可微凸函数, 则对任意 $\boldsymbol{x}\in\mathbf{R}^n$, 有

$$f(\boldsymbol{x})\geqslant f(\boldsymbol{x}^*)+\nabla f(\boldsymbol{x}^*)(\boldsymbol{x}-\boldsymbol{x}^*)=f(\boldsymbol{x}^*),$$

即 $\boldsymbol{x}^*$ 是全局极小点.　　证毕.

5.2.2　约束规划问题的最优性条件

我们考虑如下约束优化问题:

$$\begin{aligned}\min\quad & f(\boldsymbol{x})\\ \text{s.t.}\quad & h_i(\boldsymbol{x})=0,\quad i\in\mathcal{E},\\ & g_j(\boldsymbol{x})\geqslant 0,\quad j\in\mathcal{I},\end{aligned}\tag{5.12}$$

其中 $\mathcal{E}=\{1,2,\cdots,m\}$, $\mathcal{I}=\{1,2,\cdots,l\}$. 记可行域为

$$\mathcal{F}=\{\boldsymbol{x}\in\mathbf{R}^n \mid h_i(\boldsymbol{x})=0,\ i\in\mathcal{E};\ g_j(\boldsymbol{x})\geqslant 0,\ j\in\mathcal{I}\}.\tag{5.13}$$

给定可行点 (也称为可行解)$\boldsymbol{x}\in\mathcal{F}$, $\mathcal{I}(\boldsymbol{x})=\{j\mid g_j(\boldsymbol{x})=0,\ j\in\mathcal{I}\}$ 称为在 $\boldsymbol{x}$ 处的积极约束指标集.

定义 5.5　设 $\boldsymbol{x}^*\in\mathcal{F}$, 如果

$$f(\boldsymbol{x}^*)\leqslant f(\boldsymbol{x}),\quad \forall \boldsymbol{x}\in\mathcal{F},$$

称 $\boldsymbol{x}^*$ 为问题 (5.12) 的全局极小点; 若

$$f(\boldsymbol{x}^*)< f(\boldsymbol{x}),\quad \forall \boldsymbol{x}\in\mathcal{F},\ \boldsymbol{x}\neq\boldsymbol{x}^*,$$

称 $\boldsymbol{x}^*$ 为问题 (5.12) 的严格全局极小点.

定义 5.6 设 $\boldsymbol{x}^* \in \mathcal{F}$, 如果

$$f(\boldsymbol{x}^*) \leqslant f(\boldsymbol{x}), \quad \forall \boldsymbol{x} \in \mathcal{F} \cap N_\delta(\boldsymbol{x}^*),$$

称 $\boldsymbol{x}^*$ 为问题 (5.12) 的局部极小点, 其中 $N_\delta(\boldsymbol{x}^*)$ 为以 $\boldsymbol{x}^*$ 为中心, δ 为半径的邻域; 如果

$$f(\boldsymbol{x}^*) < f(\boldsymbol{x}),\ \forall \boldsymbol{x} \in \mathcal{F} \cap N_\delta(\boldsymbol{x}^*),\ \boldsymbol{x} \neq \boldsymbol{x}^*,$$

称 $\boldsymbol{x}^*$ 为问题 (5.12) 的严格局部极小点.

同无约束优化问题一样, 对于约束优化问题实际可行的只是求得一个局部 (严格局部) 极小点. 下面我们给出相应的必要和充分条件.

定理 5.6(K-K-T(Karush-Kuhn-Tucker) 必要条件) 设 $f(\boldsymbol{x})$, $h_i(\boldsymbol{x})$ $(i \in \mathcal{E})$, $g_j(\boldsymbol{x})$ $(j \in \mathcal{I})$ 在可行点 $\boldsymbol{x}^*$ 处一阶连续可微, 向量集

$$\{\nabla h_i(\boldsymbol{x}^*), \nabla g_j(\boldsymbol{x}^*) \mid i \in \mathcal{E}, j \in \mathcal{I}(\boldsymbol{x}^*)\}$$

线性独立. 如果 $\boldsymbol{x}^*$ 是局部最优解, 则存在 w_i $(i \in \mathcal{E})$, v_j $(j \in \mathcal{I})$ 使得

$$\begin{cases} \nabla f(\boldsymbol{x}^*) - \sum\limits_{i=1}^{m} w_i \nabla h_i(\boldsymbol{x}^*) - \sum\limits_{j=1}^{l} v_j \nabla g_j(\boldsymbol{x}^*) = 0, \\ v_j g_j(\boldsymbol{x}^*) = 0, \\ v_j \geqslant 0. \end{cases} \tag{5.14}$$

定义 Lagrange(拉格朗日) 函数

$$L(\boldsymbol{x}, \boldsymbol{w}, \boldsymbol{v}) = f(\boldsymbol{x}) - \sum_{i=1}^{m} w_i h_i(\boldsymbol{x}) - \sum_{j=1}^{l} v_j g_j(\boldsymbol{x}).$$

则 (5.14) 中第一式可表示为 $\nabla_x L(\boldsymbol{x}^*, \boldsymbol{w}, \boldsymbol{v}) = 0$. 因此, $\boldsymbol{w} = (w_1, w_2, \cdots, w_m)^{\mathrm{T}}$ 与 $\boldsymbol{v} = (v_1, v_2, \cdots, v_l)^{\mathrm{T}}$ 也称为 Lagrange 乘子. 由定理 5.6 可知, 求解 K-K-T 点需求解下列系统:

$$\nabla_x L(\boldsymbol{x}, \boldsymbol{w}, \boldsymbol{v}) = 0, \tag{5.15}$$

$$h_i(\boldsymbol{x}) = 0,\ i \in \mathcal{E}, \tag{5.16}$$

$$g_j(\boldsymbol{x}) \geqslant 0,\ j \in \mathcal{I}, \tag{5.17}$$

$$v_j g_j(\boldsymbol{x}) = 0,\ j \in \mathcal{I}, \tag{5.18}$$

$$v_j \geqslant 0,\ j \in \mathcal{I}. \tag{5.19}$$

式 (5.15) 称为梯度条件, 式 (5.16) 和式 (5.17) 称为可行条件, 式 (5.18) 和式 (5.19) 称为互补松弛条件.

此外, 定理中的线性独立条件必不可少, 若没有该条件, 局部极小点不一定是 K-K-T 点. 上面讨论的是一阶必要条件, 下面讨论充分条件.

定理 5.7(二阶充分条件) 设 $\boldsymbol{x}^*$ 是优化问题 (5.12) 满足式 (5.15)~ 式 (5.19) 的 K-K-T 点, $v_j \geqslant 0$, w_i 为对应 Lagrange 乘子. 如果

$$\boldsymbol{d}^{\mathrm{T}} {\nabla_{xx}}^2 L(\boldsymbol{x}^*, \boldsymbol{w}, \boldsymbol{v}) \boldsymbol{d} > 0, \quad \forall \boldsymbol{0} \neq \boldsymbol{d} \in G(\boldsymbol{x}^*, \boldsymbol{w}, \boldsymbol{v}), \tag{5.20}$$

其中

$$G(\boldsymbol{x}^*,\boldsymbol{w},\boldsymbol{v})=\left\{\boldsymbol{d}\left|\begin{array}{l}\nabla h_i(\boldsymbol{x}^*)^{\mathrm{T}}\boldsymbol{d}=0,\ i\in\mathcal{E}\\ \nabla g_j(\boldsymbol{x}^*)^{\mathrm{T}}\boldsymbol{d}=0,\ j\in\mathcal{I}(\boldsymbol{x}^*)\text{且}v_j>0\\ \nabla g_j(\boldsymbol{x}^*)^{\mathrm{T}}\boldsymbol{d}\geqslant 0,\ j\in\mathcal{I}(\boldsymbol{x}^*)\text{且}v_j=0\end{array}\right.\right\},\tag{5.21}$$

则 $\boldsymbol{x}^*$ 是问题 (5.12) 的严格局部极小点.

例 5.5　求下列约束优化问题的局部极小点

$$\begin{aligned}\min\quad & (x_1-1)^2+x_2\\ \text{s.t.}\quad & -x_1-x_2+2\geqslant 0,\\ & x_2\geqslant 0.\end{aligned}$$

解　先求 K-K-T 点, 从

$$\nabla f(\boldsymbol{x})=\begin{pmatrix}2(x_1-1)\\1\end{pmatrix},\quad \nabla g_1(\boldsymbol{x})=\begin{pmatrix}-1\\-1\end{pmatrix},\quad \nabla g_2(\boldsymbol{x})=\begin{pmatrix}0\\1\end{pmatrix},$$

由条件 (5.15)~ 条件 (5.19), 得

$$\begin{gathered}2(x_1-1)+v_1=0,\\ 1+v_1-v_2=0,\\ v_1(-x_1-x_2+2)=0,\\ v_2x_2=0,\\ v_1,v_2\geqslant 0,\\ -x_1-x_2+2\geqslant 0,\\ x_2\geqslant 0.\end{gathered}$$

由情形 $v_1=0,v_2=0$, $v_1\neq 0,v_2\neq 0$ 及 $v_1\neq 0,v_2=0$ 所得的结果皆不符合要求, 舍去. 当 $v_1=0,v_2\neq 0$ 时, 可得 $x_1=1,x_2=0,v_2=1>0$. 所以 K-K-T 点为 $\boldsymbol{x}=(1,0)^{\mathrm{T}}$.

下面检验二阶充分条件:

$$\nabla^2_{xx}L(\boldsymbol{x},\boldsymbol{v})=\begin{pmatrix}2&0\\0&0\end{pmatrix}.$$

由于在点 $\boldsymbol{x}=(1,0)^{\mathrm{T}}$ 处积极约束为 $g_2(\boldsymbol{x})=x_2$, 所以由式 (5.21) 得

$$(0,1)\begin{pmatrix}d_1\\d_2\end{pmatrix}=0,$$

所以有 $\boldsymbol{d}=(d_1,0)^{\mathrm{T}}$. 再由式 (5.20), 对于 $d_1\neq 0$ 有

$$\boldsymbol{d}^{\mathrm{T}}\nabla^2_{xx}L(\boldsymbol{x},\boldsymbol{v})\,\boldsymbol{d}=2d_1^2>0,$$

则点 $\boldsymbol{x}=(1,0)^{\mathrm{T}}$ 为局部极小点, 目标函数最优值为 $f_{\min}=0$.

特别地, 对于凸规划我们有如下结果.

定理 5.8　设在问题 (5.12) 中, $f(\boldsymbol{x})$ 为凸函数, $h_i(\boldsymbol{x})$ $(i\in\mathcal{E})$ 为线性函数, $g_j(\boldsymbol{x})$ $(j\in\mathcal{I})$ 为凹函数 (concave function). 如果 $\boldsymbol{x}^*$ 为 K-K-T 点, 则 $\boldsymbol{x}^*$ 为问题 (5.12) 的全局极小点.

5.3 无约束非线性优化算法

随着优化理论和优化技术的发展, 已有大量的最优化方法适用于不同问题的求解, 从本节开始, 我们将学习一些经典的优化方法.

首先, 我们介绍迭代算法的一般性结构. 设非线性规划问题

$$\begin{aligned} \min \quad & f(\boldsymbol{x}) \\ \text{s.t.} \quad & \boldsymbol{x} \in \mathcal{F}, \end{aligned}$$

其中 $\mathcal{F} \subseteq \mathbf{R}^n$. 若 $\mathcal{F} = \mathbf{R}^n$, 则问题为无约束优化问题; 如 $\mathcal{F}$ 为式 (5.13), 则问题即为式 (5.12) 形式的约束优化问题.

设 $\boldsymbol{x}^{(k)}$ 为迭代算法的第 k 次迭代点, 以如下形式进行一次迭代

$$\boldsymbol{x}^{(k+1)} = \boldsymbol{x}^{(k)} + \alpha_k \boldsymbol{d}^{(k)},$$

我们就得到第 $k+1$ 次的迭代点, 同时要求保证 $f(\boldsymbol{x}^{(k+1)}) \leqslant f(\boldsymbol{x}^{(k)})$ 且迭代点保持可行. 这就是求解得非线性最优化问题的基本迭代格式和要求. 第 4 章极小化方法中所提及的迭代格式即为无约束情形下的表示. 通常, $\boldsymbol{d}^{(k)} \in \mathbf{R}^n$ 被称为搜索方向, 要求沿该方向目标函数能得到下降; $\alpha_k \in \mathbf{R}$ 称为步长因子或沿方向 $\boldsymbol{d}^{(k)}$ 的步长. 由迭代格式可以看出, 求解非线性优化问题的关键即为获得步长因子 α 和下降方向 $\boldsymbol{d}$.

5.3.1 线性搜索

选取步长因子 α 的问题称为线性搜索问题, 它是一个一维搜索问题, 其基本要求在于从 $\boldsymbol{x}^{(k)}$ 出发, 沿给定的搜索方向 $\boldsymbol{d}^{(k)}$ 确定 α_k 使得

$$f(\boldsymbol{x}^{(k)} + \alpha_k \boldsymbol{d}^{(k)}) < f(\boldsymbol{x}^{(k)}). \tag{5.22}$$

对于这样的问题, 我们有两种解决途径.

(1) 精确线搜索. 选取 α_k 使得

$$f\left(\boldsymbol{x}^{(k)} + \alpha_k \boldsymbol{d}^{(k)}\right) = \min_{\alpha \geqslant 0} f\left(\boldsymbol{x}^{(k)} + \alpha \boldsymbol{d}^{(k)}\right), \tag{5.23}$$

所得的 α_k 称为精确步长因子. 一般地, 我们可通过直接搜索或插值法来求解式 (5.23), 如 0.618 法、Fibonacci(斐波那契) 法、割线法、三点二次插值法等. 但是这种方法往往计算量很大, 特别是当迭代点远离最优解时, 效率较低.

(2) 不精确线搜索. 只要求选取 α_k 满足式 (5.22) 使得目标函数每迭代一步都有充分下降即可, 这样可以节省工作量. 常用的方法有后退法、Armijo-Goldstein(阿米霍–戈尔德施泰因) 法及 Wolfe-Powell(沃尔夫–鲍威尔) 法.

在本章的算法中, 我们将采用精确线搜索获取步长因子. 下面给出精确线搜索下目标函数值的下降量估计.

定理 5.9 设 $\boldsymbol{d}^{(k)}$ 是下降方向, α_k 是精确线搜索的步长因子. 若存在常数 $M > 0$ 使得对任意 $\alpha > 0$ 有 $\|\nabla^2 f(\boldsymbol{x}^{(k)} + \alpha \boldsymbol{d}^{(k)})\| \leqslant M, \forall k$, 则

$$f(\boldsymbol{x}^{(k)}) - f(\boldsymbol{x}^{(k)} + \alpha_k \boldsymbol{d}^{(k)}) \geqslant \frac{1}{2M} \|\nabla f(\boldsymbol{x}^{(k)})\|^2 \cos^2 \theta_k,$$

其中 θ_k 为 $\boldsymbol{d}^{(k)}$ 与 $-\nabla f(\boldsymbol{x}^{(k)})$ 之间的夹角.

证明　由 Taylor(泰勒) 展开及假设条件可知, 对任意 α 有

$$\begin{aligned} f\left(\boldsymbol{x}^{(k)}+\alpha \boldsymbol{d}^{(k)}\right) &= f\left(\boldsymbol{x}^{(k)}\right)+\alpha \nabla f\left(\boldsymbol{x}^{(k)}\right)^{\mathrm{T}} \boldsymbol{d}^{(k)}+\frac{1}{2} \alpha^{2}\left(\boldsymbol{d}^{(k)}\right)^{\mathrm{T}} \nabla^{2} f\left(\boldsymbol{x}^{(k)}+\theta \alpha \boldsymbol{d}^{(k)}\right) \boldsymbol{d}^{(k)} \\ &\leqslant f\left(\boldsymbol{x}^{(k)}\right)+\alpha \nabla f\left(\boldsymbol{x}^{(k)}\right)^{\mathrm{T}} \boldsymbol{d}^{(k)}+\frac{1}{2} \alpha^{2} M\left\|\boldsymbol{d}^{(k)}\right\|^{2}. \end{aligned}$$

取 $\bar{\alpha}=-\dfrac{\nabla f\left(\boldsymbol{x}^{(k)}\right)^{\mathrm{T}} \boldsymbol{d}^{(k)}}{M\left\|\boldsymbol{d}^{(k)}\right\|^{2}}$, 因为 α_k 是精确线搜索步长因子, 则有

$$\begin{aligned} f\left(\boldsymbol{x}^{(k)}\right)-f\left(\boldsymbol{x}^{(k)}+\alpha_{k} \boldsymbol{d}^{(k)}\right) &\geqslant f\left(\boldsymbol{x}^{(k)}\right)-f\left(\boldsymbol{x}^{(k)}+\bar{\alpha} \boldsymbol{d}^{(k)}\right) \\ &\geqslant-\bar{\alpha} \nabla f\left(\boldsymbol{x}^{(k)}\right)^{\mathrm{T}} \boldsymbol{d}^{(k)}-\frac{1}{2} \bar{\alpha}^{2} M\left\|\boldsymbol{d}^{(k)}\right\|^{2} \\ &=\frac{1}{2} \frac{\left(\nabla f\left(\boldsymbol{x}^{(k)}\right)^{\mathrm{T}} \boldsymbol{d}^{(k)}\right)^{2}}{M\left\|\boldsymbol{d}^{(k)}\right\|^{2}} \\ &=\frac{1}{2 M}\left\|\nabla f\left(\boldsymbol{x}^{(k)}\right)\right\|^{2} \frac{\left(\nabla f\left(\boldsymbol{x}^{(k)}\right)^{\mathrm{T}} \boldsymbol{d}^{(k)}\right)^{2}}{\left\|\nabla f\left(\boldsymbol{x}^{(k)}\right)\right\|^{2}\left\|\boldsymbol{d}^{(k)}\right\|^{2}} \\ &=\frac{1}{2 M}\left\|\nabla f\left(\boldsymbol{x}^{(k)}\right)\right\|^{2} \cos ^{2} \theta_{k}. \end{aligned}$$

证毕.

不同的搜索方向将形成不同的最优化方法, 本节将继续进行对无约束优化问题 (5.11) 的搜索方向的选取, 即对各类经典算法的相关知识进行详细介绍.

5.3.2　最速下降法

最速下降法是无约束最优化最简单的方法, 是由法国科学家 Cauchy 于 1847 年提出的, 继而由 Curry(库里) 等进一步研究得到的方法.

设目标函数 $f(\boldsymbol{x})$ 在 $\boldsymbol{x}^{(k)}$ 附近连续可微, 令 $\nabla f(\boldsymbol{x}^{(k)}) \neq 0$. 将 $f(\boldsymbol{x})$ 在 $\boldsymbol{x}^{(k)}$ 处作 Taylor 展开

$$f(\boldsymbol{x})=f(\boldsymbol{x}^{(k)})+\left(\nabla f\left(\boldsymbol{x}^{(k)}\right)\right)^{\mathrm{T}}\left(\boldsymbol{x}-\boldsymbol{x}^{(k)}\right)+o\left(\left\|\boldsymbol{x}-\boldsymbol{x}^{(k)}\right\|\right),$$

令 $\boldsymbol{x}-\boldsymbol{x}^{(k)}=\alpha \boldsymbol{d}^{(k)}$, 有

$$f(\boldsymbol{x})=f(\boldsymbol{x}^{(k)})+\alpha\left(\nabla f\left(\boldsymbol{x}^{(k)}\right)\right)^{\mathrm{T}} \boldsymbol{d}^{(k)}+o\left(\left\|\alpha \boldsymbol{d}^{(k)}\right\|\right).$$

若 $\left(\nabla f\left(\boldsymbol{x}^{(k)}\right)\right)^{\mathrm{T}} \boldsymbol{d}^{(k)}<0$, 则 $\boldsymbol{d}^{(k)}$ 为下降方向, 且由 Cauchy-Schwarz 不等式

$$\left|\left(\nabla f\left(\boldsymbol{x}^{(k)}\right)\right)^{\mathrm{T}} \boldsymbol{d}^{(k)}\right| \leqslant\left\|\nabla f\left(\boldsymbol{x}^{(k)}\right)\right\|\left\|\boldsymbol{d}^{(k)}\right\|,$$

当且仅当 $\boldsymbol{d}^{(k)}=-\nabla f\left(\boldsymbol{x}^{(k)}\right)$ 时, $-\left(\nabla f\left(\boldsymbol{x}^{(k)}\right)\right)^{\mathrm{T}} \boldsymbol{d}^{(k)}$ 最大. 因而以 $-\nabla f\left(\boldsymbol{x}^{(k)}\right)$ 为下降方向的方法称为最速下降法. 其迭代格式为

$$x^{(k+1)} = x^{(k)} - \alpha_k \nabla f(x^{(k)}), \tag{5.24}$$

其中 α_k 由精确线搜索策略选取. 具体计算步骤如下:

算法 5.2(最速下降法)

(1) 给定初始点 $\boldsymbol{x}^{(1)} \in \mathbf{R}^n$, 允许误差 $\varepsilon > 0$, 置 $k = 1$.

(2) 计算搜索方向 $\boldsymbol{d}^{(k)} = -\nabla f(\boldsymbol{x}^{(k)})$, 如果 $\|\nabla f(\boldsymbol{x}^{(k)})\| \leqslant \varepsilon$, 停止计算.

(3) 由精确线搜索计算步长 α_k, 使得

$$f(\boldsymbol{x}^{(k)} + \alpha_k \boldsymbol{d}^{(k)}) = \min_{\alpha \geqslant 0} f(\boldsymbol{x}^{(k)} + \alpha \boldsymbol{d}^{(k)}).$$

(4) 令 $\boldsymbol{x}^{(k+1)} = \boldsymbol{x}^{(k)} + \alpha_k \boldsymbol{d}^{(k)}$, 令 $k = k + 1$, 转步骤 (2).

例 5.6 用最速下降法求解

$$\min \quad f(\boldsymbol{x}) = x_1^2 + 3x_2^2,$$

设初始点 $\boldsymbol{x}^{(1)} = (2, 1)^{\mathrm{T}}$, 迭代一次.

解 由 $\nabla f(\boldsymbol{x}) = \begin{pmatrix} 2x_1 \\ 6x_2 \end{pmatrix}$ 有

$$\boldsymbol{d}^{(1)} = -\nabla f(\boldsymbol{x}^{(1)}) = \begin{pmatrix} -4 \\ -6 \end{pmatrix}, \quad \boldsymbol{x}^{(1)} + \alpha \boldsymbol{d}^{(1)} = \begin{pmatrix} 2 - 4\alpha \\ 1 - 6\alpha \end{pmatrix}.$$

令

$$\phi(\alpha) = f(\boldsymbol{x}^{(1)} + \alpha \boldsymbol{d}^{(1)}) = (2 - 4\alpha)^2 + 3\,(1 - 6\alpha)^2.$$

求解 $\min\limits_{\alpha} \phi(\alpha)$, 即由

$$\phi'(\alpha) = -8\,(2 - 4\alpha) - 36\,(1 - 6\alpha) = 0,$$

解得 $\alpha = \dfrac{13}{62}$, 则得到

$$\boldsymbol{x}^{(2)} = \boldsymbol{x}^{(1)} + \alpha \boldsymbol{d}^{(1)} = \begin{pmatrix} \dfrac{36}{31} \\ -\dfrac{8}{31} \end{pmatrix}.$$

下面给出最速下降法的总体收敛性.

定理 5.10 设函数 $f(\boldsymbol{x})$ 二阶连续可微, 且 $\|\nabla^2 f(\boldsymbol{x})\| \leqslant M$, 其中 $M > 0$ 为一常数. 则对任何给定的初始点 $\boldsymbol{x}^{(1)}$, 由最速下降算法 5.2 产生的序列 $\{\boldsymbol{x}^{(k)}\}$ 满足对某个 k 有 $\nabla f(\boldsymbol{x}^{(k)}) = 0$, 或 $\lim\limits_{k\to\infty} f\left(\boldsymbol{x}^{(k)}\right) = -\infty$, 或 $\lim\limits_{k\to\infty} \nabla f(\boldsymbol{x}^{(k)}) = 0$.

证明 考虑无限迭代情形, 即 $k\to\infty$. 由 $\boldsymbol{d}^{(k)}=-\nabla f(\boldsymbol{x}^{(k)})$ 可知 $\cos\theta_k=1$. 再由定理5.9得

$$f\left(\boldsymbol{x}^{(k)}\right)-f\left(\boldsymbol{x}^{(k+1)}\right)\geqslant\frac{1}{2M}\left\|\nabla f\left(\boldsymbol{x}^{(k)}\right)\right\|^2.$$

进一步有

$$\begin{aligned}f\left(\boldsymbol{x}^{(1)}\right)-f\left(\boldsymbol{x}^{(k)}\right)&\geqslant\sum_{i=1}^{k-1}\left(f\left(\boldsymbol{x}^{(i)}\right)-f\left(\boldsymbol{x}^{(i+1)}\right)\right)\\&\geqslant\frac{1}{2M}\sum_{i=1}^{k-1}\left\|\nabla f\left(\boldsymbol{x}^{(i)}\right)\right\|^2,\end{aligned}$$

两边取极限, 有 $\lim\limits_{k\to\infty}f\left(\boldsymbol{x}^{(k)}\right)=-\infty$, 或 $\lim\limits_{k\to\infty}\nabla f(\boldsymbol{x}^{(k)})=0$ 成立. 证毕.

最速下降法具有计算工作量小、存储量小等优点. 但是, 最速下降方向仅是函数的局部性质, 对于整体求解过程而言, 这个方法下降非常缓慢. 其原因是精确线搜索使得 $\nabla f\left(\boldsymbol{x}^{(k+1)}\right)^{\mathrm{T}}\cdot\boldsymbol{d}^{(k)}=0$, 即最速下降法中前后两次迭代的搜索方向是正交的. 所以在靠近极小点附近时的路径呈现锯齿形 (图 5.1), 下降十分缓慢.

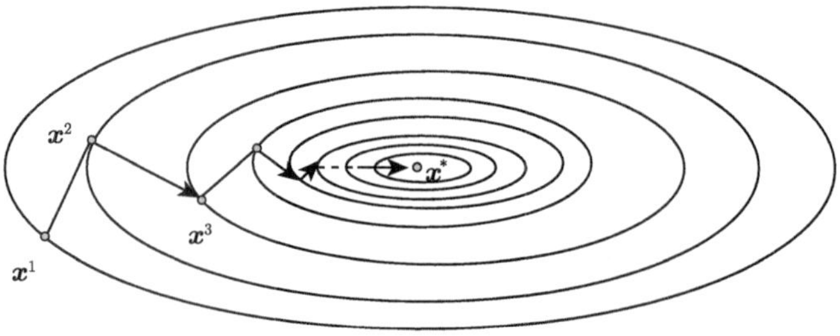

图 5.1 最速下降法的锯齿现象

可以证明最速下降法的收敛速度是线性的.

定理 5.11 设 $f(\boldsymbol{x})$ 二阶连续可微, 由最速下降算法 5.2 产生的序列 $\{\boldsymbol{x}^{(k)}\}$ 收敛于最优解 $\boldsymbol{x}^*$. 如果存在 $m,M>0$ 使得对任意属于 $\boldsymbol{x}^*$ 邻域的 $\boldsymbol{x}$ 有

$$m\|\boldsymbol{d}\|^2\leqslant\boldsymbol{d}^{\mathrm{T}}\nabla^2f(\boldsymbol{x})\boldsymbol{d}\leqslant M\|\boldsymbol{d}\|^2,\quad\forall\boldsymbol{d}\in\mathbf{R}^n,$$

则有 $\{\boldsymbol{x}^{(k)}\}$ 线性收敛于 $\boldsymbol{x}^*$.

5.3.3 Newton 法

为加快收敛速度, 我们考虑利用目标函数 $f(\boldsymbol{x})$ 在迭代点 $\boldsymbol{x}^{(k)}$ 处的二阶 Taylor 展开式作为逼近函数, 并用这个二次函数的极小点序列去逼近目标函数的极小点. 这就是 Newton(牛顿) 法的基本思想.

设目标函数 $f(\boldsymbol{x})$ 二次连续可微, 将 $f(\boldsymbol{x})$ 在当前迭代点 $\boldsymbol{x}^{(k)}$ 处作 Taylor 展开, 并取二阶近似得

$$f(\boldsymbol{x})\approx f\left(\boldsymbol{x}^{(k)}\right)+\nabla f\left(\boldsymbol{x}^{(k)}\right)^{\mathrm{T}}\left(\boldsymbol{x}-\boldsymbol{x}^{(k)}\right)+\frac{1}{2}\left(\boldsymbol{x}-\boldsymbol{x}^{(k)}\right)^{\mathrm{T}}\nabla^2f\left(\boldsymbol{x}^{(k)}\right)\left(\boldsymbol{x}-\boldsymbol{x}^{(k)}\right).\qquad(5.25)$$

极小化上式右端有

$$\nabla f\left(\boldsymbol{x}^{(k)}\right)+\nabla^2f\left(\boldsymbol{x}^{(k)}\right)\left(\boldsymbol{x}-\boldsymbol{x}^{(k)}\right)=0.$$

若 Hesse 矩阵 $\nabla^2 f(\boldsymbol{x}^{(k)})$ 正定, 则得到式 (5.25) 右端二次函数的极小点, 并以它作为无约束问题最优值点的第 $k+1$ 次近似, 即

$$\boldsymbol{x}^{(k+1)} = \boldsymbol{x}^{(k)} - (\nabla^2 f(\boldsymbol{x}^{(k)}))^{-1} \nabla f(\boldsymbol{x}^{(k)}). \tag{5.26}$$

这就是 Newton 法迭代公式, 其中

$$\boldsymbol{d}^{(k)} = -(\nabla^2 f(\boldsymbol{x}^{(k)}))^{-1} \nabla f(\boldsymbol{x}^{(k)}), \quad \alpha_k = 1.$$

算法 5.3(Newton 法)

---

(1) 给定初始点 $\boldsymbol{x}^{(1)} \in \mathbf{R}^n$, 允许误差 $\varepsilon > 0$, 置 $k = 1$.

(2) 计算 $\nabla f(\boldsymbol{x}^{(k)})$, 如果 $\|\nabla f(\boldsymbol{x}^{(k)})\| \leqslant \varepsilon$, 停止计算. 否则, 转步骤 (3).

(3) 构造 Newton 方向 $\boldsymbol{d}^{(k)} = -(\nabla^2 f(\boldsymbol{x}^{(k)}))^{-1} \nabla f(\boldsymbol{x}^{(k)})$.

(4) 令 $\boldsymbol{x}^{(k+1)} = \boldsymbol{x}^{(k)} + \boldsymbol{d}^{(k)}$, 且 $k = k+1$, 转步骤 (2).

例 5.7 用 Newton 法求解例 5.6, 仍取初始点 $\boldsymbol{x}^{(1)} = (2, 1)^{\mathrm{T}}$.

解: 因为 $\nabla f(\boldsymbol{x}) = \begin{pmatrix} 2x_1 \\ 6x_2 \end{pmatrix}$, $\nabla^2 f(\boldsymbol{x}) = \begin{pmatrix} 2 & 0 \\ 0 & 6 \end{pmatrix}$, 所以

$$\boldsymbol{d}^{(1)} = -\begin{pmatrix} 2 & 0 \\ 0 & 6 \end{pmatrix}^{-1} \begin{pmatrix} 4 \\ 6 \end{pmatrix} = \begin{pmatrix} -2 \\ -1 \end{pmatrix}.$$

因此

$$\boldsymbol{x}^{(2)} = \boldsymbol{x}^{(1)} + \boldsymbol{d}^{(1)} = \begin{pmatrix} 2 \\ 1 \end{pmatrix} + \begin{pmatrix} -2 \\ -1 \end{pmatrix} = \begin{pmatrix} 0 \\ 0 \end{pmatrix},$$

且

$$\nabla f(\boldsymbol{x}^{(2)}) = \begin{pmatrix} 0 \\ 0 \end{pmatrix}, \quad \|\nabla f(\boldsymbol{x}^{(2)})\| = 0.$$

故 $\boldsymbol{x}^{(2)}$ 为问题的最优解.

上述例子说明, Newton 法要比最速下降法收敛得快. 尤其对于二次凸函数, Newton 法只需一次迭代就可得到全局极小点. 我们把算法用于二次凸函数时, 经过有限次迭代必达到极小点的性质称为二次终止性. 对于一般非二次函数, Newton 法不能保证有限次迭代获得最优解. 但是若初始点 $\boldsymbol{x}^{(1)}$ 充分靠近极小点, Newton 法在一定条件下能够达到二阶收敛速度.

定理 5.12 设 $f(\boldsymbol{x})$ 二阶连续可微, $\boldsymbol{x}^*$ 为无约束问题 (5.11) 的局部极小点, $\nabla^2 f(\boldsymbol{x}^*)$ 正定. 如果 Hesse 矩阵 $\nabla^2 f(\boldsymbol{x})$ 满足 Lipschitz(利普希茨) 条件, 即存在 $L > 0$ 使得 $1 \leqslant i, j \leqslant n$ 有

$$|(\nabla^2 f(\boldsymbol{x}))_{ij} - (\nabla^2 f(\boldsymbol{y}))_{ij}| \leqslant L\|\boldsymbol{x} - \boldsymbol{y}\|, \quad \forall \boldsymbol{x}, \boldsymbol{y} \in \mathbf{R}^n.$$

当初始点 $\boldsymbol{x}^{(1)}$ 充分靠近 $\boldsymbol{x}^*$, 由 Newton 法得到的 $\{\boldsymbol{x}^{(k)}\}$ 收敛到 $\boldsymbol{x}^*$, 且具有二阶收敛速度.

值得注意的是, 当初始点远离极小点时, Newton 方向可能不是下降方向, 可能导致目标函数值上升.

例 5.8 用 Newton 法求解:

$$\min \quad f(\boldsymbol{x}) = 2(x_1 - x_2^2)^2 + (1 + x_2)^2,$$

取初始点 $\boldsymbol{x}^{(1)} = (0,0)^{\mathrm{T}}$.

解 由于

$$\nabla f(\boldsymbol{x}) = \begin{pmatrix} 4(x_1 - x_2^2) \\ -8(x_1 - x_2^2)x_2 + 2(1 + x_2) \end{pmatrix}, \quad \nabla^2 f(\boldsymbol{x}) = \begin{pmatrix} 4 & -8x_2 \\ -8x_2 & 24x_2^2 - 8x_1 + 2 \end{pmatrix},$$

所以

$$\nabla f(\boldsymbol{x}^{(1)}) = \begin{pmatrix} 0 \\ 2 \end{pmatrix}, \quad \nabla^2 f(\boldsymbol{x}^{(1)}) = \begin{pmatrix} 4 & 0 \\ 0 & 2 \end{pmatrix}.$$

构造 Newton 方向:

$$\boldsymbol{d}^{(1)} = -\left(\nabla^2 f(\boldsymbol{x}^{(1)})\right)^{-1} \nabla f(\boldsymbol{x}^{(1)}) = -\begin{pmatrix} \frac{1}{4} & 0 \\ 0 & \frac{1}{2} \end{pmatrix} \begin{pmatrix} 0 \\ 2 \end{pmatrix} = \begin{pmatrix} 0 \\ -1 \end{pmatrix},$$

则

$$\boldsymbol{x}^{(2)} = \boldsymbol{x}^{(1)} + \boldsymbol{d}^{(1)} = \begin{pmatrix} 0 \\ -1 \end{pmatrix}.$$

但是注意到 $f(\boldsymbol{x}^{(1)}) = 1$, $f(\boldsymbol{x}^{(2)}) = 2 > f(\boldsymbol{x}^{(1)})$, 目标函数值上升.

为克服 Newton 法这样的缺陷, 人们提出了阻尼 Newton 法, 即沿 Newton 方向进行一次一维搜索. 具体计算步骤如下.

算法 5.4(阻尼 Newton 法)

---

(1) 给定初始点 $\boldsymbol{x}^{(1)} \in \mathbf{R}^n$, 允许误差 $\varepsilon > 0$, 置 $k = 1$.

(2) 计算 $\nabla f(\boldsymbol{x}^{(k)})$, 如果 $\|\nabla f(\boldsymbol{x}^{(k)})\| \leqslant \varepsilon$, 停止计算. 否则, 转步骤 (3).

(3) 构造 Newton 方向 $\boldsymbol{d}^{(k)} = -(\nabla^2 f(\boldsymbol{x}^{(k)}))^{-1} \nabla f(\boldsymbol{x}^{(k)})$. 由精确线搜索计算步长 α_k, 使得

$$f(\boldsymbol{x}^{(k)} + \alpha_k \boldsymbol{d}^{(k)}) = \min_{\alpha \geqslant 0} f(\boldsymbol{x}^{(k)} + \alpha \boldsymbol{d}^{(k)}).$$

(4) 令 $\boldsymbol{x}^{(k+1)} = \boldsymbol{x}^{(k)} + \alpha_k \boldsymbol{d}^{(k)}$, 令 $k = k + 1$, 转步骤 (2).

例 5.9 用阻尼 Newton 法求解例题 5.8, 初始点 $\boldsymbol{x}^{(1)} = (0,0)^{\mathrm{T}}$.

解 由

$$\boldsymbol{x}^{(1)} + \alpha \boldsymbol{d}^{(1)} = \begin{pmatrix} 0 \\ -\alpha \end{pmatrix},$$

求

$$\min_{\alpha \geqslant 0} f(\boldsymbol{x}^{(1)} + \alpha \boldsymbol{d}^{(1)}) = \min_{\alpha \geqslant 0} 2\alpha^4 + (1-\alpha)^2,$$

得到 $\alpha = \dfrac{1}{2}$, 则

$$\boldsymbol{x}^{(2)} = \boldsymbol{x}^{(1)} + \alpha \boldsymbol{d}^{(1)} = \begin{pmatrix} 0 \\ -\dfrac{1}{2} \end{pmatrix},$$

且

$$\nabla f\left(\boldsymbol{x}^{(2)}\right) = \begin{pmatrix} -1 \\ 0 \end{pmatrix}.$$

第二次迭代, 由

$$\nabla^2 f\left(\boldsymbol{x}^{(2)}\right) = \begin{pmatrix} 4 & 4 \\ 4 & 8 \end{pmatrix},$$

构造 Newton 方向

$$\boldsymbol{d}^{(2)} = -\left(\nabla^2 f\left(\boldsymbol{x}^{(2)}\right)\right)^{-1} \nabla f\left(\boldsymbol{x}^{(2)}\right) = \begin{pmatrix} \dfrac{1}{2} \\ -\dfrac{1}{4} \end{pmatrix},$$

有

$$\boldsymbol{x}^{(2)} + \alpha \boldsymbol{d}^{(2)} = \begin{pmatrix} \dfrac{1}{2}\alpha \\ -\dfrac{1}{2} - \dfrac{1}{4}\alpha \end{pmatrix}.$$

求解

$$\min_{\alpha \geqslant 0} f(\boldsymbol{x}^{(2)} + \alpha \boldsymbol{d}^{(2)}) = \min_{\alpha \geqslant 0} \frac{1}{128}\left[8(2-\alpha)^2 + (2-\alpha)^4\right],$$

得 $\alpha = 2$. 则

$$\boldsymbol{x}^{(3)} = \boldsymbol{x}^{(2)} + \alpha \boldsymbol{d}^{(2)} = \begin{pmatrix} 1 \\ -1 \end{pmatrix}.$$

因为

$$\nabla f\left(\boldsymbol{x}^{(3)}\right) = \begin{pmatrix} 0 \\ 0 \end{pmatrix}, \quad \left\|\nabla f\left(\boldsymbol{x}^{(3)}\right)\right\| = 0,$$

所以极小点为 $\boldsymbol{x}^{(3)} = (1, -1)^{\mathrm{T}}$.

由于阻尼 Newton 法有一维搜索, 因此每次迭代目标函数值一般有所下降, 且阻尼 Newton 法在适当条件下具有全局收敛性.

定理 5.13 设 $f(\boldsymbol{x})$ 二阶连续可微, 对任意初始点 $\boldsymbol{x}^{(1)}$, 存在常数 $m > 0$ 使得 $f(\boldsymbol{x})$ 在水平集 $L(\boldsymbol{x}^{(1)}) = \{\boldsymbol{x} | f(\boldsymbol{x}) \leqslant f(\boldsymbol{x}^{(1)})\}$ 上有

$$\boldsymbol{y}^{\mathrm{T}} \nabla^2 f(\boldsymbol{x}) \boldsymbol{y} \geqslant m \|\boldsymbol{y}\|^2, \quad \forall \boldsymbol{y} \in \mathbf{R}^n, \boldsymbol{x} \in L(\boldsymbol{x}^{(1)}),$$

则在精确线搜索下, 阻尼 Newton 法产生的序列 $\{\boldsymbol{x}^{(k)}\}$ 满足:

(1) 当 $\{\boldsymbol{x}^{(k)}\}$ 为有限序列时, 其最后一个点为唯一极小点.

(2) 当 $\{\boldsymbol{x}^{(k)}\}$ 为无限序列时, 其收敛到唯一极小点.

此外, Newton 法还有其他一些缺点, 例如当初始点远离局部极小点时, Hesse 矩阵可能不正定, 则 Newton 方向不是下降方向, 从而导致算法失效. 为克服上述缺点, 人们已提出不少修正方法. 解决 Hesse 矩阵非正定的基本思想为: 构造一个对称正定矩阵 $G(\boldsymbol{x}^{(k)})$ 取代当前点的 Hesse 矩阵 $\nabla^2 f(\boldsymbol{x}^{(k)})$, 以

$$\boldsymbol{d}^{(k)} = -(G(\boldsymbol{x}^{(k)}))^{-1}\nabla f(\boldsymbol{x}^{(k)})$$

作为下降搜索方向. 具体步骤及其他修正 Newton 法可参阅相关文献.

5.3.4 共轭梯度法

在第 4 章中, 我们介绍了求解线性方程组的共轭梯度法, 事实上, 这也是求解正定二次函数的共轭梯度方法. 在这一节中, 我们将该方法推广应用到一般的非线性函数.

注意到二次函数的 Hesse 矩阵即为常数矩阵 $\boldsymbol{A}$, 且 Hesse 矩阵 $\boldsymbol{A}$ 出现在计算 α_k 和 β_k 的公式中. 而对一般非线性函数而言, 每次迭代都需重新计算当前点的 Hesse 矩阵 $\nabla^2 f(\boldsymbol{x}^{(k)})$, 计算量偏大. 因此为方便将方法推广, 我们需对 α_k 和 β_k 的计算做必要的修改.

(1) 对于非二次函数, 精确步长因子无法获得显式公式表达, α_k 将由精确线搜索过程确定, 即计算一维优化问题 $\min\limits_{\alpha\geqslant 0} f(\boldsymbol{x}^{(k)}+\alpha\boldsymbol{d}^{(k)})$.

(2) 我们必须去除 β_k 公式中的 Hesse 矩阵的计算. 由 4.4节中式 (4.56) 及 $\nabla\varphi(\boldsymbol{x}) = \boldsymbol{A}\boldsymbol{x}-\boldsymbol{b} = -\boldsymbol{r}_k$, 我们有

$$\begin{aligned}\beta_k &= \langle r_{k+1}, r_{k+1}\rangle/\langle r_k, r_k\rangle\\ &= \langle\nabla\varphi(\boldsymbol{x}^{(k+1)}), \nabla\varphi(\boldsymbol{x}^{(k+1)})\rangle/\langle\nabla\varphi(\boldsymbol{x}^{(k)}), \nabla\varphi(\boldsymbol{x}^{(k)})\rangle. \end{aligned}\tag{5.27}$$

由此可知, β_k 的计算可以只用目标函数值和梯度值完成公式修正. 进而, 将式 (5.27) 中的二次函数 $\varphi(\boldsymbol{x})$ 取代为一般非线性函数 $f(\boldsymbol{x})$, 则得到一般函数情形下的 Fletcher-Reeves 公式 (简称 FR 公式):

$$\beta_k = \frac{\|\nabla f(\boldsymbol{x}^{(k+1)})\|^2}{\|\nabla f(\boldsymbol{x}^{(k)})\|^2}. \tag{5.28}$$

我们给出求解一般非线性函数的 FR 共轭梯度法的计算步骤.

算法 5.5(FR 共轭梯度法)

(1) 给定初始点 $\boldsymbol{x}^{(1)}\in\mathbf{R}^n$, 允许误差 $\varepsilon>0$, 令 $\boldsymbol{d}^{(1)} = -\nabla f(\boldsymbol{x}^{(1)})$, 置 $k=1$.

(2) 如果 $\|\nabla f(\boldsymbol{x}^{(k)})\|\leqslant\varepsilon$, 停止计算. 否则, 转步骤 (3).

(3) 由精确线搜索计算步长 α_k, 使得

$$f(\boldsymbol{x}^{(k)}+\alpha_k\boldsymbol{d}^{(k)}) = \min_{\alpha\geqslant 0} f(\boldsymbol{x}^{(k)}+\alpha\boldsymbol{d}^{(k)}),$$

令 $\boldsymbol{x}^{(k+1)} = \boldsymbol{x}^{(k)}+\alpha_k\boldsymbol{d}^{(k)}$.

(4) 计算 $\beta_k=\dfrac{\|\nabla f(\boldsymbol{x}^{(k+1)})\|^2}{\|\nabla f(\boldsymbol{x}^{(k)})\|^2}, \boldsymbol{d}^{(k+1)}=-\nabla f(\boldsymbol{x}^{(k+1)})+\beta_k\boldsymbol{d}^{(k)}$.

(5) 令 $k=k+1$, 转步骤 (2).

由于共轭梯度法中含有最速下降法步骤, 因此在较弱的条件下可以保证方法的总体收敛性.

定理 5.14 设 $f(\boldsymbol{x})$ 在有界水平集 $L=\{\boldsymbol{x}\mid f(\boldsymbol{x})\leqslant f(\boldsymbol{x}^{(1)})\}$ 上连续可微且下有界, 则由算法 5.5 产生的序列 $\{\boldsymbol{x}^{(k)}\}$ 至少有一个聚点是驻点, 即

(1) 当 $\{\boldsymbol{x}^{(k)}\}$ 是有穷点列时, 其最后一个点是 $f(\boldsymbol{x})$ 的驻点;

(2) 当 $\{\boldsymbol{x}^{(k)}\}$ 是无穷点列时, 其必有聚点且每个聚点都是 $f(\boldsymbol{x})$ 的驻点.

证明 (1) 当 $\{\boldsymbol{x}^{(k)}\}$ 是有穷点列时, 由算法的终止条件可知, 其最后一个点 $\boldsymbol{x}^*$ 满足 $\nabla f(\boldsymbol{x}^*)=0$, 故 $\boldsymbol{x}^*$ 是 $f(\boldsymbol{x})$ 的驻点.

(2) 当 $\{\boldsymbol{x}^{(k)}\}$ 是无穷点列时, 对所有 $k, \nabla f(\boldsymbol{x}^{(k)})\neq 0$, 由于 $\boldsymbol{d}^{(k)}=-\nabla f(\boldsymbol{x}^{(k)})+\beta_{k-1}\boldsymbol{d}^{(k-1)}$, 故

$$\nabla f(\boldsymbol{x}^{(k)})^{\mathrm{T}}\boldsymbol{d}^{(k)}=-\|\nabla f(\boldsymbol{x}^{(k)})\|+\beta_{k-1}(\nabla f(\boldsymbol{x}^{(k)})^{\mathrm{T}}\boldsymbol{d}^{(k-1)})=-\|\nabla f(\boldsymbol{x}^{(k)})\|<0.$$

从而 $\boldsymbol{d}^{(k)}$ 是下降方向. 由于 $\{f(\boldsymbol{x}^{(k)})\}$ 是单调下降且有下界的序列, 故 $\lim\limits_{k\to\infty} f\left(\boldsymbol{x}^{(k)}\right)=f^*$ 存在. 由 $\{\boldsymbol{x}^{(k)}\}$ 属于水平集 L 及 L 有界, 得 $\{\boldsymbol{x}^{(k)}\}$ 是有界点列, 故存在收敛子列 $\{\boldsymbol{x}^{(k)}\}_{K_1}\to\boldsymbol{x}^*$, 这里 K_1 是子序列的指标集. 由于 $\{\boldsymbol{x}^{(k)}\}_{K_1}\subset\{\boldsymbol{x}^{(k)}\}$, 故 $\{f(\boldsymbol{x}^{(k)})\}_{K_1}\subset\{f(\boldsymbol{x}^{(k)})\}$. 从而由 f 的连续性可知, 对于 $k\in K_1$, 有

$$f\left(\boldsymbol{x}^*\right)=f\left(\lim_{\substack{k\to\infty\\ k\in K_1}}\boldsymbol{x}^{(k)}\right)=\lim_{\substack{k\to\infty\\ k\in K_1}} f\left(\boldsymbol{x}^{(k)}\right)=f^*.$$

类似地, $\{\boldsymbol{x}_{k+1}\}$ 也是有界点列, 故存在 $\{\boldsymbol{x}_{k+1}\}_{K_2}\to(\bar{\boldsymbol{x}})^*$, 这里 K_2 是 $\{\boldsymbol{x}_{k+1}\}$ 子序列的指标集. 故对于 $k+1\in K_2$, 有

$$f\left(\bar{\boldsymbol{x}}^*\right)=f\left(\lim_{\substack{k\to\infty\\ k+1\in K_2}}\boldsymbol{x}^{(k+1)}\right)=\lim_{\substack{k\to\infty\\ k+1\in K_2}} f\left(\boldsymbol{x}^{(k+1)}\right)=f^*.$$

于是 $f\left(\bar{\boldsymbol{x}}^*\right)=f\left(\boldsymbol{x}^*\right)$.

下证 $\nabla f(\boldsymbol{x}^*)=0$. 用反证法. 假设 $\nabla f(\boldsymbol{x}^*)\neq 0$, 则存在一个方向 $\boldsymbol{d}^*$ 使得对充分小的 α 有

$$f(\boldsymbol{x}^*+\alpha\boldsymbol{d}^*)<f(\boldsymbol{x}^*). \tag{5.29}$$

由于

$$f(\boldsymbol{x}^{(k+1)})=f(\boldsymbol{x}^*+\alpha_k\boldsymbol{d}^*)<f(\boldsymbol{x}^*+\alpha\boldsymbol{d}^*),\quad \forall\alpha,$$

故对 $k+1\in K_2$, 令 $k\to\infty$, 应用式 (5.29) 得

$$f(\bar{\boldsymbol{x}}^*)=f(\boldsymbol{x}^*+\alpha\boldsymbol{d}^*)<f(\boldsymbol{x}^*+\alpha\boldsymbol{d}^*)<f(\boldsymbol{x}^*),$$

这与 $f\left(\bar{\boldsymbol{x}}^*\right)=f\left(\boldsymbol{x}^*\right)$ 矛盾. 则证明 $\nabla f(\boldsymbol{x}^*)=0$, 且 $\boldsymbol{x}^*$ 为驻点. 证毕.

应用定理 5.14的条件可以证明采用精确线搜索的 FR 共轭梯度法产生的迭代点序列 $\{\boldsymbol{x}^{(k)}\}$ 线性收敛到极小点 $\boldsymbol{x}^*$.

例 5.10　用 FR 共轭梯度法求解如下问题:

$$\min\ f(\boldsymbol{x}) = x_1^2 + 2x_2^2 - 4x_1 - 2x_1x_2,$$

初始点为 $\boldsymbol{x}^{(1)} = (1,1)^{\mathrm{T}}$.

解　由

$$\nabla f(\boldsymbol{x}) = \begin{pmatrix} 2x_1 - 4 - 2x_2 \\ -2x_1 + 4x_2 \end{pmatrix},$$

则

$$\nabla f(\boldsymbol{x}^{(1)}) = \begin{pmatrix} -4 \\ 2 \end{pmatrix}, \quad \boldsymbol{d}^{(1)} = -\nabla f\left(\boldsymbol{x}^{(1)}\right) = \begin{pmatrix} 4 \\ -2 \end{pmatrix},$$

$$\boldsymbol{x}^{(1)} + \alpha\boldsymbol{d}^{(1)} = \begin{pmatrix} 1+4\alpha \\ 1-2\alpha \end{pmatrix}.$$

代入目标函数, 求解

$$\min\ 40\alpha^2 - 20\alpha - 3,$$

得 $\alpha = \dfrac{1}{4}$. 则有

$$\boldsymbol{x}^{(2)} = \boldsymbol{x}^{(1)} + \alpha_1\boldsymbol{d}^{(1)} = \begin{pmatrix} 1 \\ 1 \end{pmatrix} + \frac{1}{4}\begin{pmatrix} 4 \\ -2 \end{pmatrix} = \begin{pmatrix} 2 \\ \frac{1}{2} \end{pmatrix}.$$

又

$$\nabla f(\boldsymbol{x}^{(2)}) = \begin{pmatrix} -1 \\ -2 \end{pmatrix}, \quad \left\|\nabla f(\boldsymbol{x}^{(2)})\right\| = \sqrt{5},$$

由式 (5.28), 得

$$\beta_1 = \frac{\left\|\nabla f(\boldsymbol{x}^{(2)})\right\|^2}{\left\|\nabla f(\boldsymbol{x}^{(1)})\right\|^2} = \frac{1}{4}.$$

则

$$\boldsymbol{d}^{(2)} = -\nabla f(\boldsymbol{x}^{(2)}) + \beta_1\boldsymbol{d}^{(1)} = -\begin{pmatrix} -1 \\ -2 \end{pmatrix} + \frac{1}{4}\begin{pmatrix} 4 \\ -2 \end{pmatrix} = \begin{pmatrix} 2 \\ \frac{3}{2} \end{pmatrix},$$

$$\boldsymbol{x}^{(2)} + \alpha\boldsymbol{d}^{(2)} = \begin{pmatrix} 2+2\alpha \\ \frac{1}{2}(1+3\alpha) \end{pmatrix}.$$

代入目标函数, 求解

$$\min \frac{5}{2}\alpha^2 - 5\alpha - \frac{11}{2},$$

得 $\alpha_2 = 1$. 并且

$$\boldsymbol{x}^{(3)} = \boldsymbol{x}^{(2)} + \alpha_2\boldsymbol{d}^{(2)} = \begin{pmatrix} 2 \\ \frac{1}{2} \end{pmatrix} + 1\begin{pmatrix} 2 \\ \frac{3}{2} \end{pmatrix} = \begin{pmatrix} 4 \\ 2 \end{pmatrix},$$

$$\nabla f(\boldsymbol{x}^{(3)}) = \begin{pmatrix} 0 \\ 0 \end{pmatrix}, \quad \|\nabla f(\boldsymbol{x}^{(3)})\| = 0,$$

则极小点为

$$\boldsymbol{x}^* = \boldsymbol{x}^{(3)} = \begin{pmatrix} 4 \\ 2 \end{pmatrix}.$$

除式 (5.28) 外, 还有如下常用的 β_k 公式.

(1) Polak-Ribiere-Polyak 公式 (简称 PRP 公式):

$$\beta_k = \frac{\nabla f(\boldsymbol{x}^{(k+1)})^{\mathrm{T}}[\nabla f(\boldsymbol{x}^{(k+1)}) - \nabla f(\boldsymbol{x}^{(k)})]}{\|\nabla f(\boldsymbol{x}^{(k)})\|^2}. \tag{5.30}$$

(2) Dixon-Myers 公式 (简称 DM 公式):

$$\beta_k = \frac{\|\nabla f(\boldsymbol{x}^{(k+1)})\|^2}{(\boldsymbol{d}^{(k)})^{\mathrm{T}}\nabla f(\boldsymbol{x}^{(k)})}. \tag{5.31}$$

(3) Dai-Yuan 公式 (简称 DY 公式):

$$\beta_k = \frac{\|\nabla f(\boldsymbol{x}^{(k+1)})\|^2}{(\boldsymbol{d}^{(k)})^{\mathrm{T}}[\nabla f(\boldsymbol{x}^{(k+1)}) - \nabla f(\boldsymbol{x}^{(k)})]}. \tag{5.32}$$

将上述三个公式分别代入算法中, 可分别获得相应的梯度算法.

需要说明的是, 对于正定二次函数的无约束最优化问题, 如果采用精确线搜索, 以上关于 β_k 的共轭梯度法完全等价. 但是对于非二次函数的无约束优化问题, 它们产生的搜索方向是不同的, 且 n 步之后构造的搜索方向不再是共轭的, 从而降低了收敛速度. 克服这种缺点的方法是采取再开始技巧, 即每 n 步以后周期性采用 $\boldsymbol{x}_n$ 为初始点, 最速下降方向作为新的搜索方向重新迭代.

5.4 罚函数法

我们考虑如下约束优化问题:

$$\begin{aligned} \min \quad & f(\boldsymbol{x}) \\ \text{s.t.} \quad & h_i(\boldsymbol{x}) = 0, \quad i \in \mathcal{E}, \\ & g_j(\boldsymbol{x}) \geqslant 0, \quad j \in \mathcal{I}, \end{aligned} \tag{5.33}$$

其中 $\mathcal{E} = \{1, 2, \cdots, m\}$, $\mathcal{I} = \{1, 2, \cdots, l\}$. 本节中我们将介绍求解约束优化问题的罚函数法, 它是求解约束问题的重要方法之一.

罚函数法的基本思想是利用约束问题的目标函数和约束函数构造罚函数作为新的目标函数, 将约束问题转化为无约束优化问题来求解. 采用不同的罚函数, 就形成不同的罚方法. 同时, 我们将求解约束问题转化为求解一系列无约束问题, 从而获得原问题的逼近最优解. 因此该方法也称为序列无约束极小化方法.

5.4.1 外点罚函数法

一般地, 罚函数是由目标函数及约束函数所构成的一辅助函数

$$F(\boldsymbol{x},\sigma)=f(\boldsymbol{x})+\sigma P(\boldsymbol{x}),$$

其中 σ 为一很大的正常数, 称为罚因子, $\sigma P(\boldsymbol{x})$ 称为罚项, 且 $P(\boldsymbol{x})$ 需满足

(1) $P(\boldsymbol{x})$ 为连续函数;

(2) 对所有 $\boldsymbol{x}\in\mathbf{R}^n$, $P(\boldsymbol{x})\geqslant 0$;

(3) $P(\boldsymbol{x})=0$ 当且仅当 $\boldsymbol{x}$ 为问题可行点.

对于问题 (5.33), 我们定义函数

$$P(\boldsymbol{x})=\sum_{i=1}^{m}\varphi(h_i(\boldsymbol{x}))+\sum_{j=1}^{l}\psi(g_j(\boldsymbol{x})), \tag{5.34}$$

其中 $\varphi(\boldsymbol{x}),\psi(\boldsymbol{x})$ 满足

$$\begin{cases}\varphi(\boldsymbol{x})=0, & \boldsymbol{x}=\mathbf{0},\\ \varphi(\boldsymbol{x})>0, & \boldsymbol{x}\neq\mathbf{0},\end{cases}\qquad \begin{cases}\psi(\boldsymbol{x})=0, & \boldsymbol{x}\geqslant\mathbf{0},\\ \psi(\boldsymbol{x})>0, & \boldsymbol{x}<\mathbf{0}.\end{cases}$$

例如, 我们取函数 $\varphi(\boldsymbol{x}),\psi(\boldsymbol{x})$ 为

$$\begin{aligned}\varphi(\boldsymbol{x})&=|\boldsymbol{x}|^{\alpha},\\ \psi(\boldsymbol{x})&=[\max\{0,\ -\boldsymbol{x}\}]^{\beta},\end{aligned}$$

其中 $\alpha\geqslant 1,\beta\geqslant 1$. 通常我们设定 $\alpha=\beta=2$.

应用式 (5.34), 我们取一个趋向无穷大的严格递增正数序列 $\{\sigma_k\}$, 对每一个 k, 得到求解约束问题 (5.33) 的无约束问题, 即求解

$$\min F(\boldsymbol{x},\sigma_k)=f(\boldsymbol{x})+\sigma_k P(\boldsymbol{x}). \tag{5.35}$$

该方法的优点在于初始点的选择没有可行性限制, 且随着 σ 增大, 迭代从可行域外部逼近约束问题的最优解. 我们把这种利用罚函数生成一系列外点逼近该约束问题最优解的方法称为外点罚函数法. 具体计算步骤如下.

算法 5.6(外点罚函数法)

---

(1) 给定初始点 $\boldsymbol{x}^{(1)}\in\mathbf{R}^n$, 初始罚因子 σ_1, 放大系数 $\gamma>1$, 允许误差 $\varepsilon>0$, 置 $k=1$.

(2) 以 $\boldsymbol{x}^{(k)}$ 为初始点, 求解无约束问题 (5.35), 得最优解 $\boldsymbol{x}^{(k+1)}$.

(3) 如果 $\sigma_k P(\boldsymbol{x}^{(k+1)})<\varepsilon$, 则停止计算, $\boldsymbol{x}^{(k+1)}$ 为约束问题 (5.33) 的近似最优解; 否则, 增大罚因子 $\sigma_{k+1}=\gamma\sigma_k$, 令 $k=k+1$, 转步骤 (2).

为给出外点罚函数法的收敛性, 我们先给出方法的性质.

性质 5.1 设 $0<\sigma_k<\sigma_{k+1}$, $\boldsymbol{x}^{(k)}$ 和 $\boldsymbol{x}^{(k+1)}$ 分别是罚因子为 σ_k 和 σ_{k+1} 时的无约束问题 (5.35) 的最优解, 则

(1) $\{F(\boldsymbol{x}^{(k)},\sigma_k)\}$ 为非减序列, 即 $F(\boldsymbol{x}^{(k+1)},\sigma_{k+1})\geqslant F(\boldsymbol{x}^{(k)},\sigma_k)$;

(2) $\{P(\boldsymbol{x}^{(k)})\}$ 为非增序列, 即 $P(\boldsymbol{x}^{(k+1)}) \leqslant P(\boldsymbol{x}^{(k)})$;

(3) $\{f(\boldsymbol{x}^{(k)})\}$ 为非减序列, 即 $f(\boldsymbol{x}^{(k+1)}) \geqslant f(\boldsymbol{x}^{(k)})$;

(4) 设 $\boldsymbol{x}^*$ 为约束问题 (5.33) 的最优解, 则 $f(\boldsymbol{x}^*) \geqslant F(\boldsymbol{x}^{(k)}, \sigma_k) \geqslant f(\boldsymbol{x}^{(k)})$.

证明 (1) 由 $\boldsymbol{x}^{(k)}$ 为 $F(\boldsymbol{x}, \sigma_k) = f(\boldsymbol{x}) + \sigma_k P(\boldsymbol{x})$ 的极小点及 $\sigma_k < \sigma_{k+1}$, 有

$$\begin{aligned} F(\boldsymbol{x}^{(k+1)}, \sigma_{k+1}) &= f(\boldsymbol{x}^{(k+1)}) + \sigma_{k+1} P(\boldsymbol{x}^{(k+1)}) \\ &\geqslant f(\boldsymbol{x}^{(k+1)}) + \sigma_k P(\boldsymbol{x}^{(k+1)}) \\ &\geqslant f(\boldsymbol{x}^{(k)}) + \sigma_k P(\boldsymbol{x}^{(k)}) \\ &= F(\boldsymbol{x}^{(k)}, \sigma_k). \end{aligned}$$

(2) 由于 $\boldsymbol{x}^{(k)}$ 和 $\boldsymbol{x}^{(k+1)}$ 分别是 $F(\boldsymbol{x}, \sigma_k), F(\boldsymbol{x}, \sigma_{k+1})$ 的极小点, 则有

$$f(\boldsymbol{x}^{(k+1)}) + \sigma_k P(\boldsymbol{x}^{(k+1)}) \geqslant f(\boldsymbol{x}^{(k)}) + \sigma_k P(\boldsymbol{x}^{(k)}), \tag{5.36}$$

$$f(\boldsymbol{x}^{(k)}) + \sigma_{k+1} P(\boldsymbol{x}^{(k)}) \geqslant f(\boldsymbol{x}^{(k+1)}) + \sigma_{k+1} P(\boldsymbol{x}^{(k+1)}), \tag{5.37}$$

将式 (5.36) 和式 (5.37) 相加, 得

$$\sigma_k P(\boldsymbol{x}^{(k+1)}) + \sigma_{k+1} P(\boldsymbol{x}^{(k)}) \geqslant \sigma_k P(\boldsymbol{x}^{(k)}) + \sigma_{k+1} P(\boldsymbol{x}^{(k+1)}),$$

即 $(\sigma_{k+1} - \sigma_k) P(\boldsymbol{x}^{(k)}) \geqslant (\sigma_{k+1} - \sigma_k) P(\boldsymbol{x}^{(k+1)})$. 由于 $\sigma_k < \sigma_{k+1}$, 则有 $P(\boldsymbol{x}^{(k+1)}) \leqslant P(\boldsymbol{x}^{(k)})$.

(3) 由式 (5.36) 及 $P(\boldsymbol{x}^{(k+1)}) \leqslant P(\boldsymbol{x}^{(k)})$ 得

$$f(\boldsymbol{x}^{(k+1)}) - f(\boldsymbol{x}^{(k)}) \geqslant \sigma_k \left(P(\boldsymbol{x}^{(k)}) - P(\boldsymbol{x}^{(k+1)})\right) \geqslant 0,$$

即 $f(\boldsymbol{x}^{(k+1)}) \geqslant f(\boldsymbol{x}^{(k)})$.

(4) 因为 $\boldsymbol{x}^*$ 是约束问题 (5.33) 的最优解, 所以 $P(\boldsymbol{x}^*) = 0$ 且 $f(\boldsymbol{x}^*) = F(\boldsymbol{x}^*, \sigma_k)$. 又因为 $\boldsymbol{x}^{(k)}$ 为 $F(\boldsymbol{x}, \sigma_k)$ 的极小点且有 $\sigma_k P(\boldsymbol{x}^{(k)}) \geqslant 0$, 得

$$f(\boldsymbol{x}^*) - F(\boldsymbol{x}^*, \sigma_k) \geqslant F(\boldsymbol{x}^{(k)}, \sigma_k) - f(\boldsymbol{x}^{(k)}) + \sigma_k P(\boldsymbol{x}^{(k)}) \geqslant f(\boldsymbol{x}^{(k)}).$$

证毕.

下面给出外点罚函数的收敛性结论.

定理 5.15 设约束最优化问题 (5.33) 存在最优解, 其中 $f(\boldsymbol{x}), h_i, g_j$ 为实值连续函数, $\{\sigma_k\}$ 为严格递增正数列且趋向于无穷大的数列, 序列 $\{\boldsymbol{x}^{(k)}\}$ 由算法 5.6 产生, 则序列 $\{\boldsymbol{x}^{(k)}\}$ 的任何极限点是问题 (5.33) 的解.

证明 设 $\boldsymbol{x}^*$ 为约束优化问题 (5.33) 的最优解, $\bar{\boldsymbol{x}}$ 为 $\{\boldsymbol{x}^{(k)}\}$ 的一个极限点. 由性质 5.1(4) 可知, $f(\boldsymbol{x}^{(k)}) \leqslant F(\boldsymbol{x}^{(k)}, \sigma_k) \leqslant f(\boldsymbol{x}^*)$, 因为 $f(\boldsymbol{x})$ 为连续函数, 则有

$$f(\bar{\boldsymbol{x}}) \leqslant f(\boldsymbol{x}^*). \tag{5.38}$$

又由性质 5.1的 (1), (3) 和 (4) 有 $\{F(\boldsymbol{x}^{(k)}, \sigma_k)\}$ 和 $\{f(\boldsymbol{x}^{(k)})\}$ 是单调递增且有上界的数列, 则 $\lim\limits_{k\to\infty} F(\boldsymbol{x}^{(k)}, \sigma_k)$ 和 $\lim\limits_{k\to\infty} f(\boldsymbol{x}^{(k)})$ 存在. 另一方面,

$$P\left(\boldsymbol{x}^{(k)}\right) = \frac{F(\boldsymbol{x}^{(k)}, \sigma_k) - f\left(\boldsymbol{x}^{(k)}\right)}{\sigma_k}.$$

令 $k \to \infty$, 两端同时取极限, 由 $\sigma_k \to \infty$, 我们有 $\lim\limits_{k\to\infty} P\left(\boldsymbol{x}^{(k)}\right) = 0$. 再由 $h_i(\boldsymbol{x})$ 和 $g_j(\boldsymbol{x})$ 的连续性, 得

$$P(\bar{\boldsymbol{x}}) = \lim_{k\to\infty} P\left(\boldsymbol{x}^{(k)}\right) = 0.$$

这说明 $\bar{\boldsymbol{x}}$ 为约束问题的可行点.

此外, 由 $\boldsymbol{x}^*$ 为约束问题 (5.33) 的最优解及 $\bar{\boldsymbol{x}}$ 为可行点, 得

$$f(\boldsymbol{x}^*) \leqslant f(\bar{\boldsymbol{x}}). \tag{5.39}$$

因此, 由式 (5.38) 和式 (5.39) 得 $f(\boldsymbol{x}^*) = f(\bar{\boldsymbol{x}})$, 即 $\bar{\boldsymbol{x}}$ 为约束问题 (5.33) 的极小点.　证毕.

例 5.11　用外点罚函数求解

$$\begin{aligned} \min \quad & (x_1-3)^2+(x_2-2)^2 \\ \text{s.t.} \quad & 4-x_1-x_2 \geqslant 0. \end{aligned}$$

解　构造罚函数

$$F(\boldsymbol{x},\sigma) = (x_1-3)^2+(x_2-2)^2+\sigma[\max\{0,\ x_1+x_2-4\}]^2,$$

简化得

$$F(\boldsymbol{x},\sigma) = \begin{cases} (x_1-3)^2+(x_2-2)^2, & x_1+x_2-4 \leqslant 0, \\ (x_1-3)^2+(x_2-2)^2+\sigma(x_1+x_2-4)^2, & x_1+x_2-4>0. \end{cases}$$

通过求解无约束问题 $\min\limits_{\boldsymbol{x}\in\mathbf{R}^n} F(\boldsymbol{x},\sigma)$, 可求得原问题的近似解. 我们用解析方法求解无约束问题, 则有

$$\frac{\partial F(\boldsymbol{x},\sigma)}{\partial x_1} = \begin{cases} 2(x_1-3), & x_1+x_2 \leqslant 4, \\ 2(x_1-3)+2\sigma(x_1+x_2-4), & x_1+x_2>4, \end{cases}$$

$$\frac{\partial F(\boldsymbol{x},\sigma)}{\partial x_2} = \begin{cases} 2(x_2-2), & x_1+x_2 \leqslant 4, \\ 2(x_2-2)+2\sigma(x_1+x_2-4), & x_1+x_2>4. \end{cases}$$

令 $\dfrac{\partial F(\boldsymbol{x},\sigma)}{\partial x_1} = \dfrac{\partial F(\boldsymbol{x},\sigma)}{\partial x_2} = 0$, 得

$$\boldsymbol{x}(\sigma) = \begin{pmatrix} \dfrac{5\sigma+3}{2\sigma+1} \\ \dfrac{3\sigma+2}{2\sigma+1} \end{pmatrix}.$$

同时求得

$$\nabla^2 F(\boldsymbol{x},\sigma) = \begin{pmatrix} 2(\sigma+1) & 2\sigma \\ 2\sigma & 2(\sigma+1) \end{pmatrix}.$$

由于 $\sigma>0$, 所以 $\nabla^2 F$ 为正定阵. 因此 $\boldsymbol{x}(\sigma)$ 为 $F(\boldsymbol{x},\sigma)$ 的极小点.

令 $\sigma\to\infty$, 则有

$$\boldsymbol{x}^* = \lim_{\sigma\to\infty}\boldsymbol{x}(\sigma) = \left(\frac{5}{2},\ \frac{3}{2}\right)^{\mathrm{T}},$$

且 $\boldsymbol{x}^*$ 为可行点, 所以原问题的最优解为

$$\boldsymbol{x}^* = \left(\frac{5}{2},\ \frac{3}{2}\right)^{\mathrm{T}},$$

最优值为 $f(\boldsymbol{x}^*) = \dfrac{1}{2}$.

外点罚函数形式简单, 但是当罚参数趋向于无穷时, 可能导致罚函数的 Hesse 矩阵条件数变化, 使方法的数值性能变坏. 因此 σ 需选取适中, 或者我们可采用广义乘子法.

5.4.2 内点罚函数法

内点罚函数法是一类保持严格可行性的方法, 它总是从可行点出发, 并保持在可行域内部进行搜索. 因而这类方法只适用于只有不等式约束的非线性最优化问题:

$$\begin{aligned} \min \quad & f(\boldsymbol{x}) \\ \text{s.t.} \quad & g_i(\boldsymbol{x}) \geqslant 0, \quad i \in \mathcal{I}, \end{aligned} \tag{5.40}$$

其中 $\mathcal{I} = \{1, 2, \cdots, l\}$.

内点罚函数法的基本思想为在目标函数上引入一个关于约束的障碍项, 当迭代点由可行域的内部接近可行域的边界时, 障碍项将趋于无穷大来迫使迭代点返回可行域的内部, 从而保持迭代点的严格可行性. 将求解约束问题转为求解一系列容易的子问题, 从而获得原问题的最优逼近解. 该方法也称为内点障碍函数法.

记问题 (5.40) 的可行域为 $\mathcal{F}$, 可行域的内部

$$\text{int}\mathcal{F} = \{\boldsymbol{x} \in \mathbf{R}^n \mid g_i > 0, i \in \mathcal{I}\}.$$

对于问题 (5.40), 障碍函数 $B(\boldsymbol{x})$ 一般需满足:

(1) 在 $\text{int}\mathcal{F}$ 中连续;

(2) 当 $\boldsymbol{x}$ 趋于 $\text{int}\mathcal{F}$ 的边界, $B(\boldsymbol{x}) \to \infty$.

两种常用的障碍函数形式为:

(1) 倒数障碍函数:

$$B(\boldsymbol{x}) = \sum_{i=1}^{l} \frac{1}{g_i(\boldsymbol{x})}.$$

(2) 对数障碍函数:

$$B(\boldsymbol{x}) = -\sum_{i=1}^{l} \ln g_i(\boldsymbol{x}).$$

由障碍函数, 我们可以定义罚函数

$$F(\boldsymbol{x}, \mu) = f(\boldsymbol{x}) + \mu B(\boldsymbol{x}),$$

其中 μ 是很小的数. 则当 $\boldsymbol{x}$ 趋于边界时, $F(\boldsymbol{x}, \mu) \to +\infty$, 否则, 当 μ 很小时, $F(\boldsymbol{x}, \mu)$ 的数值近似于 $f(\boldsymbol{x})$. 因此, 我们可以通过求解

$$\begin{aligned} \min \quad & F(\boldsymbol{x}, \mu) \\ \text{s.t.} \quad & \boldsymbol{x} \in \text{int } \mathcal{F} \end{aligned} \tag{5.41}$$

得到原约束问题 (5.40) 的近似解. 对于近似问题 (5.41), 从形式上看它还是约束问题, 但是由于障碍函数 $B(\boldsymbol{x})$ 的阻拦是自动实现的, 所以在计算时, 我们仍可把它当作无约束问题处理. 但另一方面, 如果 μ 取值太小, 将给求解问题 (5.41) 带来很大的困难. 因此, 我们仍采取序列

无约束极小化技巧处理计算. 即取一个严格单调递减且趋向于 0 的罚因子数列 $\{\mu_k\}$, 对每一个 k, 从内点出发, 求解

$$\begin{array}{ll} \min & F(\boldsymbol{x}, \mu_k) \\ \text{s.t.} & \boldsymbol{x} \in \operatorname{int} \mathcal{F}. \end{array} \tag{5.42}$$

具体计算步骤如下.

算法 5.7(内点罚函数法)

(1) 给定初始点 $\boldsymbol{x}^{(1)} \in \operatorname{int} \mathcal{F}$, 初始罚因子 μ_1, 缩小系数 $\gamma < 1$, 允许误差 $\varepsilon > 0$, 置 $k = 1$.

(2) 以 $\boldsymbol{x}^{(k)}$ 为初始点, 求解无约束问题 (5.42), 得最优解 $\boldsymbol{x}^{(k+1)}$.

(3) 如果 $\mu_k|B(\boldsymbol{x}^{(k+1)})| < \varepsilon$, 则停止计算, $\boldsymbol{x}^{(k+1)}$ 为约束问题 (5.40) 的近似最优解; 否则, 减小罚因子 $\mu_{k+1} = \gamma\mu_k$, 令 $k = k + 1$, 转步骤 (2).

内点罚函数有如下收敛性结果.

定理 5.16 设约束最优化问题 (5.40) 的可行域内部 $\operatorname{int} \mathcal{F}$ 非空且存在最优解, 其中 $f(\boldsymbol{x})$, $g_i(\boldsymbol{x})$ 为实值连续函数, $\{\mu_k\}$ 为严格递减正数列且趋向于零的数列, 序列 $\{\boldsymbol{x}^{(k)}\}$ 由算法 5.7 产生, 则序列 $\{\boldsymbol{x}^{(k)}\}$ 的任何极限点是问题 (5.40) 的解.

例 5.12 用对数障碍罚函数法求解下列问题:

$$\begin{array}{ll} \min & \dfrac{1}{2}(x_1 + 1)^2 + x_2 \\ \text{s.t.} & x_1 - 1 \geqslant 0, \\ & x_2 \geqslant 0. \end{array}$$

解 构造罚函数

$$F(\boldsymbol{x}, \mu) = \frac{1}{2}(x_1 + 1)^2 + x_2 - \mu \ln(x_1 - 1) - \mu \ln(x_2),$$

其中 μ 为很小的正数. 令

$$\frac{\partial F(\boldsymbol{x}, \mu)}{\partial x_1} = (x_1 + 1) - \frac{\mu}{x_1 - 1} = 0,$$

$$\frac{\partial F(\boldsymbol{x}, \mu)}{\partial x_2} = 1 - \frac{\mu}{x_2} = 0,$$

解得

$$\boldsymbol{x}(\mu) = \begin{pmatrix} \sqrt{1+\mu} \\ \mu \end{pmatrix}.$$

同时, 当前点的 Hesse 矩阵

$$\nabla^2 F(\boldsymbol{x}, \mu) = \begin{pmatrix} 1 + \dfrac{\mu}{(\sqrt{1+\mu} - 1)^2} & 0 \\ 0 & \dfrac{1}{\mu} \end{pmatrix}$$

为正定阵, 所以 $\boldsymbol{x}(\mu)$ 为 $F(\boldsymbol{x},\mu)$ 的极小点. 当 $\mu\to 0$ 时, $\boldsymbol{x}(\mu)\to\boldsymbol{x}^*=\begin{pmatrix}1\\0\end{pmatrix}$. 目标函数最优解为 $f^*=2$.

需要注意的是, 内点罚函数中必须知道一个初始内点 $\boldsymbol{x}^{(1)}\in\operatorname{int}\mathcal{F}$, 如果不能直观找出这个初始内点, 就必须寻求用于确定初始内点的算法. 同时, 类似于外点罚函数, 随着 μ_k 趋向于零, 罚函数的 Hesse 矩阵条件数可能变得病态, 从而给计算带来不便.

5.4.3 广义乘子法

广义乘子法的基本思想为把外点罚函数与 Lagrange 函数结合起来, 构造出新罚函数, 使得在罚因子适当大的情况下, 借助于 Lagrange 乘子更新就能逐步达到原约束问题的最优解.

我们首先考虑等式约束问题:

$$\begin{aligned}\min\quad & f(\boldsymbol{x})\\ \text{s.t.}\quad & h_i(\boldsymbol{x})=0,\quad i\in\mathcal{E},\end{aligned}\tag{5.43}$$

其中 $\mathcal{E}=\{1,2,\cdots,m\}$.

记

$$\boldsymbol{h}(\boldsymbol{x})=\begin{pmatrix}h_1(\boldsymbol{x})\\ \vdots\\ h_m(\boldsymbol{x})\end{pmatrix},\quad \boldsymbol{v}=\begin{pmatrix}v_1\\ \vdots\\ v_m\end{pmatrix},$$

定义乘子罚函数:

$$\begin{aligned}\phi(\boldsymbol{x},\boldsymbol{v},\sigma)&=f(\boldsymbol{x})-\sum_{i=1}^m v_i h_i(\boldsymbol{x})+\frac{\sigma}{2}\sum_{i=1}^m h_i^2(\boldsymbol{x})\\ &=f(\boldsymbol{x})-\boldsymbol{v}^{\mathrm{T}}\boldsymbol{h}(\boldsymbol{x})+\frac{\sigma}{2}\boldsymbol{h}(\boldsymbol{x})^{\mathrm{T}}\boldsymbol{h}(\boldsymbol{x}).\end{aligned}$$

进而我们可以通过求解

$$\min\phi(\boldsymbol{x},\boldsymbol{v},\sigma)\tag{5.44}$$

获得原问题 (5.43) 的局部最优解.

定理 5.17 设 $\boldsymbol{x}^*$ 为等式约束问题 (5.43) 的一个局部最优解, 且满足二阶充分条件, 即存在乘子 $\boldsymbol{v}^*=(v_1^*,v_2^*,\cdots,v_m^*)^{\mathrm{T}}$ 使得

$$\begin{gathered}\nabla f(\boldsymbol{x}^*)-\boldsymbol{A}\boldsymbol{v}^*=0,\\ h_i(\boldsymbol{x}^*)=0,\ i=1,2,\cdots,m,\end{gathered}$$

且对每一个满足 $\boldsymbol{d}^{\mathrm{T}}\nabla h_i(\boldsymbol{x}^*)=0\ (i=1,2,\cdots,m)$ 的非零向量 $\boldsymbol{d}$, 有

$$\boldsymbol{d}^{\mathrm{T}}\nabla_{xx}^2 L(\boldsymbol{x}^*,\boldsymbol{v}^*)\boldsymbol{d}>0,$$

其中 $\boldsymbol{A}=(\nabla h_1(\boldsymbol{x}^*),\nabla h_2(\boldsymbol{x}^*),\cdots,\nabla h_l(\boldsymbol{x}^*))$, $L(\boldsymbol{x},\boldsymbol{v})=f(\boldsymbol{x})-\boldsymbol{v}^{\mathrm{T}}\boldsymbol{h}(\boldsymbol{x})$. 则存在 $\bar{\sigma}\geqslant 0$ 使得所有 $\sigma>\bar{\sigma}$, $\boldsymbol{x}^*$ 为 $\phi(\boldsymbol{x},\boldsymbol{v}^*,\sigma)$ 的严格局部极小解. 反之, 若存在点 $\boldsymbol{x}^*$ 使得

$$h_i(\boldsymbol{x}^*)=0,\ i=1,2,\cdots,m$$

及对于某个 $\boldsymbol{v}^*$, $\boldsymbol{x}^*$ 为 $\min\phi(\boldsymbol{x},\boldsymbol{v}^*,\sigma)$ 的极小点且满足二阶充分条件, 则 $\boldsymbol{x}^*$ 为等式约束问题 (5.43) 的一个严格局部最优解.

根据定理 5.17, 我们可知如果最优乘子 $\boldsymbol{v}^*$ 已知, 那么只要取充分大的罚因子, 且不需趋向无穷大, 就能通过极小化求出问题 (5.43) 的解. 但 $\boldsymbol{v}^*$ 的值并不能事先知道, 这就需要构造迭代过程来不断修正乘子 $\boldsymbol{v}$ 的值使其趋向于最优乘子 $\boldsymbol{v}^*$. 下面我们给出具体构造过程: 在第 k 次迭代中, 对于 Lagrange 乘子向量的估计值 $\boldsymbol{v}^{(k)}$, 罚因子 σ, 我们通过计算得到 $\phi(\boldsymbol{x}, \boldsymbol{v}^{(k)}, \sigma)$ 的极小点 $\boldsymbol{x}^{(k)}$, 且有

$$\nabla_x \phi(\boldsymbol{x}^{(k)}, \boldsymbol{v}^{(k)}, \sigma) = \nabla f(\boldsymbol{x}^{(k)}) - \sum_{i=1}^{m} (v_i^{(k)} - \sigma h_i(\boldsymbol{x}^{(k)})) \nabla h_i(\boldsymbol{x}^{(k)}) = 0. \tag{5.45}$$

若 $\boldsymbol{x}^{(k)}$ 也是问题 (5.43) 的最优解, 则存在 $\boldsymbol{v}^*$ 使得

$$\nabla f(\boldsymbol{x}^{(k)}) - \sum_{i=1}^{m} v_i^* \nabla h_i(\boldsymbol{x}^{(k)}) = 0. \tag{5.46}$$

比较式 (5.45) 和式 (5.46), 得到

$$v_i^* = v_i^{(k)} - \sigma h_i(\boldsymbol{x}^{(k)}).$$

由此我们可以给出乘子 $\boldsymbol{v}$ 的修正公式

$$v_i^{(k+1)} = v_i^{(k)} - \sigma h_i(\boldsymbol{x}^{(k)}), \quad i = 1, 2, \cdots, m. \tag{5.47}$$

等式约束问题的广义乘子法计算步骤如下.

算法 5.8(等式约束问题的广义乘子罚函数法)

(1) 给定初始点 $\boldsymbol{x}^{(1)}$, 初始乘子向量 $\boldsymbol{v}^{(1)}$, 初始罚因子 σ_1, 放大系数 $\gamma > 1$, 常数 $\beta \in (0,1)$, 允许误差 $\varepsilon > 0$, 置 $k = 1$.

(2) 以 $\boldsymbol{x}^{(k)}$ 为初始点, 固定 $\boldsymbol{v} = \boldsymbol{v}^{(k)}$, 求解无约束问题 (5.44), 得最优解 $\boldsymbol{x}^{(k+1)}$.

(3) 如果 $\|h(\boldsymbol{x}^{(k+1)})\| < \varepsilon$, 则停止计算, $\boldsymbol{x}^{(k+1)}$ 为约束问题 (5.43) 的近似最优解. 否则, 进行步骤 (4).

(4) 若 $\dfrac{\left\|h\left(\boldsymbol{x}^{(k+1)}\right)\right\|}{\left\|h\left(\boldsymbol{x}^{(k)}\right)\right\|} \geqslant \beta$, 令 $\sigma_{k+1} = \gamma \sigma_k$.

(5) 用式 (5.47) 更新乘子, 令 $k = k + 1$, 转步骤 (2).

例 5.13　用广义乘子法求解

$$\begin{aligned} &\min\ 2x_1^2 + x_2^2 - 2x_1 x_2 \\ &\text{s.t.}\quad x_1 + x_2 - 1 = 0, \end{aligned}$$

取 $\sigma = 2$, 初始乘子 $v^{(1)} = 1$.

解　定义增广 Lagrange 函数如下:

$$\varphi(\boldsymbol{x}, v, \sigma) = 2x_1^2 + x_2^2 - 2x_1 x_2 - v(x_1 + x_2 - 1) + \frac{\sigma}{2}(x_1 + x_2 - 1)^2.$$

用解析法解

$$\min \ \varphi(\boldsymbol{x},1,2),$$

即求 $\dfrac{\partial\varphi}{\partial x_1}=\dfrac{\partial\varphi}{\partial x_2}=0$, 得

$$\boldsymbol{x}^{(1)}=\begin{pmatrix}\dfrac{1}{2}\\ \dfrac{3}{4}\end{pmatrix}.$$

按公式修正乘子

$$v^{(2)}=v^{(1)}-\sigma h(\boldsymbol{x}^{(1)})=1-2\cdot\frac{1}{4}=\frac{1}{2}.$$

再设定乘子值为 $v^{(2)}$, 求解

$$\min \ \varphi\left(\boldsymbol{x},\ \frac{1}{2},\ 2\right),$$

依次迭代. 一般地, 在第 k 次迭代时, 设定 $v^{(k)}$, 由 $\sigma=2$ 求解

$$\min \ \varphi\left(\boldsymbol{x},\ v^{(k)},\ 2\right),$$

得

$$\boldsymbol{x}^{(k)}=\begin{pmatrix}\boldsymbol{x}_1^{(k)}\\ \boldsymbol{x}_2^{(k)}\end{pmatrix}=\begin{pmatrix}\dfrac{1}{6}(v^{(k)}+2)\\ \dfrac{1}{4}(v^{(k)}+2)\end{pmatrix}.$$

再由修正式 (5.47) 及 $\boldsymbol{x}^{(k)}$ 的取值, 得

$$v^{(k+1)}=\frac{1}{6}v^{(k)}+\frac{1}{3}.$$

令 $k\to\infty$, 得

$$v^{(k)}\to\frac{2}{5},\quad \boldsymbol{x}^{(k)}\to\begin{pmatrix}\dfrac{2}{5}\\ \dfrac{3}{5}\end{pmatrix}.$$

上述例题验证了广义乘子法的优点, 即在罚因子为充分大的数值时也能求解原极小化问题.

下面我们讨论不等式约束问题的广义乘子法. 考虑不等式约束问题:

$$\begin{aligned}\min\quad & f(\boldsymbol{x})\\ \text{s.t.}\quad & g_i(\boldsymbol{x})\geqslant 0,\quad i\in\mathcal{I},\end{aligned}\tag{5.48}$$

其中 $\mathcal{I}=\{1,2,\cdots,l\}$. 为应用等式约束问题的广义乘子方法, 我们引入变量 $y_i\geqslant 0$, 将不等式约束问题 (5.48) 化为如下等式约束问题:

$$\begin{aligned}\min\quad & f(\boldsymbol{x})\\ \text{s.t.}\quad & g_i(\boldsymbol{x})-y_i=0,\quad i\in\mathcal{I},\end{aligned}\tag{5.49}$$

由式 (5.49) 定义增广 Lagrange 函数

$$\varphi(\boldsymbol{x},\boldsymbol{y},\boldsymbol{v},\sigma)=f(\boldsymbol{x})-\sum_{i=1}^{l}v_i(g_i(\boldsymbol{x})-y_i)+\frac{\sigma}{2}\sum_{i=1}^{l}(g_i(\boldsymbol{x})-y_i)^2. \tag{5.50}$$

将 $\varphi(\boldsymbol{x},\boldsymbol{y},\boldsymbol{v},\sigma)$ 关于 $\boldsymbol{y}$ 极小化, 且由 $y_i\geqslant 0$, 我们有

$$\begin{cases} y_i=\dfrac{1}{\sigma}(\sigma g_i(\boldsymbol{x})-v_i), & \sigma g_i(\boldsymbol{x})-v_i\geqslant 0,\\ y_i=0, & \sigma g_i(\boldsymbol{x})-v_i<0,\end{cases}$$

即

$$y_i=\frac{1}{\sigma}\max\{0,\sigma g_i(\boldsymbol{x})-v_i\},$$

代入式 (5.50) 得

$$\varphi(\boldsymbol{x},\boldsymbol{v},\sigma)=f(\boldsymbol{x})+\frac{1}{2\sigma}\sum_{i=1}^{l}\{[\max(0,v_i-\sigma g_i(\boldsymbol{x}))]^2-v_i^2\}, \tag{5.51}$$

则我们可以通过极小化问题 (5.51) 获得原问题的逼近最优解. 同时, 类似等式约束问题的方法, 我们可以获得乘子的更新公式为

$$v_i^{(k+1)}=\max(0,v_i^{(k)}-\sigma g_i(\boldsymbol{x}^{(k)})),\quad i=1,2,\cdots,l. \tag{5.52}$$

不等式约束问题的广义乘子法计算步骤如下.

算法 5.9(不等式约束问题的广义乘子罚函数法)

(1) 给定初点 $\boldsymbol{x}^{(1)}$, 初始乘子向量 $\boldsymbol{v}^{(1)}$, 初始罚因子 σ_1, 放大系数 $\gamma>1$, 常数 $\beta\in(0,1)$, 允许误差 $\varepsilon>0$, 置 $k=1$.

(2) 以 $\boldsymbol{x}^{(k)}$ 为初始点, 固定 $\boldsymbol{v}=\boldsymbol{v}^{(k)}$ 求解无约束问题 (5.51), 得最优解 $\boldsymbol{x}^{(k+1)}$.

(3) 如果 $\|\max\{0,-g(\boldsymbol{x}^{(k+1)})\}\|<\varepsilon$, 则停止计算, $\boldsymbol{x}^{(k+1)}$ 为约束问题 (5.43) 的近似最优解. 否则, 进行步骤 (4).

(4) 若 $\dfrac{\|\max\{0,-g(\boldsymbol{x}^{(k+1)})\}\|}{\|\max\{0,-g(\boldsymbol{x}^{(k)})\}\|}\geqslant\beta$, 令 $\sigma_{k+1}=\gamma\sigma_k$.

(5) 用式 (5.52) 更新乘子, 令 $k=k+1$, 转步骤 (2).

例 5.14　用广义乘子法求解下列问题:

$$\begin{aligned}\min\quad & x_1^2+x_2^2\\ \text{s.t.}\quad & x_1-1\geqslant 0.\end{aligned}$$

解 定义增广 Lagrange 函数如下

$$
\begin{aligned}
\varphi(\boldsymbol{x}, v, \sigma) &= x_1^2 + x_2^2 + \frac{1}{2\sigma}\left[\left(\max\{0, v - \sigma(x_1 - 1)\}\right)^2 - v^2\right] \\
&= \begin{cases} x_1^2 + x_2^2 + \dfrac{1}{2\sigma}\left\{\left[v - \sigma(x_1 - 1)\right]^2 - v^2\right\}, & x_1 - 1 \leqslant \dfrac{v}{\sigma}, \\ x_1^2 + x_2^2 - \dfrac{v^2}{2\sigma}, & x_1 - 1 > \dfrac{v}{\sigma}. \end{cases}
\end{aligned}
$$

设第 k 次迭代取乘子 $v^{(k)}, \sigma$, 用解析法求 $\min\ \varphi\left(\boldsymbol{x}, v^{(k)}, \sigma\right)$, 由

$$
\frac{\partial\varphi}{\partial x_1} = \begin{cases} 2x_1 - \left[v^{(k)} - \sigma(x_1 - 1)\right], & x_1 - 1 \leqslant \dfrac{v^{(k)}}{\sigma}, \\ 2x_1, & x_1 - 1 > \dfrac{v^{(k)}}{\sigma}, \end{cases} \qquad \frac{\partial\varphi}{\partial x_2} = 2x_2,
$$

从

$$
2x_1 - \left[v^{(k)} - \sigma(x_1 - 1)\right] = 0, \quad 2x_2 = 0,
$$

解得

$$
\boldsymbol{x}^{(k)} = \left(x_1^{(k)}, x_2^{(k)}\right)^{\mathrm{T}} = \left(\frac{v^{(k)} + \sigma}{2 + \sigma}, 0\right)^{\mathrm{T}}.
$$

由式 (5.52), 得

$$
v^{(k+1)} = \max\left\{0, v^{(k)} - \sigma\left(x_1^{(k)} - 1\right)\right\} = \frac{2\left(v^{(k)} + \sigma\right)}{2 + \sigma}.
$$

当 $v^{(k)} < 2$ 时, 可知 $\{v^{(k)}\}$ 为单调递增有上界的数列, 必有极限. 则当 $k \to \infty$ 时,

$$
v^{(k)} \to 2, \quad \boldsymbol{x}^{(k)} \to \boldsymbol{x}^* = (1, 0)^{\mathrm{T}}.
$$

所以 $\boldsymbol{x}^*$ 为极小点, 目标函数值 $f^* = 1$.

若在上述例题中固定罚因子 $\sigma = 2$, 则有

$$
\boldsymbol{x}^{(k)} = \left(x_1^{(k)}, x_2^{(k)}\right)^{\mathrm{T}} = \left(\frac{v^{(k)} + 2}{4}, 0\right)^{\mathrm{T}},
$$

$$
v^{(k+1)} = \frac{v^{(k)} + 2}{2}.
$$

显然对于上述序列, 我们依然有

$$
v^{(k)} \to 2, \quad \boldsymbol{x}^{(k)} \to \boldsymbol{x}^* = (1, 0)^{\mathrm{T}}.
$$

所以说, 在广义乘子法中, 我们不必令 σ 趋向无穷大就能求得约束问题的最优解.

对于一般约束问题:

$$
\begin{array}{ll} \min & f(\boldsymbol{x}) \\ \text{s.t.} & h_i(\boldsymbol{x}) = 0, \quad i \in \mathcal{E}, \\ & g_j(\boldsymbol{x}) \geqslant 0, \quad j \in \mathcal{I}, \end{array} \tag{5.53}
$$

其中 $\mathcal{E}=\{1,2,\cdots,m\}$, $\mathcal{I}=\{1,2,\cdots,l\}$. 我们综合以上两种情形得到增广 Lagrange 函数

$$\begin{aligned}\varphi(\boldsymbol{x},\boldsymbol{w},\boldsymbol{v},\sigma) &= f(\boldsymbol{x})-\sum_{i=1}^{m}w_ih_i(\boldsymbol{x})+\frac{\sigma}{2}\sum_{i=1}^{m}h_i^2(\boldsymbol{x})\\ &\quad+\frac{1}{2\sigma}\sum_{j=1}^{l}\{[\max\{0,v_j-\sigma g_j(\boldsymbol{x})\}]^2-v_j^2\}.\end{aligned} \tag{5.54}$$

同时也可得到乘子 $\boldsymbol{w}$, $\boldsymbol{v}$ 的更新

$$\begin{cases} w_i^{(k+1)}=w_i^{(k)}-\sigma h_i(\boldsymbol{x}^{(k)}), & i=1,2,\cdots,m,\\ v_j^{(k+1)}=\max\{0,v_j^{(k)}-\sigma g_j(\boldsymbol{x}^{(k)})\}, & j=1,2,\cdots,l.\end{cases} \tag{5.55}$$

记 $c(\boldsymbol{x})=\|h(\boldsymbol{x})\|+\|\max\{0,-g(\boldsymbol{x})\}\|$, 则计算步骤如下.

算法 5.10(一般约束问题的广义乘子罚函数法)

(1) 给定初始点 $\boldsymbol{x}^{(1)}$, 初始乘子向量 $\boldsymbol{v}^{(1)}$, $\boldsymbol{w}^{(1)}$, 初始罚因子 σ_1, 放大系数 $\gamma>1$, 常数 $\beta\in(0,1)$, 允许误差 $\varepsilon>0$, 置 $k=1$.

(2) 以 $\boldsymbol{x}^{(k)}$ 为初始点, 固定 $\boldsymbol{v}=\boldsymbol{v}^{(k)}$,$\boldsymbol{w}=\boldsymbol{w}^{(k)}$, 求解无约束问题 (5.54), 得最优解 $\boldsymbol{x}^{(k+1)}$.

(3) 如果 $c(\boldsymbol{x}^{(k+1)})<\varepsilon$, 则停止计算, $\boldsymbol{x}^{(k+1)}$ 为约束问题 (5.43) 的近似最优解. 否则, 进行步骤 (4).

(4) 若 $\dfrac{c(\boldsymbol{x}^{(k+1)})}{c(\boldsymbol{x}^{(k)})}\geqslant\beta$, $\sigma_{k+1}=\gamma\sigma_k$.

(5) 用式 (5.55) 更新乘子, 令 $k=k+1$, 转步骤 (2).

5.5 组合优化问题

当最优化问题中的可行域是由有限个元素组成的集合时, 该最优化问题称为组合优化问题. 通常组合优化问题可表示为

$$\begin{aligned}\min\quad & f(x)\\ \text{s.t.}\quad & g(x)\geqslant 0,\\ & x\in D=\{x_1,x_2,\cdots,x_n\}.\end{aligned}$$

现实生活中大量问题是组合优化问题, 典型的组合优化问题有旅行商问题、背包问题等.

1. 旅行商问题 (traveling salesman problem, TSP)

设有 n 个城市分别标记为 $1,2,\cdots,n$, 城市 i 与城市 j 间的距离为 d_{ij}. 一售货商要去这些城市推销货物, 他希望从一城市出发后走遍所有的城市且旅途中每个城市只经过一次, 最后回到起点. 选择一条路径使得售货商所走路线总长度最短, 这就是旅行商问题.

引进决策变量 x_{ij}, 若商人从城市 i 出来后紧接着到城市 j, 则 $x_{ij}=1$, 否则 $x_{ij}=0$ $(i,j=1,2,\cdots,n)$. 那么 TSP 的数学模型可表示为

$$
\begin{aligned}
\min\quad & \sum_{i=1}^{n}\sum_{j=1}^{n} d_{ij}x_{ij} \\
\text{s.t.}\quad & \sum_{j=1}^{n} x_{ij}=1,\quad i=1,2,\cdots,n, && (5.56)\\
& \sum_{i=1}^{n} x_{ij}=1,\quad j=1,2,\cdots,n, && (5.57)\\
& \sum_{i,j\in S} x_{ij}\leqslant |S|-1,\quad S\ \text{为}\{1,2,\cdots,n\}\ \text{的非空真子集}, && (5.58)\\
& x_{ij}\in\{0,1\},\quad i,j=1,2,\cdots,n, i\neq j,
\end{aligned}
$$

其中 $|S|$ 表示集合 S 中元素的个数, 式(5.56)表示商人从城市 i 出来恰好一次, 式(5.57)表示商人恰好进入城市 j 一次, 式(5.58)表示商人在任何一个城市真子集中不形成回路. 因为 $D=\{0,1\}^{n\times(n-1)}$, 可见 TSP 是组合优化问题. 当 $d_{ij}=d_{ji}$ 时, 为对称距离 TSP, 否则为非对称距离 TSP.

2. 背包问题 (knapsack problem)

设有一个容量为 b 的背包, 有 n 个容积分别为 w_i, 价值分别为 c_i $(i=1,2,\cdots,n)$ 的物品, 选择哪些物品放入背包中可使装入的物品总价值最大, 这就是背包问题.

引入决策变量 x_i, 若第 i 个物品被放入包中, 则 $x_i=1$, 否则 $x_i=0$ $(i=1,2,\cdots,n)$. 那么背包问题的数学模型为

$$
\begin{aligned}
\max\quad & \sum_{i=1}^{n} c_ix_i \\
\text{s.t.}\quad & \sum_{i=1}^{n} w_ix_i\leqslant b,\\
& x_i\in\{0,1\},\quad i=1,2,\cdots,n.
\end{aligned}
$$

因为 $D=\{0,1\}^n$, 可见背包问题是组合优化问题.

3. 计算复杂性

由于组合优化问题中的可行域是有限集, 所以从理论上来讲, 可以将这有限个可行解枚举出来, 一一地计算出它们对应的目标值, 然后通过比较大小找出最优解. 对于小规模的组合优化问题, 用这种方法很容易求出最优解. 但对于大规模或稍大规模的组合优化问题, 这种求解方法 (枚举法) 就不一定可行了.

如考虑非对称距离 TSP, 用城市序号的一个排列来表示其可行解. 固定一个城市为起终点, 那么就有 $(n-1)!$ 个可行解. 若把列出一种方案作为一次基本操作, 则需 $(n-1)!$ 次基本操作. 用每秒执行一千万次操作的计算机来运算, 当 $n=18$ 时, 至少需要 1.13 年才能完成这些操作找出最优解. 当 $n=19$ 时, 至少需要 20.3 年才能完成这些操作找出最优解. 当 $n=20$

时, 至少需要 385.7 年才能完成这些操作找出最优解. 当 $n=21$ 时, 至少需要 7714.6 年才能完成这些操作找出最优解. 这是不可实现的.

如何才能给一个问题设计一个有效的算法呢? 这就要了解计算的复杂性. 一个算法是针对一个问题来设计的, 但对计算机来说, 算法是用计算机语言实现的, 它只能对问题的参数给定具体数值后的实例进行求解. 所以先要讨论"问题"和"实例"等基本概念.

定义 5.7 问题中的参数赋予了具体值的例子称为问题的实例. 一个数在计算机中存储时占据的位数称为这个数的规模, 用 $l(x)$ 表示数 x 的规模. 一个实例中所有参数数值的规模之和称为这个实例的规模, 用 $l(I)$ 表示实例 I 的规模.

例 5.15 一个正整数 $x\in[2^s,2^{s+1})$ 的二进制展开为

$$x=a_s2^s+a_{s-1}2^{s-1}+\cdots+a_12+a_0$$

$$(a_s=1,a_i\in\{0,1\},i=0,1,\cdots,s-1),$$

那么 x 在计算机中占据 $s+1$ 位空间. 所以, 一个整数 x (在研究计算复杂性时, 为方便起见, 可只限定考虑整数) 的规模为 (包含一个符号位和一个数据分隔位)

$$l(x)=\lceil\log_2(|x|+1)\rceil+2,$$

其中 $\lceil x\rceil$ 表示不小于 x 的最小整数.

例 5.16 TSP 的任何一个实例由城市数 n 和城市间的距离 $D=\{d_{ij}\mid 1\leqslant i,j\leqslant n,i\neq j\}$ 确定. 那么 TSP 的任何一个实例 I 的规模为

$$l(I)=\lceil\log_2(n+1)\rceil+2+\sum_{i=1}^{n}\sum_{j=1,j\neq i}^{n}\{\lceil\log_2(|d_{ij}|+1)\rceil+2\},$$

因为

$$\log_2 x<\lceil\log_2(x+1)\rceil\leqslant 1+\log_2 x,$$

所以

$$2n(n-1)+2+\log_2|P|<l(I)\leqslant 3n(n-1)+3+\log_2|P|, \tag{5.59}$$

其中 $P=n\prod\limits_{d_{ij}\neq0,i\neq j}d_{ij}$.

记问题的实例为 I, 实例规模为 $l(I)$, 算法 A 在求解 I 时的计算量 (算法求解中的加、减、乘、除、比较、读和写磁盘等基本运算的总次数) 为 $C_A(I)$. 当存在多项式函数 $g(x)$ 和一个常数 α 时, 使得

$$C_A(I)\leqslant\alpha g(l(I)), \tag{5.60}$$

则记 $C_A(I)=O(g(l(I)))$.

定义 5.8 对给定的问题和求解算法 A, 若存在多项式函数 $g(x)$ 使得 $C_A(I)=O(g(l(I)))$ 对问题的所有实例 I 成立, 则称算法 A 为解决对应问题的多项式时间算法. 否则称算法 A 为指数时间算法.

注 5.1 单纯形算法不是求解线性规划问题的多项式时间算法, 枚举算法不是求解 TSP 的多项式时间算法.

以上考虑了计算复杂性的一个方面, 就是算法的复杂性. 计算复杂性的另一个方面是问题的复杂性.

定义 5.9 对给定的问题, 若存在多项式时间算法, 则该问题称为多项式时间可解问题, 或简称为多项式问题. 所有多项式问题的集合记为 P.

Khachiyan(哈奇扬) 构造了椭球算法并证明其是求解线性规划问题的多项式时间算法. 因此, 线性规划问题是多项式问题.

如果一个问题的每一个实例只有 “是” 或 “否” 两种答案, 则这个问题为判定问题. 称有肯定答案的实例为 “是” 实例, 有否定答案的实例为 “否” 实例.

TSP 对应的判定问题: 用 n 个城市的一个排列 $(i_1, i_2, \cdots, i_n)$ 表示商人从城市 i_1 出发依次通过 $i_2, \cdots, i_n$, 最后返回 i_1 这样一个路径. 判定问题为给定 z, 是否存在 n 个城市的一个排列 $W = (i_1, i_2, \cdots, i_n)$, 使得

$$f(W) = \sum_{j=1}^{n} d_{i_j i_{j+1}} \leqslant z, \tag{5.61}$$

其中 $i_{n+1} = i_1$. 满足 $f(W) \leqslant z$ 的一个排列 W 称为对应判定问题的一个可行解.

定义 5.10 若存在一个多项式函数 $g(x)$ 和一个验证算法 A, 对一类判定问题的任何一个 “是” 的判定实例 I 都存在一个字符串 S 是 I 的 “是” 回答, 其规模满足 $l(S) = O(g(l(I)))$, 且算法 A 验证 S 为实例 I 的 “是” 答案的计算量为 $O(g(l(I)))$, 则称这个判定问题是非确定多项式的, 简记为 NP.

根据式(5.59), TSP 实例的规模 $l(I)$ 至少是 $2n(n-1)+2+\log_2|P|$. TSP 实例的解是 $(1, 2, \cdots, n)$ 的一个排列 $W = (i_1, i_2, \cdots, i_n)$, 因此该字符串的规模不超过 $\sum\limits_{i=1}^{n}(\lceil \log_2(i+1) \rceil) + 2n < 3n + n\log_2 n = n(3 + \log_2 n)$. 而验证 W 是否满足式 (5.61) 有 n 个加法和一个比较, 计算量为 $n + 1$. 取多项式 $g(x) = x$, 由定义可知, TSP 属于 NP.

称判定问题 Q_1 多项式归约为 Q_2, 如果存在 Q_1 的算法和多项式函数 $g(x)$, 算法求解 Q_1 任何实例 I 的过程中, 将 Q_2 的算法作为子程序多次调用. 如果将一次调用 Q_2 算法看成一个单位 (1 次基本计算量), 则这个 Q_1 算法的计算量为 $O(g(l(I)))$.

定义 5.11 如果判定问题 $Q \in$NP 且 NP 中的任何一个问题都可在多项时间内归约为 Q, 则称 Q 为 NP 完全 (简记为 NP-C). 若 NP 中的任何一个问题都可在多项式时间内归约为判定问题 Q, 则称 Q 为 NP 难 (简记为 NP-hard).

TSP 与背包问题均是 NP-C. 一般地认为, $P \cap$NP-C$= \varnothing$, $P \neq$NP. 所述四类问题的关系如图 5.2 所示.

目前人们普遍认为 NP-C 或 NP-hard 问题不存在求最优解的多项式时间算法, 转而寻找一些启发式算法来求解, 但启发式算法不能保证可以求得最优解, 甚至不能预估求到的近似解与最优解间的误差. 然而启发式算法能在可接受的计算费用 (指计算时间、占用空间等) 内寻得最好解. 以下我们将要介绍的模拟退火算法与遗传算法就属于启发式算法, 也称为智能优化算法. 由于智能优化算法是依概率导向性随机搜索算法, 所以这些算法均要编写相应的程序，借助计算机实现计算过程. 其中随机数的产生是必要的手段, 如需要从区间 $[0, 1]$ 中随机产生一数. 以 C 语言为例, 从区间 $[a, b]$ 中随机产生一数的步骤为 $u = \text{rand}(\,)$; $u := u/\text{RAND\_MAX}$; 返回 $a + u(b - a)$. 其中符号 “:=” 表示将后者的值赋予前者.

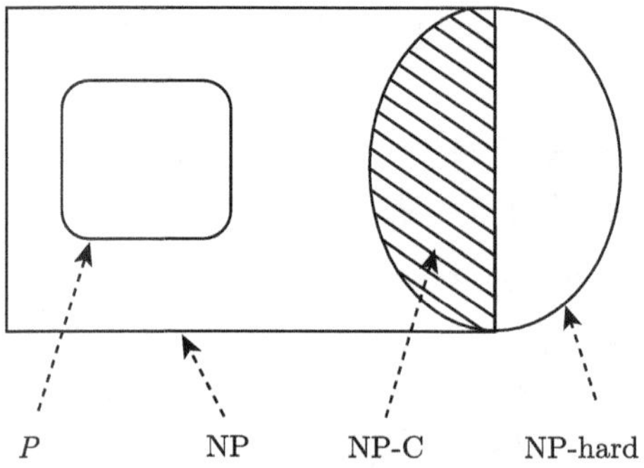

图 5.2　四类问题的关系图

5.6　模拟退火算法

模拟退火 (simulated annealing, SA) 算法是一种导向性随机搜索的启发式算法, 它是受加热金属的退火规律的启发而提出的一种求解组合优化问题的逼近算法. 这个规律就是, 在某个温度下, 金属分子停留在能量小的状态的概率比停留在能量大的状态的概率要大.

SA 在求解复杂优化问题时已显示出非常好的有效性. 在 1983 年, Kirkpatrick 等学者为求解组合优化问题设计一种启发式算法, 采用了 Metropolis 在 1953 年提出的模拟退火思想, 形成模拟退火算法. 自此, SA 受到大家的普遍关注.

5.6.1　受热金属物体分子状态分布

我们先来分析金属物体分子加热后的状态. 在温度 t 下, 金属物体的分子呈现出不同的状态, 停留在状态 r 满足 Boltzmann(玻尔兹曼) 概率分布

$$P\{\overline{E}=E(r)\}=\frac{1}{Z(t)}\exp\left(-\frac{E(r)}{kt}\right),$$

其中 $E(r)$ 表示分子在状态 r 的能量, $k>0$ 为 Boltzmann 常数, 而 $\overline{E}$ 表示分子能量的一个随机变量. 设分子状态空间 U 是有限的, 那么 $Z(t)$ 应为

$$Z(t)=\sum_{s\in U}\exp\left(-\frac{E(s)}{kt}\right).$$

根据 Boltzmann 概率分布, 受热金属物体分子将依概率呈一定的规律性运动.

(1) 当温度 t 很高时, 金属物体的分子停留在任何状态的概率近似相等. 由于

$$P\{\overline{E}=E(r)\}=\frac{\exp\left(-\dfrac{E(r)}{kt}\right)}{\displaystyle\sum_{s\in U}\exp\left(-\dfrac{E(s)}{kt}\right)}\to\frac{1}{|U|},\quad t\to\infty,$$

其中 $|U|$ 是状态空间 U 中状态的个数. 所以温度 t 很高时, 金属物体的分子停留在任何状态的概率几乎是一样的.

(2) 在同一温度 t 下, 金属物体的分子停留在能量低的状态比在能量高的状态的概率大.

对于 $E_1 < E_2$, 因为

$$P\{\overline{E}=E_1\}-P\{\overline{E}=E_2\}=\frac{1}{Z(t)}\exp\left(-\frac{E_1}{kt}\right)\left[1-\exp\left(-\frac{E_2-E_1}{kt}\right)\right],$$

有

$$P\{\overline{E}=E_1\}-P\{\overline{E}=E_2\}>0,\quad \forall t>0.$$

也就是说在同一温度 t 下, 金属物体的分子停留在能量低的状态比在能量高的状态的概率大.

(3) 分子在最低能量状态的概率关于温度 t 下降. 设 $r_{\min}$ 是温度 t 时分子能量最低的状态, 而 U_0 是具有最低能量的状态集合. 因为

$$\begin{aligned}\frac{\partial P\{\overline{E}=E(r_{\min})\}}{\partial t}=&-\left[\sum_{s\in U}\exp\left(-\frac{E(s)-E(r_{\min})}{kt}\right)\right]^{-2}\\&\times\sum_{s\in U\backslash U_0}\exp\left(-\frac{E(s)-E(r_{\min})}{kt}\right)\frac{E(s)-E(r_{\min})}{kt^2}\\&<0.\end{aligned}$$

所以, $P\{\overline{E}=E(r_{\min})\}$ 是 t 的递减函数.

(4) 分子停留在最低能量状态的概率随温度降低趋于 1. 当 $t\to 0$ 时,

$$\begin{aligned}P\{\overline{E}=E(r_{\min})\}&=\frac{\exp\left(-\dfrac{E(r_{\min})}{kt}\right)}{\displaystyle\sum_{s\in U}\exp\left(-\frac{E(s)}{kt}\right)}\\&=\frac{1}{\displaystyle\sum_{s\in U_0}1+\sum_{s\in U\backslash U_0}\exp\left(-\frac{E(s)-E(r_{\min})}{kt}\right)}\\&\to\frac{1}{|U_0|},\end{aligned}$$

那么

$$P\left\{\bigcup_{r\in U_0}\{\overline{E}=E(r)\}\right\}\to 1,\quad t\to 0.$$

故分子停留在最低能量状态的概率趋于 1.

(5) 分子在非能量最低状态的概率随温度降低趋于 0. 这从 Boltzmann 概率分布易知.

可知, 温度越低, 分子在能量越低的状态的概率值越高. 在极限状况下, 只有在能量最低状态的概率不为零.

例 5.17 设金属分子的状态概率分布为

$$P\{\overline{E}=E(r)=x\}=\frac{1}{Z(t)}\exp\left(-\frac{(x-2)^2+1}{2t}\right),$$

其中能量点取为 $x = E(r) = 2, 3, 4, 5, 6$, 而

$$Z(t) = \sum_{x=2}^{6} \exp\left(-\frac{(x-2)^2+1}{2t}\right).$$

分子停留在各状态的概率随时间的变化情况可由图 5.3 形象地描述出, 它们符合上述对 Boltzmann 概率分布的分析.

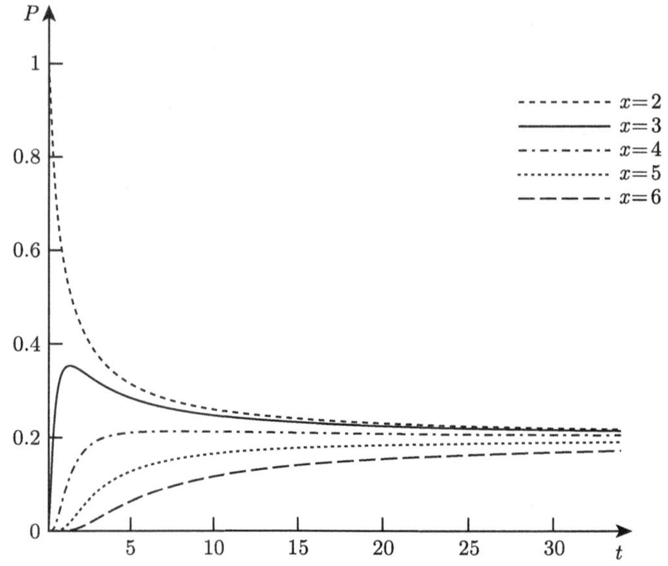

图 5.3　Boltzmann 函数曲线

5.6.2　基本模拟退火算法

在 5.6.1 节我们分析了在金属物体加热降温过程中分子所处状态的规律, 随着温度从一定高度逐渐降低趋于零, 分子停留在最低能量状态的概率趋于 1. 将优化问题的可行解对应于分子的状态, 优化问题中的目标函数 $f(x)$ 对应于分子的状态能量, 那么通过构造模拟的降温过程, 可将金属物体分子状态概率分布规律应用于求解优化问题, 这一算法称为模拟退火算法, 其基本步骤如下.

算法 5.11(基本模拟退火算法)

---

(1) 初始化可行解和温度.

(2) 根据 Boltzmann 概率退火.

(3) 重复第 (2) 步直到稳定状态 (内循环).

(4) 降温.

(5) 重复第 (2) 步至第 (4) 步直到满足终止条件或直到给定的步数 (外循环).

(6) 输出最好的解作为最优解.

5.6.3 模拟退火算法实现技术

本小节主要介绍基本模拟退火算法各步骤的具体操作方法.

1. 初始化过程

要预先确定一个初始可行解, 从这个解出发搜索下一个可行解. 此外还要确定一个初始温度, 从这个温度开始实施逐步降温过程. 一般地, 初始可行解 s_0 可根据问题的可行域随机产生. 而对初始温度 t_0, 理论上要求应保证平稳分布中产生任意可行解的概率相等, 即 $\exp(-\Delta f_{ij}/t_0) \approx 1$, 其中 $\Delta f_{ij} = f(s_j) - f(s_i)$. 如可取 $t_0 = K\Delta_0$, K 为充分大的数, 而

$$\Delta_0 = \max\{f(s_i) \mid s_i \in D\} - \min\{f(s_i) \mid s_i \in D\}.$$

初始温度也可以按如下算法启发式地产生.

算法 5.12(初始温度算法)

(1) 给定一个常数 T, 温度 t_0, 接近于 1 的常数 c_0, $R_0 = 0$.

(2) 在这个温度退火 L 步 (退火过程之后再介绍). 记接受状态的个数为 L', 计算 $R_k = L'/L$.

(3) 如果 $|R_k - c_0| < \varepsilon$, 停止. 否则, 如果 $R_{k-1}, R_k < c_0$, 则 $k := k+1$, $t_0 := t_0 + T$, 返回步骤 (2); 如果 $R_{k-1}, R_k \geqslant c_0$, 则 $k := k+1$, $t_0 := t_0 - T$, 返回步骤 (2); 如果 $R_{k-1} \geqslant c_0, R_k \leqslant c_0$, 则 $k := k+1$, $t_0 := t_0 + T/2$, 返回步骤 (2); 如果 $R_{k-1} \leqslant c_0, R_k \geqslant c_0$, 则 $k := k+1$, $t_0 := t_0 - T/2$, 返回步骤 (2).

2. 退火

退火过程就是在一给定温度下, 由一个状态转换到另一个状态, 每一个状态到达的次数服从一个概率分布, 即基于 Metropolis 接受准则的过程, 该过程达到平稳时停止. 在状态 s_i 时, 产生的状态 s_j 被接受的概率为

$$A_{ij}(t) = \begin{cases} 1, & \text{如果} f(s_i) \geqslant f(s_j), \\ \exp\left(-\dfrac{\Delta f_{ij}}{t}\right), & \text{如果} f(s_i) < f(s_j). \end{cases}$$

退火算法基本步骤如下所述.

算法 5.13(退火算法)

在温度 t 有了可行解 s_i 时, 对另一个可行解 s_j, 如果 $\Delta f_{ij} = f(s_j) - f(s_i) \leqslant 0$, 则 $s_i := s_j$.

否则, 如果 $\exp(-\Delta f_{ij}/t) > \mathrm{random}(0,1)$, 则 $s_i := s_j$.

注意到, 该算法从一个可行解转移到另一个可行解, 而另一个可行解一般从当前可行解的邻域中产生. 邻域的构造与解的表达形式有关, 应简洁明了且易于操作, 邻域中每个邻居都是可行解, 解空间中任何两个状态可达.

例 5.18　对 TSP 问题, 用城市的一个排序表示一个可行解. 解的邻域可用不同的操作算子定义, 如互换操作, 即随机交换解码中两个不同的字符位置; 逆序操作, 即将解码中两个不同的随机位置间的字符串逆序; 插入操作, 即随机选择某个位置的字符插入到串中的另一个随机位置.

如果邻域中有不是可行解的邻居, 可用罚值法, 将其视为可行解, 目标值为一个充分大的数. 但该方法的缺陷是扩大了搜索区域, 从而使计算时间增加.

3. 降温

一种降温方法为

$$t_{k+1} = d(t_k),$$

其中 $d(t_k) = \alpha t_k$. 另一种降温方法为

$$t_k = \frac{M-k}{M} t_0,$$

其中 M 为温度下降的总次数.

4. 内循环终止准则

常用的有: ①固定步数, 即在每一温度迭代相同的步数. ②由接受和拒绝的比率控制迭代步数, 即给定一个迭代步数上限 U 和一个接受次数指标 r, 在温度 t 实施退火过程, 当接受次数等于 r 时, 不再迭代, 否则一直迭代到步数上限 U; 或者给定一个接受指标 R 和迭代步数下限 L, 在温度 t 实施退火过程, 迭代到步数 L 时, 开始计算接受次数与总次数的比率, 一旦比率超过 R, 不再迭代, 否则一直迭代到步数上限 U. 同样可以用拒绝次数控制终止准则.

5. 外循环终止准则

常用的有: ①设置终止温度的阈值 (比较小的正数) $\varepsilon > 0$, 当温度下降到 $t_k < \varepsilon$ 时, 算法停止. ②设置循环总数, 迭代次数达到指定数目时, 算法停止. ③基于不改进规则, 若连续若干步搜索到的最优解不再改进, 算法停止. ④设置接受概率, 给定指标 $\chi > 0$ 是一个比较小的数, 在温度 t, 除局部最优解外, 其他状态的接受概率均小于 χ, 算法停止.

5.7 遗传算法

遗传算法 (genetic algorithm, GA) 是一种解优化问题的导向随机搜索方法, 它是通过模拟生物在自然进化中的选择和遗传 (即适者生存) 规律而提出来的全局优化算法. 遗传算法的思想和基本概念最早由美国密歇根大学的 Holland(霍兰德) 教授于 20 世纪 70 年代提出. 80 年代 De Jong 和 Goldberg 等学者进一步完善了遗传算法的理论和方法. 遗传算法不仅在求解组合优化问题时显示出优越性, 而且被普遍应用于求解连续型优化问题.

遗传算法在解决优化问题中的构成要素如下.

染色体:　可行解的编码 (字符串、向量等);

基因:　可行解的编码中每一分量的特征 (如各分量的值);

适应性:　适应函数值;

群体:　选定的一组可行解 (其中可行解的个数为群体的规模 pop_size);

种群: 根据适应函数值选取的一组可行解 (其中种群的规模与群体的规模可相同也可不相同);

交叉: 通过交叉原则产生一组新可行解的过程;

变异: 编码的某一些分量发生变化的过程.

5.7.1 基本遗传算法

基本遗传算法可描述为如下步骤.

算法 5.14(基本遗传算法)

---

(1) 随机初始化 pop_size 个染色体.

(2) 计算所有染色体的目标值.

(3) 根据目标值计算每个染色体的适应度.

(4) 通过 "轮盘赌选择"①的方法选择染色体.

(5) 用交叉算法更新染色体.

(6) 用变异算法更新染色体.

(7) 重复第 (2) 至第 (6) 步直到终止条件满足.

(8) 输出最好的染色体作为最优解.

为利于遗传算法的计算, 首先要对解进行编码, 编码后的解称为染色体. 对于约束优化问题, 遗传算法在染色体中进行操作, 把操作结果解码后检验其可行性.

5.7.2 遗传算法实现技术

5.7.1 节我们叙述了遗传算法的基本步骤, 该算法中涉及的运算技术实现问题由本小节来阐述.

1. *编码与解码*

GA 的基本步骤之一是把可行解编码为染色体, 当然也要能把染色体解码为可行解. 常用的编码方法如下.

(1) 二进制码: 就是 0-1 编码. 采用 0-1 编码可以精确地表示整数. 用 0-1 编码精确表示 a 到 b 的所有整数, 只需编码长度 n 满足 $\dfrac{b-a}{2^n}<1$, 即 $n>\log_2(b-a)$. 如满足 $0\leqslant x\leqslant 31$ 的整数 x 只需 5 位数的二进制码, 如

$$10000\to 16,\quad 11111\to 31,\quad 01001\to 9,\quad 00010\to 2.$$

(2) 符号码: 如对 TSP, 可用城市编号的一个序列来表示可行解, 对 8 个城市的 TSP, 可用数字 $1\sim 8$ 分别表示 8 个城市, 那么这 8 个数字的任意排列就是一个可行解的编码, 如

① "轮盘赌选择" 又称比例选择算子, 是一种以概率为基础的随机选择优化算法.

27658134. 也可用字母 $A, B, \cdots, H$ 分别表示 8 个城市, 那么一个可行解的编码就是这 8 个字母的一个排列, 如 $CGFHAEBD$.

(3) 实数码: 对于连续的实数变量, 可以采用实数编码. 实数编码可以用实数变量的取值本身作为实数码, 也可以在解空间与码空间中作一个对应关系. 如设 (x_1, x_2, x_3) 是以下解空间中的向量

$$\begin{cases} x_1 + x_2^2 + x_3^3 = 1, \\ x_1 \geqslant 0, \quad x_2 \geqslant 0, \quad x_3 \geqslant 0. \end{cases}$$

我们可以用以下码空间中的染色体 (v_1, v_2, v_3) 来对可行解编码:

$$v_1 \geqslant 0, \quad v_2 \geqslant 0, \quad v_3 \geqslant 0, \quad v_1, v_2, v_3\text{不同时为零}.$$

那么编码与解码的过程可以体现在以下关系:

$$x_1 = \frac{v_1}{v_1 + v_2 + v_3}, \quad x_2 = \sqrt{\frac{v_2}{v_1 + v_2 + v_3}}, \quad x_3 = \sqrt[3]{\frac{v_3}{v_1 + v_2 + v_3}}.$$

连续的实数变量在一定精度下也可以采用二进制编码. 对给定的区间 $[a, b]$, 设二进制编码的长为 n, 则变量

$$x = a + a_1\frac{b-a}{2} + a_2\frac{b-a}{2^2} + \cdots + a_n\frac{b-a}{2^n}$$

与二进制码 $a_1a_2\cdots a_n$ 相对应. 二进制码与实际变量的误差为 $\dfrac{b-a}{2^n}$.

2. *初始化群体*

假设群体的规模为 pop_size, 随机产生 pop_size 个染色体作为初始群体. 初始化的方法根据编码方式的不同而设计.

对二进制编码, 随机产生 n 个整数 0 或 1 组成的长度为 n 的二进制编码染色体.

对符号编码, 如用城市序号的排列编码 TSP 的可行解, 可用如下方式随机产生: 先有 $u[i] = i$, $i = 1, 2, \cdots, n$; 令 $r = (\text{int})\text{random}[1, n]$, 那么 $x[1] := u[r]$; 更新 $u[i] := u[i]$ $(i = 1, 2, \cdots, r)$ 与 $u[i] := u[i+1]$ $(i = r, r+1, \cdots, n-1)$; 令 $r = (\text{int})\text{random}[1, n-1]$, 那么 $x[2] := u[r]$; 以此类推, 可得到一个染色体 $x = x[1]x[2]\cdots x[n]$.

对于实数编码, 可预估一个含有最优解的区域, 如立方体 $\prod\limits_{i=1}^{n}[a_i, b_i]$. 在这个区域中随机产生一个点

$$x = (x_1, x_2, \cdots, x_n), \quad x_i = \text{random}[a_i, b_i], \quad i = 1, 2, \cdots, n.$$

然后检验这个解的可行性. 如是可行的, 则接受为染色体; 如不可行, 则重新在该区域中随机产生一个点直到是可行点为止. 重复刚才的过程 pop_size 次得到 pop_size 个初始染色体.

3. *群体的规模*

群体的规模可以设定为个体编码长度数的一个线性倍数; 群体的规模可以是一个给定数; 群体的规模也可以是变化的, 当连续多代没能改变解的性能, 则可扩大群体的规模, 若解的改进非常好, 则可以减小群体的规模.

4. 评价函数

评价适应函数 Eval(V) 是根据每个染色体 V 的目标值而赋予的数值, 体现其与其他染色体的相对重要程度, 可用它来决定该染色体被选为种群的概率. 设可行解 x 编码后的染色体记为 V. 构造评价函数常用的方法如下.

(1) 简单地基于目标函数. 设 $f(x) \geqslant 0$ 为目标函数, 则

$$\begin{aligned} &\mathrm{Eval}(V) = f(x), && \text{对极大化优化问题}, \\ &\mathrm{Eval}(V) = M - f(x), && \text{对极小化优化问题}, M > \max_x f(x). \end{aligned}$$

(2) 基于非线性加速函数. 取

$$\mathrm{Eval}(V) = \begin{cases} \dfrac{1}{f_{\max} - f(x)}, & f(x) < f_{\max}, \\ M, & f(x) = f_{\max}, \end{cases}$$

其中 $M > 0$ 是一个充分大的数, $f_{\max}$ 是当前的最优目标值.

(3) 基于线性加速适应函数.

$$\mathrm{Eval}(V) = \alpha f(x) + \beta,$$

其中 α, β 满足

$$\begin{cases} \alpha \dfrac{\sum\limits_{i=1}^{\mathrm{pop\_size}} f(x_i)}{\mathrm{pop\_size}} + \beta = \dfrac{\sum\limits_{i=1}^{\mathrm{pop\_size}} f(x_i)}{\mathrm{pop\_size}}, \\ \alpha \max\limits_{1 \leqslant i \leqslant \mathrm{pop\_size}} \{f(x_i)\} + \beta = M \dfrac{\sum\limits_{i=1}^{\mathrm{pop\_size}} f(x_i)}{\mathrm{pop\_size}}. \end{cases}$$

(4) 基于序的评价函数. 设 $a \in (0,1)$, $b > 0$, 取

$$\mathrm{Eval}(V_i) = ba^{i-1}, \qquad i = 1, 2, \cdots, \mathrm{pop\_size}.$$

注意: $i = 1$ 代表最好的个体, $i = \mathrm{pop\_size}$ 代表最坏的个体.

5. 选择过程

根据评价函数选取一批染色体作为种群, 选取的方法一般采用"轮盘赌选择"方式, 评价值大的染色体被选为种群的可能性就大. 在该过程中一个染色体可以允许多次被选上, 所以有的参考书也把选择过程称为复制过程. 选择过程可用以下算法描述.

算法 5.15("轮盘赌选择"过程)

(1) 计算所有染色体 V_i 的累积概率 q_i,

$$q_0 = 0, \quad q_i = \sum_{j=1}^{i} \mathrm{Eval}(V_j), \quad i = 1, 2, \cdots, \mathrm{pop\_size}.$$

(2) 在 $(0, q_{\text{pop\_size}}]$ 中产生一个随机数 r.

(3) 若 $q_{i-1} < r \leqslant q_i$, 则选择染色体 V_i.

(4) 重复第 (2) 步至第 (3) 步 pop_size 次以获得 pop_size 个染色体.

---

6. 交叉运算

交叉运算是遗传算法的核心步骤. 种群中的染色体以一定的概率 P_c (常称为交叉概率) 被选来作交叉运算产生新的染色体, 被选中作交叉运算的染色体称为父代, 可见被选为父代的数目大约有 $P_c \cdot \text{pop\_size}$ 个, 将被选到的父代两两配对, 即从种群中第 $i = 1$ 个染色体到第 pop_size 个染色体逐个进行如下操作: 从 $[0,1]$ 中随机产生 r, 如 $r < P_c$, 则染色体 V_i 被选为父代. 记父代为 $V_1', V_2', V_3', \cdots$, 将它们配成对 $(V_1', V_2'), (V_3', V_4'), (V_5', V_6'), \cdots$. 两个父代通过交叉运算产生的新染色体称为其后代, 在原种群中用后代替换父代形成新的种群或群体.

(1) 二进制编码时常用的交叉运算方法如下.

单交叉位法. 如两个父代为 11010011 与 01110100, 随机选中的交叉位为第 3 位, 那么两个父代的前 3 位保持不变, 将第 4 位以后的基因相交换, 产生两个后代

$$\left.\begin{array}{l} 110|10011 \\ 011|10100 \end{array}\right\} \Longrightarrow \left\{\begin{array}{l} 110|10100, \\ 011|10011. \end{array}\right.$$

多交叉位法. 对码长较大的染色体, 交叉位可以设定为 2 个或 2 个以上, 这些交叉位将父代分割成若干段, 各段间隔进行交换后, 产生后代. 如两个父代为

$$1010110100110010 \quad 与 \quad 1100011101001011,$$

随机确定了第 6 和第 10 位是交叉位, 那么将父代的第 6 位和第 10 位之间的第 7 位至第 10 位交换, 其他位保持不变, 产生两个后代

$$\left.\begin{array}{l} 101011|0100|110010 \\ 110001|1101|001011 \end{array}\right\} \Longrightarrow \left\{\begin{array}{l} 101011|1101|110010, \\ 110001|0100|001011. \end{array}\right.$$

如确定第 2, 5, 9, 13 位是交叉位, 那么将父代的第 1, 2 位保持不变, 第 3 位至第 5 位相交换, 第 6 位至第 9 位保持不变, 第 10 位至第 13 位相交换, 第 14 位后保持不变, 产生两个后代

$$\left.\begin{array}{l} 10|101|1010|0110|010 \\ 11|000|1110|1001|011 \end{array}\right\} \Longrightarrow \left\{\begin{array}{l} 10|000|1010|1001|010, \\ 11|101|1110|0110|011. \end{array}\right.$$

(2) 对于符号编码, 交叉运算可采用如下方法.

常规不变位法. 随机确定一个交叉位, 父代交叉位前的基因分别继承给两个后代, 两个后代交叉位之后的基因分别按对方父代基因顺序选取不重基因. 如确定第 4 位是交叉位, 那么

$$\left.\begin{array}{ll} \text{父代 A} & 2\,8\,6\,4|7\,5\,1\,3 \\ \text{父代 B} & 5\,4\,6\,7|8\,3\,1\,2 \end{array}\right\} \Longrightarrow \left\{\begin{array}{ll} \text{后代 A} & 2\,8\,6\,4|5\,7\,3\,1, \\ \text{后代 B} & 5\,4\,6\,7|2\,8\,1\,3. \end{array}\right.$$

后代 A 继承了父代 A 在交叉位 4 之前的基因 2864, 然后交叉位之后的基因以父代 B(54678312) 依序选取不重复的基因 5, 7, 3, 1 组成. 后代 B 以同样的方式产生.

随机不变位法. 随机产生一个与染色体相等维数的二进制编码, 其中 1 所在位置对应父代相应位置的基因不变, 其他基因位按前述方法处理. 如随机产生 8 位基因的二进制编码 01100101, 那么

$$\left.\begin{array}{ll}\text{父代 A} & 2\underline{8}\,\underline{6}\,47\underline{5}\,1\underline{3}\\ \text{父代 B} & 5\underline{4}\,\underline{6}\,78\underline{3}\,1\underline{2}\end{array}\right\}\Longrightarrow\left\{\begin{array}{ll}\text{后代 A} & 4\underline{8}\,\underline{6}\,71\underline{5}\,2\underline{3},\\ \text{后代 B} & 8\underline{4}\,\underline{6}\,75\underline{3}\,1\underline{2},\end{array}\right.$$

后代 A 在第 2, 3, 6, 8 位的基因分别继承父代 A 的基因 8, 6, 5, 3, 而第 1, 4, 5, 7 位的基因依前述方法以父代 B(54678312) 依序选取不重复的基因. 后代 B 以同样的方式产生.

(3) 对于实数编码, 可按以下方法实现交叉运算.

随机产生一个数 $c \in (0,1)$, 由父代 V_1, V_2 产生后代 X, Y 分别为

$$X = c \cdot V_1 + (1-c) \cdot V_2, \quad Y = (1-c) \cdot V_1 + c \cdot V_2.$$

7. 变异运算

变异运算是遗传算法的另一显著特征, 种群中的染色体以一定的概率 P_m (常称为变异概率) 被选来作变异运算产生新的染色体, 可见大约有 $P_m \cdot$pop_size 个被选为父代, 即从种群中第 $i=1$ 个染色体到第 pop_size 个染色体逐个进行如下操作: 从 $[0,1]$ 中随机产生 r, 如 $r < P_m$, 则染色体 V_i 被选为父代. 被选到的父代通过变异运算产生其后代, 在原种群中用后代替换父代形成新的种群或群体. 常用的变异运算方法如下.

(1) 单点、多点变异法. 对二进制编码随机选一个或多个变异位, 将父代在变异位的基因由 1 变为 0 或由 0 变为 1, 产生后代, 如

$$\begin{array}{ll}11\underline{0}11011 \Longrightarrow 11\underline{1}11011 & (\text{变异位 } 3),\\ 11\underline{0}110\underline{1}1 \Longrightarrow 11\underline{1}110\underline{0}1 & (\text{变异位 } 3,\ 7).\end{array}$$

(2) 2-opt 法. 随机产生两个变异位, 然后将两个变异位间的基因按逆序排列, 其他位的基因保持不变, 产生后代. 如若变异位为 2 和 6, 则将第 2 与第 6 位间的基因倒排获得后代, 如

$$\begin{array}{ll}1\underline{01101}00 \Longrightarrow 1\underline{10110}00 & (\text{二进制编码}),\\ 2\underline{58317}46 \Longrightarrow 2\underline{71385}46 & (\text{TSP 的城市序号编码}).\end{array}$$

(3) 对实数码, 可进行如下变异操作. 设 V 为父代, 取 $M > 0$ 适当大, 随机选个变异方向 $\boldsymbol{d}$, 如 $V + M \cdot \boldsymbol{d}$ 不可行, 置 M 为 0 到 M 间的随机数直到可行为止; 若该过程在规定的代数还不能找到可行解, 则置 $M = 0$. 由 V 变异产生的后代为

$$X = V + M \cdot \boldsymbol{d}.$$

关于遗传算法的收敛性, 有以下结论.

定理 5.18 (收敛定理) (1) *若变异概率* $0 < p_m < 1$, *交叉概率* $0 \leqslant p_c \leqslant 1$, *则基本遗传算法不收敛到全局最优解.*

(2) 若改进基本遗传算法按交叉、变异、种群选取之后更新当前最优染色体 (解) 的进化循环过程, 则收敛于全局最优.

(3) 若改进基本遗传算法按交叉、变异后就更新当前最优染色体之后进行种群选取的进化循环过程, 则收敛于全局最优.

从收敛性定理可看出, 遗传算法求解最优化问题时, 每次迭代后需要更新当前最优染色体才能保证算法停止时, 输出的最好解近似为最优解.

5.8 应　用

5.8.1 机床主轴优化设计

1. 问题描述

机床主轴是机床中的重要零件, 以两个支撑机床主轴为例进行优化设计. 为简化分析, 将空心阶梯轴用空心等圆截面轴表示, 如图 5.4 所示.

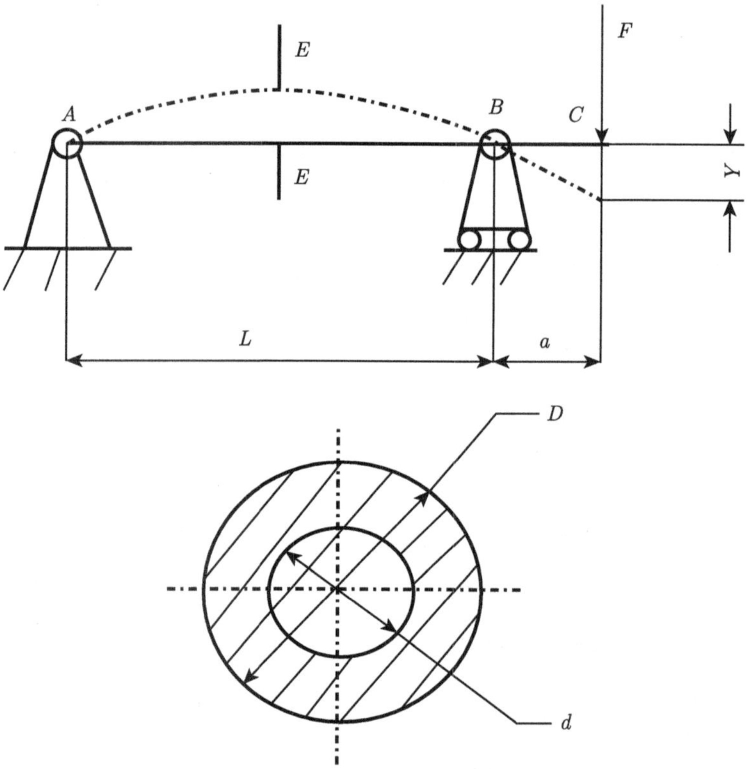

图 5.4　机床主轴简易图

2. 最优化模型

设计变量主要有跨距 L、外径 D、外伸端长度 a. 优化模型以主轴自重最轻为目标, 外伸端挠度为约束条件.

记 $x_1 = L, x_2 = D, x_3 = a$, 目标函数定义为

$$f(x) = \frac{1}{4}\pi\rho(x_1 + x_3)(x_2^2 - d^2),$$

其中 ρ 为材料密度, d 为主轴内径.

外伸挠度不能超过规定数值, 即

$$\frac{64Fx_3^2(x_1+x_3)}{3E\pi(x_2^4-d^4)} \leqslant \omega_0,$$

其中 F 为外力大小, E 为材料的弹性模量, ω_0 为设定挠度上限值.

设置变量的取值范围, 形成关于变量的边界约束

$$L_{\min} \leqslant x_1 \leqslant L_{\max}, \quad D_{\min} \leqslant x_2 \leqslant D_{\max}, \quad a_{\min} \leqslant x_3 \leqslant a_{\max}.$$

综合上述分析, 机床主轴机构优化模型可表示为

$$\begin{aligned}
\min \quad & \frac{1}{4}\pi\rho(x_1+x_3)(x_2^2-d^2) \\
\text{s.t.} \quad & \omega_0 - \frac{64Fx_3^2(x_1+x_3)}{3E\pi(x_2^4-d^4)} \geqslant 0, \\
& x_1 - L_{\min} \geqslant 0, \\
& L_{\max} - x_1 \geqslant 0, \\
& x_2 - D_{\min} \geqslant 0, \\
& D_{\max} - x_2 \geqslant 0, \\
& x_3 - a_{\min} \geqslant 0, \\
& a_{\max} - x_3 \geqslant 0.
\end{aligned}$$

3. 数值试验

参数设置为: 材料密度 $\rho = 7.8 \times 10^{-3}$ g/mm^3, 主轴内径 $d = 35$ mm, 外力 $F = 15000$ N, 弹性模量 $E = 2.1 \times 10^5$ N/mm^2, 挠度上限值 $\omega_0 = 0.05$, $L_{\min} = 350$ mm, $L_{\max} = 700$ mm, $D_{\min} = 70$ mm, $D_{\max} = 150$ mm, $a_{\min} = 100$ mm, $a_{\max} = 160$ mm.

使用广义乘子法 (算法 5.8) 求解上述优化问题. 在试验中, 我们采用 MATLAB 内置的 fminunc 函数求解内迭代步中的无约束问题. 设定 $\varepsilon = 1 \times 10^{-5}$, 初始罚因子 $\sigma = 5$, 放大系数为 $\gamma = 2$, 罚因子修正准则判别系数 $\beta = 0.5$, 初始点设置为 $(500, 90, 130)^{\mathrm{T}}$. 经过 39 次迭代, 计算得到最优解为

$$\boldsymbol{x}^* = (350.0000, 82.0266, 100.0007)^{\mathrm{T}}, \quad f(\boldsymbol{x}^*) = 1.5171 \times 10^4,$$

即对如图 5.4 所示的机床主轴机构, 最优的跨距为 $L = 350$ mm, 外径 $D = 82.0266$ mm, 外伸端长度 $a = 100.0007$ mm.

对于上述约束优化问题, 我们也可以直接调用 MATLAB 内置的 fmincon 函数求解. 得到最优解为

$$\boldsymbol{x} = (350.0000, 81.9739, 100.0000)^{\mathrm{T}}, \quad f(\boldsymbol{x}) = 1.5148 \times 10^4.$$

该结果与我们使用广义乘子法获得的结果接近.

5.8.2 装箱问题

1. 问题描述

设有 n 个物品 $u_1, u_2, \cdots, u_n$, 其体积分别为 $w_1, w_2, \cdots, w_n$. 有一批箱子, 每个箱子的容积为 c, 而 $w_i \leqslant c, i=1,2,\cdots,n$. 现要把这 n 个物品装入箱子, 每个箱子可以装多个物品. 不考虑物品及箱子的尺寸问题, 确定一份装箱方案, 使得装完这 n 个物品所需的箱子数目最小.

从计算复杂性来讲, 装箱问题是一个 NP-C 问题, 所以精确求解是很难的. 用遗传算法可以有效地得到装箱问题的近似解甚至精确解.

2. 装箱问题遗传算法

(1) 编码方法. 将 n 个物品的任意排列视为一个染色体 $u_{i_1}u_{i_2}\cdots u_{i_n}$, 其中 $i_1, i_2, \cdots, i_n$ 是 1, 2, $\cdots$, n 的任意重排. 按序把物品 u_{i_1}, u_{i_2}, $\cdots$ 装入第 1 个箱子, 直至装不下为止. 设第 1 个箱子装入了物品 $u_{i_1}, u_{i_2}, \cdots, u_{i_{k_1}}$, 即有

$$w_{i_1}+w_{i_2}+\cdots+w_{i_{k_1}} \leqslant c, \quad w_{i_1}+w_{i_2}+\cdots+w_{i_{k_1}}+w_{i_{k_1}+1} > c.$$

接下来, 从物品 $u_{i_{k_1}+1}$ 开始, 按序将物品装入第 2 个箱子, 直至装不下为止. 以此类推, 直至把所有物品装完. 记录下所用箱子数目, 设为 m, 则有 $k_m = n$.

(2) 目标函数. 对染色体 $s: u_{i_1}u_{i_2}\cdots u_{i_n}$, 目标函数为 $f(s) = m$.

(3) 适用函数及选择过程. 用 5.7.2 节介绍的基于序的评价函数作为染色体的适用度, 选择过程用 "轮盘赌选择" 方法.

(4) 初始化、交叉、变异运算. 可参照 5.7.2 节介绍的基于符号编码的方法.

3. 例子

箱子的容积为 $c=1$, 有 18 个物品 $u_1, u_2, \cdots, u_{18}$, 它们的体积 $w_1, w_2, \cdots, w_{18}$ 如下表所示.

i	1	2	3	4	5	6	7	8	9
w_i	0.142	0.5	0.333	0.48	0.332	0.334	0.51	0.143	0.140
i	10	11	12	13	14	15	16	17	18
w_i	0.47	0.49	0.141	0.142	0.333	0.141	0.330	0.334	0.47

用遗传算法可得最优的装箱方案所用箱子数目为 $m=6$, 最优装箱方案为 (注: 最优装箱方案不唯一):

第 1 个箱子装物品 u_5, u_{13}, u_{18}, 该箱子所装物品总体积为 0.944;

第 2 个箱子装物品 u_1, u_6, u_4, 该箱子所装物品总体积为 0.956;

第 3 个箱子装物品 u_{12}, u_{16}, u_2, 该箱子所装物品总体积为 0.971;

第 4 个箱子装物品 u_3, u_{17}, u_{14}, 该箱子所装物品总体积为 1;

第 5 个箱子装物品 u_{10}, u_9, u_{15}, u_8, 该箱子所装物品总体积为 0.894;

第 6 个箱子装物品 u_{11}, u_7, 该箱子所装物品总体积为 1.

最优装箱的情况也可如图 5.5 所示, 其中阴影部分为箱子剩余容量, 而第 4, 6 个箱子没有剩余容量.

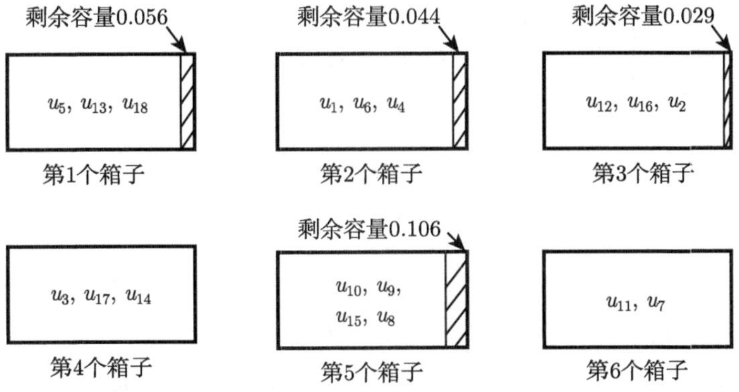

图 5.5　最优装箱

第 5 章习题

1. 用单纯形方法求解:

(1)
$$\begin{aligned}\min\quad & -3x_1 - x_2\\ \text{s.t.}\quad & 3x_1 + 3x_2 + x_3 = 30,\\ & 4x_1 - 4x_2 + x_4 = 16,\\ & 2x_1 - x_2 \leqslant 12,\\ & x_i \geqslant 0,\ i = 1,2,3,4.\end{aligned}$$

(2)
$$\begin{aligned}\min\quad & 3x_1 - 5x_2 - 2x_3 - x_4\\ \text{s.t.}\quad & x_1 + x_2 + x_3 \leqslant 4,\\ & 4x_1 - x_2 + x_3 + 2x_4 \leqslant 6,\\ & -x_1 + x_2 + 2x_3 + 3x_4 \leqslant 12,\\ & x_i \geqslant 0,\ i = 1,2,3,4.\end{aligned}$$

2. 一公司生产两种印刷电路板 A 和 B. 生产 A 和 B 所需的元件放置时间, 焊接时间和检验时间如下:

电路板	每单位所需时间/min		
	元件放置	焊接	检验
A	2	1	4
B	3	2	3

如果公司每天用于元件放置、焊接和检验的可用时间分别为 90min、50min 和 125min, 且 A 和 B 的每单位利润为 7 元和 9 元, 试确定每天生产印刷电路板 A 和 B 的数量使公司利润最大.

3. 用两阶段法求解下列问题:

(1)
$$\begin{aligned}\min\quad & x_1 - 3x_2 + x_3\\ \text{s.t.}\quad & 2x_1 - x_2 + x_3 = 8,\\ & 2x_1 + x_2 \geqslant 2,\\ & x_1 + 2x_2 \leqslant 10,\\ & x_i \geqslant 0,\quad i = 1,2,3.\end{aligned}$$

(2)
$$\begin{aligned}\max\quad & 3x_1 - x_2 - x_3\\ \text{s.t.}\quad & x_1 - 2x_2 + x_3 \leqslant 11,\\ & -4x_1 + x_2 + 2x_3 \geqslant 3,\\ & -2x_1 + x_3 = 1,\\ & x_i \geqslant 0,\quad i = 1,2,3.\end{aligned}$$

4. 用大 M 法求解例 5.3.

5. 求解下列问题的稳定点, 并判断是否是问题的局部极小解:

$$\begin{aligned}\min\quad & -3x_1 + x_2 + 4x_3^2\\ \text{s.t.}\quad & -x_1 + x_2 + x_3^2 = 0,\\ & 1 - x_2 - x_3 \geqslant 0.\end{aligned}$$

6. 试检验 $\begin{pmatrix} 2 \\ 1 \end{pmatrix}, \begin{pmatrix} 1 \\ 2 \end{pmatrix}, \begin{pmatrix} \frac{7}{3} \\ \frac{4}{3} \end{pmatrix}$ 是否为如下问题的稳定点:

$$\begin{aligned} \min \quad & {x_1}^2 + 2{x_2}^2 - 4x_1 - 4x_2 \\ \text{s.t.} \quad & 3 - x_1 - x_2 \geqslant 0, \\ & x_1 + 2x_2 - 5 \geqslant 0. \end{aligned}$$

7. 用最速下降法求解 $\min\ (x_1-1)^2 + x_2^2$, 初始点 $\boldsymbol{x}^{(1)} = (1,1)^{\mathrm{T}}$.

8. 用 Newton 法求解 $\min\ (x_1-1)^4 + x_2^2$, 初始点 $\boldsymbol{x}^{(1)} = (0,1)^{\mathrm{T}}$, 迭代两次.

9. 用 FR 共轭梯度法求解例 5.8中的问题, 初始点仍为 $(0,0)^{\mathrm{T}}$. 编写 FR 共轭梯度程序检验问题的理论解.

10. 用阻尼 Newton 法求解例 5.10中的问题, 初始点为 $\boldsymbol{x}^{(1)} = (1,1)^{\mathrm{T}}$.

11. 用外点罚函数法和倒数障碍罚函数法求解如下问题:

$$\begin{aligned} \min \quad & \frac{1}{12}(x_1+1)^2 + x_2 \\ \text{s.t.} \quad & x_1 + 1 \geqslant 0, \\ & x_2 \geqslant 0. \end{aligned}$$

并编写程序检验问题的理论解.

12. 用广义乘子法求解

$$\begin{aligned} \min \quad & x_1^2 + 2x_2^2 \\ \text{s.t.} \quad & x_1 + x_2 \geqslant 1. \end{aligned}$$

13. 什么是 P 问题和 NP 问题?

14. 受热金属物体分子运动有什么规律, 对求解组合优化问题有什么启发?

15. 什么是 Metropolis 接受准则?

16. 遗传算法中交叉运算如何进行, 变异运算如何进行?

17. “轮盘赌选择” 如何实施?

18. 编写模拟退火算法求解 TSP 的程序.

19. 编写遗传算法求解 TSP 的程序.

20. 在机床主轴优化设计中, 若令外径 D 为主轴内径 d 的 4 倍, 则设计变量进一步简化为跨距 L 及外伸端长度 a. 假设外伸挠度仍需小于上限值 $\omega_0 = 0.05$, 材料密度 $\rho = 7.8 \times 10^{-3}$ g/mm^3, 主轴内径 $d = 30$ mm, 外力 $F = 15000$ N, 弹性模量 $E = 2.1 \times 10^5$ N/mm^2, $L_{\min} = 300$ mm, $L_{\max} = 650$ mm, $a_{\min} = 90$ mm, $a_{\max} = 150$ mm. 试建立该问题的优化模型, 并以 $L = 450$, $a = 100$ 为初始点使用适当算法求解该优化问题, 给出最优参数值.

第 6 章 函数逼近与数据拟合

函数逼近问题通过构造一个简单函数 $P(x)$ 来近似表示实际问题中的复杂函数 $f(x)$, 主要包括三部分内容: 函数 $P(x)$ 类型的选取, 表示方式的不同以及近似程度的度量. 因此, 函数逼近问题内容丰富、形式多样. 例如, 当 $P(x)$ 为多项式函数, 并要求在某些点上 $P(x)$ 和 $f(x)$ 的函数值, 甚至是某阶导数值相同, 就衍生出了多项式插值问题. 当用小波函数表示 $f(x)$ 时, 对应了小波变换的多尺度逼近. 而当函数为某类简单函数, 表示的方式采用多个简单线性函数的叠加时, 则构成了人工神经网络的基本模块. 本章主要介绍几种多项式插值、最小二乘方法、人工神经网络中的 BP 算法以及小波变换的方法.

6.1 多项式插值

在科学研究中, 经常需要研究两个变量之间的函数关系 $y=f(x)$, 并且这种关系通常是通过试验或观察得到 $x_0, x_1, \cdots, x_n$ 的取值, 分别为

$$f(x_i)=y_i, \quad i=0,1,\cdots,n. \tag{6.1}$$

针对这些点, 构造函数 $y=P(x)$, 使得

$$P(x_i)=y_i, \quad i=0,1,\cdots,n. \tag{6.2}$$

称 $x_0, x_1, \cdots, x_n$ 为插值节点, $f(x)$ 为被插值函数, $P(x)$ 为插值函数, 式 (6.2) 为插值条件. 这类问题称为插值问题. 在处理插值问题中, 首先根据需要选择 $P(x)$ 为哪一类函数, 如果选择 $P(x)$ 为代数多项式, 则问题就是多项式插值问题. 类似地, 可选择 $P(x)$ 为三角多项式、有理函数、样条函数等, 从而衍生出不同的插值问题. 下面主要介绍多项式插值.

多项式插值即构造一个次数不超过 n 次的多项式

$$P_n(x)=a_0+a_1x+\cdots+a_nx^n, \tag{6.3}$$

使其满足插值条件 (6.2), 即

$$\begin{cases} a_0+a_1x_0+\cdots+a_nx_0^n=f(x_0), \\ a_0+a_1x_1+\cdots+a_nx_1^n=f(x_1), \\ \qquad\cdots\cdots \\ a_0+a_1x_n+\cdots+a_nx_n^n=f(x_n). \end{cases} \tag{6.4}$$

由此可见，待求的插值多项式系数 $a_0, a_1, \cdots, a_n$ 的存在唯一性由线性方程组 (6.4) 的解的存在唯一性决定. 当线性方程组的系数矩阵 $\boldsymbol{A}$ 的行列式不等于 0 时, 线性方程组 (6.4) 有唯一

解. 显然, $\boldsymbol{A}$ 的行列式 $\det(\boldsymbol{A})$ 是一个 Vandermonde(范德蒙德) 行列式

$$\det(\boldsymbol{A}) = \begin{vmatrix} 1 & x_0 & x_0^2 & \cdots & x_0^n \\ 1 & x_1 & x_1^2 & \cdots & x_1^n \\ \vdots & \vdots & \vdots & & \vdots \\ 1 & x_n & x_n^2 & \cdots & x_n^n \end{vmatrix}.$$

当 $i \neq j$, $x_i \neq x_j$ 时, $\det(\boldsymbol{A}) \neq 0$, 此时方程组 (6.4) 有唯一解, 则存在唯一的 n 次插值多项式满足插值条件 (6.2). 但此方法的计算量大, 因此, 需要寻找更有效的求解插值多项式的方法.

6.1.1 Lagrange 插值

针对上述的多项式插值, 可以构造次数不超过 n 次的多项式 $l_i(x)$, 使其满足

$$l_i(x_j) = \delta_{ij} = \begin{cases} 1, & i = j, \\ 0, & i \neq j. \end{cases}$$

则可以看出, $x_j (i \neq j)$ 都是 $l_i(x)$ 的根, 且 $l_i(x_i) = 1$. 所以

$$l_i(x) = \frac{(x - x_0)(x - x_1)\cdots(x - x_{i-1})(x - x_{i+1})\cdots(x - x_n)}{(x_i - x_0)(x_i - x_1)\cdots(x_i - x_{i-1})(x_i - x_{i+1})\cdots(x_i - x_n)}. \tag{6.5}$$

令

$$L_n(x) = f(x_0)l_0(x) + f(x_1)l_1(x) + \cdots + f(x_n)l_n(x). \tag{6.6}$$

容易验证, $L_n(x)$ 满足条件 (6.2). 称 $L_n(x)$ 为 $f(x)$ 的 n 次 Lagrange 插值多项式, $l_i(x)$ $(i = 0, 1, 2, \cdots, n)$ 为 n 次 Lagrange 插值基函数. 为了记号简单, 记

$$\omega(x) = \prod_{i=0}^{n} (x - x_i).$$

则 $\omega'(x_i) = \prod\limits_{j=0, j\neq i}^{n} (x_i - x_j)$. 因而, $l_i(x)$ 可表示成

$$l_i(x) = \frac{\omega(x)}{(x - x_i)\omega'(x_i)}, \tag{6.7}$$

从而 Lagrange 插值函数表示为

$$L_n(x) = \sum_{i=0}^{n} \frac{\omega(x)}{(x - x_i)\omega'(x_i)} f(x_i). \tag{6.8}$$

插值多项式 $L_n(x)$ 是被插值函数 $f(x)$ 的一种近似, 在节点处是精确的, 但在节点之外则存在误差, 称 $f(x) - L_n(x)$ 为插值余项, 也称为截断误差, 记为 $R_n(x)$.

定理 6.1　设 $f(x), f'(x), \cdots, f^{(n)}$ 在区间 $[a, b]$ 上连续, $f^{(n+1)}$ 在区间 (a, b) 内存在, 节点为 $a \leqslant x_0 < x - 1 < \cdots < x_n \leqslant b$, $L_n(x)$ 是满足插值条件的插值多项式. 则对任意的 $x \in [a, b]$, 插值余项为

$$R_n(x) = f(x) - L_n(x) = \frac{f^{(n+1)}(\xi)}{(n+1)!}\omega(x), \tag{6.9}$$

其中 ξ 介于 a 与 b 之间.

6.1.2 差商与 Newton 插值

利用 6.1.1 节所提到的 Lagrange 插值多项式进行函数逼近时, 如果需要增加多项式的次数, 即增加插值节点的个数, 则需要重新计算所有的 $l_i(x)$, 这显然造成了前面计算工作量的浪费, 增加了计算量. 为了充分利用前面的计算结果, 构造如下的 n 次插值多项式

$$P_n(x) = a_0 + a_1(x-x_0) + a_2(x-x_0)(x-x_1) + \cdots + a_n(x-x_0)(x-x_1)\cdots(x-x_{n-1}), \tag{6.10}$$

其中 $a_0, a_1, \cdots, a_n$ 为待定系数.

依次将节点 $x_0, x_1, \cdots, x_n$ 代入插值条件 $P_n(x_i) = f(x_i), i = 0, 1, \cdots, n$ 中, 可得: 当 $x = x_0$ 时, $P_n(x_0) = a_0 = f(x_0)$, 当 $x = x_1$ 时, $P_n(x_1) = a_0 + a_1(x_1 - x_0) = f(x_1)$, 则

$$a_1 = \frac{f(x_1) - f(x_0)}{x_1 - x_0}.$$

当 $x = x_2$ 时, $P_n(x_2) = a_0 + a_1(x_1 - x_0) + a_2(x_2 - x_0)(x_2 - x_1) = f(x_2)$, 则

$$a_2 = \frac{\dfrac{f(x_2) - f(x_1)}{x_2 - x_1} - \dfrac{f(x_1) - f(x_0)}{x_1 - x_0}}{x_2 - x_0}.$$

以此递推, 可得到 $a_3, a_4, \cdots, a_n$, 为了给出系数 a_k 的一般形式, 下面引入差商的概念.

定义 6.1 设已知函数 $f(x)$ 在 $n+1$ 个互异节点 $x_0, x_1, \cdots, x_n$ 上的函数值为 $f(x_0)$, $f(x_1)$, $\cdots$, $f(x_n)$, 称

$$\frac{f(x_j) - f(x_i)}{x_j - x_i}$$

为函数 $f(x)$ 在节点 x_i, x_j 处的一阶差商, 并记为 $f[x_i, x_j]$, 即

$$f[x_i, x_j] = \frac{f(x_j) - f(x_i)}{x_j - x_i}.$$

称一阶差商的差商为二阶差商, 即

$$f[x_i, x_j, x_k] = \frac{f[x_j, x_k] - f[x_i, x_j]}{x_k - x_i}.$$

一般地, $f(x)$ 在 $x_0, x_1, \cdots, x_k$ 处的 k 阶差商定义为 $k-1$ 阶差商的差商, 即

$$f[x_0, x_1, \cdots, x_k] = \frac{f[x_1, x_2, \cdots, x_k] - f[x_0, x_1, \cdots, x_{k-1}]}{x_k - x_0}. \tag{6.11}$$

差商可用表 6.1 方便地计算得到.

表 6.1 差商表

x_0	$f(x_i)$	一阶差商	二阶差商	三阶差商	四阶差商
x_0	$f(x_0)$	$f[x_0, x_1]$	$f[x_0, x_1, x_2]$	$f[x_0, x_1, x_2, x_3]$	$f[x_0, x_1, x_2, x_3, x_4]$
x_1	$f(x_1)$	$f[x_1, x_2]$	$f[x_1, x_2, x_3]$	$f[x_1, x_2, x_3, x_4]$	
x_2	$f(x_2)$	$f[x_2, x_3]$	$f[x_2, x_3, x_4]$		
x_3	$f(x_3)$	$f[x_3, x_4]$			
x_4	$f(x_4)$				

差商具有以下的性质.

性质 6.1　k 阶差商可以表示为函数值 $f(x_0), f(x_1), \cdots, f(x_k)$ 的线性组合

$$f[x_0, x_1, \cdots, x_k] = \sum_{j=0}^{k} \frac{f(x_j)}{\omega'(x_j)}, \tag{6.12}$$

其中 $\omega(x) = \prod_{j=0}^{k}(x - x_j)$.

性质 6.2　差商具有对称性, 即在 k 阶差商 $f[x_0, x_1, \cdots, x_k]$ 中, 任意改变节点 x_i, x_j 的次序, 其值不变.

性质 6.3　n 次多项式 $f(x)$ 的 k 阶差商 $f[x, x_0, x_1, \cdots, x_{k-1}]$, 当 $k \leqslant n$ 时, 是 $n-k$ 次多项式; 当 $k > n$ 时, 其值恒等于零.

性质 6.4

$$f[x_0, x_1, \cdots, x_k] = \frac{f^{(k)}(\xi)}{k!},$$

其中 ξ 介于 $x_0, x_1, \cdots, x_n$ 的最小值与最大值之间.

上述差商的定义都是建立在节点互不相等的情形下的, 但有时我们需要用到节点相重时的差商, 这时可定义

$$f[x_0, x_0] = \lim_{\Delta x \to 0} f[x_0, x_0 + \Delta x] = f'(x_0).$$

一般地, 有

$$f[x, x, x_0, \cdots, x_n] = \frac{\mathrm{d}}{\mathrm{d}x} f[x, x_0, \cdots, x_n].$$

一个极端的情况是当所有的 n 个节点都与 x_0 重合时, 则

$$f[\underbrace{x_0, x_0, \cdots, x_0}_{n+1}] = \frac{1}{n!} f^{(n)}(x_0).$$

有了差商定义后, 我们来讨论 Newton 插值公式.

由差商定义, 得

$$\begin{aligned}
&f(x) = f(x_0) + (x - x_0) f[x, x_0],\\
&f[x, x_0] = f[x_0, x_1] + (x - x_1) f[x, x_0, x_1],\\
&\qquad\cdots\cdots\\
&f[x, x_0, \cdots, x_{n-1}] = f[x_0, x_1, \cdots, x_n] + (x - x_n) f[x, x_0, \cdots, x_n].
\end{aligned}$$

将以上各式由后向前依次代入, 可得

$$\begin{aligned}
f(x) =& f(x_0) + (x - x_0) f[x_0, x_1]\\
&+ (x - x_0)(x - x_1) f[x_0, x_1, x_2] + \cdots\\
&+ (x - x_0)(x - x_1)\cdots(x - x_{n-1}) f[x_0, x_1, \cdots, x_n]\\
&+ (x - x_0)(x - x_1)\cdots(x - x_n) f[x, x_0, x_1, \cdots, x_n].
\end{aligned}$$

记 $N_n(x)$ 为

$$\begin{aligned}N_n(x) = &f(x_0) + (x - x_0)f[x_0, x_1]\\&+(x - x_0)(x - x_1)f[x_0, x_1, x_2] + \cdots\\&+(x - x_0)(x - x_1)\cdots(x - x_{n-1})f[x_0, x_1, \cdots, x_n],\end{aligned} \tag{6.13}$$

以及 $\tilde{R}_n(x)$ 为

$$\tilde{R}_n(x) = (x - x_0)(x - x_1)\cdots(x - x_n)f[x, x_0, x_1, \cdots, x_n], \tag{6.14}$$

则

$$f(x) = N_n(x) + \tilde{R}_n(x). \tag{6.15}$$

称 $N_n(x)$ 为 n 次 Newton 插值多项式, $\tilde{R}_n(x)$ 为相应的插值余项.

容易看到, $N_n(x)$ 是一个 n 次多项式, 而 Lagrange 插值 $L_n(x)$(式 (6.6)) 也是 n 次多项式, 两者之间有什么关系呢?

下面证明 $N_n(x)$ 与 $L_n(x)$ 是同一多项式.

设 $p_n(x) = L_n(x)$ 是 $f(x)$ 的 n 次 Lagrange 插值多项式, 则由式 (6.13) 有

$$\begin{aligned}p_n(x) = &p_n(x_0) + (x - x_0)p_n[x_0, x_1]\\&+ (x - x_0)(x - x_1)p_n[x_0, x_1, x_2] + \cdots\\&+ (x - x_0)(x - x_1)\cdots(x - x_{n-1})p_n[x_0, x_1, \cdots, x_n]\\&+ (x - x_0)(x - x_1)\cdots(x - x_n)p_n[x, x_0, x_1, \cdots, x_n].\end{aligned}$$

因为 $p_n(x)$ 为 n 次多项式, 所以其 $n+1$ 阶差商为 0. 又由插值条件 $p_n(x)$ 与 $f(x)$ 在所有插值节点处值相同, 则各阶差商也相同, 所以得到

$$\begin{aligned}p_n(x) = &f(x_0) + (x - x_0)f[x_0, x_1]\\&+ (x - x_0)(x - x_1)f[x_0, x_1, x_2] + \cdots\\&+ (x - x_0)(x - x_1)\cdots(x - x_{n-1})f[x_0, x_1, \cdots, x_n]\\= &N_n(x).\end{aligned}$$

上述证明说明了 Lagrange 插值多项式 $L_n(x)$ 和 Newton 插值多项式 $N_n(x)$ 是同一多项式, 所不同的是 Lagrange 插值多项式用 $l_i(x)$ 作为插值基函数, 而 Newton 插值多项式是用 1, $(x-x_0)$, $(x-x_0)(x-x_1)$, $\cdots$, $(x-x_0)(x-x_1)\cdots(x-x_{n-1})$ 的线性组合表示的. 当然, 我们还可以用其他的多项式空间的基函数来进行多项式插值. 但相对于 Lagrange 插值公式, Newton 插值公式的优点在于, 当增加一个插值节点 (如 $\bar{x}$) 时, 只需要增加一项, 且有递推公式

$$N_{k+1}(x) = N_k(x) + f[x_0, x_1, \cdots, x_k, \bar{x}](x - x_0)(x - x_1)\cdots(x - x_k).$$

对于函数 $f(x)$, 插值节点 $x_0, x_1, \cdots, x_n$ 的 n 次插值多项式, 分别用 Lagrange 插值方法和 Newton 插值方法, 则 $f(x)$ 可分别表示为

$$f(x) = L_n(x) + R_n(x) = N_n(x) + \tilde{R}_n(x).$$

结合式 (6.9), 则证明了差商的第 4 个性质.

例 6.1 已知 $f(x) = \sqrt{x}$ 在点 $x = 2$, 2.1, 2.2 的值, 求二次 Newton 插值多项式, 若增加一个节点 $x = 2.3$, 再求三次 Newton 插值多项式.

解　作差商表 (表 6.2), 则

$$N_2(x) = 1.414214 + 0.34924(x-2) - 0.04110(x-2)(x-2.1),$$

$$\begin{aligned} N_3(x) =& 1.414214 + 0.34924(x-2) - 0.04110(x-2)(x-2.1) \\ &+ 0.009167(x-2)(x-2.1)(x-2.2) \\ =& N_2(x) + 0.009167(x-2)(x-2.1)(x-2.2). \end{aligned}$$

表 6.2　差商表

x_i	$f(x_i)$	一阶差商	二阶差商	三阶差商
2	1.414214	0.34924	−0.04110	0.009167
2.1	1.449138	0.34102	−0.03835	
2.2	1.483240	0.33335		
2.3	1.516575			

可见, 当增加一个插值节点时, 即增加一次插值多项式次数时, Newton 插值多项式只要增加一项即可.

6.1.3　差分及等距节点的插值公式

Newton 插值方法增强了插值多项式的灵活性, 但在计算差商时, 需要多次的除法计算. 当插值节点等距时, 插值多项式可进一步简化, 同时避免了除法运算. 为此, 先引入下面的差分的概念.

定义 6.2　已知函数 $f(x)$ 在等距节点 $x_0, x_1 = x_0 + h, \cdots, x_n = x_0 + nh$ 处的值 $f(x_i) = f_i, i = 0, 1, \cdots, n$, 其中 $h > 0$ 为相邻两个节点间的距离, 称为步长. 定义

$$\Delta f_i = f_{i+1} - f_i$$

为 $f(x)$ 在 x_i 处以 h 为步长的一阶向前差分, 简称为一阶差分, 并称

$$\Delta^m f_i = \Delta^{m-1} f_{i+1} - \Delta^{m-1} f_i, \quad m = 2, 3, \cdots$$

为 m 阶差分.

特别地, 规定零阶差分为 $\Delta^0 f_i = f_i$, $i = 0, 1, \cdots, n$.

差分与差商具有如下的重要关系:

$$f[x_i, x_{i+1}, \cdots, x_{i+m}] = \frac{\Delta^m f_i}{m!h^m}. \tag{6.16}$$

特别地, 当 $i = 0$ 时, 有

$$f[x_0, x_1, \cdots, x_m] = \frac{\Delta^m f_0}{m!h^m}. \tag{6.17}$$

另外, 还可用数学归纳法证明高阶差分和函数值之间的关系为

$$\Delta^m f_i = \sum_{j=0}^{m} (-1)^j \mathrm{C}_m^j f_{i+m-j}, \tag{6.18}$$

其中 $\mathrm{C}_m^j = \dfrac{m!}{j!(m-j)!}$ 为二项式系数.

差分的计算可仿照差商, 通过构造差分表计算 (表 6.3).

表 6.3 差分表

x_i	f_i	Δf_i	$\Delta^2 f_i$	$\Delta^3 f_i$	$\Delta^4 f_i$
x_0	f_0	Δf_0	$\Delta^2 f_0$	$\Delta^3 f_0$	$\Delta^4 f_0$
x_1	f_1	Δf_1	$\Delta^2 f_1$	$\Delta^3 f_1$	
x_2	f_2	Δf_2	$\Delta^2 f_2$		
x_3	f_3	Δf_3			
x_4	f_4				

上面所讨论的是向前差分, 同样可以定义向后差分以及中心差分, 在此就不一一介绍了. 考虑在等距节点处的 Newton 插值, 插值多项式 (6.13) 中的各阶差商分别用差分代替, 得到各种形式的等距节点插值公式.

1. Newton 前插公式

已知节点为 $x_i = x_0 + ih$ 以及 $f_i = f(x_i), i = 0, 1, \cdots, n$. 如果要用 n 次 Newton 插值多项式计算靠近 x_0 附近的点 x 处的函数值 $f(x)$ 的近似值, 利用差分和差商的关系, 可得

$$\begin{aligned} N_n(x) &= f_0 + \frac{\Delta f_0}{h}(x - x_0) + \frac{\Delta^2 f_0}{2h^2}(x - x_0)(x - x_1) \\ &\quad + \cdots + \frac{\Delta^n f_0}{n!h^n}(x - x_0)(x - x_1)\cdots(x - x_{n-1}), \end{aligned} \tag{6.19}$$

将 $x = x_0 + th$ 代入, 得到

$$\begin{aligned} N_n(x) &= N_n(x_0 + th) \\ &= f_0 + t\Delta f_0 + \frac{t(t-1)}{2!}\Delta^2 f_0 + \cdots + \frac{t(t-1)\cdots(t-n+1)}{n!}\Delta^n f_0 + R_n(x), \end{aligned} \tag{6.20}$$

相应的余项为

$$R_n(x) = R_n(x_0 + th) = \frac{t(t-1)\cdots(t-n)}{(n+1)!}h^{n+1}f^{n+1}(\xi), \quad x_0 < \xi < x_0 + nh.$$

2. Newton 后插公式

如果要计算最后一个节点 x_n 附近的点 x 处的函数值 $f(x)$ 的近似值, 则 Newton 插值多项式调整为

$$\begin{aligned} N_n(x) &= f_n + \frac{\Delta f_n}{h}(x - x_n) + \frac{\Delta^2 f_n}{2h^2}(x - x_n)(x - x_{n-1}) \\ &\quad + \cdots + \frac{\Delta^n f_n}{n!h^n}(x - x_n)(x - x_{n-1})\cdots(x - x_1), \end{aligned} \tag{6.21}$$

同样, 将 $x = x_n + th, -n \leqslant t \leqslant 0$ 代入上式, 得到 Newton 后插公式

$$\begin{aligned} N_n(x) &= N_n(x_n + th) \\ &= f_n + t\Delta f_n + \frac{t(t+1)}{2!}\Delta^2 f_n + \cdots + \frac{t(t+1)\cdots(t+n-1)}{n!}\Delta^n f_n + R_n(x), \end{aligned} \tag{6.22}$$

相应余项为

$$R_n(x) = R_n(x_n + th) = \frac{t(t+1)\cdots(t+n)}{(n+1)!}h^{n+1}f^{n+1}(\xi), \quad x_n - th < \xi < x_n.$$

例 6.2　已知 $\tan x$ 的函数表如下, 近似计算 $\tan 1.325$.

x_i	1.3	1.31	1.32	1.33
$f(x_i)$	3.6021	3.7471	3.9033	4.0723

解　采用 Newton 后插公式, 作差分表

x_i	f_i	Δf_i	$\Delta^2 f_i$	$\Delta^3 f_i$
1.3	3.6021	0.1450	0.0112	0.0016
1.31	3.7471	0.1562	0.0128	
1.32	3.9033	0.1690		
1.33	4.0723			

则

$$N_3(x) = 4.0723 + 0.1690t + \frac{0.0128}{2!}(t+1) + \frac{0.0016}{3!}t(t+1)(t+2).$$

这里, $h = 0.01$, 由 $x = 1.325 = 1.33 + th$, 得 $t = \dfrac{1.325 - 1.33}{0.01}$, 代入上式, 得

$$\tan 1.325 \approx N_3(1.325) = 3.9869.$$

6.1.4 Hermite 插值

在实际应用中, 为了更好地逼近被插值函数, 不仅要求插值多项式在节点处函数值与被插值函数相同, 还要求其在节点处的导数值也相同. 这种插值称为 Hermite 插值.

设 $x_0, x_1, \cdots, x_n$ 是 $n+1$ 个互不相同的插值节点, 构造一个 $2n+1$ 次的插值多项式 $H_{2n+1}(x)$, 使其满足

$$\begin{cases} H_{2n+1}(x_i) = f(x_i), \\ H'_{2n+1}(x_i) = f'(x_i), \end{cases} \quad i = 0, 1, \cdots, n, \tag{6.23}$$

则称 $H_{2n+1}(x)$ 为 Hermite 插值多项式.

与前面构造 Lagrange 插值多项式类似, 首先构造如下的 $2n+1$ 次的插值基函数 $h_i(x)$, $\bar{h}_i(x)$, $i = 0, 1, \cdots, n$, 满足条件

$$h_i(x_j) = \delta_{ij}, \qquad h_i'(x_j) = 0, \qquad j = 0, 1, \cdots, n, \tag{6.24}$$

$$\bar{h}_i(x_j) = 0, \qquad \bar{h}_i'(x_j) = \delta_{ij}, \qquad j = 0, 1, \cdots, n. \tag{6.25}$$

由条件 (6.24) 和条件 (6.25), 以及 Lagrange 插值基函数 $l_i(x)$ 的性质, 可知 $l_i^2(x)$ 是 $2n$ 次多项式, 且有

$$l_i^2(x_j) = \delta_{ij}, \qquad (l_i^2(x_j))' = 0, \quad j \neq i,$$

从而可将 $h_i(x)$ 表示为

$$h_i(x) = (1 + c_i(x - x_i))l_i^2(x), \tag{6.26}$$

其中 c_i 为待定常数. 对上式两端求导, 得到

$${h_i}'(x) = c_i l_i^2(x) + 2l_i(x)l_i'(x)(1 + c_i(x - x_i)). \tag{6.27}$$

将式 (6.24) 中关于 h_i 的约束代入式 (6.27), 可得

$$c_i = -2l_i'(x_i),$$

从而得到

$$h_i(x) = (1 - 2l_i'(x - x_i))l_i^2(x). \tag{6.28}$$

同理, $\bar{h}_i(x)$ 可表示为

$$\bar{h}_i(x) = b_i(x - x_i)l_i^2(x).$$

根据式 (6.25) 中关于 $\bar{h}_i$ 的约束, 计算得到 $b_i = 1$. 从而得到

$$\bar{h}_i(x) = (x - x_i)l_i^2(x). \tag{6.29}$$

于是, 类似 Lagrange 插值公式, 得到如下的满足插值条件 (6.23) 的 Hermite 插值公式

$$H_{2n+1}(x) = \sum_{i=0}^{n} h_i(x)f(x_i) + \sum_{i=0}^{n} \bar{h}_i(x)f'(x_i). \tag{6.30}$$

由代数学基本定理, 易知上述 $2n+1$ 次插值多项式是唯一的. 类似定理 6.1, 同样可给出 Hermite 插值余项.

定理 6.2 设 $f(x), f'(x), \cdots, f^{(2n+1)}$ 在区间 $[a,b]$ 上连续, $f^{(2n+2)}$ 区间 (a,b) 内存在. 对节点 $a \leqslant x_0 < x-1 < \cdots < x_n \leqslant b$, $L_n(x)$ 是满足插值条件的插值多项式, 则对任意的 $x \in [a,b]$, 插值余项为

$$R_{2n+1}(x) = f(x) - H_{2n+1}(x) = \frac{f^{(2n+1)}(\xi)}{(2n+1)!}\omega^2(\xi), \tag{6.31}$$

其中 $\omega(x) = \prod_{j=0}^{n}(x - x_j)$, ξ 介于 a 与 b 之间.

Hermite 插值问题的形式多样, 对一个具体问题的解法往往不唯一. 如果能充分利用问题的特点, 则求解过程会得到简化.

例 6.3 给定数据表

x_i	1	2	3
$f(x_i)$	2	4	12
$f'(x_i)$		3	

已知 $f(x)$ 在区间 $[1,3]$ 上具有连续的四阶导数, 求满足条件

$$H(x_i) = f(x_i) \quad (i = 0, 1, 2), \quad H'(x_1) = f'(x_1) = 3$$

的三次插值多项式 $H(x)$.

解 方法一 由插值条件可确定一个次数不超过三次的插值多项式 $H(x)$, 设

$$H(x) = \sum_{i=0}^{2} h_i(x)f(x_i) + \bar{h}_1(x)f'(x_1),$$

其中 $h_i, \bar{h}_1$ 都是次数不超过三次的多项式, 满足

$$h_i(x_j) = \delta_{ij}, \qquad h_i'(x_1) = 0, \qquad \bar{h}_1(x_j) = 0, \qquad \bar{h}_1'(x_1) = 1, \qquad j = 0, 1, 2.$$

由插值条件知, x_1, x_2 都是 $h_0(x)$ 的零点, 且 x_1 为二重零点, 故令

$$h_0(x) = a(x - x_1)^2(x - x_2) = a(x - 2)^2(x - 3),$$

其中 a 为待定常数, 将 $h_0(x_0) = 1$ 代入上式, 求得 $a = -\frac{1}{2}$, 于是

$$h_0(x) = -\frac{1}{2}(x - 2)^2(x - 3).$$

对 $h_1(x)$, 知 x_0, x_2 是其零点, 设

$$h_1(x) = (kx + b)(x - x_0)(x - x_2) = (kx + b)(x - 1)^2(x - 3).$$

由 $h_1(x_1) = 1$ 和 $h_1'(x_1) = 0$, 得到 $k = 0, b = -1$, 于是

$$h_1(x) = -(x - 1)(x - 3).$$

类似地, 可求得

$$h_2(x) = \frac{1}{2}(x - 1)(x - 2)^2, \qquad \bar{h}_1(x) = -(x - 1)(x - 2)(x - 3),$$

故 $H(x) = 2x^3 - 9x^2 + 15x - 6$,

方法二　构造重节点差商表

x_i	$f(x_i)$	一阶差商	二阶差商	三阶差商
1	2	2	1	2
2	4	3	5	
2	4	8		
3	12			

由 Newton 插值公式得

$$H(x) = 2 + 2(x - 1) + (x - 1)(x - 2) + 2(x - 1)(x - 2)(x - 2) = 2x^3 - 9x^2 + 15x - 6.$$

6.2　最小二乘法

6.1 节所讲的插值方法的目的是用简单多项式函数近似未知函数, 要求插值函数与被插值函数在节点处有相同的函数值或导数值, 如果要提高逼近程度, 需要增加节点个数, 而当数据量比较大时, 大量的数据难以保证每个数据值都有好的精确性, 当其中有些数据存在一定的误差时, 由于插值条件的要求, 其误差将完全被插值函数所继承. 另外, 有时不需要要求每个点的误差为 0, 而是对整体的误差做限制. 因此, 需要讨论近似函数的另一种确定方法——逼近, 也称为数据拟合.

对于观测数据 $(x_i, y_i), i = 1, 2, \cdots, N$, 设

$$P(x) = \sum_{j=0}^{n} a_j \phi_j(x), \quad n \ll N, \tag{6.32}$$

其中 $\phi_0(x),\phi_1(x),\cdots,\phi_n(x)$ 是基函数, 根据实际观测的数据, 可取为幂函数、三角函数、指数函数等, 并称 $P(x)$ 为拟合函数. 要使 $P(x)$ 很好地逼近试验数据, 则应使得每一点 x_i 处的偏差的平方和尽可能小, 即有

$$\min_{a_0,a_1,\cdots,a_n} Q(a_0,a_1,\cdots,a_n)=\min_{a_0,a_1,\cdots,a_n}\sum_{i=0}^{N}\left(y_i-\sum_{j=0}^{n}a_j\phi_j(x_i)\right)^2. \tag{6.33}$$

称此多元极值问题 (6.33) 为最小二乘问题, 也称最小二乘拟合. 如果考虑到不同点的观测数据所具有的重要性不同, 则得到加权最小二乘问题:

$$\min_{a_0,a_1,\cdots,a_n} Q(a_0,a_1,\cdots,a_n)=\min_{a_0,a_1,\cdots,a_n}\sum_{i=0}^{N}\omega_i\left(y_i-\sum_{j=0}^{n}a_j\phi_j(x_i)\right)^2. \tag{6.34}$$

特别地, 当取 $\phi_i(x)=x^i, i=0,1,2,\cdots,n$ 时, 设 $a_i^*(i=0,1,\cdots,n)$ 为问题 (6.33) 或问题 (6.34) 的解, 则称多项式 $P_n^*(x)=\sum\limits_{i=0}^{n}a_i^*x^i$ 为最小二乘拟合多项式.

对式 (6.33) 求最小值, 令 $\dfrac{\partial Q}{\partial a_k}=0, k=0,1,\cdots,n$, 得

$$\sum_{i=1}^{N}\left(y_i-\sum_{j=0}^{n}a_j\phi_j(x_i)\right)\phi_k(x_i)=0,\qquad k=0,1,\cdots,n, \tag{6.35}$$

此方程称为法方程 (正规方程). 若记

$$\begin{aligned}&\boldsymbol{\Psi}_j=(\phi_j(x_1),\phi_j(x_2),\cdots,\phi_j(x_N))^{\mathrm{T}},\quad j=0,1,\cdots,n,\\ &\boldsymbol{Y}=(y_1,y_2,\cdots,y_N)^{\mathrm{T}},\end{aligned}$$

则法方程可写为

$$\sum_{j=0}^{n}a_j\langle\boldsymbol{\Psi}_j,\boldsymbol{\Psi}_k\rangle=\langle\boldsymbol{Y},\boldsymbol{\Psi}_k\rangle,\qquad k=0,1,\cdots,n, \tag{6.36}$$

其中 $\langle\cdot,\cdot\rangle$ 表示 $\mathbf{R}^n$ 中的内积, 此方程组的系数矩阵为

$$\begin{pmatrix}\langle\boldsymbol{\Psi}_0,\boldsymbol{\Psi}_0\rangle & \langle\boldsymbol{\Psi}_0,\boldsymbol{\Psi}_1\rangle & \cdots & \langle\boldsymbol{\Psi}_0,\boldsymbol{\Psi}_n\rangle\\ \langle\boldsymbol{\Psi}_1,\boldsymbol{\Psi}_0\rangle & \langle\boldsymbol{\Psi}_1,\boldsymbol{\Psi}_1\rangle & \cdots & \langle\boldsymbol{\Psi}_1,\boldsymbol{\Psi}_n\rangle\\ \vdots & \vdots & & \vdots\\ \langle\boldsymbol{\Psi}_n,\boldsymbol{\Psi}_0\rangle & \langle\boldsymbol{\Psi}_n,\boldsymbol{\Psi}_1\rangle & \cdots & \langle\boldsymbol{\Psi}_n,\boldsymbol{\Psi}_n\rangle\end{pmatrix}.$$

此矩阵为可逆的, 从而正规方程组 (6.36) 的解存在且唯一.

若记 $\boldsymbol{A}=(\boldsymbol{\Psi}_0,\boldsymbol{\Psi}_1,\cdots,\boldsymbol{\Psi}_n)$, 则 $\boldsymbol{A}$ 为一个 $N\times n$ 矩阵, 以上最小二乘问题的法方程为

$$\boldsymbol{A}^{\mathrm{T}}\boldsymbol{A}\boldsymbol{X}=\boldsymbol{A}^{\mathrm{T}}\boldsymbol{Y},$$

其中 $\boldsymbol{X}=(a_0,a_1,\cdots,a_n)^{\mathrm{T}}$. 当 N 不是很大时, 可以用平方根法进行求解, 当 N 比较大时, 矩阵 $\boldsymbol{A}^{\mathrm{T}}\boldsymbol{A}$ 常常是病态的, 此时可用正交分解的方法求解.

例 6.4　对于数据表

x_i	1	2	3	4	5
$f(x_i)$	4	4.5	6	8	8.5
ω_i	2	1	3	1	1

已知其经验公式为 $y=a+bx$, 用加权最小二乘方法确定参数 a,b.

解　根据最小二乘拟合思想, 满足正规方程组

$$\begin{cases} a\sum_{i=1}^{5}\omega_i+b\sum_{i=1}^{5}\omega_i x_i=\sum_{i=1}^{5}\omega_i f(x_i), \\ a\sum_{i=1}^{5}\omega_i x_i+b\sum_{i=1}^{5}\omega_i x_i^2=\sum_{i=1}^{5}\omega_i x_i f(x_i). \end{cases}$$

将数据表中的数据代入上式并计算, 得到

$$\begin{cases} 8a+22b=47, \\ 22a+74b=145.5, \end{cases}$$

从而解得

$$a=2.5648,\quad b=1.2037,$$

即满足观测数据表的线性拟合多项式为

$$y=2.5648+1.2037x.$$

6.3　人工神经网络 BP 算法

前面所介绍的多项式插值是用已知的简单函数来逼近未知的、复杂的函数, 人工神经网络 (artificial neural network, ANN) 则通过多个简单线性函数的叠加来逼近复杂的非线性函数. 人工神经网络由大量的简单处理单元——神经元 (neuron) 构成广泛、并行、互联的网络, 并通过模拟生物神经系统, 得到基于神经元的计算模型. 神经元是人工神经网络的基本处理单元, 是一个多输入单输出的非线性器件, 其结构如图 6.1 所示.

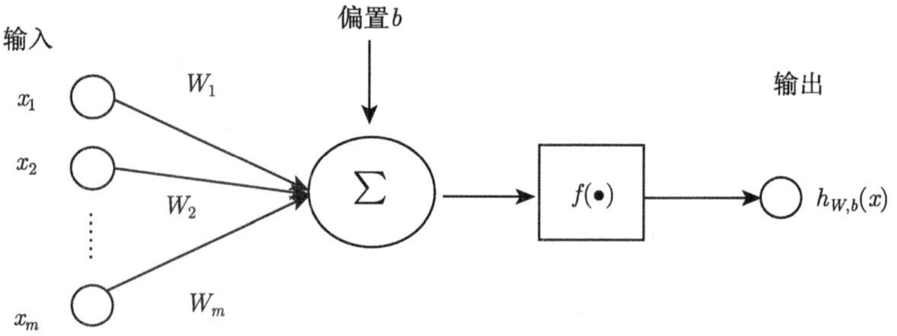

图 6.1　神经元的数学模型

其数学模型具体表示为

$$h_{W,b}=f(\boldsymbol{W}^{\mathrm{T}}\boldsymbol{x})=f\left(\sum_{i=1}^{m}W_i x_i+b\right), \tag{6.37}$$

其中 x_i 是输入, W_i 为权重, b 是偏置量, f 为激活函数 (active function). 常用的激活函数有 Sigmoid 函数 $\sigma(\cdot)$、tanh 函数、修正线性单元 (rectified linear unit, ReLU) 函数等, 对应的公式为

$$\sigma(x) = \frac{1}{1+\mathrm{e}^{-x}},$$

$$\tanh(x) = \frac{\mathrm{e}^{x}-\mathrm{e}^{-x}}{\mathrm{e}^{x}+\mathrm{e}^{-x}},$$

$$\mathrm{ReLU}(x) = \max\{0, x\}.$$

许多神经元可以组成一个神经网络, 神经元也被称为节点或处理单元, 每个节点均具有相同的结构. 根据神经元的连接方式, 以及网络连接的拓扑结构的不同, 神经网络模型可分为前向网络 (有向无环) 和反馈网络 (无向完备图, 也称循环网络). 前向网络, 是简单非线性函数的多次复合, 网络结构简单, 易于实现. 分层前馈网络的神经元分层排列, 总体上由三部分组成 (图 6.2): 输入层、隐含层 (为方便起见, 图中只给出一层, 实际中可以有多层) 和输出层. 输入层接收外界的输入信息, 输入模式经过各层神经元的响应处理变为输出层的输入, 输出层将信息在神经元中分析后传出, 而隐含层连接输入层和输出层, 隐含层可以有多层, 每层的神经元只接受前一层神经元的输入, 并输出给下一层, 没有反馈. 但在同一层内, 各神经元之间无连接. 节点分为两类, 即输入单元和计算单元, 每一计算单元可以有任意多个输入, 但只有一个输出 (它可以耦合到任意多个其他节点作为其输入).

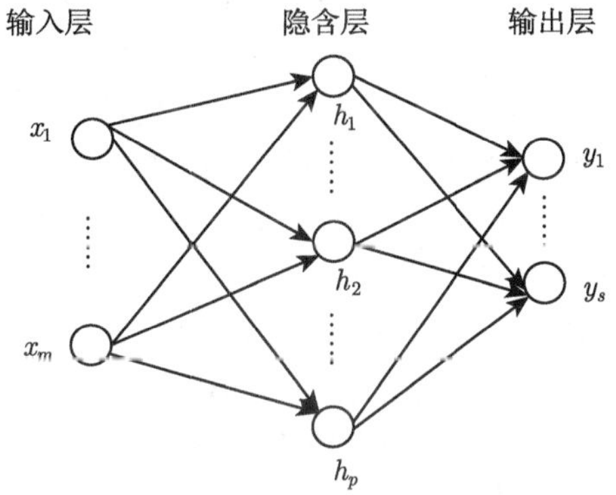

图 6.2 单隐层前馈神经网络

下面首先以单隐层前馈神经网络 (图 6.2) 为例, 介绍其具体算法. 这是一个单隐层前馈神经网络, 输入为 $x_1, x_2, \cdots, x_m$, 输出为 $y_1, y_2, \cdots, y_s$, 隐层节点用 $h_1, h_2, \cdots, h_p$ 表示, 共有 p 个, 则隐层神经元的输出为

$$\begin{cases} \boldsymbol{h}^{(1)} = f^{(1)}\left(\sum\limits_{i=1}^{m} x_i \boldsymbol{W}_i^{(1)} + \boldsymbol{b}^{(1)}\right), \\ \boldsymbol{y} = f^{(2)}\left(\sum\limits_{j=1}^{p} h_j^{(1)} \boldsymbol{W}_i^{(2)} + \boldsymbol{b}^{(2)}\right), \end{cases} \tag{6.38}$$

其中 $\boldsymbol{W}^{(1)} = (\boldsymbol{W}_1^{(1)}, \boldsymbol{W}_2^{(1)}, \cdots, \boldsymbol{W}_m^{(1)}) \in \mathbf{R}^{p\times m}$, $\boldsymbol{b}^{(1)} \in \mathbf{R}^{p}$ 分别为输入到隐层的权值连接矩阵和偏置向量, $\boldsymbol{W}^{(2)} = (\boldsymbol{W}_1^{(2)}, \boldsymbol{W}_2^{(2)}, \cdots, \boldsymbol{W}_p^{(2)}) \in \mathbf{R}^{s\times p}$, $\boldsymbol{b}^{(2)} \in \mathbf{R}^{s}$ 分别为隐层到输出层的权值

连接矩阵和偏置向量, $f^{(1)}$ 和 $f^{(2)}$ 为相应的激活函数, $\boldsymbol{h}^{(1)}=(h_1^{(1)},h_2^{(1)},\cdots,h_p^{(1)})\in\mathbf{R}^p$.

假设训练集个数为 N, 数据集为 $\{\boldsymbol{x}^{(n)},\boldsymbol{y}^{(n)}\}$. 输入 $\boldsymbol{x}^{(n)}\in\mathbf{R}^m$, 输出 $\boldsymbol{y}^{(n)}\in\mathbf{R}^s$, $n=1,2,\cdots,N$. 则输入输出之间满足

$$\boldsymbol{y}=T(\boldsymbol{x};\theta)=f^{(2)}\left(\sum_{j=1}^{p}f^{(1)}\left(\sum_{i=1}^{m}x_i\boldsymbol{W}_i^{(1)}+\boldsymbol{b}^{(1)}\right)\boldsymbol{W}_j^{(2)}+\boldsymbol{b}^{(2)}\right),$$

其中 $\theta=(\boldsymbol{W}^{(1)},\boldsymbol{b}^{(1)};\boldsymbol{W}^{(2)},\boldsymbol{b}^{(2)})$. 网络的训练过程是通过寻找 θ 以更好地逼近某个函数, 从而极小化误差, 即有如下的优化问题

$$\min_{\theta}J(\theta)=\frac{1}{N}\sum_{n=1}^{N}\|\boldsymbol{y}^{(n)}-T(\boldsymbol{x}^{(n)};\theta)\|_{\mathrm{F}}^2+\lambda\sum_{l=1}^{2}\|\boldsymbol{W}^{(l)}\|_{\mathrm{F}}^2.$$

利用梯度下降方法求解以上优化问题, 从而得到

$$\begin{cases}\theta^{(k)}=\theta^{k-1}-\alpha\nabla\theta|_{\theta=\theta^{(k-1)}},\\ \nabla\theta|_{\theta=\theta^{(k-1)}}=\left.\dfrac{\partial J(\theta)}{\partial\theta}\right|_{\theta=\theta^{(k-1)}},\end{cases}$$

其中 k 为迭代次数.

当隐层个数超过两层时, 称为多隐层前馈神经网络或深度前馈神经网络. BP(back propagation) 网络是前向反馈网络的一种, 也是当前应用最为广泛的一种网络. BP 算法解决多隐层网络的目标函数优化问题, 也称为误差反向传播算法. BP 网络主要思想是利用输出后的误差来估计输出层的直接求导层的误差, 再用这个误差估计更前一层的误差, 如此一层一层地反传下去, 就获得了所有其他各层的误差估计. 学习过程通过神经网络在外界输入样本的刺激下不断改变网络的连接权值, 以使网络的输出不断地接近期望的输出. 具体而言, 学习过程可由信号的正向传播与误差的反向传播两个过程组成.

当正向传播时, 输入样本从输入层传入, 经各隐层逐层处理后, 传向输出层. 若输出层的实际输出与期望的输出不符, 则转入误差的反向传播阶段. 当反向传播时, 将输出以某种形式通过隐层向输入层逐层反传, 并将误差分摊给各层的所有单元, 从而获得各层单元的误差信号, 此误差信号即作为修正各单元权值的依据.

以下以多隐层前馈神经网络为例, 介绍 BP 算法. 设网络的训练集个数为 N, 数据集为 $\{(\boldsymbol{x}^{(n)},\boldsymbol{y}^{(n)}),\ n=1,2,\cdots,N\}$, 其中输入 $\boldsymbol{x}^{(n)}\in\mathbf{R}^m$, 输出 $\boldsymbol{y}^{(n)}\in\mathbf{R}^s$, 隐层个数为 $L-1$ 层, 每层上的维数 (神经元的个数) 为 n_l, 激活函数记为 $f^{(l)}$, 则隐层的输出 $\boldsymbol{h}^{(l)n}\in\mathbf{R}^p$ $(l=1,2,\cdots,L-1)$ 和网络输出 $\boldsymbol{h}^{(n)}\in\mathbf{R}^s$ 为

$$\begin{cases}\boldsymbol{h}^{(0)n}=\boldsymbol{x}^{(n)},\\ \boldsymbol{h}^{(l)n}=f^{(l)}\left(\displaystyle\sum_{i=1}^{n_{l-1}}h_i^{(l-1)n}\boldsymbol{W}_i^{(l)}+\boldsymbol{b}^{(l)}\right),\quad l=1,2,\cdots,L-1,\\ \boldsymbol{h}^{(n)}=f^{(L)}\left(\displaystyle\sum_{i=1}^{n_{L-1}}h_i^{(L-1)n}\boldsymbol{W}_i^{(L)}+\boldsymbol{b}^{(L)}\right),\\ \qquad n=1,2,\cdots,N.\end{cases}\tag{6.39}$$

网络的优化目标函数为

$$J(\boldsymbol{W},\boldsymbol{b})=\frac{1}{N}\sum_{n=1}^{N}\|\boldsymbol{y}^{(n)}-\boldsymbol{h}^{(n)}\|_{\mathrm{F}}^{2}+\lambda\sum_{l=1}^{L}\|\boldsymbol{W}^{(l)}\|_{\mathrm{F}}^{2}, \tag{6.40}$$

其中第一项为网络的误差项, 第二项为正则项, 防止网络过拟合. 目标函数 (6.40) 的最小点通常采用梯度下降方法进行求解, 即通过如下的方法来更新参数:

$$\begin{cases}\boldsymbol{W}^{(l)}:=\boldsymbol{W}^{(l)}-\alpha\dfrac{\partial J(\boldsymbol{W},\boldsymbol{b})}{\partial \boldsymbol{W}^{(l)}},\\ \boldsymbol{b}^{(l)}:=\boldsymbol{b}^{(l)}-\alpha\dfrac{\partial J(\boldsymbol{W},\boldsymbol{b})}{\partial \boldsymbol{b}^{(l)}},\\ \qquad l=1,2,\cdots,L,\end{cases} \tag{6.41}$$

其中 α 为学习效率, $l=L$ 代表输出层. 记 $J^{(n)}=\|\boldsymbol{y}^{(n)}-\boldsymbol{h}^{(n)}\|_{\mathrm{F}}^{2}$. 根据梯度下降方法的求解, 以及求导的链式法则, 得到误差项隐层输出关于对应参数的导数为

$$\begin{cases}\dfrac{\partial J(\boldsymbol{W},\boldsymbol{b})}{\partial \boldsymbol{W}^{(l)}}=\dfrac{1}{N}\displaystyle\sum_{n=1}^{N}\dfrac{\partial J^{(n)}}{\partial \boldsymbol{h}^{(n)}}\dfrac{\partial \boldsymbol{h}^{(n)}}{\partial \boldsymbol{h}^{(L-1)n}}\cdots\dfrac{\partial \boldsymbol{h}^{(l+1)n}}{\partial \boldsymbol{h}^{(l)n}}\dfrac{\partial \boldsymbol{h}^{(l)n}}{\partial \boldsymbol{W}^{(l)}},\\ \dfrac{\partial J(\boldsymbol{W},\boldsymbol{b})}{\partial \boldsymbol{b}^{(l)}}=\dfrac{1}{N}\displaystyle\sum_{n=1}^{N}\dfrac{\partial J}{\partial \boldsymbol{h}^{(n)}}\dfrac{\partial \boldsymbol{h}^{(n)}}{\partial \boldsymbol{h}^{(L-1)n}}\cdots\dfrac{\partial \boldsymbol{h}^{(l+1)n}}{\partial \boldsymbol{h}^{(l)n}}\dfrac{\partial \boldsymbol{h}^{(l)n}}{\partial \boldsymbol{b}^{(l)}},\end{cases} \tag{6.42}$$

其中 $\delta^{l}=\dfrac{\partial \boldsymbol{h}^{(l+1)n}}{\partial \boldsymbol{h}^{(l)n}}$ 称为误差传播项, 又

$$\begin{cases}\dfrac{\partial \boldsymbol{h}^{(l)n}}{\partial \boldsymbol{W}^{(l)}}=\dfrac{\partial f^{(l)}((\boldsymbol{h}^{(l-1)n})^{\mathrm{T}}\boldsymbol{W}^{(l)})+\boldsymbol{b}^{(l)}}{\partial \boldsymbol{W}^{(l)}}=\boldsymbol{h}^{(l-1)n}\circ(f^{(l)})',\\ \dfrac{\partial \boldsymbol{h}^{(l)n}}{\partial \boldsymbol{b}^{(l)}}=\dfrac{\partial f^{(l)}((\boldsymbol{h}^{(l-1)n})^{\mathrm{T}}\boldsymbol{W}^{(l)})+\boldsymbol{b}^{(l)}}{\partial \boldsymbol{b}^{(l)}}=\boldsymbol{1}\circ(f^{(l)})',\end{cases} \tag{6.43}$$

其中 $\circ$ 为 Hadamard(阿达马) 积.

正则项关于参数的导数为

$$\begin{cases}\dfrac{\partial \displaystyle\sum_{l=1}^{L}\|\boldsymbol{W}^{(l)}\|_{\mathrm{F}}^{2}}{\partial \boldsymbol{W}^{(l)}}=2\boldsymbol{W}^{(l)},\\ \dfrac{\partial \displaystyle\sum_{l=1}^{L}\|\boldsymbol{W}^{(l)}\|_{\mathrm{F}}^{2}}{\partial \boldsymbol{b}^{(l)}}=\boldsymbol{0}.\end{cases} \tag{6.44}$$

从上述的算法中可看到, 在计算优化目标函数 $J(\boldsymbol{W},\boldsymbol{b})$ 中关于第 l 个隐层参数的梯度下降量时, 通过第 l 个隐藏参数的梯度决定, 并引入误差传播项来实现误差的反向传播.

BP 算法的工作流程如下: 首先输入训练样本, 逐层进行传输, 直到产生输出层的结果; 然后计算输出层的误差, 再将误差逆向传播至隐层神经元; 最后根据隐层神经元的误差来对连接权和阈值进行调整, 该迭代过程循环进行, 直到达到某停止条件为止.

BP 网络实现了一个从输入到输出的映射功能, 而数学理论已证明它具有实现任何复杂非线性映射的功能. 这使得它特别适合于求解内部机制复杂的问题. 无须建立模型, 或了解其内部过程, 只需输入, 获得输出. 只要能提供足够多的样本模式对 BP 网络进行学习训练, 它便能完成由 m 维输入空间到 s 维输出空间的非线性映射. 而且理论上, 一个三层的神经网络, 能够以任意精度逼近给定的函数. 另外, BP 网络具有比较好的泛化能力和较强的容错能力. 但同时 BP 网络也存在问题, 如 BP 算法为一种局部搜索的优化方法, 但它要解决的问题为求解复杂非线性函数的全局极值, 因此, 算法很有可能陷入局部极值, 使训练失败. 当训练次数增多时, 学习效率可能下降, 收敛速度慢 (需做大量运算). 后续涌现出了不少改进的 BP 算法, 具体可参考相关文献.

算法 6.1(BP 算法)

(1) 输入训练集, 初始化网络参数及权重.

(2) 根据当前参数, 计算当前样本的输出.

(3) 计算各层误差.

(4) 调整权值, 参数更新.

(5) 检查网络总误差是否达到精度要求, 若满足, 则训练结束; 不满足, 则返回步骤 (2).

6.4　小波变换简介

插值函数不仅可以取多项式函数、有理函数, 还可以取其他函数, 如小波函数. 小波函数顾名思义, 是一类能够快速衰减的比较小的波函数. 通过小波函数在不同尺度的平移和伸缩, 生成一簇小波函数. 小波变换则是由这一簇小波函数去表示或逼近信号或函数. 由于小波函数具有时间的局部性, 因而小波变换克服了 Fourier 变换在表示信号时缺乏时间域局部性的缺陷, 能够同时提供信号在局部的时间和频率域的信息, 具有良好的时频局部性. 而且, 随着分辨率的增强, 信号的细节信息逐渐显现, 小波变换的这种多分辨率 (multi-resolution) 或多尺度 (multi-scale) 的特性符合人类视觉观察信号的特点, 因此小波变换也被称为"数学显微镜". 基于小波变换的多分辨率分析理论更是广泛应用于信号分析、图像处理、理论物理、大型机械故障诊断等领域.

6.4.1　Fourier 变换与加窗 Fourier 变换

Fourier(傅里叶) 在求解热传导问题

$$\begin{cases} u_t(x,t) = u_{xx}(x,t), & t > 0, 0 \leqslant x \leqslant \pi, \\ u(x,0) = \varphi(x), & 0 \leqslant x \leqslant \pi, \\ u(0,t) = 0,\ u(\pi,t) = 0 & \end{cases}$$

时, 得到其解可表示为如下形式:

$$u(x,t) = \sum_{k=1}^{\infty} c_k \mathrm{e}^{-k^2 t} \sin kx. \tag{6.45}$$

由初始条件 $u(x,0)=\varphi(x)$, 有

$$\varphi(x)=\sum_{k=1}^{\infty}c_k\sin kx. \tag{6.46}$$

式 (6.46) 是函数 $\varphi(x)$ 的 Fourier 展开式. 一般地,

$$a_0+\sum_{k=1}^{\infty}a_k\cos kx+b_k\sin kx, \qquad x\in[-\pi,\pi]$$

称为 Fourier 级数.

如果一个信号函数 $f(x)$ 可表示为 Fourier 级数, 即

$$f(x)=a_0+\sum_{k=1}^{\infty}a_k\cos kx+b_k\sin kx, \qquad x\in[-\pi,\pi], \tag{6.47}$$

就意味着以 2π 为周期的有限长信号, 可以表示成三角函数的线性组合. 注意到三角函数系 $\{1,\cos x,\sin x,\cos 2x,\sin 2x,\cdots\}$ 的正交性, 组合系数可以通过作内积而得到

$$\begin{aligned}
a_0&=\langle f,1\rangle=\frac{1}{2\pi}\int_{-\pi}^{\pi}f(x)\mathrm{d}x,\\
a_k&=\langle f,\cos kx\rangle=\frac{1}{\pi}\int_{-\pi}^{\pi}f(x)\cos kx\mathrm{d}x,\\
b_k&=\langle f,\sin kx\rangle=\frac{1}{\pi}\int_{-\pi}^{\pi}f(x)\sin kx\mathrm{d}x, \quad k=1,2,\cdots.
\end{aligned}$$

组合系数反映了信号 $f(x)$ 中所含频率成分的多少.

设 $f(t)$ 定义在整个实数轴, 连续可微, 且 $\int_{-\infty}^{\infty}|f(t)|\mathrm{d}t<\infty$, 取频率变量连续变化, 结合欧拉公式和 Fourier 级数, 则得到 Fourier 变换以及其逆变换的定义.

定义 6.3 如果下面的积分存在, 则称 $\hat{f}(\omega)$ 为 $f(t)$ 的连续 Fourier 变换, 简称 Fourier 变换

$$\hat{f}(\omega)=\int_{-\infty}^{\infty}f(t)\mathrm{e}^{-\mathrm{i}\omega t}\mathrm{d}t=\left\langle f,\mathrm{e}^{\mathrm{i}\omega t}\right\rangle. \tag{6.48}$$

而

$$f(t)=\frac{1}{2\pi}\int_{-\infty}^{\infty}\hat{f}(\omega)\mathrm{e}^{\mathrm{i}\omega t}\mathrm{d}\omega=\left\langle \hat{f},\mathrm{e}^{-\mathrm{i}\omega t}\right\rangle \tag{6.49}$$

称为连续 Fourier 逆变换, 简称为 Fourier 逆变换.

Fourier 变换系数 $\hat{f}(\omega)$ 也称为频谱, 表示了信号 $f(t)$ 中频率为 ω 的分量的大小. Fourier 变换提供了从时间域到频率域的一种转换, 将一个无限时宽的信号分解为频率为 ω 的一系列频率分量. 这种表示信号的方法颠覆了人们之前从时间域观察信号的思维, 提供了全新的频率域视角.

设 f,g 是定义在实数轴上的可微函数, 其 Fourier 变换记为 $\hat{f},\hat{g}$, 则下列性质 (表 6.4) 成立. 这些性质可直接利用 Fourier 变换的定义进行证明. 其中卷积性质是信号处理中滤波器理论的基础, 具有非常重要的作用.

表 6.4 Fourier 变换性质

性质	时间域	频率域
线性性	$af+bg$	$a\hat{f}+b\hat{g}$
时间域平移性	$f(t-t_0)$	$\mathrm{e}^{-j\omega t_0}\hat{f}(\omega)$
频率域平移性	$\mathrm{e}^{j\omega t_0}f(t)$	$\hat{f}(\omega-\omega_0)$
尺度性	$f(at)$	$\frac{1}{\lvert a\rvert}\hat{f}\left(\frac{\omega}{a}\right)$
时间域微分	$f^{(n)}$	$(\mathrm{i}\omega)^n\hat{f}$
频率域微分	$(-\mathrm{i}t)^n f$	$\hat{f}^{(n)}$
卷积	$f*g$	$\hat{f}\hat{g}$
Parseval 等式	$\int_{-\infty}^{\infty}\lvert f(t)\rvert^2\mathrm{d}t=\frac{1}{2\pi}\int_{-\infty}^{\infty}\left\lvert\hat{f}(\omega)\right\rvert^2\mathrm{d}\omega$	

定义 6.4 函数 $f(t)$ 与 $g(t)$ 的卷积定义为

$$(f*g)(t)=\int_{-\infty}^{\infty}f(t-x)g(x)\mathrm{d}x.$$

Fourier 变换可以有效地表示信号的频率特征, 适合于平稳信号分析, 但另一方面，Fourier 变换丢失了信号在时间上的局部信息, 因而在分析非平稳信号时, Fourier 变换存在一定的局限性.

加窗 Fourier 变换通过窗函数 (图 6.3) 与 Fourier 变换的结合, 一定程度上实现了时间和频率的同时局部性. 取时间域上具有一定局部性的窗函数 (图 6.3), 再通过窗函数和复指数函数的乘积, 构造了同时具有时间和频率局部信息的函数

$$g_{\omega,b}(t)=g(t-b)\mathrm{e}^{\mathrm{i}\omega t},$$

其中 ω 和 b 分别表示频率参数和时间域上的平移参数, $g(t)$ 称为窗函数, 满足 $tg(t)\in L^2(\mathbf{R})$, $\|g\|=1$. 如高斯函数、三角窗函数、汉明窗函数等都可以作为窗函数.

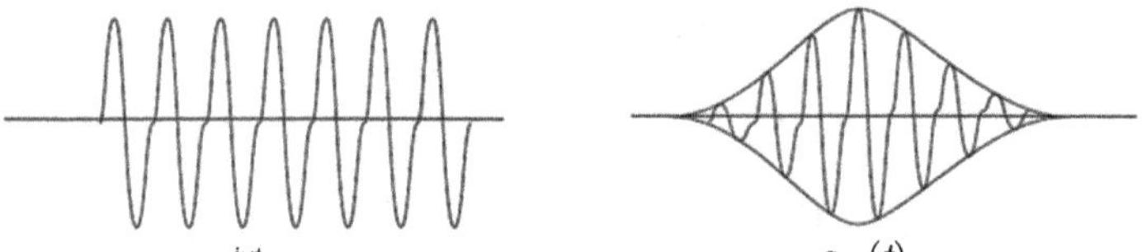

(a) Fourier变换基函数 (b) 加窗Fourier变换函数

图 6.3 Fourier 变换和加窗 Fourier 变换的调幅函数

确定窗函数后, $g_{\omega,b}$ 的基本形状确定, 继而通过频率参数 ω 和平移参数 b 来微调. 图 6.4 给出了 $g_{\omega,b}$ 中, 窗函数取高斯函数, b 固定, ω 变化时对应的函数图形. 值得注意的是, 随着参数 ω 的变化, $g_{\omega,b}$ 的频率发生改变, 但其在时间轴上的窗口大小没有发生改变.

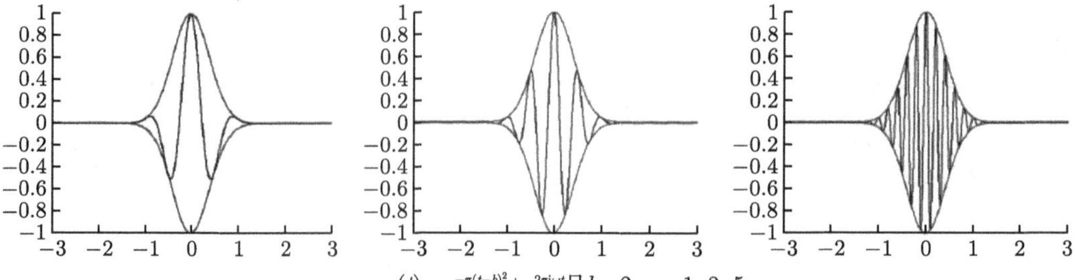

$g_{\omega,b}(t)=\mathrm{e}^{-\pi(t-b)^2}+\mathrm{e}^{2\pi\mathrm{i}\omega t}$且$b=2$, $\omega=1, 2, 5$

图 6.4 不同频率的 $g_{\omega,b}$

由于 $g_{\omega,b}$ 含有频率和时间两个参数, 所以也称其为时频原子. 特别地, 当窗函数取高斯函数时, 称为 Gabor 原子. 对于一个时频原子, 确定了其时间域的中心、方差 (半径 Δg) 以及频率域的中心、方差 ($\Delta\hat{g}$) 之后, 可以得到时频平面的时频窗, 也称为 Heisenberg(海森伯) 窗 (图 6.5(a)). 时频窗的半径反映了这个原子在时间域和频率域的局部性, 半径越小, 对应的局部性越好, 原子具有比较好的时间或频率的分辨率. 在分析信号时, 通常希望能同时得到最好的时频局部性, 但 Heisenberg 测不准原理说明, 这是不可能实现的, 原子 g 的时频窗的面积满足

$$\Delta g\Delta\hat{g} \geqslant \frac{1}{2},$$

其中 $\hat{g}$ 是原子 g 的 Fourier 变换.

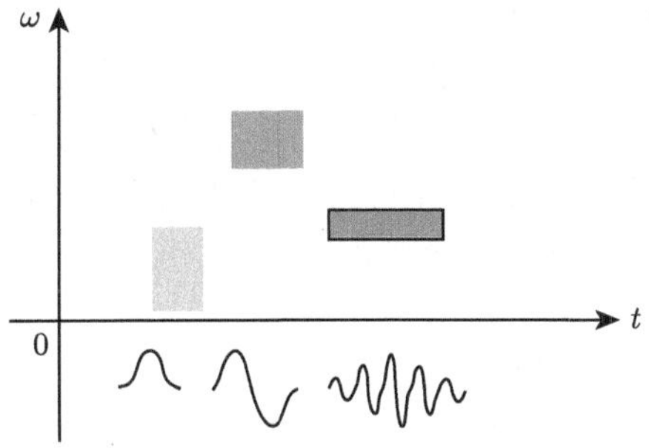

(a) 时频窗

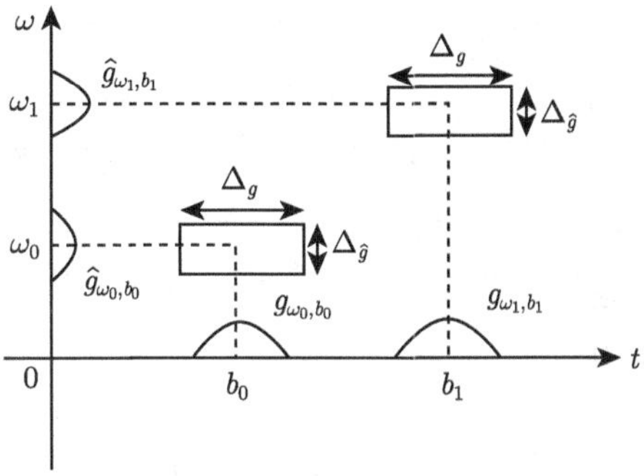

(b) 加窗Fourier变换原子的时频窗

图 6.5 不同的时频窗

图 6.5(b) 给出了加窗 Fourier 变换时频原子 g_{ω_0,b_0} 和 g_{ω_1,b_1} 的时频窗, 可以看到, 无论低频还是高频信号, 时频原子 $g_{\omega,b}$ 只是在时频平面内进行上、下、左、右的平移，其时间域和频率域半径大小始终不变, 从而时频原子在时间和频率上的分辨率是固定不变的. 这点在分析非平稳信号, 尤其是频率从低频到高频, 或者从高频到低频快速变化的信号时, 有一定的局限性.

给定了窗函数, 类似 Fourier 变换、加窗 Fourier 变换以及逆变换定义为

$$(Gf)(\omega,b) = \langle f, g_{\omega,b}\rangle = \int_{-\infty}^{\infty} f(t)\overline{g_{\omega,b}}\mathrm{d}t = \int_{-\infty}^{\infty} f(t)\overline{g(t-b)}\mathrm{e}^{-\mathrm{i}\omega t}\mathrm{d}t,$$

$$f(t) = \frac{1}{2\pi}\langle Gf, \bar{g}_{\omega,b}\rangle = \frac{1}{2\pi}\int_{-\infty}^{\infty}\int_{-\infty}^{\infty} Gf(\omega,b)g_{\omega,b}\mathrm{d}\omega\mathrm{d}b.$$

相比 Fourier 变换, 加窗 Fourier 变换同时具有了时间和频率的局部性, 变换后的系数反映了原信号在一定的局部时间范围内局部的频率信息. 但从图 6.5 的分析可知, 由于其基函数在时频窗内具有固定的分辨率, 因此在分析快速变化的非平稳信号时, 依然存在一定的局限性.

6.4.2 连续小波变换

定义 6.5 称满足下列允许性条件的 $\psi(t)$ 为母小波 (mother wavelet) 函数

$$C_\psi = \int_{-\infty}^{+\infty} \frac{\left|\hat{\psi}(\omega)\right|^2}{\omega}\mathrm{d}\omega < \infty. \tag{6.50}$$

从这个定义里, 可以得到以下几点:

(1) $\lim\limits_{\omega\to 0}\hat{\psi}(\omega)=0$, 由此说明 $\hat{\psi}(0)=0$.

(2) $\hat{\psi}(0)=\int_{-\infty}^{+\infty}\psi(t)\mathrm{e}^{-\mathrm{i}\cdot 0\cdot x}\mathrm{d}t=\int_{-\infty}^{+\infty}\psi(t)\mathrm{d}t=0$.

以上两点说明 $\psi(t)$ 上下振荡, 满足波的特性, 并在时间域上快速衰减. 而 $\hat{\psi}(0)=0$, 这符合带通滤波器的性质. 因此, 任何均值为零且在频率增加时以足够快的速度衰减为零的带通滤波器, 都可以作为一个母小波.

定义了母小波函数之后, 对其进行尺度的伸缩和时间上平移, 从而得到一族小波函数:

$$\psi_{a,b}(t)=|a|^{-\frac{1}{2}}\psi\left(\frac{t-b}{a}\right), \tag{6.51}$$

其中 a 为尺度参数, 大于 0, b 为时间上的平移参数.

同时频原子 $g_{\omega,b}$ 一样, 小波函数 $\psi_{a,b}(t)$ 也是一种时频原子. 图 6.6 显示了两个小波原子的时频窗, 可以看到, 随着尺度因子的变化, 时频窗在时间和频率轴的半径发生了变化, 当时间域的半径小时, 频率域上的半径就大. 反之, 当时间域上的半径大时, 频率域上的半径则减小, 即时间域和频率域的半径成反比. 这一点可以由小波函数的性质得到.

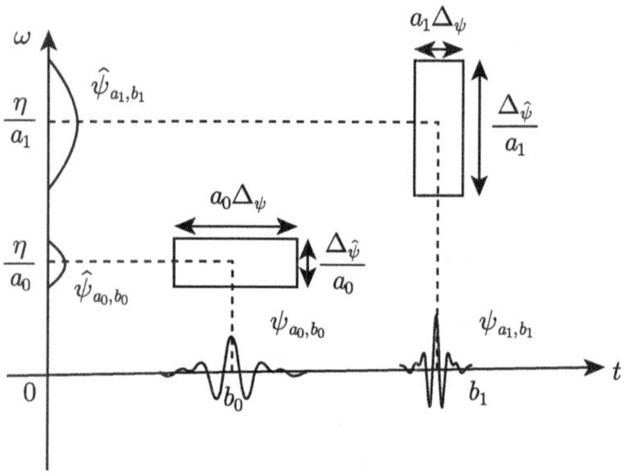

图 6.6 小波原子的时频窗

小波的允许性条件给出了构造小波的必要条件, 在这个条件上再加一些限制条件, 则可构成各种小波函数. 如 Haar(哈尔) 小波函数、Shannon(香农) 小波函数、Coifman(科夫曼) 小波函数、样条小波函数、Daubechies(多贝西) 小波函数等. 图 6.7 给出了几种小波函数的图形.

定义了小波函数之后, 则可以给出连续小波变换的定义.

定义 6.6 设 $f(t)$ 是平方可积的函数, $\psi(t)$ 是一个小波函数, 则称下面的积分变换称为 $f(t)$ 的连续小波变换

$$Wf(a,b)=\int_{-\infty}^{\infty}f(t)\frac{1}{\sqrt{a}}\overline{\psi\left(\frac{t-b}{a}\right)}\mathrm{d}t=\langle f(t),\psi_{a,b}(t)\rangle, \tag{6.52}$$

其中 $\bar{\psi}$ 是 ψ 的共轭. $Wf(a,b)$ 称为小波变换的系数, 衡量了信号 f 在时间 t 的局部邻域 b 内, 尺度因子为 a 的信息. 小波变换是以小波函数的共轭为权函数, 对原时间域信号在时间轴从负无穷到正无穷进行积分 (求和). 而上式的后一个等号则说明, 函数 $f(t)$ 的小波变换系数可理解为函数 $f(t)$ 和小波函数的内积.

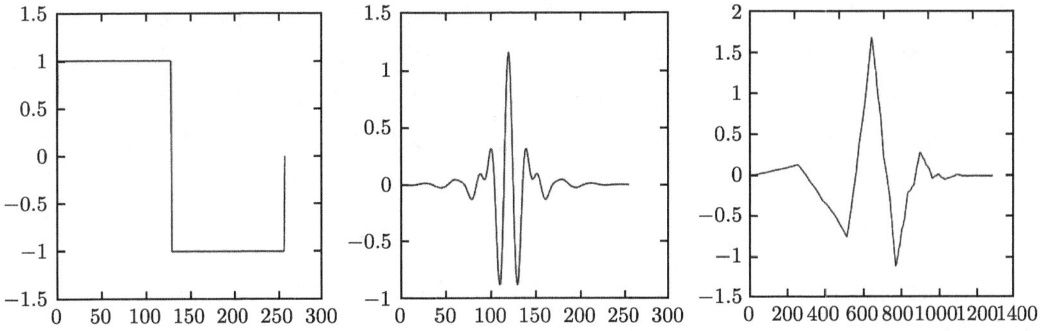

(a) Haar小波函数　(b) Shannon小波函数　(c) Coifman小波函数

图 6.7　小波函数

如果记 $\tilde{\psi}_a(\cdot)=|a|^{\frac{-1}{2}}\bar{\psi}\left(\frac{\cdot-t}{a}\right)$, 则小波变换可以写成卷积形式:

$$Wf(a,b)=(f*\tilde{\psi}_a)(b).$$

小波变换的卷积形式说明小波变换是一种滤波, 并可以快速实现, 这将在后续的快速小波变换算法中提到. 定义逆小波变换如下.

定义 6.7

$$f(t)=\frac{1}{C_\psi}\int_{-\infty}^{\infty}\int_0^{\infty}Wf(a,b)\psi_{a,b}(t)\frac{\mathrm{d}a\mathrm{d}b}{a^2}=\frac{1}{C_\psi}\langle Wf,\overline{\psi_{a,b}}\rangle_a, \tag{6.53}$$

其中

$$\langle f,g\rangle_a\stackrel{\text{def}}{=}\int_{-\infty}^{\infty}\int_0^{\infty}f(a,b)\overline{g(a,b)}\frac{\mathrm{d}a\mathrm{d}b}{a^2}. \tag{6.54}$$

设 f, g 都是平方可积函数, 其对应的小波变换分别记为 Wf, Wg, 连续小波变换具有下列性质:

性质 1 (线性性)　$kf+lg\longleftrightarrow kWf+lWg$;

性质 2 (平移性)　$f(t-t_0)\longleftrightarrow Wf(a,b-t_0)$;

性质 3 (尺度性)　$f(kt)\longleftrightarrow \frac{1}{\sqrt{k}}Wf(ak,kb)$;

性质 4 (Parseval 等式)　$C_\psi\|f\|^2=\|Wf\|^2$.

6.4.3 多分辨率分析

定义 6.8　$L^2(\mathbf{R})$ 上的一系列闭子空间 $\{V_j\},j\in\mathbf{Z}$, 如果满足以下的五个条件, 则称为一个多分辨率分析 (multiresoulution analysis) 或多尺度分析 (multiscale analysis).

(1) 单调性:$V_j\in V_{j-1},\forall j\in\mathbf{Z}$.

(2) 逼近性: $\lim\limits_{j\to+\infty}V_j=\bigcap\limits_{j\in\mathbf{Z}}V_j=\{0\}$, $\lim\limits_{j\to-\infty}V_j=\bigcup\limits_{j\in\mathbf{Z}}V_j=L^2(\mathbf{R})$.

(3) 尺度性: $u(t)\in V_j\Longleftrightarrow u(2t)\in V_{j-1}$.

(4) 平移不变性: $u(t)\in V_j\Longleftrightarrow u(t-k)\in V_j$.

(5) Riesz 基: 存在 θ, $\theta(t-k),k\in\mathbf{Z}$, 构成 V_0 的一组 Riesz 基, 即设 $\theta_k,k\in\mathbf{Z}$, 是 Hilbert 空间 H 的一组基, 若存在两个常数 $\lambda_{\min},\lambda_{\max}$, 满足 $0<\lambda_{\min}\leqslant\lambda_{\max}<+\infty$, 对 $x\in H,x=\sum_{k\in\mathbf{Z}}a_k\theta_k$, 有

$$\lambda_{\min}\|x\|\leqslant\|a_k\|\leqslant\lambda_{\max}\|x\|,$$

则称 $\{\theta_k\}$, $k\in\mathbf{Z}$, 构成 H 空间的一组 Riesz 基.

多分辨率分析从分辨率 (尺度) 的角度对物理世界进行建模, V_j 空间代表了尺度为 2^{-j} 的所有信息的集合, 也称为尺度空间. 性质 1 说明, 低分辨率的空间 V_j 包含在高一级的分辨率空间 V_{j-1} 中. 随着 j 的增大, 分辨率逐步降低, 反之, 随着 j 的减小, 分辨率逐渐提高. 由此得到了性质 2. 性质 3 说明, 函数的细节放大 2 倍, 则函数属于低一级的分辨率空间, 反之亦然. 从而得到

$$u(t) \in V_j \Longleftrightarrow u(2^j t) \in V_0.$$

性质 4 说明, 时间域上的平移不改变频率, 即仍然在原来的空间里. 综合性质 3 和性质 4, 可得到很重要的结论:

$$u(t) \in V_0 \Longleftrightarrow u(2^{-j}(t-k)) \in V_j. \tag{6.55}$$

式 (6.55) 表明, V_0 空间的元素和 V_j 空间的元素存在对应的关系, 由此, 研究一系列子空间 V_j 的问题可转换为研究一个子空间 V_0. 性质 5 保证了 V_0 空间基的存在性, 由线性代数的知识可知, 通过标准正交化过程可将 $\theta(t-k)$ 转化为 V_0 空间的一组标准正交基 $\phi(t)$. 下面的定理给出了 V_0 空间的标准正交基 $\phi(t)$ 的 Fourier 变换构造.

定理 6.3　设 $\{V_j\}$, $j \in \mathbf{Z}$ 是一个多分辨率分析, V_0 空间的基函数 $\phi(t)$, 也称为尺度函数, 其 Fourier 变换有下面的形式:

$$\hat{\phi}(\omega) = \frac{\hat{\theta}(\omega)}{\left(\sum\limits_{k=-\infty}^{+\infty} |\hat{\theta}(\omega + 2k\pi)|^2\right)^{1/2}}.$$

例 6.5　Haar 尺度函数 (图 6.8):

$$\phi(t) = \begin{cases} 1, & 0 \leqslant t \leqslant 1, \\ 0, & \text{其他}. \end{cases}$$

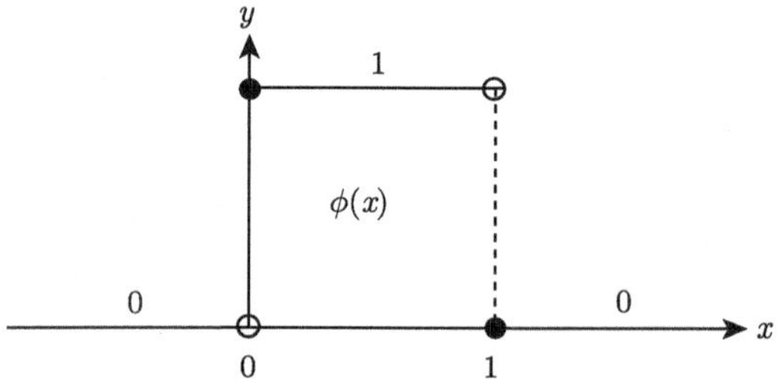

图 6.8　Haar 尺度函数

例 6.6　几种多分辨率分析如下所述.

(1) 线性样条多分辨率分析: 线性样条是连续的、逐段线性的函数, 可以构造一个基于线性样条的多分辨率分析. 其尺度函数 $\phi(t)$ 满足

$$\phi(t) = \begin{cases} t+1, & -1 \leqslant t \leqslant 0, \\ 1-t, & 0 < t \leqslant 1, \\ 0, & |t| > 1. \end{cases}$$

注意到, 这组基函数不是正交的, 但可以通过后面所讲的正交化方法构建一个新的尺度函数, 以形成空间的标准正交基.

(2) Shannon 多分辨率: 尺度函数空间由能量有限信号组成, 在区间 $[-2^{-j}, 2^{-j}]$ 之外, 函数的 Fourier 变换为 0. 尺度函数为

$$\phi(t) = \sin c(t) = \begin{cases} \dfrac{\sin(\pi t)}{\pi t}, & t \neq 0, \\ 1, & t = 0. \end{cases}$$

定理 6.4 设 $\{V_j\}, j \in \mathbf{Z}$ 是一个多分辨率分析, 存在 $\phi(t) \in V_0$, 使得 $\{\phi(t-k) \mid k \in \mathbf{Z}\}$ 构成 V_0 的一组标准正交基, 则 $\phi_{j,k} = 2^{-j/2}\phi(2^{-j}x - k)$ 构成 V_j 的一组标准正交基.

定理 6.4可由性质 3、性质 4 和式 (6.55) 证明得到. 这些性质和定理再次说明, V_j 与 V_0 空间元素存在着对应关系, 从而其基函数、标准正交基函数也存在同样的对应关系. 因而, 已知 V_0 空间的一组标准正交基, 则可以通过平移和伸缩变换, 构造 V_j 空间的一组标准正交基, 从而一个多分辨率分析 $\{V_j\}, j \in \mathbf{Z}$ 完全由尺度函数 $\phi_j(t)$ 刻画. 而尺度函数具有的性质将保证空间 $\{V_j\}$ 满足多分辨率分析的所有条件.

$L^2(\mathbf{R})$ 空间的函数 $f(t)$ 在空间 V_{j-1} 的正交投影 (逼近) 可表示为

$$\mathrm{Proj}_{V_{j-1}}(f) = \sum_k \langle f, \phi_{j-1,k} \rangle \phi_{j-1,k}. \tag{6.56}$$

但由多分辨率分析的定义知, 高分辨率空间 V_{j-1} 包含了低分辨率空间 V_j(图 6.9), 也就是说, 在 V_j 之外, 还有一部分信息包含在 V_{j-1} 中, 记这部分空间为 W_j, 则 W_j 是 V_j 在 V_{j-1} 中的正交补空间, 称为小波空间, 即

$$V_{j-1} = V_j \oplus W_j.$$

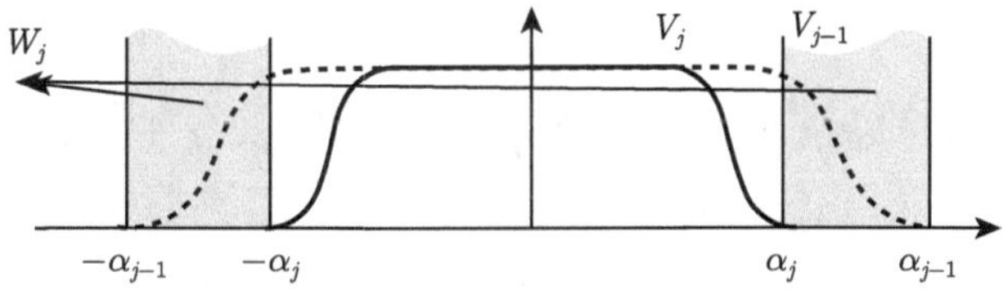

图 6.9 V_j 与 V_{j-1} 之间的频带

由此可看到小波空间 W_j 包含了不同分辨率尺度空间的差别, 也就是细节信息, 即高一级分辨率的空间等于低一级的分辨率空间加上细节, 这些细节可通过一个带通滤波器得到, 其频率在 $[\alpha_j, \alpha_{j-1}]$ 内. 以此类推, 则得到以下定理.

定理 6.5 设 $\{V_j\}, j \in \mathbf{Z}$ 是一个依尺度函数 $\phi_j(t)$ 的多分辨率分析, W_j 是 V_j 在 V_{j-1} 中的正交补空间, 则有

$$\begin{aligned} V_{j-1} &= V_j \oplus W_j \\ &= V_{j+1} \oplus W_{j+1} \oplus W_j \\ &= \cdots \\ &= \cdots \oplus W_2 \oplus W_1 \oplus W_0 \oplus \cdots \oplus W_{j+2} \oplus W_{j+1} \oplus W_j \end{aligned}$$

和

$$L^2(\mathbf{R}) = \bigoplus_{j=-\infty}^{+\infty} W_j.$$

因而 $f(t)$ 在空间 V_{j-1} 的正交投影可进一步分解为 V_j 和 W_j 空间的正交投影之和

$$\begin{aligned}\text{Proj}_{V_{j-1}} &= \text{Proj}_{V_j} + \text{Proj}_{W_j}\\ &= \text{Proj}_{V_{j+1}} + \text{Proj}_{W_{j+1}} + \text{Proj}_{W_j}\\ &= \cdots\\ &= \cdots + \text{Proj}_{W_2} + \text{Proj}_{W_1} + \text{Proj}_{W_0} + \cdots + \text{Proj}_{W_{j+2}} + \text{Proj}_{W_{j+1}} + \text{Proj}_{W_j}.\end{aligned}$$

为了表示 $f(t)$ 在 W_j 空间的正交投影, 需要找到小波空间 W_j 的正交基. 由 $\{W_j\}, j \in \mathbf{Z}$ 空间的定义, 各小波空间具有和 V_j 空间同样的尺度性以及平移不变性:

$$u(t) \in W_0 \Longleftrightarrow u(2^{-j}(t-k)) \in W_j, \tag{6.57}$$

因此, 得到下面的定理.

定理 6.6　*设存在 $\psi(t) \in W_0$, 使得 $\{\psi(t-k) \mid k \in \mathbf{Z}\}$ 构成 W_0 的一组标准正交基, 则 $\psi_{j,k} = 2^{-j/2}\psi(2^{-j}x - k)$ 构成 W_j 的一组标准正交基.*

于是, $f(t)$ 在空间 W_{j-1} 的正交投影 (逼近) 可表示为

$$\text{Proj}_{W_{j-1}}(f) = \sum_k \langle f, \psi_{j-1,k}\rangle \psi_{j-1,k}. \tag{6.58}$$

综上, 由式 (6.56) 和式 (6.58) 可得到

$$\begin{aligned}f(t) &= \sum_k \langle f, \phi_{j,k}\rangle \phi_{j,k} + \sum_k \langle f, \psi_{j,k}\rangle \psi_{j,k}\\ &= \sum_k \langle f, \phi_{j+1,k}\rangle \phi_{j+1,k} + \sum_k \langle f, \psi_{j+1,k}\rangle \psi_{j+1,k} + \sum_k \langle f, \psi_{j,k}\rangle \psi_{j,k}\\ &= \cdots.\end{aligned} \tag{6.59}$$

这表明多分辨率分析通过不同尺度的分解, 得到了信号的逐次逼近的表示. 而下一步的问题是, 如何找到不同分辨率空间投影系数的关系? 这需要引入下面的双尺度方程.

对于一个多分辨率分析 V_j, 设 $\phi(t)$ 是其尺度函数, 则有 $\phi(t) \in V_0 \subset V_{-1}$, 因而 $\phi(t)$ 可由 V_{-1} 的一组标准正交基 $\phi_{-1,k}$ 来线性表示, 即 $\phi(t) = \sum_k h_k \phi_{-1,k}$. 又由

$$\phi_{j,k} = 2^{-j/2}\phi(2^{-j}x - k),$$

从而得到

$$\phi(t) = \sqrt{2}\sum_k h_k \phi(2t-k). \tag{6.60}$$

相应地, 设小波空间 W_0 的一组标准正交基函数为 $\psi(t-k)$, 则 $\psi(t) \in W_0 \subset V_{-1}$, 因而 $\psi(t)$ 可由 V_{-1} 的一组标准正交基 $\phi_{-1,k}$ 来线性表示, 即 $\psi(t) = \sum_k g_k \phi_{-1,k}$. 又由

$$\phi_{j,k} = 2^{-j/2}\phi(2^{-j}x - k),$$

从而得到

$$\psi(t)=\sqrt{2}\sum_{k} g_k\phi(2t-k). \tag{6.61}$$

式 (6.60) 和式 (6.61) 给出了相邻尺度的尺度空间, 以及小波空间中基函数的关系, 因此称为双尺度方程. 双尺度方程建立起了尺度函数 $\phi(t)$、小波函数 $\psi(t)$ 与离散滤波器组 h_k, g_k 的对应关系, 从而构造小波函数可归结为构造尺度函数或者滤波器的问题. 可以证明, 下面条件给出了正交小波基存在的必要条件:

$$\begin{cases}\hat{h}(0)=1,\\ \left|\hat{h}(w)\right|^2+\left|\hat{h}(w+\pi)\right|^2=1,\\ |\hat{g}(w)|^2+|\hat{g}(w+\pi)|^2=1,\\ \hat{h}(w)\overline{\hat{g}(\omega)}+\hat{h}(w+\pi)\overline{\hat{g}(w+\pi)}=0,\end{cases}$$

其中 $\hat{h}$, $\hat{g}$ 分别是 h_k, g_k 的 Fourier 变换, 也称满足此条件对应的 $\phi(t)$, $\psi(t)$ 为正交小波. 特别地, 当取 $\hat{g}(\omega)=\overline{\hat{h}(\omega+\pi)}$, 即 $g_k=(-1)^{k-1}\bar{h}_{1-k}$ 时, 称滤波器 $\hat{h}_k$ 和 $\hat{g}_k$ 为共轭镜像滤波器.

6.4.4 小波分解与重构算法 (Mallat 算法)

本节讨论信号的快速正交小波分解与重构, 也称为 Mallat 算法. 快速小波变换不断地将信号的逼近 Proj_{V_j} 表示成较粗糙的逼近 $\mathrm{Proj}_{V_{j+1}}$ 与小波系数 $\mathrm{Proj}_{W_{j-1}}$ 的和. 而另一方面, Proj_{V_j} 可以由 $\mathrm{Proj}_{V_{j+1}}$ 和 $\mathrm{Proj}_{W_{j-1}}$ 重构.

设 $\phi_{j,k}$, $\psi_{j,k}$ 分别是尺度空间 V_j 和小波空间 W_j 的标准正交基, 函数 $f(t)$ 在 V_j, W_j 空间的正交投影系数可记为 $c_{j,k}, d_{j,k}$. 由式 (6.59) 以及 $f(t)\in V_j=V_{j+1}\oplus W_{j+1}$, 有

$$f(t)=\sum_k c_{j,k}\phi_{j,k}=\sum_k c_{j+1,k}\phi_{j+1,k}+\sum_k d_{j+1,k}\psi_{j+1,k}. \tag{6.62}$$

在上式中, 若已知 $c_{j,k}$, 求 $c_{j+1,k}, d_{j+1,k}$, 则对应了信号的小波分解. 利用 $\phi_{j,k}, \psi_{j,k}$ 的正交性, 对式 (6.62) 两端分别用 $\phi_{j+1,k}$, $\psi_{j+1,k}$ 作内积, 则得到

$$c_{j+1,k}=\langle f,\phi_{j+1,k}\rangle,\qquad d_{j+1,k}=\langle f,\psi_{j+1,k}\rangle. \tag{6.63}$$

将式 (6.63) 代入式 (6.62) 的左端, 再利用双尺度方程, 得到信号的小波变换分解系数

$$\begin{aligned}c_{j+1,k}&=\left\langle\sum_{l\in\mathbf{Z}}c_{j,l}\phi_{j,l},\phi_{j+1,k}\right\rangle\\&=\sum_{l\in\mathbf{Z}}c_{j,l}\left\langle\phi_{j,l},\phi_{j+1,k}\right\rangle=\sum_{l\in\mathbf{Z}}h_{l-2k}c_{j,l}\end{aligned}$$

以及

$$\begin{aligned}d_{j+1,k}&=\left\langle\sum_{l\in\mathbf{Z}}c_{j,l}\phi_{j,l},\psi_{j+1,k}\right\rangle\\&=\sum_{l\in\mathbf{Z}}c_{j,l}\left\langle\phi_{j,l},\psi_{j+1,k}\right\rangle=\sum_{l\in\mathbf{Z}}g_{l-2k}c_{j,l},\end{aligned}$$

其中 h, g 是滤波器组, 其定义见双尺度方程.

反之, 如果已知 $c_{j+1,k}, d_{j+1,k}$, 求 $c_{j,k}$, 则对应了信号的小波重构. 同样地, 利用 $\phi_{j,k}, \psi_{j,k}$ 的正交性, 对式 (6.62) 两端用 $\phi_{j,k}$ 做内积, 则得到

$$\begin{aligned}
c_{j,k} =& \langle f, \phi_{j,k}\rangle = \left\langle \sum_k c_{j+1,k}\phi_{j+1,k} + \sum_k d_{j+1,k}\psi_{j+1,k}, \phi_{j,k}\right\rangle \\
=& \sum_{l\in\mathbf{Z}} c_{j+1,l}\langle \phi_{j+1,l}, \phi_{j,k}\rangle + \sum_{l\in\mathbf{Z}} d_{j+1,l}\langle \psi_{j+1,l}, \phi_{j,k}\rangle \\
=& \sum_{l\in\mathbf{Z}} h_{k-2l}c_{j+1,l} + \sum_{l\in\mathbf{Z}} g_{k-2l}d_{j+1,l}.
\end{aligned}$$

如果记

$$\bar{h}_k = h_{-k}, \quad \bar{g}_k = g_{-k},$$

则分解公式可写成

$$\begin{cases} c_{j+1,k} = \sum\limits_{l\in\mathbf{Z}} \bar{h}_{2k-l}c_{j,l} = (\bar{h}_k * c_j) \downarrow 2, \\ d_{j+1,k} = \sum\limits_{l\in\mathbf{Z}} \bar{g}_{2k-l}c_{j,l} = (\bar{g}_k * c_j) \downarrow 2, \end{cases} \tag{6.64}$$

其中 $*$ 表示卷积运算. 若记

$$c'_{j+1,l} = \begin{cases} c_{j+1,l}, & l = 2p\ , \\ 0, & l = 2p+1, \end{cases}$$

$$d'_{j+1,l} = \begin{cases} d_{j+1,l}, & l = 2p\ , \\ 0, & l = 2p+1, \end{cases}$$

其重构公式可表示成

$$c_{j,k} = (h * c'_{j+1}) \uparrow 2 + (g * d'_{j+1}) \uparrow 2. \tag{6.65}$$

式 (6.64) 表明小波变换系数可通过迭代的离散卷积和降采样快速实现, 即 c_{j+1} 和 d_{j+1} 分别是 c_j 和滤波器 $\bar{h}, \bar{g}$ 作卷积再采样而得到的, 如图 6.10(a) 所示. 滤波器 $\bar{h}$ 去掉了序列 c_j 的高频, 而 $\bar{g}$ 是高通滤波器, 提取了高频信息. 在重构公式 (6.65) 中, 首先对 c_{j+1} 和 d_{j+1} 进行补零插值扩充, 然后将这些信号进行滤波, 如图 6.10(b) 所示. 小波分解和重构的过程是迭代进行的, 从尺度 L 出发, 对 $L \leqslant j < J$ 依次进行迭代计算.

对于二维信号, 其小波变换可通过行列分离的两个一维小波变换来实现, 如图 6.11 所示. 经过一次小波分解后, 二维信号 (图像) 分解为 4 个子图像、1 个低频、3 个高频. 图 6.12 给出了包含简单几何图形的图像经过 3 次小波分解得到的子图.

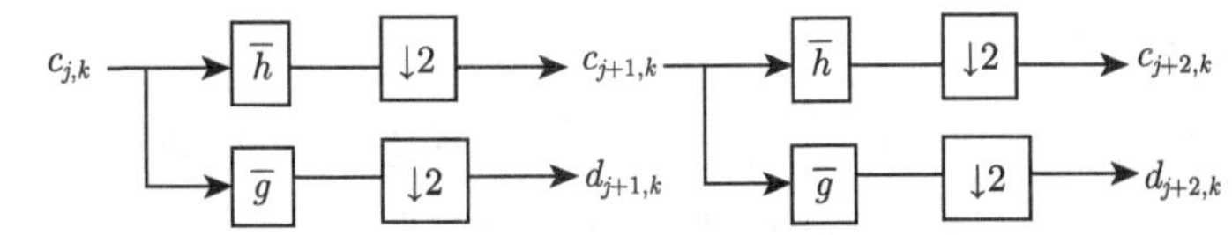

(a) 一维快速小波分解

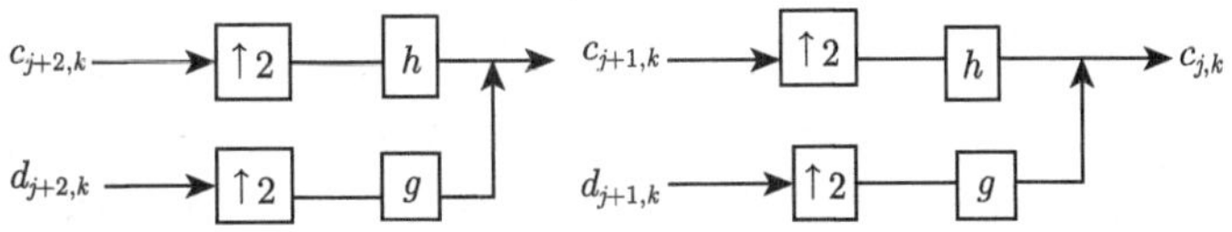

(b) 一维快速小波重构

图 6.10 一维快速小波分解及重构

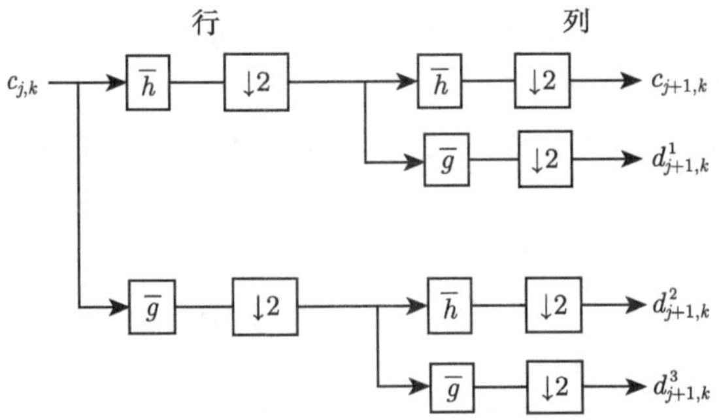

(a) 二维快速小波分解

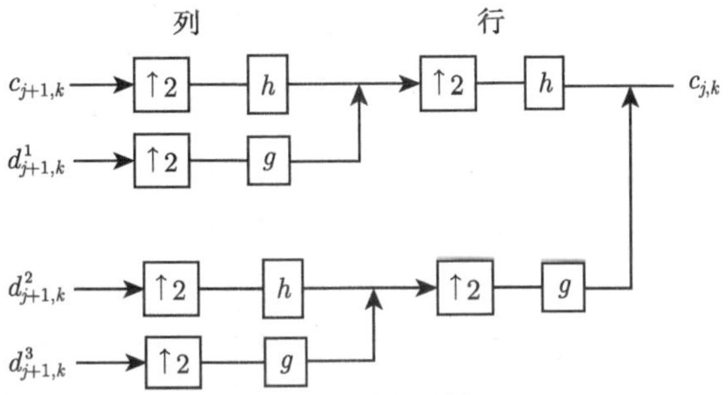

(b) 二维快速小波重构

图 6.11 二维快速小波分解及重构

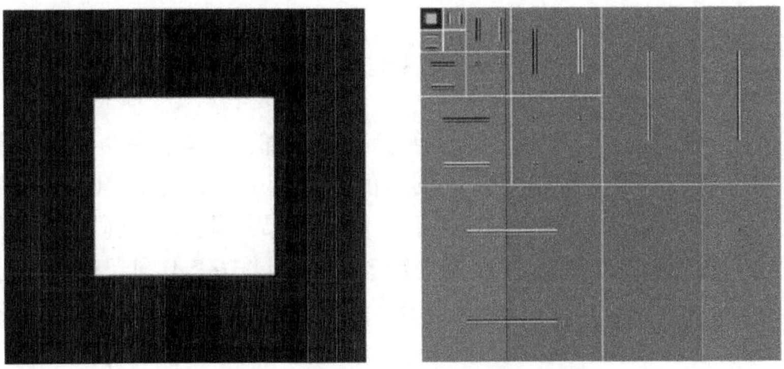

图 6.12 图像的 3 次小波分解示意图

6.4.5　小波变换的应用

小波变换这种多尺度、多分辨率思想, 在分析非平稳信号时具有很大的优势. 目前, 小波变换在语音识别、图像处理等领域得到了广泛的应用, 如一维信号的奇异点检测、故障检测、去噪等, 二维信号的边缘检测、去噪、压缩、融合等.

利用小波变换进行信号处理主要包括三个基本步骤. ① 对信号进行小波多尺度分解, 得到每一尺度上的细节和近似系数; ② 针对不同的应用目的, 对小波系数 (特别是细节系数) 进行处理, 提取信息或改变小波系数值; ③ 对处理后的小波系数进行多尺度小波逆变换, 重构信号. 对于信号的故障检测、特征提取等, 只需进行到第②步即可, 而如果要重构信号, 则需要第③步逆变换. 本节简单地介绍小波变换在检测信号奇异点和信号去噪方面的应用.

(1) 信号奇异点检测: 信号经过小波变换分解后, 其系数具有稀疏性, 即大部分的系数为 0, 不为 0 的对应的信号中有变化的点, 从而小波变换系数模极大对应了信号中的奇异点. 如图 6.13 所示, 信号 $f(t)$ 中存在不同的奇异点, 经过多尺度的小波分解后, 得到的不同尺度上的小波系数均在奇异点处达到了极值. 根据此原理, 可用小波变换进行信号的奇异点检测, 在二维信号中则对应图像的边缘检测等. 另外, 通过小波系数不同尺度上的模极值可迭代地对信号进行重构.

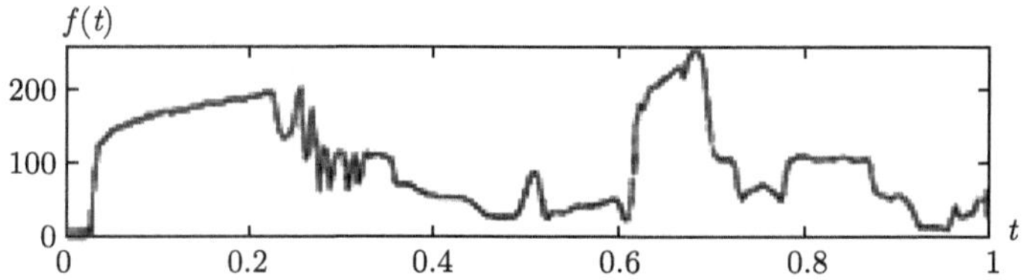

(a) 原信号

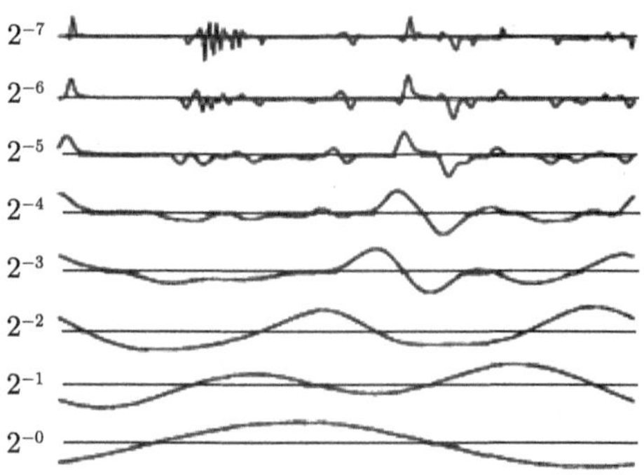

(b) 小波分解低频系数

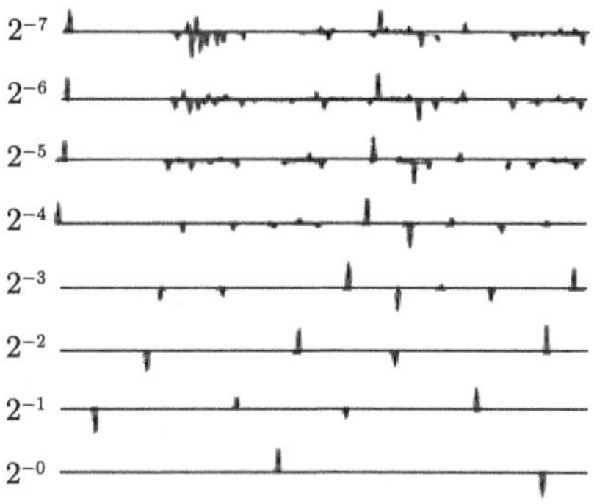

(c) 小波分解高频系数

图 6.13　跟踪小波系数模极大进行边缘检测

(2) 信号去噪: 从频率上, 信号可分为低频和高频两部分, 其中噪声、二维图像的纹理、边缘等细节对应了高频部分, 而信号的概貌、图像的平滑部分对应了低频部分. 信号去噪是在去除噪声的同时尽量保留更多的原有信号, 包括图像的细节, 因此, 在利用小波变换进行信号去噪时, 通常保留其低频部分, 只对高频系数进行改变, 通过改变不同尺度下的小波高频系数来抑制高频, 保留低频, 从而达到去噪目的. 基于小波变换的信号去噪方法主要有三类: 基于小波系数模极大方法、基于小波系数尺度相关的方法和基于小波阈值的方法.

因为小波系数的模极大值对应信号的突变点 (边缘), 信号的奇异性可以通过寻找小波模极大在细尺度下收敛的横坐标点来检测，这一理论奠定了小波系数模极大去噪和由边缘重构信号的理论基础.

基于小波系数多尺度间相关性去噪算法依据信号和噪声在不同尺度上小波系数的不同特性：含噪信号在多尺度分解后，真实信号的各尺度系数间具有很强的相关性，尤其是在信号的边缘附近，其相关性更加明显；而噪声则对应小波系数的相关性很弱或者不相关. 结合尺度间和尺度内相关性构造相关系数，相关系数大的对应信号，相关系数小的则为噪声.

小波阈值去噪方法首先由 Donoho(多诺霍) 提出并给出系统的理论推导，由于其方法简单，计算量小，去噪效果好，近来在图像去噪领域得到了广泛应用. 对于受加性噪声污染的信号，经过小波变换后，包含重要信息的小波系数幅值较大，但数量较少，而噪声对应的小波系数幅值较小. 通过选取适当的阈值，将小于阈值的小波系数置零，保留大于阈值的小波系数，再进行逆小波变换重构信号. 阈值收缩方法的关键是阈值和阈值函数的确定. 阈值太大，会丢失许多细节；阈值过小，图像中残留的噪声会更多. 阈值有硬阈值、软阈值、半软阈值等，阈值函数的选取准则有基于 Bayes(贝叶斯) 最大后验概率的、尺度自适应的、SURE(stein unbiased risk estimation) 等.

硬阈值函数将系数幅值大于阈值的系数保留不变，不大于阈值的系数设为零. 而软阈值函数具有一定的连续性 (图 6.14). 硬阈值及软阈值函数可表示为

$$\text{hard } T = \begin{cases} c_{j,k}, & |c_{j,k}| \geqslant T, \\ 0, & |c_{j,k}| < T, \end{cases}$$

$$\text{soft } T = \begin{cases} c_{j,k} - \text{sgn}(c_{j,k}), & |c_{j,k}| \geqslant T, \\ 0, & |c_{j,k}| < T. \end{cases}$$

硬阈值方法去噪虽然简单易实现，但会在图像的边界处产生伪 Gibbs(吉布斯) 现象. 软阈值方法使得小波系数的结构性得以保持，有效减少了伪 Gibbs 现象. 图 6.15 比较了标准测试图 (某女性图像)，加方差为 0.1 的高斯白噪声，经小波变换硬阈值和软阈值去噪的结果.

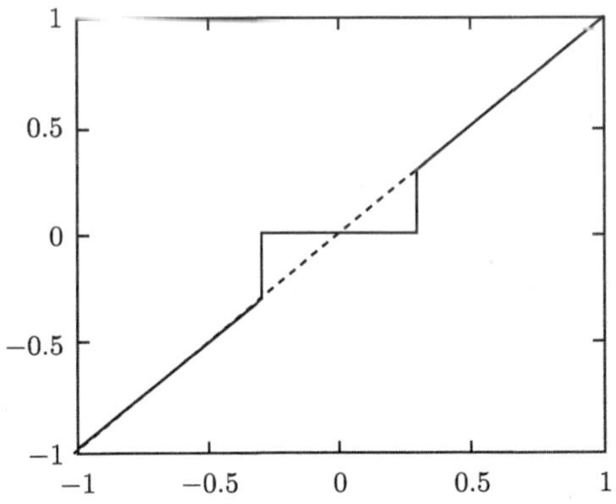

(a) 硬阈值

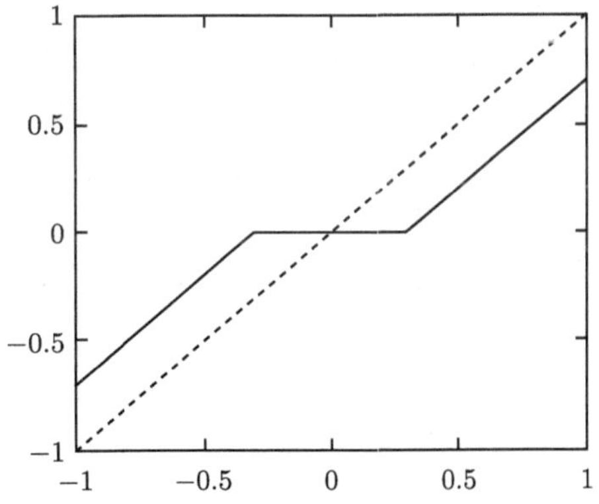

(b) 软阈值

图 6.14 阈值

当然，此处介绍的基于阈值去噪的小波方法只是最基本的小波分析在去噪方面的应用. 近几年来，小波分析与其他方法相结合的信号处理方法受到了更多的关注，也取得了很好的效果，如小波变换与稀疏表示、深度学习相结合的方法等. 可以预见，小波分析将一直活跃在信号处理领域.

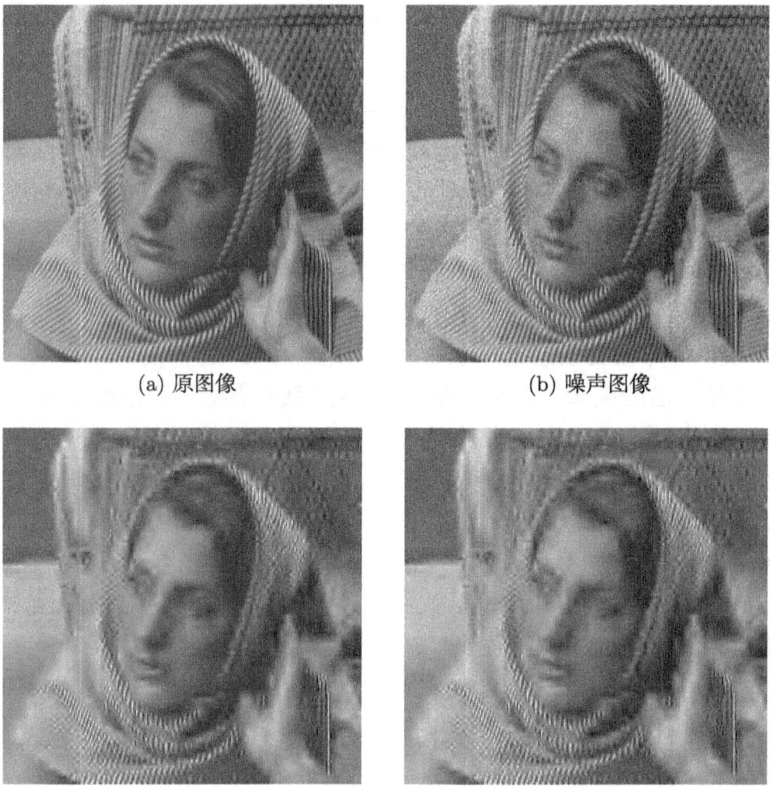

(a) 原图像　(b) 噪声图像

(c) 硬阈值去噪结果　(d) 软阈值去噪结果

图 6.15　某女性图像

6.5　应　　用

1. 凸轮工作廓线的修正设计

高速包装机械中凸轮工作廓线的设计多采用解析法, 这样既保证了凸轮的运动特性, 又便于对凸轮机构进行运动学和动力学分析, 如图 6.16 所示. 但是, 在不同工况下, 凸轮设计的解析方程式往往是不同的. 这样虽然能保证凸轮的精度, 但同时也提高了凸轮在实际使用中的修正难度, 因为只有建立新的解析方程式才能对凸轮进行修正, 尤其是只需对凸轮局部曲线进行修正时, 也要建立相应的解析方程, 这样就增大了曲线修正的工作量, 降低了工作效率.

图 6.16　凸轮

1) 问题提出

设高速包装机上有一凸轮, 其工作廓线分为 A、B、C 三段, 如图 6.17 所示, 其中箭头所指分别为每段的端点. 在实际的使用中发现 A 段和 C 段的行程符合设计要求, 但 B 段的行程需进行修正设计. 已知凸轮的 A 和 C 段曲线数据如表 6.5 所示, 其中 x_i 表示测量点的横坐标, $f(x_i)$ 表示此点对应的纵坐标. 但是 B 段在 $x_i = 235, 236, 237, 238, 239$ 对应的数据 $f(x_i)$ 需要进行修正. 我们可以利用所学的插值方法, 对 B 段的数据进行修正.

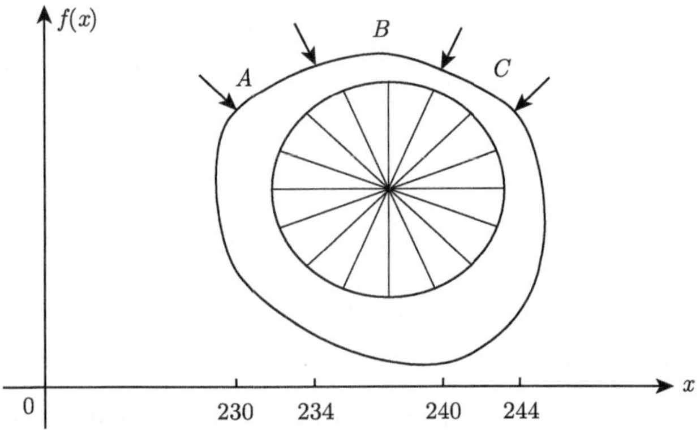

图 6.17　凸轮工作廓线

表 6.5　已知数据点

	A 段					C 段				
x_i	230	231	232	233	234	240	241	242	243	244
$f(x_i)$	15.06	15	14.98	14.72	14.63	13.21	13.02	12	12.78	12.62

2) 问题分析与建模

考虑到 A、C 两端的数据是准确的, 不必对原有解析方差进行修改, 只需要对拟进行修正的曲线附近的一些离散点的数据进行处理, 从而实现对现有凸轮工作廓线的局部设计修正. 因为 Newton 插值法可灵活地增加插值节点, 在已有表达式的基础上不需要重新进行计算. 因此, 利用 Newton 插值法来进行建模求解.

3) 问题求解

利用 Ncwton 插值方法, 首先选取插值节点, 然后计算差商表, 最后根据 Newton 插值公式, 得到解析表达式, 从而代入 B 段的测量数据 x_i, 求得对应的数值. 在 Newton 插值算法中, 使用已测数据点过多, 会导致插值多项式的次数过高, 出现龙格现象, 曲线也会有较多折点. 因此, 在此基于 4 个插值节点构造 3 次多项式进行拟合. 另外, 由于 B 段的测量点分别为 235, 236, 237, 238, 239, 因此, 选取距离插值点近的 4 个点 $x_i = 233, 234, 240, 241$ 的数据作为节点. 从而得到差商表如表 6.6 所示.

表 6.6　差商表

x_i	$f(x_i)$	一阶差商	二阶差商	三阶差商
233	14.72	−0.0900	−0.0210	0.0035
234	14.63	−0.2367	0.0067	
240	13.21	−0.1900		
241	13.02			

则根据 Newton 插值公式, 得到

$$
\begin{aligned}
N(x) =& 14.72 - 0.0900(x-233) - 0.0210(x-233)(x-234) \\
&+ 0.0035(x-233)(x-234)(x-240)
\end{aligned}
$$

$$=0.0035x^3 - 2.4618x^2 + 584.8683x - 46282.$$

最后, $x_i = 235, 236, 237, 238, 239$ 代入上式, 得到 B 段的数值如表 6.7 所示.

表 6.7　插值结果

x_i	235	236	237	238	239
$f(x_i)$	14.46	14.24	13.98	13.71	13.45

2. 测量信号的去噪

1) 问题提出

惯性测量元件的输出信息与常见微机械惯性传感器的误差特征相似, 存在量化噪声、速度随机游走和零偏不稳定性等误差. 当处于低速工况时, 未经滤波处理的输出噪声分量的标准偏差值甚至高于期望输出值, 系统输出除了跟随输入信号外, 还要跟随元件的输出噪声, 控制效果受噪声影响很大, 将直接影响导航精度. 因此, 需要对测量的信号进行滤波处理. 图 6.18 给出了测量的含噪声信号, 以及利用小波变换阈值去噪方法对其进行去噪后的结果.

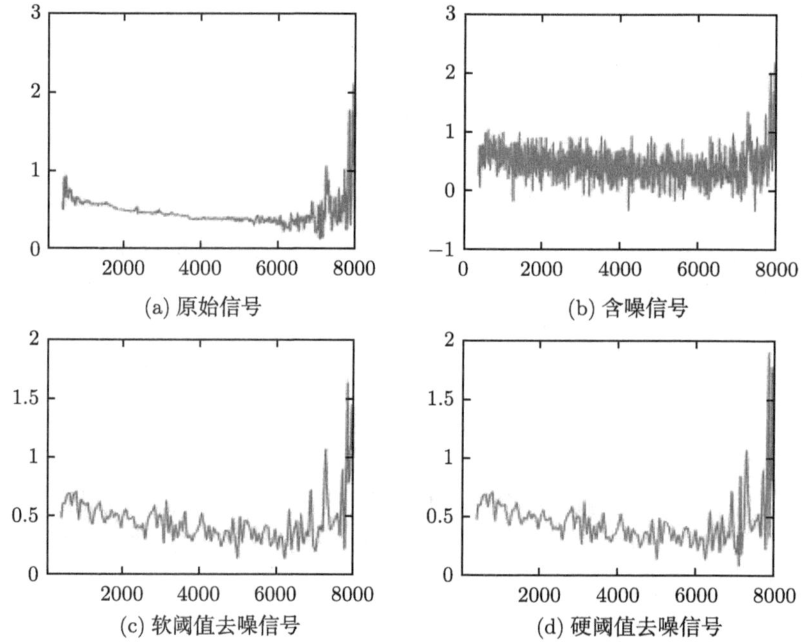

图 6.18　原始信号及去噪结果

2) 问题分析与建模

针对含噪信号的去噪问题, 特别是高斯噪声去噪问题, 可通过简单的快速的小波阈值去噪进行处理. 小波阈值去噪包含了硬阈值和软阈值去噪方法, 其中硬阈值和软阈值算子分别为

$$\text{hard } T = \begin{cases} c_{j,k}, & |c_{j,k}| \geqslant T, \\ 0, & |c_{j,k}| < T, \end{cases}$$

$$\text{soft } T = \begin{cases} c_{j,k} - \text{sgn}(c_{j,k}), & |c_{j,k}| \geqslant T, \\ 0, & |c_{j,k}| < T. \end{cases}$$

3) 问题求解

利用小波阈值去噪对信号进行去噪时, 此操作的实现可借助于 MATLAB 的小波分析工具包. 首先利用工具包中的 "wavedec" 函数对信号进行多尺度小波分解, 然后基于 "ddencmp" "wdencmp" 等函数对得到的小波系数分别进行软、硬阈值去噪, 从而得到去噪后的信号. 针对图 6.18(a) 的原始信号, 加入方差为 2 的高斯噪声 (图 6.18(b)), 利用 "Db3" 小波函数进行 3 次小波分解, 软、硬阈值去噪得到的去噪结果如图 6.18(c) 和 (d) 所示. 从图中可以看到, 小波阈值去噪很好地去除了高斯噪声, 得到了对原始信号的平滑逼近, 且在此例中, 硬阈值去噪的结果略优于软阈值去噪结果, 重构误差分别为 0.1902 和 0.1992.

第 6 章习题

1. 分别用 Lagrange 插值公式表示经过点 $(4,10)$, $(5,5.25)$, $(6,1)$ 的二次代数多项式.

2. 已知 $f(x)=3^x$ 的数据表如下

x_i	-1	0	1	2
$f(x_i)$	$\frac{1}{3}$	1	3	9

分别用 Newton 二次、三次插值多项式求 $f\left(\frac{1}{3}\right)$ 的近似值.

3. 已知 $f(x)=\ln x$ 的数据表如下

x_i	0.4	0.5	0.6	0.7	0.8
$f(x_i)$	-0.916291	-0.693147	-0.510826	-0.356675	-0.223144

作出差分表, 用线性插值和二次插值计算 $\ln 0.54$ 的近似值.

4. 已知某船的吃水深度与船舶排水量吨位数据如表所示, 构造 Newton 插值求吃水深度与排水量之间的函数关系, 并求当吃水深度为 10m 时的排水量.

吃水深度/m	8	9	11	14
排水量/万 t	1	3	9	17

5. 求一个次数不高于四次的多项式 $P(x)$ 使其满足

$$P(0)=P'(0)=0,\quad P(1)=P'(1)=1,\quad P(2)=1,$$

并估计其误差.

6. 证明: (1) $\sum\limits_{i=0}^{n-1}\Delta^2 y_i=\Delta y_n-\Delta y_0$; (2) $\Delta(f_i g_i)=f_i\Delta g_i+g_{i+1}\Delta f_i$.

7. 已知试验数据

x_i	0	1	2	3	4
$f(x_i)$	2	2.05	3	9.6	34

且知其经验公式为 $y=a+bx^2$, 用最小二乘方法确定参数 a, b.

8. 若记母函数 $\psi(t)$ 的 Fourier 变换为 $\hat{\psi}(\omega)$, 计算小波函数 $\psi_{a,b}(t)$ 的 Fourier 变换.

第 7 章　偏微分方程及其数值解法

科学和工程中的大多数实际问题都可归结为偏微分方程的定解问题. 本章首先介绍偏微分方程定解问题的几种基本类型, 然后介绍求解简单定解问题解析解的几种常用基本方法. 然而, 实际工程问题中绝大多数定解问题的解析解求解是非常困难的 (有些问题在经典意义下甚至没有解), 因此在本章中, 我们重点介绍求解几类经典的偏微分方程的有限差分方法, 并对求解偏微分方程的有限元方法的基本原理和过程进行介绍.

7.1　偏微分方程定解问题

微分方程本质上是函数的某种局部平衡关系, 其中含有该函数的导数. 建立方程的过程主要有三步: 首先设所求解的量为未知数, 然后找出所研究问题满足的等量关系式, 最后利用一些基本的关系式将等量关系式两边用已知量和未知数来表示即可. 本节按照这个过程建立几个经典的实际问题所满足的微分方程和方程定解的条件, 也使读者能够了解建立微分方程数学模型的基本方法.

7.1.1　波动方程的定解问题

问题的提出: 一根长为 l 的充分柔软、均匀细弦, 拉紧之后让它离开平衡位置, 在垂直于弦线的外力作用下做微小横振动, 求弦线上任一点在任一时刻的位移.

关于问题假设的说明如下.

(1) “充分柔软”: 指当弦线发生变形时只抗伸长而不抗弯曲, 即只考虑弦线上不同部分之间张力的相互作用, 而对弦线反抗弯曲所产生的力矩忽略不计.

(2) “均匀”: 弦线的线密度为常数.

(3) “横振动”: 假设弦的运动发生在同一平面内, 且弦线上各点位移与平衡位置垂直.

模型分析与建立: 以弦线所处的平衡位置为 x 轴, 垂直于弦线位置且通过弦线的一个端点的直线为 u 轴建立坐标系如图 7.1 所示, 以 $u(x,t)$ 表示在 t 时刻弦线在横坐标为 x 的点离开平衡位置的位移. 设 ρ 为弦的线密度 (kg/m), f_0 为作用在弦线上且垂直于平衡位置的强迫力密度 (N/m). 任取一小段弦线 (横坐标从 x 到 $x+\Delta x$ 的一段, 不包括弦线的两个端点), $\boldsymbol{T}_1$ 和 $\boldsymbol{T}_2$ 分别是弦线在两个端点所受到的张力, 即其余部分弦线对该小段弦线的作用力, α_1 为 $\boldsymbol{T}_1$ 与水平方向的夹角, α_2 为 $\boldsymbol{T}_2$ 与水平方向的夹角.

将所取小段弦线近似视为质点, 则其运动服从 Newton 第二运动定律, 即

$$F = ma, \tag{7.1}$$

其中 a 为该段弦线运动加速度, m 为该段弦线质量. 记该段弦线所受垂直于平衡位置 (即 u 轴方向) 的合外力为 $F = F_1 + F_2 + F_3$, 这里 F_1 为 $\boldsymbol{T}_1$ 在 u 轴方向的分量, F_2 为 $\boldsymbol{T}_2$ 在 u 轴方向的分量, F_3 为强迫外力.

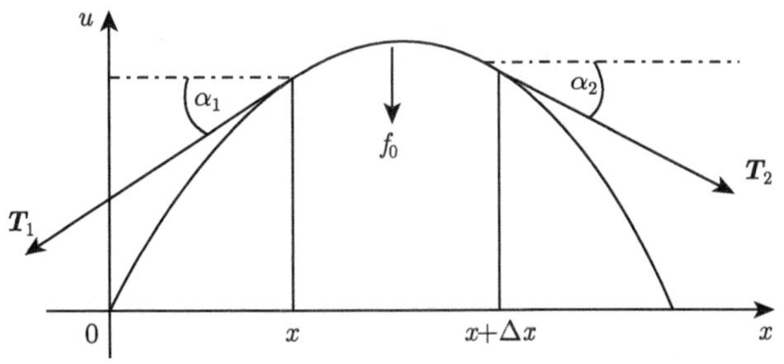

图 7.1 弦振动示意图

设 $\boldsymbol{u}_0$ 为 u 轴正向的单位向量, $\sqrt{1+\left(\dfrac{\partial u}{\partial x}\right)^2}\mathrm{d}x$ 为弦线的弧微分, 则容易得到

$$\begin{cases} F_1=\boldsymbol{T}_1\cdot\boldsymbol{u}_0=|\boldsymbol{T}_1|\cos(\boldsymbol{T}_1,\boldsymbol{u}_0)=-|\boldsymbol{T}_1|\sin\alpha_1, \\ F_2=\boldsymbol{T}_2\cdot\boldsymbol{u}_0=|\boldsymbol{T}_2|\cos(\boldsymbol{T}_2,\boldsymbol{u}_0)=-|\boldsymbol{T}_2|\sin\alpha_2, \\ F_3=\displaystyle\int_x^{x+\Delta x} f_0(x,t)\sqrt{1+\left(\frac{\partial u}{\partial x}\right)^2}\mathrm{d}x. \end{cases} \tag{7.2}$$

当假设弦线做微小横振动时, α_1 和 α_2 都充分小, 从而有

$$\begin{cases} \sin\alpha_1\sim\tan\alpha_1=\dfrac{\partial u(x,t)}{\partial x}, \\ \sin\alpha_2\sim\tan\alpha_2=-\tan(\pi-\alpha_2)=-\dfrac{\partial u}{\partial x}(x+\Delta x,t), \\ \sqrt{1+\left(\dfrac{\partial u}{\partial x}\right)^2}=1+\dfrac{1}{2}\left(\dfrac{\partial u}{\partial x}\right)^2+o\left(\left|\dfrac{\partial u}{\partial x}\right|^2\right)\approx 1. \end{cases} \tag{7.3}$$

由于假设弦线是均匀、充分柔软的, 可认为弦线每点处张力的方向为弦线的切线方向, 弦线各点处张力的大小相等, 故有 $|\boldsymbol{T}_1|=|\boldsymbol{T}_2|=T_0$ (常数).

首先, 利用式 (7.2) 和式 (7.3), 可得

$$F=T_0\frac{\partial u}{\partial x}(x+\Delta x,t)-T_0\frac{\partial u}{\partial x}(x,t)+f_0(x,t)\Delta x. \tag{7.4}$$

其次, 将弦线近似为质点可得

$$a=\frac{\partial^2 u}{\partial t^2}(\bar{x}_1,t),\quad m=\rho\int_x^{x+\Delta x}\sqrt{1+\left(\frac{\partial u}{\partial x}\right)^2}\mathrm{d}x\approx\rho\Delta x, \tag{7.5}$$

其中 $\bar{x}_1\in[x,x+\Delta x]$. 然后, 将式 (7.4) 和式 (7.5) 代入式 (7.1) 中, 可得

$$\rho\Delta x\frac{\partial^2 u}{\partial t^2}(\bar{x},t)=T_0\frac{\partial u}{\partial x}(x+\Delta x,t)-T_0\frac{\partial u}{\partial x}(x,t)+f_0(x,t)\Delta x. \tag{7.6}$$

最后, 假设 $u(x,t)$ 具有二阶连续偏导数, 对式 (7.6) 右端前两项利用微分中值定理, 可得

$$\rho\Delta x\frac{\partial^2 u}{\partial t^2}(\bar{x}_1,t)=T_0\frac{\partial^2 u}{\partial x^2}(\bar{x}_2,t)\Delta x+f_0(x,t)\Delta x, \tag{7.7}$$

其中 $\bar{x}_2\in[x,x+\Delta x]$. 在式 (7.7) 两边同除 Δx, 并令 $\Delta x\to 0$, 可得到 $u(x,t)$ 所满足的偏微

分方程

$$\frac{\partial^2 u}{\partial t^2}=a^2\frac{\partial^2 u}{\partial x^2}+f(x,t), \tag{7.8}$$

其中 $a^2=\dfrac{T_0}{\rho}$, $f(x,t)=\dfrac{f_0(x,t)}{\rho}$.

方程 (7.8) 刻画充分了柔软、均匀细弦在微小横振动时所服从的一般规律, 人们称它为弦振动方程. 弦线的特定振动情况除满足弦振动方程外, 还依赖于初始时刻弦线的状态和弦线两端所受到的外界约束. 因此, 为了确定一个具体的弦振动, 除了列出它满足的方程 (7.8) 以外, 还必须给出适合的初始条件和边界条件.

初始条件: 给出了弦线在时刻 $t=0$ 时的关于初始位移 $u(x,0)$ 和初始速度 $u_t(x,t)$ 的约束:

$$u(x,0)=\varphi(x),\quad \frac{\partial u}{\partial t}(x,0)=\psi(x),\quad 0\leqslant x\leqslant l, \tag{7.9}$$

这里 $\varphi(x)$ 和 $\psi(x)$ 是已知函数.

边界条件: 给出了弦线两端 $x=0$ 和 $x=l$ 处的约束条件, 最常用的边界约束条件一般有三种.

(1) 第一类边界条件: $u(0,t)=g_1(t)$, $u(l,t)=g_2(t)$, $t\geqslant 0$, 该条件反映了端点的位移变化.

(2) 第二类边界条件: $-T_0\dfrac{\partial u}{\partial x}(0,t)=g_1(t)$, $T_0\dfrac{\partial u}{\partial x}(l,t)=g_2(t)$, $t\geqslant 0$, 该条件反映了端点所受的垂直于弦线的外力.

(3) 第三类边界条件: $\frac{\partial_u}{\partial_x}(0,t)-\sigma_1 u(0,t)=g_1(t)$, $\dfrac{\partial u}{\partial x}(l,t)+\sigma_2 u(l,t)=g_1(t)$, $t\geqslant 0$, 其中 $\sigma_1=k_1/T_0$, $\sigma_2=k_2/T_0$, 这里 k_1,k_2 分别为两端连接的外界弹性物质弹性系数, 该条件反映了端点与弹性物体连接时的弹性约束.

初始条件和边界条件通常称为定解条件, 一个微分方程连同它相应的定解条件组成一个定解问题. 当考虑的弦线比较长时, 一般认为弦长是无穷大. 这时定解条件中就没有边界条件而只有初始条件, 这也是一个定解问题.

前面的例子是一维弦振动, 如果考虑膜的振动或者是声波在空气中的传播, 通过和建立弦振动方程类似的过程可以导出膜振动方程为

$$\frac{\partial^2 u}{\partial t^2}=a^2\left(\frac{\partial^2 u}{\partial x^2}+\frac{\partial^2 u}{\partial y^2}\right)+f(x,y,t), \tag{7.10}$$

而声波在空气中传播所满足的方程为

$$\frac{\partial^2 u}{\partial t^2}=a^2\left(\frac{\partial^2 u}{\partial x^2}+\frac{\partial^2 u}{\partial y^2}+\frac{\partial^2 u}{\partial z^2}\right)+f(x,y,z,t). \tag{7.11}$$

方程 (7.8)、方程 (7.10)、方程 (7.11) 一般统称为波动方程 (wave equation).

7.1.2　热传导方程的定解问题

问题的提出: 在三维空间中考虑一个均匀、各向同性的导热体, 假定它内部有热源, 并且与周围介质有热交换, 求物体内部温度的分布.

关于问题假设的说明如下.

(1) “均匀”: 指导热体的密度为常数.

(2) “各向同性”: 指导热体内任一点处在各个方向上的传热特性相同, 例如当导热体是由同一种金属构成的, 我们通常认为它是具有各向同性的.

模型分析与建立: 设导热体在空间占据的区域为 Ω, 边界记为 $\partial\Omega$ (如图 7.2 所示). 设导热体的密度为 ρ (kg/m), 比热为 c (J/(℃·kg)), 热源强度为 $f_0(x,y,z,t)$(J/(kg· s)). 以 $u(x,y,z,t)$ (度) 表示导热体 t 时刻在 (x,y,z) 点处的温度.

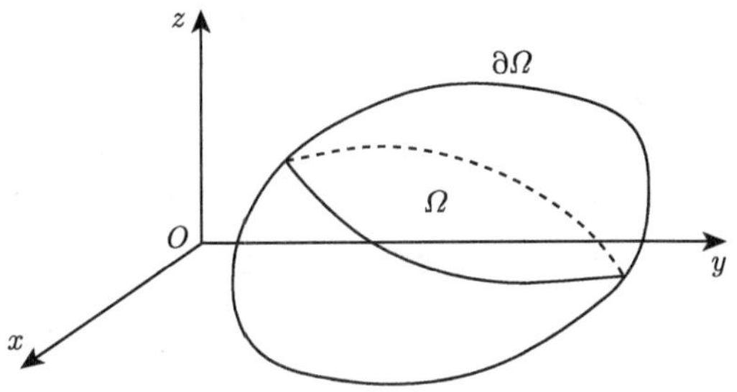

图 7.2 导热体示意图

任取一点 $(x,y,z)\in\Omega$, 并取该点的一个充分小邻域 $G\in\Omega$, G 的边界为 ∂G. 在充分小的时段 $[t_1,t_2]$ 上, 区域 G 的热量变化满足下面的热量守恒等量关系式:

$$Q_2-Q_1=W+\varPhi, \tag{7.12}$$

其中, Q_1 和 Q_2 分别为 t_1 和 t_2 时刻区域 G 中的热量, W 为在时间区间 $[t_1,t_2]$ 内由 G 内部的内热源生成的总热量, $\varPhi$ 是在时间区间 $[t_1,t_2]$ 内从 G 的外部通过边界 ∂G 流入 G 内部的热量.

假设温度的变化是连续的, 则当区域 G 充分小, 时段 $[t_1,t_2]$ 也充分小时, 可将 u 视为常数, 根据物理学知识可得

$$\begin{cases} Q_1=\rho\Delta v\cdot c\cdot u(x_1,y_1,z_1,t_1), \\ Q_2=\rho\Delta v\cdot c\cdot u(x_1,y_1,z_1,t_2), \\ W=f_0(x_1,y_1,z_1,\bar{t}_1)\cdot\rho\Delta v\cdot\Delta t, \end{cases} \tag{7.13}$$

其中 $(x_1,y_1,z_1)\in G$, $\bar{t}_1\in[t_1,t_2]$, Δv 为区域 G 的体积, $\Delta t=t_2-t_1$ 为时间步长.

根据 Fourier 热定律和通量计算公式, 还可得

$$\varPhi=\iint\limits_{\partial G}\boldsymbol{q}\cdot(-\boldsymbol{n})\mathrm{d}s\Delta t, \tag{7.14}$$

其中 $\boldsymbol{q}=-k(x,y,z)\cdot\nabla u$ 为导热体内热流量, $k(x,y,z)$ 为导热体的导热系数, 负号表示热量从温度高处向温度低处流动, $\boldsymbol{n}$ 为 ∂G 的单位外法向量, 负号表示计算通过边界 ∂G 的流入热量.

由于我们考虑的是均匀、各向同性的导热体, 因此导热体密度和导热系数都是常数, 即 $\rho(x,y,z)=\rho$, $k(x,y,z)=k$. 另外, 假设 u 对空间变量具有二阶连续偏导数, 对时间变量具有一阶连续偏导数, 则利用高斯公式可得

$$\varPhi=\iint\limits_{\partial G}\boldsymbol{q}\cdot(-\boldsymbol{n})\mathrm{d}s\Delta t=\iint\limits_{\partial G}k\nabla u\cdot\boldsymbol{n}\mathrm{d}s\Delta t$$

$$=\iint\limits_{\partial G} k\frac{\partial u}{\partial \boldsymbol{n}}\mathrm{d}s\Delta t = k\iiint\limits_{G}\Delta u\mathrm{d}v\Delta t$$

$$=k\Delta u(x_2,y_2,z_2,\bar{t}_1)\cdot\Delta v\cdot\Delta t, \tag{7.15}$$

其中 $\Delta u = u_{xx}+u_{yy}+u_{zz}$, $(x_2,y_2,z_2)\in\bar{G}$.

将式 (7.13) 和式 (7.15) 代入式 (7.12), 两边同除以 $\Delta v\Delta t$, 并令 $\Delta v\to 0, \Delta t\to 0$, 可得

$$\frac{\partial u}{\partial t}=a^2\Delta u+f, \tag{7.16}$$

其中 $a^2=\dfrac{k}{\rho c}$, $f(x,y,z,t)=\dfrac{1}{c}f_0(x,y,z,t)$.

为了具体确定某特定物体内部的温度分布, 还需要知道初始条件和边界条件.

初始条件: 导热体内在初始时刻 $t=0$ 时的温度分布, 即

$$u(x,y,z,0)=\varphi(x,y,z),\quad (x,y,z)\in\bar{\Omega}.$$

边界条件: 记 $\Sigma=\partial\Omega\times[0,+\infty)$, 则常用的边界条件如下.

(1) 第一类边界条件: $u|_{\Sigma}=g(x,y,z,t)$, 该条件反映了边界 $\partial\Omega$ 上的温度分布.

(2) 第二类边界条件: $k\left.\dfrac{\partial u}{\partial \boldsymbol{n}}\right|_{\Sigma}=g(x,y,z,t)$, 该条件反映了通过边界 $\partial\Omega$ 的热流量, 其中 $g>0$ 表示流入, $g<0$ 表示流出, $g=0$ 表示在边界绝热.

(3) 第三类边界条件:

$$\begin{cases} k\dfrac{\partial u}{\partial \boldsymbol{n}}-k_1(u_1-u)=0, \\ \dfrac{\partial u}{\partial \boldsymbol{n}}+\sigma u=g, \quad (x,y,z,t)\in\Sigma. \end{cases}$$

该条件刻画了导热体通过边界与周围介质的热交换.

方程 (7.16) 刻画了导热体内温度分布和变化所服从的一般规律, 人们称其为热传导方程. 需要指出的是, 热传导方程绝不只是用来表示热传导现象. 事实上, 自然界中还有很多现象都可用形如式 (7.16) 的方程来刻画, 如分子在诸如空气和水中的扩散等, 因此式 (7.16) 也通常被称为扩散方程.

7.1.3 Poisson 方程的定解问题

在前面所研究的导热体温度分布问题 (7.16) 中, 如果 f 和边界条件中约束条件都与 t 无关, 则经过相当长时间后, 区域 G 内各点温度趋于定值 (不随时间而变化), 因此 $u_t=0$, 从而得到

$$-\Delta u=\frac{1}{a^2}f. \tag{7.17}$$

该方程称为 Poisson (泊松) 方程. 特别地, 当 $f=0$ 时, 称为 Laplace (拉普拉斯) 方程.

由于 u 和 f 与 t 无关, 所以 Poisson 方程的定解条件只有边界条件而无初始条件. 根据边界条件的不同, 可得到如下三个特殊的 Poisson 方程的定解问题.

(1) Poisson 方程的第一边值问题 (Dirichlet (狄利克雷) 问题):

$$\begin{cases} -\Delta u = f, (x,y,z) \in \Omega, \\ u = \varphi, (x,y,z) \in \partial\Omega. \end{cases}$$

(2) Poisson 方程的第二边值问题 (Neumann (诺伊曼) 问题):

$$\begin{cases} -\Delta u = f, \quad (x,y,z) \in \Omega, \\ \dfrac{\partial u}{\partial \boldsymbol{n}} = \varphi, \quad (x,y,z) \in \partial\Omega. \end{cases}$$

(3) Poisson 方程的第三边值问题:

$$\begin{cases} -\Delta u = f, \quad (x,y,z) \in \Omega, \\ \left(\dfrac{\partial u}{\partial \boldsymbol{n}} + \sigma u\right) = \varphi, \quad (x,y,z) \in \partial\Omega. \end{cases}$$

在上面的三个定解问题中, $f(x,y,z), \varphi(x,y,z)$ 都是已知函数. 特别地, 如果 $f(x,y,z)=0$, 则称 u 为区域 Ω 内的调和函数, 这类函数在偏微分方程理论和应用研究中有着非常重要的作用. 在实际工程中, 例如当我们考虑带有稳定电流的导体, 如果内部无电流源, 可以证明导体内的电位势满足 Laplace 方程. 类似地, 对于带有稳定电荷的介质, 稳定电荷产生的静电势也满足 Poisson 方程. 因而 Laplace 方程和 Poisson 方程有时也称为位势方程.

7.1.4 二阶偏微分方程的分类

为简单起见, 先考虑常系数的二阶线性微分方程, 其中两个自变量的二阶线性方程的一般形式为

$$a_{11}\frac{\partial^2 u}{\partial {x_1}^2} + 2a_{12}\frac{\partial^2 u}{\partial x_1 \partial x_2} + a_{22}\frac{\partial^2 u}{\partial x_2^2} + b_1\frac{\partial u}{\partial x_1} + b_2\frac{\partial u}{\partial x_2} + cu = f, \tag{7.18}$$

这里 f 是自变量 x_1, x_2 的函数, $a_{ij}\ (1 \leqslant i,j \leqslant 2)$, $b_i\ (1 \leqslant i \leqslant 2)$ 和 c 均为常数, 且有 $a_{12}=a_{21}$.

引入下面二阶常系数线性偏微分算子

$$L\cdot = a_{11}\frac{\partial^2 \cdot}{\partial {x_1}^2} + 2a_{12}\frac{\partial^2 \cdot}{\partial x_1 \partial x_2} + a_{22}\frac{\partial^2 \cdot}{\partial x_2^2} + b_1\frac{\partial \cdot}{\partial x_1} + b_2\frac{\partial \cdot}{\partial x_2} + c. \tag{7.19}$$

则式 (7.18) 可简单地表示为 $Lu=f$.

方程的化简主要是简化二阶导数项的形式. 设 $\boldsymbol{A}$ 为式 (7.19) 中二阶导数项系数所构成的二阶常数矩阵, 即

$$\boldsymbol{A} = \begin{pmatrix} a_{11} & a_{12} \\ a_{21} & a_{22} \end{pmatrix},$$

其中 $a_{12}=a_{21}$. 若记梯度算子为 $\nabla_{\boldsymbol{x}} = \left(\dfrac{\partial}{\partial x_1}, \dfrac{\partial}{\partial x_2}\right)^{\mathrm{T}}$, 则可得到式 (7.19) 的简洁形式为

$$\nabla_{\boldsymbol{x}}^{\mathrm{T}} \boldsymbol{A} \nabla_{\boldsymbol{x}} u + (b_1, b_2)\cdot \nabla_{\boldsymbol{x}} u + cu = f. \tag{7.20}$$

对于任意二阶矩阵 $\boldsymbol{B} = \begin{pmatrix} b_{11} & b_{12} \\ b_{21} & b_{22} \end{pmatrix}$, 作自变量线性变换 $(y_1,y_2)^{\mathrm{T}} = \boldsymbol{B}(x_1,x_2)^{\mathrm{T}}$, 并利用多元复合函数的链导法可得

$$\frac{\partial u}{\partial x_1} = b_{11}\frac{\partial u}{\partial y_1} + b_{21}\frac{\partial u}{\partial y_2}, \quad \frac{\partial u}{\partial x_2} = b_{12}\frac{\partial u}{\partial y_1} + b_{22}\frac{\partial u}{\partial y_2},$$

从而得到 $\nabla_{\boldsymbol{x}}$ 和 $\nabla_{\boldsymbol{y}}$ 在线性变换下的关系

$$\nabla_{\boldsymbol{x}} = \boldsymbol{B}^{\mathrm{T}}\nabla_{\boldsymbol{y}}. \tag{7.21}$$

将式 (7.12) 代入式 (7.20) 中, 可得

$$\nabla_{\boldsymbol{y}}^{\mathrm{T}}\boldsymbol{BAB}^{\mathrm{T}}\nabla_{\boldsymbol{y}}u + (b_1 b_2)\boldsymbol{B}^{\mathrm{T}}\nabla_{\boldsymbol{y}}u + cu = f. \tag{7.22}$$

由于 $\boldsymbol{A}$ 为实对称矩阵, 故可以通过正交变换将其对角化, 即存在正交矩阵 $\boldsymbol{B}$ 使得 $\boldsymbol{BAB}^{\mathrm{T}}$ 为对角阵, 从而使 (7.22) 中第一项表示的二阶导数项成为如下标准形式

$$\nabla_{\boldsymbol{y}}^{\mathrm{T}}\boldsymbol{BAB}^{\mathrm{T}}\nabla_{\boldsymbol{y}}u = \lambda_1 u_{y_1y_1} + \lambda_2 u_{y_2y_2}, \tag{7.23}$$

其中 λ_1,λ_2 为矩阵 $\boldsymbol{A}$ 的特征值. 根据标准形式特征值, 可将方程 (7.19) 划归为不同类型:

(1) 当 $\boldsymbol{A}$ 正定或负定, 即 λ_1,λ_2 同号, 称式 (7.19) 为椭圆型方程;

(2) 当 $\boldsymbol{A}$ 非奇异且 λ_1,λ_2 异号, 称式 (7.19) 为双曲型方程;

(3) 当 $\boldsymbol{A}$ 奇异且 λ_1, λ_2 其中之一为零时, 称式 (7.19) 为抛物型方程.

对于任意一个带有 n 个自变量常系数的二阶线性微分方程, 都可用线性代数中二次型化简方法将方程简化为标准形, 其具体过程是:

(1) 首先, 求方程二阶导数项系数矩阵 $\boldsymbol{A}$ 的特征向量;

(2) 其次, 利用 Schmidt 正交化方法将所得到的 n 个特征向量单位正交化, 并以这 n 个单位正交向量作为 n 个列向量生成正交矩阵 $\boldsymbol{B}$;

(3) 最后, 通过一个正交变换 $\boldsymbol{y} = \boldsymbol{Bx}$, 在整个 $\mathbf{R}^n$ 上就将方程化为标准形了.

对于变系数情形, 即下面方程中系数 $a_{ij}\,(1 \leqslant i,j \leqslant 2), b_i\,(1 \leqslant i \leqslant 2), c$ 均为自变量 $\boldsymbol{x} = (x_1, x_2)^{\mathrm{T}}$ 的函数, $\boldsymbol{x}$ 属于平面上的某个区域 Ω, 此时对应的两个自变量的二阶线性方程的一般形式仍可表示为

$$a_{11}(\boldsymbol{x})\frac{\partial^2 u}{\partial {x_1}^2} + 2a_{12}(\boldsymbol{x})\frac{\partial^2 u}{\partial x_1\,\partial x_2} + a_{22}(\boldsymbol{x})\frac{\partial^2 u}{\partial x_2^2} + b_1(\boldsymbol{x})\frac{\partial u}{\partial x_1} + b_2(\boldsymbol{x})\frac{\partial u}{\partial x_2} + cu(\boldsymbol{x}) = f(\boldsymbol{x}), \tag{7.24}$$

式 (7.24) 与式 (7.18) 的区别在于其系数与自变量有关.

此时, 变系数方程 (7.24) 中二阶导数项系数所构成的二阶矩阵为

$$\boldsymbol{A}(\boldsymbol{x}) = \begin{pmatrix} a_{11}(x_1,x_2) & a_{12}(x_1,x_2) \\ a_{21}(x_1,x_2) & a_{22}(x_1,x_2) \end{pmatrix}.$$

记判别式

$$\Delta(\boldsymbol{x}) = -\left|\boldsymbol{A}(\boldsymbol{x})\right| = a_{12}^2(\boldsymbol{x}) - a_{11}(\boldsymbol{x})a_{22}(\boldsymbol{x}),$$

其中 $|\boldsymbol{A}(\boldsymbol{x})|$ 为矩阵 $\boldsymbol{A}(\boldsymbol{x})$ 的行列式. 根据该判别式, 可定义变系数方程的分类如下.

定义 7.1 设 Ω 为平面 (x_1,x_2) 上的某个区域, $\boldsymbol{x}_0 = (x_1^0, x_2^0)^{\mathrm{T}} \in \Omega$, 则有

(1) 若 $\Delta(\boldsymbol{x}_0) < 0$, 称式 (7.24) 在点 $\boldsymbol{x}_0$ 为椭圆型方程;

(2) 若 $\Delta(\boldsymbol{x}_0) = 0$, 称式 (7.24) 在点 $\boldsymbol{x}_0$ 为抛物型方程;

(3) 若 $\Delta(\boldsymbol{x}_0) > 0$, 称式 (7.24) 在点 $\boldsymbol{x}_0$ 为双曲型方程.

如果式 (7.24) 在区域 Ω 的某一子集 E 中每一点都是椭圆型的, 就称 (7.24) 在 E 上是椭圆型的. 类似地, 还可定义 E 上的抛物型或双曲型方程.

对于 n 个自变量的二阶线性微分方程, 其一般形式为

$$\sum_{i=1}^{n}\sum_{j=1}^{n} a_{ij}(\boldsymbol{x})\frac{\partial^2 u}{\partial x_i \partial x_j} + \sum_{j=1}^{n} b_j(\boldsymbol{x})\frac{\partial u}{\partial x_j} + c(\boldsymbol{x}) = f(\boldsymbol{x}). \tag{7.25}$$

其中自变量 $\boldsymbol{x}=(x_1,x_2,\cdots,x_n)^{\mathrm{T}}\in\Omega$, Ω 为 $\mathbf{R}^n$ 的某个区域.

若记式 (7.25) 中二阶导数项系数所构成的 n 阶矩阵为 $\boldsymbol{A}(x)=(a_{ij}(\boldsymbol{x}))$, 则类似于定义 7.1, 可定义下面的微分方程的分类.

定义 7.2 对于给定的点 $\boldsymbol{x}_0=(x_1^0,x_2^0,\cdots,x_n^0)^{\mathrm{T}}\in\Omega$, 有

(1) 若 $\boldsymbol{A}(\boldsymbol{x}_0)$ 为正定或负定的, 称式 (7.25) 在点 $\boldsymbol{x}_0$ 是椭圆型的;

(2) 若 $\boldsymbol{A}(\boldsymbol{x}_0)$ 为非奇异矩阵, 且 n 个特征值中 $(n-1)$ 个同号, 剩下那一个异号, 称式 (7.25) 在点 $\boldsymbol{x}_0$ 是双曲型的; 否则, 就称式 (7.25) 在点 $\boldsymbol{x}_0$ 是狭义双曲型的;

(3) 若 $\boldsymbol{A}(\boldsymbol{x}_0)$ 为奇异矩阵, 且 n 个特征值中只有一个为零, 其余的 $(n-1)$ 个同号, 称式 (7.25) 在点 $\boldsymbol{x}_0$ 是抛物型的; 否则, 就称式 (7.25) 在点 $\boldsymbol{x}_0$ 是狭义抛物型的.

如果式 (7.25) 在区域 Ω 的某一子集 E 中每一点都是椭圆型的, 就称式 (7.25) 在 E 上是椭圆型的. 类似可定义 E 上的抛物型或双曲型方程.

根据上述定义, 可以很容易验证前面介绍的波动方程通常为双曲型方程, 热传导方程通常为抛物型方程, 而 Poisson 方程和 Laplace 方程都是椭圆型方程.

7.2 偏微分方程的解析解

偏微分方程的求解是偏微分方程研究中的核心内容之一, 其中偏微分方程的解析解对于偏微分方程的严格理论分析具有重要意义. 事实上, 偏微分方程的解析解的求解一直是偏微分方程研究中的难点, 也没有一套统一的方法. 在本节中, 我们介绍几种求解偏微分方程的解析解的常用方法, 主要包括分离变量法、积分变换法以及 Green (格林) 函数法.

7.2.1 分离变量法

分离变量法的基本思想就是通过变量的分离, 将偏微分方程的求解问题转化为多个常微分方程的求解, 从而达到简化计算的目的, 这也是偏微分方程解析解求解最常用的方法之一.

1. 齐次方程齐次边界条件定解问题的分离变量法

以下面的一维弦的自由横振动第一类齐次边界定解问题为例:

$$\begin{cases}\dfrac{\partial^2 u}{\partial t^2}(x,t)-a^2\dfrac{\partial^2 u}{\partial x^2}(x,t)=0, & 0\leqslant x\leqslant l, t\geqslant 0,\\ u(0,t)=0,\quad u(l,t)=0, & t\geqslant 0,\\ u(x,0)=\phi(x),\ \dfrac{\partial u}{\partial t}(x,0)=\psi(x), & 0\leqslant x\leqslant l.\end{cases}\tag{7.26}$$

该问题的方程是齐次的 (即方程 (7.8) 中的 $f=0$), 边界条件也是齐次的 (即边界初始位移均为零), 这也是直接使用分离变量法所需要的两个必要条件.

设问题有变量分离形式的解:

$$u(x,t)=X(x)T(t),\tag{7.27}$$

这里 $X(x)$ 与变量 t 无关, $T(t)$ 与变量 x 无关, 将它代入方程 (7.26) 得到

$$\frac{T''(t)}{a^2T(t)}=\frac{X''(x)}{X(x)},\tag{7.28}$$

这是一个变量分离的恒等式, 等式左边仅仅是 t 的函数, 等式右边则仅仅是 x 的函数, 而 x,t

是两个无关的独立变量, 所以这个等式只能是常数 (记为 $-\lambda$), 于是有

$$\frac{T''(t)}{a^2T(t)} = \frac{X''(x)}{X(x)} = -\lambda, \tag{7.29}$$

从而得到两个常微分方程:

$$\begin{cases} T''(t) + \lambda a^2 T(t) = 0, \\ X''(x) + \lambda X(x) = 0. \end{cases} \tag{7.30}$$

根据式 (7.26) 中的齐次边界条件, 也可得到

$$X(0)T(t) = 0, \qquad X(l)T(t) = 0. \tag{7.31}$$

注意到我们需要求得的是非零解, 则 $T(t) \neq 0$, 从而只有 $X(0) = 0, X(l) = 0$, 由此就得到关于 $X(x)$ 的施图姆–刘维尔 (Sturm-Liouville) 本征值问题:

$$\begin{cases} X''(x) + \lambda X(x) = 0, \\ X(0) = 0, \quad X(l) = 0. \end{cases} \tag{7.32}$$

对于该本征值问题, 我们有下面结论.

(1) 当 $\lambda < 0$ 时, λ 不是问题 (7.32) 的本征值.

(2) 当 $\lambda = 0$ 时, 可得 $X(x) = Ax + B$, 其中 A, B 为待定常数, 由 $X(0) = 0$ 得 $B = 0$, 另外由 $X(l) = 0$ 且 $l \neq 0$, 可得 $A = 0$, 从而有 $X \equiv 0$, 这表明 $\lambda = 0$ 也不是问题 (7.32) 的本征值.

(3) 当 $\lambda > 0$ 时, 方程的通解为

$$X(x) = C\cos\sqrt{\lambda}x + D\sin\sqrt{\lambda}x.$$

由 $X(0) = 0$ 得 $C = 0$; 由 $X(l) = 0$ 得关于 λ 的方程

$$D\sin\sqrt{\lambda}l = 0. \tag{7.33}$$

由于是求问题的非零解, 所以 $D \neq 0$, 因此只有 $\sin\sqrt{\lambda}l = 0$, 从而得到问题 (7.32) 的可列个本征值:

$$\lambda_n = \left(\frac{n\pi}{l}\right)^2, \quad n = 1, 2, 3, \cdots \tag{7.34}$$

以及对应的本征函数 (把非零常数 D 省去)

$$X_n(x) = \sin\frac{n\pi x}{l}, \quad n = 1, 2, 3, \cdots. \tag{7.35}$$

现将本征值 $\lambda_n = \left(\dfrac{n\pi}{l}\right)^2$ 代入关于 $T(t)$ 的方程得到

$$T''_n(t) + \left(\frac{n\pi a}{l}\right)^2 T_n(t) = 0,$$

这是一个二阶的常系数线性齐次方程, 它的通解为

$$T_n(t) = C_n\cos\frac{n\pi at}{l} + D_n\sin\frac{n\pi at}{l},$$

从而得到变量分离状态的解, 称之为驻波:

$$u_n(x,t) = X_n(x)T_n(t) = \left(C_n\cos\frac{n\pi at}{l} + D_n\sin\frac{n\pi at}{l}\right)\sin\frac{n\pi x}{l}.$$

现在要求满足初始条件的解, 一般而言, 这可列个驻波解并不满足初始条件, 为使得到满足初始条件的混合问题的解, 按照叠加原理, 将可列个驻波解叠加得到

$$u(x,t)=\sum_{n=1}^{+\infty}\left(C_n\cos\frac{n\pi at}{l}+D_n\sin\frac{n\pi at}{l}\right)\sin\frac{n\pi x}{l}.$$

于是, 由条件 $u(x,0)=\phi(x)$ 可得

$$\phi(x)=\sum_{n=1}^{+\infty}C_n\sin\frac{n\pi x}{l}.$$

注意到本征函数系 $\left\{\sin\frac{n\pi x}{l},n=1,2,3,\cdots\right\}$ 在 $[0,l]$ 上是正交的完全的函数系, 且

$$\left\|\sin\frac{n\pi x}{l}\right\|=\sqrt{l/2},\quad n=1,2,3,\cdots,$$

故而有

$$C_n=\frac{2}{l}\int_0^l\phi(\xi)\sin\frac{n\pi\xi}{l}\mathrm{d}\xi,\quad n=1,2,3,\cdots.$$

同理, 由 $u_t(x,0)=\psi(x)$ 可得

$$\psi(x)=\sum_{n=1}^{+\infty}\frac{n\pi a}{l}D_n\sin\frac{n\pi x}{l},$$

从而得到

$$D_n=\frac{2}{n\pi a}\int_0^l\psi(\xi)\sin\frac{n\pi\xi}{l}\mathrm{d}\xi,\quad n=1,2,3,\cdots,$$

因此分离变量法又叫 Fourier 解法.

分离变量法对偏微分方程与边界条件都要进行变量分离, 所以方程与边界条件都应是齐次的. 在求解过程中会得到 Sturm-Liouville 本征值问题, 由此确定可列个本征值与相应的本征函数系, 这也是分离变量法的核心问题.

例 7.1 考虑下面的二维问题: 假设边长为 a,b 的矩形薄板, 两个板面不透热, 它的一边 $y=b$ 为绝热, 其余三边保持零度温度. 设板的初始温度分布是 $\phi(x,y)$, 试求板内的温度变化.

解 以 $u(x,y,t)$ 为此矩形板内点 (x,y) 处时刻 t 的温度, 这时此混合问题为

$$\begin{cases}\dfrac{\partial u}{\partial t}(x,y,t)=a^2\left[\dfrac{\partial^2u}{\partial x^2}(x,y,t)+\dfrac{\partial^2u}{\partial y^2}(x,y,t)\right],\quad 0\leqslant x\leqslant a,0\leqslant y\leqslant b,t\geqslant 0,\\ u|_{x=0}=0,\quad u|_{x=a}=0,\quad u|_{y=0}=0,\quad u_y|_{y=b}=0,\quad t\geqslant 0,\\ u(x,y,0)=\phi(x,y),\quad 0\leqslant x\leqslant a,0\leqslant y\leqslant b.\end{cases}$$

这是一个齐次方程、齐次边界条件的问题, 可设有变量分离形式的解.

(1) 设解为

$$u(x,y,t)=X(x)Y(y)T(t),$$

代入齐次方程中, 分离变量后有

$$\frac{T'(t)}{a^2T(t)}=\frac{X''(x)}{X(x)}+\frac{Y''(y)}{Y(y)}.$$

由于变量 x, y, t 都是独立变量, 所以令

$$\frac{X''(x)}{X(x)} = -\lambda, \quad \frac{Y''(y)}{Y(y)} = -\mu,$$

这里 λ, μ 都是待定的常数, 并且

$$T'(t) + a^2(\lambda + \mu)T(t) = 0. \tag{7.36}$$

齐次边界条件分离变量后得

$$X(0) = X(a) = 0, \quad Y(0) = 0, \quad Y'(b) = 0,$$

于是得到两个 Sturm-Liouville 本征值问题:

$$\begin{cases} X''(x) + \lambda X(x) = 0, \\ X(0) = 0,\ X(a) = 0 \end{cases}$$

与

$$\begin{cases} Y''(y) + \mu Y(y) = 0, \\ Y(0) = 0,\ Y'(b) = 0. \end{cases}$$

(2) 解上述两个本征值问题, 容易得到它的本征值和相应的本征函数系为

$$\lambda_n = \left(\frac{n\pi}{a}\right)^2, \quad X_n(x) = \sin\frac{n\pi x}{a}, \quad n = 1, 2, 3, \cdots,$$

$$\mu_m = \left(m + \frac{1}{2}\right)^2 \frac{\pi^2}{b^2}, \ Y_m(y) = \sin\left(m + \frac{1}{2}\right)\frac{\pi y}{b}, \quad m = 0, 1, 2, \cdots.$$

(3) 将本征值代入关于 $T(t)$ 的一阶方程 (7.36) 中, 得到

$$T_{nm}(t) = C_{nm}\mathrm{e}^{-\left[\frac{n^2}{a^2} + \frac{1}{b^2}(m+\frac{1}{2})^2\right]a^2\pi^2 t}.$$

(4) 为得到满足初始条件的混合问题的解, 将

$$u_{nm}(x, y, t) = X_n(x)Y_m(y)T_{nm}(t)$$

对 n, m 叠加, 有

$$u(x, y, t) = \sum_{n=1}^{+\infty}\sum_{m=0}^{+\infty} C_{nm}\mathrm{e}^{-\left[\frac{n^2}{a^2} + \frac{1}{b^2}(m+\frac{1}{2})^2\right]a^2\pi^2 t}\sin\frac{n\pi x}{a}\sin\left(m + \frac{1}{2}\right)\frac{\pi y}{b},$$

由初始条件得

$$\phi(x, y) = \sum_{n=1}^{+\infty}\sum_{m=0}^{+\infty} C_{nm}\sin\frac{n\pi x}{a}\sin\left(m + \frac{1}{2}\right)\frac{\pi y}{b}.$$

同样, 函数系 $\left\{\sin\frac{n\pi x}{l}, n = 1, 2, 3, \cdots\right\}$ 在 $[0, l]$ 上是正交的完全的函数系, 且

$$\left\|\sin\frac{n\pi x}{l}\right\| = \sqrt{1/2}, \quad n = 1, 2, 3, \cdots,$$

从而得

$$C_{nm} = \frac{4}{ab}\int_0^a\int_0^b \phi(\xi, \eta)\sin\frac{n\pi\xi}{a}\sin\left(m + \frac{1}{2}\right)\frac{\pi\eta}{b}\mathrm{d}\xi\mathrm{d}\eta.$$

2. 非齐次方程齐次边界条件的解法

这里把分离变量法推广用于求解非齐次方程齐次边界条件的定解问题, 介绍的方法叫本征函数法, 其基本思想就是将函数在齐次方程齐次边界问题的本征函数系下进行表示, 然后利用本征函数系的正交性来求出表示系数, 从而得到方程的解.

例 7.2 考虑一维波动方程的强迫振动问题, 具有第一类齐次边界条件的定解问题

$$\begin{cases} \dfrac{\partial^2 u}{\partial t^2}(x,t) - a^2\dfrac{\partial^2 u}{\partial x^2}(x,t) = f(x,t), \quad 0 \leqslant x \leqslant l,\ t \geqslant 0, \\ u(0,t) = 0,\ \ u(l,t) = 0, \quad t \geqslant 0, \\ u(x,0) = \phi(x), \quad \dfrac{\partial u}{\partial t}(x,0) = \psi(x),\ 0 \leqslant x \leqslant l. \end{cases}$$

解 (1) 首先, 得到对应齐次方程齐次边界条件的问题为

$$\begin{cases} \dfrac{\partial^2 u}{\partial t^2}(x,t) - a^2\dfrac{\partial^2 u}{\partial x^2}(x,t) = 0, \quad 0 \leqslant x \leqslant l,\ t \geqslant 0, \\ u(0,t) = 0, \quad u(l,t) = 0, \quad t \geqslant 0, \\ u(x,0) = \phi(x), \quad \dfrac{\partial u}{\partial t}(x,0) = \psi(x), \quad 0 \leqslant x \leqslant l, \end{cases}$$

并求出本征值与本征函数系为

$$\lambda_n = \left(\frac{n\pi}{l}\right)^2, \quad X_n(x) = \sin\frac{n\pi x}{l}, \quad n = 1,2,3,\cdots.$$

(2) 设问题的解 $u(x,t)$ 在本征函数系 $\left\{X_n(x) = \sin\dfrac{n\pi x}{l},\ n = 1,2,3,\cdots\right\}$ 的 Fourier 级数表示为

$$u(x,t) = \sum_{n=1}^{+\infty} T_n(t)\sin\frac{n\pi x}{l},$$

其中 $T_n(t),\ n = 1,2,3,\cdots$ 是待定的函数.

为了求出函数 $T_n(t)$, 将已知函数 $f(x,t)$, $\phi(x)$, $\psi(x)$ 分别在本征函数系 $\left\{\sin\dfrac{n\pi x}{l},\ n = 1,2,3,\cdots\right\}$ 下展开为 Fourier 级数:

$$f(x,t) = \sum_{n=1}^{+\infty} f_n(t)\sin\frac{n\pi x}{l}, \quad \phi(x) = \sum_{n=1}^{+\infty}\phi_n\sin\frac{n\pi x}{l}, \quad \psi(x) = \sum_{n=1}^{+\infty}\psi_n\sin\frac{n\pi x}{l},$$

其中

$$f_n(t) = \frac{2}{l}\int_0^l f(\xi,t)\sin\frac{n\pi\xi}{l}\mathrm{d}\xi, \quad \phi_n = \frac{2}{l}\int_0^l \phi(\xi)\sin\frac{n\pi\xi}{l}\mathrm{d}\xi, \quad \psi_n = \frac{2}{l}\int_0^l \psi(\xi)\sin\frac{n\pi\xi}{l}\mathrm{d}\xi$$

都是已知的.

在上述 Fourier 级数展开基础上, 将 $u(x,t) = \sum\limits_{n=1}^{+\infty} T_n(t)\sin\dfrac{n\pi x}{l}$ 也代入方程与初始条件

中, 可得关于 $T_n(t)$ 的常微分方程初值问题:

$$\begin{cases} T''_n(t)+\left(\dfrac{n\pi a}{l}\right)^2 T_n(t)=f_n(t), \\ T_n(0)=\phi_n, \quad T'_n(0)=\psi_n, \quad n=1,2,3,\cdots. \end{cases}$$

用 Laplace 积分变换解得

$$T_n(t)=\phi_n\cos\frac{n\pi at}{l}+\frac{l}{n\pi a}\psi_n\sin\frac{n\pi at}{l}+\frac{l}{n\pi a}\int_0^t f_n(\tau)\sin\frac{n\pi a(t-\tau)}{l}\mathrm{d}\tau.$$

这样就得到一维波动方程强迫振动齐次边界条件的解

$$\begin{aligned} u(x,t)&=\sum_{n=1}^{+\infty}T_n(t)\sin\frac{n\pi x}{l} \\ &=\sum_{n=1}^{+\infty}\left(\phi_n\cos\frac{n\pi at}{l}+\psi_n\frac{l}{n\pi a}\sin\frac{n\pi at}{l}\right)\sin\frac{n\pi x}{l} \\ &\quad+\sum_{n=1}^{+\infty}\left[\frac{l}{n\pi a}\int_0^t f_n(\tau)\sin\frac{n\pi a(t-\tau)}{l}\mathrm{d}\tau\right]\sin\frac{n\pi x}{l}. \end{aligned}$$

除上述利用 Fourier 级数展开的本征函数方法外, 对于非齐次方程的求解, 还有一种方法称为齐次化方法. 该方法的理论基础被称为齐次化原理, 其基本思想是通过变量替换将非齐次问题转化为齐次方程的求解. 对于该方法本章不作详细介绍, 感兴趣的读者可自行学习.

3. 非齐次边界条件的定解问题的解法

对于非齐次边界条件的定解问题的解法, 应先将边界条件齐次化, 把定解问题转化为齐次边界条件, 用前面叙述的方法求解.

例 7.3 设长为 l, 端点按某种规律依时间 t 变化的弦强迫振动, 弦振动位移 $u(x,t)$ 满足定解问题:

$$\begin{cases} \dfrac{\partial^2 u}{\partial t^2}-a^2\dfrac{\partial^2 u}{\partial x^2}=f(x,t), \quad 0\leqslant x\leqslant l, t\geqslant 0, \\ u(0,t)=\mu(t), \quad u(l,t)=\nu(t), \quad t\geqslant 0, \\ u(x,0)=\phi(x), \quad \dfrac{\partial u}{\partial t}(x,0)=\psi(x), \quad 0\leqslant x\leqslant l. \end{cases} \tag{7.37}$$

分析: 为了能用本征函数法求解, 先将边界条件齐次化, 为此设

$$u(x,t)=v(x,t)+w(x,t),$$

这里 $v(x,t)$ 是引进的新的函数, 使 $v(x,t)=u(x,t)-w(x,t)$ 满足齐次边界条件 $v(0,t)=0, v(l,t)=0$, 就必须让函数 $w(x,t)$ 满足

$$w(0,t)=\mu(t), \quad w(l,t)=\nu(t).$$

对此最简单的取法是令 $w(x,t)=A(t)x+B(t)$, 其中 $A(t)=\dfrac{1}{l}[\nu(t)-\mu(t)]$, $B(t)=\mu(t)$, 从而得到

$$w(x,t)=\frac{x}{l}[\nu(t)-\mu(t)]+\mu(t).$$

这样, 若 $u(x,t)$ 是定解问题 (7.37) 的解, 那么 $v(x,t)$ 满足定解问题

$$\begin{cases} \dfrac{\partial^2 v}{\partial t^2} - a^2 \dfrac{\partial^2 v}{\partial x^2} = f(x,t) - \left(\dfrac{\partial^2 w}{\partial t^2} - a^2 \dfrac{\partial^2 w}{\partial x^2} \right), \quad 0 \leqslant x \leqslant l, t \geqslant 0, \\ v(0,t) = 0, \quad v(l,t) = 0, \quad t \geqslant 0, \\ v(x,0) = \phi(x) - w(x,0), \quad \dfrac{\partial v}{\partial t}(x,0) = \psi(x) - w_t(x,0), \ 0 \leqslant x \leqslant l. \end{cases}$$

这个问题就可以用本征函数法或齐次化原理求解.

应当指出, 偏微分方程理论上已经证明了 $u(x,t)$ 的解与 $w(x,t)$ 的选取无关. 这里仅给出了对边界条件是第一类边界条件的 $w(x,t)$ 的选取形式, 对其他类型的边界条件完全可以用类似的方法找出相应的 $w(x,t)$, 使边界条件齐次化. 常用的几种边界条件下对应的函数 $w(x,t)$ 的表达式为

(1) 若 $u(0,t) = \mu(t)$, $\dfrac{\partial u}{\partial x}(l,t) = \nu(t)$, 则 $w(x,t)$ 可取为

$$w(x,t) = x\nu(t) + \mu(t).$$

(2) 若 $\dfrac{\partial u}{\partial x}(0,t) = \mu(t)$, $u(l,t) = \nu(t)$, 则 $w(x,t)$ 可取为

$$w(x,t) = (x-l)\mu(t) + \nu(t).$$

(3) 若 $\dfrac{\partial u}{\partial x}(0,t) = \mu(t)$, $\dfrac{\partial u}{\partial x}(l,t) = \nu(t)$, 则 $w(x,t)$ 可取为

$$w(x,t) = x\mu(t) + \frac{x^2}{2l}[\nu(t) - \mu(t)].$$

(4) 若 $\dfrac{\partial u}{\partial x}(0,t) - \sigma u(0,t) = \mu(t)$, $\dfrac{\partial u}{\partial x}(l,t) + \sigma u(l,t) = \nu(t)$, 这里 $\sigma > 0$, 则 $w(x,t)$ 可取为

$$w(x,t) = x\mu(t) + x^2 \frac{\nu(t) - (1+\sigma l)\mu(t)}{2l + \sigma l^2}.$$

例 7.4 求解混合问题

$$\begin{cases} \dfrac{\partial u}{\partial t} - a^2 \dfrac{\partial^2 u}{\partial x^2} = \mathrm{e}^{-\frac{a^2}{4}t} \sin \dfrac{x}{2}, \quad 0 \leqslant x \leqslant \pi, \ t \geqslant 0, \\ u(0,t) = 0, \quad \dfrac{\partial u}{\partial x}(\pi,t) = b, \quad t \geqslant 0, \\ u(x,0) = \phi(x), \quad 0 \leqslant x \leqslant \pi. \end{cases}$$

解 (1) 先把边界条件齐次化. 令 $u(x,t) = v(x,t) + bx$, 则该问题转化为关于 $v(x,t)$ 的定解问题

$$\begin{cases} \dfrac{\partial v}{\partial t} - a^2 \dfrac{\partial^2 v}{\partial x^2} = \mathrm{e}^{-\frac{a^2}{4}t} \sin \dfrac{x}{2}, \quad 0 \leqslant x \leqslant \pi, \ t \geqslant 0, \\ v(0,t) = 0, \quad \dfrac{\partial v}{\partial x}(\pi,t) = 0, \quad t \geqslant 0, \\ v(x,0) = \phi(x) - bx, \quad 0 \leqslant x \leqslant \pi. \end{cases}$$

(2) 用本征函数法或齐次化原理解此问题得

$$v(x,t) = t\mathrm{e}^{-\frac{a^2}{4}t} \sin \frac{x}{2} + \sum_{n=0}^{+\infty} a_n \mathrm{e}^{-\frac{(2n+1)^2 a^2}{4}t} \sin \frac{(2n+1)x}{2},$$

其中 $a_n=\dfrac{2}{\pi}\displaystyle\int_0^{\pi}[\phi(\xi)-b\xi]\sin\dfrac{(2n+1)\xi}{2}\mathrm{d}\xi,\ n=0,1,2,\cdots$.

最后得原问题的解为

$$u(x,t)=bx+t\mathrm{e}^{-\frac{a^2}{4}t}\sin\frac{x}{2}+\sum_{n=0}^{+\infty}a_n\mathrm{e}^{-\frac{(2n+1)^2a^2}{4}t}\sin\frac{(2n+1)x}{2}.$$

7.2.2　积分变换法

积分变换是在偏微分方程求解中的常用方法之一, 通过积分变换可以把偏微分方程的定解问题化为常微分方程的定解问题, 从而使问题得以解决. 目前, 最常用的积分变换主要有 Fourier 变换和 Laplace 变换.

1. Fourier 积分变换在偏微分方程定解问题中的应用

Fourier 积分变换是一种非常重要的积分变换, 在这里我们以一维波动方程定解问题的求解为例, 来说明 Fourier 积分变换在偏微分方程定解问题中的应用.

例 7.5　*求解无界弦振动方程的初值问题*

$$\begin{cases}\dfrac{\partial^2u}{\partial t^2}-a^2\dfrac{\partial^2u}{\partial x^2}=0, & -\infty<x<+\infty,\ t\geqslant 0,\\ u(x,0)=\phi(x), & -\infty<x<+\infty,\\ \dfrac{\partial u}{\partial t}(x,0)=\psi(x), & -\infty<x<+\infty.\end{cases}$$

解　设 $u(x,t)$ 关于变量 x 的 Fourier 变换为 $\mathfrak{F}[u(x,t)]=U(\omega,t)$, 则定解问题经 Fourier 变换后为

$$\begin{cases}\dfrac{\mathrm{d}^2U(\omega,t)}{\mathrm{d}t^2}+a^2\omega^2U(\omega,t)=0,\\ U(\omega,0)=\varPhi(\omega),\quad \dfrac{\partial U}{\partial t}(\omega,0)=\varPsi(\omega),\end{cases}$$

这里 $\varPhi(\omega)=\mathfrak{F}[\phi(x)]$, $\varPsi(\omega)=\mathfrak{F}[\psi(x)]$.

这是一个含参数的二阶常微分方程的初值问题, 容易求得该方程的通解为

$$U(\omega,t)=C_1\mathrm{e}^{\mathrm{i}a\omega t}+C_2\mathrm{e}^{-\mathrm{i}a\omega t}.$$

由初始条件, 易得 $C_1+C_2=\varPhi(\omega),\mathrm{i}\omega a(C_1-C_2)=\varPsi(\omega)$, 从而联立求解可得到

$$C_1=\frac{1}{2}\left[\varPhi(\omega)+\frac{1}{\mathrm{i}\omega a}\varPsi(\omega)\right],\quad C_2=\frac{1}{2}\left[\varPhi(\omega)-\frac{1}{\mathrm{i}\omega a}\varPsi(\omega)\right],$$

由此得到

$$U(\omega,t)=\frac{1}{2}\left[\varPhi(\omega)+\frac{1}{\mathrm{i}\omega a}\varPsi(\omega)\right]\mathrm{e}^{\mathrm{i}a\omega t}+\frac{1}{2}\left[\varPhi(\omega)-\frac{1}{\mathrm{i}\omega a}\varPsi(\omega)\right]\mathrm{e}^{-\mathrm{i}a\omega t}.$$

对上式等号两边同时进行 Fourier 逆变换, 可得

$$\begin{aligned}u(x,t)=&\frac{1}{2}\mathfrak{F}^{-1}\left[\varPhi(\omega)\mathrm{e}^{\mathrm{i}a\omega t}\right]+\frac{1}{2a}\mathfrak{F}^{-1}\left[\frac{1}{\mathrm{i}\omega}\varPsi(\omega)\mathrm{e}^{\mathrm{i}a\omega t}\right]\\&+\frac{1}{2}\mathfrak{F}^{-1}\left[\varPhi(\omega)\mathrm{e}^{-\mathrm{i}a\omega t}\right]-\frac{1}{2a}\mathfrak{F}^{-1}\left[\frac{1}{\mathrm{i}\omega}\varPsi(\omega)\mathrm{e}^{-\mathrm{i}a\omega t}\right].\end{aligned}$$

根据延迟定理和积分定理, 容易得到

$$\mathfrak{F}^{-1}[\mathrm{e}^{\pm\mathrm{i}\omega at}\Phi(\omega)]=\phi(x\pm at),\ \mathfrak{F}^{-1}\left[\mathrm{e}^{\pm\mathrm{i}\omega at}\frac{1}{\mathrm{i}\omega}\Psi(\omega)\right]=\int_{-\infty}^{x\pm at}\psi(\xi)\,\mathrm{d}\xi,$$

从而得到定解问题的解为

$$\begin{aligned}u(x,t)&=\frac{1}{2}[\phi(x-at)+\phi(x+at)]+\frac{1}{2a}\left[\int_{-\infty}^{x+at}\psi(\xi)\mathrm{d}\xi-\int_{-\infty}^{x-at}\psi(\xi)\mathrm{d}\xi\right]\\&=\frac{1}{2}[\phi(x-at)+\phi(x+at)]+\frac{1}{2a}\int_{x-at}^{x+at}\psi(\xi)\mathrm{d}\xi.\end{aligned}$$

2. Laplace 变换在数学物理定解问题中的应用

Laplace 变换是一种重要的积分变换形式, 在这里我们以一维热传导问题的求解来说明 Laplace 变换在数学物理定解问题中的应用.

例 7.6 求解一维无界空间的有源的热传导问题, 且初始温度已知, 即解定解问题

$$\begin{cases}\dfrac{\partial u}{\partial t}-a^2\dfrac{\partial^2 u}{\partial x^2}=f(x,t), & -\infty<x<+\infty,\ t\geqslant 0,\\ u(x,0)=\phi(x), & -\infty<x<+\infty.\end{cases}$$

解 基于 Laplace 变换, 记

$$\begin{cases}\mathfrak{L}[u(x,t)]=U(x,p)=\displaystyle\int_0^{+\infty}u(x,t)\mathrm{e}^{-pt}\mathrm{d}t,\\ \mathfrak{L}[f(x,t)]=F(x,p)=\displaystyle\int_0^{+\infty}f(x,t)\mathrm{e}^{-pt}\mathrm{d}t,\end{cases}$$

方程两边作 Laplace 变换, 有

$$pU(x,p)-\phi(x)-a^2\frac{\mathrm{d}^2U(x,p)}{\mathrm{d}x^2}=F(x,p),$$

化简为

$$\frac{\mathrm{d}^2U(x,p)}{\mathrm{d}x^2}-\frac{p}{a^2}U(x,p)=-\frac{1}{a^2}\left[\phi(x)+F(x,p)\right],$$

由常数变易法得解为

$$\begin{aligned}U(x,p)=&\,c_1\mathrm{e}^{\frac{\sqrt{p}}{a}x}+c_2\mathrm{e}^{-\frac{\sqrt{p}}{a}x}-\frac{1}{2a\sqrt{p}}\mathrm{e}^{\frac{\sqrt{p}}{a}x}\int[\phi(\xi)+F(\xi,p)]\,\mathrm{e}^{-\frac{\sqrt{p}}{a}\xi}\mathrm{d}\xi\\&+\frac{1}{2a\sqrt{p}}\mathrm{e}^{-\frac{\sqrt{p}}{a}x}\int[\phi(\xi)+F(\xi,p)]\,\mathrm{e}^{\frac{\sqrt{p}}{a}\xi}\mathrm{d}\xi.\end{aligned}$$

由自然边界条件 $\lim\limits_{|x|\to+\infty}u(x,p)$ 有界, 故有 $\lim\limits_{|x|\to+\infty}U(x,p)$ 有界, 从而 $c_1=c_2=0$, 因此得解为

$$\begin{aligned}U(x,p)=&-\frac{1}{2a\sqrt{p}}\int_{+\infty}^{x}\mathrm{e}^{-\frac{\sqrt{p}}{a}(\xi-x)}\left[\phi(\xi)+F(\xi,p)\right]\mathrm{d}\xi\\&+\frac{1}{2a\sqrt{p}}\int_{-\infty}^{x}\mathrm{e}^{-\frac{\sqrt{p}}{a}(x-\xi)}\left[\phi(\xi)+F(\xi,p)\right]\mathrm{d}\xi\end{aligned}$$

$$= \frac{1}{2a\sqrt{p}}\left[\int_{-\infty}^{x} \mathrm{e}^{-\frac{\sqrt{p}}{a}(x-\xi)}\phi(\xi)\mathrm{d}\xi + \int_{x}^{+\infty} \mathrm{e}^{\frac{\sqrt{p}}{a}(x-\xi)}\phi(\xi)\mathrm{d}\xi\right]$$
$$+ \frac{1}{2a\sqrt{p}}\left[\int_{-\infty}^{x} F(\xi,p)\mathrm{e}^{-\frac{\sqrt{p}}{a}(x-\xi)}\mathrm{d}\xi + \int_{x}^{+\infty} F(\xi,p)\mathrm{e}^{\frac{\sqrt{p}}{a}(x-\xi)}\mathrm{d}\xi\right].$$

注意到 $\mathfrak{L}^{-1}\left(\frac{1}{\sqrt{p}}\mathrm{e}^{-a\sqrt{p}}\right) = \frac{1}{\sqrt{\pi t}}\mathrm{e}^{-\frac{a^2}{4t}}$, 利用卷积性质, 可得原定解问题的解为

$$u(x,t) = \frac{1}{2a\sqrt{\pi t}}\left[\int_{-\infty}^{x} \phi(\xi)\mathrm{e}^{-\frac{(x-\xi)^2}{4a^2t}}\mathrm{d}\xi + \int_{x}^{+\infty} \phi(\xi)\mathrm{e}^{-\frac{(\xi-x)^2}{4a^2t}}\mathrm{d}\xi\right]$$
$$+ \frac{1}{2a\sqrt{\pi}}\left[\int_{-\infty}^{x}\int_{0}^{t} \frac{f(\xi,\tau)\mathrm{e}^{-\frac{(x-\xi)^2}{4a^2(t-\tau)}}}{\sqrt{t-\tau}}\mathrm{d}\tau\mathrm{d}\xi + \int_{x}^{+\infty}\int_{0}^{t} \frac{f(\xi,\tau)\mathrm{e}^{-\frac{(\xi-x)^2}{4a^2(t-\tau)}}}{\sqrt{t-\tau}}\mathrm{d}\tau\mathrm{d}\xi\right]$$
$$= \frac{1}{2a\sqrt{\pi t}}\int_{-\infty}^{+\infty} \phi(\xi)\mathrm{e}^{-\frac{(x-\xi)^2}{4a^2t}}\mathrm{d}\xi + \frac{1}{2a\sqrt{\pi}}\int_{0}^{t}\mathrm{d}\tau\int_{-\infty}^{+\infty} \frac{f(\xi,\tau)\mathrm{e}^{-\frac{(x-\xi)^2}{4a^2(t-\tau)}}}{\sqrt{t-\tau}}\mathrm{d}\xi.$$

7.2.3 Green 函数法

本节利用高等数学中的 Gauss 公式导出调和函数的积分表达式, 引入 Green 函数 (又叫点源函数, 是一种广义函数), 并利用 Green 函数来求解稳态边值问题, 这种方法叫 Green 函数法, 它是解数学物理问题时常用的方法之一.

1. Green 公式

设 D 是以分片光滑的曲面 S 为其边界的有界区域, 函数 $P(x,y,z)$, $Q(x,y,z)$, $R(x,y,z)$ 是在 $\bar{D}$ 上连续, 在区域 D 内有连续偏导数的任意函数, 则建立 Gauss 公式为

$$\iiint\limits_{D}\left(\frac{\partial P}{\partial x}+\frac{\partial Q}{\partial y}+\frac{\partial R}{\partial z}\right)\mathrm{d}V = \oiint\limits_{S}[P\cos\alpha + Q\cos\beta + R\cos\gamma]\mathrm{d}S, \tag{7.38}$$

这里 $\mathrm{d}V$ 是体积元, $\boldsymbol{n} = (\cos\alpha, \cos\beta, \cos\gamma)$ 是曲面 S 的外法线方向, $\mathrm{d}S$ 为 S 上的面积元.

设函数 $u(x,y,z)$, $v(x,y,z)$ 以及它们的所有一阶偏导数在闭区域 $\bar{D} = D\bigcup S$ 上是连续的, u 和 v 在 D 内具有连续的二阶偏导数. 令

$$P = u\frac{\partial v}{\partial x}, \quad Q = u\frac{\partial v}{\partial y}, \quad R = u\frac{\partial v}{\partial z},$$

代入 Gauss 公式, 即可得到下面的 Green 第一公式:

$$\iiint\limits_{D}(u\Delta v)\mathrm{d}V = \oiint\limits_{S} u\frac{\partial v}{\partial \boldsymbol{n}}\mathrm{d}S - \iiint\limits_{D}\left(\frac{\partial u}{\partial x}\frac{\partial v}{\partial x}+\frac{\partial u}{\partial y}\frac{\partial v}{\partial y}+\frac{\partial u}{\partial z}\frac{\partial v}{\partial z}\right)\mathrm{d}V,$$

其中 Δ 是三维 Laplace 算子, $\frac{\partial}{\partial \boldsymbol{n}}$ 表示曲面 S 的外法线方向导数.

如果引进梯度算子 $\nabla = \frac{\partial}{\partial x}\boldsymbol{i} + \frac{\partial}{\partial y}\boldsymbol{j} + \frac{\partial}{\partial z}\boldsymbol{k}$, 那么 Green 第一公式缩写成

$$\iiint\limits_{D}(u\Delta v)\mathrm{d}v = \oiint\limits_{S} u\frac{\partial v}{\partial \boldsymbol{n}}\mathrm{d}S - \iiint\limits_{D}(\nabla u\cdot\nabla v)\mathrm{d}V. \tag{7.39}$$

类似地, 如果令

$$P = v\frac{\partial u}{\partial x}, \quad Q = v\frac{\partial u}{\partial y}, \quad R = v\frac{\partial u}{\partial z},$$

就有

$$\iiint\limits_D (v\Delta u)\mathrm{d}V = \oint\limits_S v\frac{\partial u}{\partial \boldsymbol{n}}\mathrm{d}S - \iiint\limits_D (\nabla v\cdot\nabla u)\mathrm{d}V.$$

注意到向量的数性积的可交换性, 式 (7.39) 与上式相减, 得 Green 第二公式 (一般简称 Green 公式):

$$\iiint\limits_D (u\Delta v - v\Delta u)\mathrm{d}V = \oint\limits_S \left(u\frac{\partial v}{\partial \boldsymbol{n}} - v\frac{\partial u}{\partial \boldsymbol{n}}\right)\mathrm{d}S.$$

2. Laplace 方程的基本解

在三维空间内, 若记

$$r = \sqrt{(x-\xi)^2 + (y-\eta)^2 + (z-\varsigma)^2} = r(M, N)$$

为点 $M(x,y,z)$ 和 $N(\xi,\eta,\varsigma)$ 之间的距离, 利用复合函数求导的链式法则, 对空间中任意固定的一点 N, 函数 $\frac{1}{r}$ 关于变量 (x,y,z) 除点 N 外处处满足如下的 Laplace 方程:

$$\Delta\left(\frac{1}{r}\right) = 0, \quad M \neq N.$$

函数 $\frac{1}{r}$ 在求解 Laplace 方程和 Poisson 方程时有极重要的作用, 通常把函数 $\frac{1}{r}$ 称为三维 Laplace 方程或者 Poisson 方程的基本解. 对于二维空间, 函数

$$\ln\frac{1}{r} = \ln\frac{1}{\sqrt{(x-\xi)^2 + (y-\eta)^2}} = \ln\frac{1}{r(M,N)}$$

叫做二维 Laplace 方程或 Poisson 方程的基本解.

3. 调和函数的积分表达式

还是以三维问题为例, 利用 Green 公式不难得到三维空间调和函数的积分表达式.

定理 7.1 (调和函数的积分表达式) 设函数 $u(x,y,z)$ 在闭区域 $\bar{D}$ 上有连续的一阶偏导数, 且 $u(x,y,z)$ 在区域 D 内调和 (即 $\Delta u = 0$ 在 D 内成立), 那么对于 D 内任意固定的一点 M_0 就有

$$u(M_0) = \frac{1}{4\pi}\oint\limits_S \left[\frac{1}{r}\frac{\partial u}{\partial \boldsymbol{n}} - u\frac{\partial\left(\frac{1}{r}\right)}{\partial \boldsymbol{n}}\right]\mathrm{d}S, \quad M_0 \in D, \tag{7.40}$$

这里 $r = r(M, M_0)$ 为点 $M(x,y,z)$ 到 $M_0(x_0,y_0,z_0)$ 的距离.

证明 事实上, 设 $M_0(x_0,y_0,z_0)$ 为区域 D 内任意固定的一点, $M(x,y,z)$ 为 $\bar{D}$ 上的一个动点, 动点 M 到定点 M_0 的距离为

$$r = r(M, M_0) = \sqrt{(x-x_0)^2 + (y-y_0)^2 + (z-z_0)^2}.$$

注意到函数 $\dfrac{1}{r}$ 的调和区域并不包含 M_0, 因此为了要应用 Green 公式, 必须将点 M_0 挖去. 为此, 以 M_0 点为球心, 充分小的正数 $\rho > 0$ 为半径作球体 $B_\rho^{M_0}$, 用 $S_\rho^{M_0}$ 表示这个小球 $B_\rho^{M_0}$ 的球面. 记区域 $D_1 = D \setminus B_\rho^{M_0}$ (通常称区域 D 内挖去点 M_0), 这时区域 D_1 的表面为 $S \cup S_\rho^{M_0}$.

于是, 函数 $u, v = \dfrac{1}{r}$ 在闭区域 $\bar{D}_1 = D_1 \cup S \cup S_\rho^{M_0}$ 上可用 Green 公式, 从而可得到

$$\iiint\limits_{D_1} \left[u\Delta\left(\frac{1}{r}\right) - \frac{1}{r}\Delta u\right] \mathrm{d}V = \oiint\limits_{S} \left(u\frac{\partial\left(\dfrac{1}{r}\right)}{\partial \boldsymbol{n}} - \frac{1}{r}\frac{\partial u}{\partial \boldsymbol{n}}\right) \mathrm{d}S + \oiint\limits_{S_\rho^{M_0}} \left(u\frac{\partial\left(\dfrac{1}{r}\right)}{\partial \boldsymbol{n}} - \frac{1}{r}\frac{\partial u}{\partial \boldsymbol{n}}\right) \mathrm{d}S.$$

因为在区域 D_1 内 $\Delta u = 0$, $\Delta\left(\dfrac{1}{r}\right) = 0$, 所以上式左边等于零, 从而

$$\oiint\limits_{S} \left(u\frac{\partial\left(\dfrac{1}{r}\right)}{\partial \boldsymbol{n}} - \frac{1}{r}\frac{\partial u}{\partial \boldsymbol{n}}\right) \mathrm{d}S + \oiint\limits_{S_\rho^{M_0}} u\frac{\partial\left(\dfrac{1}{r}\right)}{\partial \boldsymbol{n}}\mathrm{d}S - \oiint\limits_{S_\rho^{M_0}} \frac{1}{r}\frac{\partial u}{\partial \boldsymbol{n}}\mathrm{d}S = 0. \tag{7.41}$$

我们注意到对区域 D_1 而言, 小球面 $S_\rho^{M_0}$ 的外法线方向应指向球心 M_0, 与半径 r 的方向刚好相反, 因此在球面 $S_\rho^{M_0}$ 上有

$$\frac{\partial\left(\dfrac{1}{r}\right)}{\partial \boldsymbol{n}} = -\frac{\partial\left(\dfrac{1}{r}\right)}{\partial r} = \frac{1}{r^2} = \frac{1}{\rho^2},$$

这样式 (7.41) 的第二项积分有

$$\oiint\limits_{S_\rho^{M_0}} u\frac{\partial\left(\dfrac{1}{r}\right)}{\partial \boldsymbol{n}}\mathrm{d}S = \oiint\limits_{S_\rho^{M_0}} \frac{u}{\rho^2}\mathrm{d}S = \frac{1}{\rho^2}u(M_1)4\pi\rho^2 = 4\pi u(M_1),$$

这里用到积分中值定理, M_1 为球面 $S_\rho^{M_0}$ 上的某一点.

对于式 (7.41) 的第三项积分, 用积分中值定理有

$$\oiint\limits_{S_\rho^{M_0}} \frac{1}{r}\frac{\partial u}{\partial \boldsymbol{n}}\mathrm{d}S = \frac{1}{\rho}\cdot 4\pi\rho^2 \cdot \left.\frac{\partial u}{\partial \boldsymbol{n}}\right|_{M_2} = 4\pi\rho \cdot \left.\frac{\partial u}{\partial \boldsymbol{n}}\right|_{M_2},$$

这里 M_2 为 $S_\rho^{M_0}$ 上的某一点.

又因为 $\dfrac{\partial u}{\partial \boldsymbol{n}}$ 在 M_0 点的邻域内是有界的, 令 $\rho \to 0$, 所以 M_1, M_2 趋于球心 M_0, 第三项积分也趋于零, 由此得到

$$\oiint\limits_{S} \left(u\frac{\partial\left(\dfrac{1}{r}\right)}{\partial \boldsymbol{n}} - \frac{1}{r}\frac{\partial u}{\partial \boldsymbol{n}}\right) \mathrm{d}S + 4\pi u(M_0) = 0,$$

从而得到有界区域 D 内调和函数 u 的积分表达式:

$$u(M_0)=\frac{1}{4\pi}\oiint_S\left(\frac{1}{r}\frac{\partial u}{\partial \boldsymbol{n}}-u\frac{\partial\left(\frac{1}{r}\right)}{\partial \boldsymbol{n}}\right)\mathrm{d}S,\quad M_0\in D.$$

式 (7.40) 说明, 调和函数 u 在区域 D 内任意一点 M_0 处的值可以由它在边界 S 上的值和它在边界 S 上的法向导数 $\dfrac{\partial u}{\partial \boldsymbol{n}}$ 的值来确定, 这为解边值问题提供了方便. 证毕.

推论 7.1 *若 u 在有界区域 D 内是二阶连续的可微函数, 则有积分表达式*

$$u(M_0)=\frac{1}{4\pi}\oiint_S\left(\frac{1}{r}\frac{\partial u}{\partial v}-u\frac{\partial\left(\frac{1}{r}\right)}{\partial \boldsymbol{n}}\right)\mathrm{d}S-\frac{1}{4\pi}\iiint_D\frac{\Delta u}{r}\mathrm{d}V,\quad M_0\in D. \tag{7.42}$$

这是因为在闭区域 $\bar{D}_1$ 上用 Green 公式, 有

$$-\iiint_{D_1}\frac{1}{r}\Delta u\mathrm{d}V=\oiint_S\left(u\frac{\partial\left(\frac{1}{r}\right)}{\partial \boldsymbol{n}}-\frac{1}{r}\frac{\partial u}{\partial \boldsymbol{n}}\right)\mathrm{d}S+\oiint_{S_\rho^{M_0}}\left(u\frac{\partial\left(\frac{1}{r}\right)}{\partial \boldsymbol{n}}-\frac{1}{r}\frac{\partial u}{\partial \boldsymbol{n}}\right)\mathrm{d}S.$$

类似上述的讨论, 上式右端当 $\rho\to 0$ 时, 区域 $D_1\to D$, 从而可以得到推论的结论.

对于二维情形, 由于基本解为 $\ln\dfrac{1}{r}$, 可得到在二维有界区域 D 内调和的函数 u 的积分表达式:

$$u(M_0)=\frac{1}{2\pi}\oint_C\left[\ln\left(\frac{1}{r}\right)\frac{\partial u}{\partial \boldsymbol{n}}-u\frac{\partial\left(\ln\frac{1}{r}\right)}{\partial \boldsymbol{n}}\right]\mathrm{d}l,\ M_0\in D, \tag{7.43}$$

这里 C 为区域 D 的边界.

对一般的在区域 D 内二阶连续可微函数 u, 积分表达式为

$$u(M_0)=\frac{1}{2\pi}\oint_C\left[\ln\left(\frac{1}{r}\right)\frac{\partial u}{\partial \boldsymbol{n}}-u\frac{\partial\left(\ln\frac{1}{r}\right)}{\partial \boldsymbol{n}}\right]\mathrm{d}l-\frac{1}{2\pi}\iint_D\left(\ln\frac{1}{r}\right)\Delta u\mathrm{d}S,\quad M_0\in D. \tag{7.44}$$

本章对于式 (7.43) 和式 (7.44) 的证明不再赘述, 作为习题留给读者自己去证明.

4. 狄利克雷问题的 Green 函数法

我们下面用狄利克雷问题来讨论 Green 函数法的应用. 狄利克雷问题为

$$\begin{cases}\Delta u=0, & M\ \text{在区域}\ D\ \text{内},\\ u|_S=f(M), & M\ \text{在边界}\ S\ \text{上}.\end{cases} \tag{7.45}$$

从调和函数 u 的积分表达式出发, 在区域 D 内的调和函数 u 的积分表达式为

$$u(M_0)=\frac{1}{4\pi}\oiint_S\left(\frac{1}{r}\frac{\partial u}{\partial \boldsymbol{n}}-u\frac{\partial(1/r)}{\boldsymbol{n}}\right)\mathrm{d}S,\quad M_0\in D.$$

对于狄利克雷问题 (7.45), 积分表达式中的第二项 u 在边界面 S 上的值已知, 用 $f(M)$ 代替, 从而有

$$u(M_0)=\frac{1}{4\pi}\oiint_S\left(\frac{1}{r}\frac{\partial u}{\partial \boldsymbol{n}}-f(M)\frac{\partial(1/r)}{\boldsymbol{n}}\right)\mathrm{d}S,\quad M_0\in D,$$

这样求解的关键是如何从上式中消去带 $\dfrac{\partial u}{\partial \boldsymbol{n}}$ (未知) 的这一项.

由 Green 公式出发, 要在区域 D 内求一个函数 g, 它在区域 D 内调和 (即 $\Delta g=0$), 则 Green 公式为

$$0=\oiint_S\left(u\frac{\partial g}{\partial \boldsymbol{n}}-g\frac{\partial u}{\partial \boldsymbol{n}}\right)\mathrm{d}S.$$

用 $\dfrac{1}{4\pi}$ 乘以上式, 再和积分表达式相加, 就有

$$u(M_0)=\frac{1}{4\pi}\oiint_S\left[\left(\frac{1}{r}-g\right)\frac{\partial u}{\partial \boldsymbol{n}}-f(M)\frac{\partial(1/r-g)}{\boldsymbol{n}}\right]\mathrm{d}S,\quad M_0\in D.$$

如果上式在边界面 S 上有 $\dfrac{1}{r}-g=0$, 即 $g|_S=\dfrac{1}{r}$, 那么狄利克雷问题的解就是

$$u(M_0)=-\frac{1}{4\pi}\oiint_S\left[f(M)\frac{\partial(1/r-g)}{\boldsymbol{n}}\right]\mathrm{d}S,\quad M_0\in D.$$

7.3 偏微分方程求解的有限差分法

前面介绍了偏微分方程的基本理论以及求解偏微分方程解析解的几种常用方法. 但在实际工程中, 求解偏微分方程的解析解往往是非常困难的, 这时候人们更希望得到能够实际计算的数值解, 在本节中我们主要介绍偏微分方程数值求解方法中的最常用, 也是最重要的一种方法: 有限差分法. 其基本思想是将连续问题离散化, 然后利用计算机进行数值求解. 有限差分法首先将求解区域做网格剖分, 用有限网格节点代替连续区域, 然后从定解问题的微分或积分形式出发, 用数值微分或数值积分公式导出相应的线性代数方程组, 最后对有限形式的线性代数方程组进行求解, 从而得到所求函数在网格节点上的值.

在本节中我们将针对三类标准的偏微分方程, 分别讨论如下基本问题: ① 如何对求解区域做网格剖分; ② 怎样构造逼近微分方程定解问题的差分格式; ③ 差分格式解的收敛性和稳定性分析.

7.3.1 椭圆型方程的有限差分法

椭圆型方程中最简单的典型方程是在 7.1.3 节中描述的 Poisson 方程及 Laplace 方程的定解问题. 本节主要讨论下面的 Poisson 问题的有限差分法:

$$\Delta u=\frac{\partial^2 u}{\partial x^2}+\frac{\partial^2 u}{\partial y^2}=-f(x,y). \tag{7.46}$$

1. 矩形网格的差分格式

1) 五点差分格式

设 Ω 为 xOy 面上一有界区域, $\partial\Omega$ 为其边界, 取沿 x 轴和 y 轴方向的步长分别为 h_1 和 h_2, 分别作与坐标轴平行的直线族 $x_i = ih_1$, $y_i = jh_2$ $(i = 0, \pm1, \cdots, j = 0, \pm1, \cdots)$. 对平面区域 Ω 进行剖分, 两族直线的交点 (ih_1, jh_2) 称为网格点或节点, 记为 (x_i, y_j). 该区域离散剖分示意图如图 7.3 所示, 其中图 7.3(a) 表示区域剖分示意图, 图 7.3(b) 给出网格节点示意图.

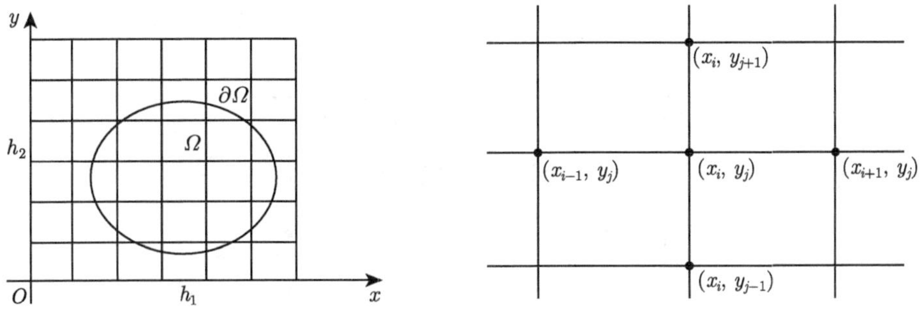

(a) 区域剖分示意图 (b) 网格节点示意图

图 7.3 区域离散剖分示意图

仅考虑于 $\Omega \cup \partial\Omega$ 的网格点, 如果两个网格点 (x_i, y_i) 和 (x_i', y_i') 满足不等式

$$\left|\frac{x_i - x_i'}{h_1}\right| + \left|\frac{y_j - y_j'}{h_2}\right| \leqslant 1,$$

称这两个网格点是相邻的. 如果一个节点的四个相邻的点都属于 $\Omega \cup \partial\Omega$, 则称此节点为内邻节点, 或简称内点. 全部内点集合记作 Ω_h, 如果一个节点的四个相邻节点至少有一个不属于 $\Omega \cup \partial\Omega$, 则称其为边界节点, 或简称界点, 全体界点的集合记为 $\partial\Omega_h$.

设 (x_i, y_j) 为任意内点, 利用 Taylor 展开, 有

$$\frac{u(x_{i+1}, y_j) - 2u(x_i, y_j) + u(x_{i-1}, y_j)}{h_1^2} = \frac{\partial^2 u(x_i, y_j)}{\partial x^2} + O(h_1^2),$$

$$\frac{u(x_i, y_{j+1}) - 2u(x_i, y_j) + u(x_i, y_{j-1})}{h_2^2} = \frac{\partial^2 u(x_i, y_j)}{\partial y^2} + O(h_2^2),$$

舍掉无穷小, 并取 u_{ij} 为 $u(x_i, y_j)$ 的近似值, $f_{ij} = f(x_i, y_j)$, 则

$$\frac{u_{i+1,j} - 2u_{ij} + u_{i-1,j}}{h_1^2} + \frac{u_{i,j+1} - 2u_{ij} + u_{i,j-1}}{h_2^2} = -f_{ij}. \tag{7.47}$$

由于差分方程 (7.47) 中只出现 u 在 (x_i, y_j) 及其四个邻点上的值 (图 7.3(b)), 故称之为五点差分格式, 显见其截断误差为 $O(h_1^2 + h_2^2)$.

特别地, 取正方形网格 $h_1 = h_2 = h$, 则 Poisson 方程差分格式变为

$$u_{ij} - \frac{1}{4}(u_{i-1,j} + u_{i,j-1} + u_{i+1,j} + u_{i,j+1}) = \frac{h^2}{4} f_{ij}, \tag{7.48}$$

Laplace 方程差分格式变为

$$u_{ij} = \frac{1}{4}(u_{i-1,j} + u_{i,j-1} + u_{i+1,j} + u_{i,j+1}). \tag{7.49}$$

除了如上依据 Taylor 公式推导五点差分格式外, 还可以利用积分插值法推导五点差分格式.

首先积分插值法需作对偶剖分, 为此记 $x_{i-\frac{1}{2}}=\left(i-\frac{1}{2}\right)h_1$, $y_{j-\frac{1}{2}}=\left(j-\frac{1}{2}\right)h_2$, 在前面剖分上作两族平行于坐标轴的直线: $x=x_{i-\frac{1}{2}}$ 和 $y=y_{j-\frac{1}{2}}, i,j=0,\pm1,\cdots$. 考虑任一内点 (x_i,y_j), 则对偶剖分形成以 (x_i,y_j) 为中心的矩形区域, 如图 7.4 的阴影部分, 即以 A, B, C, D 表示矩形顶点, 坐标分别是 $A(x_{i-\frac{1}{2}},y_{j-\frac{1}{2}})$, $B(x_{i+\frac{1}{2}},y_{j-\frac{1}{2}})$, $C(x_{i+\frac{1}{2}},y_{j+\frac{1}{2}})$, $D(x_{i-\frac{1}{2}},y_{j+\frac{1}{2}})$, 以 D_{ij} 表示内部区域, 并在 D_{ij} 上对 Poisson 方程 (7.46) 两边积分.

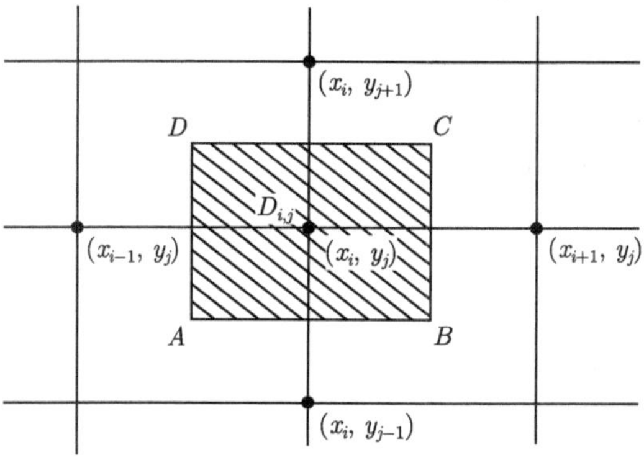

图 7.4 对偶剖分示意图

利用 Green 公式, 可得

$$\int_{\widehat{ABCDA}}\frac{\partial u}{\partial \boldsymbol{n}}\mathrm{d}s=-\iint\limits_{D_{ij}}f\mathrm{d}x\mathrm{d}y, \tag{7.50}$$

式中, $\dfrac{\partial u}{\partial \boldsymbol{n}}$ 表示 u 沿矩形 $\widehat{ABCDA}$ 的外法向导数, 用中矩形公式代替沿矩形四边形的线积分, 并用中心差商代替外法向导数, 则

$$\int_{\widehat{ABCDA}}\frac{\partial u}{\partial \boldsymbol{n}}\mathrm{d}s\approx\frac{u_{i,j-1}-u_{ij}}{h_2}h_1+\frac{u_{i+1,j}-u_{ij}}{h_1}h_2+\frac{u_{i,j+1}-u_{ij}}{h_2}h_1+\frac{u_{i-1,j}-u_{ij}}{h_1}h_2$$

代入式 (7.50), 两边除以 h_1h_2, 就得到形如式 (7.48) 的五点差分格式:

$$\frac{u_{i+1,j}-2u_{ij}+u_{i-1,j}}{h_1^2}+\frac{u_{i,j+1}-2u_{ij}+u_{i,j-1}}{h_2^2}=-f_{ij},$$

这里

$$f_{ij}\approx\frac{1}{h_1h_2}\iint\limits_{D_{ij}}f\mathrm{d}x\mathrm{d}y.$$

在椭圆型方程的有限差分法中, 五点差分格式是最常用的. 当然我们这里只给出了五个点的一种取法, 还有其他的五个点的取法, 也就可以得到不同的五点差分格式, 有兴趣的读者自行查阅相关文献.

2) 边界条件的处理

五点差分格式需要用到中心点周围的四个点, 这对于内点而言没有任何问题, 但对于边界附近的节点, 就会出现部分节点不属于原始区域的问题. 因此, 在对内点列出差分方程后, 为了方程的求解, 还必须对边界条件进行处理, 以给出边界上的关系式.

(1) 第一类边界条件:

$$u\big|_{\partial\Omega}=\alpha(x,y),\quad (x,y)\in\partial\Omega.$$

由于在构造网格时, $\partial\Omega_h$ 通常都不与 $\partial\Omega$ 相重合, 可能有少数边界节点落在 $\partial\Omega$ 上, 而大部分边界节点不落在 $\partial\Omega$ 上 (图 7.5, 黑点为边界节点, 曲线为 $\partial\Omega$ 的一段), 由此产生边界条件的转换.

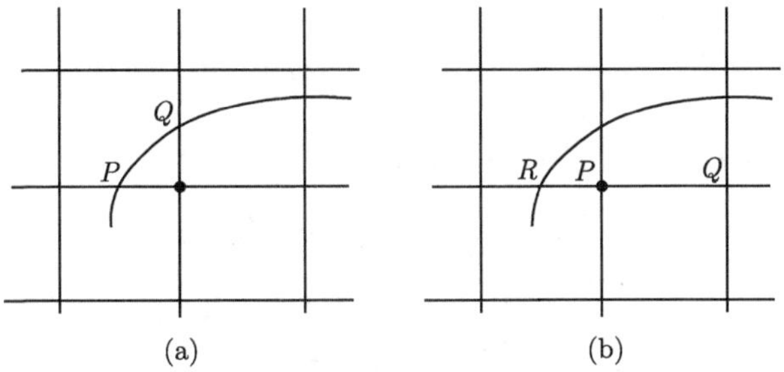

图 7.5 第一类边界条件处理边界点示意图

(i) 直接转移法. 若边界节点 (x_i,y_j) 正好落在 $\partial\Omega$ 上, 则 $u_{ij}=\alpha(x_i,y_j)$; 若 (x_i,y_j) 不在 $\partial\Omega$ 上, 此时 $\partial\Omega$ 与网格线交于 P 和 Q 两点 (图 7.5(a)), 则取与点 (x_i,y_j) 距离最近的点 $\alpha(x,y)$ 的值为 u_{ij}, 采用这种替代方法所产生的误差阶为 $O(h)$.

(ii) 线性插值. 如图 7.5(b) 所示, 对界点 P 可用 $\partial\Omega$ 上的点 R 与 P 右侧点 Q 沿 x 方向作线性插值:

$$u(P)=\frac{h}{h+\delta}u(R)+\frac{\delta}{h+\delta}u(Q),$$

其中 $\delta=RP<h$. 可以验证, 采用这种方法产生的误差阶为 $O(h^2)$.

(2) 第二类、第三类边界条件:

第二类和第三类边界条件都涉及导数信息

$$\left(\frac{\partial u}{\partial \boldsymbol{n}}+ku\right)\bigg|_{\partial\Omega}=\gamma(x,y)$$

的处理, 显然 $k=0$, 即为第二类边界条件.

设 P 为界点, 过 P 作 $\partial\Omega$ 的垂线交 $\partial\Omega$ 于 Q, 交内部网格线 AB 于 C (图 7.6(a)), 令

$$AC=t_1h,\qquad CB=t_2h,\qquad PC=th,$$

其中 h 为正方形网格的边长, $t_1+t_2=1$, $1\leqslant t\leqslant\sqrt{2}$, 则在点 P 处外法向导数 $\dfrac{\partial u}{\partial \boldsymbol{n}}$ 近似为

$$\frac{u(P)-u(C)}{th}=\frac{\partial u}{\partial \boldsymbol{n}}(P)+O(h),$$

$u(C)$ 可用节点 A, B 上的 u 值的线性插值表示为

$$u(C)=t_1u(B)+t_2u(A)+O(h^2),$$

略去无穷小量, 则可得到点 P 处第三类边界条件的差分方程为

$$\frac{1}{th}\left[u(P)-t_1u(B)-t_2u(A)\right]+ku(P)=\gamma(Q).$$

若界点 P 在 $\partial\Omega$ 上恰为两族网格交点, 如图 7.6(b) 所示, $P(x_i,y_j)$ 是界点, $P_1(x_{i+1},y_j)$ 和 $P_2(x_i,y_{j-1})$ 是相邻内点, 则用积分插值法处理第三类边界条件较为方便.

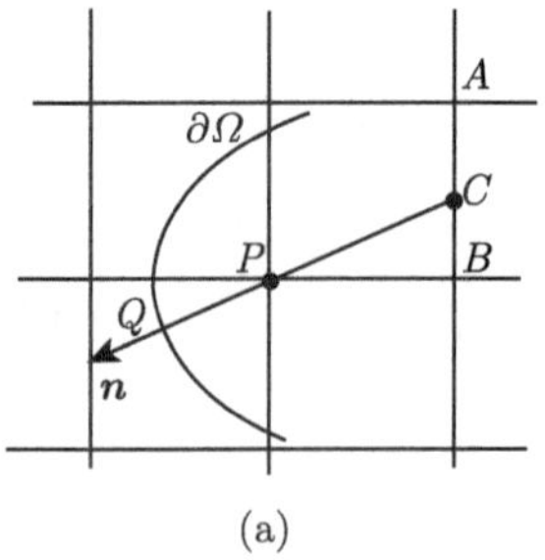

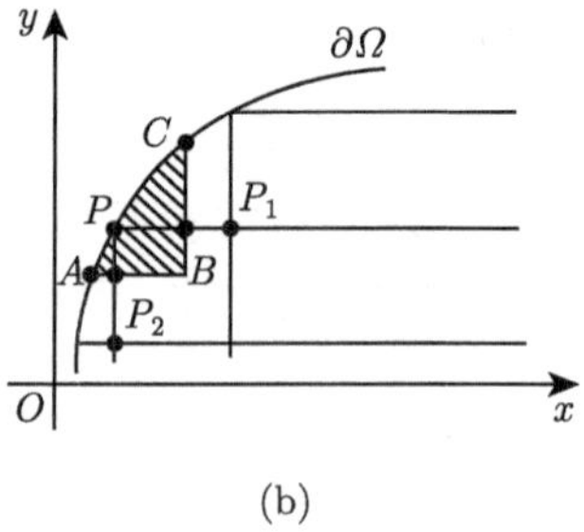

图 7.6　第二、三类边界条件处理边界点示意图

过点 $(x_{i+\frac{1}{2}}, y_j)$, $(x_i, y_{j-\frac{1}{2}})$ 分别作 y 轴和 x 轴的平行线, 与 $\partial\Omega$ 截出的一曲边三角形 $\triangle\widetilde{ABC}$. 于 $\triangle\widetilde{ABC}$ 积分式 (7.46)两端, 并利用 Green 公式, 得

$$\int\limits_{\widetilde{ABCA}} \frac{\partial u}{\partial \boldsymbol{n}}\mathrm{d}s = -\iint\limits_{\triangle\widetilde{ABC}} f\mathrm{d}x\mathrm{d}y, \tag{7.51}$$

由于

$$\int_{\overline{AB}} \frac{\partial u}{\partial \boldsymbol{n}}\mathrm{d}s = \frac{u(P_2)-u(P)}{h_2}\cdot|\overline{AB}|,$$

$$\int_{\overline{BC}} \frac{\partial u}{\partial \boldsymbol{n}}\mathrm{d}s = \frac{u(P_1)-u(P)}{h_1}\cdot|\overline{BC}|,$$

$$\int_{\widetilde{CA}} \frac{\partial u}{\partial \boldsymbol{n}}\mathrm{d}s = \int_{\widetilde{CA}} (\gamma - ku)\mathrm{d}s \approx [\gamma(P)-ku(P)]|\overline{CA}|,$$

这里 h_1, h_2 分别是沿 x 轴、y 轴方向的步长. 将上面三式代入式 (7.51), 即得第三类边界条件的差分方程:

$$\frac{u(P_2)-u(P)}{h_2}|\overline{AB}| + \frac{u(P_1)-u(P)}{h_1}|\overline{BC}| + [\gamma(P)-ku(P)]|\overline{CA}| = -\iint\limits_{\triangle\widetilde{ABC}} f\mathrm{d}x\mathrm{d}y.$$

2. *差分方程解的收敛性及差分方程组的解法*

仅对 Poisson 方程的第一类边界条件的五点差分格式进行讨论, 设

$$\begin{cases} -\Delta_h u_{ij} = f_{ij}, & (x_i, y_j) \in \Omega_h, \\ u_{ij} = \alpha_{ij}, & (x_i, y_j) \in \partial\Omega_h, \end{cases} \tag{7.52}$$

其中 Δ_h 为五点差分算子:

$$\Delta_h u_{ij} \triangleq \frac{u_{i+1,j} - 2u_{ij} + u_{i-1,j}}{h_1^2} + \frac{u_{i,j+1} - 2u_{ij} + u_{i,j-1}}{h_2^2}. \tag{7.53}$$

差分格式解的收敛性, 是指当步长 $h_1, h_2 \to 0$ 时, 差分方程的解 u_{ij} 是否逼近微分方程的解 $u(x_i, y_i)$. 证明解的收敛性要借助于差分算子 Δ_h 的极值原理.

定理 7.2 (极值原理)　*设 u_{ij} 是定义在 $\Omega_h \cup \partial\Omega_h$ 上的函数, 则有*

(1) 如果 $\Delta_h u_{ij} \geqslant 0, (x_i, y_j) \in \Omega_h$, 则

$$\max_{\Omega_h} u_{ij} \leqslant \max_{\partial\Omega_h} u_{ij},$$

即 Ω_h 内的所取 u 值不会大于 u 在边界 $\partial\Omega_h$ 上的最大值, 即 u 在 $\Omega_h \cup \partial\Omega_h$ 上的最大值必定在边界 $\partial\Omega_h$ 上取得.

(2) 如果 $\Delta_h u_{ij} \leqslant 0, (x_i, y_j) \in \Omega_h$, 则

$$\min_{\Omega_h} u_{ij} \geqslant \min_{\partial\Omega_h} u_{ij},$$

即 Ω_h 内的所取 u 值不会小于 u 在边界 $\partial\Omega_h$ 上的最小值, 即 u 在 $\Omega_h \cup \partial\Omega_h$ 上的最小值必定在边界 $\partial\Omega_h$ 上取得.

证明 (反证法) 假设 (1) 的结论不成立, 即在 Ω_h 内一点 (x_{i_0}, y_{j_0}) 能够取得 $\Omega_h \cup \partial\Omega_h$ 上的最大值 M, 即 $u(x_{i_0}, y_{j_0}) = M$, 其中

$$M \geqslant u_{ij}, \quad (x_i, y_j) \in \Omega_h, \quad \text{且} \quad M > u_{ij}, \quad (x_i, y_j) \in \partial\Omega_h.$$

根据差分算子定义, 在 (x_{i_0}, y_{j_0}) 处, 有

$$\Delta_h u_{i_0 j_0} = \frac{u_{i_0+1,j_0} - 2u_{i_0,j_0} + u_{i_0-1,j_0}}{h_1^2} + \frac{u_{i_0,j_0+1} - 2u_{i_0,j_0} + u_{i_0,j_0-1}}{h_2^2} \geqslant 0,$$

从而得到

$$M = u_{i_0 j_0} \leqslant \frac{1}{\dfrac{1}{h_1^2} + \dfrac{1}{h_2^2}} \left[\frac{u_{i_0+1,j_0} + u_{i_0-1,j_0}}{2h_1^2} + \frac{u_{i_0,j_0+1} + u_{i_0,j_0-1}}{2h_2^2} \right].$$

注意到 $M \geqslant u_{ij}, (x_i, y_j) \in \Omega_h$, 因此得到

$$u_{i_0+1,j_0} = u_{i_0-1,j_0} = u_{i_0,j_0+1} = u_{i_0,j_0-1} = M,$$

对已得四点, 重复上述证明过程可得同样的结论 (即每个点周围四个点的值都等于 M), 从而得到

$$u_{ij} = M, \qquad (x_i, y_j) \in \Omega_h \cup \partial\Omega_h,$$

但这与 $M > u_{ij}, (x_i, y_j) \in \partial\Omega_h$ 矛盾.

对于 (2) 的证明, 注意到有 $\max(-u_{ij}) = -\min u_{ij}$ 及 $\Delta_h(-u_{ij}) = -\Delta_h u_{ij}$, 因此只需要令 $u_{i,j} = -v_{i,j}$, 即可按照上述步骤证明 (2) 成立. 证毕.

利用极值原理, 我们就可以考察差分方程解的收敛性. 事实上, 由极值原理, 对定义在 $\Omega_h \cup \partial\Omega_h$ 上的函数 u_{ij}, 有

$$\max_{\Omega_h} |u_{ij}| \leqslant \max_{\partial\Omega_h} |u_{ij}| + \frac{h^2}{2} \max_{\Omega_h} |\Delta_h u_{ij}|,$$

其中 h 为矩形区域 Ω 的 x 方向的步长, 从而得到估计式

$$\max_{\Omega_h} |u_{ij} - u(x_i, y_j)| \leqslant O(h_1^2 + h_2^2).$$

因此, 当 $h_1 \to 0, h_2 \to 0$, 差分方程的解收敛于微分方程的解.

由前面的讨论可知, 椭圆型方程边值问题经离散化导出的差分方程是一个线性代数方程组, 这个方程组有两个明显特点:

① 相应的系数矩阵有较高的阶数;

② 系数矩阵是带状矩阵, 即在整个矩阵中, 零元素占绝大多数, 非零元素很少, 且非零元素位于主对角线两侧, 呈带状分布.

对这类方程组, 通常采用迭代法求解, 常用的迭代法有 Jacobi 方法、Gauss-Seidel 方法、逐次超松弛方法等.

例 7.7　在区域 $0 \leqslant x, y \leqslant 0.5$ 内, 求解方程

$$\begin{cases}\dfrac{\partial^2 u}{\partial x^2}+\dfrac{\partial^2 u}{\partial y^2}=0,\\ u(x,0)=u(0,y)=0,\\ u(x,0.5)=200x,\\ u(0.5,y)=200y.\end{cases}$$

解　采用五点差分格式

$$4u_{ij}-u_{i+1,j}-u_{i-1,j}-u_{i,j+1}-u_{i,j-1}=0,\qquad i,j=1,2,3,$$

取正方形网格部分区域 Ω, $h=0.125$, 如图 7.7 所示, 用网格点表示上述量, 则方程可写成

$$\begin{cases}4u_1-u_2-u_4=u_{0,3}+u_{1,4},\\ 4u_2-u_3-u_1-u_5=u_{2,4},\\ 4u_3-u_2-u_6=u_{4,3}+u_{3,4},\\ 4u_4-u_5-u_1-u_7=u_{0,2},\\ 4u_5-u_6-u_4-u_2-u_8=0,\\ 4u_6-u_5-u_3-u_9=u_{4,2},\\ 4u_7-u_8-u_4=u_{0,1}+u_{1,0},\\ 4u_8-u_9-u_7-u_5=u_{2,0},\\ 4u_9-u_8-u_6=u_{3,0}+u_{4,1},\end{cases}$$

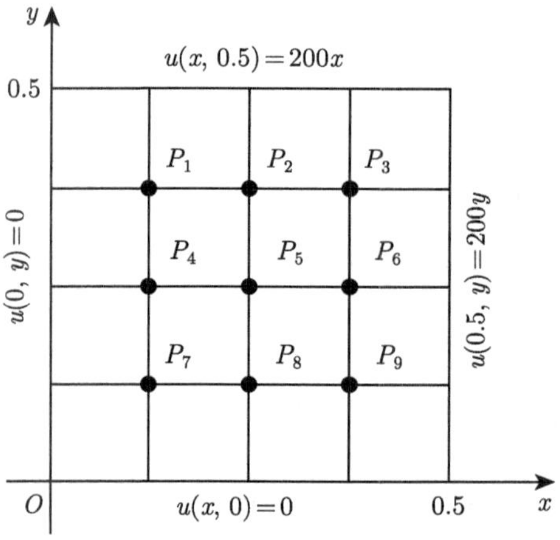

图 7.7　正方形网格区域分割

其中右端项可以按照边界条件的直接转移法得到

$$\begin{cases}u_{1,0}=u_{2,0}=u_{3,0}=u_{0,1}=u_{0,2}=u_{0,3}=0,\\ u_{1,4}=u_{4,1}=25,\\ u_{2,4}=u_{4,2}=50,\\ u_{3,4}=u_{4,3}=75.\end{cases}$$

从而得线性方程组

$$\begin{pmatrix} 4 & -1 & 0 & -1 & 0 & 0 & 0 & 0 & 0 \\ -1 & 4 & -1 & 0 & -1 & 0 & 0 & 0 & 0 \\ 0 & -1 & 4 & 0 & 0 & -1 & 0 & 0 & 0 \\ -1 & 0 & 0 & 4 & -1 & 0 & -1 & 0 & 0 \\ 0 & -1 & 0 & -1 & 4 & -1 & 0 & -1 & 0 \\ 0 & 0 & -1 & 0 & -1 & 4 & 0 & 0 & -1 \\ 0 & 0 & 0 & -1 & 0 & 0 & 4 & -1 & 0 \\ 0 & 0 & 0 & 0 & -1 & 0 & -1 & 4 & -1 \\ 0 & 0 & 0 & 0 & 0 & -1 & 0 & -1 & 4 \end{pmatrix} \begin{pmatrix} u_1 \\ u_2 \\ u_3 \\ u_4 \\ u_5 \\ u_6 \\ u_7 \\ u_8 \\ u_9 \end{pmatrix} = \begin{pmatrix} 25 \\ 50 \\ 150 \\ 0 \\ 0 \\ 50 \\ 0 \\ 0 \\ 25 \end{pmatrix},$$

用 Gauss-Seidel 方法求解上述线性方程组, 其结果如下:

i	1	2	3	4	5	6	7	8	9
u_i	18.75	37.50	56.25	12.50	25.00	37.50	6.25	12.50	18.75

事实上, 本例的解析为 $u(x,y)=400xy$, 可以验证上表计算得到的值和在节点处的实际值是比较吻合的, 这也从数值试验上验证了该差分格式是收敛的.

7.3.2 抛物型方程的有限差分法

抛物型方程中最简单的典型方程就是扩散方程, 本节以扩散方程的定解问题为例, 来介绍抛物型方程的有限差分法.

在平面区域 $\Omega=\{(x,t)\mid 0\leqslant x\leqslant l, 0\leqslant t\leqslant T\}$ 上考虑下面的扩散方程的定解问题:

$$\begin{cases} Lu=\dfrac{\partial u}{\partial t}-a\dfrac{\partial^2 u}{\partial x^2}=0, & (x,t)\in\Omega, \\ u(x,0)=\varphi(x), & 0\leqslant x\leqslant l, \\ u(0,t)=u(l,t)=0, & 0\leqslant t\leqslant T. \end{cases} \tag{7.54}$$

用平行直线族 $x_i=ih,\ t_k=k\tau\ (i=0,1,\cdots,N,\ k=0,1,\cdots,M)$ 对区域 Ω 进行矩形剖分, h 和 τ 分别称为空间步长和时间步长, 对于固定的 $t=t_k$ 上的全体节点 (x_i,t_k) 称为网格的第 k 层, 并记全体内部节点为 Ω_h.

1. 扩散方程的差分格式

1) 古典显格式与古典隐格式

首先, 考虑函数 $u(x,t)$ 在节点 $(x_i,t_k)\in\Omega_h$ 处分别在时间和空间维度上的 Taylor 展开:

$$u(x,t_k)=u(x_i,t_k)+\left[\frac{\partial u}{\partial x}\right]_i^k(x-x_i)+\left[\frac{\partial^2 u}{\partial x^2}\right]_i^k(x-x_i)^2+O((x-x_i)^3), \tag{7.55}$$

$$u(x_i,t)=u(x_i,t_k)+\left[\frac{\partial u}{\partial t}\right]_i^k(t-t_k)+O((t-t_k)^2), \tag{7.56}$$

式中 $[]_i^k$ 表示函数在节点 (x_i,t_k) 处的值. 由此, 可得到函数 $u(x,t)$ 在 (x_{i+1},t_k), (x_{i-1},t_k), (x_i,t_{k+1}) 三个点上的值分别为

$$\begin{cases} u(x_{i-1},t_k)=u(x_i,t_k)+\left[\dfrac{\partial u}{\partial x}\right]_i^k(-h)+\left[\dfrac{\partial^2 u}{\partial x^2}\right]_i^k\dfrac{h^2}{2}+O(h^3), \\ u(x_{i+1},t_k)=u(x_i,t_k)+\left[\dfrac{\partial u}{\partial x}\right]_i^k h+\left[\dfrac{\partial^2 u}{\partial x^2}\right]_i^k\dfrac{h^2}{2}+O(h^3), \\ u(x_i,t_{k+1})=u(x_i,t_k)+\left[\dfrac{\partial u}{\partial t}\right]_i^k\tau+O(\tau^2), \end{cases} \tag{7.57}$$

从而可得

$$\begin{cases} \left[\dfrac{\partial^2 u}{\partial x^2}\right]_i^k=\dfrac{1}{h^2}\left[u(x_{i-1},t_k)-2u(x_i,t_k)+u(x_{i+1},t_k)\right]+O(h^2), \\ \left[\dfrac{\partial u}{\partial t}\right]_i^k=\dfrac{1}{\tau}\left[u(x_i,t_{k+1})-u(x_i,t_k)\right]+O(\tau). \end{cases} \tag{7.58}$$

将式 (7.58) 代入式 (7.54) 中的扩散方程, 可得

$$\begin{aligned} 0=L[u]_i^k&=\left[\frac{\partial u}{\partial t}\right]_i^k-a\left[\frac{\partial^2 u}{\partial x^2}\right]_i^k \\ &=\frac{1}{\tau}\left[u(x_i,t_{k+1})-u(x_i,t_k)\right]-\frac{a}{h^2}\left[u(x_{i-1},t_k)-2u(x_i,t_k)+u(x_{i+1},t_k)\right] \\ &\quad+O(\tau+h^2). \end{aligned}$$

舍去上式中的局部截断误差 $O(\tau+h^2)$, 并以数值解 u_i^k 代替精确解 $u(x_i,t_k)$ 就可得到差分方程

$$\frac{1}{\tau}(u_i^{k+1}-u_i^k)-\frac{a}{h^2}(u_{i+1}^k-2u_i^k+u_{i-1}^k)=0. \tag{7.59}$$

将式 (7.59) 左端记为 $L_h[u]_i^k$, 即

$$L_h[u]_i^k=\frac{1}{\tau}(u_i^{k+1}-u_i^k)-\frac{a}{h^2}(u_{i+1}^k-2u_i^k+u_{i-1}^k), \tag{7.60}$$

这里 $L_h[u]_i^k$ 是 Lu 在点 (x_i,t_k) 处的有限差分近似.

引入记号 $r=\dfrac{\tau}{h^2}$, 整理式 (7.59)可得

$$u_i^{k+1}=u_i^k+ra(u_{i+1}^k-2u_i^k+u_{i-1}^k), \tag{7.61}$$

这里 r 称为网格比, 差分方程 (7.61) 的局部截断误差为 $O(\tau+h^2)$.

由差分方程 (7.61) 可以看出, 计算第 $k+1$ 层任一节点处的值 u_i^{k+1}, 可由第 k 层的三个相邻节点处的值 $u_{i+1}^k,u_i^k,u_{i-1}^k$ 得到 (图 7.8), 其中第 0 层和边界节点上的值可由式 (7.54) 的初始条件和边界条件得到

$$\begin{cases} u_i^0=\varphi(x_i), & i=1,2,\cdots,N-1, \\ u_0^k=u_N^k=0, & k=1,2,\cdots,M-1. \end{cases} \tag{7.62}$$

从式 (7.62) 出发, 就可按格式 (7.61) 沿着 t 的方向逐层逐点计算得到所有的 u_i^k. 由于每次计算可以通过第 k 层的值直接计算得到第 $k+1$ 层的值, 因此差分方程 (7.61) 通常被称为古典显格式. 上述古典显格式还可以写成如下的矩阵形式:

$$\boldsymbol{u}^{k+1}=\boldsymbol{A}\boldsymbol{u}^k, \qquad k=1,2,\cdots,M-1, \tag{7.63}$$

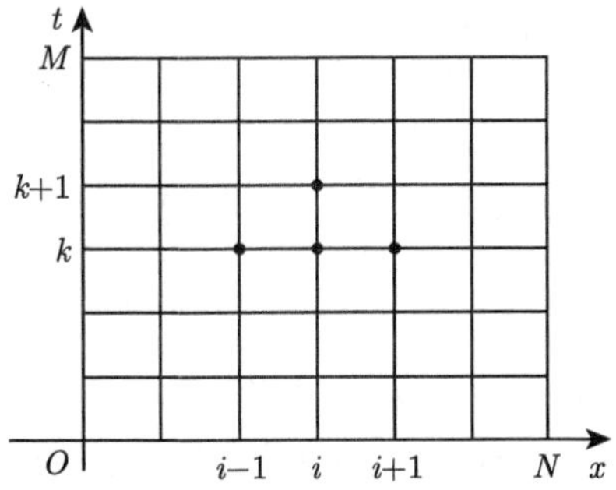

图 7.8 古典显格式节点分布图

其中

$$A = \begin{pmatrix} 1-2ra & ra & & & \\ ra & 1-2ra & ra & & \\ & \ddots & \ddots & \ddots & \\ & & ra & 1-2ra & ra \\ & & & ra & 1-2ra \end{pmatrix}, \quad \boldsymbol{u}^k = \begin{pmatrix} u_1^k \\ u_2^k \\ \vdots \\ u_{N-1}^k \end{pmatrix}.$$

从式 (7.63) 可以看到, 古典显格式的计算只涉及矩阵向量的乘法, 计算复杂度很低.

除了古典显格式外, 古典隐格式也是常用的差分格式. 古典隐格式的节点分布如图 7.9 所示.

和古典显格式的推导过程类似, 利用 Taylor 展开式 (7.55) 和式 (7.56), 可得函数 $u(x,t)$ 在图 7.9 所示的 $(x_{i+1},t_k),(x_{i-1},t_k),(x_i,t_{k-1})$ 三个点上的值分别为

$$\begin{cases} u(x_{i-1},t_k) = u(x_i,t_k) + \left[\dfrac{\partial u}{\partial x}\right]_i^k (-h) + \left[\dfrac{\partial^2 u}{\partial x^2}\right]_i^k \dfrac{h^2}{2} + O(h^3), \\ u(x_{i+1},t_k) = u(x_i,t_k) + \left[\dfrac{\partial u}{\partial x}\right]_i^k h + \left[\dfrac{\partial^2 u}{\partial x^2}\right]_i^k \dfrac{h^2}{2} + O(h^3), \\ u(x_i,t_{k-1}) = u(x_i,t_k) + \left[\dfrac{\partial u}{\partial t}\right]_i^k (-\tau) + O(\tau^2), \end{cases} \tag{7.64}$$

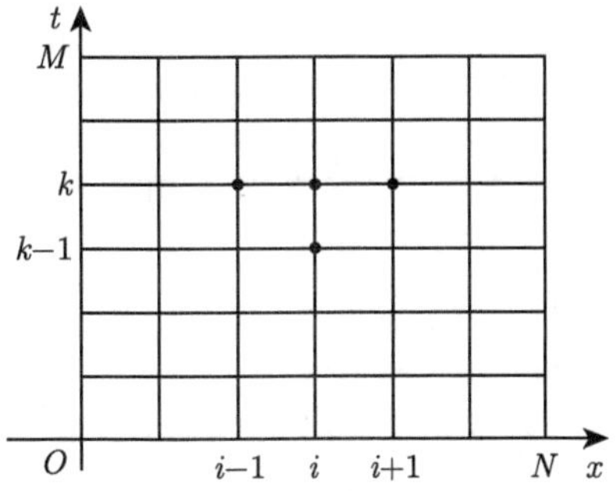

图 7.9 古典隐格式节点分布图

从而得到

$$
\begin{aligned}
0 = L[u]_i^k &= \left[\frac{\partial u}{\partial t}\right]_i^k - a\left[\frac{\partial^2 u}{\partial x^2}\right]_i^k \\
&= \frac{1}{\tau}\left[u(x_i,t_k) - u(x_i,t_{k-1})\right] - \frac{a}{h^2}\left[u(x_{i-1},t_k) - 2u(x_i,t_k) + u(x_{i+1},t_k)\right] \\
&\quad + O(\tau + h^2).
\end{aligned}
$$

同样, 舍去上式中的局部截断误差 $O(\tau+h^2)$, 并以 u_i^k 代替 $u(x_i,t_k)$ 就可得到差分方程

$$u_i^k - ar(u_{i+1}^k - 2u_i^k + u_{i-1}^k) = u_i^{k-1}, \tag{7.65}$$

其中 r 为网格比, 该格式的局部截断误差为 $O(\tau+h^2)$. 考虑到初始条件与边界条件, 就有

$$
\begin{cases}
-rau_{i-1}^k + (1+2ra)u_i^k - rau_{i+1}^k = u_i^{k-1}, \\
u_i^0 = \varphi(x_i), \\
u_0^k = u_N^k = 0,
\end{cases} \tag{7.66}
$$

其中 $i=1,2,\cdots,N-1$, $k=1,2,\cdots,M$. 写成矩阵形式为

$$\boldsymbol{A}\boldsymbol{u}^k = \boldsymbol{u}^{k-1}, \tag{7.67}$$

其中

$$
\boldsymbol{A} = \begin{pmatrix}
1+2ra & -ra & & & \\
-ra & 1+2ra & -ra & & \\
& \ddots & \ddots & \ddots & \\
& & -ra & 1+2ra & -ra \\
& & & -ra & 1+2ra
\end{pmatrix}.
$$

从式 (7.66) 可以看到, 已知第 $k-1$ 层的值之后, 必须要通过求解线性方程组才能得到第 k 层的值, 不能像显格式那样直接解出, 这种格式被称为古典隐格式. 因矩阵 $\boldsymbol{A}$ 是对角占优矩阵, 一般用追赶法求解, 虽然计算也比较方便, 但显然计算复杂度要高于古典显格式.

2) 理查森 (Richardson) 格式

无论是古典显格式还是古典隐格式, 局部截断误差均为 $O(\tau+h^2)$. 局部截断误差反映了差分格式与原连续问题之间的误差, 因此人们往往希望能够提高截断误差的阶, 得到高精度的差分格式. Richardson 格式就是基于这种想法提出来的, 该格式采用的节点分布如图 7.10 所示.

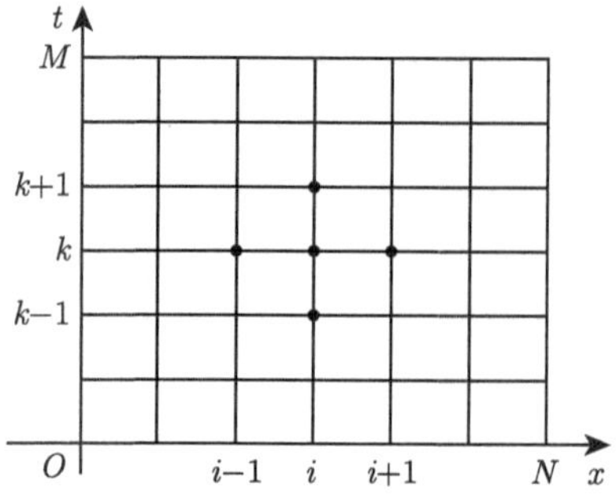

图 7.10　Richardson 格式节点分布图

Richardson 格式在空间维度上的处理与古典隐格式相同, 但在时间方向上, Richardson 格式不仅用到第 $k-1$ 层的值, 而且还用到了第 $k+1$ 层的值. 按照 Taylor 展开式 (7.56), 可得

$$\begin{cases} u(x_i,t_{k-1}) = u(x_i,t_k) + \left[\dfrac{\partial u}{\partial t}\right]_i^k (-\tau) + \left[\dfrac{\partial^2 u}{\partial t^2}\right]_i^k \left(\dfrac{\tau^2}{2}\right) + O(\tau^3), \\ u(x_i,t_{k+1}) = u(x_i,t_k) + \left[\dfrac{\partial u}{\partial t}\right]_i^k \tau + \left[\dfrac{\partial^2 u}{\partial t^2}\right]_i^k \left(\dfrac{\tau^2}{2}\right) + O(\tau^3). \end{cases}$$

将上面的两式相减可以得到

$$\left[\frac{\partial u}{\partial t}\right]_i^k = \frac{1}{2\tau}\left[u(x_i,t_{k+1}) - u(x_i,t_{k-1})\right] + O(\tau^2),$$

从而得到

$$\begin{aligned} 0 = L[u]_i^k &= \left[\frac{\partial u}{\partial t}\right]_i^k - a\left[\frac{\partial^2 u}{\partial x^2}\right]_i^k \\ &= \frac{1}{2\tau}\left[u(x_i,t_{k+1}) - u(x_i,t_{k-1})\right] - \frac{a}{h^2}\left[u(x_{i-1},t_k) - 2u(x_i,t_k) + u(x_{i+1},t_k)\right] \\ &\quad + O(\tau^2+h^2). \end{aligned}$$

同样, 舍去上式中的局部截断误差 $O(\tau^2+h^2)$, u_i^k 代替 $u(x_i,t_k)$ 就可得到 Richardson 差分方程

$$u_i^{k+1} = u_i^{k-1} - 2ra(u_{i+1}^k - 2u_i^k + u_{i-1}^k), \qquad i = 1,2,\cdots,N-1, \tag{7.68}$$

其中 r 为网格比, 该格式的局部截断误差为 $O(\tau^2+h^2)$. 从这里可以看到, Richardson 差分格式的局部截断误差阶高于古典显格式和古典隐格式.

Richardson 差分方程的矩阵形式为

$$\boldsymbol{u}^{k+1} = \boldsymbol{u}^{k-1} + \boldsymbol{B}\boldsymbol{u}^k, \tag{7.69}$$

其中

$$\boldsymbol{B} = \begin{pmatrix} 4ra & -2ra & & & \\ -2ra & 4ra & -2ra & & \\ & \ddots & \ddots & \ddots & \\ & & -2ra & 4ra & -2ra \\ & & & -2ra & 4ra \end{pmatrix}.$$

从式 (7.68) 或式 (7.69) 可以看到, Richardson 格式也是一种显格式, 在计算第 $k+1$ 层的节点值时, 需要用到第 k 层和第 $k-1$ 层上的节点值. 实际计算时, 除初始条件 (第 0 层) 及边界条件外, 要事先用其他格式求得第一层上的值 $\boldsymbol{u}^1$, 方能按式 (7.68) 或式 (7.69) 计算出所有层的节点值.

3) 加权六点格式

为了得到稳定性好, 且有较高精度的差分格式, 我们还可以对古典显格式和古典隐格式进行线性组合, 得如下差分格式:

$$\frac{u_i^k - u_i^{k-1}}{\tau} - \frac{a}{h^2}\left[\theta(u_{i+1}^k - 2u_i^k + u_{i-1}^k) + (1-\theta)(u_{i+1}^{k-1} - 2u_i^{k-1} + u_{i-1}^{k-1})\right] = 0, \tag{7.70}$$

其中 $0 \leqslant \theta \leqslant 1$, 这一差分方程用到相邻两层六个节点的函数值, 如图 7.11 所示, 因此该格式也被称为加权六点格式. 特别地, 当 $\theta = 0$ 时, 该格式退化为古典显格式; 当 $\theta = 1$ 时, 该格式退化为古典隐格式.

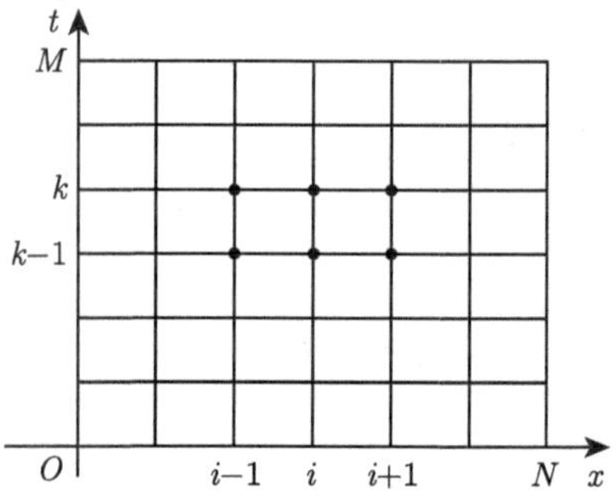

图 7.11 加权六点格式节点分布图

同样利用 Taylor 展开, 当方程的解 $u(x,t)$ 充分光滑时, 可以得到该格式在 (x_i, t_k) 处的局部截断误差为

$$R = a\tau\left(\frac{1}{2} - \theta\right)\left[\frac{\partial^3 u}{\partial x^2 \partial t}\right]_i^k + O(\tau^2 + h^2),$$

可以看出, 当 $\theta \neq \dfrac{1}{2}$ 时, 截断误差为 $O(\tau + h^2)$; 当 $\theta = \dfrac{1}{2}$ 时, 截断误差是 $O(\tau^2 + h^2)$, 此差分格式常被使用, 被称为克兰克–尼科尔森 (Crank-Nicolson) 格式, 其具体形式为

$$u_i^k - u_i^{k-1} - \frac{1}{2}ra\left[(u_{i+1}^k - 2u_i^k + u_{i-1}^k) + (u_{i+1}^{k-1} - 2u_i^{k-1} + u_{i-1}^{k-1})\right] = 0, \tag{7.71}$$

其中 r 为网格比.

Crank-Nicolson 格式可用矩阵表示为

$$\boldsymbol{A}_1 \boldsymbol{u}^k = \boldsymbol{A}_2 \boldsymbol{u}^{k-1}, \tag{7.72}$$

其中

$$\boldsymbol{A}_1 = \begin{pmatrix} 1+ra & -\dfrac{ra}{2} & & \\ -\dfrac{ra}{2} & 1+ra & -\dfrac{ra}{2} & \\ & \ddots & \ddots & \ddots \\ & -\dfrac{ra}{2} & 1+ra & -\dfrac{ra}{2} \\ & & -\dfrac{ra}{2} & 1+ra \end{pmatrix},$$

$$\boldsymbol{A}_2 = \begin{pmatrix} 1-ra & \dfrac{ra}{2} & & \\ \dfrac{ra}{2} & 1-ra & \dfrac{ra}{2} & \\ & \ddots & \ddots & \ddots \\ & \dfrac{ra}{2} & 1-ra & \dfrac{ra}{2} \\ & & \dfrac{ra}{2} & 1-ra \end{pmatrix}.$$

可以看到, Crank-Nicolson 格式是一个隐格式, 但 $\boldsymbol{u}^k$ 的系数矩阵 $\boldsymbol{A}_1$ 是对角占优的三对角阵, 结合定解条件, 可以用追赶法来快速求解方程组.

例 7.8 考虑定解问题

$$\begin{cases} \dfrac{\partial u}{\partial t} = \dfrac{\partial^2 u}{\partial x^2}, & 0 \leqslant x \leqslant 1, \quad t \geqslant 0, \\ u(x,0) = \sin \pi x, & 0 \leqslant x \leqslant 1, \\ u(0,t) = u(1,t) = 0, & t \geqslant 0, \end{cases}$$

取 $h = 0.1$, $\tau = 0.01$, 网格比 $r = \dfrac{\tau}{h^2} = 1$,

(1) 用古典显格式;

(2) 用古典隐格式;

(3) 用 Crank-Nicolson 格式求解;

并比较其结果 (其精确解为 $u(x,t) = \mathrm{e}^{-\pi^2 t} \sin \pi x$).

解 (1) 古典显格式

$$\begin{cases} \dfrac{u_i^{k+1} - u_i^k}{\tau} = \dfrac{1}{h^2}\left(u_{i+1}^k - 2u_i^k + u_{i-1}^k\right), & i = 1,2,\cdots,9, \\ u_i^0 = \sin \pi x_i, \qquad i = 0,1,\cdots,10, \\ u_0^k = u_{10}^k = 0. \end{cases}$$

由于 $r = \dfrac{\tau}{h^2} = 1$, 所以差分格式为

$$u_i^{k+1} = u_{i-1}^k - u_i^k + u_{i+1}^k, \qquad i = 1,2,\cdots,9.$$

矩阵形式为

$$\boldsymbol{A}\boldsymbol{u}^k = \boldsymbol{u}^{k+1},$$

其中

$$\boldsymbol{A} = \begin{pmatrix} -1 & 1 & & & \\ 1 & -1 & 1 & & \\ & \ddots & \ddots & \ddots & \\ & & 1 & -1 & 1 \\ & & & 1 & -1 \end{pmatrix}, \qquad \boldsymbol{u}^k = \begin{pmatrix} u_1^k \\ u_2^k \\ \vdots \\ u_8^k \\ u_9^k \end{pmatrix},$$

由初始条件开始, 直接计算可得到 $t = 0.5$ 的一组解, 见表 7.1.

(2) 古典隐格式

$$\frac{u_i^{k+1} - u_i^k}{\tau} = \frac{1}{h^2}\left(u_{i+1}^{k+1} - 2u_i^{k+1} + u_{i-1}^{k+1}\right), \qquad i = 1,2,\cdots,9.$$

因为 $r = \dfrac{\tau}{h^2} = 1$, 所以差分格式为

$$-u_{i+1}^{k+1} + 3u_i^{k+1} - u_{i-1}^{k+1} = u_i^k, \qquad i = 1,2,\cdots,9.$$

矩阵形式的系数矩阵 $\boldsymbol{A}$ 为对角占优的三对角阵:

$$\boldsymbol{A}=\begin{pmatrix} 3 & -1 & & & \\ -1 & 3 & -1 & & \\ & \ddots & \ddots & \ddots & \\ & & -1 & 3 & 1 \\ & & & -1 & 3 \end{pmatrix}.$$

用追赶法求解, 按时间层迭代计算, 可得 $t=0.5$ 的一组解, 见表 7.1.

表 7.1 $t=0.5$ 的一组解 u_i^{50}

x_i	精确解 $u(x_i,0.5)$	古典显格式	古典隐格式	Crank-Nicolson 格式
0	0	0	0	0
0.1	0.00222241	8.19876×10^{-7}	0.00289802	0.00230512
0.2	0.00422728	-1.55719×10^{-8}	0.00551236	0.00438461
0.3	0.00581836	2.13833×10^{-8}	0.00758711	0.00603489
0.4	0.00683989	-2.50642×10^{-8}	0.00891918	0.00709440
0.5	0.00719188	2.62685×10^{-8}	0.00937818	0.00745954
0.6	0.0683989	-2.49015×10^{-8}	0.00891918	0.00709440
0.7	0.00581836	2.11200×10^{-8}	0.00758711	0.00603489
0.8	0.00422728	-1.53086×10^{-8}	0.00551236	0.00438461
0.9	0.00222241	8.03604×10^{-7}	0.00289802	0.00230512
1	0	0	0	0

(3) Crank-Nicolson 格式

$$\frac{u_i^{k+1}-u_i^k}{\tau}=\frac{1}{2h^2}[(u_{i+1}^k-2u_i^k+u_{i-1}^k)+(u_{i+1}^{k+1}-2u_i^{k+1}+u_{i-1}^{k+1})],\qquad i=1,2,\cdots,9,$$

由于 $r=\dfrac{\tau}{h^2}=1$, 所以上述差分格式写成

$$-u_{i+1}^{k+1}+4u_i^{k+1}-u_{i-1}^{k+1}=u_{i+1}^k+u_{i-1}^k,\quad i=1,2,\cdots,9.$$

此线性代数方程组的系数矩阵仍是对角占优的三角矩阵, 用追赶法重复计算, 就可得到 $t=0.5$ 的一组解, 见表 7.1.

从上面的计算结果可以看出, 在网格比相同情况下, 用古典隐格式计算结果比古典显格式精确. 事实上, 在这个例子中, 古典显格式得到的解显然和精确解有很大的差距, 如果将网格比缩小为 $r=0.05$, 则古典显格式也可得到与 Crank-Nicolson 格式相近的结果. 为什么会产生这样的情况呢? 这就涉及下面要研究的差分格式的稳定性和收敛性问题.

2. 差分格式的稳定性和收敛性

1) 差分格式的稳定性概念

对一个有限差分格式, 当初始数据有微小误差时, 按时间上逐层计算, 能否保证差分方程的解也是微小变化, 即计算过程能否控制误差的增长或传播, 这就是差分格式的稳定性问题.

例 7.9 考察古典显格式对于舍入误差的传播情况.

解 这里采用的方法被称 ε-图法, 就是在某层任意一个节点处给出一个误差 ε, 然后通过图表观察这一误差的发展情形.

设 u_i^{k+1} 是古典显格式

$$u_i^{k+1}=u_i^k+ra(u_{i+1}^k-2u_i^k+u_{i-1}^k)\tag{7.73}$$

的精确解, $\bar{u}_i^{k+1}$ 是式 (7.73)近似解, 用 e_i^{k+1} 表示计算 u_i^{k+1} 时产生的误差, 即 $e_i^{k+1}=\bar{u}_i^{k+1}-u_i^{k+1}$. 假定在第 k 层的点 (i_0,k) 处产生误差 $e_{i_0}^k=\varepsilon$, 而这一层其他各点无误差, 且之后计算中也不引入新的误差, 显然由于 u_i^k 和 $\bar{u}_i^k$ 都满足差分格式 (7.73), 则 e_i^{k+1} 也满足下面的误差传播方程

$$e_i^{k+1}=e_i^k+ra(e_{i+1}^k-2e_i^k+e_{i-1}^k). \tag{7.74}$$

现分析当 $ra=\dfrac{1}{2}$ 和 $ra=1$ 时, 误差 ε 随 k 增加而变化的情形. 当 $ra=\dfrac{1}{2}$ 时, e_i^{k+1} 满足的误差传播方程为

$$e_i^{k+1}=\frac{1}{2}(e_{i+1}^k+e_{i-1}^k). \tag{7.75}$$

利用此公式, 易计算误差传播情况, 如表 7.2 所列. 由表 7.2 可知, 初始数据的误差, 在以后层次逐渐减小, 说明当 $ra=\dfrac{1}{2}$ 时, 差分格式是稳定的.

表 7.2 当 $ra=\dfrac{1}{2}$ 时误差的传播情况

k	i								
	i_0-4	i_0-3	i_0-2	i_0-1	i_0	i_0+1	i_0+2	i_0+3	i_0+4
k					ε				
$k+1$				$\dfrac{\varepsilon}{2}$	0	$\dfrac{\varepsilon}{2}$			
$k+2$			$\dfrac{\varepsilon}{4}$	0	$\dfrac{\varepsilon}{2}$	0	$\dfrac{\varepsilon}{4}$		
$k+3$		$\dfrac{\varepsilon}{8}$	0	$\dfrac{3\varepsilon}{8}$	0	$\dfrac{3\varepsilon}{8}$	0	$\dfrac{\varepsilon}{8}$	
$k+4$	$\dfrac{\varepsilon}{16}$	0	$\dfrac{4\varepsilon}{16}$	0	$\dfrac{6\varepsilon}{16}$	0	$\dfrac{4\varepsilon}{16}$	0	$\dfrac{\varepsilon}{16}$

当 $ra=1$ 时, e_i^{k+1} 满足的误差传播方程为

$$e_i^{k+1}=e_{i+1}^k-e_i^k+e_{i-1}^k, \tag{7.76}$$

计算结果如表 7.3 所示. 此时初始数据的误差, 随 k 的增大而迅速增大, 因此当 $ra=1$ 时古典显格式是不稳定的.

表 7.3 当 $ra=1$ 时误差的传播情况

k	i								
	i_0-4	i_0-3	i_0-2	i_0-1	i_0	i_0+1	i_0+2	i_0+3	i_0+4
k					ε				
$k+1$				ε	$-\varepsilon$	ε			
$k+2$			ε	-2ε	3ε	-2ε	ε		
$k+3$		ε	-3ε	6ε	-7ε	6ε	-3ε	ε	
$k+4$	ε	-4ε	10ε	-16ε	19ε	-16ε	10ε	-4ε	ε

由这个例子可以看出, 一个差分格式是否稳定与网格比的大小有关. 差分格式的稳定性在差分方法的研究中, 具有特别重要的意义, 需进一步讨论, 并找出判定方法. 为此, 这里首先给出稳定的严格定义.

定义 7.3 对于任意给定的 $\varepsilon>0$, 如果总存在与 h,τ 无关且只赖于 ε 的正数 δ, 使当 $\|\bar{\boldsymbol{u}}^0-\boldsymbol{u}^0\|<\delta$ 时, 不等式 $\|\bar{\boldsymbol{u}}^n-\boldsymbol{u}^n\|<\varepsilon$ 对任何 n $(0\leqslant n\tau\leqslant T)$ 都成立, 则称差分格式是稳定的, 其中范数 $\|\boldsymbol{u}^n\|=\left\{\sum\limits_i^N(u_i^n)^2h\right\}^{\frac{1}{2}}$.

简单地说, 所谓差分格式稳定, 就是指误差的传播是衰减的或至少是“可控”的. 对逼近初边值问题 (7.54) 的两层差分格式, 可将其统一写成矩阵形式

$$\boldsymbol{u}^{k+1}=\boldsymbol{H}\boldsymbol{u}^{k}, \tag{7.77}$$

则误差向量 $\boldsymbol{E}^k=\bar{\boldsymbol{u}}^k-\boldsymbol{u}^k$ 所满足的误差传播方程为

$$\boldsymbol{E}^{k+1}=\boldsymbol{H}\boldsymbol{E}^{k}.$$

通过逐次迭代, 可推出

$$\boldsymbol{E}^{k+1}=\boldsymbol{H}^{k+1}\boldsymbol{E}^{0}.$$

上式两边同时取范数, 可得

$$\|\boldsymbol{E}^{k+1}\|=\|\boldsymbol{H}^{k+1}\boldsymbol{E}^{0}\|\leqslant\|\boldsymbol{H}^{k+1}\|\cdot\|\boldsymbol{E}^{0}\|\leqslant\|\boldsymbol{H}\|^{k+1}\cdot\|\boldsymbol{E}^{0}\|.$$

由此可见, 差分格式稳定的充要条件是 $||\boldsymbol{H}||^n\leqslant K$ 对任何 n 成立. 于是得到差分格式稳定性的等价定义.

定义 7.4　称差分格式 (7.77) 关于初值稳定, 如果存在常数 K 及 t_0, 使得 $0<\tau<\tau_0$, $0<n\tau\leqslant T$ 时, 一致地有

$$\|\boldsymbol{u}^n\|\leqslant K\|\boldsymbol{u}^0\|. \tag{7.78}$$

通过对 $\boldsymbol{H}$ 的直接估计就可以探求差分格式的稳定性条件, 常用的方法有矩阵方法, 即只要矩阵 $\boldsymbol{H}$ 的谱半径小于 1 即可, 但在实际问题中矩阵 $\boldsymbol{H}$ 的特征值很难求, 其谱半径也很难估计. 因此, 在本节中我们并不介绍判别差分格式稳定性的矩阵方法, 而主要介绍比较简便实用的 Fourier 方法.

2) 判别稳定性的 Fourier 方法

Fourier 方法的适用范围是线性常系数的定解问题, 下面从具体例子入手, 介绍该方法的基本思想. 为便于讨论, 不失一般性, 可假设函数 $u(x,t)$ 空间变量变化范围为 $[0,1]$, 如果不是 $[0,1]$, 也可以通过线性变换标准化为 $[0,1]$.

对于古典显格式

$$u_i^{k+1}=u_i^k+ra(u_{i+1}^k-2u_i^k+u_{i-1}^k), \tag{7.79}$$

注意到, 无论对于齐次方程还是非齐次方程, 我们在稳定性分析时只需要讨论误差传播方程, 而古典显格式的误差传播方程就是齐次差分方程 (7.79), 因此我们在稳定性讨论的时候, 只需要讨论该齐次差分方程即可.

首先, 利用第 k 层的节点值 $\{u_i^k,\ i=0,1,2,\cdots,N\}$ 构造 $[0,1]$ 上的函数 $u^k(x)$, 使得 $u^k(x)=u_i^k, x\in\left[x_i-\dfrac{h}{2},x_i+\dfrac{h}{2}\right)$. 在稳定性研究中, 可以假设边界条件是齐次的, 故 $u^k(0)=u^k(1)=0$, 所以可以将函数 $u^k(x)$ 进一步以 1 为周期进行周期延拓至 $(-\infty,+\infty)$, 将延拓后的周期函数仍然记为 $u^k(x)$. 显然, 按照这种方式延拓得到的周期函数 $u^k(x)$ 在一个周期内仅有有限个跳跃间断点, 可展开为 Fourier 级数:

$$u^k(x)=\sum_{n=-\infty}^{+\infty}v^k(n)\mathrm{e}^{\mathrm{j}2n\pi x}, \tag{7.80}$$

其中 $\mathrm{j}=\sqrt{-1}$.

对原节点系 $\{u_i^k,\ i=0,1,2,\cdots,N\}$ 也进行延拓之后, 离散节点上的差分方程 (7.79) 可写为连续形式

$$u^{k+1}(x)=u^k(x)+ra(u^k(x+h)-2u^k(x)+u^k(x-h)). \tag{7.81}$$

将 $u^k(x)$ 的 Fourier 展开式 (7.80) 代入式 (7.81) 中, 可得

$$\sum_{n=-\infty}^{+\infty} v^{k+1}(n)\mathrm{e}^{\mathrm{j}2n\pi x}=\sum_{n=-\infty}^{+\infty} v^k(n)\left[(1-2ra)+ra(\mathrm{e}^{\mathrm{j}2n\pi h}+\mathrm{e}^{-\mathrm{j}2n\pi h})\right]\mathrm{e}^{\mathrm{j}2n\pi x}.$$

注意到函数系 $\{\mathrm{e}^{\mathrm{j}2n\pi x}\}$ 是一个正交函数系, 这就意味着上式等式两边的求和项中的对应求和分量都是相等的. 若记 $\sigma=2n\pi$, 则等式两边求和分量都满足

$$v^{k+1}(n)\mathrm{e}^{\mathrm{j}\sigma x}=v^k(n)\mathrm{e}^{\mathrm{j}\sigma x}+ra[v^k(n)\mathrm{e}^{\mathrm{j}\sigma(x+h)}-2v^k(n)\mathrm{e}^{\mathrm{j}\sigma x}+v^k(n)\mathrm{e}^{\mathrm{j}\sigma(x-h)}]. \tag{7.82}$$

式 (7.82) 可以简单看作是将 $u^k(x)=v^k(n)\mathrm{e}^{\mathrm{j}\sigma x}$ 代入连续型公式 (7.81) 得到的, 事实上我们在实际中就是通过这种简单的代入来简化上面复杂的分析过程得到式 (7.82) 的. 根据式 (7.82), 可以得到

$$v^{k+1}(n)=G(\sigma,\tau)v^k(n), \tag{7.83}$$

其中 $G(\sigma,\tau)$ 称为差分格式的误差传播因子, 这里对于古典显格式有 $G(\sigma,\tau)=1-4ra\sin^2\dfrac{\sigma h}{2}$. 式 (7.83) 定义的误差传播因子 $G(\sigma,\tau)$ 与差分格式的稳定性有着密切的关系, 且有如下重要结论.

定理 7.3　*如果存在常数 $c>0$, 使得对一切 σ, 成立*

$$|G(\sigma,\tau)|\leqslant 1+c\tau, \tag{7.84}$$

则差分格式是稳定的.

事实上, 根据 (7.83), 经过逐层递推可得

$$v^k(n)=G^k(\sigma,\tau)v^0(n).$$

当 $G(\sigma,\tau)$ 满足定理条件时, 有

$$|G^k(\sigma,\tau)|=|G(\sigma,\tau)|^k\leqslant(1+c\tau)^k\leqslant \mathrm{e}^{cT},\qquad k\tau\leqslant T,$$

即传播因子的任意 k 次幂都是有界的.

条件 (7.84) 通常被称为冯 • 诺伊曼 (von Neumann) 条件, 简称为 V-N 条件. 应用该条件判别差分格式稳定性的方法, 称为 Fourier 方法. 该条件意味着误差的传播是可以被 “控制” 的. 特别地, 如果 $|G(\sigma,\tau)|<1$, 则误差随着层数的递增是趋向于 0 的. 对于稳定性而言, 我们有充分条件就足够了, 因此在实际计算中, 我们通常将 V-N 条件进一步简化为

$$|G(\sigma,\tau)|\leqslant 1.$$

现在我们用 Fourier 方法给出古典显格式的稳定性条件, 前面已求得传播因子为

$$G(\sigma,\tau)=1-4ra\sin^2\frac{\sigma h}{2},$$

要使差分格式稳定, 只需

$$|G(\sigma,\tau)|=\left|1-4ra\sin^2\frac{\sigma h}{2}\right|\leqslant 1,$$

从而导出古典显格式的稳定性条件为 $ra\leqslant\dfrac{1}{2}$.

例 7.10　考察古典隐格式

$$u_i^k - r(u_{i+1}^k - 2u_i^k + u_{i-1}^k) = u_i^{k-1} \tag{7.85}$$

的稳定性.

解　应用 Fourier 方法, 令 $u(x_i) = v^k(n)\mathrm{e}^{\mathrm{j}\sigma ih}$, 代入 (7.85), 可得

$$v^k(n)[\mathrm{e}^{\mathrm{j}\sigma ih} - r(\mathrm{e}^{\mathrm{j}\sigma(i+1)h} - 2\mathrm{e}^{\mathrm{j}\sigma ih} + \mathrm{e}^{\mathrm{j}\sigma(i-1)h})] = v^{k-1}(n)\mathrm{e}^{\mathrm{j}\sigma ih},$$

约去公因子, 便得传播因子

$$G(\sigma,\tau) = \frac{1}{1 - r(\mathrm{e}^{\mathrm{j}\sigma h} - 2 + \mathrm{e}^{-\mathrm{j}\sigma h})} = \frac{1}{1 + 4r\sin^2\dfrac{\sigma h}{2}},$$

显然, 对任何网格比 r, 都有

$$|G(\sigma,\tau)| \leqslant 1,$$

古典隐格式对于任意网格比都是稳定的.

需要指出的是 V-N 条件只适合于判断两层差分格式是否稳定. 如果是三层差分格式, 不能直接使用上述方法, 首先要把它化成两层差分格式, 但这时得到的传播因子是一个矩阵. 对传播矩阵, 有下面一些结论.

定理 7.4　差分格式稳定的充分必要条件是当 $k\tau \leqslant T$ 时, 传播矩阵的模 $G(\sigma,\tau)$ 一致有界, 即

$$\|G^k(\sigma,\tau)\| \leqslant M, \tag{7.86}$$

其中 M 是与 τ 无关的常数.

设 $\rho(\boldsymbol{G})$ 为矩阵 $\boldsymbol{G}(\sigma,\tau)$ 的谱半径, 由于 $\rho(\boldsymbol{G}) \leqslant \|\boldsymbol{G}\|$, 得到以下结论.

定理 7.5　差分格式稳定的必要条件是

$$\rho(\boldsymbol{G}) \leqslant 1 + c\tau, \tag{7.87}$$

其中 c 为常数.

注意: 对一个两层差分格式, $G(\sigma,\tau)$ 为一个数, 所以有 $|\lambda| = |G(\sigma,\tau)|$, 结合定理 7.5, 知 V-N 条件是稳定的充分必要的条件.

当 $\boldsymbol{G}$ 为正规矩阵时, 即 $\boldsymbol{G}^{\mathrm{H}}\boldsymbol{G} = \boldsymbol{G}\boldsymbol{G}^{\mathrm{H}}$, 由定理 1.24, $\rho(\boldsymbol{G}) = \|\boldsymbol{G}\|$, 从而有以下结论.

定理 7.6　如果传播矩阵 $\boldsymbol{G}(\sigma,\tau)$ 为正规矩阵, 则 V-N 条件是差分格式稳定性的充分必要条件.

例 7.11　利用 Fourier 方法讨论 Richardson 格式的稳定性.

解　Richardson 格式

$$u_i^{k+1} = u_i^{k-1} + 2ra(u_{i+1}^k - 2u_i^k + u_{i-1}^k)$$

是一个三层格式, 用 Fourier 方法讨论其稳定性, 首先把它化成等价的两层差分方程组

$$\begin{cases} u_i^{k+1} = v_i^k + 2ra(u_{i+1}^k - 2u_i^k + u_{i-1}^k), \\ v_i^{k+1} = u_i^k. \end{cases}$$

令 $\boldsymbol{u} = [u,v]^{\mathrm{T}}$, 可把上式写成

$$\boldsymbol{u}_i^{k+1} = \begin{pmatrix} 2ra & 0 \\ 0 & 0 \end{pmatrix}\boldsymbol{u}_{i+1}^k + \begin{pmatrix} -4ra & 1 \\ 1 & 0 \end{pmatrix}\boldsymbol{u}_i^k + \begin{pmatrix} 2ra & 0 \\ 0 & 0 \end{pmatrix}\boldsymbol{u}_{i-1}^k,$$

将 $\boldsymbol{u}^k(x)=\boldsymbol{v}^k(n)\mathrm{e}^{\mathrm{j}\sigma x}$ 代入上式, 然后消去因子 $\mathrm{e}^{\mathrm{j}\sigma x}$, 整理后得到

$$\boldsymbol{v}^{k+1}(n)=\begin{pmatrix}-8ra\sin^2\dfrac{\sigma h}{2} & 1\\ 1 & 0\end{pmatrix}\boldsymbol{v}^k(n),$$

所以传播矩阵为

$$\boldsymbol{G}(\sigma,\tau)=\begin{pmatrix}-8ra\sin^2\dfrac{\sigma h}{2} & 1\\ 1 & 0\end{pmatrix}.$$

由于 $\boldsymbol{G}(\sigma,\tau)$ 的特征值为

$$\lambda_{1,2}=-4ra\sin^2\frac{\sigma h}{2}\pm\left(1+16r^2a^2\sin^4\frac{\sigma h}{2}\right)^{\frac{1}{2}},$$

显然

$$|\lambda_1|=\left|-4ra\sin^2\frac{\sigma h}{2}-\left(1+16r^2a^2\sin^4\frac{\sigma h}{2}\right)^{\frac{1}{2}}\right|>1+4ra\sin^2\frac{\sigma h}{2}$$

不满足 V-N 条件, 所以 Richardson 格式是不稳定的.

对方程是高维情形, 也可用 Fourier 方法判别其差分格式的稳定性.

例 7.12 推导二维热传导方程定解问题的古典显格式, 并判别稳定性.

$$\begin{cases}\dfrac{\partial u}{\partial t}=a\left(\dfrac{\partial^2 u}{\partial x^2}+\dfrac{\partial^2 u}{\partial y^2}\right), & 0\leqslant x,y\leqslant 1,\\ u(x,y,0)=\varphi(x,y), \quad 0<x,y<1, & \\ u(0,y,t)=u(1,y,t)=u(x,0,t)=u(x,1,t)=0. & \end{cases}\tag{7.88}$$

解 取时间方向的步长为 τ, 空间沿 x,y 方向的步长均为 h, 则式 (7.88) 的古典显格式为

$$u_{ij}^{k+1}=(1-4ra)u_{ij}^k+ra(u_{i+1,j}^k+u_{i-1,j}^k)+ra(u_{i,j+1}^k+u_{i,j-1}^k),\tag{7.89}$$

其对应的延拓连续方程为

$$\begin{aligned}u^{k+1}(x,y)=&(1-4ra)u^k(x,y)+ra(u^k(x+h,y)\\&+u^k(x-h,y))+ra(u^k(x,y+h)+u^k(x,y-h)).\end{aligned}\tag{7.90}$$

令 $u^k(x,y)=v^k(m,n)\mathrm{e}^{\mathrm{j}(\sigma_1 x+\sigma_2 y)}$, 代入上式, 并消去公因子, 得到

$$G(\boldsymbol{\sigma},\tau)=1-4ra\left(\sin^2\frac{\sigma_1 h}{2}+\sin^2\frac{\sigma_1 h}{2}\right),$$

其中 $\boldsymbol{\sigma}=(\sigma_1,\sigma_2)^{\mathrm{T}}$, 利用 V-N 条件, 要求

$$\left|1-4ra\left(\sin^2\frac{\sigma_1 h}{2}+\sin^2\frac{\sigma_1 h}{2}\right)\right|\leqslant 1,$$

得到差分格式稳定的充分条件为 $ra\leqslant\dfrac{1}{4}$.

上面用 Fourier 方法考察了一些差分格式的稳定性, 为了区别稳定性的不同情况, 我们称差分格式在网格比取一定条件下的稳定为条件稳定; 差分格式对任何网格比都稳定的为无条件稳定; 差分格式对任何网格比都不稳定的为无条件不稳定. 一般来说, 显式差分格式往往是

条件稳定的, 而隐式差分格式为无条件稳定的则更多. 但因显格式计算简单, 故计算具体问题时, 常常把显格式、隐格式交替使用. 另外, 对一些条件稳定甚至是无条件不稳定的格式, 通过一些改造之后, 也可能无条件稳定. 如果对 Richardson 格式做如下修改: 以 $u_i^{k+1}+u_i^{k-1}$ 代替式 (7.68) 中的 $2u_i^k$, 则得杜福特-弗兰克尔 (Dufort-Frankel) 格式

$$\frac{u_i^{k+1}-u_i^{k-1}}{2\tau}-\frac{a}{h^2}[u_{i+1}^k-(u_i^{k+1}+u_i^{k-1})+u_{i-1}^k]=0, \tag{7.91}$$

其截断误差为 $O\left(\left(\frac{\tau}{h}\right)^2+\tau^2+h^2\right)$, 并且当 $\frac{\tau}{h}\to 0$ 时, 它是无条件稳定的差分格式, 该稳定性留给读者自行证明.

3) 收敛性定理

差分格式的稳定性不仅对实际计算十分重要, 对差分格式的收敛性研究也有着重要作用. 在此先给出差分格式的相容性概念.

定义 7.5 如果当 $\tau, h\to 0$ 时, 差分格式的截断误差趋于零, 称差分格式与微分方程是相容的.

显然, 相容性条件是用差分方程求解微分方程的必备条件, 可以看出, 前面介绍的古典显格式、古典隐格式、Richardson 格式都与扩散方程 (7.54)是相容的. 下面给出由稳定性推出收敛性的重要定理.

定理 7.7 设

$$Lu=\frac{\partial u}{\partial t}-a\frac{\partial^2 u}{\partial x^2}=0, \tag{7.92}$$

其差分格式为

$$L_h[u]_i^k=0. \tag{7.93}$$

若 Lu 与 $L_h[u]_i^k$ 相容, 且差分格式对初值稳定, 则式 (7.93) 的解 u_i^k 收敛于式 (7.92) 的解 $u(x_i,t_k)$, 即

$$\|\boldsymbol{u}^k-[\boldsymbol{u}]^k\|\to 0, \qquad \text{当}\tau,\ h\to 0\text{时},$$

式中

$$\boldsymbol{u}^k=(u(x_1,t_k),u(x_2,t_k),\cdots,u(x_{N-1},t_k))^{\mathrm{T}},$$

$$[\boldsymbol{u}]^k=(u_1^k,u_2^k,\cdots,u_{N-1}^k)^{\mathrm{T}}.$$

若式 (7.93) 的截断误差阶为 $O(\tau^\alpha+h^\beta)$, 则收敛速度有估计式

$$\boldsymbol{u}^k-[\boldsymbol{u}]^k=O(\tau^\alpha+h^\beta).$$

该定理也称拉克斯 (Lax) 等价定理, 此处不给予证明. 该定理表明: 给定一个适当的线性初值问题, 如果逼近它的差分格式和它相容, 则差分格式的收敛性等价于差分格式的稳定性. 根据这个定理, 我们可以着重讨论差分格式的稳定性, 一般不再讨论收敛性问题, 只要差分格式是稳定的, 就可以用差分格式计算微分方程近似解.

7.3.3 双曲型方程的有限差分法

本节就最简单的双曲型方程——对流方程和波动方程, 建立差分格式, 并对其稳定性进行讨论.

1. 双曲型方程的特征

对流方程是一阶双曲型方程, 其初值问题是

$$\begin{cases} \dfrac{\partial u}{\partial t}+a\dfrac{\partial u}{\partial x}=0, & -\infty<x<+\infty,\ t\geqslant 0, \\ u(x,0)=\varphi(x), & -\infty<x<+\infty, \end{cases} \tag{7.94}$$

其中 a 为常数, 令

$$x-at=\xi,$$

则式 (7.94) 的解 $u(x,t)$ 满足

$$\frac{\mathrm{d}u}{\mathrm{d}t}=\frac{\mathrm{d}u(at+\xi,t)}{\mathrm{d}t}=a\frac{\partial u}{\partial x}+\frac{\partial u}{\partial t}=0.$$

显见, 方程的解为仅依赖于 ξ 的函数, 由此可知, 初值问题 (7.94) 的解为

$$u(x,t)=\varphi(x-at). \tag{7.95}$$

直线 $x-at=c$ 称为方程的特征线, 式 (7.95) 指出, 初值问题 (7.94) 的解沿特征线是常数, 其依赖域为特征线与 x 轴交点的坐标, 是一点 ξ, 如图 7.12 所示.

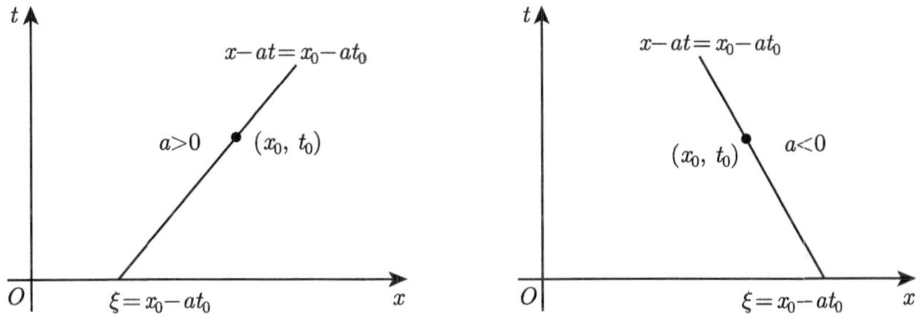

图 7.12 对流方程特征线

波动方程为二阶双曲型方程, 初值问题是

$$\begin{cases} \dfrac{\partial^2 u}{\partial t^2}-a^2\dfrac{\partial^2 u}{\partial x^2}=0, & -\infty<x<+\infty,\ t\geqslant 0, \\ u(x,0)=\varphi(x), & -\infty<x<+\infty, \\ \dfrac{\partial u(x,0)}{\partial t}=\psi(x), & -\infty<x<+\infty, \end{cases} \tag{7.96}$$

其中 $a>0$, 令

$$\begin{cases} \xi=x+at, \\ \eta=x-at, \end{cases}$$

则式 (7.96) 成为

$$\frac{\partial^2 u}{\partial\xi\partial\eta}=0.$$

解此方程, 可得通解为

$$u(x,t)=F_1(x+at)+F_2(x-at),$$

其中 F_1, F_2 为两个任意函数, 代入初始条件, 就得初值问题 (7.96) 的解

$$u(x,t)=\frac{1}{2}[\varphi(x+at)+\varphi(x-at)]+\frac{1}{2a}\int_{x-at}^{x+at}\psi(\xi)\mathrm{d}\xi, \tag{7.97}$$

称式 (7.97) 为达朗贝尔 (d'Alembert) 公式.

由达朗贝尔公式不难看出, 初值问题 (7.96) 的解 $u(x,t)$ 在点 (x_0,t_0) 的值只依赖于 x 轴从 x_0-at_0 到 x_0+at_0 之间的初值, 称区间 $[x_0-at_0, x_0+at_0]$ 为解在点 (x_0,t_0) 的依赖区间, 过点 (x_0,t_0) 作两条特征线

$$\begin{cases} x-at=x_0-at_0, \\ x+at=x_0+at_0, \end{cases}$$

则依赖区间就是它们在 x 轴上截得的闭区间, 如图 7.13 所示.

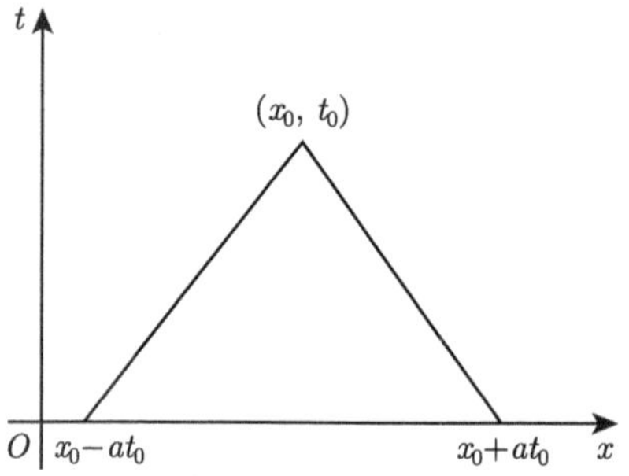

图 7.13　波动方程特征线及依赖区间

2. 对流方程的差分格式

网格划分如同抛物型方程, 记 h 为 x 轴方向步长, τ 为 t 轴方向步长, 以 u_i^k 代替 $u(x_i,t_k)$, 可得如下差分格式.

1) 迎风格式

迎风格式的基本思想是关于 x 的偏导数用在特征线一侧的差商来代替, 即有

$$\begin{cases} \dfrac{u_i^{k+1}-u_i^k}{\tau}+a\dfrac{u_i^k-u_{i-1}^k}{h}=0, & a>0, \\ \dfrac{u_i^{k+1}-u_i^k}{\tau}+a\dfrac{u_{i+1}^k-u_i^k}{h}=0, & a<0, \end{cases} \tag{7.98}$$

方向及节点见图 7.14.

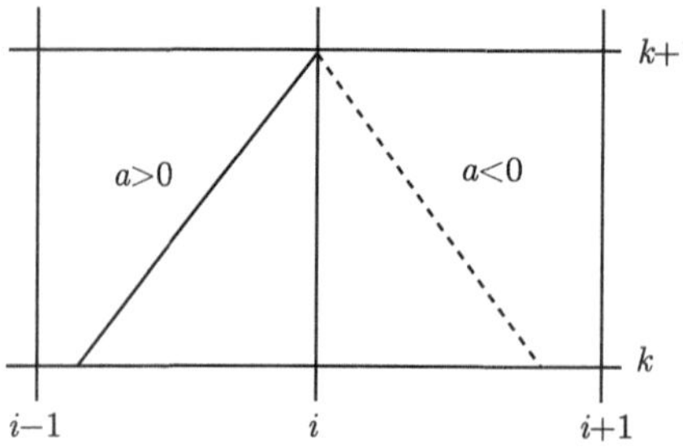

图 7.14　迎风格式节点示意图

令 $r=\dfrac{|a|\tau}{h}$, 称 r 为网格比. 把 (7.98)整理成如下形式

$$u_i^{k+1}=u_i^k-r\begin{cases}u_i^k-u_{i-1}^k, & a>0,\\ u_i^k-u_{i+1}^k, & a<0,\end{cases}\tag{7.99}$$

显然, 式 (7.99) 为两层显格式, 其截断误差为 $O(\tau+h)$.

用 Fourier 方法判别差分格式 (7.99) 的稳定性, 先考察 $a>0$ 的情形, 令 $u^k(x)=v^k(n)\mathrm{e}^{-\mathrm{j}\sigma x}$, 代入式 (7.99) 的第一式, 可得传播因子

$$G(\sigma,\tau)=1-r(1-\mathrm{e}^{-\mathrm{j}\sigma h})=1-r(1-\cos\sigma h)-r\mathrm{j}\sin\sigma h,$$

因此得到

$$|G(\sigma,\tau)|^2=\left(1-2r\sin^2\frac{\sigma h}{2}\right)^2+(r\sin\sigma h)^2=1-4r(1-r)\sin^2\frac{\sigma h}{2}.$$

知当 $r\leqslant 1$ 时, 有 $|G(\sigma,\tau)|\leqslant 1$, 满足 V-N 条件, 差分格式稳定. 对于 $a<0$ 的情形可作同样讨论, 稳定性条件也是 $r\leqslant 1$.

由上述分析可见, 差分格式 (7.99) 的稳定性与特征线方程中 a 符号有关. 实际上, 如果将式 (7.99) 中 a 分别变号, 差分格式就是不稳定的. 对此, 下面从几何上直观地给予进一步说明.

我们已经知道, 对流方程 (7.94) 的解 $u(x,t)$ 在点 (x_i,t_k) 的依赖域是过该点特征线与 x 轴的交点 $(x_i-at_k,0)$, 考察差分方程 (7.99) 在 (x_i,t_k) 点有依赖域, 当 $a<0$ 时, 由式 (7.99) 计算 u_i^k, 需要用到 $k-1$ 层的 u_i^{k-1},u_{i+1}^{k-1}, 计算 u_i^{k-1},u_{i+1}^{k-1}, 又要用到 $k-2$ 层的 $u_i^{k-2},u_{i+1}^{k-2},u_{i+2}^{k-2}$, 如此递推, 用到 $k=0$ 的值 $u_i^0,u_{i+1}^0,\cdots,u_{i+k}^0$, 因此差分方程解在点 (x_i,t_k) 的依赖域为 $[x_i,x_{i+k}]$. 显然, 当 $a<0$ 时, $r=\dfrac{|a|t}{h}\leqslant 1$, 即网格对角线斜率 $\dfrac{r}{h}\leqslant\dfrac{1}{|a|}$ 时, 微分方程的依赖域一定落在差分方程 (7.99) 的依赖域内, 见图 7.15(a). 同样, 当 $a>0$, $r\leqslant 1$ 时, x_i-at_k 落在差分方程 (7.99) 的依赖域 $[x_{i-k},x_i]$ 内, 如图 7.15(b) 所示.

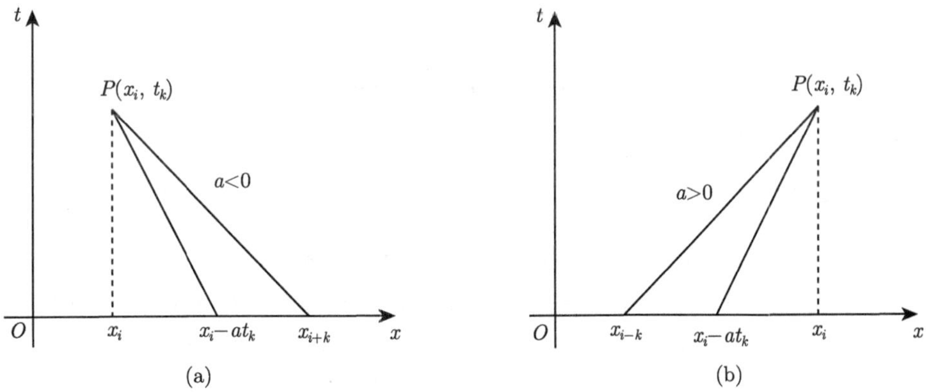

图 7.15 迎风格式依赖域示意图

由此得到差分方程解稳定的一个必要条件, 即差分方程的依赖域必须包含微分方程的依赖域, 此条件称为柯朗 (Courant) 条件, 柯朗条件实际指出, 差分格式如与微分方程特征线走向不一致, 对任何网格比都不稳定的, 当差分格式 (7.99) 中 a 分别变号时, 就是这种情形.

注意: 柯朗条件是稳定的必要条件, 不是充分条件.

2) 蛙跳格式

对 x 和 t 导数都用中心差商来代替, 所得差分格式称为蛙跳格式:

$$\frac{u_i^{k+1}-u_i^{k-1}}{2\tau}+a\frac{u_{i+1}^k-u_{i-1}^k}{2h}=0, \tag{7.100}$$

节点如图 7.16 所示. 容易看出, 这一差分格式对 τ 和 h 具有二阶精度, 化简整理得

$$u_i^{k+1}=u_i^{k-1}-r(u_{i+1}^k-u_{i-1}^k), \qquad a>0. \tag{7.101}$$

式 (7.101) 是一个三层显格式. 在实际计算中, 除要使用初始条件外, 还必须用一个两层格式计算出第一层的值 u_i^1, 才能应用式 (7.101) 进行计算.

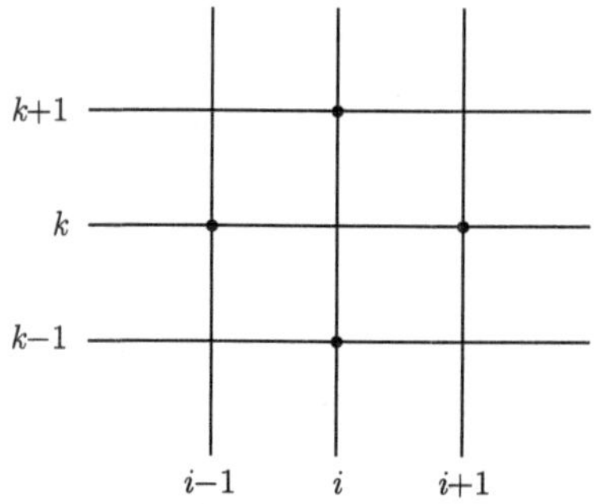

图 7.16 蛙跳格式节点示意图

讨论其稳定性, 要先将三层格式方程化为等价的二层差分格式方程组

$$\begin{cases} u_i^{k+1}=v_i^k-r(u_{i+1}^k-u_{i-1}^k), \\ v_i^{k+1}=u_i^k, \end{cases}$$

令 $\boldsymbol{u}=[u,v]^{\mathrm{T}}$, 就可以求得传播矩阵为

$$\boldsymbol{G}(\sigma,\tau)=\begin{pmatrix} -2r\sin\sigma h & 1 \\ 1 & 0 \end{pmatrix},$$

其两个特征值为

$$\lambda_{1,2}=r\mathrm{j}\sin\sigma h\pm\sqrt{1-r^2\sin^2\sigma h},$$

其中 $\mathrm{j}=\sqrt{-1}$.

当 $r=\dfrac{|a|\tau}{h}\leqslant 1$ 时, 有

$$|\lambda_{1,2}|^2=r^2\sin^2\sigma h+1-r^2\sin^2\sigma h=1,$$

满足 V-N 条件. 需要指出的是, 由于 $\boldsymbol{G}(\sigma,\tau)$ 此时是一个矩阵, 所以 V-N 条件只是稳定的必要条件, 但可以证明, 当 $r<1$ 时, 这一条件也是稳定的充分条件.

3) 拉格斯–温德罗夫格式

拉格斯–温德罗夫 (Lax-Wendroff) 格式是一个具有二阶精度的两层格式, 其构造方法与前面直接用差商代替导数方法有所不同, 它是利用泰勒级数展开, 并借助方程本身特点构造的.

将 $u(x_i,t_{k+1})$ 在点 (x_i,t_k) 作泰勒级数展开:

$$u(x_i,t_{k+1})=u(x_i,t_k)+\tau\left[\frac{\partial u}{\partial t}\right]_i^k+\frac{\tau^2}{2!}\left[\frac{\partial^2 u}{\partial t^2}\right]_i^k+O(\tau^3),$$

利用微分方程 (7.94), 有

$$\frac{\partial u}{\partial t}=-a\frac{\partial u}{\partial x},$$

$$\frac{\partial^2 u}{\partial t^2}=\frac{\partial}{\partial t}\left(-a\frac{\partial u}{\partial x}\right)=-a\frac{\partial}{\partial x}\left(\frac{\partial u}{\partial t}\right)=a^2\frac{\partial^2 u}{\partial x^2}.$$

将上述两式代入前式, 得

$$u(x_i,t_{k+1})=u(x_i,t_k)-a\tau\left[\frac{\partial u}{\partial x}\right]_i^k+\frac{a^2\tau^2}{2}\left[\frac{\partial^2 u}{\partial x^2}\right]_i^k+O(t^3).$$

对 x 的一阶、二阶导数用中心差商代替

$$\left[\frac{\partial u}{\partial x}\right]_i^k=\frac{1}{2h}[u(x_{i+1},t_k)-u(x_{i-1},t_k)]+O(h^2),$$

$$\left[\frac{\partial^2 u}{\partial x^2}\right]_i^k=\frac{1}{h^2}[u(x_{i+1},t_k)-2u(x_i,t_k)+u(x_{i-1},t_k)]+O(h^2),$$

代入整理后得到

$$\begin{aligned}u(x_i,t_{k+1})=&u(x_i,t_k)-\frac{a\tau}{2h}[u(x_{i+1},t_k)-u(x_{i-1},t_k)]\\&+\frac{a^2\tau^2}{2h^2}[u(x_{i+1},t_k)-2u(x_i,t_k)+u(x_{i-1},t_k)]+O(\tau h^2)+O(\tau^2h^2)+O(\tau^3),\end{aligned}$$

略去误差项, u_i^k 代替 $u(x_i,t_k)$, 得到如下差分格式:

$$u_i^{k+1}=u_i^k-\frac{a\tau}{2h}(u_{i+1}^k-u_{i-1}^k)+\frac{a^2\tau^2}{2h^2}(u_{i+1}^k-2u_i^k+u_{i-1}^k).\tag{7.102}$$

式 (7.102) 称为 Lax-Wendroff 格式, 其截断误差为 $O(\tau^2+h^2)$, 节点如图 7.17 所示.

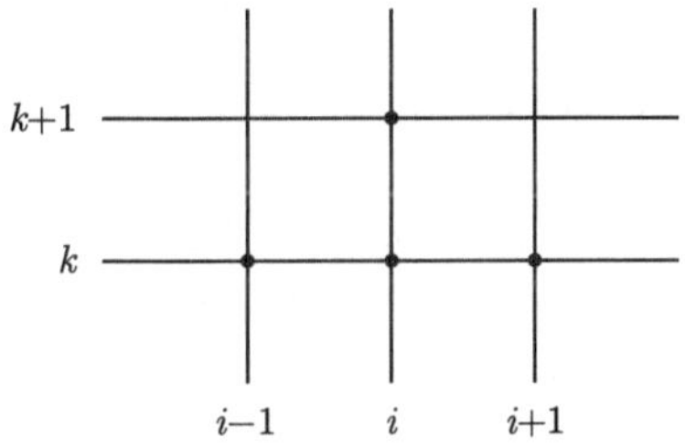

图 7.17 Lax-Wendroff 格式节点示意图

令 $r=\dfrac{|a|\tau}{h}$, 就得到 $a>0$ 时的公式

$$u_i^{k+1}=u_i^k-\frac{r}{2}(u_{i+1}^k-u_{i-1}^k)+\frac{r^2}{2}(u_{i+1}^k-2u_i^k+u_{i-1}^k),\tag{7.103}$$

当 $a<0$ 时同样可得公式 (7.103).

用 Fourier 方法分析这一格式的稳定性, 容易见, 式 (7.103) 的传播因子为

$$G(\sigma,\tau)=1-2r^2\sin^2\frac{\sigma h}{2}-\mathrm{j}r\sin\sigma h,$$

从而得到

$$|G(\sigma,\tau)|^2=\left(1-2r^2\sin^2\frac{\sigma h}{2}\right)^2+r^2\sin^2\sigma h$$
$$=1-4r^2(1-r^2)\sin^4\frac{\sigma h}{2}.$$

于是当 $r\leqslant 1$ 时有 $|G(\sigma,\tau)|^2\leqslant 1$, 知差分格式 (7.103) 在条件 $r\leqslant 1$ 下是稳定的.

由于 Lax-Wendroff 格式是二阶精度的两层显格式, 具有计算简单、精度高的特点, 在实用中受到广泛重视.

上述建立的差分格式都是显格式, 且一般为条件稳定, 如果寻求稳定性好的差分格式, 需建立相应隐格式, 例如迎风隐格式:

$$\frac{u_i^{k+1}-u_i^k}{\tau}+a\frac{u_i^{k+1}-u_{i-1}^{k+1}}{h}=0,\qquad a>0,\tag{7.104}$$

又如中心隐格式:

$$\frac{u_i^{k+1}-u_i^k}{\tau}+a\frac{u_{i+1}^{k+1}-u_{i-1}^{k+1}}{2h}=0,\qquad a>0,\tag{7.105}$$

它们都是无条件稳定的.

3. 波动方程的差分格式

波动方程 (7.96) 的差分格式可直接由中心差商代替导数得到

$$\frac{u_i^{k+1}-2u_i^k+u_i^{k-1}}{\tau^2}-a^2\frac{u_{i+1}^k-2u_i^k+u_{i-1}^k}{h^2}=0,\tag{7.106}$$

其截断误差为 $O(\tau^2+h^2)$. 令 $r=\dfrac{a\tau}{h}$, 则上式可写成

$$u_i^{k+1}=r^2u_{i+1}^k+2(1-r^2)u_i^k+r^2u_{i-1}^k-u_i^{k-1}.\tag{7.107}$$

这是一个三层五点显格式, 节点如图 7.18 所示.

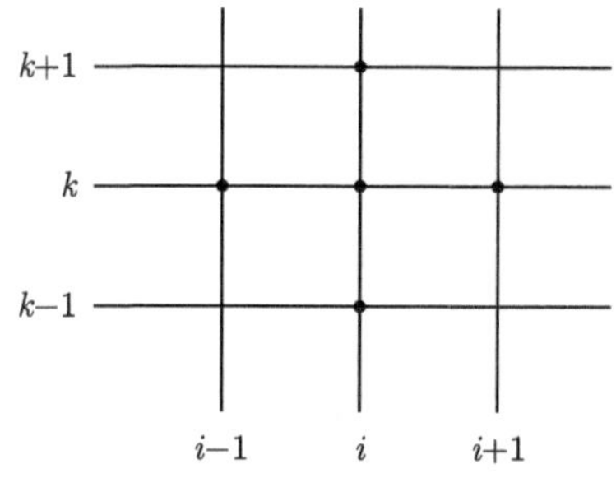

图 7.18 波动方程三层五点显格式节点示意图

初始条件用下列差分方程代替

$$u_i^0=\varphi(x_i)=\varphi_i,\tag{7.108}$$

$$\frac{u_i^1-u_i^0}{\tau}=\psi(x_i)=\psi_i,\tag{7.109}$$

容易看出, 式 (7.109) 的截断误差为 $O(\tau)$, 如果采用差分格式 (7.107) 计算, 两者精度不一致,

为使式 (7.109) 的截断误差为 $O(\tau^2)$, 可采用中心差商代替导数

$$\frac{u_i^1 - u_i^{-1}}{2\tau} = -\psi_i, \tag{7.110}$$

对引进的新未知数 u_i^{-1}, 在式 (7.107) 中令 $k = 0$, 得

$$u_i^1 = r^2 u_{i+1}^0 + 2(1 - r^2)u_i^0 + r^2 u_{i-1}^0 - u_i^{-1},$$

将上式与式 (7.110) 联立消去 u_i^{-1}, 得到

$$u_i^1 = \frac{r^2}{2}(\varphi_{i-1} + \varphi_{i+1}) + (1 - r^2)\varphi_i + \tau\psi_i. \tag{7.111}$$

于是利用式 (7.108) 和式 (7.111) 可算出初始层 $(k = 0)$ 和第一层 $(k = 1)$ 网格点上的值, 再应用差分格式 (7.107) 就能逐层算出任意网格点的值.

关于差分格式 (7.107) 的稳定性讨论, 通常做法是将三层格式化成等价的两层格式方程组, 然后判断传播矩阵族 $\{\boldsymbol{G}(\sigma, \tau)\}$ 的一致有界性, 比较烦琐, 这里不再赘述, 留作习题请读者自行完成.

7.4 偏微分方程的变分方法、有限元方法

有限元方法也是数值求解偏微分方程的重要方法之一, 其基本思想也是将连续问题离散化, 化成有限形式的线性代数方程组进行求解. 但与有限差分法离散是从定解问题的微分或积分形式出发, 用数值微分或数值积分公式导出相应的线性代数方程组的过程不同, 有限元方法则从定解问题的变分形式出发, 用里茨–伽辽金 (Ritz-Galerkin) 方法导出相应的线性代数方程组.

7.4.1 变分方法

变分方法在微分方程边值问题的近似计算中有着广泛应用, 变分方法实际上是微分学处理函数极值问题的扩展形式, 所不同的是, 变分问题是处理广义函数, 即自变量是函数的函数的极值问题, 其解是一个函数或函数组, 而函数极值问题的解为单个或有限个数值变量. 在本书前面章节中介绍求解方程组的极小化方法时, 已经介绍了针对方程组求解的变分原理, 在本节中, 我们重点介绍针对偏微分方程的变分方法.

1. Sobolev 空间和变分法基本引理

首先介绍一维 Sobolev (索伯列夫) 空间和变分法基本引理. 为此, 先引入两个函数空间 $L^2(I)$ 和 $C_0^\infty(I)$.

设 $I = (a, b)$, $\bar{I} = [a, b]$. 用 $L^2(I)$ 表示由定义在 I 上平方可积的函数组成的空间, 内积和范数分别为

$$(f, g) = \int_a^b fg\mathrm{d}x, \qquad f,\ g \in L^2(I),$$

$$||f|| = \sqrt{(f, f)} = \left[\int_a^b |f|^2 \,\mathrm{d}x\right]^{\frac{1}{2}}, \qquad f \in L^2(I),$$

且 $L^2(I)$ 是 Hilbert 空间, 有 Schwarz 不等式

$$|(f, g)| \leqslant ||f|| \cdot ||g||, \qquad f,\ g \in L^2(I).$$

用 $C_0^\infty(I)$ 表示在 I 上无穷次可微, 且在端点 a, b 的某一邻域内 (邻域大小与具体函数有关) 等于零的函数类.

接下来引入广义导数的概念.

定义 7.6 设 $f \in L^2(I)$, 若存在 $g \in L^2(I)$, 使等式

$$\int_a^b g(x)\varphi(x)\mathrm{d}x = -\int_a^b f(x)\varphi'(x)\mathrm{d}x, \quad 对任意\varphi(x) \in C_0^\infty(I)$$

恒成立, 则称 $f(x)$ 于 I 有广义导数 $g(x)$, 记为

$$f'(x) = \frac{\mathrm{d}f}{\mathrm{d}x} = g(x).$$

显然, 若 $f(x)$ 在通常意义下有属于 $L^2(I)$ 的导数 $f'(x)$, 则 $f'(x)$ 也是 $f(x)$ 的广义导数, 反之则不然.

定义 7.7 对于函数空间

$$H^1(I) = \left\{f | f \in L^2(I),\ f' \in L^2(I)\right\},$$

其中 f' 是 f 的广义导数, 引入内积

$$(f, g)_1 = \int_a^b (fg + f'g')\,\mathrm{d}x$$

和范数

$$||f||_1 = \sqrt{(f, f)_1} = \left[\int_a^b \left(|f|^2 + |f'|^2\right)\mathrm{d}x\right]^{\frac{1}{2}}.$$

可以证明, $H^1(I)$ 是 Hilbert 空间, 称为 Sobolev 空间.

下面给出一维情形的变分法基本引理.

引理 7.1 设 $f(x) \in L^2(I)$,

$$\int_a^b f(x)\eta(x)\mathrm{d}x = 0, \quad 则对任意\eta \in C_0^\infty(I),$$

$f(x)$ 几乎处处为 0.

证明 只就 $f(x) \in C(\bar{I})$ 证明引理, 这时可推出更强的结论: $f(x) \equiv 0$.

(反证法) 设有 $x_0 \in [a, b]$, 使 $f(x_0) \neq 0$, 不妨设 $f(x_0) > 0$. 由于 $f(x)$ 的连续性, 存在 x_0 的一个邻域 $(x_0 - \delta, x_0 + \delta)$, 使在其上 $f(x) > 0$, 取函数

$$\eta(x) = \begin{cases} [(x - x_0)^2 - \delta^2]^2, & x \in (x_0 - \delta, x_0 + \delta), \\ 0, & 其他, \end{cases}$$

显然 $\eta(x)$ 在 $[a, b]$ 上连续, 而

$$\int_a^b f(x)\eta(x)\mathrm{d}x = \int_{x_0-\delta}^{x_0+\delta} f(x)[(x - x_0)^2 - \delta^2]^2\mathrm{d}x > 0,$$

与已知条件矛盾. 证毕.

接下来, 我们将一维的 Sobolev 空间和变分法基本引理推广到二维. 假定 Ω 是有界平面区域, 其边界 $\partial\Omega$ 是按段光滑的简单闭曲线, $\bar{\Omega} = \Omega \cup \partial\Omega$ 是 Ω 的闭包. 对于 $\bar{\Omega}$ 上的任一函数 $u(x, y)$, 称集合 $\left\{(x, y) | u(x, y) \neq 0,\ (x, y) \in \bar{\Omega}\right\}$ 的闭包为 u 的支集. 如果 u 的支集 $\subset \Omega$,

则称 u 于 Ω 具有紧支集. 显然, 具有紧支集的函数必在 $\partial\Omega$ 的某一邻域内恒等于零.

用 $C_0^\infty(\Omega)$ 表示于 Ω 无穷次可微并具有紧支集的函数类, $L^2(\Omega)$ 是定义在 Ω 上的平方可积函数空间, 其内积和范数分别为

$$(f,g)=\iint_\Omega fg\mathrm{d}x\mathrm{d}y,$$

$$||f||=\sqrt{(f,f)}=\left(\iint_\Omega |f|^2\,\mathrm{d}x\mathrm{d}y\right)^{\frac{1}{2}}.$$

定义 7.8 对 $f\in L^2(\Omega)$, 如果存在 $g,h\in L^2(\Omega)$, 使等式

$$\iint_\Omega g\varphi\mathrm{d}x\mathrm{d}y=-\iint_\Omega f\frac{\partial\varphi}{\partial x}\mathrm{d}x\mathrm{d}y,$$

$$\iint_\Omega h\varphi\mathrm{d}x\mathrm{d}y=-\iint_\Omega f\frac{\partial\varphi}{\partial y}\mathrm{d}x\mathrm{d}y$$

对任意 $\varphi\in C_0^\infty(\Omega)$ 成立, 则称 f 有关于 x 的一阶广义导数 g 和关于 y 的一阶广义导数 h, 记作

$$f_x=\frac{\partial f}{\partial x}=g,\quad f_y=\frac{\partial f}{\partial y}=h.$$

定义 7.9 对于函数空间

$$H^1(\Omega)=\left\{f(x,y)\mid f,\ f_x,\ f_y\in L^2(I)\right\},$$

其中 f_x,f_y 是 f 的广义导数, 于 $H^1(\Omega)$ 引入内积

$$(f,g)_1=\iint_\Omega (fg+f_xg_x+f_yg_y)\,\mathrm{d}x\mathrm{d}y$$

和范数

$$||f||_1=\sqrt{(f,f)_1}=\left[\iint_\Omega\left(|f|^2+|f_x|^2+|f_y|^2\right)\mathrm{d}x\mathrm{d}y\right]^{\frac{1}{2}}.$$

可以证明, $H^1(\Omega)$ 是 Hilbert 空间, 称为 Sobolev 空间.

二维情形的变分法基本引理如下.

引理 7.2 设 $f(x,y)\in L^2(\Omega)$,

$$\iint_\Omega f(x,y)\eta(x,y)\mathrm{d}x\mathrm{d}y=0,\quad \text{则对任意}\eta\in C_0^\infty(\Omega),$$

$f(x,y)$ 在 Ω 上几乎处处为零.

2. 椭圆型方程边值问题的变分原理

1) 里茨 (Ritz) 形式变分原理

考察椭圆型方程第一边值问题

$$\begin{cases} Lu = -\left[\dfrac{\partial}{\partial x}\left(p\dfrac{\partial u}{\partial x}\right) + \dfrac{\partial}{\partial y}\left(p\dfrac{\partial u}{\partial y}\right)\right] + qu = f(x,y), \quad (x,y) \in \Omega, \\ u\Big|_{\partial\Omega} = 0, \end{cases} \tag{7.112}$$

其中 $p = p(x,y) > 0$, $q = q(x,y) \geqslant 0$.

首先, 建立泛函如下

$$J(u) = \frac{1}{2}(Lu, u) - (f, u) = \frac{1}{2}\iint_\Omega Lu \cdot u\mathrm{d}x\mathrm{d}y - \iint_\Omega fu\mathrm{d}x\mathrm{d}y, \tag{7.113}$$

利用 Green 公式, 得

$$\begin{aligned}(Lu, v) &= \iint_\Omega \left\{-\left[\frac{\partial}{\partial x}\left(p\frac{\partial u}{\partial x}\right) + \frac{\partial}{\partial y}\left(p\frac{\partial u}{\partial y}\right)\right] + qu\right\} v\mathrm{d}x\mathrm{d}y \\ &= \iint_\Omega \left[p\left(\frac{\partial u}{\partial x}\frac{\partial v}{\partial x} + \frac{\partial u}{\partial y}\frac{\partial v}{\partial y}\right) + quv\right]\mathrm{d}x\mathrm{d}y - \int_{\partial\Omega} p\frac{\partial u}{\partial \boldsymbol{n}} v\mathrm{d}s,\end{aligned}$$

其中 $\dfrac{\partial u}{\partial \boldsymbol{n}}$ 是 u 沿 $\partial\Omega$ 外法线的方向导数, 如果 u, v 都满足边界条件 (7.112), 则上式第二项积分为零, 即有

$$J(u) = \frac{1}{2}\iint_\Omega \left\{p\left[\left(\frac{\partial u}{\partial x}\right)^2 + \left(\frac{\partial u}{\partial y}\right)^2\right] + qu^2\right\}\mathrm{d}x\mathrm{d}y - \iint_\Omega fu\mathrm{d}x\mathrm{d}y. \tag{7.114}$$

记

$$a(u, v) = \iint_\Omega \left[p\left(\frac{\partial u}{\partial x}\frac{\partial v}{\partial x} + \frac{\partial u}{\partial y}\frac{\partial v}{\partial y}\right) + quv\right]\mathrm{d}x\mathrm{d}y, \tag{7.115}$$

则式 (7.114)可写成

$$J(u) = \frac{1}{2}a(u, u) - (f, u). \tag{7.116}$$

于是, 边值问题 (7.112) 在里茨定义下的变分问题为: 求函数 $u^* \in H_0^1(\Omega)$, 使得

$$J(u^*) = \min J(u),$$

其中

$$H_0^1(\Omega) = \left\{u | u \in H^1(\Omega),\ u|_{\partial\Omega} = 0\right\}. \tag{7.117}$$

由式 (7.115) 定义的 $a(u, v)$ 十分重要, 称双线性泛函, 它具有如下性质:

(1) 对称性: $a(u, v) = a(v, u)$, 对任意 $u, v \in H_0^1$;

(2) 双线性: $a(u, v)$ 分别对 u, v 都是线性泛函, 即

$$a(c_1u_1 + c_2u_2, v) = c_1a(u_1, v) + c_2a(u_2, v),$$

$$a(u, c_1v_1 + c_2v_2) = c_1a(u, v_1) + c_2a(u, v_2);$$

(3) 正定性: $a(u, u) \geqslant \gamma\|u\|$, 其中 γ 是与 u 无关的正常数.

下面给出里茨形式的变分原理.

定理 7.8 设 $u \in C^2(\Omega)$, 则 u 是边值问题 (7.112) 的解的充要条件是在该边值下, u 使泛函 (7.116)取极小值.

证明 (充分性) 设 $u(x,y) \in C^2(\Omega) \cap H_0^1(\Omega)$, 使 $J(u)$ 取极小值, 即对任给的 u, $v \in C_0^2(\Omega)$ 及任意实数 t, 有

$$J(u+tv) \geqslant J(u),$$

把 $J(u+tv)$ 展开, 并应用 $a(u,v)$ 的性质, 得

$$\begin{aligned} J(u+tv) &= \frac{1}{2}(u+tv, u+tv) - (u+tv, f) \\ &= J(u) + t[a(u,v) - (f,v)] + \frac{t^2}{2}a(v,v). \end{aligned}$$

作为 t 的一元函数 $J(u+tv)$, 在 $t=0$ 取得极值的必要条件是

$$\frac{\partial}{\partial t} J(u+tv)\Big|_{t=0} = 0,$$

即有

$$a(u,v) - (f,v) = 0, \qquad \text{对任给} v \in C_0^2(\Omega)\text{成立}. \tag{7.118}$$

应用 Green 公式, 得

$$a(u,v) - (f,v) = (Lu, v) - (f,v) = (Lu - f, v) = 0,$$

上式对任给的 $v \in C_0^2(\Omega)$ 成立. 由变分法基本引理, $Lu - f = 0, (x,y) \in \Omega$. 注意到 $u \in C_0^2(\Omega)$, 因此 $u|_{\partial\Omega} = 0$, 由此 $u(x,y)$ 是边值问题 (7.112) 的解.

(必要性) 设 $u(x,y)$ 是边值问题 (7.112) 的解, 即有 $a(u,v) - (f,v) = 0$. 同样考察

$$\begin{aligned} J(u+tv) &= \frac{1}{2}(u+tv, u+tv) - (u+tv, f) \\ &= J(u) + t[a(u,v) - (f,v)] + \frac{t^2}{2}a(v,v) = J(u) + \frac{t^2}{2}a(v,v). \end{aligned}$$

由于 $a(v,v)$ 正定, 所以 $J(u+tv) \geqslant J(u)$, 对任何实数 t 及 $v \in H_0^1$ 成立, 即 u 是变分问题 (7.117) 的解. 证毕.

这一定理也称为极小值原理, 其解称边值问题在里茨定义下的广义解.

2) 伽辽金 (Galerkin) 形式变分原理

由上面证明看出, 式 (7.118)

$$a(u,v) - (f,v) = 0$$

是一关键式子, 它可由方程 $Lu - f = 0$ 两边乘以 v, 并在 Ω 上积分直接得到, 即

$$(Lu - f, v) = a(u,v) - (f,v) = 0,$$

其中

$$a(u,v) = \iint_\Omega \left[p\left(\frac{\partial u}{\partial x}\frac{\partial v}{\partial x} + \frac{\partial u}{\partial y}\frac{\partial v}{\partial y}\right) + quv\right] \mathrm{d}x\mathrm{d}y,$$

$$(f,v) = \iint_\Omega fv\mathrm{d}x\mathrm{d}y.$$

由此有伽辽金形式变分问题, 求 $u \in H_0^1(\Omega)$, 使得

$$a(u,v)-(f,v)=0 \tag{7.119}$$

对一切 $v \in H_0^1(\Omega)$ 成立, $H_0^1(\Omega)=\{u\,|u \in H^1(\Omega), u|_{\partial\Omega}=0\}$.

与定理 7.8证法类似, 可得伽辽金形式变分原理.

定理 7.9　设 $u \in C^2(\Omega)$, 则 u 为边值问题 (7.112) 的解的充要条件是 u 为变分问题 (7.119) 的解.

该定理也叫虚功原理, 其解为边界问题 (7.112) 在伽辽金形式下的广义解.

例 7.13　求椭圆型方程

$$\begin{cases} -\Delta u=f(x,y), & (x,y)\in\Omega, \\ \left(\dfrac{\partial u}{\partial \boldsymbol{n}}+\alpha u\right)\Big|_{\partial\Omega}=0, & \alpha \geqslant 0 \end{cases}$$

对应的变分问题.

解　由 Green 公式, 得

$$\begin{aligned}(-\Delta u-f,v)&=\iint_\Omega -\left(\frac{\partial^2 u}{\partial x^2}+\frac{\partial^2 u}{\partial y^2}\right)v\mathrm{d}x\mathrm{d}y-\iint_\Omega fv\mathrm{d}x\mathrm{d}y\\&=\iint_\Omega\left(\frac{\partial u}{\partial x}\frac{\partial v}{\partial x}+\frac{\partial u}{\partial y}\frac{\partial v}{\partial y}\right)\mathrm{d}x\mathrm{d}y-\int_{\partial\Omega}\frac{\partial u}{\partial \boldsymbol{n}}v\mathrm{d}s-\iint_\Omega fv\mathrm{d}x\mathrm{d}y\\&=\iint_\Omega\left(\frac{\partial u}{\partial x}\frac{\partial v}{\partial x}+\frac{\partial u}{\partial y}\frac{\partial v}{\partial y}\right)\mathrm{d}x\mathrm{d}y+\int_{\partial\Omega}\alpha uv\mathrm{d}s-\iint_\Omega fv\mathrm{d}x\mathrm{d}y.\end{aligned}$$

定义

$$a(u,v)=\iint_\Omega\left(\frac{\partial u}{\partial x}\frac{\partial v}{\partial x}+\frac{\partial u}{\partial y}\frac{\partial v}{\partial y}\right)\mathrm{d}x\mathrm{d}y+\int_{\partial\Omega}\alpha uv\mathrm{d}s,$$

$$(f,v)=\iint_\Omega fv\mathrm{d}x\mathrm{d}y,$$

于是有变分问题: 求 $u \in H^1(\Omega)$, 使对任给 $v \in H_0^1(\Omega)$ 满足伽辽金方程

$$a(u,v)-(f,v)=0.$$

注意: 利用 Green 公式

$$a(u,v)-(f,v)=\iint_\Omega(-\Delta u-f)v\mathrm{d}x\mathrm{d}y+\int_{\partial\Omega}\left(\frac{\partial u}{\partial \boldsymbol{n}}+\alpha u\right)v\mathrm{d}s,$$

边界条件在这里自然被满足, 所以第二、第三边界条件称自然边界条件, 而称第一边界条件为本质边界条件.

3. 里茨–伽辽金方法在微分方程近似解法中的应用

前面讨论了如何化边值问题为等价的变分问题, 本节给出变分问题的近似解法——里茨–伽辽金方法, 这一方法在解微分方程边值问题中有着广泛应用. 同以前的函数极值问题相比,

变分问题的难点是在无穷维空间上求泛函的极值, 因此解决问题的关键要选取有穷维空间近似代替无穷维空间.

以 V 表示 $C_0^2(\Omega)$, $H_0^1(\Omega)$ 等无穷维函数空间, V_n 是 V 的 n 维子空间, $\varphi_1,\varphi_2,\cdots,\varphi_n$ 为 V_n 的一组基函数, 于是对 V_n 的任一函数 u_n, 有

$$u_n=\sum_{i=1}^{n}c_i\varphi_i. \tag{7.120}$$

里茨方法的要点如下:

(1) 将 u_n 代入 $J(u)$:

$$J(u_n)=\frac{1}{2}a(u_n,u_n)-(f,u_n)=\frac{1}{2}\sum_{i=1}^{n}\sum_{j=1}^{n}a(\varphi_i,\varphi_j)c_ic_j-\sum_{j=1}^{n}c_j(f,\varphi_j),$$

得 $c_1,c_2,\cdots,c_n$ 的二次函数.

(2) 令 $J(u_n)$ 取极小值, 由

$$\frac{\partial J(u_n)}{\partial c_j}=0,\qquad j=1,2,\cdots,n,$$

得 $c_1,c_2,\cdots,c_n$ 的线性方程组

$$\sum_{i=1}^{n}c_ia(\varphi_i,\varphi_j)=(f,\varphi_j),\qquad j=1,2,\cdots,n. \tag{7.121}$$

(3) 求出 $c_i(i=1,2,\cdots,n)$ 代入式 (7.120), 就得到近似解 u_n.

伽辽金方法的步骤如下:

(1) 将式 (7.120) 代入伽辽金方程

$$a(u_n,v_n)=(f,v_n),\quad 对任意\ v_n\in V_n,$$

得方程组

$$\sum_{i=1}^{n}c_ia(\varphi_i,\varphi_j)=(f,\varphi_j),\quad j=1,2,\cdots,n. \tag{7.122}$$

(2) 解出 $c_1,c_2,\cdots,c_n$, 得到近似解 u_n.

上述方程组与里茨方法导出的方程组 (7.121) 完全相同, 可见在处理边值问题的变分问题时, 里茨与伽辽金方法是一样的, 但里茨法要求 $a(u,v)$ 对称正定, 伽辽金方法则没有这些限制, 所以应用更为广泛.

无论是用里茨法还是伽辽金法求近似解, 基函数的选取都是非常重要的, 在有限元方法出现以前, 通常选取代数或三角多项式作为基函数, 并要求所选基函数满足本质边界条件, 这就使得在实际应用中里茨–伽辽金方法会遇到较多困难.

7.4.2 偏微分方程的有限元方法

有限元方法是针对里茨–伽辽金方法的缺陷, 在变分原理基础上, 通过对区域的剖分和插值建立起来的方法, 具有基函数选取容易、边界条件处理简单、便于上机计算等优点, 下面以二阶椭圆方程为例介绍有限元方法解边界问题的基本思想. 设

$$
\begin{cases}
-\Delta u = f(x,y), & (x,y) \in \Omega, \\
\dfrac{\partial u}{\partial \boldsymbol{n}} + \alpha u = g(x,y), & (x,y) \in \partial\Omega,
\end{cases}
\tag{7.123}
$$

对应变分问题的伽辽金方程为

$$
(-\Delta u - f, v) = \iint\limits_{\Omega} \left(\frac{\partial u}{\partial x}\frac{\partial v}{\partial x} + \frac{\partial u}{\partial y}\frac{\partial v}{\partial y} \right) \mathrm{d}x\mathrm{d}y - \iint\limits_{\Omega} f v \mathrm{d}x\mathrm{d}y + \int_{\partial\Omega} (\alpha u - g) v \mathrm{d}s = 0. \tag{7.124}
$$

1. 进行区域的剖分

常用方法是把区域 Ω 剖分成三角形组合, 如图 7.19 所示, 称三角形的顶点为节点, 每一个三角形为单元.

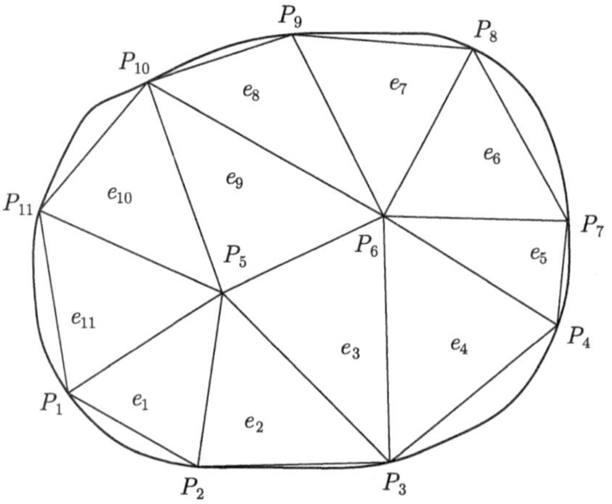

图 7.19　有限元三角网格节点示意图

设节点为 $P(x_i, y_i)$, $i = 1, 2, \cdots, n$; 单元为 e_k, $k = 1, 2, \cdots, m$, 对区域 Ω 进行三角剖分及节点编号时, 应注意以下几点:

(1) 每个单元顶点一定是相邻单元顶点, 不能是相邻单元边上的内点;

(2) 三角形单元的大小不一定相等, 但尽量避免出现大的钝角;

(3) 在 $u(x,y)$ 梯度变化较大的地方, 网格要适当加密, 梯度变化小的地方网格可相对稀一些;

(4) 单元的编号可以任意, 但节点编号会直接影响总刚度矩阵元素的排列, 故要求相邻节点编号差的绝对值尽可能小, 以减小计算量.

2. 构造插值函数

所谓构造插值函数, 就是用分片光滑曲面来近似代替 Ω 上的光滑曲面 $u(x,y)$, 为了简单, 通常采用线性插值, 此时分片光滑曲面是三角形单元上的空间平面. 设单元 e_n 的三顶点分别为 $P_i(x_i,y_i)$, $P_j(x_j,y_j)$, $P_m(x_m,y_m)$, 对应函数 $u(x,y)$ 的值为 u_i, u_j, u_m, 作线性插值函数

$$
u_n(x,y) = ax + by + c, \tag{7.125}
$$

使得

$$
\begin{cases}
u_n(x_i, y_i) = a x_i + b y_i + c = u_i, \\
u_n(x_j, y_j) = a x_j + b y_j + c = u_j, \\
u_n(x_m, y_m) = a x_m + b y_m + c = u_m.
\end{cases}
\tag{7.126}
$$

求解此方程组, 可得

$$a=\frac{1}{2\Delta e}\begin{vmatrix} u_i & y_i & 1 \\ u_j & y_j & 1 \\ u_m & y_m & 1 \end{vmatrix}, \quad b=\frac{1}{2\Delta e}\begin{vmatrix} x_i & u_i & 1 \\ x_j & u_j & 1 \\ x_m & u_m & 1 \end{vmatrix}, \quad c=\frac{1}{2\Delta e}\begin{vmatrix} x_i & y_i & u_i \\ x_j & y_j & u_j \\ x_m & y_m & u_m \end{vmatrix},$$

其中

$$\Delta e=\frac{1}{2}\begin{vmatrix} x_i & y_i & 1 \\ x_j & y_j & 1 \\ x_m & y_m & 1 \end{vmatrix}$$

为单元 e_n 的面积.

把上述 a,b,c 代入式 (7.125), 并对 u_i,u_j,u_m 进行同类项合并, 得

$$u_n(x,y)=N_i(x,y)u_i+N_j(x,y)u_j+N_m(x,y)u_m, \tag{7.127}$$

其中

$$N_i(x,y)=\frac{1}{2\Delta e}\begin{vmatrix} x & y & 1 \\ x_j & y_j & 1 \\ x_m & y_m & 1 \end{vmatrix}, \quad N_j(x,y)=\frac{1}{2\Delta e}\begin{vmatrix} x & y & 1 \\ x_m & y_m & 1 \\ x_i & y_i & 1 \end{vmatrix},$$

$$N_m(x,y)=\frac{1}{2\Delta e}\begin{vmatrix} x & y & 1 \\ x_i & y_i & 1 \\ x_j & y_j & 1 \end{vmatrix}. \tag{7.128}$$

函数 $N_i(x,y),N_j(x,y),N_m(x,y)$ 称为单元 e_n 上的基函数, 满足

$$N_s(x_t,y_t)=\delta_{st}=\begin{cases} 1, & s=t, \\ 0, & s\neq t, \end{cases} \quad s,t=i,j,m,$$

且有

$$N_i+N_j+N_m=1.$$

引入记号

$$\boldsymbol{N}=(N_i(x,y),N_j(x,y),N_m(x,y)), \quad \boldsymbol{u}_e=(u_i,u_j,u_m)^{\mathrm{T}}.$$

则在单元 e_n 上, 有

$$u_n=\boldsymbol{N}\boldsymbol{u}_e. \tag{7.129}$$

u_n 的梯度向量可表示为

$$\nabla u_n=\begin{pmatrix} \dfrac{\partial u_n}{\partial x} \\ \dfrac{\partial u_n}{\partial y} \end{pmatrix}=\boldsymbol{B}\boldsymbol{u}_e, \tag{7.130}$$

其中

$$\boldsymbol{B}=\begin{pmatrix} \dfrac{\partial N_i}{\partial x} & \dfrac{\partial N_j}{\partial x} & \dfrac{\partial N_m}{\partial x} \\ \dfrac{\partial N_i}{\partial y} & \dfrac{\partial N_j}{\partial y} & \dfrac{\partial N_m}{\partial y} \end{pmatrix}.$$

由式 (7.128) 可看出, N_i, N_j, N_m 分别为 $\triangle PP_jP_m$、$\triangle PP_iP_m$、$\triangle PP_iP_j$ 和 $\triangle P_iP_jP_m$ 面积之比, 也称点 (x, y) 的面积坐标, 如图 7.20 所示. 由此知, 式 (7.127) 或式 (7.129) 就是单元 e_n 上的线性插值函数.

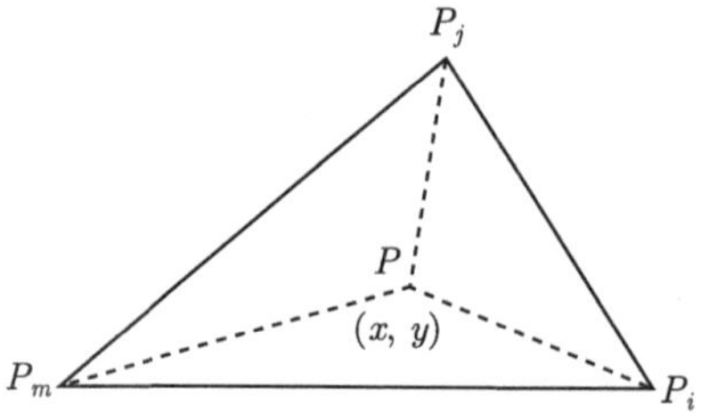

图 7.20　面积坐标示意图

当点 (x, y) 在 $\triangle P_iP_jP_m$ 的某一条边上时, 例如在 $\overline{P_iP_j}$ 上, 若 $l = |\overline{P_iP_j}|$, t 为点 (x, y) 与 P_i 的距离, 这时 $N_m(x, y) = 0$, $u_n(x, y)$ 成为两点插值函数:

$$u_n(x, y) = \frac{l-t}{l}u_i + \frac{t}{l}u_j.$$

3. 形成有限元方程

对区域 Ω 进行三角划分, 式 (7.124) 就可写成

$$\sum_n \iint_{e_n} \nabla u_n \cdot \nabla v_n \mathrm{d}x\mathrm{d}y + \sum_n \int_{\gamma_n} \alpha u_n v_n \mathrm{d}s = \sum_n \iint_{e_n} f v_n \mathrm{d}x\mathrm{d}y + \sum_n \int_{\gamma_n} g v_n \mathrm{d}s, \tag{7.131}$$

其中 $\gamma_n = \partial e_n \cap \partial\Omega$. 当 e_n 的边至少有一条是在 $\partial\Omega$ 上的, 称这样的 e_n 为边界元.

1) 单元刚度矩阵的计算

设 u_n, v_n 在单元 e_n 为 $\triangle P_iP_jP_m$ 三顶点的值分别是 u_i, u_j, u_m 与 v_i, v_j, v_m. 记

$$\boldsymbol{u}_e = \begin{pmatrix} u_i \\ u_j \\ u_m \end{pmatrix}, \qquad \boldsymbol{v}_e = \begin{pmatrix} v_i \\ v_j \\ v_m \end{pmatrix}.$$

当 e_n 是内部元时, 由式 (7.130), 可得

$$\iint_{e_n} \nabla u_n \cdot \nabla v_n \mathrm{d}x\mathrm{d}y = \iint_{e_n} (\nabla v_n)^{\mathrm{T}}(\nabla u_n)\mathrm{d}x\mathrm{d}y = \iint_{e_n} [\boldsymbol{B}\boldsymbol{v}_e]^{\mathrm{T}}[\boldsymbol{B}\boldsymbol{u}_e]\mathrm{d}x\mathrm{d}y = \boldsymbol{v}_e^{\mathrm{T}}[\boldsymbol{K}]_e\boldsymbol{u}_e,$$

其中

$$[\boldsymbol{K}]_e = \iint_{e_n} \boldsymbol{B}^{\mathrm{T}}\boldsymbol{B}\mathrm{d}x\mathrm{d}y = \Delta e\boldsymbol{B}^{\mathrm{T}}\boldsymbol{B} = \begin{pmatrix} k_{ii} & k_{ij} & k_{im} \\ k_{ji} & k_{jj} & k_{jm} \\ k_{mi} & k_{mj} & k_{mm} \end{pmatrix}. \tag{7.132}$$

$[\boldsymbol{K}]_e$ 称为单元刚度矩阵, 式中 k_{st} 计算公式为

$$k_{st} = \Delta e\left(\frac{\partial N_s}{\partial x}\frac{\partial N_t}{\partial x} + \frac{\partial N_s}{\partial y}\frac{\partial N_t}{\partial y}\right), \qquad s, t = i, j, m.$$

如果 e_n 是边界元, 设 γ_n 是 $\overline{P_iP_j}$ 且 $|\overline{P_iP_j}| = l$, 由 $\boldsymbol{N} = \left(1 - \dfrac{t}{l}, \dfrac{t}{l}, 0\right)$, 还需计算

$$\int_{\gamma_n} \alpha u_n v_n \mathrm{d}s = \int_0^l \alpha [\boldsymbol{N}\boldsymbol{v}_e]^{\mathrm{T}} [\boldsymbol{N}\boldsymbol{u}_e] \mathrm{d}t = \boldsymbol{v}_e^{\mathrm{T}} [\bar{\boldsymbol{K}}]_e \boldsymbol{u}_e,$$

其中

$$[\bar{\boldsymbol{K}}]_e = \int_0^l \alpha \boldsymbol{N}^{\mathrm{T}} \boldsymbol{N} \mathrm{d}t = \begin{pmatrix} \bar{k}_{ii} & \bar{k}_{ij} & \bar{k}_{im} \\ \bar{k}_{ji} & \bar{k}_{jj} & \bar{k}_{jm} \\ \bar{k}_{mi} & \bar{k}_{mj} & \bar{k}_{mm} \end{pmatrix}, \tag{7.133}$$

式中

$$\bar{k}_{ii} = \int_0^l \alpha N_i^2 \mathrm{d}t = \int_0^l \alpha \left(1 - \frac{t}{l}\right)^2 \mathrm{d}t,$$

$$\bar{k}_{ij} = \bar{k}_{ji} = \int_0^l \alpha N_i N_j \mathrm{d}t = \int_0^l \alpha \left(1 - \frac{t}{l}\right) \frac{t}{l} \mathrm{d}t,$$

$$\bar{k}_{jj} = \int_0^l \alpha \left(\frac{t}{l}\right)^2 \mathrm{d}t, \quad \bar{k}_{sm} = \bar{k}_{ms} = 0, \quad s = i, j, m.$$

因此, 若 e_n 是边界元, 它的单元刚度矩阵应是 $[\boldsymbol{K}]_e + [\bar{\boldsymbol{K}}]_e$, 其元素是 $k_{st} + \bar{k}_{st}, s, t = i, j, m$, 仍简记为 $[\boldsymbol{K}]_e$ 及 k_{st}.

用同样方法可计算式 (7.131) 的右端积分项. 当 e_n 为内部元时, 只有一项

$$\iint_{e_n} f v_n \mathrm{d}x\mathrm{d}y = \iint_{e_n} [\boldsymbol{N}\boldsymbol{v}_e]^{\mathrm{T}} f \mathrm{d}x\mathrm{d}y = \boldsymbol{v}_e^{\mathrm{T}} \boldsymbol{F}_e,$$

其中

$$\boldsymbol{F}_e = \iint_{e_n} \boldsymbol{N}^{\mathrm{T}} f \mathrm{d}x\mathrm{d}y = \begin{pmatrix} F_i \\ F_j \\ F_m \end{pmatrix}, \quad F_s = \iint_{e_n} N_s f \mathrm{d}x\mathrm{d}y, \quad s = i, j, m, \tag{7.134}$$

这里 $\boldsymbol{F}_e$ 称为单元荷载向量. 当 e_n 为边界元时, 仍设 $\overline{P_iP_j}$ 为 γ_n, 此时 $\boldsymbol{N} = \left(1 - \frac{t}{l}, \frac{t}{l}, 0\right)$, 还应计算

$$\int_{\gamma_n} g v_n \mathrm{d}s = \int_{\gamma_n} [\boldsymbol{N}\boldsymbol{v}_e]^{\mathrm{T}} g \mathrm{d}s = \boldsymbol{v}_e^{\mathrm{T}} \bar{\boldsymbol{F}}_e,$$

其中

$$\bar{\boldsymbol{F}}_e = \int_{\gamma_n} \boldsymbol{N}^{\mathrm{T}} g \mathrm{d}s = \begin{pmatrix} \displaystyle\int_0^l \left(1 - \frac{t}{l}\right) g \mathrm{d}t \\ \displaystyle\int_0^l \frac{t}{l} g \mathrm{d}t \\ 0 \end{pmatrix}. \tag{7.135}$$

对边界元, 单元荷载向量为 $\boldsymbol{F}_e + \bar{\boldsymbol{F}}_e$, 仍简记为 $\boldsymbol{F}_e$.

2) 总刚度矩阵的计算

将各单元刚度矩阵及荷载向量分别扩展成 N 阶矩阵及 N 维向量, 单元节点的序号 i, j, m 按实际编号大小放在扩展后的矩阵和向量的相应行列上, 记为 $[\boldsymbol{K}]_{e_n}$ 及 $\boldsymbol{F}_{e_n}$, 有

$$[\boldsymbol{K}]_{e_n}=\begin{pmatrix} & \vdots & & \vdots & & \vdots & \\ \cdots & k_{ii} & \cdots & k_{ij} & \cdots & k_{im} & \cdots \\ & \vdots & & \vdots & & \vdots & \\ \cdots & k_{ji} & \cdots & k_{jj} & \cdots & k_{jm} & \cdots \\ & \vdots & & \vdots & & \vdots & \\ \cdots & k_{mi} & \cdots & k_{mj} & \cdots & k_{mm} & \cdots \\ & \vdots & & \vdots & & \vdots & \end{pmatrix},\quad \boldsymbol{F}_{e_n}=\begin{pmatrix}\vdots \\ F_i \\ \vdots \\ F_j \\ \vdots \\ F_m \\ \vdots\end{pmatrix},$$

矩阵及向量中其他元素皆为零.

设 $\boldsymbol{u}=(u_1,u_2,\cdots,u_N)^{\mathrm{T}}$, $\boldsymbol{v}=(v_1,v_2,\cdots,v_N)^{\mathrm{T}}$, 则式 (7.131) 成为

$$\begin{aligned}\sum_n \boldsymbol{v}_{e_n}^{\mathrm{T}}[\boldsymbol{K}]_{e_n}\boldsymbol{u}_{e_n}-\sum_n \boldsymbol{v}_{e_n}^{\mathrm{T}}\boldsymbol{F}_{e_n} &= \sum_n \boldsymbol{v}[\boldsymbol{K}]_{e_n}\boldsymbol{u}-\sum_n \boldsymbol{v}^{\mathrm{T}}\boldsymbol{F}_{e_n} \\ &= \boldsymbol{v}^{\mathrm{T}}\sum_n[\boldsymbol{K}]_{e_n}\boldsymbol{u}-\boldsymbol{v}^{\mathrm{T}}\sum_n \boldsymbol{F}_{e_n} \\ &= \boldsymbol{v}^{\mathrm{T}}[\boldsymbol{K}]\boldsymbol{u}-\boldsymbol{v}^{\mathrm{T}}\boldsymbol{F} \\ &= \boldsymbol{0},\end{aligned}\tag{7.136}$$

式中 $[\boldsymbol{K}]=\sum\limits_n[\boldsymbol{K}]_{e_n}$ 称为总刚度矩阵, 是各单元刚度矩阵叠加组成的, $\boldsymbol{F}=\sum\limits_n \boldsymbol{F}_{e_n}$ 称为总荷载向量, 是各单元荷载向量叠加组成的.

由式 (7.136), 得

$$\boldsymbol{v}^{\mathrm{T}}([\boldsymbol{K}]\boldsymbol{u}-\boldsymbol{F})=\boldsymbol{0}\tag{7.137}$$

对一切向量 $\boldsymbol{v}$ 都成立, 就得到 $\boldsymbol{u}$ 满足的方程组

$$[\boldsymbol{K}]\boldsymbol{u}-\boldsymbol{F}=\boldsymbol{0},\tag{7.138}$$

该方程组称为有限元方程, 可以证明, 矩阵 $[\boldsymbol{K}]$ 对称、正定, 所以式 (7.138)有唯一解 $\boldsymbol{u}=(u_1, u_2,\cdots,u_N)^{\mathrm{T}}$.

4. 约束条件的处理

上面讨论的是第三边值问题, 其边界条件为自然边界条件, 不必进行处理, 若是第一边值问题, 则需进行约束处理, 设 $P_1,P_2,\cdots,P_l$ 是边界节点, $P_{l+1},\cdots,P_N$ 是其他节点, 考虑在 $\partial\Omega$ 上为零的条件, 取

$$\boldsymbol{v}=(0,\cdots,0,v_{l+1},\cdots,v_N)^{\mathrm{T}},$$

则式 (7.137)可写成

$$(\boldsymbol{0},(\boldsymbol{v}^2)^{\mathrm{T}})\left(\begin{pmatrix}\boldsymbol{k}_{11} & \boldsymbol{k}_{12}\\ \boldsymbol{k}_{21} & \boldsymbol{k}_{22}\end{pmatrix}\begin{pmatrix}\boldsymbol{u}^1\\ \boldsymbol{u}^2\end{pmatrix}-\begin{pmatrix}F^1\\ F^2\end{pmatrix}\right)=\boldsymbol{0},$$

其中 $\boldsymbol{v}^2=(v_{l+1},v_{l+2},\cdots,v_N)^{\mathrm{T}}$, $\boldsymbol{u}^1$, $\boldsymbol{F}^1$ 是第 1 至 l 行元素组成的向量, $\boldsymbol{k}_{11},\boldsymbol{k}_{12},\boldsymbol{k}_{21},\boldsymbol{k}_{22}$ 为矩阵 $[\boldsymbol{K}]$ 的分块矩阵, 有

$$\boldsymbol{k}_{11}=\begin{pmatrix}k_{11} & \cdots & k_{1l}\\ \vdots & & \vdots\\ k_{l1} & \cdots & k_{ll}\end{pmatrix},\qquad \boldsymbol{k}_{22}=\begin{pmatrix}k_{l+1,l+1} & \cdots & k_{l+1,N}\\ \vdots & & \vdots\\ k_{N,l+1} & \cdots & k_{NN}\end{pmatrix},$$

上式展开为

$$(\boldsymbol{v}^2)^{\mathrm{T}}(\boldsymbol{k}_{22}\boldsymbol{u}^2+\boldsymbol{k}_{21}\boldsymbol{u}^1-\boldsymbol{F}^2)=0,$$

它对一切 $\boldsymbol{v}^2$ 都成立, 所以得到

$$\boldsymbol{k}_{22}\boldsymbol{u}^2=\boldsymbol{F}^2-\boldsymbol{k}_{21}\boldsymbol{u}^1, \tag{7.139}$$

这是一个 $(N-l)$ 阶线性方程组的矩阵方程表示, 其系数矩阵对称正定, 实际计算中, 也可保留 $[\boldsymbol{K}]$ 的阶数, 将方程组改成

$$\begin{pmatrix}\boldsymbol{E}_l & \boldsymbol{0}\\ \boldsymbol{0} & \boldsymbol{k}_{22}\end{pmatrix}\begin{pmatrix}\boldsymbol{u}^1\\ \boldsymbol{u}^2\end{pmatrix}=\begin{pmatrix}\boldsymbol{u}_0^1\\ F^2-\boldsymbol{k}_{21}\boldsymbol{u}_0^1\end{pmatrix},$$

即

$$\begin{pmatrix}1 & \cdots & 0 & \cdots & 0\\ \vdots & & \vdots & & \vdots\\ 0 & \cdots & 1 & \cdots & 0\\ \vdots & & \vdots & & \\ & & & \boldsymbol{k}_{22} & \\ 0 & \cdots & 0 & & \end{pmatrix}\begin{pmatrix}u_1\\ \vdots\\ u_l\\ u_{l+1}\\ \vdots\\ u_N\end{pmatrix}=\begin{pmatrix}u_1^0\\ \vdots\\ u_l^0\\ \vdots\\ F_i-\sum\limits_{j=1}^{l}k_{ij}u_j^0\\ \vdots\end{pmatrix},$$

其中 $u_j^0(j=1,2,\cdots,l)$ 是 $\boldsymbol{u}$ 在约束边界点 $P_1,P_2,\cdots,P_l$ 的值, 在齐次边界条件时, $u_j^0=0$, $j-1,2,\cdots,l$.

综上, 可看出用有限元方法解边值问题的步骤:

(1) 写出微分方程对应的变分形式;

(2) 选定单元形状, 对求解区域进行剖分, 确定各单元编号及节点编号, 求出节点坐标;

(3) 利用式 (7.132)计算单元刚度矩阵, 用式 (7.134) 计算单元荷载向量, 注意对边界元还要用到式 (7.133)及式 (7.135);

(4) 合成总刚度矩阵及总荷载向量;

(5) 处理边界条件;

(6) 解有限元方程组, 求得节点处解的近似值 $u_1,u_2,\cdots,u_N$.

目前工程技术领域已经开发了许多著名的有限元分析软件, 比较常用的有 ANSYS, Patran/Nastran, Abaqus, Hypermesh 等, 这几种软件基本功能都类似, 只是界面操作方式不同而已. 虽然已经有了这么多的有限元分析软件, 但在本节中, 我们还是介绍了有限元方法的基本数学原理以及计算流程, 使读者能够了解到软件背后蕴含的数学建模的思想和方法.

7.5 应 用

近年来, 海上船舶油泄漏污染事故时有发生, 部分水域油污染形势严峻, 有必要对此进行有效数值模拟, 以掌握污染物扩散规律, 预测污染事故的影响程度和范围, 制订相关应急预案.

对于中小河流的较长河段, 污染物由排污断面到垂向和横向两者都达到均匀混合需要一定距离, 把达到均匀混合之处记为 L, 超过此处后, 可忽略污染物在横向和垂向的浓度梯度, 即可用经典的一维对流扩散方程来描述污染物在水流方向上的浓度变化.

$$\frac{\partial(AC)}{\partial t}+\frac{\partial(QC)}{\partial x}=\frac{\partial}{\partial x}\left(DA\frac{\partial C}{\partial t}\right)+AS, \tag{7.140}$$

其中 x 表示断面与 L 处的距离, A 为河床断面 (m^2), Q 为流量 (m^3/s), D 为扩散系数 (m^2/s), C 为某污染物分子在 x 断面 t 时刻的浓度 ($\mathrm{mg/m}^3$), S 为各种源和汇的代数和. 方程左端第一项为污染物浓度随时间变化项, 左端第二项是水的 x 方向流速引起的污染物浓度变化项, 右端第一项为 x 方向的扩散作用项, 右端第二项为源汇项.

对于一个不太长的河段, 常可假定其水流近似地处于稳定状态, 断面沿程均匀, 因此 A, Q, D 均可近似作为常数处理. 此外, 假设该污染物进行一级衰减反应, 且河底无泄漏, 并忽略面源的侧向输入, 即 $S=-KC$(K 为衰减系数, 与污染物性质相关), 方程 (7.140) 可简化为如下形式

$$\frac{\partial C}{\partial t}+U\frac{\partial C}{\partial x}=D\frac{\partial^2 C}{\partial x^2}-KC,\quad x\in(0,+\infty),\ 0<t\leqslant T, \tag{7.141}$$

其中 $U=Q/A$ 为断面平均流速 (m/s). 初值时刻 ($t=0$) 所求区域内各点污染物断面平均浓度为 0, 边界条件为

$$C(0,t)=1\mathrm{mg/L},\qquad \lim_{x\to+\infty}C(x,t)=0. \tag{7.142}$$

假设某河段长度为 16km, 平均河宽 40m, 平均水深 5m, 水流量为 $800\mathrm{m}^3/\mathrm{s}$, 污染物扩散系数为 $6\mathrm{km}^2/\mathrm{d}$, 衰减系数为 $8\mathrm{d}^{-1}$, 将模拟河道按 2m 均匀划分计算断面, 试用有限差分法计算 0.4h, 0.6h, 0.8h 时污染物的浓度分布情况.

为减少右边界条件对计算结果的影响, 将该问题的计算区域取为 [0, 20km], 即求解下面的初边值问题

$$\frac{\partial C}{\partial t}+U\frac{\partial C}{\partial x}=D\frac{\partial^2 C}{\partial x^2}-KC,\quad x\in(0,a),\ 0<t\leqslant T, \tag{7.143}$$

$$C(x,0)=0, \tag{7.144}$$

$$C(0,t)=1000,\quad C(a,t)=0. \tag{7.145}$$

其中统一单位后, 各物理量取值分别为 $a=20000$, $U=800/40/5=4$, $D=6\times10^4/24/36$, $K=8/24/3600$.

我们采用有限差分法求解该问题, 将计算区域作时空等距剖分, 时间方向网格数为 N, 步长 $\tau=T/N$, $t^n=n\tau$, 空间方向网格数为 I, 步长 $h=a/I$, $x_i=ih$, C_i^k 表示 t^k 时刻断面 x_i 处污染物浓度的数值解. 我们采用迎风格式处理方程 (7.143) 中的对流项, 采用中心差分处理扩散项, 时间方向使用向后差分格式, 于是由第 n 层到第 $n+1$ 层, 对控制方程 (7.143) 构造如下差分格式

$$\frac{C_i^{n+1}-C_i^n}{\tau}+U\left(\frac{C_i^{n+1}-C_{i-1}^{n+1}}{h}\right)=D\left(\frac{C_{i+1}^{n+1}-2C_i^{n+1}+C_{i-1}^{n+1}}{h^2}\right)-KC_i^{n+1}, \tag{7.146}$$

其中 $C_1^{n+1},\cdots,C_{I-1}^{n+1}$ 为未知量, $C_1^n,\cdots,C_I^n$ 为已知量.

引入网比 $r_1 = \dfrac{\tau}{h}$, $r_2 = \dfrac{\tau}{h^2}$, 整理式 (7.146) 后得

$$\alpha_1 C_{i-1}^{n+1} + \alpha_2 C_i^{n+1} + \alpha_3 C_{i+1}^{n+1} = C_i^n, \quad i = 1, \cdots, I-1, \tag{7.147}$$

其中

$$\alpha_1 = -(Ur_1 + Dr_2), \quad \alpha_2 = 1 + Ur_1 + 2Dr_2 + K\tau, \quad \alpha_3 = -Dr_2.$$

接下来处理边界. 左边界条件为 $C_0^l = 1000$, $l = 0, 1, \cdots, N$, 因此, 在式 (7.147) 中取 $i = 1$ 得 x_1 处的差分格式

$$\alpha_2 C_1^{n+1} + \alpha_3 C_2^{n+1} = C_1^n - 1000\alpha_1. \tag{7.148}$$

类似地, 右边界条件为 $C_I^l = 0$, $l = 0, 1, \cdots, N$, 因此, 在式 (7.147) 中取 $i = I-1$ 得 x_{I-1} 处的差分格式

$$\alpha_1 C_{I-2}^{n+1} + \alpha_2 C_{I-1}^{n+1} = C_{I-1}^n. \tag{7.149}$$

联立式 (7.147)~ 式 (7.149), 得到关于第 $n+1$ 层各节点的平均浓度 $C_1^{n+1}, \cdots, C_{I-1}^{n+1}$ 的 $I-1$ 阶线性方程组

$$\begin{bmatrix} \alpha_2 & \alpha_3 & 0 & 0 & \cdots & 0 \\ \alpha_1 & \alpha_2 & \alpha_3 & 0 & \cdots & 0 \\ 0 & \alpha_1 & \alpha_2 & \alpha_3 & \cdots & 0 \\ \vdots & \vdots & \vdots & \vdots & & \vdots \\ 0 & 0 & 0 & \alpha_1 & \alpha_2 & \alpha_3 \\ 0 & 0 & 0 & 0 & \alpha_1 & \alpha_2 \end{bmatrix} \begin{bmatrix} C_1^{n+1} \\ C_2^{n+1} \\ C_3^{n+1} \\ \vdots \\ C_{I-2}^{n+1} \\ C_{I-1}^{n+1} \end{bmatrix} = \begin{bmatrix} C_1^n - 1000\alpha_1 \\ C_2^n \\ C_3^n \\ \vdots \\ C_{I-2}^n \\ C_{I-1}^n \end{bmatrix}. \tag{7.150}$$

显然, 方程组 (7.150) 为三对角线性方程组, 用追赶法求解即可.

我们取 $h = 2$, $\tau = 2$, 分别求解 $T = 1440$, $T = 2160$, $T = 2880$ 的方程组 (7.150), 可得 0.4h, 0.6h, 0.8h 时污染物沿断面的平均浓度分布 (图 7.21).

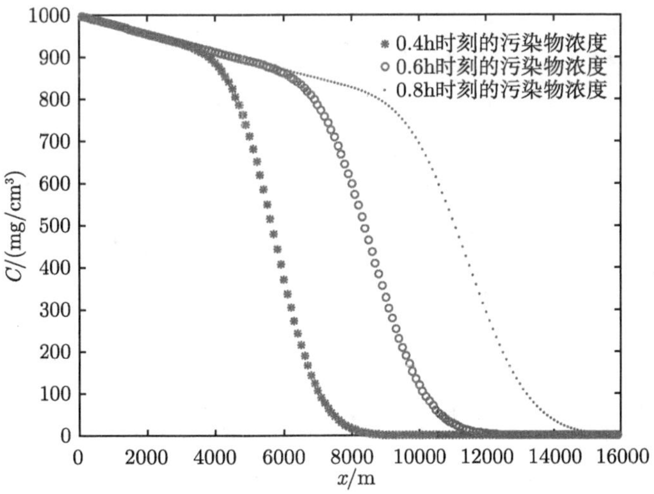

图 7.21　污染物沿断面的平均浓度随断面位置和时间的变化图

第7章习题

1. 设有一根长为 l 的均匀柔软细弦, 当它做微小横振动时, 除受内部张力外, 还受到周围介质所产生的阻尼力的作用, 阻尼力与速度的平方成正比 (比例系数为 b), 试写出带有阻尼力的弦振动方程.

2. 选函数 $w(x,t)$, 并作函数代换 $v=u-w$ 将以下边界条件齐次化.

(1) $u(0,t)=t,\ u(2,t)=\sin t$;

(2) $u(0,t)=1,\ \dfrac{\partial u}{\partial x}(l,t)=1+t^2$;

(3) $\dfrac{\partial u}{\partial x}(0,t)=\varphi(t),\ \dfrac{\partial u}{\partial x}(3,t)=\psi(t)$;

(4) $\dfrac{\partial u}{\partial x}(0,t)=t^2,\ \dfrac{\partial u}{\partial x}(2,t)+u(2,t)=t$.

3. 考虑如下有界弦振动方程定解问题

$$\begin{cases}\dfrac{\partial^2 u}{\partial t^2}=a^2\dfrac{\partial^2 u}{\partial x^2}, & 0\leqslant x\leqslant l,\quad t\geqslant 0,\\ u(0,t)=0,\ u(l,t)=0, & t\geqslant 0,\\ u(x,0)=0,\ \dfrac{\partial u}{\partial t}(x,0)=\psi(x), & 0\leqslant x\leqslant l.\end{cases}$$

(1) 将 $\psi(x)$ 在 $[0,l]$ 按正交函数系 $\left\{\sin\dfrac{n\pi}{l}x\right\}_{n\geqslant 1}$ 展开为 Fourier 级数, 并求 Fourier 系数.

(2) 对于任意的整数 $n\geqslant 1$, 验证 $u_n(x,t)=\dfrac{l}{n\pi a}\psi_n\sin\dfrac{n\pi a}{l}t\sin\dfrac{n\pi}{l}x$ 是如下问题的解

$$\begin{cases}\dfrac{\partial^2 u}{\partial t^2}=a^2\dfrac{\partial^2 u}{\partial x^2}, & 0\leqslant x\leqslant l,\quad t\geqslant 0,\\ u(0,t)=0,\ u(l,t)=0, & t\geqslant 0,\\ u(x,0)=0,\ \dfrac{\partial u}{\partial t}(x,0)=\psi_n\sin\dfrac{n\pi}{l}x, & 0\leqslant x\leqslant l.\end{cases}$$

(3) 利用问题 (2) 中的结果试写出问题 (1) 中的定解问题的解.

4. 利用 Fourier 变换求解一维无界空间的热传导方程

$$\begin{cases}\dfrac{\partial u}{\partial t}(x,t)-a^2\dfrac{\partial^2 u}{\partial x^2}(x,t)=f(x,t), & -\infty<x<+\infty,\ t\geqslant 0,\\ u(x,0)=\varphi(x), & -\infty<x<+\infty.\end{cases}$$

5. 用古典显格式求解, 当 $h=0.2,\ r=\dfrac{1}{6}$ 时, 计算

$$\begin{cases}\dfrac{\partial u}{\partial t}=\dfrac{\partial^2 u}{\partial x^2}, & 0\leqslant x\leqslant 1,\ t\geqslant 0,\\ u(x,0)=4x(1-x), & 0\leqslant x\leqslant 1,\\ u(0,t)=u(1,t)=0, & t\geqslant 0\end{cases}$$

前两层的差分解.

6. 用显格式求解, 取 $r=1,\ h=0.2$, 求 $k=1,2$ 层上的差分解.

$$\begin{cases}\dfrac{\partial^2 u}{\partial t^2}-\dfrac{\partial^2 u}{\partial x^2}=0, & 0\leqslant x\leqslant 1,\ t\geqslant 0,\\ u(x,0)=\sin\pi x,\quad \dfrac{\partial u}{\partial t}(x,0)=x(1-x), & 0\leqslant x\leqslant 1,\\ u(0,t)=u(1,t)=0, & t\geqslant 0.\end{cases}$$

7. 假设在时间和空间方向均采用等距剖分, 用 Fourier 方法分析一维热传导方程 Crank-Nicolson 格式的稳定性.

8. 用有限元方法解下列边值问题

$$\begin{cases} -\Delta u + 12u = 18xy + 2, & (x,y) \in \Omega, \\ \dfrac{\partial u}{\partial \boldsymbol{n}} + 3u|_{\partial\Omega} = 0, \end{cases}$$

其中 Ω 是图 7.22 表示的正方形, $\partial\Omega$ 是其边界, 设 Ω 剖分成两个三角形.

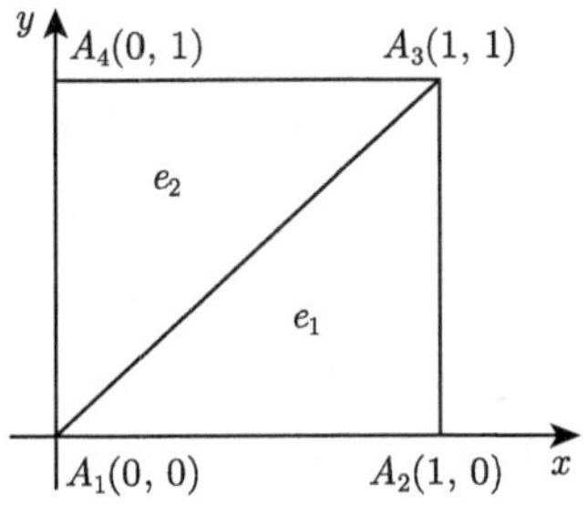

图 7.22 三角剖分示意图

9. 用有限元方法解下列边值问题

$$\begin{cases} -\Delta u + 2u = 2xy, & (x,y) \in \Omega, \\ u|_{x=0} = \mathrm{e}^y, \\ u|_{y=0} = \mathrm{e}^x, \\ u|_{x+y=3} = \mathrm{e}^3 + x(3-y), \end{cases}$$

其中 Ω 是图 7.23 表示的三角形 $A_1A_4A_7$, $A_1(0,0)$, $A_4(3,0)$, $A_7(0,3)$, $\partial\Omega$ 是其边界, 设每边的节点取为三等分点, 将 Ω 剖分成 9 个等腰直角三角形.

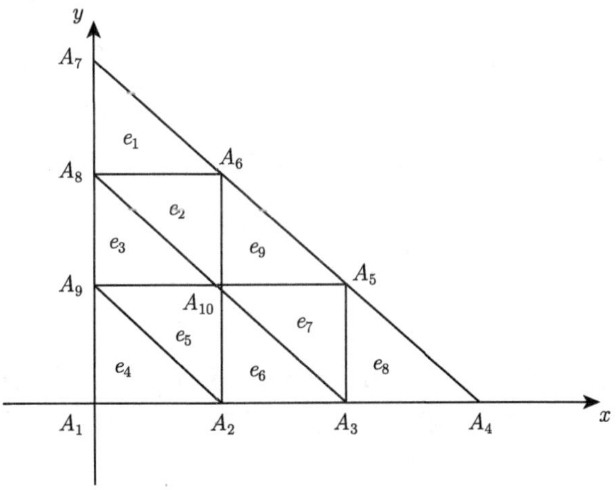

图 7.23 区域剖分示意图

10. 对于 7.5 节应用中的污染物在水流方向上的浓度变化问题, 如果设河段长度为 10km, 且将初边值问题 (7.143)~(7.145) 中的右边界改为 Neumann 边界条件, 即

$$\frac{\partial C}{\partial x}(a,t) = 0,$$

试用有限差分法对其求解.

第 8 章 统 计 分 析

本章主要介绍一元与多元线性回归模型与方法, 单因素方差分析, 然后介绍已经蓬勃发展和被广泛应用的 Bayes 统计方法, 最后介绍有着重要应用的多元正态总体的统计分析方法.

8.1 一元线性回归

现实世界中, 普遍存在着变量之间的各种关系. 这些变量之间的关系常见的主要包括两类: 一类是确定性关系, 如圆的面积公式、勾股定理等. 这样的确定关系可用变量之间的函数关系明确表示. 另一类是相关关系, 比如人的身高与体重的关系, 作物收成与降雨、施肥的关系等, 这类关系是非确定的. 研究变量间相关关系的统计分析方法称为回归分析. 可通过回归分析研究一个变量对另一个或多个变量的依赖关系, 且可应用这种方法解决估计和预测问题. 本节我们先介绍一元线性回归, 下节我们将介绍多元线性回归.

8.1.1 一元线性回归模型

考虑两个变量 x 与 y 之间的关系, 假设 x 表示人的年龄, y 表示人的血压. 显然, 变量 x 的值影响 y 的值. 一般随着人的年龄增加, 血压要增高. 但是, 同龄人 (即 x 相同) 的血压并不一定相同. 这个例子中, 变量 x 与 y 是有联系的, 但是当 x 的值确定时, y 的值却是不确定的. 这种变量间的关系就是相关关系. 研究变量间相关关系的统计分析方法称为回归分析. 这里 x 称为自变量, y 称为因变量. 在回归分析中, 因变量 y 是随机变量, 自变量 x 可以是随机变量, 也可以是非随机的确定变量. 在实际应用中, 通常将自变量 x 看成是可控变量或是可精确测量的普通变量.

对于自变量 x 的每一个确定值, 都有一个随机变量 y 与之相对应. 因为 y 是随机变量, 所以在不同的试验中 y 的观察值是不同的. 如果当 x 的值确定时, y 与之对应的条件数学期望 $E(y|x)$ 存在, 那么 $E(y|x)$ 称为 y 关于 x 的回归函数. 于是自变量与因变量之间的关系可以用如下的模型来描述:

$$\begin{cases} y = E(y|x) + \varepsilon, \\ E(\varepsilon) = 0, \quad \mathrm{Var}(\varepsilon) = \sigma^2, \end{cases} \tag{8.1}$$

这里 ε 是不可观测的随机误差, 它是一个随机变量. 随机误差 ε 应理解为除 x 外对 y 有影响但未加考虑的诸多因素 (包括随机因素) 所产生的影响总和. 式 (8.1) 称为一元回归模型, 基于式 (8.1) 的统计分析称为一元回归分析.

如果回归函数 $E(y|x)$ 是 x 的线性函数, 即 $E(y|x) = \beta_0 + \beta_1 x$, 则模型 (8.1)可化为

$$\begin{cases} y = \beta_0 + \beta_1 x + \varepsilon, \\ E(\varepsilon) = 0, \quad \mathrm{Var}(\varepsilon) = \sigma^2, \end{cases} \tag{8.2}$$

其中 β_0 和 β_1 是未知参数, 称 β_0 为回归常数, 称 β_1 为回归系数. 式 (8.2) 称为一元线性回归模型, 基于式 (8.2) 的统计分析称为一元线性回归分析.

若进一步要求 $\varepsilon \sim N(0,\sigma^2)$, 则模型 (8.1) 可化为

$$\begin{cases} y = \beta_0 + \beta_1 x + \varepsilon, \\ \varepsilon \sim N(0,\sigma^2). \end{cases} \tag{8.3}$$

式 (8.3) 称为一元正态线性回归模型, 基于式 (8.3) 的统计分析称为一元正态线性回归分析.

如果回归函数 $E(y|x)$ 不是 x 的线性函数, 则对应的式 (8.1) 称为一元非线性回归模型, 此时基于式 (8.1) 的统计分析称为一元非线性回归分析.

对 (x,y) 进行观察, 得到 n 组观察值 (x_i,y_i), $i=1,2,\cdots,n$, 即

$$(x_1,y_1),(x_2,y_2),\cdots,(x_n,y_n).$$

如果符合模型 (8.2), 则

$$\begin{cases} y_i = \beta_0 + \beta_1 x_i + \varepsilon_i, \\ \varepsilon_i\text{相互独立}, \quad E(\varepsilon_i)=0, \quad \mathrm{Var}(\varepsilon_i)=\sigma^2, \quad i=1,2,\cdots,n. \end{cases} \tag{8.4}$$

式 (8.4) 称为一元线性回归样本模型. 显然, y_i 相互独立且

$$E(y_i) = \beta_0 + \beta_1 x_i, \quad \mathrm{Var}(y_i) = \sigma^2.$$

如果符合模型 (8.3), 则

$$\begin{cases} y_i = \beta_0 + \beta_1 x_i + \varepsilon_i, \\ \varepsilon_i\text{相互独立}, \quad \varepsilon_i \sim N(0,\sigma^2), \quad i=1,2,\cdots,n. \end{cases} \tag{8.5}$$

式 (8.5)称为一元正态线性回归样本模型. 显然, y_i 相互独立且

$$E(y_i) = \beta_0 + \beta_1 x_i, \quad \mathrm{Var}(y_i) = \sigma^2, \quad y_i \sim N(\beta_0 + \beta_1 x_i, \sigma^2).$$

说明: 样本模型中的 y_i 是随机变量, 观察值 (x_i,y_i) 中的 y_i 是前述随机变量 y_i 的观察值.

8.1.2 参数的最小二乘估计

考虑一元线性回归, 其模型为

$$\begin{cases} y = \beta_0 + \beta_1 x + \varepsilon, \\ E(\varepsilon)=0, \quad \mathrm{Var}(\varepsilon)=\sigma^2, \end{cases}$$

其中 β_0 与 β_1 都是未知参数, 分别表示直线 $E(y|x)=\beta_0+\beta_1 x$ 的截距和斜率. 一元线性回归分析的首要任务就是用适当的统计方法获得 β_0 与 β_1 的估计值 $\hat{\beta}_0$ 与 $\hat{\beta}_1$.

称

$$\hat{y} = \hat{\beta}_0 + \hat{\beta}_1 x$$

为 y 关于 x 的一元线性经验回归方程或简称回归方程. 方程对应的直线称为回归直线, $\hat{\beta}_0$ 与 $\hat{\beta}_1$ 分别是回归直线的截距与斜率.

称

$$\hat{y}_i = \hat{\beta}_0 + \hat{\beta}_1 x_i$$

为 $y_i(i=1,2,\cdots,n)$ 的回归拟合值, 简称回归值或拟合值.

记

$$Q(\beta_0,\beta_1)=\sum_{i=1}^{n}[y_i-E(y_i)]^2=\sum_{i=1}^{n}(y_i-\beta_0-\beta_1x_i)^2.$$

最小二乘法就是寻找参数 β_0,β_1 的估计值 $\hat{\beta}_0,\hat{\beta}_1$, 使上式的值达到最小, 即寻找 $\hat{\beta}_0,\hat{\beta}_1$, 满足

$$Q(\hat{\beta}_0,\hat{\beta}_1)=\min_{\beta_0,\beta_1}Q(\beta_0,\beta_1),$$

即

$$\sum_{i=1}^{n}(y_i-\hat{\beta}_0-\hat{\beta}_1x_i)^2=\min_{\beta_0,\beta_1}\sum_{i=1}^{n}(y_i-\beta_0-\beta_1x_i)^2.$$

由此求出的 $\hat{\beta}_0,\hat{\beta}_1$ 称为参数 β_0,β_1 的最小二乘估计.

为求最小二乘估计, 由微积分学中的极值原理, 就是要解下面的方程组

$$\begin{cases}\dfrac{\partial Q}{\partial\beta_0}=-2\displaystyle\sum_{i=1}^{n}(y_i-\beta_0-\beta_1x_i)=0,\\ \dfrac{\partial Q}{\partial\beta_1}=-2\displaystyle\sum_{i=1}^{n}(y_i-\beta_0-\beta_1x_i)x_i=0.\end{cases}$$

经整理后, 得到正规方程组

$$\begin{cases}n\beta_0+\left(\displaystyle\sum_{i=1}^{n}x_i\right)\beta_1=\displaystyle\sum_{i=1}^{n}y_i,\\ \left(\displaystyle\sum_{i=1}^{n}x_i\right)\beta_0+\left(\displaystyle\sum_{i=1}^{n}x_i^2\right)\beta_1=\displaystyle\sum_{i=1}^{n}x_iy_i.\end{cases}$$

求解上述正规方程组, 得

$$\begin{cases}\beta_0=\bar{y}-\beta_1\bar{x},\\ \beta_1=\dfrac{\sum\limits_{i=1}^{n}x_iy_i-n\bar{x}\bar{y}}{\sum\limits_{i=1}^{n}x_i^2-n\bar{x}^2}.\end{cases}$$

这个唯一解就是所求的最小二乘估计, 即

$$\begin{cases}\hat{\beta}_0=\bar{y}-\hat{\beta}_1\bar{x},\\ \hat{\beta}_1=\dfrac{\sum\limits_{i=1}^{n}x_iy_i-n\bar{x}\bar{y}}{\sum\limits_{i=1}^{n}x_i^2-n\bar{x}^2},\end{cases}\tag{8.6}$$

式中 $\bar{x}=\dfrac{1}{n}\sum\limits_{i=1}^{n}x_i,\ \bar{y}=\dfrac{1}{n}\sum\limits_{i=1}^{n}y_i$. 记

$$l_{xx}=\sum_{i=1}^{n}x_i^2-n\bar{x}^2=\sum_{i=1}^{n}(x_i-\bar{x})^2=\sum_{i=1}^{n}(x_i-\bar{x})x_i,$$

$$l_{xy}=\sum_{i=1}^{n}x_iy_i-n\bar{x}\bar{y}=\sum_{i=1}^{n}(x_i-\bar{x})(y_i-\bar{y})=\sum_{i=1}^{n}(x_i-\bar{x})y_i,$$

于是式 (8.6) 可简写为

$$\begin{cases}\hat{\beta}_0 = \bar{y} - \hat{\beta}_1 \bar{x}, \\ \hat{\beta}_1 = \dfrac{l_{xy}}{l_{xx}}.\end{cases}$$

定理 8.1 对于一元线性回归样本模型 (8.4)

$$\begin{cases}y_i = \beta_0 + \beta_1 x_i + \varepsilon_i, \\ \varepsilon_i\text{相互独立}, \quad E(\varepsilon_i) = 0, \quad \mathrm{Var}(\varepsilon_i) = \sigma^2, \quad i = 1, 2, \cdots, n,\end{cases}$$

参数 β_0, β_1 的最小二乘估计 $\hat{\beta}_0, \hat{\beta}_1$ 有如下性质:

(1) $\hat{\beta}_0, \hat{\beta}_1$ 是 y_i $(i = 1, 2, \cdots, n)$ 的线性函数;

(2) $\hat{\beta}_0, \hat{\beta}_1$ 是 β_0, β_1 的无偏估计, 即 $E(\hat{\beta}_0) = \beta_0, E(\hat{\beta}_1) = \beta_1$;

(3) $\mathrm{Var}(\hat{\beta}_1) = \dfrac{\sigma^2}{l_{xx}}, \mathrm{Var}(\hat{\beta}_0) = \dfrac{\sum\limits_{i=1}^{n} x_i^2}{n l_{xx}} \sigma^2 = \left[\dfrac{1}{n} + \dfrac{\bar{x}^2}{l_{xx}}\right] \sigma^2$;

(4) $\mathrm{Cov}(\bar{y}, \hat{\beta}_1) = 0, \mathrm{Cov}(\hat{\beta}_0, \hat{\beta}_1) = -\dfrac{\bar{x}}{l_{xx}} \sigma^2$.

定理 8.2 对于一元正态线性回归样本模型 (8.5)

$$\begin{cases}y_i = \beta_0 + \beta_1 x_i + \varepsilon_i, \\ \varepsilon_i\text{相互独立}, \quad \varepsilon_i \sim N(0, \sigma^2), \quad i = 1, 2, \cdots, n,\end{cases}$$

参数 β_0, β_1 的最小二乘估计 $\hat{\beta}_0, \hat{\beta}_1$ 有如下性质:

(1) $y_i \sim N(\beta_0 + \beta_1 x_i, \sigma^2)$;

(2) $\hat{\beta}_0 \sim N\left(\beta_0, \dfrac{\sum\limits_{i=1}^{n} x_i^2}{n l_{xx}} \sigma^2\right)$;

(3) $\hat{\beta}_1 \sim N\left(\beta_1, \dfrac{\sigma^2}{l_{xx}}\right)$;

(4) $\hat{y} \sim N\left(\beta_0 + \beta_1 x, \left[\dfrac{1}{n} + \dfrac{(x - \bar{x})^2}{l_{xx}}\right] \sigma^2\right)$.

为了便于后面的讨论, 引入下面的概念与记号. 称 $\hat{\varepsilon}_i = y_i - \hat{y}_i = y_i - \hat{\beta}_0 - \hat{\beta}_1 x_i$ 为残差. 称 $\mathrm{SSE} = \sum\limits_{i=1}^{n} (\hat{\varepsilon}_i)^2 = \sum\limits_{i=1}^{n} (y_i - \hat{y}_i)^2 = \sum\limits_{i=1}^{n} (y_i - \hat{\beta}_0 - \hat{\beta}_1 x_i)^2$ 为残差平方和. 记

$$\hat{\sigma}^2 = \frac{\mathrm{SSE}}{n-2} = \frac{1}{n-2} \sum_{i=1}^{n} (y_i - \hat{y}_i)^2.$$

定理 8.3 对于一元线性回归样本模型 (8.4)

$$\begin{cases}y_i = \beta_0 + \beta_1 x_i + \varepsilon_i, \\ \varepsilon_i\text{相互独立}, \quad E(\varepsilon_i) = 0, \ \mathrm{Var}(\varepsilon_i) = \sigma^2, \quad i = 1, 2, \cdots, n,\end{cases}$$

可得 $\hat{\sigma}^2$ 是 σ^2 的无偏估计.

定理 8.4 对于一元正态线性回归样本模型 (8.5)

$$\begin{cases} y_i = \beta_0 + \beta_1 x_i + \varepsilon_i, \\ \varepsilon_i \text{相互独立}, \quad \varepsilon_i \sim N(0,\sigma^2), \quad i = 1,2,\cdots,n, \end{cases}$$

有

(1) $\dfrac{\text{SSE}}{\sigma^2} = \dfrac{(n-2)\hat{\sigma}^2}{\sigma^2} \sim \chi^2(n-2)$;

(2) $\dfrac{\text{SSE}}{\sigma^2} = \dfrac{(n-2)\hat{\sigma}^2}{\sigma^2}$ 与 $\hat{\beta}_0$ 和 $\hat{\beta}_1$ 相互独立.

注 8.1 定理 8.4 中相互独立是指一维随机变量 $\dfrac{\text{SSE}}{\sigma^2}$ 与二维随机变量 $(\hat{\beta}_0, \hat{\beta}_1)$ 相互独立.

下面的内容如果没有特殊说明都是在一元正态线性回归样本模型 (8.5) 中进行的.

8.1.3 回归方程的显著性检验

当我们得到了一个实际问题的回归方程 $\hat{y} = \hat{\beta}_0 + \hat{\beta}_1 x$ 后, 需要对回归方程进行检验. 需要检验的假设为

$$H_0: \beta_1 = 0, \quad H_1: \beta_1 \neq 0.$$

当拒绝原假设 H_0 时, 认为线性回归效果显著, 即认为因变量 y 与自变量 x 之间具有真正的线性关系; 当接受原假设 H_0 时, 认为线性回归效果不显著, 即认为因变量 y 与自变量 x 之间没有真正的线性关系.

1. t 检验法

统计推断中, t 检验法是一种常用的检验方法. 在回归分析中, t 检验法用于检验回归分析中回归系数 β_1 的显著性.

由定理 8.2知

$$\hat{\beta}_1 \sim N\left(\beta_1, \frac{\sigma^2}{l_{xx}}\right).$$

当 $H_0: \beta_1 = 0$ 成立时, 有

$$\frac{\hat{\beta}_1\sqrt{l_{xx}}}{\sigma} = \frac{\hat{\beta}_1 - \beta_1}{\sigma/\sqrt{l_{xx}}} \sim N(0,1).$$

由定理 8.4 知

$$\frac{(n-2)\hat{\sigma}^2}{\sigma^2} \sim \chi^2(n-2),$$

且 $\dfrac{(n-2)\hat{\sigma}^2}{\sigma^2}$ 与 $\hat{\beta}_1$ 相互独立, 于是 $\dfrac{(n-2)\hat{\sigma}^2}{\sigma^2}$ 与 $\dfrac{\hat{\beta}_1\sqrt{l_{xx}}}{\sigma}$ 相互独立.

由 t 分布的定义构造 t 统计量

$$t = \frac{\hat{\beta}_1\sqrt{l_{xx}}}{\hat{\sigma}} = \frac{\hat{\beta}_1\sqrt{l_{xx}}/\sigma}{\sqrt{\dfrac{(n-2)\hat{\sigma}^2}{\sigma^2}\Big/(n-2)}} \sim t(n-2),$$

给定显著性水平 α, 则拒绝域为

$$\left\{|t| \geqslant t_{\alpha/2}(n-2)\right\}.$$

2. F 检验法

另一种检验的回归分析中回归系数 β_1 的显著性方法是 F 检验法. F 检验法根据平方和分解式, 直接从回归效果来检验回归方程的显著性.

观察值 $y_1, y_2, \cdots, y_n$ 之间存在差异, 这些差异来自两方面: 自变量 x 取值的不同和随机误差的影响. 如果观察值 $y_1, y_2, \cdots, y_n$ 之间的差异主要来自自变量 x 取值的不同, 则应有 $\beta_1 \neq 0$; 相反, 若观察值 $y_1, y_2, \cdots, y_n$ 之间的差异主要来自随机误差的影响, 则应有 $\beta_1 = 0$.

称 $\sum\limits_{i=1}^{n}(y_i - \bar{y})^2$ 为总偏差平方和或总离差平方和, 简记为 SST 或 S_{T} 或 $S_{\text{总}}$; 称 $\sum\limits_{i=1}^{n}(y_i - \hat{y}_i)^2$ 为残差平方和或剩余平方和, 简记为 SSE 或 $S_{\text{残}}$ 或 $S_{\text{剩}}$; 称 $\sum\limits_{i=1}^{n}(\hat{y}_i - \bar{y})^2$ 为回归平方和, 简记为 SSR 或 $S_{\text{回}}$.

平方和分解式为

$$\sum_{i=1}^{n}(y_i - \bar{y})^2 = \sum_{i=1}^{n}(y_i - \hat{y}_i)^2 + \sum_{i=1}^{n}(\hat{y}_i - \bar{y})^2,$$

简记为

$$\mathrm{SST} = \mathrm{SSE} + \mathrm{SSR}.$$

定理 8.5 对于一元正态线性回归样本模型 (8.5)

$$\begin{cases} y_i = \beta_0 + \beta_1 x_i + \varepsilon_i, \\ \varepsilon_i \text{相互独立}, \quad \varepsilon_i \sim N(0, \sigma^2), \quad i = 1, 2, \cdots, n, \end{cases}$$

当 $H_0: \beta_1 = 0$ 为真时, 有

(1) $\dfrac{\mathrm{SSR}}{\sigma^2} \sim \chi^2$;

(2) SSR 与 SSE 独立;

(3) $F = \dfrac{\mathrm{SSR}}{\mathrm{SSE}/(n-2)} \sim F(1, n-2)$.

由 F 分布的定义构造 F 统计量

$$F = \frac{\mathrm{SSR}}{\mathrm{SSE}/(n-2)},$$

给定显著性水平 α, 由定理 8.5 可得拒绝域

$$\{F \geqslant F_\alpha(1, n-2)\}.$$

3. 相关系数的显著性检验

记

$$l_{yy} = \sum_{i=1}^{n} y_i^2 - n\bar{y}^2 = \sum_{i=1}^{n}(y_i - \bar{y})^2 = \sum_{i=1}^{n}(y_i - \bar{y})y_i.$$

称

$$r = \frac{\sum\limits_{i=1}^{n}(x_i - \bar{x})(y_i - \bar{y})}{\sqrt{\sum\limits_{i=1}^{n}(x_i - \bar{x})^2 \sum\limits_{i=1}^{n}(y_i - \bar{y})^2}} = \frac{l_{xy}}{\sqrt{l_{xx} l_{yy}}} = \hat{\beta}_1 \sqrt{\frac{l_{xx}}{l_{yy}}}$$

为 x 与 y 的简单相关系数, 简称相关系数. 可以验证相关系数的取值范围为 $|r| \leqslant 1$.

给定显著性水平 α, 拒绝域为

$$\{|r| \geqslant r_\alpha(n-2)\},$$

其中 $r_\alpha(n-2)$ 是检验的临界值, 可在相关系数临界值表中查找.

对于以上三种检验法, 可以验证

$$F=t^2, \quad t=\frac{\sqrt{n-2}\,r}{\sqrt{1-r^2}}, \quad \frac{1}{r^2}=1+\frac{n-2}{F}.$$

三种检验法实际上是等价的, 但导出三种检验法的统计思想是不同的. 其中导出 F 检验法的统计思想是方差分析, 而导出 t 检验法的统计思想是正态总体的假设检验.

8.1.4 回归系数的区间估计

当线性回归效果显著, 即 $H_1: \beta_1 \neq 0$ 时, 需要对回归系数 β_1 作区间估计. 构造枢轴量

$$t=\frac{(\hat{\beta}_1-\beta_1)\sqrt{l_{xx}}}{\hat{\sigma}}.$$

由定理 8.2知

$$\hat{\beta}_1 \sim N\left(\beta_1, \frac{\sigma^2}{l_{xx}}\right),$$

所以

$$\frac{\hat{\beta}_1-\beta_1}{\sigma/\sqrt{l_{xx}}}=\frac{(\hat{\beta}_1-\beta_1)\sqrt{l_{xx}}}{\sigma} \sim N(0,1).$$

由定理 8.4 知

$$\frac{(n-2)\hat{\sigma}^2}{\sigma^2} \sim \chi^2(n-2),$$

且 $\dfrac{(n-2)\hat{\sigma}^2}{\sigma^2}$ 与 $\hat{\beta}_1$ 相互独立, 于是 $\dfrac{(n-2)\hat{\sigma}^2}{\sigma^2}$ 与 $\dfrac{(\hat{\beta}_1-\beta_1)\sqrt{l_{xx}}}{\sigma}$ 相互独立.

由 t 分布的定义知

$$t=\frac{(\hat{\beta}_1-\beta_1)\sqrt{l_{xx}}}{\hat{\sigma}}=\frac{(\hat{\beta}_1-\beta_1)\sqrt{l_{xx}}/\sigma}{\sqrt{\dfrac{(n-2)\hat{\sigma}^2}{\sigma^2}\Big/(n-2)}} \sim t(n-2),$$

于是

$$P\left\{|t|<t_{\alpha/2}(n-2)\right\}=1-\alpha,$$

即

$$P\left\{\hat{\beta}_1-t_{\alpha/2}(n-2)\frac{\hat{\sigma}}{\sqrt{l_{xx}}}<\beta_1<\hat{\beta}_1+t_{\alpha/2}(n-2)\frac{\hat{\sigma}}{\sqrt{l_{xx}}}\right\}=1-\alpha.$$

利用正态总体置信区间的知识, 可以得到 β_1 的置信水平为 $1-\alpha$ 的置信区间为

$$\left(\hat{\beta}_1-t_{\alpha/2}(n-2)\frac{\hat{\sigma}}{\sqrt{l_{xx}}},\ \hat{\beta}_1+t_{\alpha/2}(n-2)\frac{\hat{\sigma}}{\sqrt{l_{xx}}}\right),$$

可以简写为

$$\left(\hat{\beta}_1 \pm t_{\alpha/2}(n-2)\frac{\hat{\sigma}}{\sqrt{l_{xx}}}\right).$$

8.1.5 因变量的预测

建立回归方程的目的是应用, 而预测是回归方程的最重要的应用. 给定 $x=x_0$, 线性回归模型为

$$\begin{cases} y_0=\beta_0+\beta_1 x_0+\varepsilon_0, \\ \varepsilon_0 \sim N(0,\sigma^2). \end{cases}$$

1. 预测值

当给定 $x=x_0$ 时, 利用 $\hat{y}=\hat{\beta}_0+\hat{\beta}_1 x$, 取

$$\hat{y}_0=\hat{\beta}_0+\hat{\beta}_1 x_0$$

作为 y_0 的预测值, 这里 $E(\hat{y}_0)=E(y_0)=\beta_0+\beta_1 x_0$.

2. 预测区间

由定理 8.2 知

$$\hat{y}_0 \sim N\left(\beta_0+\beta_1 x_0,\left(\frac{1}{n}+\frac{(x_0-\bar{x})^2}{l_{xx}}\right)\sigma^2\right),$$

于是

$$y_0-\hat{y}_0 \sim N\left(0,\left(1+\frac{1}{n}+\frac{(x_0-\bar{x})^2}{l_{xx}}\right)\sigma^2\right),$$

进而

$$\frac{y_0-\hat{y}_0}{\sigma\sqrt{1+\frac{1}{n}+\frac{(x_0-\bar{x})^2}{l_{xx}}}} \sim N(0,1).$$

又由定理 8.4 知

$$\frac{(n-2)\hat{\sigma}^2}{\sigma^2} \sim \chi^2(n-2),$$

且两者相互独立, 所以

$$t=\frac{y_0-\hat{y}_0}{\hat{\sigma}\sqrt{1+\frac{1}{n}+\frac{(x_0-\bar{x})^2}{l_{xx}}}}=\frac{\dfrac{y_0-\hat{y}_0}{\sigma\sqrt{1+\frac{1}{n}+\frac{(x_0-\bar{x})^2}{l_{xx}}}}}{\sqrt{\dfrac{(n-2)\,\hat{\sigma}^2}{\sigma^2\,(n-2)}}} \sim t(n-2),$$

于是

$$P\left\{|t| <_{\alpha/2}(n-2)\right\}=1-\alpha, \tag{8.7}$$

即

$$P\left\{\hat{y}_0-t_{\alpha/2}(n-2)\hat{\sigma}\sqrt{1+\frac{1}{n}+\frac{(x_0-\bar{x})^2}{l_{xx}}}<y_0\right.$$
$$\left.<\hat{y}_0+t_{\alpha/2}(n-2)\hat{\sigma}\sqrt{1+\frac{1}{n}+\frac{(x_0-\bar{x})^2}{l_{xx}}}\right\}=1-\alpha.$$

利用正态总体置信区间的知识, 可以得到 y_0 的置信水平为 $1-\alpha$ 的预测区间为

$$\left(\hat{y}_0 - t_{\alpha/2}(n-2)\hat{\sigma}\sqrt{1+\frac{1}{n}+\frac{(x_0-\bar{x})^2}{l_{xx}}},\ \hat{y}_0 + t_{\alpha/2}(n-2)\hat{\sigma}\sqrt{1+\frac{1}{n}+\frac{(x_0-\bar{x})^2}{l_{xx}}}\right), \tag{8.8}$$

可以简写为

$$\left(\hat{y}_0 \pm t_{\alpha/2}(n-2)\hat{\sigma}\sqrt{1+\frac{1}{n}+\frac{(x_0-\bar{x})^2}{l_{xx}}}\right).$$

例 8.1　保险公司希望确定居民住宅区火灾造成的损失数额与该住宅区到消防站的最近距离之间的相关关系, 以便准确地确定保险金额. 经调查得 15 起火灾事故的损失及火灾发生地与消防站的最近距离, 数据如下表.

距消防站距离 x/km	3.4	1.8	4.6	2.3	3.1	5.5	0.7	3.0
火灾损失 y/千元	26.2	17.8	31.3	23.1	27.5	36.0	14.1	22.3
距消防站距离 x/km	2.6	4.3	2.1	1.1	6.1	4.8	3.8	
火灾损失 y/千元	19.6	31.3	24.0	17.3	43.2	36.4	26.1	

试进行线性回归分析: (1) 写出一元线性回归样本模型; (2) 求一元线性回归方程; (3) 求参数 σ^2 的无偏估计值 $\hat{\sigma}^2$; (4) 对回归方程分别进行 t 检验、F 检验和相关系数的显著性检验; (5) 求回归系数 β_1 的置信水平 95% 的置信区间; (6) 当 $x_0=3.3$ 时, 求 y_0 的预测值; (7) 分别给定 $x_0=x_i, i=1,2,\cdots,15$, 求 $y_0=y_i, i=1,2,\cdots,15$ 的置信水平为 95% 的预测区间.

解　(1) 一元线性回归样本模型为

$$\begin{cases} y_i=\beta_0+\beta_1 x_i+\varepsilon_i, \\ \varepsilon_i\text{相互独立}, \quad E(\varepsilon_i)=0, \quad \operatorname{Var}(\varepsilon_i)=\sigma^2, \quad i=1,2,\cdots,n. \end{cases}$$

(2) 有 $n=15$, $\bar{x}=3.28$, $\bar{y}=26.413$, 且

$$\sum_{i=1}^n x_i^2=196.16, \quad \sum_{i=1}^n x_i y_i=1470.65,$$

$$l_{xx}=\sum_{i=1}^n x_i^2-n\bar{x}^2=34.784, \quad l_{xy}=\sum_{i=1}^n x_i y_i-n\bar{x}\bar{y}=171.114,$$

$$\hat{\beta}_1=\frac{l_{xy}}{l_{xx}}=4.919, \quad \hat{\beta}_0=\bar{y}-\hat{\beta}_1\bar{x}=10.278.$$

回归方程为

$$\hat{y}=\hat{\beta}_0+\hat{\beta}_1 x=10.278+4.919x.$$

(3) 参数 σ^2 的无偏估计值为

$$\hat{\sigma}^2=\frac{\text{SSE}}{n-2}=\frac{1}{n-2}\sum_{i=1}^n(y_i-\hat{y}_i)^2=5.365.$$

(4) 要检验的假设

$$H_0:\beta_1=0, \quad H_1:\beta_1\neq 0.$$

因为

$$t=\frac{\hat{\beta}_1\sqrt{l_{xx}}}{\hat{\sigma}}=12.525,\quad t_{0.025}(13)=2.1604,$$

而 $|t|>t_{0.025}(13)$, 所以拒绝原假设 H_0, 认为线性回归效果显著. 又

$$F=t^2=156.886,\quad F_{0.05}(1,13)=4.67,$$

因为 $F>F_{0.05}(1,13)$, 所以拒绝原假设 H_0, 认为线性回归效果显著. 从

$$\sum_{i=1}^{n}y_i^2=11376.48,\quad l_{yy}=\sum_{i=1}^{n}y_i^2-n\bar{y}^2=911.517,$$

得

$$r=\frac{l_{xy}}{\sqrt{l_{xx}l_{yy}}}=0.961,\quad r_{0.05}(13)=0.514,$$

因为 $|r|>r_{0.05}(13)$, 所以拒绝原假设 H_0, 认为线性回归效果显著.

(5) 回归系数 β_1 的置信水平 95% 的置信区间为

$$\left(\hat{\beta}_1\pm t_{\alpha/2}(n-2)\frac{\hat{\sigma}}{\sqrt{l_{xx}}}\right)=(4.071,5.768).$$

(6) 当 $x_0=3.3$ 时, 预测值为 $\hat{y}_0=\hat{\beta}_0+\hat{\beta}_1x_0=26.512$.

(7) 给定 $x_0=x_i,\ i=1,2,\cdots,15$, 根据

$$\left(\hat{y}_0\pm t_{\alpha/2}(n-2)\hat{\sigma}\sqrt{1+\frac{1}{n}+\frac{(x_0-\bar{x})^2}{l_{xx}}}\right),$$

对应的 $y_0=y_i,i=1,2,\cdots,15$ 的置信水平为 95% 的预测区间列于表 8.1.

表 8.1　预测区间

序号	y_0	区间下限	区间上限	序号	y_0	区间下限	区间上限
1	26.2	21.834	32.173	9	19.6	17.868	28.269
2	17.8	13.814	24.451	10	31.3	26.191	36.671
3	31.3	27.619	38.195	11	24.0	15.344	25.873
4	23.1	16.358	26.827	12	17.3	10.200	21.178
5	27.5	20.357	30.698	13	43.2	34.591	45.981
6	36.0	31.833	42.835	14	36.4	28.564	39.217
7	14.1	8.109	19.334	15	26.1	23.784	34.158
8	22.3	19.862	30.210				

注 8.2　例 8.1 中的计算结果是借助软件计算出的, 一般保留小数点后三位或是保留其自然位数.

8.1.6　可线性化的一元非线性回归

在许多实际问题中, 变量之间的关系并不是线性的, 而是非线性的. 对于这些非线性关系, 我们不能照搬之前的线性回归方程来处理. 但是某些非线性的关系可以通过变量代换转化为线性关系, 从而可以用线性回归方程的方式加以解决.

例如, x 和 y 之间的关系为

$$\begin{cases} y = \alpha x^{\beta} \mathrm{e}^{\varepsilon}, \\ \varepsilon \sim N(0, \sigma^2), \end{cases}$$

其中 α, β, σ^2 为与 x 无关的未知参数. 将上式两边取对数, 得

$$\ln y = \ln \alpha + \beta \ln x + \varepsilon.$$

令 $u = \ln y,\ a = \ln \alpha,\ b = \beta,\ v = \ln x$, 则上式可转化为一元回归模型

$$\begin{cases} u = a + bv + \varepsilon, \\ \varepsilon \sim N(0, \sigma^2). \end{cases}$$

下面是几种常见的可线性化的非线性函数, 我们先将它们线性化, 再用最小二乘法求最小二乘估计, 进而求出回归方程.

1. 双曲线

考虑双曲线

$$y = \frac{x}{ax + b}.$$

首先进行变量代换, 令 $v = 1/x, u = 1/y$, 则有线性关系 $u = a + bv$. 令

$$v_i = \frac{1}{x_i}, \quad u_i = \frac{1}{y_i}, \quad i = 1, \cdots, n,$$

$$l_{vv} = \sum_{i=1}^{n} v_i^2 - n\bar{v}^2, \quad l_{vu} = \sum_{i=1}^{n} v_i u_i - n\bar{v}\bar{u}.$$

利用最小二乘法, 可以得到最小二乘估计

$$\begin{cases} \hat{b} = \dfrac{\sum\limits_{i=1}^{n} v_i u_i - n\bar{v}\bar{u}}{\sum\limits_{i=1}^{n} v_i^2 - n\bar{v}^2}, \\ \hat{a} = \bar{u} - \hat{b}\bar{v}. \end{cases}$$

于是回归方程为 $\hat{y} = \dfrac{x}{\hat{a}x + \hat{b}}$.

2. 幂函数曲线

考虑幂函数曲线

$$y = ax^b \quad (x > 0, a > 0).$$

首先进行变量代换, 令 $v = \ln x, u = \ln y$, 则有线性关系 $u = \ln a + bv$. 令

$$v_i = \ln x_i,\ u_i = \ln y_i, i = 1, \cdots, n,$$

$$l_{vv} = \sum_{i=1}^{n} v_i^2 - n\bar{v}^2,\ l_{vu} = \sum_{i=1}^{n} v_i u_i - n\bar{v}\bar{u}.$$

利用最小二乘法, 可以得到最小二乘估计

$$\begin{cases}\hat{b}=\dfrac{\sum\limits_{i=1}^{n}v_iu_i-n\bar{v}\bar{u}}{\sum\limits_{i=1}^{n}v_i^2-n\bar{v}^2},\\ \ln\hat{a}=\bar{u}-\hat{b}\bar{v}.\end{cases}$$

于是回归方程为 $\hat{y}=\hat{a}x^{\hat{b}}=\mathrm{e}^{\ln\hat{a}}x^{\hat{b}}$.

3. **对数曲线**

考虑对数曲线

$$y=a+b\ln x\quad(x>0,\ b\neq 0).\tag{8.9}$$

首先进行变量代换, 令 $v=\ln x,u=y$, 则有线性关系 $u=a+bv$. 令

$$v_i=\ln x_i,\quad u_i=y_i,\quad i=1,2,\cdots,n,$$

$$l_{vv}=\sum_{i=1}^{n}v_i^2-n\bar{v}^2,\quad l_{vu}=\sum_{i=1}^{n}v_iu_i-n\bar{v}\bar{u}.$$

利用最小二乘法, 可以得到最小二乘估计

$$\begin{cases}\hat{b}=\dfrac{\sum\limits_{i=1}^{n}v_iu_i-n\bar{v}\bar{u}}{\sum\limits_{i=1}^{n}v_i^2-n\bar{v}^2},\\ \hat{a}=\bar{u}-\hat{b}\bar{v},\end{cases}$$

于是回归方程为 $\hat{y}=\hat{a}+\hat{b}\ln x$.

4. **S 型曲线**

考虑 S 型曲线

$$y=\frac{1}{a+b\mathrm{e}^{-x}}\quad(a>0,\ b>0).\tag{8.10}$$

首先进行变量代换, 令 $v=\mathrm{e}^{-x}$, $u=\dfrac{1}{y}$, 则有线性关系 $u=a+bv$. 令

$$v_i=\mathrm{e}^{-x_i},\quad u_i=\frac{1}{y_i},\quad i=1,2,\cdots,n,$$

$$l_{vv}=\sum_{i=1}^{n}v_i^2-n\bar{v}^2,\quad l_{vu}=\sum_{i=1}^{n}v_iu_i-n\bar{v}\bar{u}.$$

利用最小二乘法, 可以得到最小二乘估计

$$\begin{cases}\hat{b}=\dfrac{\sum\limits_{i=1}^{n}v_iu_i-n\bar{v}\bar{u}}{\sum\limits_{i=1}^{n}v_i^2-n\bar{v}^2},\\ \hat{a}=\bar{u}-\hat{b}\bar{v}.\end{cases}$$

于是回归方程为 $\hat{y}=\dfrac{1}{\hat{a}+\hat{b}\mathrm{e}^{-x}}$.

例 8.2　某工业产品单位时间产量 y 和催化剂使用量 x 有某种关系, 现已做了 7 次试验, 采集数据如下:

催化剂使用量 x	e	e^5	e^7	e^9	e^{12}	e^{16}	e^{18}
单位时间产量 y	6	20	32	41	49	63	77

设 x 和 y 存在对数曲线关系 $y=a+b\ln x$, 试求 y 关于 x 的非线性回归方程, 并给出催化剂使用量为 14 时, 单位时间产量的预测值.

解　首先进行变量代换, 令 $v=\ln x$, $u=y$, 于是根据原数据表转化成新的数据表:

v	1	5	7	9	12	16	18
u	6	20	32	41	49	63	77

那么有 $n=7$, $\bar{v}=9.714$, $\bar{u}=41.143$, 以及

$$\sum_{i=1}^{n}v_i^2=880,\quad \sum_{i=1}^{n}v_iu_i=3681,$$

$$l_{vv}=\sum_{i=1}^{n}v_i^2-n\bar{v}^2=219.429,\quad l_{vu}=\sum_{i=1}^{n}v_iu_i-n\bar{v}\bar{u}=883.286,$$

$$\hat{b}=\frac{l_{uv}}{l_{uu}}=4.025,\quad \hat{a}=\bar{v}-\hat{b}\bar{u}=2.039.$$

因此回归方程为 $\hat{y}=\hat{a}+\hat{b}\ln x=2.039+4.025\ln x$. 当 $x=14$ 时, 单位时间产量的预测值 $\hat{y}=12.662$.

8.2　多元线性回归

8.2.1　多元线性回归模型

在实际问题中, 影响因变量的自变量往往不止一个. 这时就需要考虑含多个自变量的回归分析问题.

设有 p 个自变量 $x_1,x_2,\cdots,x_p$ $(p>1)$ 对因变量 y 有影响. 对于自变量 x_1, x_2, $\cdots$, x_p 的每一组确定值, 都有一个随机变量 y 与之相对应. 因为 y 是随机变量, 所以在不同的试验中 y 的观察值是不同的. 如果当 x_1, x_2, $\cdots$, x_p 的值确定时, y 与之对应的条件数学期望 $E(y|x_1,x_2,\cdots,x_p)$ 存在, 那么 $E(y|x_1,x_2,\cdots,x_p)$ 称为 y 关于 $x_1,x_2,\cdots,x_p$ 的回归函数. 于是自变量与因变量之间的关系可以用如下的模型来描述:

$$\begin{cases}y=E(y|x_1,x_2,\cdots,x_n)+\varepsilon,\\ E(\varepsilon)=0,\quad \mathrm{Var}(\varepsilon)=\sigma^2,\end{cases}\tag{8.11}$$

这里 ε 是不可观测的随机误差, 它是一个随机变量. 随机误差 ε 应理解为除 x_1, x_2, $\cdots$, x_p 外对 y 有影响但未加考虑的诸多因素 (包括随机因素) 所产生的影响总和. 式 (8.11)称为多元回归模型, 基于模型 (8.11) 的统计分析称为多元回归分析.

如果回归函数 $E(y|x_1, x_2, \cdots, x_p)$ 是 $x_1, x_2, \cdots, x_p$ 的线性函数, 即

$$E(y|x_1, x_2, \cdots, x_p) = \beta_0 + \beta_1 x_1 + \beta_2 x_2 + \cdots + \beta_p x_p,$$

则模型 (8.11)可化为

$$\begin{cases} y = \beta_0 + \beta_1 x_1 + \beta_2 x_2 + \cdots + \beta_p x_p + \varepsilon, \\ E(\varepsilon) = 0, \quad \mathrm{Var}(\varepsilon) = \sigma^2, \end{cases} \tag{8.12}$$

其中 $\beta_0, \beta_1, \cdots, \beta_p$ 是 $p+1$ 个未知参数. 称 β_0 为回归常数, 称 $\beta_1, \cdots, \beta_p$ 为回归系数. 式 (8.12)称为多元线性回归模型, 基于模型 (8.12) 的统计分析称为多元线性回归分析.

若进一步要求 $\varepsilon \sim N(0, \sigma^2)$, 则模型 (8.11)可化为

$$\begin{cases} y = \beta_0 + \beta_1 x_1 + \beta_2 x_2 + \cdots + \beta_p x_p + \varepsilon, \\ \varepsilon \sim N(0, \sigma^2). \end{cases} \tag{8.13}$$

式 (8.13) 称为多元正态线性回归模型, 基于模型 (8.13) 的统计分析称为多元正态线性回归分析.

如果回归函数 $E(y|x_1, x_2, \cdots, x_p)$ 不是 $x_1, x_2, \cdots, x_p$ 的线性函数, 则对应的式 (8.11)称为多元非线性回归模型, 此时基于模型 (8.11) 的统计分析称为多元非线性回归分析.

对 $(x_1, x_2, \cdots, x_p, y)$ 进行观察, 得到 n 组观察值

$$(x_{i1}, x_{i2}, \cdots, x_{ip}, y_i), \quad i = 1, 2, \cdots, n.$$

如果这 n 组观察值符合模型 (8.12), 则

$$\begin{cases} y_i = \beta_0 + \beta_1 x_{i1} + \beta_2 x_{i2} + \cdots + \beta_p x_{ip} + \varepsilon_i, \\ \varepsilon_i\text{相互独立}, \quad E(\varepsilon_i) = 0, \quad \mathrm{Var}(\varepsilon_i) = \sigma^2, \quad i = 1, 2, \cdots, n. \end{cases} \tag{8.14}$$

式 (8.14) 称为多元线性回归样本模型. 显然

$$E(y_i) = \beta_0 + \beta_1 x_{i1} + \beta_2 x_{i2} + \cdots + \beta_p x_{ip}, \quad \mathrm{Var}(y_i) = \sigma^2.$$

如果这 n 组观察值符合模型 (8.13), 则

$$\begin{cases} y_i = \beta_0 + \beta_1 x_{i1} + \beta_2 x_{i2} + \cdots + \beta_p x_{ip} + \varepsilon_i, \\ \varepsilon_i\text{相互独立}, \quad \varepsilon_i \sim N(0, \sigma^2), \quad i = 1, 2, \cdots, n. \end{cases} \tag{8.15}$$

式 (8.15) 称为多元正态线性回归样本模型.

在上述两个样本模型中,

$$\begin{cases} y_1 = \beta_0 + \beta_1 x_{11} + \beta_2 x_{12} + \cdots + \beta_p x_{1p} + \varepsilon_1, \\ y_2 = \beta_0 + \beta_1 x_{21} + \beta_2 x_{22} + \cdots + \beta_p x_{2p} + \varepsilon_2, \\ \qquad\qquad \cdots\cdots \\ y_n = \beta_0 + \beta_1 x_{n1} + \beta_2 x_{n2} + \cdots + \beta_p x_{np} + \varepsilon_n, \end{cases}$$

即

$$\begin{pmatrix} y_1 \\ y_2 \\ \vdots \\ y_n \end{pmatrix} = \begin{pmatrix} 1 & x_{11} & x_{12} & \dots & x_{1p} \\ 1 & x_{21} & x_{22} & \dots & x_{2p} \\ \vdots & \vdots & \vdots & & \vdots \\ 1 & x_{n1} & x_{n2} & \dots & x_{np} \end{pmatrix} \begin{pmatrix} \beta_0 \\ \beta_1 \\ \vdots \\ \beta_p \end{pmatrix} + \begin{pmatrix} \varepsilon_1 \\ \varepsilon_2 \\ \vdots \\ \varepsilon_n \end{pmatrix}.$$

写成矩阵形式就是

$$\boldsymbol{Y} = \boldsymbol{X}\boldsymbol{\beta} + \boldsymbol{\varepsilon},$$

这里

$$\boldsymbol{Y} = \begin{pmatrix} y_1 \\ y_2 \\ \vdots \\ y_n \end{pmatrix}, \quad \boldsymbol{X} = \begin{pmatrix} 1 & x_{11} & x_{12} & \dots & x_{1p} \\ 1 & x_{21} & x_{22} & \dots & x_{2p} \\ \vdots & \vdots & \vdots & & \vdots \\ 1 & x_{n1} & x_{n2} & \dots & x_{np} \end{pmatrix}, \quad \boldsymbol{\beta} = \begin{pmatrix} \beta_0 \\ \beta_1 \\ \vdots \\ \beta_p \end{pmatrix}, \quad \boldsymbol{\varepsilon} = \begin{pmatrix} \varepsilon_1 \\ \varepsilon_2 \\ \vdots \\ \varepsilon_n \end{pmatrix}.$$

在多元正态线性回归样本模型中,

$$\boldsymbol{\varepsilon} \sim N(\boldsymbol{0}, \sigma^2 \boldsymbol{I}_n), \quad \boldsymbol{Y} \sim N(\boldsymbol{\beta}, \sigma^2 \boldsymbol{I}_n). \tag{8.16}$$

8.2.2　参数的最小二乘估计

考虑多元线性回归, 其模型为

$$\begin{cases} y = \beta_0 + \beta_1 x_1 + \beta_2 x_2 + \cdots + \beta_p x_p + \varepsilon, \\ E(\varepsilon) = 0, \quad \operatorname{Var}(\varepsilon) = \sigma^2. \end{cases}$$

其中 $\beta_0, \beta_1, \cdots, \beta_p$ 都是未知参数. 多元线性回归分析的首要任务就是用适当的统计方法获得未知参数 $\beta_0, \beta_1, \cdots, \beta_p$ 的估计值 $\hat{\beta}_0, \hat{\beta}_1, \hat{\beta}_2, \cdots, \hat{\beta}_p$.

称

$$\hat{y} = \hat{\beta}_0 + \hat{\beta}_1 x_1 + \hat{\beta}_2 x_2 + \cdots + \hat{\beta}_p x_p$$

为 y 关于 $x_1, x_2, \cdots, x_p$ 的多元线性经验回归方程或简称多元回归方程, 方程对应的直线称为多元回归直线.

称

$$\hat{y}_i = \hat{\beta}_0 + \hat{\beta}_1 x_{i1} + \hat{\beta}_2 x_{i2} + \cdots + \hat{\beta}_p x_{ip}$$

为 $y_i (i = 1, 2, \cdots, n)$ 的回归拟合值, 简称回归值或拟合值.

记

$$Q(\beta_0, \beta_1, \beta_2, \cdots, \beta_p) = \sum_{i=1}^{n} [y_i - E(y_i)]^2 = \sum_{i=1}^{n} [y_i - (\beta_0 + \beta_1 x_{i1} + \beta_2 x_{i2} + \cdots + \beta_p x_{ip})]^2.$$

最小二乘法就是寻找参数 $\beta_0, \beta_1, \beta_2, \cdots, \beta_p$ 的估计值 $\hat{\beta}_0, \hat{\beta}_1, \hat{\beta}_2, \cdots, \hat{\beta}_p$, 使上式的值达到最小, 即寻找 $\hat{\beta}_0, \hat{\beta}_1, \hat{\beta}_2, \cdots, \hat{\beta}_p$, 满足

$$Q(\hat{\beta}_0, \hat{\beta}_1, \hat{\beta}_2, \cdots, \hat{\beta}_p) = \min_{\beta_0, \beta_1, \beta_2, \cdots, \beta_p} Q(\beta_0, \beta_1, \beta_2, \cdots, \beta_p),$$

即

$$\begin{aligned}&\sum_{i=1}^{n}[y_i-(\hat\beta_0+\hat\beta_1x_{i1}+\hat\beta_2x_{i2}+\cdots+\hat\beta_px_{ip})]^2\\=&\min_{\beta_0,\beta_1,\cdots,\beta_p}\sum_{i=1}^{n}[y_i-(\beta_0+\beta_1x_{i1}+\beta_2x_{i2}+\cdots+\beta_px_{ip})]^2.\end{aligned}$$

由此求出的 $\hat\beta_0,\hat\beta_1,\hat\beta_2,\cdots,\hat\beta_p$ 称为参数 $\beta_0,\beta_1,\beta_2,\cdots,\beta_p$ 的最小二乘估计.

为求最小二乘估计, 由微积分学中的极值原理, 就是要解下面的方程组

$$\frac{\partial Q}{\partial\beta_j}=0,\quad j=0,1,\cdots,p,$$

即

$$\begin{cases}-2\sum_{i=1}^{n}[y_i-(\beta_0+\beta_1x_{i1}+\beta_2x_{i2}+\cdots+\beta_px_{ip})]=0,\\-2\sum_{i=1}^{n}[y_i-(\beta_0+\beta_1x_{i1}+\beta_2x_{i2}+\cdots+\beta_px_{ip})]x_{i1}=0,\\\qquad\vdots\\-2\sum_{i=1}^{n}[y_i-(\beta_0+\beta_1x_{i1}+\beta_2x_{i2}+\cdots+\beta_px_{ip})]x_{ip}=0.\end{cases}$$

经整理后, 得到正规方程组

$$\begin{cases}n\beta_0+\beta_1\sum_{i=1}^{n}x_{i1}+\beta_2\sum_{i=1}^{n}x_{i1}+\cdots+\beta_p\sum_{i=1}^{n}x_{ip}=\sum_{i=1}^{n}y_i,\\\beta_0\sum_{i=1}^{n}x_{i1}+\beta_1\sum_{i=1}^{n}x_{i1}^2+\beta_2\sum_{i=1}^{n}x_{i1}x_{i2}+\cdots+\beta_p\sum_{i=1}^{n}x_{i1}x_{ip}=\sum_{i=1}^{n}x_{i1}y_i,\\\qquad\vdots\\\beta_0\sum_{i=1}^{n}x_{ip}+\beta_1\sum_{i=1}^{n}x_{ip}x_{i1}+\beta_2\sum_{i=1}^{n}x_{ip}x_{i2}+\cdots+\beta_p\sum_{i=1}^{n}x_{ip}^2=\sum_{i=1}^{n}x_{ip}y_i.\end{cases}$$

写成矩阵形式为

$$(\boldsymbol{X}^{\mathrm T}\boldsymbol{X})\boldsymbol{\beta}=\boldsymbol{X}^{\mathrm T}\boldsymbol{Y}.$$

当 $\boldsymbol{X}^{\mathrm T}\boldsymbol{X}$ 可逆时, 方程组有唯一解

$$\boldsymbol{\beta}=(\boldsymbol{X}^{\mathrm T}\boldsymbol{X})^{-1}\boldsymbol{X}^{\mathrm T}\boldsymbol{Y},\tag{8.17}$$

这个唯一解就是所求最小二乘估计, 即

$$\hat{\boldsymbol{\beta}}=(\boldsymbol{X}^{\mathrm T}\boldsymbol{X})^{-1}\boldsymbol{X}^{\mathrm T}\boldsymbol{Y}.\tag{8.18}$$

这里

$$\hat{\boldsymbol{\beta}}=(\hat\beta_0,\hat\beta_1,\hat\beta_2,\cdots,\hat\beta_p)^{\mathrm T}.$$

为了便于后面的讨论, 引入下面的概念与记号.

称 $\hat\varepsilon_i=y_i-\hat y_i=y_i-(\hat\beta_0+\hat\beta_1x_{i1}+\hat\beta_2x_{i2}+\cdots+\hat\beta_px_{ip})$ 为残差.

称 $\mathrm{SSE}=\sum_{i=1}^{n}(\hat{\varepsilon}_i)^2=\sum_{i=1}^{n}(y_i-\hat{y}_i)^2$ 为残差平方和.

记

$$\hat{\sigma}^2=\frac{\mathrm{SSE}}{n-p-1}=\frac{1}{n-p-1}\sum_{i=1}^{n}(y_i-\hat{y}_i)^2.$$

定理 8.6 对于多元线性回归样本模型 (8.14)

$$\begin{cases}y_i=\beta_0+\beta_1x_{i1}+\beta_2x_{i2}+\cdots+\beta_px_{ip}+\varepsilon_i,\\ \varepsilon_i\text{相互独立},\quad E(\varepsilon_i)=0,\quad \mathrm{Var}(\varepsilon_i)=\sigma^2,\quad i=1,2,\cdots,n,\end{cases}$$

参数 $\boldsymbol{\beta}$ 的最小二乘估计 $\hat{\boldsymbol{\beta}}$ 有如下性质:

(1) $\hat{\boldsymbol{\beta}}$ 是随机向量 $\boldsymbol{Y}$ 的一个线性变换;

(2) $\hat{\boldsymbol{\beta}}$ 是 $\boldsymbol{\beta}$ 的无偏估计;

(3) $\mathrm{Var}(\hat{\boldsymbol{\beta}})=\sigma^2(\boldsymbol{X}^{\mathrm{T}}\boldsymbol{X})^{-1}$;

(4) $\hat{\sigma}^2$ 是 σ^2 的无偏估计.

定理 8.7 对于多元正态线性回归样本模型 (8.15)

$$\begin{cases}y_i=\beta_0+\beta_1x_{i1}+\beta_2x_{i2}+\cdots+\beta_px_{ip}+\varepsilon_i,\\ \varepsilon_i\text{相互独立},\quad \varepsilon_i\sim N(0,\sigma^2),\quad i=1,2,\cdots,n,\end{cases}$$

有如下性质:

(1) $\hat{\boldsymbol{\beta}}\sim N\left(\boldsymbol{\beta},\sigma^2(\boldsymbol{X}^{\mathrm{T}}\boldsymbol{X})^{-1}\right)$;

(2) $t_j=\dfrac{\hat{\beta}_j-\beta_j}{\hat{\sigma}\sqrt{c_{jj}}}\sim t(n-p-1)$, 这里 c_{jj} 是矩阵 $\boldsymbol{C}=(\boldsymbol{X}^{\mathrm{T}}\boldsymbol{X})^{-1}$ 的第 $j+1$ 行 $j+1$ 列元素.

下面的内容如果没有特殊说明都是在多元正态线性回归样本模型中进行的.

8.2.3 线性假设的显著性检验

当我们得到一个实际问题的回归方程 $\hat{y}=\hat{\beta}_0+\hat{\beta}_1x_1+\hat{\beta}_2x_2+\cdots+\hat{\beta}_px_p$ 后, 需要对回归方程进行检验.

1. t 检验法

在多元线性回归中, 回归方程显著并不意味着每个自变量对因变量的影响都显著. 如果某个自变量 x_j 对因变量 y 的影响不显著, 那么在回归模型中, 它的系数就取值为零. 因此检验自变量 x_j 对 y 的作用是否显著等价于检验假设

$$H_{0j}:\beta_j=0,\quad j=1,2,\cdots,p.$$

由 t 分布的定义构造 t 统计量

$$t_j=\frac{\hat{\beta}_j}{\hat{\sigma}\sqrt{c_{jj}}}.$$

给定显著性水平 α, 由定理 8.7, 可得拒绝域

$$\left\{|t|\geqslant t_{\alpha/2}(n-p-1)\right\}.$$

2. F 检验法

F 检验法根据平方和分解式, 直接从回归效果来检验回归方程的显著性.

观察值 $y_1, y_2, \cdots, y_n$ 之间存在差异, 这些差异来自两个方面: 自变量 $x_1, x_2, \cdots, x_p$ 取值的不同和随机误差的影响. 如果观察值 $y_1, y_2, \cdots, y_n$ 之间的差异主要来自自变量的取值不同, 则应有 $\beta_1, \beta_2, \cdots, \beta_p$ 不全为零; 相反, 若观察值 $y_1, y_2, \cdots, y_n$ 之间的差异主要来自随机误差的影响, 则应有 $\beta_1 = \beta_2 = \cdots = \beta_p = 0$. 为此提出原假设

$$H_0: \beta_1 = \beta_2 = \cdots = \beta_p = 0.$$

称 $\sum\limits_{i=1}^{n}(y_i - \bar{y})^2$ 为总偏差平方和或总离差平方和, 简记为 SST 或 S_{T} 或 $S_{总}$; 称 $\sum\limits_{i=1}^{n}(y_i - \hat{y}_i)^2$ 为残差平方和或剩余平方和, 简记为 SSE 或 $S_{残}$ 或 $S_{剩}$; 称 $\sum\limits_{i=1}^{n}(\hat{y}_i - \bar{y})^2$ 为回归平方和, 简记为 SSR 或 $S_{回}$.

平方和分解式

$$\sum_{i=1}^{n}(y_i - \bar{y})^2 = \sum_{i=1}^{n}(y_i - \hat{y}_i)^2 + \sum_{i=1}^{n}(\hat{y}_i - \bar{y})^2,$$

简记为

$$\mathrm{SST} = \mathrm{SSE} + \mathrm{SSR}.$$

定理 8.8 对于多元正态线性回归样本模型 (8.15)

$$\begin{cases} y_i = \beta_0 + \beta_1 x_{i1} + \beta_2 x_{i2} + \cdots + \beta_p x_{ip} + \varepsilon_i, \\ \varepsilon_i \text{相互独立}, \quad \varepsilon_i \sim N(0, \sigma^2), \quad i = 1, 2, \cdots, n. \end{cases}$$

当 $H_0: \beta_1 = \beta_2 = \cdots = \beta_p = 0$ 为真时, 有

(1) $\dfrac{\mathrm{SSE}}{\sigma^2} \sim \chi^2(n-p-1)$;

(2) SSR 与 SSE 独立;

(3) $F = \dfrac{\mathrm{SSR}/p}{\mathrm{SSE}/(n-p-1)} \sim F(p, n-p-1)$.

由 F 分布的定义构造 F 统计量

$$F = \frac{\mathrm{SSR}/p}{\mathrm{SSE}/(n-p-1)}.$$

给定显著性水平 α, 由定理 8.8, 可得拒绝域

$$\{F \geqslant F_\alpha(p, n-p-1)\}.$$

8.2.4 回归系数的区间估计

当线性回归效果显著, 即 $H_{0j}: \beta_j = 0$ 不成立时, 需要对回归系数 β_j 作区间估计.

构造枢轴量

$$t_j = \frac{\hat{\beta}_j - \beta_j}{\hat{\sigma}\sqrt{c_{jj}}}.$$

由定理 8.7, 知

$$t_j = \frac{\hat{\beta}_j - \beta_j}{\hat{\sigma}\sqrt{c_{jj}}} \sim t(n-p-1),$$

于是

$$P\left\{|t_j| < t_{\alpha/2}(n-p-1)\right\} = 1-\alpha,$$

即

$$P\left\{\hat{\beta}_j - t_{\alpha/2}(n-p-1)\sqrt{c_{jj}}\hat{\sigma} < \beta_j < \hat{\beta}_j + t_{\alpha/2}(n-p-1)\sqrt{c_{jj}}\hat{\sigma}\right\} = 1-\alpha.$$

利用正态总体置信区间的知识, 可以得到 β_j 的置信水平为 $1-\alpha$ 的置信区间为

$$\left(\hat{\beta}_j - t_{\alpha/2}(n-p-1)\sqrt{c_{jj}}\hat{\sigma},\ \hat{\beta}_j + t_{\alpha/2}(n-p-1)\sqrt{c_{jj}}\hat{\sigma}\right),$$

上式可以简写为

$$\left(\hat{\beta}_j \pm t_{\alpha/2}(n-p-1)\sqrt{c_{jj}}\hat{\sigma}\right),$$

这里

$$\hat{\sigma}^2 = \frac{\text{SSE}}{n-p-1} = \frac{1}{n-p-1}\sum_{i=1}^{n}(y_i - \hat{y}_i)^2.$$

8.2.5 因变量的预测

建立回归方程的目的是应用, 而预测是回归方程的最重要的应用. 给定 $(x_1, x_2, \cdots, x_p) = (x_{01}, x_{02}, \cdots, x_{0p})$, 线性回归模型为

$$\begin{cases} y_0 = \beta_0 + \beta_1 x_{01} + \beta_2 x_{02} + \cdots + \beta_p x_{0p} + \varepsilon_0, \\ \varepsilon_0 \sim N(0, \sigma^2). \end{cases}$$

当给定 $(x_1, x_2, \cdots, x_p) = (x_{01}, x_{02}, \cdots, x_{0p})$ 时, 利用

$$\hat{y} = \hat{\beta}_0 + \hat{\beta}_1 x_1 + \hat{\beta}_2 x_2 + \cdots + \hat{\beta}_p x_p,$$

取

$$\hat{y}_0 = \hat{\beta}_0 + \hat{\beta}_1 x_{01} + \hat{\beta}_2 x_{02} + \cdots + \hat{\beta}_p x_{0p}$$

作为 y_0 的预测值.

8.3 单因素方差分析

在实际中, 影响试验结果的因素有很多. 要判断因素对试验结果的影响就要判断两个以上正态总体的样本均值的差异是来自抽样的随机性, 还是源于被抽样的总体均值之间的差异. 例如, 对同样的商品, 采用三种不同的包装是否会导致明显不同的销售量, 三个居民区之间收入水平是否会有差异等. 用来解决上述问题的方法称为方差分析法, 由英国统计学家费希尔 (R. A. Fisher) 最早提出. 在前面提及的例子中, 包装、居民区称为因素, 因素所处的状态称为水平. 如三种不同的包装就是包装这一因素的三个水平, 三个居民区就是居民区这一因素的三个水平. 在试验中, 如果只有一个因素取不同的水平, 其他因素保持不变, 那么这种试验称为单因素试验; 如果有两个或两个以上的因素取不同的水平, 称为多因素试验. 本节只讨论单因素试验.

8.3.1 单因素方差分析模型

例 8.3 为检验甲、乙、丙三种不同配料方案所制成水泥的凝固时间是否相同, 某试验员试验后得到了如下表所示的试验数据, 其中甲、乙、丙的配料方案分别用 A_1, A_2, A_3 表示.

配料方案	凝固时间						$\bar{y}$ (凝固时间均值)
A_1	12	10	13	15	12		12.4
A_2	17	16	19	20	13	15	16.667
A_3	15	19	12	14			15

试问这三种配料方案制成的水泥在凝固时间上是否有显著差异 $(\alpha = 0.05)$?

解 这里配料方案为因素, 三种配料方案为三个不同水平, 分别记为 A_1, A_2, A_3, 这就是单因素三水平的试验. 从每一种水平 A_i 的数据可发现, 在水平 A_i 下, 凝固时间存在差异, 对于每个水平, 如果不存在各种不可控制的随机因素, 一般认为在水平 A_i 下凝固时间是常数 μ_i. 但由于不可控因素是客观存在的, 因此在选择配料方案 A_i 时, 凝固时间是随机变量, 即认为每个水平 A_i 对应一个总体 y_i, 设 ε_i 是各种随机因素的综合效应, 根据中心极限定理, 认为 $\varepsilon_i \sim N(0, \sigma_i^2)$, $i = 1, 2, 3$ 是合理的, 这样有 $y_i = \mu_i + \varepsilon_i$ 且 $y_i \sim N(\mu_i, \sigma_i^2)$, $i = 1, 2, 3$. 另一方面, 从不同水平 A_i 的凝固时间均值来看, 它们也存在着差异, 样本均值反映了总体的情况, 因此样本均值存在差异的事实说明, 把三个水平之下的总体 y_i 看成三个不同的正态总体更为合理.

判断水泥凝固时间是否相同的问题, 就是要判断凝固时间的差异是受随机因素的影响, 还是配料方案的不同所导致的. 一般地, 在安排单因素试验时, 除所要考虑的因素外, 其余的条件尽可能相同, 因此我们认为不同水平下所对应的正态总体的方差应是相等的. 因此, 要判断几个正态总体是否来自同一分布的问题就是判断几个具有相同方差的正态总体的均值是否相等的问题.

下面考虑单因素方差分析的数学模型.

在试验中只考察一个因素 A, 设 A 有 r 个不同水平 $A_1, A_2, \cdots, A_r$, 在水平 A_i 下的总体记为 y_i, 设 $y_i \sim N(\mu_i, \sigma^2)(i = 1, 2, \cdots, r)$ 且相互独立. 在水平 A_i 下重复进行 n_i 次独立试验, 获得容量为 n_i 的样本 $y_{i1}, y_{i2}, \cdots, y_{in_i}$. 这里 y_{ij} 是因素 A 的第 i 个水平 A_i 下第 j 次试验结果, 所以 $y_{ij} \sim N(\mu_i, \sigma^2)(i = 1, 2, \cdots, r; j = 1, 2, \cdots, n_i)$ 且所有的 y_{ij} 相互独立.

令 $\varepsilon_{ij} = y_{ij} - \mu_i$, 则 ε_{ij} 是因素 A 的第 i 个水平 A_i 下第 j 次试验的随机误差. 所有的 ε_{ij} 相互独立, 且 $\varepsilon_{ij} \sim N(0, \sigma^2)$.

单因素方差分析要检验的假设为

$$H_0: \mu_1 = \mu_2 = \cdots = \mu_r, \quad H_1: \mu_1, \mu_2, \cdots, \mu_r \text{不全相等}. \tag{8.19}$$

当 $k = 2$ 时, 检验假设 $H_0: \mu_1 = \mu_2$, $H_1: \mu_1 \neq \mu_2$, 可采用 t 检验法; 当 $k >2$ 时, t 检验法已不再适用.

单因素方差分析的统计模型为

$$\begin{cases} y_{ij} = \mu_i + \varepsilon_{ij}, \\ \varepsilon_{ij}\text{相互独立}, \ \varepsilon_{ij} \sim N(0, \sigma^2), \ i = 1, 2, \cdots, r; \ j = 1, 2, \cdots, n_i. \end{cases} \tag{8.20}$$

为了便于后面的讨论, 引入下面的概念.

称 $n = \sum\limits_{i=1}^{r} n_i$ 为样本总容量. 称 $\mu = \dfrac{1}{n}\sum\limits_{i=1}^{r} n_i\mu_i$ 为总体总均值或总体总平均. 称 $a_i = \mu_i - \mu$

为因素 A 的第 i 水平 A_i 对试验结果的效应或主效应, 简称 A_i 的效应.

可得如下关系式

$$y_{ij} = \mu_i + \varepsilon_{ij} = \mu + a_i + \varepsilon_{ij},$$

以及

$$\sum_{i=1}^{r} n_i a_i = \sum_{i=1}^{r} n_i (\mu_i - \mu) = \sum_{i=1}^{r} n_i \mu_i - \sum_{i=1}^{r} \mu = n\mu - n\mu = 0.$$

由以上假定, 单因素方差分析模型可改写为

$$\begin{cases} y_{ij} = \mu + a_i + \varepsilon_{ij}, \\ \sum\limits_{i=1}^{r} n_i a_i = 0, \quad \varepsilon_{ij}\ \text{相互独立}, \quad \varepsilon_{ij} \sim N(0, \sigma^2), \quad i = 1, 2, \cdots, r;\ j = 1, 2, \cdots, n_i. \end{cases} \tag{8.21}$$

相应地可将假设检验 (8.19) 等价地表示为

$$H_0 : a_1 = a_2 = \cdots = a_r = 0, \quad H_1 : a_1, a_2, \cdots, a_r\text{不全为零}. \tag{8.22}$$

8.3.2 单因素方差分析的统计分析

为了更好地进行分析, 引入一些概念.

称 $\bar{y}_i = \dfrac{1}{n_i} \sum\limits_{j=1}^{n_i} y_{ij}$ 为水平 A_i 的样本均值或第 i 个样本的样本均值.

称 $S_i^2 = \dfrac{1}{n_i - 1} \sum\limits_{j=1}^{n_i} (y_{ij} - \bar{y}_i)^2$ 为水平 A_i 的样本方差或第 i 个样本的样本方差.

称 $\bar{y} = \dfrac{1}{n} \sum\limits_{i=1}^{r} \sum\limits_{j=1}^{n_i} y_{ij} = \dfrac{1}{n} \sum\limits_{i=1}^{r} n_i \bar{y}_i$ 为样本总均值.

称 $S_T = \sum\limits_{i=1}^{r} \sum\limits_{j=1}^{n_i} (y_{ij} - \bar{y})^2$ 为总偏差平方和.

称 $S_e = \sum\limits_{i=1}^{r} \sum\limits_{j=1}^{n_i} (y_{ij} - \bar{y}_i)^2 = \sum\limits_{i=1}^{r} (n_i - 1) S_i^2$ 为误差平方和或组内偏差平方和.

称 $S_A = \sum\limits_{i=1}^{r} \sum\limits_{j=1}^{n_i} (\bar{y}_i - \bar{y})^2 = \sum\limits_{i=1}^{r} n_i (\bar{y}_i - \bar{y})^2$ 为效应平方和或组间偏差平方和.

注 8.3 (偏差平方和) *偏差平方和也称为离差平方和, 简称为平方和.*

平方和分解式

$$\sum_{i=1}^{r} \sum_{j=1}^{n_i} (y_{ij} - \bar{y})^2 = \sum_{i=1}^{r} \sum_{j=1}^{n_i} (y_{ij} - \bar{y}_i)^2 + \sum_{i=1}^{r} \sum_{j=1}^{n_i} (\bar{y}_i - \bar{y})^2,$$

简记为

$$S_T = S_e + S_A.$$

对 S_T 进行如下分解:

$$\begin{aligned} S_T &= \sum_{i=1}^{r} \sum_{j=1}^{n_i} (y_{ij} - \bar{y})^2 \\ &= \sum_{i=1}^{r} \sum_{j=1}^{n_i} [(y_{ij} - \bar{y}_i) + (\bar{y}_i - \bar{y})]^2 \end{aligned}$$

$$
\begin{aligned}
&= \sum_{i=1}^{r}\sum_{j=1}^{n_i}(y_{ij}-\bar{y}_i)^2+\sum_{i=1}^{r}\sum_{j=1}^{n_i}(\bar{y}_i-\bar{y})^2+2\sum_{i=1}^{r}\sum_{j=1}^{n_i}[(y_{ij}-\bar{y}_i)(\bar{y}_i-\bar{y})]\\
&= \sum_{i=1}^{r}\sum_{j=1}^{n_i}(y_{ij}-\bar{y}_i)^2+\sum_{i=1}^{r}\sum_{j=1}^{n_i}(\bar{y}_i-\bar{y})^2+0\\
&= \sum_{i=1}^{r}\sum_{j=1}^{n_i}(y_{ij}-\bar{y}_i)^2+\sum_{i=1}^{r}\sum_{j=1}^{n_i}(\bar{y}_i-\bar{y})^2\\
&= S_e+S_A,
\end{aligned}
$$

其中交叉乘积之和为 0 的原因为

$$
\sum_{j=1}^{n_i}(y_{ij}-\bar{y}_i)=\sum_{j=1}^{n_i}y_{ij}-n_i\bar{y}_i=\sum_{j=1}^{n_i}y_{ij}-n_i\cdot\frac{1}{n_i}\sum_{j=1}^{n_i}y_{ij}=0,
$$

$$
\sum_{i=1}^{r}\sum_{j=1}^{n_i}[(y_{ij}-\bar{y}_i)(\bar{y}_i-\bar{y})]=\sum_{i=1}^{r}\left[(\bar{y}_i-\bar{y})\sum_{j=1}^{n_i}(y_{ij}-\bar{y}_i)\right]=0.
$$

下面讨论单因素方差分析的基本原理.

如果 H_0 成立, 那么 r 个总体间无显著性差异, 即认为因素 A 对试验结果影响不显著, 可以把 r 个样本看作来自同一正态总体. r 个样本的差异仅仅是由随机波动引起的差异. 反之, 如果 H_0 不成立, 那么 r 个总体间有显著差异, 即认为因素 A 对试验结果影响显著, 则 r 个样本并不来自同一正态总体. r 个样本的差异除随机波动引起的差异外, 还应包括因素 A 的各个水平之间的差异.

S_T 反映了全体样本的波动程度, S_e 反映了随机误差的大小. 而 S_A 除反映了随机误差之外, 还反映了因素 A 的各个水平之间的差异.

考察比值 S_A/S_e, 若比值不大, 则说明因素 A 的各个水平之间的差异的影响不大, 就不应该拒绝 H_0. 反之, 若比值较大, 则说明因素 A 的各个水平之间的差异的影响较大, 这时应拒绝 H_0. 因此, 原假设的拒绝域为 $S_A/S_e > c$, c 为 正常数, 其值与指定的检验水平 α 有关.

定理 8.9 在单因素方差分析模型中, 如果 H_0 成立, 则

(1) $\dfrac{S_e}{\sigma^2}\sim\chi^2(n-r)$;

(2) $\dfrac{S_A}{\sigma^2}\sim\chi^2(r-1)$;

(3) S_A 与 S_e 相互独立;

(4) $F=\dfrac{S_A/(r-1)}{S_e/(n-r)}\sim F(r-1,n-r)$.

构造检验统计量

$$
F=\frac{S_A/(r-1)}{S_e/(n-r)}. \tag{8.23}
$$

在显著性水平为 α 的条件下, 检验问题的拒绝域为

$$
\{F\geqslant F_\alpha(r-1,n-r)\}. \tag{8.24}
$$

对于显著性水平 $\alpha(0<\alpha<1)$, 若 $F\geqslant F_\alpha(r-1,n-r)$, 则拒绝 H_0; 反之则接受 H_0.

通常, 可将上述检验过程写成如表 8.2 所示的方差分析表形式.

表 8.2　单因素方差分析表

方差来源	平方和	自由度	均方	F 值
因素 A	S_A	$r-1$	$\mathrm{MS}_A=\dfrac{S_A}{r-1}$	$F=\dfrac{\mathrm{MS}_A}{\mathrm{MS}_e}$
误差 e	S_e	$n-r$	$\mathrm{MS}_e=\dfrac{S_e}{n-r}$	
总和	S_T	$n-1$		

其中 $\mathrm{MS}_A=\dfrac{S_A}{r-1}$ 称为因素 A 的均方, $\mathrm{MS}_e=\dfrac{S_e}{n-r}$ 称为误差 e 的均方.

记

$$P=\frac{1}{n}\left(\sum_{i=1}^{r}\sum_{j=1}^{n_i}y_{ij}\right)^2,\quad Q=\sum_{i=1}^{r}\frac{1}{n_i}\left(\sum_{j=1}^{n_i}y_{ij}\right)^2,\quad R=\sum_{i=1}^{r}\sum_{j=1}^{n_i}y_{ij}^2.$$

则

$$S_A=Q-P=\sum_{i=1}^{r}\frac{1}{n_i}\left(\sum_{j=1}^{n_i}y_{ij}\right)^2-\frac{1}{n}\left(\sum_{i=1}^{r}\sum_{j=1}^{n_i}y_{ij}\right)^2,$$

$$S_e=R-Q=\sum_{i=1}^{r}\sum_{j=1}^{n_i}y_{ij}^2-\sum_{i=1}^{r}\frac{1}{n_i}\left(\sum_{j=1}^{n_i}y_{ij}\right)^2,$$

$$S_T=R-P=\sum_{i=1}^{r}\sum_{j=1}^{n_i}y_{ij}^2-\frac{1}{n}\left(\sum_{i=1}^{r}\sum_{j=1}^{n_i}y_{ij}\right)^2,$$

这是因为

$$\begin{aligned}S_A&=\sum_{i=1}^{r}\sum_{j=1}^{n_i}(\bar{y}_i-\bar{y})^2=\sum_{i=1}^{r}\sum_{j=1}^{n_i}\left(\bar{y}_i^2-2\bar{y}\bar{y}_i+\bar{y}^2\right)\\&=\sum_{i=1}^{r}\sum_{j=1}^{n_i}\bar{y}_i^2-2\bar{y}\sum_{i=1}^{r}\sum_{j=1}^{n_i}\bar{y}_i+\sum_{i=1}^{r}\sum_{j=1}^{n_i}\bar{y}^2\\&=\sum_{i=1}^{r}n_i\bar{y}_i^2-2\left(\frac{1}{n}\sum_{i=1}^{r}\sum_{j=1}^{n_i}y_{ij}\right)\sum_{i=1}^{r}n_i\bar{y}_i+n\left(\frac{1}{n}\sum_{i=1}^{r}\sum_{j=1}^{n_i}y_{ij}\right)^2\\&=\sum_{i=1}^{r}\frac{1}{n_i}\left(\sum_{j=1}^{n_i}y_{ij}\right)^2-\frac{1}{n}\left(\sum_{i=1}^{r}\sum_{j=1}^{n_i}y_{ij}\right)^2\\&=Q-P,\end{aligned}$$

$$\begin{aligned}S_e&=\sum_{i=1}^{r}\sum_{j=1}^{n_i}(y_{ij}-\bar{y}_i)^2=\sum_{i=1}^{r}\sum_{j=1}^{n_i}\left(y_{ij}^2-2\bar{y}_iy_{ij}+\bar{y}_i^2\right)\\&=\sum_{i=1}^{r}\sum_{j=1}^{n_i}y_{ij}^2-2\sum_{i=1}^{r}\bar{y}_i\sum_{j=1}^{n_i}y_{ij}+\sum_{i=1}^{r}\sum_{j=1}^{n_i}\bar{y}_i^2\\&=\sum_{i=1}^{r}\sum_{j=1}^{n_i}y_{ij}^2-2\sum_{i=1}^{r}n_i\bar{y}_i^2+\sum_{i=1}^{r}n_i\bar{y}_i^2\end{aligned}$$

$$
\begin{aligned}
&= \sum_{i=1}^{r}\sum_{j=1}^{n_i} y_{ij}^2 - \sum_{i=1}^{r} n_i \bar{y}_i^2 \\
&= \sum_{i=1}^{r}\sum_{j=1}^{n_i} y_{ij}^2 - \sum_{i=1}^{r} \frac{1}{n_i}\left(\sum_{j=1}^{n_i} y_{ij}\right)^2 \\
&= R - Q,
\end{aligned}
$$

以及

$$
\begin{aligned}
S_T &= \sum_{i=1}^{r}\sum_{j=1}^{n_i} (y_{ij}-\bar{y})^2 = \sum_{i=1}^{r}\sum_{j=1}^{n_i} (y_{ij}^2 - 2\bar{y}y_{ij} + \bar{y}^2) \\
&= \sum_{i=1}^{r}\sum_{j=1}^{n_i} y_{ij}^2 - 2\bar{y}\sum_{i=1}^{r}\sum_{j=1}^{n_i} y_{ij} + n\bar{y}^2 \\
&= \sum_{i=1}^{r}\sum_{j=1}^{n_i} y_{ij}^2 - 2n\bar{y}^2 + n\bar{y}^2 \\
&= \sum_{i=1}^{r}\sum_{j=1}^{n_i} y_{ij}^2 - n\bar{y}^2 \\
&= R - P.
\end{aligned}
$$

在例 8.3 的检验问题中, $r=3$, $n_1=5, n_2=6, n_3=4$, $n=15$, 对各水平数据计算得到表 8.3.

表 8.3 例 8.3 的各水平数据计算表

水平	$\sum_{j=1}^{n_i} y_{ij}$	$\left(\sum_{j=1}^{n_i} y_{ij}\right)^2 \Big/ n_i$	$\sum_{j=1}^{n_i} y_{ij}^2$
A_1	62	768.8	782
A_2	100	1666.667	1700
A_3	60	900	926

进一步可以得到

$$
P = \frac{1}{n}\left(\sum_{i=1}^{r}\sum_{j=1}^{n_i} y_{ij}\right)^2 = 3285.6,
$$

$$
Q = \sum_{i=1}^{r}\frac{1}{n_i}\left(\sum_{j=1}^{n_i} y_{ij}\right)^2 = 3335.467,
$$

$$
R = \sum_{i=1}^{r}\sum_{j=1}^{n_i} y_{ij}^2 = 3408,
$$

以及单因素方差分析表 (表 8.4).

表 8.4 例 8.3 的单因素方差分析表

方差来源	平方和	自由度	均方	F 值
因素 A	49.867	2	24.933	4.125
误差 e	72.533	12	6.044	
总和	122.4	14		

因为 $F = 4.125 > F_{0.05}(2, 12) = 3.89$, 所以拒绝 H_0, 即认为不同配料方案下的水泥凝固时间有显著差异.

例 8.4 现有四组鼠脾的 DNA 含量数据 (mg/g), 试由以下数据分析这四组 DNA 含量是否存在显著差异 ($\alpha = 0.05$).

组序	DNA 含量数据/(mg/g)								
A_1	12.3	13.2	13.7	15.2	15.4	15.8	16.9	17.3	
A_2	10.8	11.6	12.3	12.7	13.5	13.5	14.8		
A_3	9.3	10.3	11.1	11.7	11.7	12.0	12.3	12.4	13.6
A_4	9.5	10.3	10.5	10.5	10.5	10.9	11.0	11.5	

解 由题意有 $k = 4$, $n_1 = 8$, $n_2 = 7$, $n_3 = 9$, $n_4 = 8$, $n = 32$, 对各水平数据计算得到表 8.5.

表 8.5 例 8.4 的各水平数据计算表

水平	$\sum_{j=1}^{n_i} y_{ij}$	$\left(\sum_{j=1}^{n_i} y_{ij}\right)^2 \Big/ n_i$	$\sum_{j=1}^{n_i} y_{ij}^2$
A_1	119.8	1794.005	1815.96
A_2	89.2	1136.663	1147.32
A_3	104.4	1211.04	1223.58
A_4	84.7	896.761	899.15

进一步可以得到

$$P = \frac{1}{n}\left(\sum_{i=1}^{r}\sum_{j=1}^{n_i} y_{ij}\right)^2 = 4952.613,$$

$$Q = \sum_{i=1}^{r}\frac{1}{n_i}\left(\sum_{j=1}^{n_i} y_{ij}\right)^2 = 5038.469,$$

$$R = \sum_{i=1}^{r}\sum_{j=1}^{n_i} y_{ij}^2 = 5086.01,$$

以及单因素方差分析表 (表 8.6).

表 8.6 例 8.4 的单因素方差分析表

方差来源	平方和	自由度	均方	F 值
因素 A	85.856	3	28.619	16.856
误差 e	47.541	28	1.698	
总和	133.397	31		

因为 $F = 16.856 > F_{0.05}(3, 28) = 2.95$, 所以拒绝 H_0, 即认为不同组间的 DNA 含量有显著差异.

8.3.3 参数估计

因为 $E(\bar{y}_i) = \mu_i$, $E(\bar{y}) = \mu$, $E(\bar{y}_i - \bar{y}) = \mu_i - \mu = a_i, E(\mathrm{MS}_e) = \sigma^2$, 所以 $\hat{\mu}_i = \bar{y}_i$ 是 μ_i 的无偏估计, $\hat{\mu} = \bar{y}$ 是 μ 的无偏估计, $\hat{a}_i = \bar{y}_i - \bar{y}$ 是 a_i 的无偏估计, $\hat{\sigma}^2 = \mathrm{MS}_e$ 是 σ^2 的无偏估计.

考虑 μ_i 的区间估计问题. 由于

$$y_i \sim N(\mu_i, \sigma^2),$$

于是

$$\bar{y}_i \sim N(\mu_i, \sigma^2/n_i),$$

进而

$$\frac{\bar{y}_i - \mu_i}{\sigma/\sqrt{n_i}} \sim N(0,1).$$

又

$$\frac{S_e}{\sigma^2} \sim \chi^2(n-r),$$

且 $\bar{y}_i$ 与 S_e 相互独立, 所以

$$\frac{(\bar{y}_i - \mu_i)/(\sigma/\sqrt{n_i})}{\sqrt{\frac{S_e}{\sigma^2}/(n-r)}} \sim t(n-r),$$

即

$$\frac{\sqrt{n_i}(\bar{y}_i - \mu_i)}{\sqrt{\mathrm{MS}_e}} \sim t(n-r).$$

由此可得 μ_i 的置信水平为 $1-\alpha$ 的置信区间为

$$\left(\bar{y}_i \pm t_{\alpha/2}(n-r)\sqrt{\mathrm{MS}_e/n_i}\right).$$

考虑 $\mu_i - \mu_j (i \neq j)$ 的区间估计问题. 由于

$$y_i \sim N(\mu_i, \sigma^2), \quad y_j \sim N(\mu_j, \sigma^2),$$

于是

$$\bar{y}_i \sim N(\mu_i, \sigma^2/n_i), \quad \bar{y}_j \sim N(\mu_j, \sigma^2/n_j),$$

又由于 $\bar{y}_i$ 与 $\bar{y}_j$ 相互独立, 所以

$$\bar{y}_i - \bar{y}_j \sim N(\mu_i - \mu_j, (1/n_i + 1/n_j)\sigma^2),$$

进而

$$\frac{\bar{y}_i - \bar{y}_j - (\mu_i - \mu_j)}{\sqrt{1/n_i + 1/n_j}\sigma} \sim N(0,1).$$

又

$$\frac{S_e}{\sigma^2} \sim \chi^2(n-r),$$

且 $\bar{y}_i - \bar{y}_j$ 与 S_e 相互独立, 所以

$$\frac{\bar{y}_i - \bar{y}_j - (\mu_i - \mu_j)/(\sqrt{1/n_i + 1/n_j}\sigma)}{\sqrt{\frac{S_e}{\sigma^2}/(n-r)}} \sim t(n-r),$$

即

$$\frac{\bar{y}_i - \bar{y}_j - (\mu_i - \mu_j)}{\sqrt{(1/n_i + 1/n_j)\mathrm{MS}_e}} \sim t(n-r).$$

由此可得 $\mu_i-\mu_j$ 同时也是 a_i-a_j 的置信水平为 $1-\alpha$ 的置信区间为

$$\left(\bar{y}_i-\bar{y}_j\pm t_{\alpha/2}(n-r)\sqrt{(1/n_i+1/n_j)\mathrm{MS}_e}\right).$$

例 8.5　对于例 8.3 中的参数, 求:

(1) $\sigma^2,\mu,\mu_i,a_i\,(i=1,2,3)$ 的点估计;

(2) $\mu_i\,(i=1,2,3)$ 的置信水平为 0.95 的置信区间;

(3) 均值差 $\mu_1-\mu_2$, $\mu_1-\mu_3$, $\mu_2-\mu_3$ 的置信水平为 0.95 的置信区间.

解　(1) 参数 σ^2,μ,μ_i,a_i $(i=1,2,3)$ 的点估计分别为

$$\hat{\sigma}^2=\mathrm{MS}_e=6.044,\quad \hat{\mu}=\bar{y}=14.8,$$

$$\hat{\mu}_1=\bar{y}_1=12.4,\quad \hat{\mu}_2=\bar{y}_2=16.667,\quad \hat{\mu}_3=\bar{y}_3=15,$$

$$\hat{a}_1=\bar{y}_1-\bar{y}=-2.4,\quad \hat{a}_2=\bar{x}_2-\bar{y}=1.867,\quad \hat{a}_3=\bar{y}_3-\bar{y}=0.2.$$

(2) 查表得 $t_{0.025}(12)=2.1788$, 所以 μ_i $(i=1,2,3)$ 的置信水平为 0.95 的置信区间分别为

$$\left(\bar{y}_1\pm t_{\alpha/2}(n-r)\sqrt{\mathrm{MS}_e/n_1}\right)=(10.004,\ 14.796),$$

$$\left(\bar{y}_2\pm t_{\alpha/2}(n-r)\sqrt{\mathrm{MS}_e/n_2}\right)=(14.480,\ 18.854),$$

$$\left(\bar{y}_3\pm t_{\alpha/2}(n-r)\sqrt{\mathrm{MS}_e/n_3}\right)=(12.322,\ 17.678).$$

(3) $\mu_1-\mu_2$, $\mu_1-\mu_3$ 和 $\mu_2-\mu_3$ 的置信水平为 0.95 的置信区间分别为

$$\left(\bar{y}_1-\bar{y}_2\pm t_{\alpha/2}(n-r)\sqrt{(1/n_1+1/n_2)\mathrm{MS}_e}\right)=(-7.510,\ -1.023),$$

$$\left(\bar{y}_1-\bar{y}_3\pm t_{\alpha/2}(n-r)\sqrt{(1/n_1+1/n_3)\mathrm{MS}_e}\right)=(-6.193,\ 0.993),$$

$$\left(\bar{y}_2-\bar{y}_3\pm t_{\alpha/2}(n-r)\sqrt{(1/n_2+1/n_3)\mathrm{MS}_e}\right)=(-1.791,\ 5.124).$$

8.4　Bayes 统计分析

Bayes 方法的基本观点起源于著名英国学者托马斯 • 贝叶斯 (Thomas Bayes, 1701—1761) 在 1763 年发表的遗作《机遇理论中一个问题的解》的论文. Bayes 公式虽然在形式上不过是条件概率的简单推论, 但却包含了归纳推理的一种全新的思想. 文中的观点在相当长的时间并未引起人们的关注. 拉普拉斯 (P. S. Laplace) 利用 Bayes 在此文中提出的方法, 推导出了重要的 “相继律”. 20 世纪 50 年代, 由于小样本方法在理论和实践方面的双重驱动, 这种方法才逐渐引起人们的重视.

经过菲纳特 (Finetti)、杰弗莱 (Jeffreys)、瓦尔德 (Wald)、罗宾斯 (Robbins) 等许多统计学家的不懈努力, Bayes 方法逐渐发展成一种关于统计推断的系统理论. 时至今日, Bayes 统计已经取得了和经典统计同等重要的学术地位, 并渗透到了数理统计的各个领域, 在理论和应用中获得了极大的发展和广泛的应用. 从 Bayes 学派被人们重视伊始, Bayes 学派和经典学派的思想就开始了长达几十年的碰撞和争论, 这种学术的争鸣极大促进了数理统计学的迅猛的发展. 在 Bayes 统计的理论中两个统计学派的差异几乎随处可见.

限于篇幅, 本节重点介绍 Bayes 统计中先验分布的选取、参数估计和假设检验等基本问题.

8.4.1 Bayes 统计的基本思想

著名统计学家奈曼 (Neyman) 指出, 在统计推断问题中有三种重要的信息:

(1) 总体信息, 即总体分布或所属分布族提供的信息;

(2) 样本信息, 即从总体中抽取的样本观察值提供的信息;

(3) 先验信息, 即在抽样之前有关统计推断的一些历史信息, 包括相关的历史数据或对事物的经验认识等.

经典统计学解决问题时只利用总体信息和样本信息. 而 Bayes 统计则认为, 在统计推断中不应该忽视对研究对象的经验认知, 即先验信息. 先验信息是否有用, 在统计分析的过程中是否有必要将先验信息应用于统计分析呢? 英国统计学家萨维奇 (Savage) 在 1961 年提出了一个著名的例子.

例 8.6 分析下面的三个统计试验:

(1) 一位经常饮用奶茶的女士说, 她能够辨别出在奶茶制作的过程中, 先倒进杯子的是奶还是茶. 对此做了 10 次试验, 她全部回答正确.

(2) 一位音乐家说, 他能够从一页乐谱中辨别是海顿还是莫扎特的作品. 对此做了 10 次试验, 他全部回答正确.

(3) 一名酩酊大醉的醉汉说, 抛掷一枚硬币, 他能猜对硬币落地后朝上的一面是国徽还是数字. 对此做了 10 次试验, 他全部回答正确.

应用经典统计的观点分析上面的三个试验, 假设受试者所说的话是随机猜测的, 每次猜对的概率为 0.5, 那么 10 次都能猜对的概率为 $0.5^{10} = 0.0009766$, 这个概率远远小于 0.05, 几乎不可能会发生. 因此, 在如此小概率的事件发生的前提下, 受试者随机猜测的假设应该被拒绝, 即受试者确实有这种能力. 然而生活的常识却告诉我们: 对于试验 (1), 或许这位妇女有这样的经验; 对于试验 (2), 我们完全有理由相信有一定造诣的音乐家具备这样的能力和素养; 然而对于试验 (3), 生活的常识告诉我们, 即便这个小概率事件真的发生, 我们也不认为醉汉具有超能力. 是否使用先验信息是经典统计和 Bayes 统计的根本区别. 大量的理论和实践表明, 先验信息的加入使得 Bayes 统计的结论相比于经典统计而言更加合理. 下面给出 Bayes 公式的两种常见形式.

定理 8.10 设事件 $A_1, A_2, \cdots, A_n$ 是样本空间 Ω 的完备事件组, B 为概率大于 0 的事件, 则

$$P(A_k\,|B) = \frac{P(A_k)P(B\,|A_k)}{\sum\limits_{i=1}^{n} P(A_i)P(B\,|A_i)}, \quad k = 1, 2, \cdots, n. \tag{8.25}$$

如果将 B 作为结果, 事件 $A_1, A_2, \cdots, A_n$ 可作为导致结果 B 发生的所有可能原因, 那么 $\{P(A_i),\ i = 1, 2, \cdots, n\}$ 表示对所有原因的先前经验认知 (即先验分布), 而条件概率序列 $\{P(A_k\,|B),\ k = 1, 2, \cdots, n\}$, 则体现了在得知事件 B 发生的信息之后, 对全部可能原因的一种新的认知 (即后验分布). 由此可知, 条件概率 $P(A_k\,|B)$ 是获取 "新信息"B 之后对于 "原因"A_k 认识的进一步深化.

设总体 X 的分布中未知参数 θ 的概率分布为 $\pi(\theta)$, 称之为先验分布. 总体 X 的概率密度函数为 $p\,(x|\theta)$, 由于将未知参数 θ 视为随机变量, 故符号 $p\,(x|\theta)$ 可理解为已知参数 θ 时总体 X 的条件分布. 下面给出随机变量形式的 Bayes 公式.

定理 8.11　设样本 $\boldsymbol{X}=(X_1,X_2,\cdots,X_n)^{\mathrm{T}}$ 的联合概率密度 (即似然函数) 为 $p(x|\theta)=\prod_{i=1}^{n}p(x_i|\theta)$, 样本观察值为 $\boldsymbol{x}=(x_1,x_2,\cdots,x_n)^{\mathrm{T}}$.

(1) 若参数 θ 为连续型随机变量, $\pi(\theta)$ 为先验概率密度, 则 θ 的后验概率密度 $\pi(\theta|\,x)$ 为

$$\pi(\theta|\,x)=\frac{p(x|\theta)\pi(\theta)}{\displaystyle\int_{\Theta}p(x|\theta)\pi(\theta)\mathrm{d}\theta}. \tag{8.26}$$

(2) 若参数 θ 为离散型随机变量, $P(\theta=\theta_i)=\pi(\theta_i)\,(i=1,2,\cdots)$ 为先验分布列, 则 θ 的后验分布列 $\pi(\theta_k|\,x)$ 为

$$\pi(\theta_k|\,x)=\frac{p(x|\theta_k)\pi(\theta_k)}{\displaystyle\sum_{i=1}^{+\infty}p(x|\theta_i)\pi(\theta_i)}. \tag{8.27}$$

Bayes 公式表明, 先验信息以先验分布的形式表达, 在得到样本观察值 $x=(x_1,x_2,\cdots,x_n)^{\mathrm{T}}$ 之后, 通过 Bayes 公式可以将样本信息和先验信息有机融合, 形成了信息量更丰富的后验信息, 以此为基础进行相关的统计分析. Bayes 统计和经典统计很重要的区别就体现在对于未知参数的认知上. 经典统计只是将未知参数作为一个数字, 而 Bayes 统计则将其作为随机变量. 这一点在长时间内饱受质疑, 也是 Bayes 统计的反对者们心中始终无法迈过的一道坎. 这些质疑主要集中在以下两点:

(1) 参数 θ 看成随机变量是否合理?

(2) 如何选取恰当的先验分布?

关于问题 (1), 至少在某些情况下将参数 θ 看成随机变量是合理的, 其先验分布有时候也比较容易确定. 例如, 一大批产品的次品率为 0.01, 将这批产品整箱包装, 每箱装 100 个, 每箱中的次品数记为 θ. 此时 θ 是随机变量, 其先验分布为二项分布 $B(100,0.01)$, 即一箱中含有 θ 件次品的概率为

$$\mathrm{C}_{100}^{\theta}0.01^{\theta}0.99^{100-\theta}.$$

但有时将参数作为随机变量的确不容易被人们所接受. 例如, 设 θ 是某射击运动员的命中率, 此时将 θ 作为随机变量就不太合理. 但尽管如此, 当人们对此人毫不了解时, 认为 θ 等可能的取 $(0,1)$ 中的数值, 即用 $(0,1)$ 中的均匀分布作为先验分布也有一定的合理性.

与问题 (1) 相比, 问题 (2) 却不可避免地遇到了很多现实的困难. Bayes 统计学派学者们的艰辛努力, 使得很多先验分布的选取的问题已经在理论和应用中被解决了. 由于两学派差别的根源在于对概率这一根本概念的认知不同, 所以双方也都认识到难以将对方彻底说服, 但双方同样也都承认对方已经取得了很多有益的结果. 以上的讨论表明, 样本的作用使对 θ 的认识不断深化, 体现在先验分布转化为后验分布. Bayes 统计推断基本原理正是对参数 θ 所作的任何推断必须且只能基于 θ 的后验分布.

8.4.2　后验分布的计算

为了便于应用 Bayes 公式得到后验分布, 下面介绍省略常数因子的处理方法. 若随机变量 X 的概率密度函数为 $p(x)=cg(x)$, 其中 c 是与 x 无关的常数, 则记 $p(x)\propto g(x)$, 符号 "$\propto$" 意思是 "正比于". 此时称 $g(x)$ 为 $p(x)$ 的核函数. 这种处理方法可以不必纠结于常数的变化, 从而更快得到后验分布. 例如:

后验分布 $\pi(\theta|x) \propto p(x|\theta)\pi(\theta)$;

正态分布 $N(\mu,\sigma^2)$ 的密度函数 $p\,(x) \propto \exp\left\{-\dfrac{1}{2\sigma^2}(x-\mu)^2\right\}$;

β 分布 $\mathrm{Be}(a,b)$ 的密度函数 $p\,(x) \propto x^{a-1}(1-x)^{b-1}$.

例 8.7 设 $\boldsymbol{x}=(x_1,x_2,\cdots,x_n)^{\mathrm{T}}$ 为来自正态分布 $N(\theta,1)$ 的一组样本观察值, 且样本均值 $\bar{x}=\dfrac{1}{n}\sum\limits_{i=1}^{n}x_i=1$, 样本方差 $s^2=\dfrac{1}{n-1}\sum\limits_{i=1}^{n}(x_i-\bar{x})^2=2$, 取参数 θ 的先验分布为标准正态分布 $N(0,1)$, 求参数 θ 的后验分布.

解 注意到

$$\begin{aligned}p(x|\theta)&=\prod_{i=1}^{n}p(x_i|\theta)=\prod_{i=1}^{n}\frac{1}{\sqrt{2\pi}}\mathrm{e}^{-\frac{(x_i-\theta)^2}{2}}\\&\propto \mathrm{e}^{-\frac{1}{2}\sum\limits_{i=1}^{n}(x_i-\theta)^2}\propto \mathrm{e}^{-\frac{1}{2}\sum\limits_{i=1}^{n}(x_i^2-2x_i\theta+\theta^2)}\\&\propto \mathrm{e}^{-\frac{n}{2}\left(\theta^2-2\theta\bar{x}\right)}\propto \mathrm{e}^{-\frac{n}{2}(\theta-1)^2}.\end{aligned}$$

又

$$\pi(\theta)=\frac{1}{\sqrt{2\pi}}\mathrm{e}^{-\frac{\theta^2}{2}}\propto \mathrm{e}^{-\frac{\theta^2}{2}},$$

于是

$$\pi(\theta|x)\propto p(x|\theta)\pi(\theta)\propto \mathrm{e}^{-\frac{n}{2}(\theta-1)^2}\cdot \mathrm{e}^{-\frac{\theta^2}{2}}\propto \mathrm{e}^{-\frac{n+1}{2}\left(\theta-\frac{n}{n+1}\right)^2}.$$

此为正态分布的核函数, 并且可以判断后验分布为正态分布 $N\left(\dfrac{n}{n+1},\dfrac{1}{n+1}\right)$.

例 8.8 设某人射击命中率为 θ, 由于对此人没有任何了解, 于是取 $(0,1)$ 上的均匀分布为 θ 的先验分布. 若已知此人朝目标射击 n 次, 共命中 r 次, 计算命中率 θ 的后验分布与后验分布对应的数学期望.

解 当命中率为 θ 时, 射击 n 次命中 r 次的概率为

$$p(x|\theta)=\mathrm{C}_n^r\theta^r(1-\theta)^{n-r}.$$

则

$$\pi(\theta|x)\propto p(x|\theta)\pi(\theta)=\mathrm{C}_n^r\theta^r(1-\theta)^{n-r}\propto \theta^r(1-\theta)^{n-r},\ 0<\theta<1.$$

注意到 $\theta^r(1-\theta)^{n-r}$ 为参数 $(r+1,n-r+1)$ 的 β 分布的核函数, 由此可知后验分布为参数 $(r+1,n-r+1)$ 的 β 分布. 后验分布的数学期望 $E(\theta|r)$ 为

$$\hat{\theta}=E(\theta|r)=\frac{1}{B(r+1,n-r+1)}\int_0^1\theta\cdot\theta^r(1-\theta)^{n-r}\mathrm{d}\theta=\frac{B(r+2,n-r+1)}{B(r+1,n-r+1)}=\frac{r+1}{n+2}.$$

8.4.3 先验分布的选取

选取合理的先验分布是 Bayes 统计的重大问题, 对其至关重要. 下面给出两种常用的先验分布选取的方法.

1. Bayes 假设

当对于未知参数 θ 的先验信息 "一无所知" 时, 可以认为该参数的取值无任何偏好, 参数 θ 在其取值范围内是等可能取值的, 即 θ 服从可取值范围 Θ 内的 "均匀分布":

$$\pi(\theta)=\begin{cases} c, & \theta\in\Theta, \\ 0, & \theta\notin\Theta. \end{cases} \tag{8.28}$$

称这种先验分布的选取方法为 Bayes 假设, 也称为拉普拉斯先验. 例 8.8 即为此种情形. 容易看到, 当参数 θ 的取值范围是无穷区间时会与传统意义上的概率密度函数相矛盾, 因此给出广义先验分布的概念.

定义 8.1 设随机变量 X 的分布密度为 $f(x|\theta)\,(\theta\in\Theta)$, 若参数 θ 的先验分布 $\pi(\theta)$ 满足下列条件:

(1) $\pi(\theta)\geqslant 0, \displaystyle\int_\Theta \pi(\theta)\mathrm{d}\theta=+\infty$;

(2) 参数 θ 的后验密度 $\pi(\theta|x)$ 是正常的概率密度函数,

则称 $\pi(\theta)$ 为参数 θ 的广义先验分布.

该定义表明, 尽管满足上述条件的先验分布 $\pi(\theta)$ 不是通常意义下的概率分布, 但其后验概率密度 $\pi(\theta|x)$ 是正常的概率密度, 因此仍可利用 $\pi(\theta|x)$ 作为 Bayes 统计推断的依据.

例 8.9 设 $\boldsymbol{x}=(x_1,x_2,\cdots,x_n)^{\mathrm{T}}$ 是来自正态总体 $N(\theta,\sigma^2)$ 的样本观察值, 其中 θ 未知, σ^2 已知, 在 Bayes 假设下, 求参数 θ 的后验概率密度.

解 从

$$\pi(\theta|x)\propto\prod_{i=1}^n p(x_i|\theta)=\prod_{i=1}^n\frac{1}{\sqrt{2\pi}\sigma}\mathrm{e}^{-\frac{(x_i-\theta)^2}{2\sigma^2}}$$

$$\propto \mathrm{e}^{-\frac{1}{2\sigma^2}\sum\limits_{i=1}^n(x_i-\theta)^2}\propto \mathrm{e}^{-\frac{n}{2\sigma^2}(\theta^2-2\bar{x}\theta)}\propto \mathrm{e}^{-\frac{n}{2\sigma^2}(\theta-\bar{x})^2},$$

可知此为正态分布的核函数. 故后验分布 $\pi(\theta|x)$ 为 $N\left(\bar{x},\dfrac{\sigma^2}{n}\right)$.

例 8.10 设 $\boldsymbol{x}=(x_1,x_2,\cdots,x_n)^{\mathrm{T}}$ 是来自正态总体 $N(0,\sigma^2)$ 的样本观察值, 其中 σ^2 未知, 在 Bayes 假设下, 求参数 σ^2 的后验概率密度.

解 从

$$\pi(\sigma^2|x)\propto\prod_{i=1}^n p(x_i|\sigma^2)=\prod_{i=1}^n\frac{1}{\sqrt{2\pi}\sigma}\mathrm{e}^{-\frac{x_i^2}{2\sigma^2}}\propto\left(\sigma^2\right)^{-\frac{n}{2}}\mathrm{e}^{-\frac{1}{2\sigma^2}\sum\limits_{i=1}^n x_i^2},$$

可知此为逆伽马分布的核函数. 于是在 Bayes 假设下, $\pi(\theta|x)$ 为 $\Gamma^{-1}\left(\dfrac{n}{2}-1,\dfrac{1}{2}\sum\limits_{i=1}^n x_i^2\right)$.

但稍加思考就容易发现 Bayes 假设有一个内在的矛盾, 若参数 θ 完全未知, 则参数 θ 的函数 $g(\theta)$ 也同样是完全未知的. 于是 $g(\theta)$ 同样应该选择均匀分布, 这和概率论的知识显然是矛盾的. 统计学家们又进一步针对位置参数和尺度参数给出了相应的处理方法. 此外, 借用费希尔 (Fisher) 信息阵而提出的杰弗里斯 (Jeffreys) 先验, 也是此类问题的一种重要处理手段, 感兴趣的读者可以阅读 Bayes 统计的专业文献.

2. 共轭先验分布

通过对既有经验的深刻总结, 对于需要研究的未知参数应该会有一个的正确的先验认知, 此时在没有“意外”的情况下, 样本的观察数据应该会继续支持先验的认知. 换句话说, 一切正常的情形下, 先验分布和后验分布应该同属于一种类型的分布. 在这个意义上的先验分布就是下面所给出的共轭先验分布.

定义 8.2 设 θ 是总体 X 分布中的未知参数 (或未知参数向量), $\pi(\theta)$ 为 θ 的先验分布, 若 $\pi(\theta)$ 与由抽样信息所得到的后验分布 $\pi(\theta|x)$ 属于同一分布族, 则称 $\pi(\theta)$ 为参数 θ 的共轭先验分布.

需要注意的是, 共轭先验分布是针对总体分布中的参数而言的, 不可脱离指定的参数和总体的分布去讨论共轭先验分布. 按照和例 8.7 完全相同的方法可以证明, 对于方差已知的正态总体均值的共轭先验分布仍然是正态分布. 在例 8.8 中, 由于均匀分布是参数 $(1,1)$ 的 β 分布, 于是得到后验分布也是 β 分布, 更一般地, 按照和例 8.8 完全相同的方法可以证明, 二项分布中的成功概率 θ 的共轭先验分布是 β 分布.

例 8.11 设 $\boldsymbol{x}=(x_1,x_2,\cdots,x_n)^{\mathrm{T}}$ 是来自正态总体 $N(\theta,\sigma^2)$ 的样本观察值, 其中 μ 已知, σ^2 未知, 试求参数 σ^2 的共轭先验分布.

解 样本的似然函数为

$$p(x|\sigma^2)=\prod_{i=1}^{n}p(x_i|\sigma^2)=\prod_{i=1}^{n}\frac{1}{\sqrt{2\pi}\sigma}\mathrm{e}^{-\frac{(x_i-\mu)^2}{2\sigma^2}}\propto\left(\frac{1}{\sigma^2}\right)^{\frac{n}{2}}\cdot\mathrm{e}^{-\frac{1}{2\sigma^2}\sum\limits_{i=1}^{n}(x_i-\mu)^2}.$$

上述似然函数中 $\dfrac{1}{\sigma^2}$ 的因式形式将决定共轭先验分布的形式, 即先验分布的核函数应该具有 $\left(\dfrac{1}{\sigma^2}\right)^a\cdot\mathrm{e}^{-\frac{b}{\sigma^2}}$ 的形式 (其中 a,b 为常数). 因为只有这样, 所得到的后验分布的形式才会和先验分布保持一致. 例 8.10 中所提到的逆伽马分布恰好符合这个要求, 因此可以选择逆伽马分布. 下面予以说明.

记参数 σ^2 的先验分布为

$$\pi(\sigma^2)=\frac{\lambda^\alpha}{\Gamma(\alpha)}\left(\frac{1}{\sigma^2}\right)^{\alpha+1}\cdot\mathrm{e}^{-\frac{\lambda}{\sigma^2}},$$

其中 $\sigma^2>0$, λ,α 为常数. 则参数 σ^2 的后验分布为

$$\pi(\sigma^2|x)\propto\pi(\sigma^2)\cdot p(x|\sigma^2)\propto\left(\frac{1}{\sigma^2}\right)^{\alpha+\frac{n}{2}+1}\cdot\mathrm{e}^{-\frac{1}{\sigma^2}\left[\lambda+\frac{1}{2}\sum\limits_{i=1}^{n}(x_i-\mu)^2\right]}.$$

易知后验分布仍然是逆伽马分布.

共轭分布法的统计意义在于要求经验知识和样本信息有一定的共性, 可以将这两种信息转化为同一类先验知识, 因此利用共轭分布可以将历史上的各次试验信息进行有机融合, 为今后的试验结果提供一个合理的前提. 这种先验分布还具有计算简单的优点, 因此在应用中受到人们的欢迎. 然而尽管具有以上优点, 在选用先验分布时, 仍然必须以“准确适当”作为选用的原则, 不能一味地追求计算的方便而忽视合理性.

8.4.4 Bayes 统计参数估计

与经典统计类似, Bayes 统计的参数估计也包括点估计与区间估计两种方法, 其理论以对后验分布的分析为基础. 由于后验分布由先验分布和样本值确定, 所以在 Bayes 统计中不存在

经典统计中常用的无偏性、有效性的相关概念. 这与经典统计有着极大的不同.

1. Bayes 点估计

根据样本和先验分布得到总体未知参数 θ 的后验分布 $\pi(\theta|x)$ 之后, 应用某个位置特征量作为参数的估计. 下面给出常用的三种 Bayes 点估计的方法.

定义 8.3　设总体 X 的分布中未知参数 θ 的后验分布为 $\pi(\theta|x)$, 则称

(1) 后验分布 $\pi(\theta|x)$ 取得最大值的点 $\hat{\theta}_{\mathrm{MD}}$ 为最大后验估计;

(2) 后验分布 $\pi(\theta|x)$ 的中位数 $\hat{\theta}_{\mathrm{ME}}$ 为后验中位数估计;

(3) 后验分布 $\pi(\theta|x)$ 的数学期望 $\hat{\theta}_E$ 为后验期望估计.

以上三种估计方法统称为参数 θ 的 Bayes 估计, 记为 $\hat{\theta}_B$.

通常这三种估计并不相同, 但当后验分布是对称性的分布时, 三个估计显然是相同的. 当先验分布采用 Bayes 假设时, $\pi(\theta|x) \propto p(x|\theta)$, 此时最大后验估计就是经典统计分析中的最大似然估计. 由于后验密度中融合了未知参数的先验信息和样本信息, 因此, 基于后验密度得到的最大后验估计比最大似然估计更加合理. 条件期望估计是 Bayes 点估计中最重要的一种, 通常 Bayes 点估计指的就是条件期望估计. 从 Bayes 决策的角度讲, 它对应于平方损失下的最优 Bayes 决策.

例 8.12　设 $\boldsymbol{x} = (x_1, x_2, \cdots, x_n)$ 为来自正态分布 $N(\theta, \sigma^2)$ 的一组样本观察值, 其中 θ 未知, σ^2 已知. θ 的先验分布为 $N(\mu, \tau^2)$, 求参数 θ 的三种 Bayes 估计.

解　参数 θ 的后验分布为

$$
\begin{aligned}
\pi(\theta|x) &\propto \pi(\theta) \cdot p(x_1, x_2, \cdots, x_n|\theta) \\
&\propto \exp\left\{-\frac{1}{2\sigma^2}\sum_{i=1}^{n}(x_i-\theta)^2 - \frac{1}{2\tau^2}(\theta-\mu)^2\right\} \\
&\propto \exp\left\{-\frac{1}{2}\left[A\theta^2 - 2B\theta\right]\right\} \\
&\propto \exp\left\{-\frac{A}{2}\left(\theta - \frac{B}{A}\right)^2\right\},
\end{aligned}
$$

其中 $\sigma_0^2 = \dfrac{\sigma^2}{n}$, $A = \dfrac{1}{\sigma_0^2} + \dfrac{1}{\tau^2}$, $B = \dfrac{\bar{x}}{\sigma_0^2} + \dfrac{\mu}{\tau^2}$. 于是 $\pi(\theta|x)$ 为正态分布 $N(\mu_1, \tau_1^2)$, 其中 $\mu_1 = \dfrac{B}{A}$, $\dfrac{1}{\tau_1^2} = \dfrac{1}{\sigma_0^2} + \dfrac{1}{\tau^2}$. 由于后验分布是对称性分布, 于是 θ 的三种 Bayes 估计均为

$$
\hat{\theta}_B = \frac{B}{A} = \frac{\sigma_0^{-2}}{\sigma_0^{-2} + \tau^{-2}} \cdot \bar{x} + \frac{\tau^{-2}}{\sigma_0^{-2} + \tau^{-2}} \cdot \mu.
$$

结果表明, Bayes 估计 $\hat{\theta}_B$ 是 $\bar{x}, \mu$ 的加权平均, 反映了样本信息与先验信息的有机融合.

回顾例 8.8 可知, 命中率 θ 的后验期望估计为 $\hat{\theta} = \dfrac{r+1}{n+2}$, 在经典统计分析中, θ 的最大似然估计为 $\hat{\theta} = \dfrac{r}{n}$, 两者的比较见下表.

显而易见, 情形 (1) 和 (3) 中由于试验次数太少, 经典统计分析的结论并没有说服力, 与此形成鲜明对比的是, Bayes 统计分析的结果却比较“柔和”, 更容易让人信服. 如果对该运动员有了进一步的了解, 将 θ 的先验分布修正为 $(0.5, 1)$ 的均匀分布, 那么 Bayes 统计分析的结果

则会发生改变, 可以对其先验分布作出进一步的修订.

试验数据	经典统计 $\hat{\theta}=\dfrac{r}{n}$	Bayes 统计 $\hat{\theta}=\dfrac{r+1}{n+2}$
(1) $n=r=1$	$\hat{\theta}=1$	$\hat{\theta}=\dfrac{2}{3}$
(2) $n=r=100$	$\hat{\theta}=1$	$\hat{\theta}=\dfrac{101}{102}$
(3) $n=1,\ r=0$	$\hat{\theta}=0$	$\hat{\theta}=\dfrac{1}{3}$
(4) $n=100,\ r=0$	$\hat{\theta}=0$	$\hat{\theta}=\dfrac{1}{102}$

例 8.13 设 $\boldsymbol{x}=(x_1,x_2,\cdots,x_n)^{\mathrm{T}}$ 是来自 Poisson 分布总体 $P(\lambda)$ 的样本, λ 的先验分布为 $\Gamma(\alpha,\mu)$, 求 λ 的条件期望估计.

解 λ 的后验密度为

$$\pi(\lambda|x)\propto\pi(\lambda)\cdot p(x_1,x_2,\cdots,x_n|\lambda)=\frac{\mathrm{e}^{-n\lambda}\lambda^{\sum\limits_{i=1}^{n}x_i}}{\prod\limits_{i=1}^{n}x_i!}\lambda^{\alpha-1}\mathrm{e}^{-\mu\lambda}\propto\lambda^{\alpha+n\bar{x}-1}\mathrm{e}^{-(n+\mu)\lambda}.$$

于是 $\pi(\lambda|x)=\Gamma(\alpha+n\bar{x},n\mu)$, 所以 λ 的条件期望估计为

$$\hat{\lambda}_E=\frac{\alpha+n\bar{x}}{n+\mu}=\frac{\mu}{n+\mu}\cdot\frac{\alpha}{\mu}+\frac{n}{n+\mu}\cdot\bar{x}.$$

表明 λ 的条件期望估计是样本均值与先验分布 $\Gamma(\alpha,\mu)$ 的均值 $\dfrac{\alpha}{\mu}$ 的加权平均.

以上的例子可以看出, 在 Bayes 统计分析中, 先验信息和样本信息融合所得到的后验信息, 可由后验分布表达. 利用后验分布对 θ 的推断理当比仅利用样本信息的经典统计得到的结论更令人信服. 但应该注意到, 这种优越性是以高质量的先验分布为前提的, 如果采用的先验分布与实际情况偏差太大, 这种优势将不复存在. 因此, 当先验信息比较确信时, 建议采用 Bayes 的统计分析方法, 否则建议使用经典的统计分析.

2. Bayes 区间估计

在 Bayes 统计中, 由于将未知参数 θ 看作随机变量, 其后验分布为 $\pi(\theta|x)$, 此时易于确定 θ 落在某一区间中的后验概率, 因此和经典统计相比较, Bayes 统计方法更容易被人们接受, 并且含义清晰. 下面给出 Bayes 可信区间的相关概念.

定义 8.4 设给定样本 x, 参数 θ 的后验分布为 $\pi(\theta|x)$, 对于给定的概率 $1-\alpha(0<\alpha<1)$, 若存在两个统计量 $\hat{\theta}_L=\hat{\theta}_L(x)$ 和 $\hat{\theta}_U=\hat{\theta}_U(x)$, 使得

$$P(\hat{\theta}_L\leqslant\theta\leqslant\hat{\theta}_U|x)\geqslant1-\alpha,$$

则称区间 $[\hat{\theta}_L,\hat{\theta}_U]$ 是参数 θ 的可信性水平为 $1-\alpha$ 的 Bayes 可信区间, 简称 θ 的 $1-\alpha$ 可信区间. 若 $P(\theta\leqslant\hat{\theta}_U|x)\geqslant1-\alpha$, 则称 $\hat{\theta}_U$ 为 θ 的 $1-\alpha$ 单侧可信上限. 类似地, 若 $P(\theta\geqslant\hat{\theta}_U|x)\geqslant1-\alpha$, 则称 $\hat{\theta}_L$ 为 θ 的 $1-\alpha$ 单侧可信下限.

例 8.14 对某产品的关键零部件性能做一次测验, 测试结果 $X\sim N(\theta,100)$, 其中 θ 为该零部件的抗压性能指标. 根据过去的历史测试数据知 θ 的先验分布为 $N(80,256)$. 但由于条件限制, 只能对该零部件测试一次, 测试值为 $x=100$. 求可信性水平为 0.95 的等尾可信区间.

解 由例 8.12 的计算结果可知, 当 $n=1$ 时, θ 的后验分布为 $N(94,72)$, 于是由

$$P\left(-z_{0.025}\leqslant \frac{\theta-94}{\sqrt{72}}\leqslant z_{0.025}\right)=0.95,$$

可得

$$P(94-z_{0.025}\sqrt{72}\leqslant\theta\leqslant 94+z_{0.025}\sqrt{72})=0.95,$$

其中 z_α 表示标准正态分布的上 α 分位点, 即 θ 的可信性水平为 0.95 的等尾可信区间为 [77.36, 110.63].

值得注意的是, 如果不使用先验信息, 利用经典的方法也可以得到置信水平为 0.95 的置信区间 [68.64, 131.36], 两者的区间长度是不同的, Bayes 方法的区间估计明显更加准确, 主要原因是在统计的过程中应用了先验信息.

容易看出, 在进行区间估计时参数的可信区间并不唯一, 此时为了方便起见常常使用等尾的可信区间, 但这并不是最恰当的. 最合理的可信区间应该是在满足可信性水平的前提下, 使取到最大后验密度的点全部包括在这个区间内, 而区间外部点的后验密度值不超过区间内部点的密度值. 如果能满足上述条件, 那么相应的可信区间的长度也肯定是最短的, 这种区间即为最大后验密度可信区间 (简称 HPD 可信区间).

定义 8.5 设给定样本 x, 参数 θ 的后验分布为 $\pi(\theta|x)$, 对于给定的概率 $1-\alpha$ $(0<\alpha<1)$, 若存在区间 D, 满足

(1) $P\{\theta\in D|x\}=\int_D \pi(\theta|x)\mathrm{d}\theta=1-\alpha$;

(2) 任给 $\theta_1\in D,\theta_2\notin D$, 总有 $\pi(\theta_1|x)\geqslant\pi(\theta_2|x)$,

则称 D 是参数 θ 的可信性水平为 $1-\alpha$ 的最大后验密度 (HPD) 可信区间.

条件 (2) 表明 θ 落在区间 D 内的概率不比落在区间 D 外的概率小, 即区间 D 集中了参数 θ 取到可能性较大的点.

结合例 8.12与例 8.13, 并沿用之前的记号容易看出, 对于正态总体均值的可信区间, 在先验分布也是正态分布的前提下, 参数的可信性水平为 $1-\alpha$ 的 HPD 可信区间为 $[\mu_1-z_{\frac{\alpha}{2}}\cdot\tau_1,\ \mu_1+z_{\frac{\alpha}{2}}\cdot\tau_1]$, 这在形式上与经典统计是一致的.

需要注意的是, 如果后验分布不是对称性的分布, 或者后验分布为多峰的分布, 此时 HPD 可信区间的寻找需要借助数值解法求得.

8.4.5 Bayes 统计的假设检验

在经典统计学中, 假设检验是利用小概率事件的实际推断原理并结合反证法的思想, 针对相关的两个或多个对立命题, 构造检验统计量和拒绝域, 最终对这些命题作出拒绝或者接受的判断. 在这一过程中, 原假设和备择假设的选取带有明显的主观色彩, 并且检验统计量的构造有着很强的技巧性, 需要有强大的抽样分布定理做支撑.

在 Bayes 统计中, 对于假设检验问题的处理却是直截了当又干净利落的. 在这里不需要构造检验统计量, 也无须抽样分布定理, 甚至不需要提前设定显著性水平, 直接借用后验分布就可以轻松作出判断. 而且在 Bayes 统计中, 相关的处理方法也很容易推广至多个假设的情况, 并不需要特别的处理.

设假设检验问题为

$$H_0:\theta\in\Theta_0\leftrightarrow H_1:\theta\in\Theta_1.$$

记

$$\alpha_0 = \alpha_0(x) = P\{\theta \in \Theta_0 | x\} = \int_{\Theta_0} \pi(\theta|x)\mathrm{d}\theta,$$

$$\alpha_1 = \alpha_1(x) = P\{\theta \in \Theta_1 | x\} = \int_{\Theta_1} \pi(\theta|x)\mathrm{d}\theta.$$

Bayes 假设检验的推断原则为

(1) 当 $\alpha_0(x) \geqslant \alpha_1(x)$ 时, 接受 H_0;

(2) 当 $\alpha_0(x) < \alpha_1(x)$ 时, 拒绝 H_0.

称比值 $\dfrac{\alpha_0}{\alpha_1}$ 为后验概率比, 即 $\dfrac{\alpha_0}{\alpha_1} = \dfrac{\int_{\Theta_0} \pi(\theta) \cdot p(x|\theta)\mathrm{d}\theta}{\int_{\Theta_1} \pi(\theta) \cdot p(x|\theta)\mathrm{d}\theta}$, 后验概率比反映了两个假设成立的相对可能性. 根据前面所述, 当 $\dfrac{\alpha_0}{\alpha_1} \geqslant 1$ 时接受 H_0, 而当 $\dfrac{\alpha_0}{\alpha_1} < 1$ 时, 拒绝 H_0.

由此可看出, Bayes 统计中的假设检验不需要引入检验统计量、显著性水平等概念, 只要获得后验分布, 然后比较两个概率即可. 而对于多重假设检验的场合, 可以计算每个假设的后验概率并进行大小比较, 然后接受具有最大后验概率的假设即可. 由此可见, 相对于经典统计而言, Bayes 统计中的假设检验问题得到了极大的简化.

例 8.15 设从二项分布 $B(n,\theta)$ 的总体中抽取一个样本 x, 参数 θ 的先验分布为均匀分布 $U(0,1)$, 试分析下面的假设检验问题:

$$H_0 : \theta \in \Theta_0 = \{\theta\,|0 < \theta \leqslant 0.5\} \leftrightarrow H_1 : \theta \in \Theta_1 = \{\theta\,|0.5 < \theta < 1\}.$$

解 由例 8.8 的分析可知, θ 的后验分布为参数 $(x+1, n-x+1)$ 的 β 分布, 后验概率

$$\begin{aligned}\alpha_0 = P(\Theta_0|x) &= \frac{\Gamma(n+2)}{\Gamma(x+1)\cdot\Gamma(n-x+1)}\int_0^{\frac{1}{2}} \theta^x(1-\theta)^{n-x}\mathrm{d}\theta \\ &= \frac{\Gamma(n+2)}{\Gamma(x+1)\cdot\Gamma(n-x+1)}\cdot\frac{0.5^{n+1}}{x+1}\cdot\left\{1+\frac{n-x}{x+2}\right. \\ &\quad \left.+\frac{(n-x)(n-x-1)}{(x+2)(x+3)}+\cdots+\frac{(n-x)!x!}{(n+1)!}\right\}.\end{aligned}$$

考虑 $n=5$ 的情形, 求得 x 的全部可能取值时对应的后验概率与后验概率比如下表.

x	0	1	2	3	4	5
α_0	63/64	57/64	42/64	22/64	7/64	1/64
α_1	1/64	7/64	22/64	42/64	57/64	63/64
$\dfrac{\alpha_0}{\alpha_1}$	63.0	8.14	1.91	0.52	0.12	0.016

容易看出, 当 $x = 0, 1, 2$ 时, 应接受原假设 H_0; 当 $x = 3, 4, 5$ 时, 应拒绝原假设 H_0. 如当 $x = 1$ 时, H_0 为真的概率是 H_1 为真的概率的 8 倍多; 而当 $x = 4$ 时, H_1 为真的概率是 H_0 为真的概率的 8 倍多.

在 Bayes 统计的假设检验问题中, 除了比较两个假设的后验概率比之外, 也可以引入 Bayes 因子这一重要的概念, 借此可以从另外一个侧面更深刻地理解 Bayes 统计假设检验的思

想方法.

定义 8.6 设两个假设 H_0 和 H_1 的先验概率分别为 π_0 和 π_1, 后验概率分别为 α_0 和 α_1, 称后验机会比 $\dfrac{\alpha_0}{\alpha_1}$ 与先验机会比 $\dfrac{\pi_0}{\pi_1}$ 的比值为 Bayes 因子, 记之为 $B^\pi(x)$, 即

$$B^\pi(x)=\frac{\text{后验机会比}}{\text{先验机会比}}=\frac{\alpha_0/\alpha_1}{\pi_0/\pi_1}.$$

定义表明, Bayes 因子依赖于样本数据 x 以及先验分布. 普遍的观点认为, 这一定义有助于减弱先验分布的影响, 而进一步突出数据的作用, 从而 Bayes 因子可以反映样本支持原假设的程度. 下面仅就假设检验的一种特殊情形来说明 Bayes 因子的作用. 设假设检验问题为

$$H_0:\theta\in\Theta_0=\{\theta_0\}\leftrightarrow H_1:\theta\in\Theta_1=\{\theta_1\}.$$

此时, 由 Bayes 公式可得

$$\alpha_0=P(\Theta_0|x)=\frac{\pi_0 p(x|\theta_0)}{\pi_0 p(x|\theta_0)+\pi_1 p(x|\theta_1)},$$

$$\alpha_1=P(\Theta_1|x)=\frac{\pi_1 p(x|\theta_1)}{\pi_0 p(x|\theta_0)+\pi_1 p(x|\theta_1)}.$$

故后验概率比为

$$\frac{\alpha_0}{\alpha_1}=\frac{\pi_0 p(x|\theta_0)}{\pi_1 p(x|\theta_1)}.$$

于是 Bayes 因子为

$$B^\pi(x)=\frac{\alpha_0/\alpha_1}{\pi_0/\pi_1}=\frac{p(x|\theta_0)}{p(x|\theta_1)}.$$

根据 Bayes 统计的假设检验规则, 当 $\dfrac{\alpha_0}{\alpha_1}<1$ 时拒绝原假设, 等价于 $\dfrac{p(x|\theta_1)}{p(x|\theta_0)}>\dfrac{\pi_0}{\pi_1}$, 即要求密度函数的比值大于某个临界值, 这与著名的 Neyman-Pearson 基本引理类似. 此时的 Bayes 因子正是两个假设的似然比, 它不依赖于先验分布, 仅与样本的似然比有关, 因此可以认为 Bayes 因子是样本数据支持原假设的程度. 下面通过一个经典的例子对此进一步阐述.

例 8.16 设 $X\sim N(\theta,1)$, 其中未知参数 θ 要么取 0, 要么取 1, 样本 $(x_1,x_2,\cdots,x_n)$ 来自总体 X, 检验假设

$$H_0:\theta=0\leftrightarrow H_1:\theta=1.$$

解 设先验概率为 $P(\theta=0)=\pi_0$, $P(\theta=1)=\pi_1$, 则在 $\theta=0$ 和 $\theta=1$ 的条件下, 似然函数分别为

$$p(x|\theta=0)=\sqrt{\frac{n}{2\pi}}\exp\left\{-\frac{n}{2}\bar{x}^2\right\},\quad p(x|\theta=1)=\sqrt{\frac{n}{2\pi}}\exp\left\{-\frac{n}{2}(\bar{x}-1)^2\right\}.$$

故

$$B^\pi(x)=\frac{p(x|\theta=0)}{p(x|\theta=1)}=\frac{\sqrt{\dfrac{n}{2\pi}}\exp\left\{-\dfrac{n}{2}\bar{x}^2\right\}}{\sqrt{\dfrac{n}{2\pi}}\exp\left\{-\dfrac{n}{2}(\bar{x}-1)^2\right\}}=\exp\left\{-\frac{n}{2}(2\bar{x}-1)\right\}.$$

当 $n=10$, $\bar{x}=2$ 时, 可得 $B^\pi(x)=\mathrm{e}^{-15}\approx 3.06\times10^{-7}$, 这就意味着如果要接受原假设 H_0, 需要 $\dfrac{\alpha_0}{\alpha_1}=B^\pi(x)\cdot\dfrac{\pi_0}{\pi_1}=3.06\times10^{-7}\cdot\dfrac{\pi_0}{\pi_1}>1$, 此时即便 $\dfrac{\pi_0}{\pi_1}=10000$ 也难以达到 $\dfrac{\alpha_0}{\alpha_1}>1$,

因此必须明确拒绝 H_0, 而去接受 H_1. 从另一个角度讲, 如果先验信息已经表明 π_0 是 π_1 的 10000 倍, 也就基本失去了统计分析的必要.

8.5 多元正态分布的参数估计与假设检验

众所周知, 多维正态分布是概率统计中最重要的分布. 关于多维正态分布的参数估计和假设检验问题在理论上和应用中也已经非常成熟, 形成了一整套行之有效的方法. 限于篇幅, 本节择其要点对其简单介绍.

8.5.1 多元正态分布的定义和性质

设 $\boldsymbol{X}=(X_1,X_2,\cdots,X_p)^{\mathrm{T}}$ 为 p 维随机向量, $\mu_i=EX_i(i=1,2,\cdots,p)$, $\mathrm{Cov}(X_i,X_j)$ 为分量 X_i, X_j 的协方差, 记 $\boldsymbol{\mu}=(\mu_1,\mu_2,\cdots,\mu_p)^{\mathrm{T}}$, $\boldsymbol{\Sigma}=(\mathrm{Cov}(X_i,X_j))_{p\times p}$, 称 $\boldsymbol{\mu}=(\mu_1,\mu_2,\cdots,\mu_p)^{\mathrm{T}}$ 为均值向量, $\boldsymbol{\Sigma}=(\mathrm{Cov}(X_i,X_j))_{p\times p}$ 为协方差矩阵.

定义 8.7 设 p 维随机向量 $\boldsymbol{X}=(X_1,X_2,\cdots,X_p)^{\mathrm{T}}$ 的联合概率密度函数为

$$f(x_1,x_2,\cdots,x_p)=\frac{1}{(2\pi)^{p/2}|\boldsymbol{\Sigma}|^{1/2}}\exp\left\{-\frac{1}{2}(\boldsymbol{x}-\boldsymbol{\mu})^{\mathrm{T}}\boldsymbol{\Sigma}^{-1}(\boldsymbol{x}-\boldsymbol{\mu})\right\}, \tag{8.29}$$

其中 $\boldsymbol{\mu}=(\mu_1,\mu_2,\cdots,\mu_p)^{\mathrm{T}}$ 是 p 维实向量, $\boldsymbol{\Sigma}$ 是 p 阶正定矩阵, 称 $\boldsymbol{X}$ 服从 p 元正态分布, 或称 $\boldsymbol{X}$ 服从 p 维正态分布, 记为 $\boldsymbol{X}\sim N_p(\boldsymbol{\mu},\boldsymbol{\Sigma})$.

当 $p=1$ 时, 即为一元正态分布的概率密度函数. 当 $p=2$ 时, 设 $\boldsymbol{X}=(X_1,X_2)^{\mathrm{T}}$ 服从二元正态分布, 协方差矩阵

$$\boldsymbol{\Sigma}=\begin{pmatrix}\mathrm{Cov}(X_1,X_1) & \mathrm{Cov}(X_1,X_2)\\ \mathrm{Cov}(X_2,X_1) & \mathrm{Cov}(X_2,X_2)\end{pmatrix}=\begin{pmatrix}\sigma_1^2 & \sigma_1\sigma_2\rho\\ \sigma_2\sigma_1\rho & \sigma_2^2\end{pmatrix},$$

$$\boldsymbol{\Sigma}^{-1}=\frac{1}{\sigma_1^2\sigma_2^2(1-\rho^2)}\begin{pmatrix}\sigma_2^2 & -\sigma_1\sigma_2\rho\\ -\sigma_2\sigma_1\rho & \sigma_1^2\end{pmatrix},$$

此时联合概率密度函数为

$$f(x_1,x_2)=\frac{1}{2\pi\sigma_1\sigma_2(1-\rho^2)^{1/2}}\exp\left\{-\frac{1}{2(1-\rho^2)}\left[\frac{(x_1-\mu_1)^2}{\sigma_1^2}-2\rho\frac{(x_1-\mu_1)(x_2-\mu_2)}{\sigma_1\sigma_2}\right.\right.$$
$$\left.\left.+\frac{(x_2-\mu_2)^2}{\sigma_2^2}\right]\right\}.$$

沿用上面的记号, 下面给出多维正态分布的基本性质.

定理 8.12 设 $\boldsymbol{X}=(X_1,X_2,\cdots,X_p)^{\mathrm{T}}\sim N_p(\boldsymbol{\mu},\boldsymbol{\Sigma})$, 则

(1) p 维随机向量的边缘分布都服从正态分布, 即 $(X_{i_1},X_{i_2},\cdots,X_{i_m})^{\mathrm{T}}(m<p)$ 服从 m 维正态分布.

(2) 当 $\boldsymbol{\Sigma}$ 是对角矩阵时, 随机变量 $X_1,X_2,\cdots,X_p$ 相互独立且都服从正态分布.

(3) (线性变换不变性) 若 $\boldsymbol{X}=(X_1,X_2,\cdots,X_p)^{\mathrm{T}}\sim N_p(\boldsymbol{\mu},\boldsymbol{\Sigma})$, 且 $\boldsymbol{A}$ 为 $s\times p$ 非零常数阵, $\boldsymbol{d}$为 s 维常数向量, 则 $\boldsymbol{AX}+\boldsymbol{d}\sim N_s(\boldsymbol{A\mu}+\boldsymbol{d},\boldsymbol{A\Sigma A}^{\mathrm{T}})$. 该性质表明正态随机向量经线性变换后仍然服从正态分布.

(4) 设 $\boldsymbol{X}=(X_1,X_2,\cdots,X_p)^{\mathrm{T}}\sim N_p(\boldsymbol{\mu},\boldsymbol{\Sigma})$, 作如下分割

$$\boldsymbol{X}=\begin{pmatrix}\boldsymbol{X}^{(1)}\\ \boldsymbol{X}^{(2)}\end{pmatrix}\begin{matrix}q\\ p-q\end{matrix},\quad \boldsymbol{\mu}=\begin{pmatrix}\boldsymbol{\mu}^{(1)}\\ \boldsymbol{\mu}^{(2)}\end{pmatrix}\begin{matrix}q\\ p-q\end{matrix},\quad \boldsymbol{\Sigma}=\begin{matrix} & q & p-q & \\ & \begin{pmatrix}\boldsymbol{\Sigma}_{11} & \boldsymbol{\Sigma}_{12}\\ \boldsymbol{\Sigma}_{21} & \boldsymbol{\Sigma}_{22}\end{pmatrix} & & \begin{matrix}q\\ p-q\end{matrix}\end{matrix},$$

则 $\boldsymbol{X}^{(1)}\sim N_q(\boldsymbol{\mu}^{(1)},\boldsymbol{\Sigma}_{11}),\boldsymbol{X}^{(2)}\sim N_{p-q}(\boldsymbol{\mu}^{(2)},\boldsymbol{\Sigma}_{22})$.

8.5.2　多元统计量

下面给出在多元统计分析中常用的一些基本概念.

定义 8.8　设从总体 $\boldsymbol{X}=(X_1,X_2,\cdots,X_p)^{\mathrm{T}}$ 中选取 n 个简单随机样本 (简称样本) $\boldsymbol{X}_{(1)}$, $\boldsymbol{X}_{(2)},\cdots,\boldsymbol{X}_{(n)}$, 其中 $\boldsymbol{X}_{(i)}=(X_{i1},X_{i2},\cdots,X_{ip})^{\mathrm{T}}$, $i=1,2,\cdots,n$.

(1) 称由样本构成的矩阵 $\begin{pmatrix}X_{11} & X_{12} & \cdots & X_{1p}\\ X_{21} & X_{22} & \cdots & X_{2p}\\ \vdots & \vdots & & \vdots\\ X_{n1} & X_{n2} & \cdots & X_{np}\end{pmatrix}=\begin{pmatrix}\boldsymbol{X}_{(1)}^{\mathrm{T}}\\ \boldsymbol{X}_{(2)}^{\mathrm{T}}\\ \vdots\\ \boldsymbol{X}_{(n)}^{\mathrm{T}}\end{pmatrix}$ 为样本资料矩阵;

(2) 记 $\hat{\mu}=\bar{\boldsymbol{X}}=\dfrac{1}{n}\sum\limits_{k=1}^{n}\boldsymbol{X}_{(k)}=\dfrac{1}{n}\begin{pmatrix}\dfrac{1}{n}\sum\limits_{k=1}^{n}X_{(i1)}\\ \dfrac{1}{n}\sum\limits_{k=1}^{n}X_{(i2)}\\ \vdots\\ \dfrac{1}{n}\sum\limits_{k=1}^{n}X_{(ip)}\end{pmatrix}=\begin{pmatrix}\bar{X}_1\\ \bar{X}_2\\ \vdots\\ \bar{X}_p\end{pmatrix}$, 其中 $\bar{X}_j(j=1,2,\cdots,n)$ 为样本资料矩阵第 j 列元素的算术平均值, 称向量 $\hat{\mu}$ 为样本均值向量;

(3) 记 $\boldsymbol{S}_{p\times p}=\sum\limits_{k=1}^{n}(\boldsymbol{X}_{(k)}-\bar{\boldsymbol{X}})(\boldsymbol{X}_{(k)}-\bar{\boldsymbol{X}})^{\mathrm{T}}=(s_{ij})_{p\times p}$, 其中

$$\begin{aligned}&\sum_{k=1}^{n}(\boldsymbol{X}_{(k)}-\bar{\boldsymbol{X}})(\boldsymbol{X}_{(k)}-\bar{\boldsymbol{X}})^{\mathrm{T}}\\
=&\sum_{k=1}^{n}\begin{pmatrix}X_{k1}-\bar{X}_1\\ X_{k2}-\bar{X}_2\\ \vdots\\ X_{kp}-\bar{X}_p\end{pmatrix}(X_{k1}-\bar{X}_1,X_{k2}-\bar{X}_2,\cdots,X_{kp}-\bar{X}_p)\\
=&\sum_{k=1}^{n}\begin{pmatrix}(X_{k1}-\bar{X}_1)^2 & (X_{k1}-\bar{X}_1)(X_{k2}-\bar{X}_2) & \cdots & (X_{k1}-\bar{X}_1)(X_{kp}-\bar{X}_p)\\ (X_{k2}-\bar{X}_2)(X_{k1}-\bar{X}_1) & (X_{k2}-\bar{X}_2)^2 & \cdots & (X_{k2}-\bar{X}_2)(X_{kp}-\bar{X}_p)\\ \vdots & \vdots & & \vdots\\ (X_{kp}-\bar{X}_p)(X_{k1}-\bar{X}_1) & (X_{kp}-\bar{X}_p)(X_{k2}-\bar{X}_2) & \cdots & (X_{kp}-\bar{X}_p)^2\end{pmatrix}\\
=&\begin{pmatrix}s_{11} & s_{12} & \cdots & s_{1n}\\ s_{21} & s_{22} & \cdots & s_{2n}\\ \vdots & \vdots & & \vdots\\ s_{p1} & s_{p2} & \cdots & s_{pp}\end{pmatrix}=(s_{ij})_{p\times p},\end{aligned}$$

称矩阵 $\boldsymbol{S}_{p\times p}$ 为样本离差阵;

(4) 记 $\boldsymbol{V}_{p\times p}=\dfrac{1}{n}\boldsymbol{S}=\dfrac{1}{n}\sum\limits_{k=1}^{n}(\boldsymbol{X}_{(k)}-\bar{\boldsymbol{X}})(\boldsymbol{X}_{(k)}-\bar{\boldsymbol{X}})^{\mathrm{T}}=(v_{ij})_{p\times p}$, 其中

$$\frac{1}{n}\sum_{k=1}^{n}(\boldsymbol{X}_{(k)}-\bar{\boldsymbol{X}})(\boldsymbol{X}_{(k)}-\bar{\boldsymbol{X}})^{\mathrm{T}}=\left(\frac{1}{n}\sum_{k=1}^{n}(X_{(ki)}-\bar{X}_i)(X_{(kj)}-\bar{X}_j)\right)_{p\times p}=(v_{ij})_{p\times p},$$

称矩阵 $\boldsymbol{V}_{p\times p}$ 为样本协方差阵;

(5) $\hat{\boldsymbol{R}}_{p\times p}=(r_{ij})_{p\times p}$, 其中 $r_{ij}=\dfrac{v_{ij}}{\sqrt{v_{ii}}\sqrt{v_{jj}}}=\dfrac{s_{ij}}{\sqrt{s_{ii}}\sqrt{s_{jj}}}$, $i,j=1,2,\cdots,p$, 称 $\hat{\boldsymbol{R}}_{p\times p}$ 为样本相关阵.

8.5.3 多元正态分布的参数估计

从正态总体 $\boldsymbol{X}=(X_1,X_2,\cdots,X_p)^{\mathrm{T}}\sim N_p(\boldsymbol{\mu},\boldsymbol{\Sigma})$ 中选取 n 个样本 $\boldsymbol{X}_{(1)},\boldsymbol{X}_{(2)},\cdots,\boldsymbol{X}_{(n)}$. 下面讨论 $\boldsymbol{\mu}$, $\boldsymbol{\Sigma}$ 的最大似然估计.

首先, 构造似然函数, 即容量为 n 的独立随机样本的联合分布密度函数:

$$\begin{aligned}L(\boldsymbol{\mu},\boldsymbol{\Sigma})&=\prod_{i=1}^{n}f(\boldsymbol{X}_{(i)}\boldsymbol{\mu},\boldsymbol{\Sigma})\\&=\frac{1}{(2\pi)^{np/2}|\boldsymbol{\Sigma}|^{n/2}}\exp\left\{-\frac{1}{2}\sum_{k=1}^{n}(\boldsymbol{X}_{(i)}-\boldsymbol{\mu})^{\mathrm{T}}\boldsymbol{\Sigma}^{-1}(\boldsymbol{X}_{(i)}-\boldsymbol{\mu})\right\}.\end{aligned}$$

在上式中, 样本一旦选定, $(\boldsymbol{X}_{(1)},\boldsymbol{X}_{(2)},\cdots,\boldsymbol{X}_{(n)})$ 就是已知的常数向量, 其中只有总体均值向量 $\boldsymbol{\mu}$ 和 $\boldsymbol{\Sigma}$ 未知, 因此可将此式看作是 $\boldsymbol{\mu},\boldsymbol{\Sigma}$ 的似然函数. 为了求出使似然函数取极大值的 $\boldsymbol{\mu},\boldsymbol{\Sigma}$, 先给出对数似然函数:

$$\ln L(\boldsymbol{\mu},\boldsymbol{\Sigma})=-\frac{1}{2}np\ln(2\pi)-\frac{n}{2}\ln|\boldsymbol{\Sigma}|-\frac{1}{2}\sum_{k=1}^{n}(\boldsymbol{X}_{(i)}-\boldsymbol{\mu})^{\mathrm{T}}\boldsymbol{\Sigma}^{-1}(\boldsymbol{X}_{(i)}-\boldsymbol{\mu}).$$

根据矩阵的微分理论, 由于对实对称矩阵 $\boldsymbol{A}$ 有

$$\frac{\partial(\boldsymbol{x}^{\mathrm{T}}\boldsymbol{A}\boldsymbol{x})}{\partial\boldsymbol{x}}=2\boldsymbol{A}\boldsymbol{x},\quad\frac{\partial(\boldsymbol{x}^{\mathrm{T}}\boldsymbol{A}\boldsymbol{x})}{\partial\boldsymbol{A}}=\boldsymbol{x}\boldsymbol{x}^{\mathrm{T}},\quad\frac{\partial\ln|\boldsymbol{A}|}{\partial\boldsymbol{A}}=\boldsymbol{A}^{-1}.$$

在对数似然函数两边求偏导, 并令之为 0, 可得

$$\begin{cases}\dfrac{\ln L(\boldsymbol{\mu},\boldsymbol{\Sigma})}{\partial\boldsymbol{\mu}}=-\dfrac{1}{2}\sum\limits_{i=1}^{n}\boldsymbol{\Sigma}^{-1}(\boldsymbol{X}_{(i)}-\boldsymbol{\mu})\cdot(-1)=\boldsymbol{0}_{p\times1},\\\dfrac{\ln L(\boldsymbol{\mu},\boldsymbol{\Sigma})}{\partial\boldsymbol{\Sigma}}=-\dfrac{n}{2}\boldsymbol{\Sigma}^{-1}-\dfrac{1}{2}\sum\limits_{i=1}^{n}(\boldsymbol{X}_{(i)}-\boldsymbol{\mu})(\boldsymbol{X}_{(i)}-\boldsymbol{\mu})^{\mathrm{T}}(-(\boldsymbol{\Sigma}^{-1})^2)=\boldsymbol{0}_{p\times p}.\end{cases}$$

整理得

$$\begin{cases}\dfrac{\ln L(\boldsymbol{\mu},\boldsymbol{\Sigma})}{\partial\boldsymbol{\mu}}=\sum\limits_{i=1}^{n}\boldsymbol{\Sigma}^{-1}(\boldsymbol{X}_{(i)}-\boldsymbol{\mu})=\boldsymbol{0}_{p\times1},\\\dfrac{\ln L(\boldsymbol{\mu},\boldsymbol{\Sigma})}{\partial\boldsymbol{\Sigma}}=-\dfrac{n}{2}\boldsymbol{\Sigma}^{-1}+\dfrac{1}{2}\sum\limits_{i=1}^{n}(\boldsymbol{X}_{(i)}-\boldsymbol{\mu})(\boldsymbol{X}_{(i)}-\boldsymbol{\mu})^{\mathrm{T}}(\boldsymbol{\Sigma}^{-1})^2=\boldsymbol{0}_{p\times p}.\end{cases}$$

从而得到 $\boldsymbol{\mu}$ 和 $\boldsymbol{\Sigma}$ 的最大似然估计量为

$$\begin{cases} \hat{\boldsymbol{\mu}} = \dfrac{1}{n}\sum\limits_{i=1}^{n}\boldsymbol{X}_{(i)} = \bar{\boldsymbol{X}}, \\ \hat{\boldsymbol{\Sigma}} = \dfrac{1}{n}\sum\limits_{i=1}^{n}(\boldsymbol{X}_{(i)} - \bar{\boldsymbol{X}})(\boldsymbol{X}_{(i)} - \bar{\boldsymbol{X}})^{\mathrm{T}} = \dfrac{1}{n}\boldsymbol{S}. \end{cases}$$

下面讨论估计量的基本性质：

(1) $E(\bar{\boldsymbol{X}}) = \boldsymbol{\mu}$, 即 $\bar{\boldsymbol{X}}$ 是 $\boldsymbol{\mu}$ 的无偏估计;

(2) $E\left(\dfrac{1}{n-1}\boldsymbol{S}\right) = \boldsymbol{\Sigma}$, 即 $\dfrac{1}{n-1}\boldsymbol{S}$ 是 $\boldsymbol{\Sigma}$ 的无偏估计;

(3) $\bar{\boldsymbol{X}}, \dfrac{1}{n-1}\boldsymbol{S}$ 分别是 $\boldsymbol{\mu}$ 和 $\boldsymbol{\Sigma}$ 的“最小方差”无偏估计量.

此外, $\bar{\boldsymbol{X}}$ 和 $\boldsymbol{S}$ 还满足下面重要的结论.

定理 8.13　设 $\bar{\boldsymbol{X}}$ 和 $\boldsymbol{S}$ 分别是正态总体 $N_p(\boldsymbol{\mu}, \boldsymbol{\Sigma})$ 的样本均值向量和离差阵, 则

(1) $\bar{\boldsymbol{X}} \sim N_p\left(\boldsymbol{\mu}, \dfrac{1}{n}\boldsymbol{\Sigma}\right)$;

(2) 离差阵可以写为 $\boldsymbol{S} = \sum\limits_{k=1}^{n-1}\boldsymbol{Z}_k\boldsymbol{Z}_k^{\mathrm{T}}$, 其中 $\boldsymbol{Z}_1, Z_2, \cdots, \boldsymbol{Z}_{n-1}$ 相互独立且都服从 $N_p(\boldsymbol{0}, \boldsymbol{\Sigma})$ 分布;

(3) $\bar{\boldsymbol{X}}$ 和 $\boldsymbol{S}$ 相互独立;

(4) $\boldsymbol{S}$ 为正定阵的充要条件是 $n > p$.

例 8.17　已知 $\boldsymbol{X} = (X_1, X_2)^{\mathrm{T}}$ 服从正态分布 $N_2(\boldsymbol{\mu}, \boldsymbol{\Sigma})$, 从中抽取容量为 20 的一个样本, 样本观察值见下表:

序号	1	2	3	4	5	6	7	8	9	10
x_1	63	63	70	6	65	9	10	12	20	30
x_2	971	892	1125	82	931	112	162	321	315	357
序号	11	12	13	14	15	16	17	18	19	20
x_1	33	27	21	5	14	27	17	53	62	65
x_2	462	352	305	34	229	332	185	703	872	740

求 $\boldsymbol{\mu}$ 和 $\boldsymbol{\Sigma}$ 的最小方差无偏估计.

解　注意到, $\boldsymbol{\mu}$ 和 $\boldsymbol{\Sigma}$ 的最小方差无偏估计量为

$$\hat{\boldsymbol{\mu}} = \bar{\boldsymbol{X}}, \qquad \hat{\boldsymbol{\Sigma}} = \frac{\boldsymbol{S}}{n-1} = \frac{1}{n-1}\sum_{k=1}^{n}(\boldsymbol{X}_{(i)} - \bar{\boldsymbol{X}})(\boldsymbol{X}_{(i)} - \bar{\boldsymbol{X}})^{\mathrm{T}}.$$

代入样本值可得

$$\hat{\boldsymbol{\mu}} = \frac{1}{n}\begin{pmatrix} \sum\limits_{i=1}^{20} x_{1i} \\ \sum\limits_{i=1}^{20} x_{2i} \end{pmatrix} = \begin{pmatrix} \bar{x}_1 \\ \bar{x}_2 \end{pmatrix} = \begin{pmatrix} 33.85 \\ 477.50 \end{pmatrix},$$

$$\hat{\boldsymbol{\Sigma}} = \frac{1}{n-1}\boldsymbol{S} = \frac{1}{n-1}\sum_{k=1}^{n}(\boldsymbol{X}_{(i)} - \bar{\boldsymbol{X}})(\boldsymbol{X}_{(i)} - \bar{\boldsymbol{X}})^{\mathrm{T}}$$

$$
= \frac{1}{20-1}\begin{pmatrix} \sum_{i=1}^{20}(x_{1i}-\bar{x}_1)^2 & \sum_{i=1}^{20}(x_{1i}-\bar{x}_1)(x_{i2}-\bar{x}_2) \\ \sum_{i=1}^{20}(x_{1i}-\bar{x}_1)(x_{i2}-\bar{x}_2) & \sum_{i=1}^{20}(x_{2i}-\bar{x}_2)^2 \end{pmatrix}
$$

$$
= \begin{pmatrix} 570.45 & 7845.08 \\ 7845.08 & 112404.26 \end{pmatrix}.
$$

8.5.4 多元正态总体参数的假设检验

首先给出几个重要统计量的分布.

定义 8.9 设 $\boldsymbol{X}_{(a)} = (X_{a1}, X_{a2}, \cdots, X_{ap})^{\mathrm{T}} \sim N_p(\boldsymbol{\mu}_a, \boldsymbol{\Sigma})$, $a = 1, 2, \cdots, n$, 且 $\boldsymbol{X}_{(1)}, \boldsymbol{X}_{(2)}, \cdots, \boldsymbol{X}_{(n)}$ 相互独立, 则由 $\boldsymbol{X}_{(a)}$ 组成的随机矩阵

$$
\boldsymbol{W}_{p\times p} = \sum_{a=1}^{n} \boldsymbol{X}_{(a)} \boldsymbol{X}_{(a)}^{\mathrm{T}}
$$

的分布称为非中心威沙特 (Wishart) 分布, 记为 $W_p(n, \boldsymbol{\Sigma}, \boldsymbol{Z})$, 其中 $\boldsymbol{Z} = \sum\limits_{a=1}^{n} \boldsymbol{\mu}_a \boldsymbol{\mu}_a^{\mathrm{T}}$, $\boldsymbol{\mu}_a$ 称为非中心参数. 当 $\boldsymbol{\mu}_a = \boldsymbol{0}$ 时称为中心 Wishart 分布, 记为 $W_p(n, \boldsymbol{\Sigma})$, 当 $n \geqslant p$, $\boldsymbol{\Sigma} > \boldsymbol{0}$, $W_p(n, \boldsymbol{\Sigma})$ 有密度存在, 其表达式为

$$
f(\boldsymbol{w}) = \begin{cases} \dfrac{|\boldsymbol{w}|^{\frac{1}{2}(n-p-1)} \exp\left\{-\dfrac{1}{2}\mathrm{tr}(\boldsymbol{\Sigma}^{-1}\boldsymbol{w})\right\}}{2^{np/2}\pi^{p(p-1)/4}|\boldsymbol{\Sigma}|^{n/2}\prod\limits_{i=1}^{p}\Gamma\left(\dfrac{n-i+1}{2}\right)}, & \text{当}\boldsymbol{w}\text{为正定阵}, \\ 0, & \text{其他}. \end{cases}
$$

显然, 当 $p = 1$, $\boldsymbol{\Sigma} = \sigma^2$ 时, $f(\boldsymbol{w})$ 就是 $\sigma^2\chi^2(n)$ 的分布密度, 此时 $W = \sum\limits_{a=1}^{n} \boldsymbol{X}_{(a)}^2$, 有

$$
\frac{1}{\sigma^2}\sum_{a=1}^{n} \boldsymbol{X}_{(a)}^2 \sim \chi^2(n).
$$

因此, Wishart 分布是 χ^2 分布在 p 维正态情况下的推广.

下面给出 Wishart 分布的基本性质:

(1) 若 $\boldsymbol{X}_{(a)} \sim N_p(\boldsymbol{\mu}, \boldsymbol{\Sigma})$, $a = 1, 2, \cdots, n$, 且相互独立, 则样本离差阵为

$$
\boldsymbol{S} = \sum_{a=1}^{n} (\boldsymbol{X}_a - \bar{\boldsymbol{X}})(\boldsymbol{X}_a - \bar{\boldsymbol{X}})^{\mathrm{T}} \sim W_p(n-1, \boldsymbol{\Sigma}),
$$

其中 $\bar{\boldsymbol{X}} = \dfrac{1}{n}\sum\limits_{a=1}^{n} \boldsymbol{X}_{(a)}$;

(2) 若 $\boldsymbol{S}_i \sim W_p(n_i, \boldsymbol{\Sigma})$, $i = 1, 2, \cdots, k$, 且相互独立, 则 $\sum\limits_{i=1}^{k} \boldsymbol{S}_i \sim W_p\left(\sum\limits_{i=1}^{k} n_i, \boldsymbol{\Sigma}\right)$;

(3) 若 $\boldsymbol{X}_{p\times p} \sim W_p(n, \boldsymbol{\Sigma})$, $\boldsymbol{C}_{p\times p}$ 为非奇异阵, 则 $\boldsymbol{C}\boldsymbol{X}\boldsymbol{C}^{\mathrm{T}} \sim W_p(n, \boldsymbol{C}\boldsymbol{\Sigma}\boldsymbol{C}^{\mathrm{T}})$.

定义 8.10 设 $\boldsymbol{X} \sim N_p(\boldsymbol{\mu}, \boldsymbol{\Sigma})$, $\boldsymbol{S} \sim W_p(n, \boldsymbol{\Sigma})$, 且相互独立, $n \geqslant p$, 则称统计量 $T^2 = n\boldsymbol{X}^{\mathrm{T}}\boldsymbol{S}^{-1}\boldsymbol{X}$ 的分布为非中心霍特林 (Hotelling) T^2 分布, 记为 $T^2 \sim T^2(p, n, \boldsymbol{\mu})$. 当 $\boldsymbol{\mu} = \boldsymbol{0}$ 时, 称 T^2 服从 (中心) Hotelling T^2 分布, 记为 $T^2(p, n)$.

下面给出 Hotelling T^2 分布与 F 分布的关系.

定理 8.14　设 $\boldsymbol{X} \sim N_p(\boldsymbol{0}, \boldsymbol{\Sigma})$, $\boldsymbol{S} \sim W_p(n, \boldsymbol{\Sigma})$, 且相互独立, 令 $T^2 = n\boldsymbol{X}^{\mathrm{T}}\boldsymbol{S}^{-1}\boldsymbol{X}$, 则

$$\frac{n-p+1}{np}T^2 \sim F(p, n-p+1).$$

定理表明, 将 Hotelling T^2 统计量乘上一个适当的常数后, 便成为 F 统计量, 从而可利用 F 分布来进行推断. 应用中常用上式给出的 F 统计量来代替 Hotelling T^2 统计量进行推断.

1. 正态总体均值向量的检验

设 $\boldsymbol{X}_{(1)}, \boldsymbol{X}_{(2)}, \cdots, \boldsymbol{X}_{(n)}$ 来自 p 维正态总体 $N_p(\boldsymbol{\mu}, \boldsymbol{\Sigma})$, $\bar{\boldsymbol{X}}$ 和 $\boldsymbol{S}$ 定义同前所述. 假设检验的问题为

$$H_0 : \boldsymbol{\mu} = \boldsymbol{\mu}_0, \quad H_1 : \boldsymbol{\mu} \neq \boldsymbol{\mu}_0.$$

情形 1: 协差阵 $\boldsymbol{\Sigma}$ 已知时均值向量的检验. 当原假设 $H_0 : \boldsymbol{\mu} = \boldsymbol{\mu}_0$ 成立时, 由于

$$T_0^2 = n(\bar{\boldsymbol{X}} - \boldsymbol{\mu}_0)^{\mathrm{T}}\boldsymbol{\Sigma}^{-1}(\bar{\boldsymbol{X}} - \boldsymbol{\mu}_0) \sim \chi^2(p),$$

因此, 对于给定的检验水平 α, 查 χ^2 分布表找出临界值 χ^2_α. 若 $T_0^2 > \chi^2_\alpha$, 则接受备择假设; 否则接受原假设.

情形 2: 协差阵 $\boldsymbol{\Sigma}$ 未知时均值向量的检验. 当原假设 $H_0 : \boldsymbol{\mu} = \boldsymbol{\mu}_0$ 成立时, 由于

$$\frac{(n-1)-p+1}{(n-1)p}T^2 \sim F(p, n-p),$$

其中

$$T^2 = (n-1)[\sqrt{n}(\bar{\boldsymbol{X}} - \boldsymbol{\mu}_0)^{\mathrm{T}}\boldsymbol{S}^{-1}\sqrt{n}(\bar{\boldsymbol{X}} - \boldsymbol{\mu}_0)] \sim T^2(p, n-1),$$

此时对于给定的检验水平 α, 查 F 分布表找出临界值 F_α. 若 $\dfrac{n-p}{(n-1)p}T^2 > F_\alpha$, 则接受备择假设; 否则接受原假设.

例 8.18　人汗出多少与人体内的钾和钠的含量有一定的关系, 现在测量了 20 名健康成年女性的出汗量 (X_1)、钠的含量 (X_2) 和钾的含量 (X_3), 样本值见下表.

成年女性的出汗量和体内的钠含量及钾含量的测试数据

序号	X_1	X_2	X_3	序号	X_1	X_2	X_3
1	3.7	48.5	9.3	11	4.7	65.1	8.0
2	3.8	47.2	10.9	12	3.2	53.2	12.0
3	3.1	55.5	9.7	13	4.6	36.1	7.9
4	2.4	24.8	14.0	14	7.2	33.1	7.6
5	6.7	47.4	8.5	15	5.4	54.1	11.3
6	3.9	36.9	12.7	16	4.5	58.8	12.3
7	3.5	27.8	9.8	17	4.5	40.2	8.4
8	1.5	13.5	10.1	18	8.5	56.4	7.1
9	4.5	71.6	8.2	19	6.5	52.8	10.9
10	4.1	44.1	11.2	20	5.5	40.9	9.4

取显著性水平为 $\alpha = 0.05$, 试检验

$$H_0 : \boldsymbol{\mu} = \boldsymbol{\mu}_0 = (4, 50, 10)^{\mathrm{T}}, \quad H_1 : \boldsymbol{\mu} \neq \boldsymbol{\mu}_0.$$

解　随机向量 $\boldsymbol{X} = (X_1, X_2, X_3)^{\mathrm{T}} \sim N_3(\boldsymbol{\mu}, \boldsymbol{\Sigma})$, 检验

$$H_0 : \boldsymbol{\mu} = \boldsymbol{\mu}_0 = (4, 50, 10)^{\mathrm{T}}, \quad H_1 : \boldsymbol{\mu} \neq \boldsymbol{\mu}_0.$$

取检验统计量为 $F=\dfrac{n-p}{(n-1)p}T^2$, 其中 $p=3,n=20$, 则由样本值可得

$$\bar{\boldsymbol{X}}=(4.64,45.4,9.965)^{\mathrm{T}},$$

$$\boldsymbol{S}=\begin{pmatrix}54.708 & 0 & 0\\ 190.190 & 3795.98 & 0\\ -34.372 & -107.16 & 68.926\end{pmatrix},$$

$$\boldsymbol{S}^{-1}=\begin{pmatrix}0.0308503 & 0 & 0\\ -0.001162 & 0.0003193 & 0\\ 0.0135773 & 0.0000830 & 0.0211498\end{pmatrix}.$$

进一步可求得

$$D^2=(n-1)(\bar{\boldsymbol{X}}-\boldsymbol{\mu}_0)^{\mathrm{T}}\boldsymbol{S}^{-1}(\bar{\boldsymbol{X}}-\boldsymbol{\mu}_0)=19\times 0.02563=0.48697,$$

$$T^2=n(n-1)(\bar{\boldsymbol{X}}-\boldsymbol{\mu}_0)^{\mathrm{T}}\boldsymbol{S}^{-1}(\bar{\boldsymbol{X}}-\boldsymbol{\mu}_0)=9.7394,$$

$$F=\frac{n-p}{(n-1)p}T^2=2.9047.$$

根据 F 分布的上 0.05 分位点表可知, $F_{0.05}(3,17)=3.2$, 注意到 $2.9045<3.2$, 所以接受原假设.

2. 协方差矩阵的检验

设 $\boldsymbol{X}_{(1)},\boldsymbol{X}_{(2)},\cdots,\boldsymbol{X}_{(n)}$ 来自 p 维正态总体 $N_p(\boldsymbol{\mu},\boldsymbol{\Sigma})$, 其中协方差矩阵 $\boldsymbol{\Sigma}$ 未知, 假设检验问题为

$$H_0:\boldsymbol{\Sigma}=\boldsymbol{\Sigma}_0,\quad H_1:\boldsymbol{\Sigma}\neq\boldsymbol{\Sigma}_0, \tag{8.30}$$

其中 $\boldsymbol{\Sigma}_0$ 为已知正定矩阵.

情形 1: $\boldsymbol{\Sigma}_0=\boldsymbol{I}_p$.

利用似然比原理构造似然比统计量 λ 为

$$\lambda=|\boldsymbol{S}|^{\frac{n}{2}}\left(\frac{\mathrm{e}}{n}\right)^{\frac{np}{2}}\exp\left\{-\frac{1}{2}\mathrm{tr}\boldsymbol{S}\right\},$$

其中 $\boldsymbol{S}=\sum\limits_{a=1}^{n}(\boldsymbol{X}_a-\bar{\boldsymbol{X}})(\boldsymbol{X}_a-\bar{\boldsymbol{X}})^{\mathrm{T}}$. 对于给定的检验水平 α, 因为直接由 λ_1 的分布计算临界值 λ_0 很困难, 所以通常采用 λ 的近似分布.

在原假设成立时, 当 n 较大时, 其对数 $-2\ln\lambda$ 的极限分布是 $\chi^2\left(\dfrac{1}{2}p(p+1)\right)$ 分布. 因此当 $n\gg p$ 时, 由样本值计算出 λ 值, 若 $-2\ln\lambda>\chi^2_\alpha$, 即 $\lambda<\mathrm{e}^{-\chi^2_\alpha/2}$ 时, 则拒绝原假设, 否则接受原假设.

情形 2: $\boldsymbol{\Sigma}_0\neq\boldsymbol{I}_p$.

此时由于 $\boldsymbol{\Sigma}_0$ 正定, 于是存在可逆矩阵 $\boldsymbol{D}$, 满足 $\boldsymbol{D}\boldsymbol{\Sigma}_0\boldsymbol{D}^{\mathrm{T}}=\boldsymbol{I}_p$, 令

$$\boldsymbol{Y}_{(a)}=\boldsymbol{D}\boldsymbol{X}_{(a)},\quad a=1,2,\cdots,n,$$

则由多元正态分布的性质可知

$$\boldsymbol{Y}_{(a)}\sim N_p(\boldsymbol{D}\boldsymbol{\mu},\boldsymbol{D}\boldsymbol{\Sigma}\boldsymbol{D}^{\mathrm{T}}),\quad 记为\quad \boldsymbol{Y}_{(a)}\sim N_p(\boldsymbol{\mu}^*,\boldsymbol{\Sigma}^*).$$

此时, 原假设 $H_0: \boldsymbol{\Sigma} = \boldsymbol{\Sigma}_0$ 等价于 $H_0: \boldsymbol{\Sigma}^* = \boldsymbol{I}_p$, 此时利用样本 $\boldsymbol{Y}_{(1)}, \boldsymbol{Y}_{(2)}, \cdots, \boldsymbol{Y}_{(n)}$, 可构造似然比统计量为

$$\lambda = |\boldsymbol{S}^*|^{\frac{n}{2}} \left(\frac{\mathrm{e}}{n}\right)^{\frac{np}{2}} \exp\left\{-\frac{1}{2}\mathrm{tr}\boldsymbol{S}^*\right\},$$

其中 $\boldsymbol{S}^* = \boldsymbol{S} = \sum\limits_{a=1}^{n}(\boldsymbol{Y}_a - \bar{\boldsymbol{Y}})(\boldsymbol{Y}_a - \bar{\boldsymbol{Y}})^{\mathrm{T}}$. 但是研究该统计量的抽样分布非常困难, 因此也可以仿照情形 1 构造检验方法.

8.6 应　用

8.6.1 化工制造数据分析

1. 背景介绍

在化工制造领域, 维纶纤维是纤维制造领域中重要产品, 被大量用来与棉花混纺, 制成各种衣料, 这种纤维具有良好的吸湿性、热塑性、弹性和耐燃等许多优点, 是近几年发展起来的新纤维品种.

制造维纶的基本原料是乙酸乙烯酯, 工艺上是把乙烯醇的水溶液进行溶液纺丝, 制成的长丝或短纤维再进行热处理和缩醛化处理就可以得到维纶纤维. 此种纤维的耐热水性能的优劣可以用 "缩醛化度" 进行衡量, 指标值越高, 纤维的耐热水性就越好. 而甲醛浓度是影响缩醛化度这一指标的重要因素, 因此在实际的生产过程中, 经常应用甲醛浓度 x(单位: g/L) 来控制缩醛化度 y (摩尔分数, 单位: %). 下面应用一元线性回归模型研究两个变量之间的关系.

2. 试验数据

安排一批试验, 得到数据如表 8.7 所示.

表 8.7 试验数据

甲醛浓度 x/(g/L)	18	20	22	24	26	28	30
缩醛化度 y/%	26.86	28.35	28.75	28.87	29.75	30.00	30.36

先作出两个变量之间的散点图 (图 8.1), 获得数据之间的直观认知. 从图 8.1 中可以直观地发现, 随着甲醛浓度 x 的增加, 缩醛化度 y 也在增大. 这些点散布在图中虚线的两侧, 容易看出, 这两个量之间有着一定的线性关系, 引起这些点偏离直线的原因是生产和测试过程中的一些不可控因素的影响.

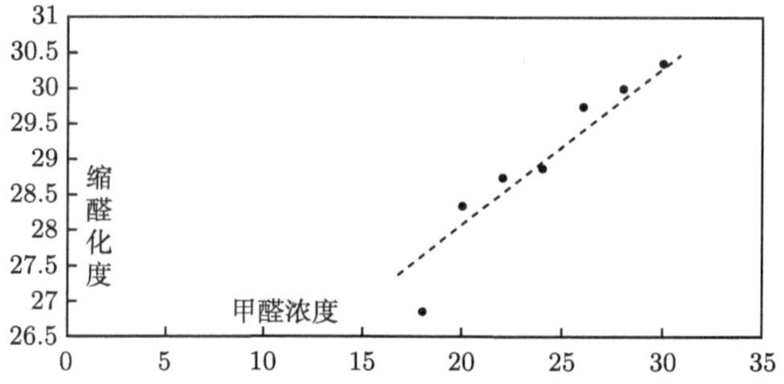

图 8.1 散点图

3. 一元线性回归分析

根据表 8.7 的试验数据, 由 8.1 节的方法, 可知

$$n = 7, \quad \bar{x} = 24, \quad \bar{y} = 28.9914,$$

$$l_{xx} = \sum_{i=1}^{n} x_i^2 - n\bar{x}^2 = 4144 - 7 \times 24^2 = 112,$$

$$l_{xy} = \sum_{i=1}^{n} (x_i - \bar{x})y_i = \sum_{i=1}^{n} x_i y_i - \bar{x}\sum_{i=1}^{n} y_i = 29.6,$$

$$l_{yy} = \sum_{i=1}^{n} y_i^2 - n\bar{y}^2 = 5892.0136 - 7 \times 28.99142 = 8.5047,$$

$$\hat{\beta}_1 = \frac{l_{xy}}{l_{xx}} = \frac{29.6}{112} = 0.2643,$$

$$\hat{\beta}_0 = \bar{y} - \hat{\beta}_1\bar{x} = 28.9914 - 0.2643 \times 24 = 22.6482.$$

于是, 缩醛化度和甲醛浓度的回归直线方程为

$$y = 0.2643x + 22.6482.$$

该直线即为图 8.1 中的虚线.

4. 回归方程的显著性检验

下面考虑回归方程的显著性检验, 检验的假设为 $H_0 : \beta_1 = 0$, 显著性水平为 0.05. 回归方程的方差分析表如下:

方差来源	平方和	自由度	均方	F 值
回归	7.8237	1	8.4931	58.43
残差	0.6694	5	0.1339	
总和	8.4931	6		

因为 $F = 58.43 > F_{0.05}(1,5) = 6.61$, 所以拒绝原假设, 表明回归方程在显著性水平 0.05 下有显著的意义.

对于原假设, 也可以应用 t 检验, 因为

$$t = \frac{0.2643}{\sqrt{0.1339}/\sqrt{112}} = 7.64 > t_{0.025}(5) = 2.5706,$$

所以拒绝原假设, 表明回归方程在显著性水平 0.05 下有显著的意义.

下面再应用相关系数的显著性检验, 因为

$$r = \frac{l_{xy}}{\sqrt{l_{xx}l_{yy}}} = \frac{29.6}{\sqrt{112 \times 8.5047}} = 0.9591 > r_{0.05}(5) = 0.754,$$

表明回归方程在显著性水平 0.05 下有显著的意义.

此例说明, 三种检验方法的结果是一致的.

8.6.2　皮革生产数据分析

1. 背景介绍

随着科技的进步, 大量的高新技术运用到制革工艺中, 超声波技术、电子技术、微波技术、高压技术、纳米技术都被应用到皮革领域, 对皮革的设计和制造影响也是很大的. 在再生皮革生产制造领域, 经常需要用到皮革体积随压力变化的相关数据, 因此获知皮革体积和压力变化的关系是必要的.

2. 试验数据

通过测量, 给出皮革体积变化率 $y(\%)$ 随着压力 $x(\mathrm{Pa})$ 的增加而减少的数值, 测量数值见表 8.8.

表 8.8　测量数据

	测量值		辅助值	
	x	y	x^2	x_iy_i
	4000	2.3	16000000	9200
	6000	4.1	36000000	24600
	8000	5.7	64000000	45600
	10000	6.9	100000000	68000
总计	28000	19.0	216000000	148400

根据以上数值, 采用一元线性回归方法, 得出 y 与 x 两个变量之间的回归直线.

3. 一元线性回归分析

由表 8.8 的数据, 有 $n=4,\ \bar{x}=\dfrac{28000}{4}=7000,\ \bar{y}=\dfrac{19}{4}=4.75$. 根据 8.1 节的方法, 有

$$l_{xx}=\sum_{i=1}^{n}x_i^2-n\bar{x}^2=216000000-4\times 7000^2=20000000,$$

$$l_{xy}=\sum_{i=1}^{n}(x_i-\bar{x})y_i=\sum_{i=1}^{n}x_iy_i-\bar{x}\sum_{i=1}^{n}y_i=15400,$$

$$l_{yy}=\sum_{i=1}^{n}y_i^2-n\bar{y}^2=102.2-4\times 4.75^2=11.95.$$

于是

$$\hat{\beta}_1=\frac{l_{xy}}{l_{xx}}=\frac{15400}{20000000}=0.00077,$$

$$\hat{\beta}_0=\bar{y}-\hat{\beta}_1\bar{x}=4.75-0.00077\times 7000=-0.64.$$

由以上计算数值可得体积变化百分比 y 随压力 x 增加的回归直线为

$$y-4.75=0.00077(x-7000),$$

即

$$y=0.00077x-0.64.$$

根据这一函数关系式, 可以预测和估计在给定任意压力值时体积的变化率.

4. 显著性分析

因为总体方差 σ^2 的无偏估计值为

$$\hat{\sigma}^2=\frac{1}{n-2}\sum_{i=1}^{n}(y_i-\hat{\beta}_0-\hat{\beta}_1x_i)^2=\frac{1}{2}\sum_{i=1}^{4}(y_i+0.64-0.00077x_i)^2=0.046,$$

注意到 $|r|=\left|\frac{l_{xy}}{\sqrt{l_{xx}l_{yy}}}\right|=\frac{15400}{\sqrt{2\times10^7\times11.95}}=0.9961>r_{0.05}(2)=0.95$, 说明在显著性水平 0.05 的条件下, 认为体积减少的百分比 y 对于压力变化值 x 的回归效果显著.

最后, 还可以研究回归系数在置信水平 0.95 条件下的置信区间. 代入公式

$$\left(\hat{\beta}_1-t_{\frac{\alpha}{2}}(n-2)\frac{\hat{\sigma}}{\sqrt{l_{xx}}},\ \hat{\beta}_1+t_{\frac{\alpha}{2}}(n-2)\frac{\hat{\sigma}}{\sqrt{l_{xx}}}\right),$$

可得回归系数 0.00077 的置信水平 0.95 的置信区间为 (0.00056, 0.00098). 以上分析表明回归效果非常显著, 对于实际的生产有着极高的指导意义和实用价值.

8.6.3　城市空气质量分析

1. 背景介绍

现在人们对城市空气质量越来越重视, 我们可以通过中国环境监测总站 (https://www.cnemc.cn/) 了解全国城市空气质量情况. 在网站上通过选择 “全国实时空气质量检测” 进入 “全国城市空气质量实时发布平台”. 在这个平台我们可以了解全国各个城市的 AQI 实时报和 AQI 日报, 其中实时报给出城市过去 24 小时的 AQI, 日报给出城市过去 14 天的 AQI.

AQI 是指空气质量指数, 它是定量描述空气质量状况的无量纲指数. AQI 的数值越大, 说明空气污染状况越严重, 对人体的健康危害越大. AQI 为 SO_2, NO_2, CO, O_3, PM_{10}, $PM_{2.5}$ 六项污染物的空气质量分指数 (IAQI) 的最大值. 空气质量级别: 根据 AQI 指数, 分为优 $(0\sim50)$、良 $(51\sim100)$、轻度污染 $(101\sim150)$、中度污染 $(151\sim200)$、重度污染 $(201\sim300)$ 和严重污染 (>300) 六个级别.

$PM_{2.5}$ 也称细颗粒物, 是指环境空气中直径小于等于 2.5μm 的颗粒物. 它能较长时间悬浮于空气中, 其在空气中含量浓度越高, 就代表空气污染越严重. 虽然 $PM_{2.5}$ 只是地球大气成分中含量很少的组分, 但它对空气质量和能见度等有重要的影响. 与较粗的大气颗粒物相比, $PM_{2.5}$ 粒径小, 面积大, 活性强, 易附带有毒、有害物质 (例如重金属、微生物等), 且在大气中的停留时间长、输送距离远, 因而对人体健康和大气环境质量的影响更大.

$PM_{2.5}$ 成分很复杂, 主要取决于其来源. 其来源主要有自然源和人为源两种, 但危害较大的是后者. 自然源包括土壤扬尘 (含有氧化物矿物和其他成分)、海盐 (颗粒物的第二大来源, 其组成与海水的成分类似)、植物花粉、孢子、细菌等. 自然界中的灾害事件, 如火山爆发向大气中排放了大量的火山灰, 森林大火及尘暴事件都会将大量细颗粒物输送到大气层中. 人为源包括固定源和流动源. 固定源包括各种燃料燃烧源, 如发电、冶金、石油、化学、纺织印染等各种工业过程、供热、烹调过程中燃煤与燃气或燃油排放的烟尘. 流动源主要是各类交通工具在运行过程中使用燃料时向大气中排放的尾气.

PM_{10} 也称可吸入颗粒物, 是指环境空气中直径小于等于 10μm 的颗粒物. 可吸入颗粒物在环境空气中持续的时间很长, 对人体健康和大气能见度也有重要的影响, 通常来自在未铺沥青、水泥的路面上行驶的机动车、材料的破碎碾磨处理过程以及被风扬起的尘土. 可吸入颗粒物被人吸入后, 会积累在呼吸系统中, 引发许多疾病, 对人类危害大.

专家指出, 粒径在 2.5~10μm 之间的颗粒物, 能够进入上呼吸道, 但部分可通过痰液等排出体外, 对人体健康危害相对较小; 而粒径在 2.5μm 以下的细颗粒物, 它的直径还不到人的头发丝粗细的 1/20, 被吸入人体后会进入支气管, 干扰肺部的气体交换, 引发包括哮喘、支气管炎和心血管病等方面的疾病. 这些颗粒还可以通过支气管和肺泡进入血液, 其中的有害气体、重金属等溶解在血液中, 对人体健康的伤害更大.

2. 数据收集

通过 "全国城市空气质量实时发布平台", 可以查到黑河、厦门、太原三个城市在 2024 年 6 月 28 日至 7 月 11 日 14 天的城市 AQI (表 8.9).

表 8.9　城市 AQI

城市	AQI													
黑河	50	45	40	50	87	90	94	70	87	107	99	97	82	72
厦门	14	15	18	20	17	16	19	24	13	14	17	18	19	29
太原	170	171	98	97	81	120	130	80	147	93	122	123	143	145

3. 单因素方差分析

假定黑河、厦门、太原三个城市每日 AQI 分别服从正态分布 $N(\mu_1,\sigma^2)$, $N(\mu_2,\sigma^2)$, $N(\mu_3,\sigma^2)$. 我们想知道三个城市的空气质量是否相同, 就要检验假设

$$H_0:\mu_1=\mu_2=\mu_3.$$

单因素方差分析的统计模型为

$$\begin{cases} y_{ij}=\mu_i+\varepsilon_{ij}, \\ \varepsilon_{ij}\text{相互独立}, \quad \varepsilon_{ij}\sim N(0,\sigma^2), \quad i=1,2,3;\ j=1,2,\cdots,14. \end{cases}$$

计算各水平数据, 得到表 8.10.

表 8.10　各水平数据计算表

城市	$\sum\limits_{j=1}^{14} y_{ij}$	$\left(\sum\limits_{j=1}^{14} y_{ij}\right)^2\Big/14$	$\sum\limits_{j=1}^{14} y_{ij}^2$
黑河	1070	81778.571	88166
厦门	253	4572.071	4807
太原	1720	211314.286	223160

进一步可以得到

$$P=\frac{1}{42}\left(\sum_{i=1}^{3}\sum_{j=1}^{14} y_{ij}\right)^2=220472.595,$$

$$Q=\sum_{i=1}^{3}\frac{1}{14}\left(\sum_{j=1}^{14} y_{ij}\right)^2=297664.929,$$

$$R=\sum_{i=1}^{3}\sum_{j=1}^{14} y_{ij}^2=316133.$$

则可得单因素方差分析结果, 如表 8.11 所示.

表 8.11 单因素方差分析表

方差来源	平方和	自由度	均方	F 值
因素 A	77192.333	2	38596.167	81.506
误差 e	18468.071	39	473.540	
总和	95660.404	41		

因为 $F = 81.506 > F_{0.05}(2,39) = 3.24$, 所以拒绝 H_0, 即认为三个城市的 AQI 值有显著差异.

4. 参数估计

参数 σ^2, μ, μ_i, a_i $(i=1,2,3)$ 的点估计分别为

$$\hat{\sigma}^2 = \mathrm{MS}_e = 473.540, \quad \hat{\mu} = \bar{y} = 72.452,$$

$$\hat{\mu}_1 = \bar{y}_1 = 76.429, \quad \hat{\mu}_2 = \bar{y}_2 = 18.071, \quad \hat{\mu}_3 = \bar{y}_3 = 122.857,$$

$$\hat{a}_1 = \bar{y}_1 - \bar{y} = 3.976, \quad \hat{a}_2 = \bar{x}_2 - \bar{y} = -54.381, \quad \hat{a}_3 = \bar{y}_3 - \bar{y} = 50.405.$$

查表得 $t_{0.025}(39) = 2.0227$, μ_i $(i=1,2,3)$ 的置信水平为 0.95 的置信区间分别为

$$\left(\bar{y}_1 \pm t_{\alpha/2}(n-r)\sqrt{\mathrm{MS}_e/n_1}\right) = (64.665,\ 88.192),$$

$$\left(\bar{y}_2 \pm t_{\alpha/2}(n-r)\sqrt{\mathrm{MS}_e/n_2}\right) = (6.308,\ 29.835),$$

$$\left(\bar{y}_3 \pm t_{\alpha/2}(n-r)\sqrt{\mathrm{MS}_e/n_3}\right) = (111.093,\ 134.621).$$

5. 结论

在 2024 年 6 月 28 日至 7 月 11 日这 14 天, 从黑河、厦门、太原三个城市的城市 AQI 数据来看, 通过以上分析可知三个城市的空气质量有显著差异, 其中厦门的城市空气质量优于黑河的城市空气质量, 而黑河的城市空气质量优于太原的城市空气质量.

第 8 章习题

1. 在一元线性回归样本模型中推导出参数 β_0, β_1 的最小二乘估计 $\hat{\beta}_0$, $\hat{\beta}_1$.

2. 为了调查某广告费用对销售收入的影响, 某商店记录了 7 个月的销售收入 y(万元) 与广告费用 x(万元). 数据如下表:

x	1	2	3	4	5	6	7
y	10	10	16	20	23	40	43

试进行线性回归分析:

(1) 写出一元线性回归样本模型;

(2) 求一元线性回归方程;

(3) 求参数 σ^2 的无偏估计值 $\hat{\sigma}^2$;

(4) 对回归方程分别进行 t 检验、F 检验和相关系数的显著性检验;

(5) 求回归系数 β_1 的置信水平 95% 的置信区间;

(6) 当 $x_0 = 10$ 时, 求 y_0 的预测值与预测区间.

3. 某种金属硬度 x 与抗张强度 y 有相关关系, 现在做了 8 次试验, 采集数据如下表:

x	50	55	60	65	70	75	80	85
y	283	286	290	298	324	340	349	354

试进行线性回归分析:

(1) 求一元线性回归方程;

(2) 求在一元正态线性回归样本模型中参数 β_0 与 β_1 的最小二乘估计 $\hat{\beta}_0$ 与 $\hat{\beta}_1$ 服从的分布;

(3) 求参数 σ^2 的无偏估计值 $\hat{\sigma}^2$;

(4) 对回归方程分别进行 t 检验、F 检验和相关系数的显著性检验;

(5) 求回归系数 β_1 的置信水平 95% 的置信区间;

(6) 当 $x_0 = 77$ 时, 求 y_0 的预测值与预测区间.

4. 变量 x 与 y 之间具有相关关系. 观察得到 10 组数据由下表给出:

x	0.5	0.6	0.7	0.8	0.9	1	1.1	1.2	1.3	1.4
y	1.1	1.2	1.3	1.5	1.6	1.7	1.9	2	2.1	2.2

试进行线性回归分析:

(1) 求一元线性回归方程;

(2) 求参数 β_0 与 β_1 的无偏估计值 $\hat{\beta}_0$ 与 $\hat{\beta}_1$;

(3) 求参数 σ^2 的无偏估计值 $\hat{\sigma}^2$;

(4) 对回归方程分别进行 t 检验、F 检验和相关系数的显著性检验;

(5) 求回归系数 β_1 的置信水平 95% 的置信区间;

(6) 当 $x_0 = 2.1$ 时, 求 y_0 的预测值与预测区间.

5. 在多元线性回归样本模型中推导出参数 $\beta_0, \beta_1, \beta_2, \cdots, \beta_p$ 的最小二乘估计值 $\hat{\beta}_0, \hat{\beta}_1, \hat{\beta}_2, \cdots, \hat{\beta}_p$.

6. 课程考试成绩与学生所在学院有关系, 课程考试成绩如下表:

学院	课程考试成绩					
A_1	95	90	88	92	93	90
A_2	90	88	85	77	86	85
A_3	88	82	76	60	77	65

进行单因素方差分析:

(1) 写出本题的单因素方差分析的统计模型;

(2) 检验三个学院课程考试成绩有无显著差异 ($\alpha = 0.05$);

(3) 求 σ^2, μ, μ_2, a_2 的点估计;

(4) 求 μ_2 的置信水平为 0.95 的置信区间.

7. 设有三种机器 A_1, A_2, A_3 制造同一种产品, 对每种机器各观测 5 天, 其日产量如下表:

机器类型	日产量				
A_1	41	48	41	49	57
A_2	65	57	54	72	64
A_3	45	51	56	48	48

进行单因素方差分析:

(1) 写出本题的单因素方差分析的统计模型;

(2) 检验三种机器日产量有无显著差异 ($\alpha = 0.05$);

(3) 求 σ^2, μ, μ_1, a_1 的点估计;

(4) 求 μ_1 的置信水平为 0.95 的置信区间.

8. 三个地区的人血液中胆固醇含量数据如下表:

地区	胆固醇含量/(mg/100g)					
1	403	311	269	336	259	
2	312	222	302	402	420	386
3	403	244	353	235	319	260

进行单因素方差分析:

(1) 写出本题的单因素方差分析的统计模型;

(2) 检验三个地区人的血液中胆固醇含量有无显著差异 ($\alpha = 0.05$);

(3) 求 σ^2, μ, μ_1, μ_2 的点估计;

(4) 求 μ_1 的置信水平为 0.95 的置信区间;

(5) 求 $\mu_1 - \mu_2$ 的置信水平为 0.95 的置信区间.

9. 某课题研究四种衣料内棉花吸附十硼氢量. 每种衣料各做五次测量, 所得数据如下表:

衣料类型	十硼氢量/(mg/g)				
衣料 1	2.33	2.00	2.93	2.73	2.33
衣料 2	2.48	2.34	2.68	2.34	2.22
衣料 3	3.06	3.06	3.00	2.66	3.06
衣料 4	4.00	5.13	4.61	2.80	3.60

进行单因素方差分析:

(1) 写出本题的单因素方差分析的统计模型;

(2) 检验四种衣料内棉花吸附十硼氢量有无显著差异 ($\alpha = 0.05$);

(3) 求 σ^2, μ, μ_1, a_1 的点估计;

(4) 求 μ_1 的置信水平为 0.95 的置信区间.

10. 某课题研究茶叶中叶酸含量. 现对四种茶叶测量其叶酸含量, 所得数据如下表:

茶叶种类	叶酸含量/(mg/g)						
A_1	7.9	6.2	6.6	8.6	8.9	10.1	9.6
A_2	5.7	7.5	9.8	6.1	8.4		
A_3	6.4	7.1	7.9	4.5	5.0	4.0	
A_4	6.8	7.5	5.0	5.3	6.1	7.4	

进行单因素方差分析:

(1) 写出本题的单因素方差分析的统计模型;

(2) 检验四种茶叶叶酸含量有无显著差异 ($\alpha = 0.05$);

(3) 求 σ^2, μ, μ_4, a_4 的点估计;

(4) 求 μ_4 的置信水平为 0.95 的置信区间.

11. 高新技术公司对五家供应商提供的塑胶材料分别进行了 5 次拉拔力试验, 所得数据如下表:

供应商	拉拔力				
A_1	5.86	5.95	5.74	5.62	5.08
A_2	4.95	5.72	5.36	5.89	4.99
A_3	5.60	6.21	5.81	5.30	4.97
A_4	5.88	6.42	6.51	5.98	5.74
A_5	4.97	4.86	5.03	6.05	4.10

检验五家供应商提供的塑胶材料有无显著差异 ($\alpha = 0.05$).

12. 设 θ 是某批产品的不合格品率, 根据以往生产经验知 θ 的值可能取 $0.1, 0.2, 0.3$, 其先验分布为

$$\pi(0.1) = 0.1, \quad \pi(0.2) = 0.3, \quad \pi(0.3) = 0.6.$$

设从这批产品中任取 8 件进行检查, 发现有 2 件不合格品.

(1) 求 θ 的后验分布;

(2) 计算参数 θ 的后验期望估计.

13. 设 θ 是电子产品的缺陷数, 根据以往生产经验知 θ 的先验分布为

$$\pi(\theta) = \begin{cases} 2(1-\theta), & 0 < \theta < 1, \\ 0, & \text{其他}. \end{cases}$$

设从这批产品中任取 8 件进行检查, 发现有 3 件不合格品.

(1) 求 θ 的后验分布;

(2) 计算参数 θ 的后验期望估计.

14. 某工厂流水线生产一件产品的时间 (单位：秒) 服从均匀分布 $U(0,\theta)$, 且参数 θ 的先验分布为

$$\pi(\theta) = \begin{cases} \dfrac{192}{\theta^4}, & \theta \geqslant 4, \\ 0, & \theta < 4. \end{cases}$$

为检查该生产线是否正常工作, 现在对此生产线进行三次观测, 发现生产这种产品的时间分别为 5s、8s、8s.

(1) 计算参数 θ 的后验分布 $\pi(\theta|x)$, 其中 $x = (5, 8, 8)$;

(2) 计算参数 θ 的后验期望估计.

15. 设对正态总体 $N(\theta, 1)$ 的变量做观察, 观察值为 -1, 0, 1, 参数 θ 的先验分布为 $N(0,1)$, 计算 θ 的可信性水平为 0.95 的 HPD 可信区间.

16. 设 $(x_1, x_2, \cdots, x_n)$ 是来自均匀分布 $U(0,\theta)$ 的样本, 参数 θ 的先验分布为

$$\pi(\theta) = \begin{cases} \dfrac{2\theta_0^2}{\theta^3}, & \theta > \theta_0, \\ 0, & \theta \leqslant \theta_0, \end{cases}$$

其中 $\theta_0 > 0$ 是已知常数. 计算参数 θ 的 $1-\alpha$ 可信上限.

参 考 文 献

陈宝林. 2005. 最优化理论与算法. 2 版. 北京: 清华大学出版社.

何晓群, 刘文卿. 2007. 应用回归分析. 2 版. 北京: 中国人民大学出版社.

李治平. 2010. 偏微分方程数值解讲义. 北京: 北京大学出版社.

陆金甫, 关治. 2016. 偏微分方程数值解法. 3 版. 北京: 清华大学出版社.

茆诗松. 2012. Bayes 统计. 2 版. 北京: 中国统计出版社.

石钟慈, 王鸣. 2010. 有限元方法. 北京: 科学出版社.

孙文瑜, 徐成贤, 朱德通. 2010. 最优化方法. 2 版. 北京: 高等教育出版社.

魏毅强, 张建国, 张洪斌, 等. 2004. 数值计算方法. 北京: 科学出版社.

谢政, 李建平, 陈挚. 2010. 非线性最优化理论与方法. 北京: 高等教育出版社.

邢文训, 谢金星. 2005. 现代优化计算方法. 2 版. 北京: 清华大学出版社.

邢志栋, 曹建荣. 2005. 矩阵数值分析. 2 版. 西安: 陕西科学技术出版社.

徐仲, 张凯院, 陆全, 等. 2005. 矩阵论简明教程. 2 版. 北京: 科学出版社.

叶慈南, 曹伟丽. 2004. 应用数理统计. 北京: 机械工业出版社.

张文生. 2015. 微分方程数值解: 有限差分理论方法与数值计算. 北京: 科学出版社.

张尧庭, 方开泰. 1982. 多元统计分析引论. 北京: 科学出版社.

朱元国, 饶玲, 严涛, 等. 2010. 矩阵分析与计算. 北京: 国防工业出版社.

Horn R A, Johnson C R. 2005. 矩阵分析. 杨奇, 译. 北京: 机械工业出版社.

Mallat S. 2012. 信号处理的小波导引: 稀疏方法. 3 版. 戴道清, 杨力华, 译. 北京: 机械工业出版社.

Jiang G P, Tang W, Chen G R. 2003. A simple global synchronization criterion for coupled chaotic systems. Chaos, Solitons & Fractals, 15(5): 925-935.

电 子 资 源

扫码阅读电子资源

序号	电子资源名称	资源链接
1	附表 附表 1　常用统计分布表 附表 2　相关系数临界值表 附表 3　标准正态分布函数表 附表 4　t 分布上分位点表 附表 5　χ^2 分布上分位点表 附表 6　F 分布上分位点表	
2	习题参考解答	
3	计算程序代码	
4	参考课件	获取方式见下方说明
5	MOOC 视频链接	https://www.zhihuishu.com/portals_h5/2clearning.html#/courseSearch?keyword=高等工程数学

《高等工程数学 (第二版)》电子课件获取指南

为了更好地服务于广大教师的教学工作, 凡使用本书作为教材的任课教师, 欢迎通过以下任一途径获取电子课件:

1. 关注微信公众号“科学 EDU”申请课件

扫码关注 → 样书课件 → 申请流程说明

2. 填写下方电子课件申请单, 拍照发送至联系邮箱

科学 EDU

姓名:	学校:	学院:
职务/职称:	手机:	QQ:
邮箱 (重要):		
主授课程:		学生数:
教材信息: 《高等工程数学 (第二版)》, 朱元国等编, 978-7-03-080852-3		

联系人: 许蕾　　咨询电话: 025-86300576　　联系邮箱: nanjing@mail.sciencep.com